无机化学

（第三版）

主　编　周德凤　刘婧靖
副主编　方正军　朱贤东　周广鹏　张茂林
　　　　欧阳森　朱晓飞
参　编　龙双双　何雯雯　张萍花　沈凤翠
主　审　袁亚莉

U0172596

华中科技大学出版社
中国·武汉

内 容 提 要

本书分为14章，第1～8章主要介绍无机化学基本理论（包括化学反应方向和速率、原子结构和分子结构理论等）及有关化学反应原理（酸碱反应、沉淀反应、氧化还原反应和配位化学等）。第9～12章主要介绍元素性质，重视基本性质、反应规律和重要应用的论述，突出对各族元素单质及化合物的组成、结构、性质的比较、归纳和综合。第13、14章分别为“核化学与放射化学简介”和“无机化学与生态环境”，作为选修和自学内容。书中对无机化学学科的新进展、新领域如锂离子电池、冷冻电镜技术、金属有机框架材料、石墨烯和抗肿瘤药物等进行了简单的介绍，以使读者对学科的发展趋势有一定的了解。利用现代信息技术，增加人物简介、疑难解析和知识拓展等线上内容，拓宽学生的知识面，增强学生的学习兴趣。挖掘课程中蕴含的正确的人生观、家国情怀和环保意识等思政元素，实现知识、思想与能力全方位育人的目标。

本书可作为普通高等院校化工、轻工、石油、医药、环境、食品、生物、能源、材料等各专业本科教材，也可供相关技术人员参考。

图书在版编目(CIP)数据

无机化学/周德凤，刘婧靖主编. —3版. —武汉：华中科技大学出版社，2022.7(2023.8重印)
ISBN 978-7-5680-8334-8

Ⅰ. ①无… Ⅱ. ①周… ②刘… Ⅲ. ①无机化学-高等学校-教材 Ⅳ. ①O61

中国版本图书馆CIP数据核字(2022)第097055号

无机化学(第三版) 周德凤 刘婧靖 主编
Wuji Huaxue(Di-san Ban)

策划编辑：王新华
责任编辑：王新华
封面设计：原色设计
责任校对：李 琴
责任监印：周治超
出版发行：华中科技大学出版社(中国·武汉) 电话：(027)81321913
武汉市东湖新技术开发区华工科技园 邮编：430223
录 排：华中科技大学惠友文印中心
印 刷：武汉开心印印刷有限公司
开 本：787mm×1092mm 1/16
印 张：22.5
字 数：589千字
版 次：2023年8月第3版第2次印刷
定 价：58.00元

本书若有印装质量问题，请向出版社营销中心调换
全国免费服务热线：400-6679-118 竭诚为您服务
版权所有 侵权必究

第三版前言

本书自 2007 年出版以来，在国内多所工科院校作为大学一年级的无机化学课程教材。作为教材的编者，我们在教学过程中不断发现、总结教材中存在的问题，吸取多种无机化学教材的长处，参考各类文献，力图在保持本学科知识的系统性、完整性的同时，突出重点，精选内容。在理论部分，力求深入浅出，重视基本原理的应用，避免过多的数学推导。在元素性质部分，侧重基本性质、反应规律和重要应用的论述，而对规律性比较强的主族元素，考虑到学生通过中学阶段的学习，已有一定的基础，则采取综述的方式，使学生在掌握基本知识的同时，重点培养对知识进行比较、归纳、综合、总结的能力。为了反映无机化学学科的新进展、新领域，我们在每章后选编一定的阅读材料，以尽可能使学生对无机化学学科的新成果和发展趋势有初步的了解。利用现代信息技术，增加人物简介、疑难解析和知识拓展等线上内容，拓宽学生的知识面，增强学生的学习兴趣。挖掘课程中蕴含的正确的人生观、家国情怀和环保意识等思政元素，实现知识、思想与能力全方位育人的目标。本书带 * 部分作为选修和自学内容。

本书由周德凤、刘婧靖担任主编。参加本次修订的人员如下：长春工业大学周德凤、朱晓飞、何雯雯，南华大学刘婧靖、龙双双，湖南工程学院方正军，安徽工程大学朱贤东、沈凤翠，重庆理工大学周广鹏，蚌埠学院张茂林，韩山师范学院欧阳森，宿州学院张萍花。本书由南华大学袁亚莉教授主审。本书第一版、第二版作者倾注了大量的心血，打下了良好的基础。中国科学技术大学俞书宏教授授权使用其论文（发表于 Chem. Mater.，2006，18：3599-3601）中"硫化铜 14 面体微晶"图片制作封面，在此一并表示感谢！

由于编者水平和经验有限，书中难免存在不足之处，热切希望广大同行和读者批评指正，以使本书不断得到完善。

编　者

网络增值服务使用说明

1.教师使用流程

（1）登录网址：http://yixue.hustp.com（注册时请选择教师用户）

注册 → 登录 → 完善个人信息 → 等待审核

（2）审核通过后，您可以在网站使用以下功能：

2.学员使用流程

建议学员在PC端完成注册、登录、完善个人信息的操作。

（1） PC端学员操作步骤

①登录网址：http://yixue.hustp.com（注册时请选择普通用户）

注册 → 登录 → 完善个人信息

② 查看课程资源

如有学习码，请在个人中心-学习码验证中先验证，再进行操作。

（2） 手机端扫码操作步骤

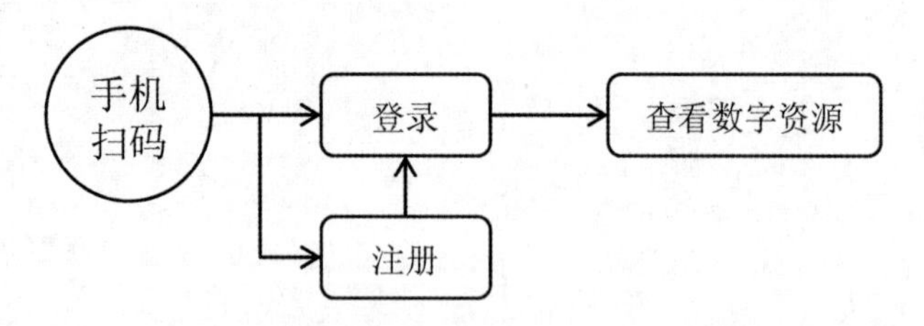

目　　录

第1章　无机化学中的计量关系

无机化学是化学的一个分支，是研究无机物组成、结构、性质和变化规律的学科。本课程的任务是介绍化学反应的基本原理、物质结构的基础理论、元素及其化合物的基本知识，以及与化学密切相关的社会热点、科技发展、学科渗透交叉等方面的知识。无机化学是高等学校化工、轻工、材料、纺织、生物、环保、冶金、地质等有关专业的一门化学基础课。本课程的学习，使学生具有科学的思维方法与解决实际问题的综合能力，同时也为后继化学课程的学习打下基础。

化学反应是化学研究的核心部分。在物质发生化学反应前，通常要对反应物质的用量进行标度(如质量、浓度等)，化学反应进行中还常伴有质量和能量(热、电、光等)的变化。因此，化学研究中要测定或计算物质的质量、溶液的浓度、反应的温度、气体的压力和体积等。本章在高中化学的基础上，引入相关物质的量浓度、化学计量数、反应进度、状态函数、标准状态、焓变等重要概念以及液体组成标度方法，以阐明化学反应中的质量关系和能量关系。

1.1　溶液组成标度

在化工生产及科学研究中，很多化学变化通常在溶液中进行。参与化学反应的物质常用溶液组成标度来进行表示和计量。溶液组成标度是指一定量溶液或溶剂中所含溶质的量，也称为溶液的浓度。溶液组成标度的表示方法很多，最常用的几种介绍如下。

1.1.1　物质的量和物质的量浓度

1. 物质的量

1971年10月举行的第14届国际计量大会决定，在国际单位制(SI制)中增加第七个基本单位——摩尔(mole)，单位符号为“mol”，是“物质的量”(amount of substance)的单位。“摩尔是一体系的物质的量，该体系中所包含的基本单元数与0.012 kg ^{12}C的原子数相同。”物质的量(符号n)用于计算指定的微观基本单元，如分子、原子、离子、电子等微观粒子或这些粒子的特定组合。

根据摩尔的定义，1 mol是0.012 kg ^{12}C中所含C原子的数目，是以0.012 kg ^{12}C中所含原子数为标准，来衡量其他物质中所含基本单元的数目。根据实验测定，0.012 kg ^{12}C中约含有6.022×10^{23}个C原子，6.022×10^{23}这个数字称为阿伏伽德罗常数(符号N_A)。因此，当某物质体系中所含基本单元的数目为N_A时，该物质体系的物质的量即为1 mol。或者说，1 mol就是6.022×10^{23}个微粒的集体。例如：

1 mol水含有6.022×10^{23}个水分子；

1 mol氢氧根离子含有6.022×10^{23}个氢氧根离子；

1 mol电子含有6.022×10^{23}个电子；

2 mol C原子含有$2\times6.022\times10^{23}$个C原子。

码1.1　人物简介

因此,物质的量是以阿伏伽德罗常数为计量单位,表示物质的基本单元数目的物理量。某物质体系中所含基本单元的数目是阿伏伽德罗常数的多少倍,则该物质体系中物质的量就是多少摩尔。

由此可见,相同物质的量的任何物质指定的基本单元,都含有相同的基本单元数。在使用摩尔这个单位时,一定要指明基本单元,否则表意不明。

2. 物质的量浓度

物质的量浓度(amount of substance concentration)定义为溶质 B 的物质的量 n_B 与溶液的体积 V 之比,用符号 c_B 表示,即

$$c_B = \frac{n_B}{V} \tag{1-1}$$

物质的量浓度的 SI 单位为 $mol \cdot m^{-3}$。

对于在溶液中进行的化学反应来说,单位 m^3 太大,不实用。在实际应用过程中,常用1 L 溶液中所含溶质 B 的物质的量来表示,其单位为摩尔每升,符号为 $mol \cdot L^{-1}$。例如,若 1 L NaCl溶液中含有 0.15 mol 的 NaCl,其浓度可表示为

$$c(NaCl) = 0.15\ mol \cdot L^{-1}$$

【例 1-1】 若把 160.00 g NaOH(s)溶于少量水中,然后将所得溶液稀释至2.0 L,试计算该溶液的物质的量浓度。

解 $M_r(NaOH) = 22.99 + 16.00 + 1.01 = 40.00$

$M(NaOH) = 40.00\ g \cdot mol^{-1}$

根据 $M = \frac{m}{n}$,有

$$n(NaOH) = \frac{m(NaOH)}{M(NaOH)} = \frac{160.00\ g}{40.00\ g \cdot mol^{-1}} = 4.00\ mol$$

$$c(NaOH) = \frac{n(NaOH)}{V} = \frac{4.00\ mol}{2.0\ L} = 2.0\ mol \cdot L^{-1}$$

广义上说,气体混合物也可视为气体溶液,其物质的量浓度的定义与真实溶液的一致,体积为气体的体积。

1.1.2 质量摩尔浓度与摩尔分数

1. 质量摩尔浓度

设溶液中各物质为 A、B、C 等,通常视量较多的物质 A 为溶剂,量较少的为溶质。若溶质 B 的量以 mol 表示,则溶质 B 的物质的量 n_B(mol)与溶剂的质量 m_A(kg)之比,称为溶质 B 的质量摩尔浓度(molality)。

$$b_B = \frac{n_B}{m_A} \tag{1-2}$$

质量摩尔浓度的 SI 单位为 $mol \cdot kg^{-1}$。

若溶质只有一种,则溶质的浓度可称为溶液的浓度;若溶质有几种,则溶液的浓度为几种溶质的浓度之和。

【例 1-2】 32.2 g 芒硝($Na_2SO_4 \cdot 10H_2O$)溶于 150 g 水中,求溶质的质量摩尔浓度。

解 $M(Na_2SO_4 \cdot 10H_2O) = 322\ g \cdot mol^{-1}$

$M(Na_2SO_4) = 142\ g \cdot mol^{-1}$

$$m_B = \frac{142\ g \cdot mol^{-1}}{322\ g \cdot mol^{-1}} \times 32.2\ g = 14.2\ g$$

$$n_B = \frac{14.2\ \text{g}}{142\ \text{g} \cdot \text{mol}^{-1}} = 0.100\ \text{mol}$$

$$m_A = 150\ \text{g} + (32.2\ \text{g} - 14.2\ \text{g}) = 168\ \text{g}$$

$$b_B = \frac{n_B}{m_A} = \frac{0.100\ \text{mol}}{168 \times 10^{-3}\ \text{kg}} = 0.595\ \text{mol} \cdot \text{kg}^{-1}$$

在很稀的水溶液中，可以近似地认为物质的量浓度与溶质的质量摩尔浓度相等。这是因为在很稀的水溶液中，溶质的质量相对于溶剂的质量来说可以忽略不计，水的密度可视为 1 $\text{kg} \cdot \text{L}^{-1}$，则水的体积（以升计）与水的质量（以千克计）在数值上相等。

2. 摩尔分数

摩尔分数(mole fraction)是指混合物中物质 B 的物质的量 n_B与混合物的总物质的量$n_总$之比，用符号 x_B表示，即

$$x_B = \frac{n_B}{n_总} \tag{1-3}$$

摩尔分数的 SI 单位为 1。

显然，溶液中各组分的摩尔分数之和等于 1，即

$$\sum_i x_i = 1$$

因为

$$x_A = \frac{n_A}{n_A + n_B + \cdots} = \frac{n_A}{n_总}$$

$$x_B = \frac{n_B}{n_A + n_B + \cdots} = \frac{n_B}{n_总}$$

$$\vdots$$

故

$$x_A + x_B + \cdots = \frac{n_A}{n_总} + \frac{n_B}{n_总} + \cdots = \frac{n_A + n_B + \cdots}{n_总} = \frac{n_总}{n_总} = 1$$

【例 1-3】 将 10 g NaOH 溶解于 90 g 水中配成溶液，则该溶液中 NaOH 和水的摩尔分数分别为多少？

解

$$n(\text{NaOH}) = \frac{10\ \text{g}}{40\ \text{g} \cdot \text{mol}^{-1}} = 0.25\ \text{mol}$$

$$n(\text{H}_2\text{O}) = \frac{90\ \text{g}}{18\ \text{g} \cdot \text{mol}^{-1}} = 5.0\ \text{mol}$$

$$x(\text{NaOH}) = \frac{0.25\ \text{mol}}{0.25\ \text{mol} + 5.0\ \text{mol}} = 0.048$$

$$x(\text{H}_2\text{O}) = \frac{5.0\ \text{mol}}{0.25\ \text{mol} + 5.0\ \text{mol}} = 0.952$$

1.1.3　其他表示方法

溶液组成标度还可以用质量分数、体积分数、质量浓度等方式表示。

1. 质量分数

溶质 B 的质量 m_B与溶液的质量 m 之比，称为溶质 B 的质量分数(mass fraction)，用符号 w_B表示，即

$$w_B = \frac{m_B}{m} \tag{1-4}$$

质量分数 w_B若用百分数表示，就是质量百分比浓度。按中华人民共和国国家标准，质量百分比浓度已改称质量分数。

2. 体积分数

在与混合气体相同温度和压力的条件下，混合气体中组分 B 单独占有的体积V_B与混合气

体总体积$V_总$之比，称为组分B的体积分数(volume fraction)，用符号φ_B表示，即

$$\varphi_B=\frac{V_B}{V_总} \tag{1-5}$$

体积分数、质量分数和摩尔分数一样，SI单位均为1。

3. *质量浓度*

溶质B的质量浓度(mass concentration)为溶质B的质量m_B与混合物的体积V之比，以ρ_B表示，即

$$\rho_B=\frac{m_B}{V} \tag{1-6}$$

4. **各浓度之间的换算**

综上所述，浓度的表示方法可以分为以下两大类。一类是用溶剂与溶质的相对量(质量或物质的量)表示，如w_B、x_B、b_B。此类浓度表示方法的优点是浓度数值不受温度影响，缺点是用天平称量液体很不方便。另一类是用一定体积溶液中所含溶质的量(物质的量、体积或质量)表示，如c_B、φ_B、ρ_B。这类浓度表示方法的缺点是溶液密度与温度变化有关，浓度数值随温度略有变化。实际工作中，根据不同的需要采用不同的浓度表示方法，它们之间都可以相互换算。现举例说明如下。

【例 1-4】 在100 mL水中，溶解17.1 g蔗糖($C_{12}H_{22}O_{11}$)，溶液的密度为1.06 g·mL^{-1}，求蔗糖的物质的量浓度、质量摩尔浓度、摩尔分数。

解 $M(C_{12}H_{22}O_{11})=342\ g\cdot mol^{-1}$

$M(H_2O)=18.0\ g\cdot mol^{-1}$

$$n(C_{12}H_{22}O_{11})=\frac{17.1\ g}{342\ g\cdot mol^{-1}}=0.050\ mol$$

$$V=\frac{17.1\ g+100\ g}{1.06\ g\cdot mL^{-1}}=110\ mL$$

$$c(C_{12}H_{22}O_{11})=\frac{n(C_{12}H_{22}O_{11})}{V}=\frac{0.050\ mol}{110\times10^{-3}\ L}=0.455\ mol\cdot L^{-1}$$

$$b(C_{12}H_{22}O_{11})=\frac{n(C_{12}H_{22}O_{11})}{m(H_2O)}=\frac{0.050\ mol}{100\times10^{-3}\ kg}=0.50\ mol\cdot kg^{-1}$$

$$n(H_2O)=\frac{100\ g}{18\ g\cdot mol^{-1}}=5.56\ mol$$

$$x(C_{12}H_{22}O_{11})=\frac{n(C_{12}H_{22}O_{11})}{n(C_{12}H_{22}O_{11})+n(H_2O)}$$

$$=\frac{0.050\ mol}{5.56\ mol+0.050\ mol}=8.91\times10^{-3}$$

【例 1-5】 物质的量浓度为1.83 mol·L^{-1}的NaCl溶液，其密度为1.07 g·mL^{-1}(283 K)，求：①质量摩尔浓度；②质量分数；③NaCl和水的摩尔分数。

解 $M(NaCl)=58.5\ g\cdot mol^{-1}$

① 1.00 L NaCl溶液中溶剂水的质量

$$m_A=1\,000\ mL\times1.07\ g\cdot mL^{-1}-1.83\ mol\times58.5\ g\cdot mol^{-1}=963\ g$$

$$b_B=\frac{n_B}{m_A}=\frac{1.83\ mol}{963\times10^{-3}\ kg}=1.90\ mol\cdot kg^{-1}$$

② $$w_B=\frac{m_B}{m}=\frac{1.83\ mol\times58.5\ g\cdot mol^{-1}}{1\,000\ mL\times1.07\ g\cdot mL^{-1}}=0.10$$

③ $$x(NaCl)=\frac{1.83\ mol}{\frac{963\ g}{18.0\ g\cdot mol^{-1}}+1.83\ mol}=0.033$$

$$x(H_2O)=1-x(NaCl)=0.967$$

1.2　气体的计量

1.2.1　理想气体模型

物质都是由分子、原子或离子构成的，这些微粒处于永不停息的运动之中。热现象是物质中大量分子无规则运动的集中表现。因此，人们把大量分子的无规则运动称为分子热运动。Brown 在 1827 年用显微镜观察到悬浮在水中的花粉不停地在做纷乱的无定向的运动，这就是所谓的 Brown 运动。Brown 运动虽不是流体分子本身的热运动，却如实地反映了流体分子热运动的情况。温度越高，Brown 运动就越剧烈。

理想气体可看作自由地、无规则地运动着的弹性球分子的集合。理想气体微观模型的基本要点如下。

(1) 气体分子的大小与气体分子间的距离相比较，可以忽略不计。

(2) 气体分子运动服从力学规律。在碰撞中，每个分子都可看作完全弹性的小球(这个假设的实质是，在一般条件下，对所有气体分子来说，力学描述近似有效，不必采用量子理论)。

(3) 因气体分子间的平均距离相当大，所以除碰撞的瞬间外，分子间相互作用力可忽略不计。

1.2.2　理想气体状态方程

从微观的角度看，气体分子的分布相当稀疏，当分子间的距离是其本身线度(10^{-10} m)的 10 倍左右时，分子与分子间的相互作用力，除了在碰撞的瞬间以外，极为微小。连续两次碰撞之间分子所经历的路程，平均约为 10^{-7} m，而分子的平均速率很大，约为 500 m · s^{-1}。因此，平均大约经过 10^{-10} s，分子与分子之间碰撞一次，即 1 s 内 1 个分子将遭到约 10^{10} 次碰撞。分子碰撞的瞬间，大约持续 10^{-13} s，这一时间远比分子自由运动所经历的平均时间要短。因此，在分子的连续两次碰撞之间，分子的运动可看作由其惯性支配的自由运动。每个分子由于不断地经受碰撞，速率的大小跳跃地改变着，运动的方向也不断地无定向地改变着，在连续两次碰撞之间自由运行的路程也长短不一，因而呈现出杂乱无章的运动。

大量分子对器壁不断碰撞，在宏观上表现为气体对器壁的压力；气体内部分子无规则运动的剧烈程度，在宏观上表现为温度的高低。在理想气体条件下，这些宏观性质遵循理想气体状态方程：

$$pV=nRT \tag{1-7}$$

式中：p 为气体的压力，单位为帕斯卡(Pa)；V 为气体的体积，单位为立方米(m^3)；n 为气体的物质的量，单位为摩尔(mol)；T 为气体的热力学温度，单位为开尔文(K)；R 为摩尔气体常数，单位为 Pa · m^3 · mol^{-1} · K^{-1} 或 J · mol^{-1} · K^{-1}，其值可依 $R=pV/(nT)$ 导出。

码 1.2　知识拓展

根据实验测得 1 mol 气体在标准状况下的体积为 0.022 414 m^3，可导出 R 值为

$$R=\frac{pV}{nT}=\frac{101.325\times10^3\ \mathrm{Pa}\times0.022\ 414\ \mathrm{m^3}}{1\ \mathrm{mol}\times273.15\ \mathrm{K}}$$

$$= 8.314\ \text{Pa}\cdot\text{m}^3\cdot\text{mol}^{-1}\cdot\text{K}^{-1}$$
$$= 8.314\ \text{J}\cdot\text{mol}^{-1}\cdot\text{K}^{-1}$$

R 的取值与 p、V 的单位有关：

p	V	R
Pa	m^3	$8.314\ \text{J}\cdot\text{mol}^{-1}\cdot\text{K}^{-1}$
Pa	L	$8\,314\ \text{Pa}\cdot\text{L}\cdot\text{mol}^{-1}\cdot\text{K}^{-1}$
atm	L	$0.082\,06\ \text{atm}\cdot\text{L}\cdot\text{mol}^{-1}\cdot\text{K}^{-1}$
		$(1\ \text{atm}=1.013\times10^5\ \text{Pa})$

实际计算时，R 通常取为 $8.314\ \text{J}\cdot\text{mol}^{-1}\cdot\text{K}^{-1}$。

气体的最基本特征是具有可压缩性和扩散性。在实际工作中对一定温度下的气体，常用气体体积或压力进行计量。在通常化学反应的变化范围内(压力不太高、温度不太低，且变化幅度都不大)，真实气体分子间的距离比较大，气体分子的体积和分子间的作用力均可忽略，可以把真实气体近似地看作分子之间没有相互吸引和排斥、分子本身的体积相对于气体所占有体积完全可以忽略的理想气体。真实气体的压力、体积、温度以及物质的量之间的关系可近似地用理想气体状态方程来描述。

【例 1-6】 在 298.15 K 的温度下，一个体积为 50 m^3 的氧气储罐的压力为 1 500 kPa，此时储罐中氧气的质量是多少？

解

$$n=\frac{pV}{RT}=\frac{1\,500\times1\,000\ \text{Pa}\times50\ \text{m}^3}{8.314\ \text{J}\cdot\text{mol}^{-1}\cdot\text{K}^{-1}\times298.15\ \text{K}}$$
$$=30.27\ \text{mol}$$

氧气的摩尔质量为 $32.00\ \text{g}\cdot\text{mol}^{-1}$，储罐中氧气的质量

$$m=30.27\ \text{mol}\times32.00\ \text{g}\cdot\text{mol}^{-1}=968.6\ \text{g}\approx0.97\ \text{kg}$$

1.2.3 理想气体分压定律

由两种或两种以上的气体混合组成的体系称为混合气体。组成混合气体的每种气体都称为该混合气体的组分气体。在气体间不发生反应的多组分混合气体中，某组分气体 B 在相同温度下占有与混合气体相同的体积时所产生的压力，称为组分气体 B 的分压(p_B)，它等于组分气体 B 对容器壁施加的压力。Dalton 总结这些实验事实，得出结论：某气体在气体混合物中产生的分压等于它单独占有整个容器时所产生的压力；气体混合物的总压($p_{总}$)等于其中各气体分压之和。此经验规律就是气体分压定律(law of partial pressure)，也称为 Dalton 分压定律。其数学表达式为

$$p_{总}=\sum_{B}p_B \tag{1-8}$$

同样，气体分压定律也体现在理想气体的状态方程中。

设在一定温度 T 下，体积为 V 的容器中装有组分气体 A、B、C，它们之间互不反应。如果组分气体 B 的物质的量和混合气体总的物质的量分别为 n_B 和 $n_{总}$，气体中某一组分的物质的量与其产生的压力成正比，混合气体总的物质的量与总压力成正比，RT/V 就是比例常数。则它们的压力分别为

$$p_B=\frac{n_BRT}{V} \tag{1-9}$$

$$p_{总}=\frac{n_{总}RT}{V} \tag{1-10}$$

式中：V 为混合气体的总体积。将上两式整理可得出

$$\frac{p_B}{p_{总}} = \frac{n_B}{n_{总}} = x_B \tag{1-11}$$

或

$$p_B = \frac{n_B}{n_{总}} p_{总} = x_B p_{总} \tag{1-12}$$

式中：x_B为组分气体B的摩尔分数。式(1-12)表明，混合气体每一组分气体的分压等于总压乘以该气体的摩尔分数。式(1-12)为气体分压定律的另一种表达形式，它表明混合气体中任一组分气体B的分压(p_B)等于该气体的摩尔分数与总压($p_{总}$)之积。

在工农业生产和实验室的实际应用中，经常用体积分数来表示混合气体的组成。因为在同温、同压下，气态物质的物质的量与它的体积成正比，所以混合气体中某一组分B的分体积V_B是该组分单独存在并具有与混合气体相同温度和压力时所占有的体积，混合气体中组分B的体积分数等于物质B的摩尔分数。

$$\frac{V_B}{V_{总}} = \frac{n_B}{n_{总}} = x_B \tag{1-13}$$

【例1-7】 有一个煤气储罐，其容积为30.0 L，27.00 ℃时内压为600 kPa。经气体分析，储罐内煤气中CO的体积分数为0.600，H_2的体积分数为0.100，其余气体的体积分数为0.300。求该储罐中CO、H_2的质量和分压。

解 已知$V=30.0\ \text{L}=0.0300\ \text{m}^3$

$p=600\ \text{kPa}=6.00\times10^5\ \text{Pa}$

$T=(273.15+27.00)\ \text{K}=300.15\ \text{K}$

$$n=\frac{pV}{RT}=\frac{6.00\times10^5\ \text{Pa}\times0.0300\ \text{m}^3}{8.314\ \text{Pa}\cdot\text{m}^3\cdot\text{mol}^{-1}\cdot\text{K}^{-1}\times300.15\ \text{K}}=7.21\ \text{mol}$$

根据式(1-13)和$m=nM$，求得

$$n(\text{CO}) = 7.21\ \text{mol}\times0.600 = 4.33\ \text{mol}$$

$$n(\text{H}_2) = 7.21\ \text{mol}\times0.100 = 0.721\ \text{mol}$$

$$m(\text{CO}) = n(\text{CO})\cdot M(\text{CO}) = 121\ \text{g}$$

$$m(\text{H}_2) = n(\text{H}_2)\cdot M(\text{H}_2) = 1.44\ \text{g}$$

再根据$p_B=\frac{V_B}{V}p$，求得

$$p(\text{CO}) = \frac{V(\text{CO})}{V}p = 0.600\times600\ \text{kPa} = 360\ \text{kPa}$$

$$p(\text{H}_2) = \frac{V(\text{H}_2)}{V}p = 0.100\times600\ \text{kPa} = 60.0\ \text{kPa}$$

分压定律适用于理想气体混合物，对低压下的真实气体混合物近似适用。

1.3　化学反应中的质量关系

1.3.1　应用化学反应方程式的计算

化学反应方程式是根据质量守恒定律，用元素符号和化学式表示化学变化中质和量关系的式子。例如，NaOH与H_2SO_4发生中和反应，生成Na_2SO_4和H_2O，可用化学反应方程式表示：

$$2NaOH+H_2SO_4 = Na_2SO_4+2H_2O$$

上式是一个已配平的化学反应方程式。它表明化学反应中各物质的物质的量之比等于其化学式前的系数之比。据此,可从已知的反应物的量计算理论产量,或从所需产量计算反应物的量。

【例 1-8】 某硫酸厂以黄铁矿(FeS_2)为原料生产 H_2SO_4,其基本反应为

$$4FeS_2+11O_2 = 2Fe_2O_3+8SO_2$$

$$2SO_2+O_2 = 2SO_3$$

$$SO_3+H_2O = H_2SO_4$$

现需生产 1.0×10^4 t 98%H_2SO_4,需投入含 S 40%的黄铁矿多少吨?

解 设生产 1.0×10^4 t 98% H_2SO_4需投入 x t 纯 FeS_2。由化学反应方程式可知

$$n(FeS_2):n(H_2SO_4)=1:2$$

$$n(FeS_2)=\frac{m(FeS_2)}{M(FeS_2)}=\frac{x\times10^6\ g}{(55.85+32.07\times2)\ g\cdot mol^{-1}}=8.33x\times10^3\ mol$$

$$n(H_2SO_4)=\frac{m(H_2SO_4)}{M(H_2SO_4)}$$

$$=\frac{1.0\times10^4\times10^6\times0.98\ g}{(1.01\times2+32.07+16.00\times4)\ g\cdot mol^{-1}}$$

$$=\frac{98\times10^8\ g}{98.09\ g\cdot mol^{-1}}=1.0\times10^8\ mol$$

根据 $n(FeS_2):n(H_2SO_4)=1:2=(8.33x\times10^3 mol):(1.0\times10^8 mol)$,得

$$x=\frac{1.0\times10^8}{8.33\times2\times10^3}=6.0\times10^3$$

即需纯 FeS_2 6.0×10^3 t。由此可计算出 6.0×10^3 t 纯 FeS_2能提供 S 的量 y 为

$$y=6.0\times10^3\times\frac{2A_r(S)}{M_r(FeS_2)}\ t=6.0\times10^3\times\frac{32.07\times2}{119.99}\ t=3.2\times10^3\ t$$

折合成含 40% S 的黄铁矿的量为

$$3.2\times10^3 t\div 40\%=8.0\times10^3\ t$$

【例 1-9】 氯碱工业用电解法制取Cl_2的化学反应方程式为

$$2NaCl+2H_2O \xrightarrow{电解} 2NaOH+H_2\uparrow+Cl_2\uparrow$$

某厂每投入 9.0×10^2 kg NaCl,制得的Cl_2在标准状况下只有 150 m^3,试计算其产率。

解 设理论上生产Cl_2的体积为 $x m^3$,则

$$2NaCl+2H_2O \xrightarrow{电解} 2NaOH+H_2\uparrow+Cl_2\uparrow$$

$$2.0\ mol \qquad\qquad 22.4\times10^{-3}m^3$$

$$n(NaCl) \qquad\qquad x\ m^3$$

$$n(NaCl)=\frac{m(NaCl)}{M(NaCl)}=\frac{9.0\times10^2\times10^3\ g}{(22.99+35.45)\ g\cdot mol^{-1}}$$

$$=\frac{9.0\times10^5}{58.44}\ mol=1.54\times10^4\ mol$$

根据化学反应方程式可列出

$$2.0\ mol:1.54\times10^4 mol=22.4\times10^{-3}m^3:x\ m^3$$

$$x=\frac{1.54\times10^4\times22.4\times10^{-3}}{2.0}=1.72\times10^2$$

即在标准状况下理论上生产出 $1.72\times10^2\ m^3$ 的 Cl_2,则

$$产率=\frac{实际产量}{理论产量}\times100\%=\frac{150\ m^3}{1.72\times10^2 m^3}\times100\%=87\%$$

1.3.2　化学计量数与反应进度

1. 化学计量数

对任一化学反应：

$$cC + dD = yY + zZ$$

移项表示

$$0 = -cC - dD + yY + zZ$$

随着化学反应的不断进行，反应物 C、D 的量持续减少，生成物 Y、Z 的量持续增加。若令

$$-c = \nu_C,\quad -d = \nu_D,\quad y = \nu_Y,\quad z = \nu_Z$$

则有

$$0 = \nu_C C + \nu_D D + \nu_Y Y + \nu_Z Z$$

此式为该反应的化学计量式的通式，可简写为

$$0 = \sum_B \nu_B B \tag{1-14}$$

式中：B 表示参加反应的物质（分子、原子、离子）；ν_B 为数字或简分数，称为物质 B 的化学计量数。化学计量数表示相应物质在反应中变化的量。ν_C、ν_D、ν_Y、ν_Z 分别为物质 C、D、Y、Z 的化学计量数。同时规定，反应物的化学计量数为负，生成物的化学计量数为正。同一化学反应中，化学计量数随化学反应方程式书写方法的不同而不同。例如，合成氨反应：

$$N_2 + 3H_2 = 2NH_3$$

移项得

$$0 = -N_2 - 3H_2 + 2NH_3 = \nu(N_2)N_2 + \nu(H_2)H_2 + \nu(NH_3)NH_3$$

$\nu(N_2) = -1$，$\nu(H_2) = -3$，$\nu(NH_3) = 2$，分别为对应于该化学反应方程式中物质 N_2、H_2、NH_3 的化学计量数，表示在该反应中每消耗 1 mol N_2、3 mol H_2，必生成 2 mol NH_3。

若该合成氨反应的化学反应方程式为

$$2N_2 + 6H_2 = 4NH_3$$

则参加该化学反应各物质的化学计量数分别为

$$\nu(N_2) = -2,\quad \nu(H_2) = -6,\quad \nu(NH_3) = 4$$

2. 反应进度

我国国家标准规定，反应进度是表示化学反应进行程度的物理量，符号为 ξ，单位为 mol。

对于反应的化学计量方程式：

$$0 = \sum_B \nu_B B$$

$$d\xi = \nu_B^{-1} dn_B \tag{1-15}$$

式中：n_B 为 B 的物质的量；ν_B 为 B 的化学计量数。若将 $d\xi = \nu_B^{-1} dn_B$ 改写为

$$dn_B = \nu_B d\xi$$

对上式从反应开始时 $\xi_0 = 0$ 的 $n_B(\xi_0)$ 到反应进度为 ξ 时的 $n_B(\xi)$ 的区间内进行定积分，可得到

$$n_B(\xi) - n_B(\xi_0) = \nu_B(\xi - \xi_0)$$

$$\Delta n_B = \nu_B \xi$$

由此可见，随着反应的进行，任一化学反应中各反应物及生成物的改变量（Δn_B）均与反应进度（ξ）及各自的化学计量数（ν_B）有关。

对产物 B 而言，若 $\xi_0 = 0$，$n_B(\xi_0) = 0$，则有

$$n_B = \nu_B \xi \tag{1-16}$$

例如，对于合成氨反应：

$$N_2 + 3H_2 = 2NH_3$$

$\nu(N_2)=-1$，$\nu(H_2)=-3$，$\nu(NH_3)=2$。当 $\xi_0=0$ 时，若有足够量的 N_2 和 H_2，而 $n(NH_3)=0$，根据 $\Delta n_B=\nu_B\xi$ 知，$\xi=\Delta n_B/\nu_B$，Δn_B 与 ξ 的对应关系如下：

	$\Delta n(N_2)$/mol	$\Delta n(H_2)$/mol	$\Delta n(NH_3)$/mol	ξ/mol
起始时刻	0	0	0	0
N_2消耗$\frac{1}{2}$mol时刻	$-\frac{1}{2}$	$-\frac{3}{2}$	1	$\frac{1}{2}$
N_2消耗 1 mol 时刻	−1	−3	2	1
N_2消耗 2 mol 时刻	−2	−6	4	2

对于同一化学反应方程式而言，反应进度(ξ)的值与选用化学反应方程式中何种物质的量的变化进行计算无关，但与方程式的书写形式有关。如果同一化学反应的方程式写法不同(化学计量数 ν_B不同)，则在物质的量变化相同的情况下，反应进度(ξ)的值不同。例如，将合成氨反应方程式书写为

$$\frac{1}{2}N_2+\frac{3}{2}H_2 = NH_3$$

	$\Delta n(N_2)$/mol	$\Delta n(H_2)$/mol	$\Delta n(NH_3)$/mol	ξ/mol
起始时刻	0	0	0	0
N_2消耗$\frac{1}{2}$mol时刻	$-\frac{1}{2}$	$-\frac{3}{2}$	1	1
N_2消耗 1 mol 时刻	−1	−3	2	2
N_2消耗 2 mol 时刻	−2	−6	4	4

当反应进度(ξ)相同时，同一反应的不同方程式对应各物质的变化量不同。例如，当 ξ 为 1 mol 时：

化学反应方程式	$\Delta n(N_2)$/mol	$\Delta n(H_2)$/mol	$\Delta n(NH_3)$/mol
$N_2+3H_2 = 2NH_3$	−1	−3	2
$\frac{1}{2}N_2+\frac{3}{2}H_2 = NH_3$	$-\frac{1}{2}$	$-\frac{3}{2}$	1

反应进度是计算化学反应中质量和能量变化以及反应速率时常用的物理量。

1.4　化学反应中的能量关系

在化学反应过程中不仅伴随着质量的变化，同时还伴随着能量的变化。例如，汽油和煤炭燃烧时会发光、发热；石灰石分解生成生石灰时要通过煅烧吸收热量才能完成；通过原电池反应可以将化学能转化成电能；通过电解、电镀可将电能转化成化学能；叶绿素在光合作用下使二氧化碳和水转化成糖类，为动植物提供生存的能量。专门研究各种形式的能量相互转化规律的学科称为热力学。利用热力学的基本原理研究化学反应变化过程中能量转换规律的学科称为化学热力学。

1.4.1　基本概念和术语

1. 体系和环境

自然界中各事物间总是相互联系的。为了对事物的个性进行研究，通常把要研究的那部

分物质或空间与其他相关的物质或空间人为地分开，被人为分开作为研究对象的那部分物质或空间称为体系（物系、系统，system），而把体系之外与研究对象（体系）有密切联系的其他物质或空间称为环境（environment）。体系和环境结合在一起，就构成了热力学中的宇宙。例如，研究在烧杯中盐酸和氢氧化钠溶液发生的酸碱中和反应时，若将盐酸和氢氧化钠溶液作为研究的体系，则与盐酸和氢氧化钠溶液有密切联系的其他部分（烧杯、溶液接触的空气等）都是环境。根据体系与环境间物质和能量的交换关系，热力学体系可分为以下三种。

敞开体系：体系与环境之间有物质交换和能量交换。

封闭体系：体系与环境之间无物质交换，有能量交换。

孤立体系：体系与环境之间无物质和能量交换。

例如，把一个盛有一定量水的广口瓶选作体系。打开瓶塞，广口瓶中的水分子可扩散到环境（广口瓶周围的空气）中，环境中的空气也可以溶入水中，同时体系还可与环境交换热量，此时体系为敞开体系；如果用瓶塞把瓶口密封，隔绝了体系与环境之间的物质交换，但体系仍可与环境交换热量，此时体系是封闭体系；如果将广口瓶进行绝热处理，广口瓶中的水分子不能扩散到环境中，环境中的空气也不能溶入水中，同时体系不能与环境交换热量，此时是孤立体系。

2. 状态和状态函数

在热力学中，体系的状态是指体系物理性质的总和。任何体系在一定条件下，都有一定的状态。一个体系的状态可由压力、体积、温度及体系内各组分的物质的量等描述体系宏观性质的物理量来决定，体系的状态就是这些性质的综合表现。当体系的所有性质都有确定的值时，体系就处于一定的状态。

用于规定或表征体系热力学状态宏观性质的量，称为体系的状态函数。一个状态函数就是体系的一种性质。在一定的状态下，状态函数具有一定的值，并且它与体系的历史无关。例如，对于一杯体积为 100 mL、温度为 300 K 的纯水而言，不管这杯纯水来自何处，是通过加热还是冷却达到 300 K，它都是一杯体积为 100 mL、温度为 300 K 的纯水。

当状态函数发生改变时，体系的状态也随之发生改变。换言之，如果一个体系前后处于两种状态，则该体系前后的状态函数也不同，并且状态函数的变化只取决于体系的始态和终态，而与变化的过程和途径无关。例如，将一定量某种气体的压力由始态 $p_1=100$ kPa 变化到终态 $p_2=200$ kPa，可以通过一次加压到达终态，也可以先加压后减压，经历两步变化到达终态。然而不管变化过程和途径如何不同，始态到终态的压力变化值是相同的，即

$$\Delta p=p_2-p_1=(200-100)\ \text{kPa}=100\ \text{kPa}$$

Δp 与体系的变化过程和途径无关。

体系的各状态函数之间往往是有联系的，通常只需确定体系的某几个状态函数，其他的状态函数也就随之而定。例如，一种理想气体，如果知道压力(p)、体积(V)、温度(T)、物质的量(n)这四个状态函数中的任意三个，就能利用理想气体状态方程($pV=nRT$)来确定第四个状态函数。

3. 热和功

热和功是体系状态发生变化时体系与环境之间能量交换（传递或转换）的两种不同形式。体系与环境之间因温度不同而交换的能量称为热（heat），用符号 Q 表示；除热以外，其他形式传递的能量统称为功（work），用符号 W 表示。功有多种形式，化学反应涉及较多的是体积功。体积功是指由于体系反抗外力作用发生体积变化而与环境交换的功，又称为膨胀功。如

气体受热对抗外压而体积从 V_1 变化至 V_2 时,体系所做的体积功可用下式计算:

$$W(\text{体积功}) = -p_{\text{外}}(V_2 - V_1) = -p_{\text{外}}\Delta V \tag{1-17}$$

除体积功以外的其他功统称为非体积功。热(Q)和功(W)的单位均以焦耳(J)或千焦耳(kJ)表示。

热力学中规定,以体系得失能量为标准,体系从环境吸热,$Q>0$,环境对体系做功,$W>0$,即 Q 和 W 为"+",表示体系的能量增加;反之,$Q<0$ 表示体系向环境放热,$W<0$ 表示体系对环境做功,即 Q 和 W 为"-",表示体系的能量减少。

热和功是体系与环境之间所传递的能量,只有在体系变化过程中才表现出来。热和功的数值不仅与体系的始态、终态有关,还与变化过程的具体途径有关,热和功在过程中才有意义,不能在某一状态下说具有多少热或功。所以热和功不是状态函数。

4. 热力学能

体系内部所含有的总能量称为体系的热力学能(也称内能),用符号 U 表示,单位为 $kJ \cdot mol^{-1}$。热力学能包括体系内部微粒(分子、原子、离子等)的内动能、分子间相互作用能(分子间位能)、分子内部具有的能量(分子内各种粒子如原子、原子核、电子等运动的能量与粒子间相互作用的能量)等。由于体系内部质点运动及相互作用很复杂,因而无法确定热力学能的绝对值。但热力学能是体系自身的属性,一定量某种物质的热力学能与物质的种类、温度、体积、压力等状态函数有关,所以热力学能也是一种状态函数,其改变量(ΔU)取决于体系的始态和终态,而与体系状态变化的过程和途径无关。

5. 热力学第一定律

能量守恒定律指出,自然界中一切物质都具有能量,能量有各种不同的形式,可以从一种形式转化为另一种形式,从一个物体传递给另一个物体,而在转化和传递过程中能量的总量不变。

若在一个封闭体系中,环境对体系做功(W),同时体系从环境吸热(Q),使其热力学能由状态 U_1 变化到状态 U_2,根据能量守恒定律,体系热力学能的变化(ΔU)为

$$\Delta U = U_2 - U_1 = Q + W \tag{1-18}$$

式(1-18)就是热力学第一定律的数学表达式。它表明封闭体系热力学能的变化等于体系吸收的热与体系从环境所得的功之和,是体系与环境之间净能量的转移。热力学第一定律为能量守恒定律在热传递过程中的具体表述。

1.4.2　反应热和反应焓变

化学反应所释放的能量是现代生活和工农业生产的主要能源,化学反应总是伴有热量的吸收或放出。利用热力学原理和方法,可以讨论和计算化学反应的能量变化。

1. 反应热

化学反应热效应简称反应热,是指某化学反应体系只做体积功,且反应后体系的温度(生成物温度)与反应前体系的温度(反应物温度)相同时,反应过程中所吸收或放出的热量。对反应热的定义具有两个前提:①反应热是生成物的温度和反应物的温度相同时的热量变化,以避免使生成物温度升高或降低所引起的热量变化混入反应热中;②化学反应体系在变化过程中只做体积功,不做其他功。

化学反应通常是在恒压条件(体系压力与环境压力相等)下进行的,恒压过程中进行的化学反应称为恒压反应,其热效应称为恒压反应热(Q_p)。

封闭体系与环境之间只有能量而无物质交换，且体系只做体积功，不做其他功。由热力学第一定律可得出

$$\Delta U = U_2 - U_1 = Q_p + W = Q_p - p(V_2 - V_1)$$

$$Q_p = (U_2 + pV_2) - (U_1 + pV_1)$$

2. 反应焓变

在化学热力学中，定义一个由 U、p、V 组合的新状态函数：

$$U + pV = H$$

H 称为焓。焓与体积、压力、热力学能等一样是体系的性质，在一定状态下每一物质都有特定的焓。因为不能测定体系热力学能的绝对值，所以也不能测得焓的绝对值。但当体系状态改变时，可测定有实际意义的焓的变化值 ΔH（称为焓变）。焓变只与体系变化的始态和终态有关，而与变化过程无关，即焓是状态函数。在恒压条件下，反应热刚好等于生成物与反应物的焓差：

$$Q_p = (U_2 + pV_2) - (U_1 + pV_1) = H_2 - H_1$$

$$Q_p = \Delta H \tag{1-19}$$

上式表明，对于封闭体系，在恒压和不做非体积功的条件下的反应热等于体系的焓变。

如果化学反应的 ΔH 为正值，表示体系从环境吸收热量，该反应为吸热反应；如果化学反应的 ΔH 为负值，表示体系向环境释放热量，该反应为放热反应。例如：

$$2HgO(s) = 2Hg(s) + O_2(g), \quad Q_p = \Delta H = +181.4\ kJ \cdot mol^{-1}$$

体系的焓值增加（$\Delta H > 0$），表示此反应为吸热反应；

$$2H_2(g) + O_2(g) = 2H_2O(g), \quad Q_p = \Delta H = -483.64\ kJ \cdot mol^{-1}$$

体系的焓值减小（$\Delta H < 0$），表示此反应为放热反应。

注意，若使 $Q_p = \Delta H$ 成立，化学反应必须具备以下条件：①在封闭体系中进行；②在等温、等压且体系只做体积功的条件下进行。

3. 热化学方程式

表示化学反应及其反应热效应关系的化学反应方程式，称为热化学方程式。书写热化学方程式时，先写出化学反应方程式，然后在方程式的右边写出相应的焓变 ΔH（大多数化学反应均在常压下进行），两者之间用逗号或分号隔开。例如，在 298.15 K 和 101.325 kPa 时：

$$H_2(g) + \frac{1}{2}O_2(g) = H_2O(l), \quad \Delta_r H_m^\ominus(298.15\ K) = -285.83\ kJ \cdot mol^{-1}$$

$$H_2(g) + \frac{1}{2}O_2(g) = H_2O(g), \quad \Delta_r H_m^\ominus(298.15\ K) = -241.82\ kJ \cdot mol^{-1}$$

$$C(石墨,s) + O_2(g) = CO_2(g), \quad \Delta_r H_m^\ominus(298.15\ K) = -393.51\ kJ \cdot mol^{-1}$$

$$C(金刚石,s) + O_2(g) = CO_2(g), \quad \Delta_r H_m^\ominus(298.15\ K) = -395.4\ kJ \cdot mol^{-1}$$

在书写热化学方程式时，需要注意以下几点。

(1) 必须注明反应的温度和压力条件（T，p），如果反应是在 1.013×10^5 Pa 和 298.15 K 下进行的，习惯上可以不注明。

(2) 必须注明反应物和生成物的聚集状态：固态(s)、液态(l)、气态(g)。

(3) 必须注明固态物质的晶型。例如，碳有石墨、金刚石、无定形等晶型。

(4) 注明反应热大小的单位为 $kJ \cdot mol^{-1}$，同一反应以不同计量数书写时其反应热效应数据不同。例如：

$$H_2(g)+\frac{1}{2}O_2(g) = H_2O(l),\quad \Delta_r H_m^{\ominus}=-285.83\ \text{kJ}\cdot\text{mol}^{-1}$$

$$2H_2(g)+O_2(g) = 2H_2O(l),\quad \Delta_r H_m^{\ominus}=-571.66\ \text{kJ}\cdot\text{mol}^{-1}$$

4. Hess 定律

反应热一般可以通过实验测得。但是,有些复杂反应的某步反应难以控制,该步反应的反应热就不易准确测定。例如,在恒温、恒压下,C 燃烧生成 CO_2 的反应热可以由实验测定,但由 C 燃烧生成 CO 的反应热很难测定,因为 C 不完全燃烧时的产物中混有少量的 CO_2。

1840 年,Hess G. H. 根据大量的实验结果总结出一条规律:在恒容或恒压下,一个化学反应若能分解成几步来完成,则总反应的焓变 $\Delta_r H$ 等于各步反应的焓变之和,此即 Hess 定律。应用 Hess 定律可以计算难以或无法用实验测定的某些化学反应的反应热,如将 C 燃烧生成 CO_2 的反应设计成两种不同的途径来完成:一种是 C 燃烧直接生成 CO_2;另一种是 C 先氧化生成 CO,再氧化成 CO_2。其途径如下所示:

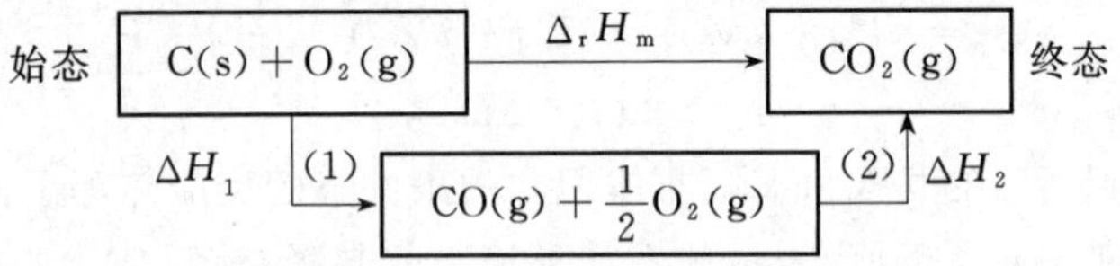

始态 $C(s)+O_2(g)$ —— $\Delta_r H_m$ ——→ $CO_2(g)$ 终态

ΔH_1 (1) ↓　　$CO(g)+\frac{1}{2}O_2(g)$　　(2) ↑ ΔH_2

在实际反应中 C 燃烧直接生成 CO_2 的反应热和 CO 燃烧直接生成 CO_2 的反应热可以通过实验直接测得。

$$C(s)+O_2(g) = CO_2(g),\quad Q_p=\Delta_r H_m=-393.51\ \text{kJ}\cdot\text{mol}^{-1}$$

$$CO(g)+\frac{1}{2}O_2(g) = CO_2(g),\quad Q_2=\Delta H_2=-282.98\ \text{kJ}\cdot\text{mol}^{-1}$$

根据 Hess 定律有

$$\Delta_r H_m=\Delta H_1+\Delta H_2$$

则

$$\begin{aligned} Q_1=\Delta H_1&=\Delta_r H_m-\Delta H_2\\ &=[(-393.51)-(-282.98)]\ \text{kJ}\cdot\text{mol}^{-1}\\ &=-110.53\ \text{kJ}\cdot\text{mol}^{-1}\end{aligned}$$

应用 Hess 定律进行计算,可以得到某些恒压反应热,同时可以减少大量实验测定工作。

1.4.3 标准摩尔焓变及其计算

1. 标准摩尔生成焓

由稳定单质生成 1 mol 物质 B 时的焓变称为物质 B 的摩尔生成焓。

在指定温度 T 下,由处于标准状态的各种元素的最稳定单质生成标准状态下 1 mol 某纯物质时的热效应,称为该温度下该纯物质的标准摩尔生成焓,简称标准生成焓,以符号 $\Delta_f H_m^{\ominus}$ 表示,其单位为 $\text{kJ}\cdot\text{mol}^{-1}$。

在 $\Delta_f H_m^{\ominus}$ 符号中,f 是生成(formation)之意,$\ominus$ 表示物质处于标准状态,m 表示摩尔。处于标准状态下的各元素的最稳定单质的标准生成焓为零。

关于标准生成焓的概念,必须注意以下几点。

(1) 同种元素不同形式的单质的稳定性不同。标准生成焓特指由最稳定单质生成化合物时的热效应(焓变)。例如,碳有三种同素异形体:金刚石、石墨和无定形碳。其中石墨是最稳定的。

(2) 生成的化合物以 1 mol 为基准。

(3) 热力学中规定的标准状态是指体系各物质处于标准压力(100 kPa)下的状态,对于溶液中的溶质,标准状态是浓度为 1 mol·L^{-1}的理想溶液。标准状态的温度 T 不具体指定时,一般用 298.15 K。

2. 标准摩尔燃烧焓

由 1 mol 物质 B 完全燃烧生成指定产物时的焓变称为物质 B 的摩尔燃烧焓。

在温度 T 下,由处于标准状态的 1 mol 物质 B 完全氧化成指定产物时的热效应,称为该温度下该物质的标准摩尔燃烧焓,简称标准燃烧焓,以符号 $\Delta_c H_m^\ominus$表示,其单位为 kJ·mol^{-1}。

在 $\Delta_c H_m^\ominus$符号中,c 是燃烧(combustion)之意,⊖表示物质处于标准状态,m 表示摩尔。

处于标准状态下的指定产物($C \rightarrow CO_2(g)$,$H \rightarrow H_2O(l)$)的标准燃烧焓为零。

关于标准燃烧焓的概念,必须注意以下几点。

(1) 物质 B 可以是单质或化合物。标准燃烧焓指物质 B 燃烧生成指定产物时的热效应。指定产物通常规定为:$C \rightarrow CO_2(g)$,$H \rightarrow H_2O(l)$,$S \rightarrow SO_2(g)$,$N \rightarrow N_2(g)$,$Cl \rightarrow HCl(aq)$,金属→游离态。

(2) 物质 B 以 1 mol 为基准。

3. 标准摩尔焓变的计算

在标准状态条件下反应的摩尔焓变称为反应的标准摩尔焓变,以符号$\Delta_r H_m^\ominus$表示,单位为 kJ·mol^{-1}。

根据标准生成焓的定义,应用 Hess 定律可以很方便地计算出反应的标准摩尔焓变。对于任何一个反应 $a\text{A}+b\text{B} = g\text{G}+d\text{D}$,在 298.15 K 时反应的标准摩尔焓变 $\Delta_r H_m^\ominus(298.15\ \text{K})$可按下式求得:

$$\Delta_r H_m^\ominus=[g\Delta_f H_m^\ominus(\text{G})+d\Delta_f H_m^\ominus(\text{D})]-[a\Delta_f H_m^\ominus(\text{A})+b\Delta_f H_m^\ominus(\text{B})]$$

化学反应的 $\Delta_r H_m^\ominus$等于各生成物的标准生成焓之和减去各反应物的标准生成焓之和,引入化学计量数 ν,可简写成

$$\Delta_r H_m^\ominus= \sum_i \upsilon_i \Delta_f H_m^\ominus(\text{生成物}) + \sum_j \upsilon_j \Delta_f H_m^\ominus(\text{反应物}) \tag{1-20}$$

根据标准燃烧焓的定义,应用 Hess 定律也可以计算出反应的标准摩尔焓变。

$$\Delta_r H_m^\ominus=[a\Delta_c H_m^\ominus(\text{A})+b\Delta_c H_m^\ominus(\text{B})]-[g\Delta_c H_m^\ominus(\text{G})+d\Delta_c H_m^\ominus(\text{D})]$$

化学反应的 $\Delta_r H_m^\ominus$等于各反应物的标准燃烧焓之和减去各生成物的标准燃烧焓之和,引入化学计量数 υ,可简写成

$$\Delta_r H_m^\ominus=- \sum_i \upsilon_i \Delta_c H_m^\ominus(\text{生成物}) - \sum_j \upsilon_j \Delta_c H_m^\ominus(\text{反应物}) \tag{1-21}$$

应用以上两公式时应注意以下几点。

(1) $\Delta_r H_m^\ominus$的计算是体系终态各物质的 $\Delta_f H_m^\ominus(298.15\ \text{K})$之和减去始态各物质的$\Delta_f H_m^\ominus(298.15\ \text{K})$之和,或者始态各物质的 $\Delta_c H_m^\ominus(298.15\ \text{K})$之和减去终态各物质的 $\Delta_c H_m^\ominus(298.15\ \text{K})$之和,切勿颠倒。

(2) 公式中应包括反应中涉及的各种物质,必须考虑其聚集状态。物质的聚集状态不同,其 $\Delta_f H_m^\ominus(298.15\ \text{K})$和 $\Delta_c H_m^\ominus(298.15\ \text{K})$不同。

(3) 不要遗漏化学反应方程式中的化学计量数(g、d、$-a$、$-b$)。

$\Delta_r H_m^\ominus$的数值与化学反应方程式的写法有关。因此,在写 $\Delta_r H_m^\ominus(298.15\ \text{K})$的数值时,应指明与之相关的化学反应方程式。例如:

$$\frac{1}{2}N_2(g)+\frac{3}{2}H_2(g) = NH_3(g),\quad \Delta_r H_m^\ominus(298.15\ K)=-46.1\ kJ\cdot mol^{-1}$$

$$N_2(g)+3H_2(g) = 2NH_3(g),\quad \Delta_r H_m^\ominus(298.15\ K)=-92.2\ kJ\cdot mol^{-1}$$

(4) 有的反应是吸热反应,有的反应是放热反应,所以各种物质的 $\Delta_f H_m^\ominus$ 值有正、负之分,运算过程中不可忽略正、负号。

(5) $\Delta_r H_m^\ominus(298.15\ K)$ 随温度的改变不大,在近似估算中,往往近似地将 $\Delta_r H_m^\ominus(298.15\ K)$ 作为其他温度 T 时的 $\Delta_r H_m^\ominus(T)$,即

$$\Delta_r H_m^\ominus(T)\approx\Delta_r H_m^\ominus(298.15\ K)$$

【例 1-10】 利用标准生成焓数据,求合成氨触媒的还原反应的 $\Delta_r H_m^\ominus(298.15\ K)$。

解 查附录可知

	$Fe_3O_4(s)$ +	$4H_2(g)$ =	$3Fe(s)$ +	$4H_2O(g)$
$\Delta_f H_m^\ominus(298.15\ K)/(kJ\cdot mol^{-1})$	−1 118.4	0	0	−241.82

根据式(1-20)得

$$\begin{aligned}\Delta_r H_m^\ominus(298.15\ K)&=[3\Delta_f H_m^\ominus(Fe,s,298.15\ K)+4\Delta_f H_m^\ominus(H_2O,g,298.15\ K)]\\&\quad-[\Delta_f H_m^\ominus(Fe_3O_4,s,298.15\ K)+4\Delta_f H_m^\ominus(H_2,g,298.15\ K)]\\&=[3\times0+4\times(-241.82)-(-1\ 118.4+4\times0)]\ kJ\cdot mol^{-1}\\&=151.12\ kJ\cdot mol^{-1}\end{aligned}$$

【例 1-11】 求反应(4) $SO_3(g)+H_2O(l) = H_2SO_4(l)$ 的 $\Delta_r H_{m(4)}^\ominus$。

(1) $S(s)+\frac{3}{2}O_2(g) = SO_3(g)$, $\Delta_r H_{m(1)}^\ominus=-395.72\ kJ\cdot mol^{-1}$

(2) $H_2(g)+\frac{1}{2}O_2(g) = H_2O(l)$, $\Delta_r H_{m(2)}^\ominus=-285.83\ kJ\cdot mol^{-1}$

(3) $H_2(g)+S(s)+2O_2(g) = H_2SO_4(l)$, $\Delta_r H_{m(3)}^\ominus=-813.99\ kJ\cdot mol^{-1}$

解 (4)=(3)−(2)−(1)

所以 $\Delta_r H_{m(4)}^\ominus=\Delta_r H_{m(3)}^\ominus-\Delta_r H_{m(2)}^\ominus-\Delta_r H_{m(1)}^\ominus$

$$\begin{aligned}&=[-813.99-(-285.83)-(-395.72)]\ kJ\cdot mol^{-1}\\&=-132.44\ kJ\cdot mol^{-1}\end{aligned}$$

[化学博览]

特种陶瓷

特种陶瓷也称精细陶瓷或先进陶瓷,具有特殊的化学、物理及力学性能,广泛应用于现代化的工业加工、制造和高精尖科学技术行业。由于特种陶瓷的生产工艺、原料、化学组成、组织结构和传统陶瓷相比具有很大的不同,因此和传统陶瓷相比,特种陶瓷具有许多特殊的性质和优异的功能,如更高的强度、硬度、韧性、绝缘性,更耐高温、氧化、腐蚀和磨耗等。

传统陶瓷一般以天然硅酸盐矿物(如黏土、长石、石英砂等)为原料,而特种陶瓷通常以碳化物、硼化物、氮化物、氧化物、硅化物等人工合成化合物为原料。由于所用原料不同,传统陶瓷通常含有较多杂质且化学组成复杂多样、结构不均,多为多孔结构,一般用于日常生活和建筑行业,而特种陶瓷化学组成纯度高、结构致密、烧结温度较高(1200～2200 ℃),且生产时主要采用真空烧结、热压等先进工艺,完全不同于传统陶瓷的炉窑式生产手段。

高度精选的原料和先进的生产工艺,赋予特种陶瓷更加优良的物理和力学性质,以及更加卓越的化学性能,某些性能甚至远超优质合金和高分子材料。例如,特种陶瓷在高温反应容器

和核反应堆中被用作耐高温隔热材料，在机械加工中被用作机床和轴承耐磨材料，在超大规模集成电路中被用作导热材料等。

随着生物医学和生物化学等新兴学科的快速发展，特种陶瓷被用作人工骨骼、牙齿和关节等的研究也逐渐引起人们的关注。相信在不久的将来，特种陶瓷的制造工艺将更加完善，其微观结构将更加精细，在工业、航天、军事等领域和日常生活中的应用将更加广泛。

习　题

1. 热力学第一定律的数学表达式适用于何种体系？

2. 在什么情况下单质的 $\Delta_f H_m^\ominus$ 等于零？

3. 某体系吸热 2.15 kJ，同时环境对体系做功 1.88 kJ，此时体系热力学能的改变量 ΔU 为多少？

4. 已知 HF(g)的标准生成焓 $\Delta_f H_m^\ominus = -271.1\ \text{kJ} \cdot \text{mol}^{-1}$，求反应 $H_2(g)+F_2(g) = 2HF(g)$ 的 $\Delta_r H_m^\ominus$。

5. 计算下列变化过程中，体系热力学能的变化值。

(1) 体系放出 50 kJ 热量，并对环境做了 30 kJ 功。

(2) 体系吸收 50 kJ 热量，环境对体系做了 30 kJ 功。

(3) 体系吸收 30 kJ 热量，并对环境做了 50 kJ 功。

(4) 体系放出 30 kJ 热量，环境对体系做了 50 kJ 功。

6. 某汽缸中有气体 1.20 L，从环境中吸收了 800 J 热量后，在恒压(97.3 kPa)下体积膨胀到1.50 L，试计算体系热力学能的变化(ΔU)。

7. 在恒温条件下，已知反应 $B \longrightarrow A$ 的反应热为 $\Delta_r H_{m(1)}^\ominus$，反应 $B \longrightarrow C$ 的反应热为 $\Delta_r H_{m(2)}^\ominus$，求反应 $A \longrightarrow C$ 的反应热。

8. 判断下列各种说法是否正确。

(1) 标准状态是指在一个标准大气压下，温度为 293.15 K 时的状态。

(2) 在恒温下，由最稳定的单质间反应，生成单位物质的量的某物质的焓变，称为该物质的标准生成焓。

(3) 体系的焓变等于恒压反应热。

(4) 因为反应焓变的单位是 $\text{kJ} \cdot \text{mol}^{-1}$，所以热化学方程式的系数不影响反应的焓变。

(5) 因为碳酸钙分解是吸热的，所以它的标准生成焓为负值。

(6) 最稳定的单质的焓值等于零。

9. 用热化学方程式表示下列内容：在 25 ℃及标准状态下，每氧化 1 mol $NH_3(g)$时生成 NO(g)和 $H_2O(g)$，并将放热 226.2 kJ。

10. 已知 298.15 K 时以下各反应的焓变：

$$C(\text{石墨},s)+O_2(g) = CO_2(g),\quad \Delta_r H_{m(1)}^\ominus = -393.51\ \text{kJ} \cdot \text{mol}^{-1}$$

$$H_2(g)+\frac{1}{2}O_2(g) = H_2O(l),\quad \Delta_r H_{m(2)}^\ominus = -285.83\ \text{kJ} \cdot \text{mol}^{-1}$$

$$C_3H_8(g)+5O_2(g) = 3CO_2(g)+4H_2O(l),\quad \Delta_r H_{m(3)}^\ominus = -2\ 220.07\ \text{kJ} \cdot \text{mol}^{-1}$$

计算反应 $3C(\text{石墨},s)+4H_2(g) = C_3H_8(g)$ 的 $\Delta_r H_m^\ominus$。

11. 光合作用反应为 $6CO_2(g)+6H_2O(g) = C_6H_{12}O_6(s)+6O_2(g)$。已知：$\Delta_f H_m^\ominus(CO_2,g) = -393.51\ \text{kJ} \cdot \text{mol}^{-1}$，$\Delta_f H_m^\ominus(H_2O,g) = -241.82\ \text{kJ} \cdot \text{mol}^{-1}$，$\Delta_r H_m^\ominus = -2\ 802\ \text{kJ} \cdot \text{mol}^{-1}$。求葡萄糖($C_6H_{12}O_6$)的$\Delta_f H_m^\ominus(C_6H_{12}O_6,s)$。

12. 容器内装有温度为 37 ℃、压力为 1.00×10^6 Pa 的 O_2 100 g，由于漏气，经过若干时间后，压力降为原来的一半，温度降为 27 ℃。计算

(1) 容器的容积；

(2) 漏出 O_2 的质量。

13. 2.00 mol 理想气体在 350 K 和 152 kPa 条件下,经恒压冷却至体积为 35.0 L,此过程放出 1 260 J 热量。试计算

(1) 起始体积;(2) 体系做功;(3) 终态温度;(4) 热力学能的变化;(5) 焓变。

14. 铝热法反应如下:

$$8Al(s)+3Fe_3O_4(s) = 4Al_2O_3(s)+9Fe(s)$$

(1) 利用 $\Delta_f H_m^{\ominus}$ 数据计算恒压反应热;

(2) 在此反应中若用去 267.0 g Al,能释放多少热量?

15. 已知下列热化学方程式:

$$C(石墨,s)+O_2(g) = CO_2(g), \quad Q_p=-393.51\ kJ\cdot mol^{-1}$$

$$H_2(g)+\frac{1}{2}O_2(g) = H_2O(l), \quad Q_p=-285.83\ kJ\cdot mol^{-1}$$

$$C_2H_6(g)+\frac{7}{2}O_2(g) = 2CO_2(g)+3H_2O(l), \quad Q_p=-1\ 559.9\ kJ\cdot mol^{-1}$$

不用查表,计算由石墨和 $H_2(g)$ 化合生成 1 mol $C_2H_6(g)$ 的恒压反应热。

第2章 化学反应的方向、速率和限度

研究化学反应面临关键的三大问题:①化学反应是否能够发生(即化学反应进行的方向);②化学反应进行的快慢(即化学反应速率的大小);③化学反应进行的限度(即化学平衡)。这几个理论问题的研究在化工生产中对反应条件的选择、生产效率和产品质量的提高以及原料消耗的降低等均有指导意义。本章通过介绍反应熵变、反应 Gibbs 自由能变、活化能及平衡常数等概念,着重讨论化学反应的方向、限度以及化学反应速率的一般规律。

2.1 化学反应的方向

对一个化学反应在某种条件下能否发生,在什么条件下有可能按预期方向进行,我们是否可以寻求一种客观的依据来判断?从理论上确立一个化学反应方向的判据,这是本节要讨论的核心问题。

2.1.1 自发过程

自然界发生的过程都有一定的方向性。联系日常生活经验和化学的基础知识,可以举出许多实例。例如,热可以自动地从高温物体传递到与之接触的低温物体,水总是自动地从高处流向低处,氢气和氧气化合生成水,铁在潮湿的空气中易生成铁锈,等等。这些在一定条件下不需外界做功,一经引发就能自动进行的过程称为自发过程(若为化学过程则称为自发反应),自发过程的逆过程称为非自发过程。非自发过程不会自动发生,但在外界做功的前提下可以发生。例如,冷冻机可以利用电能将热从低温物体传递到高温物体,水泵可以借助做机械功将水从低处输送到高处,水可以通过电解变成氢气和氧气,采用高温焦炭还原的方法可使铁锈转化为铁。同时必须注意,能自发进行的反应的反应速率并不一定很大。事实上,有些自发反应的反应速率很小。例如,氢气和氧气化合生成水的反应在室温下其反应速率很小,几乎可以认为不发生反应,但若有催化剂或点火引发则可剧烈反应。

自发反应进行的方向和限度问题,是科学研究和生产实践中极为重要的理论问题之一。例如,水的分解反应

$$2H_2O\ (l) = 2H_2(g) + O_2(g)$$

是获得氢能源的理想途径。如果确定了此反应在指定条件下可以自发进行,而且反应限度又较大,就可以集中精力寻找能引发这个反应的催化剂或其他有效方法来促成该反应的实现。如果确定了此反应在任何合理的温度和压力条件下均为非自发反应,则不必为该方案浪费精力。

码 2.1 知识拓展

不难看出,在上述自发过程的例子中之所以自发过程是单向进行的,通常是由于体系内部存在某种性质的差别(如温度差 ΔT 等),过程总是向着消除这些差值的方向进行。换言之,这些差值就是推动过程自动发生的原因和动力。那么,化学反应自发进行的原因和动力究竟是什么呢?

2.1.2 影响化学反应方向的因素

化学反应能否自发进行与化学反应的焓变和熵变有关。

1. 化学反应的焓变

自然界的自发过程一般朝着能量降低的方向进行。例如,将一小球投入碗中,小球不断地滚动,直至动能消失后静止于碗底,处于势能最低的状态。化学反应放热后,体系能量降低。许多放热反应能自发地进行,例如:

$$H_2(g)+\frac{1}{2}O_2(g)=\!=\!=H_2O(l),\quad \Delta_r H_m^\ominus=-285.83\ kJ\cdot mol^{-1}$$

$$3Fe(s)+2O_2(g)=\!=\!=Fe_3O_4(s),\quad \Delta_r H_m^\ominus=-1\ 118.4\ kJ\cdot mol^{-1}$$

因此,有人曾试图以反应的焓变($\Delta_r H_m$)作为反应自发性的判据,认为在恒温、恒压条件下:

当 $\Delta_r H_m<0$ 时,化学反应自发进行;

当 $\Delta_r H_m>0$ 时,化学反应不能自发进行。

但是,实践表明,有些吸热反应 ($\Delta_r H_m>0$)也能自发进行。例如,NH_4Cl 的溶解和 Ag_2O 的分解:

$$NH_4Cl(s)=\!=\!=NH_4^+(aq)+Cl^-(aq),\quad \Delta_r H_m^\ominus=14.7\ kJ\cdot mol^{-1}$$

$$Ag_2O(s)=\!=\!=2Ag(s)+\frac{1}{2}O_2(g),\quad \Delta_r H_m^\ominus=31.05\ kJ\cdot mol^{-1}$$

又如高温下碳酸钙的分解:

$$CaCO_3(s)=\!=\!=CaO(s)+CO_2(g),\quad \Delta_r H_m^\ominus=178.32\ kJ\cdot mol^{-1}$$

该反应在室温下不是自发的,但在 1 123 K 以上能自发进行,此时反应的焓变仍近似等于 $178.32\ kJ\cdot mol^{-1}$(温度对焓变影响甚小)。

以上这些吸热反应($\Delta_r H_m>0$)在一定条件下均能自发进行,说明放热($\Delta_r H_m<0$)只是有助于反应自发进行的因素之一,而不是唯一的因素。当温度升高时,另外一个因素将变得更为重要,在热力学中,决定反应自发性的另一个状态函数是熵。

2. 化学反应的熵变

在探寻自发变化判据的研究中,发现许多自发的吸热反应有混乱程度增加的趋向。例如,NH_4Cl 晶体中的 NH_4^+ 和 Cl^-,在晶体中的排列是整齐、有序的。NH_4Cl晶体投入水中后,形成水合离子并在水中扩散。在 NH_4Cl 溶液中,无论是 $NH_4^+(aq)$、$Cl^-(aq)$还是水分子,它们的分布情况比 NH_4Cl 溶解前要混乱得多。

又如 Ag_2O 的分解过程,不但物质的种类和物质的量增多,更重要的是产生了热运动自由度很大的气体,整个物质体系的混乱程度增大了。

因此,体系有趋向于最大混乱度的倾向,体系混乱度增大有利于反应自发地进行。

为了表明体系内组成物质的粒子运动的混乱程度,在热力学中引入一个新的物理量——熵(entropy),用符号 S 表示,即熵是体系混乱度(或无序度)的量度。体系(或物质)的混乱度越大,对应的熵值就越大,反之亦然。体系的混乱度是体系本身所处状态的特征之一。体系的状态确定后,混乱度也就确定了,从而熵就有确定的值。一旦体系的混乱度改变,则体系的状态也随之改变,故熵是体系的状态函数。

0 K 时,一个完整无损的纯净晶体,其组分粒子(原子、分子或离子)都处于完全有序的排

列状态，因此，可以认为纯物质的完整、有序晶体在 0 K 时的熵值为零，即

$$S_0(\text{完整晶体}) = 0$$

以此为基础，可以确定其他温度下物质的熵值(S_T)。

如果将某纯物质晶体从 0 K 升温到任一温度(T)，并测量此过程的熵变(ΔS)，则

$$\Delta S = S_T - S_0 = S_T - 0 = S_T$$

S_T即为该纯物质在温度 T 时的熵。某单位物质的量的纯物质在标准状态下的熵值称为标准摩尔熵($S_m^\ominus$)，单位为 $J \cdot mol^{-1} \cdot K^{-1}$。通常手册中给出一些常见物质的标准摩尔熵($S_m^\ominus$)。显然，即使是纯净单质在 298.15 K 时的 $S_m^\ominus$也不为零。

熵值的大小是和物质内部结构的有序程度相关联的。通过对某些物质标准摩尔熵值的分析，可以看出以下几点规律。

(1) 对同一物质而言，固态时熵值最小，液态时较高，气态时最高，即 $S_m^\ominus(s) < S_m^\ominus(l) < S_m^\ominus(g)$。

(2) 对同一聚集态来说，温度升高，热运动增加，体系的混乱度增大，熵值也随之变大。对于气态物质，压力降低时，体积增大，粒子在较大空间里运动，将更为混乱，故有 $S_{\text{高温}} > S_{\text{低温}}$，$S_{\text{低压}} > S_{\text{高压}}$。

(3) 对不同物质，熵值大小与其组成和结构有关。一般来说，粒子越大，结构越复杂，其运动情况也越复杂，混乱度就越大，熵值也越大。

熵与焓一样，也是一种状态函数，故化学反应的熵变($\Delta_r S_m$)与反应焓变($\Delta_r H_m$)的计算原则相同，只取决于反应的始态和终态，而与变化的途径无关。因此，应用标准摩尔熵($S_m^\ominus$)的数值可以算出化学反应的标准摩尔反应熵变 ($\Delta_r S_m^\ominus$)，即

$$\Delta_r S_m^\ominus = \sum_i \nu_i S_m^\ominus(\text{生成物}) + \sum_j \nu_j S_m^\ominus(\text{反应物}) \tag{2-1}$$

即一个反应的 $\Delta_r S_m^\ominus$等于生成物标准熵的总和与反应物标准熵的总和之代数和。

【例 2-1】 试计算反应 $2SO_2(g) + O_2(g) \rightleftharpoons 2SO_3(g)$在 298.15 K 时的标准摩尔熵变($\Delta_r S_m^\ominus$)，并判断该反应的熵值是增加还是减小。

解　由附录 D 查得

	$2SO_2(g)$	$+O_2(g)$	$\rightleftharpoons 2SO_3(g)$
$S_m^\ominus/(J \cdot mol^{-1} \cdot K^{-1})$	248.22	205.138	256.76

$$\begin{aligned}\Delta_r S_m^\ominus &= \sum_i \nu_i S_m^\ominus(\text{生成物}) + \sum_j \nu_j S_m^\ominus(\text{反应物}) \\ &= 2S_m^\ominus(SO_3) + [(-2) \times S_m^\ominus(SO_2) + (-1) \times S_m^\ominus(O_2)] \\ &= [2 \times 256.76 + (-2 \times 248.22 - 205.138)]\ J \cdot mol^{-1} \cdot K^{-1} \\ &= -188.06\ J \cdot mol^{-1} \cdot K^{-1}\end{aligned}$$

$\Delta_r S_m^\ominus < 0$，故在 298.15 K 下该反应的熵值减小。

虽然自然界的某些自发过程(或反应)，常有增大体系混乱度的倾向，但是正如不能仅用化学反应的焓变作为反应自发性的普遍判据一样，单纯用体系的熵变来作为自发性的普遍判据也是有缺陷的。例如，$SO_2(g)$氧化为 $SO_3(g)$的反应在 298.15 K、标准状态下是一个自发反应，但其 $\Delta_r S_m^\ominus < 0$；又如水转化为冰的过程，其 $\Delta_r S_m^\ominus < 0$，但在 $T < 273.15$ K 的条件下是自发过程。可见，过程(或反应)的自发性不仅与焓变和熵变有关，而且与温度条件有关。

3. 化学反应的 Gibbs 自由能变——热化学反应方向的判据

19 世纪中期，美国著名的物理化学家 Gibbs J. W. 综合体系焓变、熵变和温度三者的关

系，提出一个新的状态函数变量，称为 Gibbs 自由能①变量（简称 Gibbs 自由能变或 Gibbs 函变），以 ΔG 表示。Gibbs 证明：在等温、等压条件下，反应的摩尔 Gibbs 自由能变($\Delta_r G_m$)与摩尔反应焓变($\Delta_r H_m$)、摩尔反应熵变($\Delta_r S_m$)和温度之间有如下关系：

$$\Delta_r G_m = \Delta_r H_m - T\Delta_r S_m \tag{2-2}$$

式(2-2)称为 Gibbs 公式。它是化学热力学中极为有用的公式之一。

Gibbs 提出：在等温、等压的封闭体系内，不做非体积功的前提下，反应的摩尔 Gibbs 自由能变 $\Delta_r G_m$可作为热化学反应自发过程的判据。

码 2.2 人物简介

$\Delta_r G_m < 0$，自发过程，化学反应可正向进行；

$\Delta_r G_m = 0$，平衡状态；

$\Delta_r G_m > 0$，非自发过程，化学反应可逆向进行。

可见，在等温、等压、不做非体积功的条件下，体系可自发地由 Gibbs 自由能高的状态转化到 Gibbs 自由能低的状态；随着过程的发展，ΔG 的绝对值渐渐减小，过程的自发性渐渐减弱，直至最后，$\Delta G=0$，达到平衡状态。在等温、等压的封闭体系内，只做体积功的前提下，任何自发过程总是朝着 Gibbs 自由能 G 减小的方向进行。

由式(2-2)可以看出，温度对化学反应的 $\Delta_r G_m$有明显影响。相对来说，不少化学反应的 $\Delta_r H_m$和 $\Delta_r S_m$随温度变化的改变值小得多，在本教材内一般不考虑温度对 $\Delta_r H_m$和 $\Delta_r S_m$的影响，但不能忽略温度对 $\Delta_r G_m$ 的影响。对于不同的化学反应，由于 $\Delta_r H_m$和 $\Delta_r S_m$值的符号不同，$\Delta_r G_m$随温度(T)变化存在如表 2-1 所示的四种情况。

表 2-1 化学反应的热力学类型

类型	符号			反应情况	实例
	$\Delta_r H_m$	$\Delta_r S_m$	$\Delta_r G_m$		
负正型	−	+	−	任何温度下均为自发反应	$H_2(g)+F_2(g) \rightleftharpoons 2HF(g)$
正负型	+	−	+	任何温度下均为非自发反应	$CO(g) \rightleftharpoons C(s)+\frac{1}{2}O_2(g)$
正正型	+	+	常温(+) 高温(−)	常温下为非自发反应 高温下为自发反应	$CaCO_3(s) \rightleftharpoons CaO(s)+CO_2(g)$
负负型	−	−	常温(−) 高温(+)	常温下为自发反应 高温下为非自发反应	$NH_3(g)+HCl(g) \rightleftharpoons NH_4Cl(s)$

2.1.3 热化学反应方向的判断

1. 标准摩尔 Gibbs 自由能变($\Delta_r G_m^\ominus$)的计算和反应方向的判断

温度一定时，某化学反应在标准状态下按照反应计量式完成由反应物到产物的转化，相应的 Gibbs 自由能的变化称为反应的标准摩尔 Gibbs 自由能变，以$\Delta_r G_m^\ominus$表示，则在标准状态下，式(2-2)变为

$$\Delta_r G_m^\ominus = \Delta_r H_m^\ominus - T\Delta_r S_m^\ominus \tag{2-3}$$

$\Delta_r G_m^\ominus$可根据式(2-3)计算，此外还可由标准生成自由能计算。在标准状态下，由最稳定的纯单质生成单位物质的量的某物质时，其 Gibbs 自由能变称为该物质的标准生成自由能（见附

① Gibbs 自由能(G)又称 Gibbs 函数，定义为 $G=H-TS$，G 也为状态函数。

录D)，单位是 $kJ \cdot mol^{-1}$。在任何温度下，最稳定的纯单质(如石墨、银、铜、氢气等)的标准生成自由能均为零。

反应的摩尔 Gibbs 自由能变($\Delta_r G_m$)与摩尔反应焓变($\Delta_r H_m$)、摩尔反应熵变($\Delta_r S_m$)的计算原则相同。在标准状态下，反应的标准摩尔 Gibbs 自由能变($\Delta_r G_m^\ominus$)等于生成物的标准摩尔生成自由能的总和与反应物的标准摩尔生成自由能的总和之代数和，即

$$\Delta_r G_m^\ominus = \sum_i \nu_i \Delta_f G_m^\ominus(\text{生成物}) + \sum_j \nu_j \Delta_f G_m^\ominus(\text{反应物}) \tag{2-4}$$

由于一般热力学数据表中，只能查到 $\Delta_f G_m^\ominus(298.15\ K)$，即 298.15 K 时的标准摩尔生成自由能数据，根据式(2-4)只能计算 298.15 K 时的 $\Delta_r G_m^\ominus$。要计算 $T \neq 298.15$ K 时的 $\Delta_r G_m^\ominus$，可根据式(2-3)得出近似式：

$$\Delta_r G_m^\ominus \approx \Delta_r H_m^\ominus(298.15\ K) - T\Delta_r S_m^\ominus(298.15\ K) \tag{2-5}$$

显然，在等温、等压下，反应在标准状态时自发进行的判据为

$$\Delta_r G_m^\ominus < 0$$

【例 2-2】 试判断在 298.15 K、标准状态下，反应 $CaCO_3(s) \rightleftharpoons CaO(s) + CO_2(g)$ 能否自发进行。

由附录D查得

	$CaCO_3(s)$ $\rightleftharpoons$	$CaO(s)$ +	$CO_2(g)$
$\Delta_f G_m^\ominus/(kJ \cdot mol^{-1})$	−1 128.79	−604.03	−394.359
$\Delta_f H_m^\ominus/(kJ \cdot mol^{-1})$	−1 206.92	−635.09	−393.51
$S_m^\ominus/(J \cdot mol^{-1} \cdot K^{-1})$	92.9	39.75	213.74

解法一

$$\begin{aligned}\Delta_r G_m^\ominus &= [\Delta_f G_m^\ominus(CaO) + \Delta_f G_m^\ominus(CO_2)] + [(-1)\times\Delta_f G_m^\ominus(CaCO_3)] \\ &= [(-604.03)+(-394.359)]\ kJ \cdot mol^{-1} + [(-1)\times(-1\ 128.79)]\ kJ \cdot mol^{-1} \\ &= 130.4\ kJ \cdot mol^{-1} > 0\end{aligned}$$

解法二

$$\begin{aligned}\Delta_r H_m^\ominus &= [\Delta_f H_m^\ominus(CaO) + \Delta_f H_m^\ominus(CO_2)] + [(-1)\times\Delta_f H_m^\ominus(CaCO_3)] \\ &= [(-635.09)+(-393.51)]\ kJ \cdot mol^{-1} + [(-1)\times(-1\ 206.92)]\ kJ \cdot mol^{-1} \\ &= 178.32\ kJ \cdot mol^{-1}\end{aligned}$$

$$\begin{aligned}\Delta_r S_m^\ominus &= [S_m^\ominus(CaO) + S_m^\ominus(CO_2)] + [(-1)\times S_m^\ominus(CaCO_3)] \\ &= (39.75+213.74)\ J \cdot mol^{-1} \cdot K^{-1} + [(-1)\times 92.9]\ J \cdot mol^{-1} \cdot K^{-1} \\ &= 160.59\ J \cdot mol^{-1} \cdot K^{-1}\end{aligned}$$

$$\Delta_r G_m^\ominus(298.15\ K) = \Delta_r H_m^\ominus(298.15\ K) - T\Delta_r S_m^\ominus(298.15\ K)$$

$$\begin{aligned}\Delta_r G_m^\ominus &= (178.32 - 298.15\times160.59\times10^{-3})\ kJ \cdot mol^{-1} \\ &= 130.4\ kJ \cdot mol^{-1} > 0\end{aligned}$$

在 298.15 K 和标准状态下，反应不能自发进行。

2. 非标准摩尔 Gibbs 自由能变($\Delta_r G_m$)的计算和反应方向的判断

$\Delta_r G_m^\ominus$能用来判断在标准状态下反应的方向，实际应用中，反应混合物很少处于相应的标准状态。反应进行时，气态物质的分压和溶液中溶质的浓度均在不断变化之中，直至达到平衡时 $\Delta_r G_m = 0$。$\Delta_r G_m$不仅与温度有关，而且与体系的组成有关。因此，从热力学数据表中直接查出或计算出来的 298.15 K 和标准状态下的$\Delta_r G_m^\ominus(298.15\ K)$的数据，不能用于其他温度与压力条件下，必须进行修正。

用热力学理论可以推导出，在等温、等压及非标准状态下，对任一反应：

$$aA + bB \rightleftharpoons yY + zZ$$

$$\Delta_r G_m = \Delta_r G_m^\ominus + RT\ln J \tag{2-6}$$

式(2-6)称为化学反应的等温方程式,其中 $\Delta_r G_m$ 是温度 T 时非标准状态反应 Gibbs 自由能变,$\Delta_r G_m^\ominus$ 是温度 T 时的标准状态反应 Gibbs 自由能变,J 称为反应商。对于气体反应,J 的定义如下:

$$J = \frac{[p(Y)/p^\ominus]^y \cdot [p(Z)/p^\ominus]^z}{[p(A)/p^\ominus]^a \cdot [p(B)/p^\ominus]^b} \tag{2-7}$$

式中:标准状态压力 $p^\ominus = 100$ kPa;$p(i)$ 为各种气态物质在任意给定状态下的分压。

若为溶液中的反应,则

$$J = \frac{[c(Y)/c^\ominus]^y \cdot [c(Z)/c^\ominus]^z}{[c(A)/c^\ominus]^a \cdot [c(B)/c^\ominus]^b} \tag{2-8}$$

式中:标准浓度 $c^\ominus = 1\ \mathrm{mol \cdot L^{-1}}$;$c(i)$ 为各种物质在任意给定状态下的浓度。纯固态或纯液态物质处于标准状态时,其 $c(i)$ 在 J 的计算式中不出现。

注:当反应涉及气液两相时,在反应商 J 的表达式中,将气态物质表达成相对压力形式,液态物质表达成相对浓度形式即可。对于可逆反应

$$aA(aq) + bB(aq) \rightleftharpoons yY(g) + zZ(aq)$$

有

$$J = \frac{[p(Y)/p^\ominus]^y \cdot [c(Z)/c^\ominus]^z}{[c(A)/c^\ominus]^a \cdot [c(B)/c^\ominus]^b}$$

【例 2-3】 计算在 723 K、非标准状态下,下面反应的 $\Delta_r G_m$,并判断反应自发进行的方向。

$$2SO_2(g) + O_2(g) \rightleftharpoons 2SO_3(g)$$

分压/Pa　1.0×10^4　1.0×10^4　1.0×10^8

解 依据 $\Delta_r G_m = \Delta_r G_m^\ominus + RT\ln J$ 进行判断。

	$2SO_2(g)$ +	$O_2(g) \rightleftharpoons$	$2SO_3(g)$
分压/Pa	1.0×10^4	1.0×10^4	1.0×10^8
$\Delta_f H_m^\ominus/(\mathrm{kJ\cdot mol^{-1}})$	−296.83	0	−395.72
$S_m^\ominus/(\mathrm{J\cdot mol^{-1}\cdot K^{-1}})$	248.22	205.138	256.76

$$\begin{aligned}\Delta_r H_m^\ominus &= 2\Delta_f H_m^\ominus(SO_3) + [(-2)\times\Delta_f H_m^\ominus(SO_2) + (-1)\times\Delta_f H_m^\ominus(O_2)]\\ &= [2\times(-395.72)+(-2)\times(-296.83)]\ \mathrm{kJ\cdot mol^{-1}}\\ &= -197.78\ \mathrm{kJ\cdot mol^{-1}}\end{aligned}$$

$$\begin{aligned}\Delta_r S_m^\ominus &= 2\Delta_f S_m^\ominus(SO_3) + [(-2)\times\Delta_f S_m^\ominus(SO_2) + (-1)\times\Delta_f S_m^\ominus(O_2)]\\ &= [2\times256.76+(-2)\times248.22+(-1)\times205.138]\ \mathrm{kJ\cdot mol^{-1}}\\ &= -188.06\ \mathrm{J\cdot mol^{-1}\cdot K^{-1}}\end{aligned}$$

$$\begin{aligned}\Delta_r G_m^\ominus(723\ \mathrm{K}) &= \Delta_r H_m^\ominus(723\ \mathrm{K}) - T\Delta_r S_m^\ominus(723\ \mathrm{K})\\ &\approx \Delta_r H_m^\ominus(298.15\ \mathrm{K}) - T\Delta_r S_m^\ominus(298.15\ \mathrm{K})\\ &= [-197.78 - 723\times(-188.06\times10^{-3})]\ \mathrm{kJ\cdot mol^{-1}}\\ &= -61.81\ \mathrm{kJ\cdot mol^{-1}}\end{aligned}$$

$$\begin{aligned}RT\ln J &= 8.314\times723\times\ln\frac{[p(SO_3)/p^\ominus]^2}{[p(SO_2)/p^\ominus]^2[p(O_2)/p^\ominus]}\\ &= 8.314\times723\times\ln\frac{(1.0\times10^8)^2\times(1.0\times10^5)}{(1.0\times10^4)^2\times(1.0\times10^4)}\ \mathrm{J\cdot mol^{-1}}\\ &= 124\,568.0\ \mathrm{J\cdot mol^{-1}}\\ &= 124.57\ \mathrm{kJ\cdot mol^{-1}}\end{aligned}$$

$$\Delta_r G_m = \Delta_r G_m^{\ominus} + RT\ln J = (-61.81 + 124.57)\ \text{kJ} \cdot \text{mol}^{-1} = 62.76\ \text{kJ} \cdot \text{mol}^{-1}$$

$\Delta_r G_m > 0$，反应自发向左进行。

判断在等温、等压且处于任意状态下反应进行方向的判据是 $\Delta_r G_m$。但是从热力学数据表中查到的数据只能直接计算出 $\Delta_r G_m^{\ominus}$。在等温方程中 $\ln J$ 往往比较小，J 对 $\Delta_r G_m$ 的影响不十分显著。根据经验，在通常情况下，只要 $\Delta_r G_m^{\ominus}$ 的绝对值足够大，则 $\Delta_r G_m^{\ominus}$ 与 $\Delta_r G_m$ 的符号往往是一致的，可直接用 $\Delta_r G_m^{\ominus}$ 估计化学反应的方向。

此外必须注意，使用 $\Delta_r G_m$ 判据有以下三个前提。

(1) 反应体系必须是封闭体系，反应过程中体系与环境之间不得有物质的交换，如不断加入反应物或移除生成物等。

(2) 反应体系必须不做非体积功(或者不受外界如"场"的影响)。例如：

$$H_2O(l) = H_2(g) + \frac{1}{2}O_2(g), \quad \Delta_r G_m > 0$$

依据热力学原理此反应不能自发进行，但如果采用电解的方法(环境对体系做电功)，则可使其向右进行。

(3) $\Delta_r G_m$ 判据只适用于判断在某特定温度、压力条件下反应的可能性，不能说明其他温度和压力条件下反应的可能性。

同时必须注意，反应的热力学可能性与反应速率大小是两回事。例如：

$$H_2(g) + \frac{1}{2}O_2(g) = H_2O(l)$$

在 298.15 K、标准状态下，$\Delta_r G_m(298.15\ \text{K}) = -237.13\ \text{kJ} \cdot \text{mol}^{-1} < 0$，按理说反应能自发向右进行，但因反应速率极小而实际上可认为不发生反应，若有催化剂或点火引发则可剧烈反应。

2.2　化学反应的限度

任何化学反应在一定条件下都存在一个不可超越的最大限度。这个客观存在的规律对指导化工生产具有重要意义。按照这个规律可计算不同反应条件下的理论产率，以判断生产中实际的效率。若实际产率与理论值已十分接近，那么即使产率很低，也不必再进行毫无价值的实验。

2.2.1　化学平衡

在同一条件下，既能按化学反应方程式从左向右进行，又能从右向左进行的化学反应称为可逆反应。几乎所有的化学反应都是可逆的，只是程度不同而已。有些反应向某方向进行的程度远大于逆反应，这种反应称为不可逆反应。

在可逆反应中，当 $\Delta_r G_m = 0$ 时，反应达平衡，这时正、逆反应速率相等，反应体系中各物质的量不再随时间而改变。只要外界条件不变，这种状态就一直保持不变。这种状态就称为化学平衡状态。化学反应达到平衡状态是在给定条件下化学反应所能进行的最大限度。

2.2.2　平衡常数

1. 标准平衡常数

化学反应达到平衡状态时，反应的摩尔自由能变 $\Delta_r G_m$ 等于零。因此，在一定温度下，化

学反应等温方程式(2-6)可以改写为

$$\Delta_r G_m^\ominus(T) + RT\ln J_{平衡} = 0$$

定义平衡状态下的 $J_{平衡} = K^\ominus$,移项得

$$\Delta_r G_m^\ominus(T) = -RT\ln K^\ominus = -2.303RT\lg K^\ominus \tag{2-9}$$

$$\ln K^\ominus = \frac{-\Delta_r G_m^\ominus}{RT} \tag{2-10}$$

显然,在一定温度(T)下,式中的 $\Delta_r G_m^\ominus(T)$、R 和 T 都是定值,即 $K^\ominus$ 是一个常数。这一常数称为标准平衡常数。

$K^\ominus$ 的表达式在形式上与 J 是一样的,但表达式中各物质的浓度是平衡状态的浓度:

$$K^\ominus = \frac{[c(Y)/c^\ominus]^y \cdot [c(Z)/c^\ominus]^z}{[c(A)/c^\ominus]^a \cdot [c(B)/c^\ominus]^b} \tag{2-11}$$

气体反应的标准平衡常数用气体分压表示,同理,此时表达式中各物质的分压为平衡状态的分压:

$$K^\ominus = \frac{[p(Y)/p^\ominus]^y \cdot [p(Z)/p^\ominus]^z}{[p(A)/p^\ominus]^a \cdot [p(B)/p^\ominus]^b} \tag{2-12}$$

式(2-11)和式(2-12)称为标准平衡常数表达式,$K^\ominus$ 是无量纲的或量纲为 1 的量。由上面两式可知,对于同一类型反应,在给定条件下,$K^\ominus$ 越大,表示正反应进行得越完全。因此,标准平衡常数是衡量一定温度下化学反应所能达到的限度的特征常数。关于标准平衡常数 $K^\ominus$,必须注意如下几点。

(1) 从式(2-10)可知,标准平衡常数是温度的函数,温度不变,标准平衡常数不变。

(2) 从式(2-11)和式(2-12)可知,对于一个特定的反应体系,在一定温度下,无论化学平衡是如何达成的,达到平衡时每一物质的浓度或每一气体的分压可能大小不同,但各物质浓度之间或各气体分压之间的关系,必定受到标准平衡常数的制约。

(3) 在同一温度下,标准平衡常数的具体数值是与化学反应方程式的写法相关的,化学反应方程式的写法不同,表达式中的指数不同,标准平衡常数的值也不同。

(4) 固体、纯液体和稀溶液的溶剂等浓度不发生明显变化的物质,不列入标准平衡常数表达式。

(5) 反应体系同时有液相和气相参与时,标准平衡常数 $K^\ominus$ 表达式中气相用平衡时的相对压力,液相用平衡时的相对浓度表示。如对于反应:

$$S^{2-}(aq) + 2H_2O(l) \rightleftharpoons H_2S(g) + 2OH^-(aq)$$

有

$$K^\ominus = \frac{[p(H_2S)/p^\ominus] \cdot [c(OH^-)/c^\ominus]^2}{c(S^{2-})/c^\ominus}$$

2. 实验平衡常数

利用热力学数据可以获得标准平衡常数。事实上,通过现代物理方法不难测得混合气体或混合溶液中各组分的分压或浓度,因此,通过实验可直接测定平衡常数,实验测得的平衡常数称为实验平衡常数或经验平衡常数。

例如,500 ℃时,密闭容器内催化合成氨:

$$N_2(g) + 3H_2(g) \rightleftharpoons 2NH_3(g)$$

改变反应的初始浓度,测定达到平衡状态时氢气、氮气和氨气的浓度,测定的数据按下式计算,计算结果列于表 2-2。可见,K 值几乎为常数。

$$K=\frac{[c(NH_3)]^2}{[c(N_2)]\cdot[c(H_2)]^3}$$

表 2-2　500 ℃下合成氨实验测定的平衡浓度与实验平衡常数

$c(H_2)/(mol\cdot L^{-1})$	$c(N_2)/(mol\cdot L^{-1})$	$c(NH_3)/(mol\cdot L^{-1})$	$K=\frac{[c(NH_3)]^2}{[c(N_2)]\cdot[c(H_2)]^3}$
1.15	0.75	0.261	5.98×10^{-2}
0.51	1.00	0.087	6.05×10^{-2}
1.35	1.15	0.412	6.00×10^{-2}
2.43	1.85	1.27	6.08×10^{-2}
1.47	0.75	0.376	5.93×10^{-2}
			平均值 6.0×10^{-2}

对于任意气体反应：

$$aA+bB\rightleftharpoons yY+zZ$$

实验平衡常数 K 可表示为浓度平衡常数 K_c，也可表示为分压平衡常数 K_p。

$$K_c=\frac{[c(Y)]^y\cdot[c(Z)]^z}{[c(A)]^a\cdot[c(B)]^b}\tag{2-13}$$

$$K_p=\frac{[p(Y)]^y\cdot[p(Z)]^z}{[p(A)]^a\cdot[p(B)]^b}\tag{2-14}$$

这两种常数可相互换算，表示如下：

$$K_p=K_c(RT)^{\Delta n}\tag{2-15}$$

式中：$\Delta n=(y+z)-(a+b)$。实验平衡常数不同于标准平衡常数，量纲不一定等于 1，或者说可能有单位。例如，对于上述合成氨反应，$K_c=6.0\times10^{-2}\ mol^{-2}\cdot L^2$。还需注意的是，按式(2-15)进行换算求取 K_p 时，由于 R 的取值问题，得到的 K_p 的数据可能与标准平衡常数 $K^\ominus$ 的数值不同。例如，当取 $R=8.314\ L\cdot kPa\cdot mol^{-1}\cdot K^{-1}$ 时：

$$\begin{aligned}K_p&=K_c(RT)^{\Delta n}=K_c\cdot(8.314\ L\cdot kPa\cdot mol^{-1}\cdot K^{-1}\times500\ K)^{-2}\\&=3.5\times10^{-9}\ (kPa)^{-2}\end{aligned}$$

若换算成标准平衡常数，需乘以$(100\ kPa)^2$，即

$$\begin{aligned}K^\ominus&=[p(NH_3)/p^\ominus]^2\cdot[p(H_2)/p^\ominus]^{-3}\cdot[p(N_2)/p^\ominus]^{-1}\\&=[p(NH_3)]^2\cdot[p(H_2)]^{-3}\cdot[p(N_2)]^{-1}\cdot(p^\ominus)^2\\&=K_p\cdot(p^\ominus)^2\\&=3.5\times10^{-9}\ (kPa)^{-2}\times100^2\ (kPa)^2=3.5\times10^{-5}\end{aligned}$$

尽管 R 取值不同所得实验平衡常数的具体数值不同，但求得的标准平衡常数是完全相同的，这正是标准平衡常数的方便之处。还需注意的是，气体的浓度平衡常数必须换算成分压平衡常数后才能求得标准平衡常数，这是由气相系统的标准平衡常数的定义决定的。

3. 多重平衡规则

在化学实践中，常有多个化学反应组合起来形成的一个新的反应。例如，在常温下：

(1) $H_2O\ (l)+\frac{1}{2}O_2(g)\rightleftharpoons H_2O_2(aq)$，　$\Delta_rG^\ominus_{m(1)}=116.779\ kJ\cdot mol^{-1}$

(2) $Zn(s)+\frac{1}{2}O_2(g) \rightleftharpoons ZnO(s)$，　$\Delta_r G^{\ominus}_{m(2)}=-318.3\ kJ \cdot mol^{-1}$

反应(1)的标准摩尔 Gibbs 自由能变 $\Delta_r G^{\ominus}_{m(1)}>0$，表明在热力学标准状态下该反应在常温下没有自发向右进行的趋势。若在一个体系里两个反应同时发生，组合成一个新的反应，而且达到平衡，就有

(3) $H_2O(l)+Zn(s)+O_2(g) \rightleftharpoons ZnO(s)+H_2O_2(aq)$

显然反应　(1)+(2)=(3)

由 Hess 定律可知　　$\Delta_r G^{\ominus}_{m(1)}+\Delta_r G^{\ominus}_{m(2)}=\Delta_r G^{\ominus}_{m(3)}$

据 $\Delta_r G^{\ominus}_m(T)=-RT\ln K^{\ominus}$ 可导得

$$K_1^{\ominus} \cdot K_2^{\ominus}=K_3^{\ominus}$$

由此可见，当几个反应式相加(或相减)得到另一个反应式时，其平衡常数即等于几个反应的平衡常数的乘积(或商)，这个规则称为多重平衡规则。

根据多重平衡规则，应用若干已知反应的平衡常数，可求得某个或某些其他反应的平衡常数，而无须一一通过实验求得。但需注意的是，反应加和时若改写了化学反应方程式，应取与其对应的化学反应方程式的 $\Delta_r G^{\ominus}_m$ 和平衡常数。

2.2.3　化学平衡的计算

可以利用平衡常数来计算化学反应体系中有关物质的浓度和某一反应物的平衡转化率(理论转化率)，从而在理论上计算欲达到一定转化率所需的合理原料配比。平衡转化率(α)的定义：化学反应达平衡时，某反应物已转化的量与起始时该反应物的总量之比。

$$\alpha=\frac{\text{某反应物已转化的量}}{\text{反应开始时该反应物的总量}}\times 100\%$$

若反应前后体积不变，又可表示为

$$\alpha=\frac{\text{反应物起始浓度}-\text{反应物平衡浓度}}{\text{反应物起始浓度}}\times 100\%$$

转化率越大，表示正反应进行的程度越大。$K^{\ominus}$ 越大，往往 α 也越大。但转化率与反应体系的起始状态有关，而且必须明确指明是反应物中哪种物质的转化率。

【例 2-4】 763.8 K 时，反应 $H_2(g)+I_2(g) \rightleftharpoons 2HI(g)$ 的 $K_c=45.7$。

(1) 反应开始时 H_2 和 I_2 的浓度均为 $1.00\ mol \cdot L^{-1}$，求反应达平衡时各物质的平衡浓度及 I_2 的平衡转化率。

(2) 如要求平衡时有 90% I_2 转化为 HI，则开始时 I_2 和 H_2 应按怎样的浓度比混合？

解　(1) 设达平衡时 $c(HI)=x\ mol \cdot L^{-1}$，则

	$H_2(g)$	+	$I_2(g)$	$\rightleftharpoons$	$2HI(g)$
起始浓度/($mol \cdot L^{-1}$)	1.00		1.00		0
变化浓度/($mol \cdot L^{-1}$)	$-x/2$		$-x/2$		$+x$
平衡浓度/($mol \cdot L^{-1}$)	$1.00-x/2$		$1.00-x/2$		x

$$K_c=\frac{[c(HI)]^2}{c(H_2)\cdot c(I_2)}=\frac{x^2}{(1.00-x/2)(1.00-x/2)}=45.7$$

$$x=1.54$$

平衡时各物质的浓度为　$c(HI)=1.54\ mol \cdot L^{-1}$

$c(H_2)=c(I_2)=(1.00-1.54/2)\ mol \cdot L^{-1}=0.23\ mol \cdot L^{-1}$

I_2 的变化浓度 $=-x/2=-0.77\ mol \cdot L^{-1}$

I_2的平衡转化率 $\alpha=(0.77/1.00)\times100\%=77\%$

(2) 设开始时 $c(H_2)=x\ mol\cdot L^{-1}$, $c(I_2)=y\ mol\cdot L^{-1}$,则

$$H_2(g)\ +\ I_2(g)\ \rightleftharpoons\ 2HI(g)$$

	$H_2(g)$	$I_2(g)$	$2HI(g)$
起始浓度/$(mol\cdot L^{-1})$	x	y	0
平衡浓度/$(mol\cdot L^{-1})$	$x-0.9y$	$y-0.9y$	$1.8y$

$$K_c=\frac{[c(HI)]^2}{c(H_2)\cdot c(I_2)}=\frac{(1.8y)^2}{(x-0.9y)(y-0.9y)}=45.7$$

$$x:y=1.6:1.0$$

若开始时 H_2和 I_2以 1.6∶1.0 的浓度比混合,I_2 的平衡转化率可达 90%。

【例 2-5】 在 5.00 L 容器中装有等物质的量的 $PCl_3(g)$和 $Cl_2(g)$。在 523 K 下,反应 $PCl_3(g)+Cl_2(g)\rightleftharpoons PCl_5(g)$ 达平衡时,$p(PCl_5)=p^{\ominus}$,$K^{\ominus}=0.767$,求

(1) 开始装入的 PCl_3和 Cl_2的物质的量。

(2) PCl_3的平衡转化率。

解 (1) 设 $PCl_3(g)$及 $Cl_2(g)$ 始态的分压为 x Pa,则

$$PCl_3(g)+Cl_2(g)\rightleftharpoons PCl_5(g)$$

	$PCl_3(g)$	$Cl_2(g)$	$PCl_5(g)$
起始分压/Pa	x	x	0
平衡分压/Pa	$x-p$	$x-p$	p

$$K^{\ominus}=\frac{[p/p^{\ominus}]}{[(x-p)/p^{\ominus}]\cdot[(x-p)/p^{\ominus}]}$$

$$0.767=\frac{1}{[(x-10^5)/10^5]^2}$$

$$x=214\ 155$$

$$n(PCl_3)=n(Cl_2)=\frac{pV}{RT}=\frac{214\ 155\ Pa\times5.00\times10^{-3}\ m^3}{8.314\ Pa\cdot m^3\cdot K^{-1}\times523\ K}=0.246\ mol$$

(2)
$$\alpha(PCl_3)=\frac{p^{\ominus}}{x}\times100\%=\frac{10^5\ Pa}{214\ 155\ Pa}\times100\%=47.0\%$$

【例 2-6】 在恒温、恒容下,GeO(g)与 $W_2O_6(g)$反应生成 $GeWO_4(g)$:$2GeO(g)+W_2O_6(g)\rightleftharpoons 2GeWO_4(g)$。若反应开始时,GeO 和 W_2O_6的分压均为 100.0 kPa,平衡时$GeWO_4(g)$的分压为 98.0 kPa。求平衡时 GeO 和 W_2O_6的分压以及反应的标准平衡常数。

解

	$2GeO(g)$	$+\ W_2O_6(g)$	$\rightleftharpoons\ 2GeWO_4(g)$
起始分压/kPa	100.0	100.0	0
变化分压/kPa	−98.0	−98.0 /2	98.0
平衡分压/kPa	100.0−98.0	100.0−98.0/2	98.0

$$p(GeO)=(100.0-98.0)\ kPa=2.0\ kPa$$

$$p(W_2O_6)=(100.0-98.0/2)\ kPa=51.0\ kPa$$

$$K^{\ominus}=\frac{[p(GeWO_4)/p^{\ominus}]^2}{[p(GeO)/p^{\ominus}]^2\cdot[p(W_2O_6)/p^{\ominus}]}$$

$$=\frac{(98.0/100)^2}{(2.0/100)^2\times(51.0/100)}$$

$$=4.7\times10^3$$

【例 2-7】 已知反应

(1) $H_2(g)+S(s)\rightleftharpoons H_2S(g)$的 $K^{\ominus}_{(1)}=1.0\times10^{-3}$;

(2) $S(s)+O_2(g)\rightleftharpoons SO_2(g)$的 $K^{\ominus}_{(2)}=5.0\times10^6$;

(3) $H_2(g)+\frac{1}{2}O_2(g)\rightleftharpoons H_2O(g)$ 的 $K^{\ominus}_{(3)}=5\times10^{21}$。

计算反应　(4) $2H_2S(g)+SO_2(g)\rightleftharpoons 3S(s)+2H_2O(g)$ 的标准平衡常数 $K^{\ominus}_{(4)}$。

解　反应(3)×2－(2)－(1)×2,即

$$2\{H_2S(g) \rightleftharpoons H_2(g)+S(s)\} \qquad [K^{\ominus}_{(1)}]^{-2}$$

$$SO_2(g) \rightleftharpoons S(s)+O_2(g) \qquad [K^{\ominus}_{(2)}]^{-1}$$

$$+)\quad 2\left\{H_2(g)+\frac{1}{2}O_2(g) \rightleftharpoons H_2O(g)\right\} \qquad [K^{\ominus}_{(3)}]^{2}$$

加和得　$$2H_2S(g)+SO_2(g) \rightleftharpoons 3S(s)+2H_2O(g)$$

故
$$\begin{aligned} K^{\ominus}_{(4)} &= [K^{\ominus}_{(1)}]^{-2} \cdot [K^{\ominus}_{(2)}]^{-1} \cdot [K^{\ominus}_{(3)}]^{2} \\ &= (1.0\times10^{-3})^{-2}\times(5.0\times10^{6})^{-1}\times(5\times10^{21})^{2} \\ &= 5\times10^{42} \end{aligned}$$

2.3　化学平衡的移动

一切平衡都只是相对和暂时的,外界条件的改变会对平衡状态产生影响。因外界条件改变而使可逆反应从一种平衡状态向另一种平衡状态转变的过程,称为化学平衡的移动。可逆反应达平衡时,$\Delta_r G_m=0$,$J=K^{\ominus}$。因此一切能导致$\Delta_r G_m$或 J 值发生变化的外界条件(浓度、压力、温度等)都会使平衡发生移动。

2.3.1　浓度对化学平衡的影响

在一定温度下,当一个可逆反应达平衡后,无论改变反应物还是生成物的浓度,都会引起平衡移动。对于某一可逆反应:

$$aA+bB \rightleftharpoons yY+zZ$$

在一定温度下,根据式(2-6)和式(2-9)可得

$$\Delta_r G_m=-RT\ln K^{\ominus}+RT\ln J=RT\ln\frac{J}{K^{\ominus}} \tag{2-16}$$

对比 J 和 $K^{\ominus}$的大小,可以判断体系中的反应是否达到平衡,以及平衡将向哪个方向移动,即

$\Delta_r G_m<0$,　$J<K^{\ominus}$,平衡正向移动;

$\Delta_r G_m>0$,　$J>K^{\ominus}$,平衡逆向移动;

$\Delta_r G_m=0$,　$J=K^{\ominus}$,达到平衡状态。

显然只有当 $J=K^{\ominus}$时,体系才处于平衡状态,此时对应的各物质的浓度为平衡浓度。体系达平衡后,如果增大反应物的浓度或减小生成物的浓度,会导致 $J<K^{\ominus}$,平衡将向正反应方向移动,移动的结果使 J 增大,直至 J 重新等于 $K^{\ominus}$,体系又建立新的平衡。反之,如果增大生成物的浓度或减小反应物的浓度,则 $J>K^{\ominus}$,平衡向逆反应方向移动。总之,增大(或减小)某物质(生成物或反应物)的浓度,平衡将向着减小(或增大)该物质浓度的方向移动。

【例 2-8】　含 0.100 $mol\cdot L^{-1}$ Ag^+、0.100 $mol\cdot L^{-1}$ Fe^{2+}、0.010 $mol\cdot L^{-1}$ Fe^{3+} 的溶液中发生反应:

$$Fe^{2+}(aq)+Ag^+(aq) \rightleftharpoons Fe^{3+}(aq)+Ag(s),\quad K^{\ominus}=2.98$$

(1) 判断反应进行的方向;

(2) 计算平衡时 Ag^+、Fe^{2+}、Fe^{3+} 的浓度;

(3) 计算 Ag^+ 的转化率;

(4) 计算 $c(Ag^+)$、$c(Fe^{3+})$不变,$c(Fe^{2+})=0.300$ $mol\cdot L^{-1}$时 Ag^+ 的转化率。

解　(1)
$$J=\frac{[c(Fe^{3+})/c^{\ominus}]}{[c(Fe^{2+})/c^{\ominus}]\cdot[c(Ag^+)/c^{\ominus}]}=\frac{0.010}{0.100\times0.100}=1.00$$

$J<K^{\ominus}$，反应向右进行。

(2) 设 Fe^{3+} 的变化浓度为 $x\ mol \cdot L^{-1}$，则

	Fe^{2+}	+	Ag^{+}	$\rightleftharpoons$	Fe^{3+}	+ Ag
起始浓度/($mol \cdot L^{-1}$)	0.100		0.100		0.010	
变化浓度/($mol \cdot L^{-1}$)	$-x$		$-x$		x	
平衡浓度/($mol \cdot L^{-1}$)	$0.100-x$		$0.100-x$		$0.010+x$	

$$K^{\ominus}=\frac{[c(Fe^{3+})/c^{\ominus}]}{[c(Fe^{2+})/c^{\ominus}]\cdot[c(Ag^{+})/c^{\ominus}]}=\frac{0.010+x}{(0.100-x)^{2}}=2.98$$

$$x=0.013$$

$$c(Fe^{3+})=(0.010+0.013)\ mol \cdot L^{-1}=0.023\ mol \cdot L^{-1}$$

$$c(Fe^{2+})=c(Ag^{+})=(0.100-0.013)\ mol \cdot L^{-1}=0.087\ mol \cdot L^{-1}$$

(3)
$$\alpha(Ag^{+})=\frac{x}{0.100}=\frac{0.013}{0.100}=13\%$$

(4) 设此时 Ag^{+} 的转化率为 α'，则

	$Fe^{2+}(aq)$	+	$Ag^{+}(aq)$	$\rightleftharpoons$	$Fe^{3+}(aq)$	$+Ag(s)$
新平衡浓度/($mol \cdot L^{-1}$)	$0.300-0.100\alpha'$		$0.100-0.100\alpha'$		$0.010+0.100\alpha'$	

$$K^{\ominus}=\frac{0.010+0.100\alpha'}{(0.300-0.100\alpha')(0.100-0.100\alpha')}=2.98$$

$$\alpha'=38.1\%$$

可见增大某反应物的浓度，可使平衡向正反应方向移动，且使另一反应物的转化率提高。

2.3.2　压力对化学平衡的影响

对气相反应，同样可以用反应商 J、标准平衡常数 $K^{\ominus}$ 来判断压力对平衡移动方向的影响。通常说压力对平衡的影响往往是指体系总压对平衡的影响。有气态物质参加的反应总压的改变使所有组分气体的分压同等程度地改变。例如，已达平衡的化学反应：

$$aA(g)+bB(g)\rightleftharpoons yY(g)+zZ(g)$$

在一定温度下，若总压增大 m 倍，则

$$J=\frac{[mp(Y)/p^{\ominus}]^{y}\cdot[mp(Z)/p^{\ominus}]^{z}}{[mp(A)/p^{\ominus}]^{a}\cdot[mp(B)/p^{\ominus}]^{b}}$$

$$=K_{p}^{\ominus}m^{(y+z)-(a+b)}=K_{p}^{\ominus}m^{\Delta n}$$

式中：$\Delta n=(y+z)-(a+b)$。

$\Delta n>0, J>K^{\ominus}$，　$\Delta_{r}G_{m}>0$，平衡逆向移动；

$\Delta n=0, J=K^{\ominus}$，　$\Delta_{r}G_{m}=0$，平衡不移动；

$\Delta n<0, J<K^{\ominus}$，　$\Delta_{r}G_{m}<0$，平衡正向移动。

因此，对方程式两边气体分子总数不等的反应（即 $\Delta n\neq0$），若反应体系的总压增大，平衡向气体分子数目减少的方向移动；反之，若反应体系的总压减小，则平衡向气体分子数目增加的方向移动。而对不涉及气体或化学反应方程式两边气体分子总数相等的反应（即 $\Delta n=0$），反应体系的总压的改变不会使平衡发生移动。

另外，引入不参加反应的气体对化学平衡的影响与具体条件有关。在恒温、恒容条件下，对化学平衡无影响；在恒温、恒压条件下，无关气体的引入使反应体系体积增大，造成各组分气体的分压减小，从而使化学平衡向气体分子总数增加的方向移动；若 $\Delta n=0$，则不会使平衡发生移动。

【例 2-9】　在常温(298.15 K)、常压(100 kPa)下，将 NO_2 和 N_2O_4 两种气体装入一个注射器，达到平衡

时，两种气体的分压和浓度分别为多大？推进注射器活塞，将混合气体的体积减小一半，则达到平衡时，两种气体的分压和浓度多大？已知 298.15 K 下 $\Delta_f G_m^\ominus(NO_2)=51.31\ kJ\cdot mol^{-1}$ 和 $\Delta_f G_m^\ominus(N_2O_4)=97.89\ kJ\cdot mol^{-1}$。

解 反应 $2NO_2(g) \rightleftharpoons N_2O_4(g)$

$$K^\ominus = \exp[(-\Delta_r G_m^\ominus)/(RT)] = \exp\{-[\Delta_f G_m^\ominus(N_2O_4) - 2\Delta_f G_m^\ominus(NO_2)]/(RT)\}$$
$$= \exp[(-97.89\times10^3 + 2\times51.31\times10^3)\ J\cdot mol^{-1}/(8.314\ J\cdot mol^{-1}\cdot K^{-1}\times298.15\ K)]$$
$$= 6.74$$

达平衡时 $K^\ominus=[p(N_2O_4)/p^\ominus]/[p(NO_2)/p^\ominus]^2=6.74$

将 $p^\ominus=1\times10^5$ Pa 代入，得

$$p(N_2O_4)/[p(NO_2)]^2 = 6.74\times10^{-5}\ Pa^{-1} \quad ①$$

$$总压\ p = p(N_2O_4) + p(NO_2) = 1\times10^5\ Pa \quad ②$$

解式①和式②的联立方程组，得

$$p(N_2O_4) = 68.2\ kPa,\quad p(NO_2) = 31.8\ kPa$$

代入 $c=n/V=p/(RT)$(R 取值 $8.314\ kPa\cdot L\cdot mol^{-1}\cdot K^{-1}$)，得

$$c(N_2O_4) = 0.0275\ mol\cdot L^{-1},\quad c(NO_2) = 0.0128\ mol\cdot L^{-1}$$

体积减小一半，总压增大，平衡向生成 $N_2O_4(g)$ 的方向移动。设平衡时 N_2O_4 的分压增加了 x kPa，则

	$2NO_2(g)$	$\rightleftharpoons$	$N_2O_4(g)$
体积压缩后分压/kPa	2×31.8		2×68.2
分压变化/kPa	$-2x$		x
新平衡分压/kPa	$2\times31.8-2x$		$2\times68.2+x$

$$K^\ominus = [p'(N_2O_4)/p^\ominus]/[p'(NO_2)/p^\ominus]^2 = 6.74$$
$$K^\ominus = [(2\times68.2+x)/p^\ominus]/[(2\times31.8-2x)/p^\ominus]^2 = 6.74$$

得 $x = 8.62$ (另一解 $x'=58.7$ 不合理，舍去)

$$p'(N_2O_4) = (2\times68.2+8.62)\ kPa = 145\ kPa$$
$$p'(NO_2) = (2\times31.8-2\times8.62)\ kPa = 46.36\ kPa$$

代入 $c'=p'/(RT)$，得

$$c'(N_2O_4) = 145\ kPa/(8.314\ kPa\cdot L\cdot mol^{-1}\cdot K^{-1}\times298.15\ K) = 0.058\ mol\cdot L^{-1}$$
$$c'(NO_2) = 46.36\ kPa/(8.314\ kPa\cdot L\cdot mol^{-1}\cdot K^{-1}\times298.15\ K) = 0.019\ mol\cdot L^{-1}$$

体积压缩一半达新平衡后，两种气体的浓度都增大了，但 $c'(NO_2)<2c(NO_2)$，而 $c'(N_2O_4)>2c(N_2O_4)$，这说明，平衡向生成 N_2O_4 的方向移动了。

2.3.3 温度对化学平衡的影响

平衡常数是温度的函数，温度对化学平衡的影响主要是改变平衡常数。根据

$$\Delta_r G_m^\ominus(T) = -RT\ln K^\ominus,\quad \Delta_r G_m^\ominus = \Delta_r H_m^\ominus - T\Delta_r S_m^\ominus$$

可得

$$-RT\ln K^\ominus = \Delta_r H_m^\ominus - T\Delta_r S_m^\ominus$$

即

$$\ln K^\ominus = \Delta_r S_m^\ominus/R - \Delta_r H_m^\ominus/(RT) \quad (2\text{-}17)$$

当温度变化不太大时，可视焓变和熵变不随温度而改变，即 $\Delta_r H_m^\ominus(T)\approx\Delta_r H_m^\ominus(298.15\ K)$，$\Delta_r S_m^\ominus(T)\approx\Delta_r S_m^\ominus(298.15\ K)$，则由式(2-17)可知 $\ln K^\ominus$ 与 $1/T$ 呈线性关系。设 T_1 时平衡常数为 $K_1^\ominus$，T_2 时平衡常数为 $K_2^\ominus$，且 $T_2>T_1$，代入式(2-17)中，即得

$$\ln K_1^\ominus = -\frac{\Delta_r H_m^\ominus - T_1\Delta_r S_m^\ominus}{RT_1} = \frac{-\Delta_r H_m^\ominus}{RT_1} + \frac{\Delta_r S_m^\ominus}{R} \quad ①$$

$$\ln K_2^\ominus = -\frac{\Delta_r H_m^\ominus - T_2\Delta_r S_m^\ominus}{RT_2} = \frac{-\Delta_r H_m^\ominus}{RT_2} + \frac{\Delta_r S_m^\ominus}{R} \quad ②$$

用式 ② 减式 ① 即得 $$\ln\frac{K_2^\ominus}{K_1^\ominus}=\frac{\Delta_r H_m^\ominus}{R}\left(\frac{1}{T_1}-\frac{1}{T_2}\right)$$

或 $$\ln\frac{K_2^\ominus}{K_1^\ominus}=\frac{\Delta_r H_m^\ominus}{R}\cdot\frac{T_2-T_1}{T_1 T_2} \tag{2-18}$$

式(2-18)表明，温度对平衡常数的影响与反应焓变的正、负号是有关的。对于吸热反应，反应焓变为正值，温度升高，平衡常数增大；对于放热反应，反应焓变为负值，温度升高，平衡常数减小。例如，从热力学数据表可查，N_2和 O_2化合为 NO 的反应：

$$N_2(g)+O_2(g)\rightleftharpoons 2NO(g)$$

焓变为 180 kJ · mol^{-1}(298.15 K)，是一个吸热反应，温度升高，平衡常数增大。表2-3列出了该反应在不同温度下的平衡常数。

表 2-3 N_2和 O_2化合为 NO 在不同温度下的平衡常数

T/K	1 538	2 404
$K^\ominus$	0.86×10^{-4}	64×10^{-4}

相反，合成氨反应是一个放热反应：

$$N_2(g)+3H_2(g)\rightleftharpoons 2NH_3(g)$$

焓变为-92.22 kJ · mol^{-1}(298.15 K)，温度升高，平衡常数减小。表 2-4 列出了该反应在不同温度下的平衡常数。

表 2-4 合成氨反应在不同温度下的平衡常数

T/K	473	573	673	773	873	973
$K^\ominus$	4.4×10^{-2}	4.9×10^{-3}	1.9×10^{-5}	1.6×10^{-5}	2.8×10^{-6}	4.8×10^{-7}

【例 2-10】 设例 2-9 的混合气体在压缩时温度升高了 10 K，查找数据计算 308.15 K 下NO_2转化为 N_2O_4的平衡常数，并对比 298.15 K 和 308.15 K 下 NO_2的平衡浓度。

解 从热力学数据表中查到 $NO_2(g)$和 $N_2O_4(g)$的 $\Delta_f H_m^\ominus$(298.15 K)分别为 33.18 kJ · mol^{-1} 和 9.16 kJ · mol^{-1}，求得反应 $2NO_2(g)\rightleftharpoons N_2O_4(g)$的焓变为

$$\Delta_r H_m^\ominus(298.15\ \text{K})=(9.16-2\times33.18)\ \text{kJ}\cdot\text{mol}^{-1}=-57.2\ \text{kJ}\cdot\text{mol}^{-1}$$

设 $T_1=298.15$ K，$T_2=308.15$ K，由例 2-9 知，$K_1^\ominus=6.74$，代入式(2-18)得

$$\ln\frac{K_2^\ominus}{6.74}\approx\frac{-57.2\times10^3}{8.314}\times\frac{10}{298.15\times308.15}$$

$$K_2^\ominus=3.19$$

若忽略温度对气体体积的影响，仅考虑例 2-9 压缩后气体因温度升高发生 $N_2O_4(g)$分解为 $NO_2(g)$的平衡移动。设温度升高 10 K 时 N_2O_4的分压变化为 x kPa，则

	$2NO_2(g)$	$\rightleftharpoons$ $N_2O_4(g)$
298.15 K 下的平衡分压/kPa	46.36	145
温度升高 10 K 时分压变化/kPa	$2x$	$-x$
308.15 K 下的平衡分压/kPa	$46.36+2x$	$145-x$

代入平衡常数表达式，有

$$K^\ominus(308.15\ \text{K})=3.19=\frac{p(N_2O_4)/p^\ominus}{[p(NO_2)/p^\ominus]^2}=\frac{145-x}{(46.36+2x)^2/p^\ominus}$$

$$x=141.52$$

则 $$p(NO_2)=(46.36+2\times141.52)\ \text{kPa}=329.4\ \text{kPa}$$

$$p(N_2O_4)=(145-141.52)\ \text{kPa}=3.48\ \text{kPa}$$

可见,当温度升高 10 K 时,NO_2的分压将由 46.36 kPa 上升到 329.4 kPa,上升的幅度达到 6.1 倍,是相当显著的;同时,N_2O_4的分压从 145 kPa 降低到 3.48 kPa,而且两种气体的分压和将超过只考虑常温下气体体积压缩引起的分压增高值(200 kPa)。

2.3.4 催化剂与化学平衡

对可逆反应来说,由于反应前后催化剂的化学组成、质量不变,因此无论是否使用催化剂,反应的始态、终态都是一样的,即反应 $\Delta_r G_m^{\ominus}$不变,$K^{\ominus}$也不变,则催化剂不会影响化学平衡状态。但催化剂能改变反应速率,可缩短到达平衡的时间,有利于生产效率的提高。

码 2.3　知识拓展

综合上述各种外界条件对化学平衡的影响,1884 年法国人 Le Chatelier 总结出一条关于化学平衡移动的普遍规律:当体系达到平衡后,如果改变平衡状态的任一外界条件(浓度、压力、温度等),平衡将向着能减弱这种改变的方向移动。这条规律称为 Le Chatelier 平衡移动原理。值得注意的是,平衡移动原理只适用于已达平衡的体系,而不适用于非平衡体系。

2.4 化学反应速率

不同的化学反应,有的进行得很快,如爆炸反应、强酸和强碱的中和反应等,几乎在顷刻之间完成;有的则进行得很慢,如岩石的风化、钟乳石的生长、镭的衰变等,历时千百万年才有显著的变化。

化学热力学理论可以判断化学反应进行的方向和限度,却不能对化学反应速率提供任何信息。有的化学反应用热力学预见是可以发生的,却因反应速率太慢而事实上并不发生,如金刚石在常温、常压下转化为石墨,氢气在常温下和氧气反应生成水等。

控制化学反应速率是科学研究和实际生活的需要。例如,防止钢铁生锈至今仍是人们苦苦追求的目标,生锈每年造成的钢铁损失约占当年钢铁产量的 1/4。又如,水果、粮食、鱼肉等食物的腐败或霉变导致的经济损失十分惊人;水泥固化的速率是建筑楼房速度的重要制约因素;通过测定逃逸到大气中的卤代烃在高层大气中存留的寿命,预计它们对破坏高层大气中臭氧的效应;我们希望有一种办法能迅速分解泄漏到大海里去的石油而不影响环境和生态的平衡。

2.4.1 反应速率的定义

化学反应的平均速率是反应进程中某时间间隔(Δt)内参与反应的物质的量的变化量,可以用单位时间内反应物的减少量或者生成物的增加量来表示,一般表示为

$$v = |\Delta n_B / \Delta t| \tag{2-19}$$

式中:Δn_B是时间间隔 Δt($\Delta t = t_{终} - t_{始}$)内参与反应的物质 B 的物质的量的变化量($\Delta n_B = n_{终} - n_{始}$)。

对于在体积一定的密闭容器内进行的化学反应,可以用单位时间内反应物浓度的减少量或者生成物浓度的增加量来表示,一般表示为

$$v = |\Delta c_B / \Delta t| \tag{2-20}$$

式中:Δc_B是参与反应的物质 B 在 Δt 的时间内发生的浓度变化。取绝对值的原因是反应速率

不管大小，总是正值。

然而，考察一个具体的反应时，常常遇到如下情形。例如，对于反应：

$$3H_2 + N_2 \rightleftharpoons 2NH_3$$

用参与反应的三种物质的浓度在单位时间内的变化量表达反应速率时，有

$$v = -\Delta c(H_2)/\Delta t$$

$$v_1 = -\Delta c(N_2)/\Delta t$$

$$v_2 = \Delta c(NH_3)/\Delta t$$

由于 H_2、N_2、NH_3的计量系数不同，显然 $v \neq v_1 \neq v_2$。为避免混乱，可采用反应进度表示反应速率，将反应进度代入式(2-20)得

$$v = \frac{1}{\nu_B} \cdot \frac{\Delta c_B}{\Delta t} \tag{2-21}$$

显然，用反应进度定义的反应速率值与表示速率物质的选择无关，即一个反应就只有一个反应速率值，但与化学计量数有关，所以在表示反应速率时，必须写明相应的化学计量式。

绝大多数反应速率随反应不断进行，其值不断发生变化。若将测定时间的间隔缩小到无限小，这时，浓度的变化量也为无限小量，就可用符号 d 来代替符号 Δ，表达如下：

$$v = \left| \frac{dc_B}{dt} \right| \tag{2-22}$$

或

$$v = \frac{1}{\nu_B} \cdot \frac{dc_B}{dt} \tag{2-23}$$

这种速率称为瞬时速率。

2.4.2　反应速率理论

为阐明化学反应的快慢及其影响因素，历史上先后提出了两种典型的化学反应速率理论：一是建立在气体分子运动论基础上的分子碰撞理论，二是在统计力学、量子力学的基础上建立起来的过渡态理论（又称活化配合物理论）。

1. *分子碰撞理论*

1918 年，Louis 运用分子运动论的成果，提出了反应速率的分子碰撞理论。该理论认为，反应物分子间的相互碰撞是反应进行的必要条件，反应物分子碰撞频率越高，反应速率越快。但并不是每次碰撞都能引起反应，能引起反应的碰撞只是少数，这种能发生化学反应的碰撞称为有效碰撞。有效碰撞的条件有以下几点。

(1) 互相碰撞的反应物分子应有合适的碰撞取向。取向合适，才能发生反应。例如，对于反应 $NO_2 + CO \rightleftharpoons NO + CO_2$，只有合适的碰撞取向，才能发生氧原子的转移，取向不合适则不能发生氧原子的转移，如图 2-1 所示。

(2) 互相碰撞的分子必须具有足够的能量。只有具有较高能量的分子在取向合适的前提下，才能克服碰撞分子间电子的相互斥力，完成化学键的改组，使反应完成。

分子碰撞理论把能够发生有效碰撞的分子称为活化分子。后来，Tolman（塔尔曼）又证明，活化能 E_a是活化分子的平均能量与反应物分子的平均能量之差。化学反应的活化能一般在 60～240 $kJ \cdot mol^{-1}$。E_a＜42 $kJ \cdot mol^{-1}$的反应，活化分子比例大，有效碰撞次数多，反应速率快，可瞬间进行，如酸碱中和反应。活化能越高，反应速率越慢。如反应 $(NH_4)_2S_2O_8 + 3KI = (NH_4)_2SO_4 + K_2SO_4 + KI_3$的 $E_a = 56.7\ kJ \cdot mol^{-1}$，反应速率较快。而反应$2SO_2(g) +$

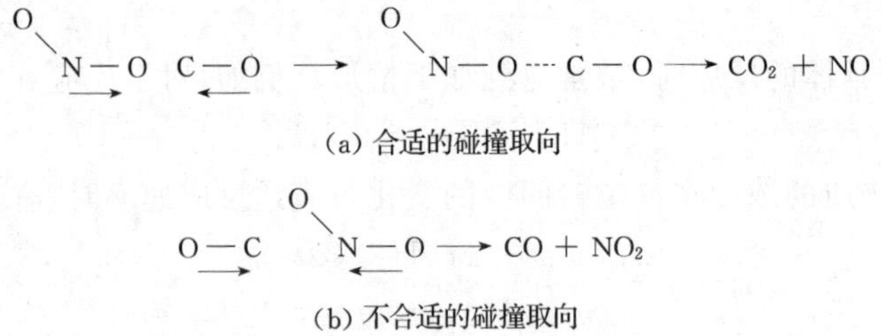

O
　＼
　　N — O　C — O　⟶　O＼N — O ··· C — O ⟶ CO_2 + NO
　　⟶　　⟵

(a) 合适的碰撞取向

O＼
O — C　　N — O ⟶ CO + NO_2
⟶　　⟵

(b) 不合适的碰撞取向

图 2-1　有效碰撞的碰撞取向与反应

$O_2(g)$══$2SO_3(g)$的 E_a=250.8 kJ · mol^{-1}，反应速率较慢。

分子碰撞理论比较直观,用于简单的双分子反应时,理论计算的结果与实验结果吻合良好,但对于结构复杂的反应,如相对分子质量较大的有机物的反应,理论计算的结果常与实验结果不吻合。

2. 过渡态理论

20 世纪 30 年代 Eyring(艾林)和 Pelzer(佩尔采)在分子碰撞理论的基础上,将量子力学应用于化学动力学,提出了过渡态理论。过渡态理论认为,化学反应并不是通过反应物分子的简单碰撞就能完成的,而是在反应物到生成物的过程中需经过一个高能量的过渡态,处于过渡态的分子称为活化配合物。活化配合物是一种高能量的不稳定的反应物原子组合体,它能较快地分解为新的能量较低的较稳定的生成物。例如,对于反应 $NO_2(g)+CO(g) \rightleftharpoons NO(g)+CO_2(g)$,当具有较高能量的 CO 分子和 NO_2分子在合适的碰撞取向上相互碰撞时,CO 和 NO_2的价电子云可互相穿透,形成活化配合物 [O—N···O···C—O],此时,体系的能量最大,在活化配合物中,原有的 N···O 键部分地破裂,新的 C···O 键部分地形成。若反应完成,旧键破裂,新键形成,转变为生成物分子,如图 2-2 所示。

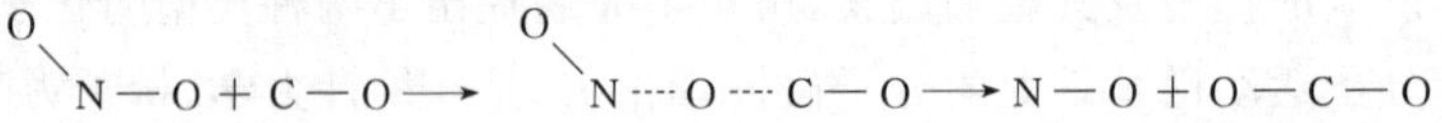

O＼N — O + C — O ⟶　O＼N ··· O ··· C — O ⟶ N — O + O — C — O

图 2-2　NO_2和 CO 反应的过渡态理论——形成过渡态的活化配合物

过渡态理论认为,活化能是反应物分子平均能量与处在过渡态的活化配合物分子平均能量之差。因此,不管是放热反应还是吸热反应,反应物经过过渡态变成生成物,都必须越过一个高能量的过渡态,如图 2-3 所示。

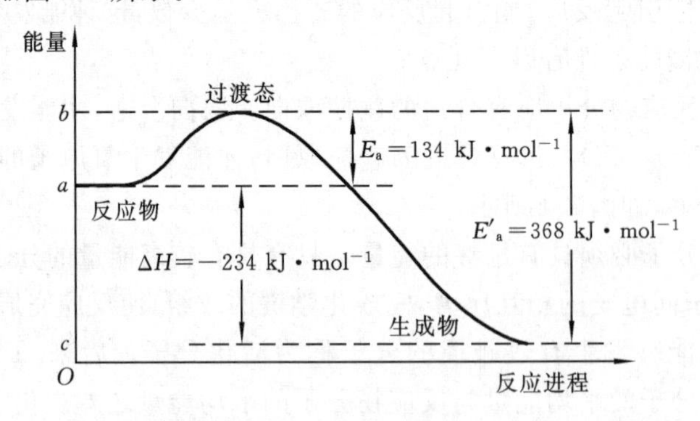

图 2-3　反应进程中过渡态理论的能量变化示意图

在图 2-3 中,a 表示反应物($CO+NO_2$)的平均能量,b 表示过渡态([O—N···O···C—O])的平均能量,c 表示生成物(CO_2+NO)的平均能量。反应物首先吸收 134 kJ · mol^{-1}能量

(E_a)才能达到活化状态，变成活化分子(过渡态的活化配合物)，然后转化为生成物($CO+NO_2$)，放出 368 kJ · mol^{-1}能量(E'_a)。若反应向逆方向进行，E'_a即为逆反应的活化能。因此

$$\Delta H = E_a - E'_a \tag{2-24}$$

反应焓变 ΔH 等于正反应活化能 E_a 与逆反应活化能 E'_a 之差。当 $E_a < E'_a$ 时，$\Delta H < 0$，是放热反应；当 $E_a > E'_a$ 时，$\Delta H > 0$，是吸热反应。这样，就把动力学参数活化能与热力学参数反应焓变联系起来了。

2.4.3　影响化学反应速率的因素

同一化学反应在不同浓度、温度、催化剂等外界条件下，反应速率不尽相同。

1. 浓度对反应速率的影响

大量实验表明：在一定温度下增加反应物的浓度可以加快反应速率。例如，将铁丝在煤气灯上加热，只能变得红热，并不燃烧，而在充满氧气的广口瓶里点燃会激烈燃烧。显然，这是由于广口瓶内氧气的浓度比空气中氧气的浓度高。

这些实验事实可用反应速率理论解释：在一定温度下，反应物中活化分子的百分数是一定的，增大反应物的浓度，单位体积内反应物的分子数增多，活化分子数相应增多，从而增加了单位时间内的有效碰撞次数，使反应速率加快。

早在 1850 年，一位名为 Wilhelmy 的人就通过溶液旋光性的变化发现，蔗糖在氢离子催化下水解成葡萄糖和果糖的反应中，蔗糖的量 n_{sac} 随时间 t 的变化率具有如下关系：

$$-\frac{dn_{sac}}{dt} = kn_{sac}(k\ 为常数)$$

因反应体系体积一定，也可表示为

$$-\frac{dc_{sac}}{dt} = k'c_{sac}(k'\ 为常数)$$

这是最早见于记录的用实验方法测定反应速率受反应物质的量或者浓度影响的定量方程。这种方程曾长期称为“质量作用定律”，现称“速率方程”(rate equation)。它可表述为：在一定温度下，反应速率与各反应物浓度幂的乘积成正比。对一般的化学反应

$$aA + bB = yY + zZ$$

其表示式为

$$v \propto [c(A)]^{\alpha}[c(B)]^{\beta}$$

或

$$v = k[c(A)]^{\alpha}[c(B)]^{\beta} \tag{2-25}$$

式中：v 为反应的瞬时速率；c 为反应物的瞬时浓度；α、β 分别为参加反应的组分 A、B 的级数，其值既可分别等于 a、b，也可不等，其值需由实验测定，其值的大小可反映浓度对反应速率的影响程度，α、β 值的代数和为该反应的反应级数；k 为速率常数，它的物理意义为单位浓度下的反应速率。在一定温度下，不同反应的 k 值各不相同。对同一反应来说，k 值与反应的性质、温度及催化剂等因素有关，而与浓度无关，即不随浓度而变。总之，k 越大，在给定条件下的反应速率越大。速率常数很大的反应，可以称为快速反应。例如，大多数酸碱反应速率常数的数量级为 10^{10} L · mol^{-1} · s^{-1}。

当反应的 $\alpha+\beta=0$ 时，反应称为零级反应。在自然界中，许多固体表面发生的多相反应属于零级反应，酶的催化反应、光化学反应往往也是零级反应。

当反应的 $\alpha+\beta=1$ 时，反应称为一级反应。常见的一些热分解反应、分子重排反应、水解

反应以及放射性原子的裂变反应均为一级反应。其中核电站发电就是利用放射性元素在发生裂变的过程中释放巨大的能量来实现的,但其衰变时间较长且会产生高低阶放射性废料,因此综合各种因素不断寻求最优方式合理利用核电,一直是科学家们追求的目标。

当 $\alpha+\beta=2$ 时,反应称为二级反应。如乙烯、丙烯、异丁烯的二聚反应,乙酸乙酯的水解反应,甲醛的热分解反应等都是二级反应。

当 $\alpha+\beta=3$ 时,反应称为三级反应。三级反应很罕见,微观角度分析是因为三个粒子在空间同时发生碰撞的概率很小。

对于有气态物质参加的反应,压力对反应速率也有影响。根据理想气体状态方程 $p=cRT$,当温度一定时,气体的压力与浓度成正比,改变其压力就等于改变其浓度,因而也必然引起反应速率的变化,可以把压力对反应速率的影响归结为浓度对反应速率的影响。但是,压力对液态和固态物质的浓度影响很小,因而对于不含气态物质的化学反应,压力的影响可以忽略不计。

2. 温度对反应速率的影响

温度是影响反应速率的重要因素之一。各种化学反应的速率和温度的关系比较复杂,一般来说,温度升高往往会加速反应,不论是放热反应还是吸热反应。例如,面团在室温下比在冰箱里更容易发酵;氢气和氧气的化合反应在室温下其反应速率极小,几乎察觉不到有水生成,但当温度升高到 873 K 时,反应速率急剧加快,以致发生爆炸。

1884 年荷兰物理化学家 van't Hoff 根据实验事实归纳出一条经验规则:反应温度每升高 10 K,反应速率或反应速率常数一般增大 2~4 倍,即

$$\frac{v(T+10\ \mathrm{K})}{v(T)}=\frac{k(T+10\ \mathrm{K})}{k(T)}=2\sim 4$$

例如,N_2O_5分解为 NO_2和 O_2的反应,308 K 时的反应速率为 298 K 时的 3.81 倍。研究表明,升高温度不仅能使分子间碰撞次数增加,更重要的是使更多的分子获得能量转化为活化分子,活化分子所占的比例增大,因而使单位时间内有效碰撞次数显著增加,从而显著地加快了反应速率。

由反应速率方程可知,反应速率是由速率常数和反应物浓度共同决定的。一般来说,温度的变化对反应物浓度影响甚小,因此,温度对反应速率的影响实质上是对速率常数的影响。

1889 年 Arrhenius(阿伦尼乌斯)总结大量实验事实,提出了反应速率常数和温度的定量关系式:

$$k=A\mathrm{e}^{-\frac{E_a}{RT}} \tag{2-26}$$

以对数形式表示,则为

$$\ln k=-\frac{E_a}{RT}+\ln A \tag{2-27}$$

或

$$\lg k=-\frac{E_a}{2.303RT}+\lg A$$

式中:k 为速率常数,T 为热力学温度,R 为摩尔气体常数,E_a 为反应的活化能。A 是一个常数,称为指前因子或频率因子。对某一给定反应来说,可认为 E_a 和 A 不随温度改变而改变。由此可见,k 与 T 成指数关系,因此 T 的微小改变会使 k 值发生相对很大的变化。

如果通过实验测得不同温度时的速率常数 k,以 $\lg k$ 对 $1/T$ 作图,然后根据该直线的斜率($-E_a/(2.303R)$)即可求得活化能 E_a。

【例 2-11】 $CO(g)+NO_2(g) \rightleftharpoons CO_2(g)+NO(g)$

T/K	600	650	700	750	800
$k/(L \cdot mol^{-1} \cdot s^{-1})$	0.028	0.22	1.3	6.0	23

$\lg k$-$\frac{1}{T}$关系如图 2-4 所示，由图中求得该反应的活化能。

解　图中直线斜率$=-6.9\times10^3$，根据公式(2-27)可求：

$$\begin{aligned} E_a &= -2.303\times8.314\times(-6.9\times10^3)\ J\cdot mol^{-1} \\ &=132867\ J\cdot mol^{-1} \\ &=132.9\ kJ\cdot mol^{-1} \end{aligned}$$

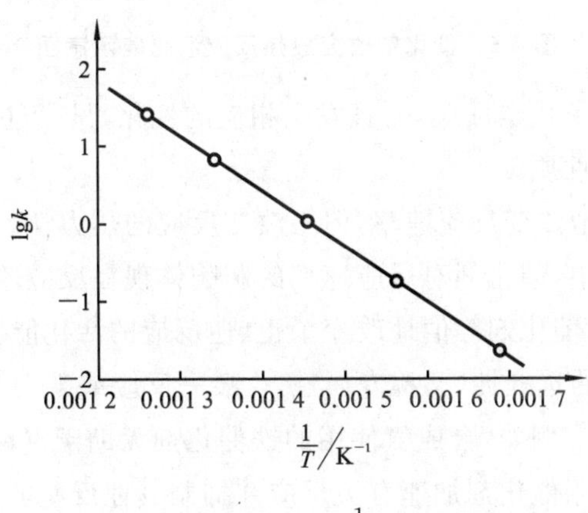

图 2-4　$\lg k$-$\frac{1}{T}$图

【例 2-12】 某反应的活化能 $E_a=1.14\times10^5\ J\cdot mol^{-1}$。在 600 K 时，速率常数 $k_1=0.75\ L\cdot mol^{-1}\cdot s^{-1}$，求 700 K 时的速率常数 k_2。温度由 600 K 升高至 700 K 时，反应速率增加了多少倍？

解　根据 $\lg\frac{k_2}{k_1}=\frac{E_a}{2.303R}(\frac{1}{T_1}-\frac{1}{T_2})$

已知 $T_1=600\ K$，　$k_1=0.75\ L\cdot mol^{-1}\cdot s^{-1}$，　$T_2=700\ K$，　$E_a=1.14\times10^5\ J\cdot mol^{-1}$

代入数据

$$\lg\frac{k_2}{0.75}=\frac{1.14\times10^5\ J\cdot mol^{-1}}{2.303\times8.314\ J\cdot mol\cdot K^{-1}}(\frac{1}{600\ K}-\frac{1}{700\ K})=1.42$$

$$k_2=20\ L\cdot mol^{-1}\cdot s^{-1}$$

$$\frac{k_2}{k_1}=\frac{20\ L\cdot mol^{-1}\cdot s^{-1}}{0.75\ L\cdot mol^{-1}\cdot s^{-1}}=26.7$$

3. 催化剂对反应速率的影响

为了使反应速率加快，可以升高温度。但是升高温度常常引起一些副反应发生或者加速其进行（这对有机反应更为突出），也可能使放热的主反应进行的程度降低。此外，某些反应即使在高温下反应速率也较慢。因此，在这些情况下采用升温的方法以提高反应速率，就受到一定的限制。如果采用催化剂，则可以有效地加快反应速率。催化剂是一种能够改变反应速率而其本身在反应前后的组成、数量和化学性质保持不变的物质。

过渡态理论认为，催化剂加快反应速率的原因是改变了反应的途径，对大多数反应而言，主要是通过改变活化配合物而降低了活化能，从而使活化分子所占的比例增大，有效碰撞次数增多，反应速率加快，如图 2-5 所示。

研究表明，在化学反应前后，虽然催化剂的组成、质量和化学性质不发生变化，但在许多反

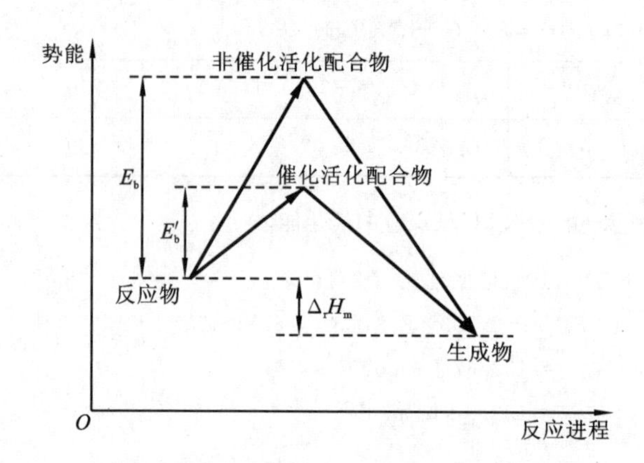

图 2-5　催化剂改变放热反应活化能示意图

应中发现催化剂实际参与了化学反应，而且发生相应的变化，只不过在反应后又被复原了。

催化剂具有以下基本性质。

(1) 催化剂可以显著地改变反应速率，但不改变反应的热力学趋向与限度。

(2) 在反应速率方程中，催化剂对反应速率的影响体现在反应速率常数 k。

(3) 对同一可逆反应，催化剂等值地改变了正、逆反应的活化能。

(4) 催化剂具有特殊的选择性(又称专属性)，某一反应或某一类反应使用的催化剂往往对其他反应没有催化作用。例如，合成氨使用的铁催化剂无助于SO_2的氧化。化工生产上，在复杂的反应体系中常常利用催化剂加速有关反应并抑制其他反应的进行。

催化剂已经广泛用于化学实验室和工业生产。80%以上的化工生产需使用催化剂。没有催化剂，就没有现代化学工业。催化作用对我们的生活环境也有巨大影响。已经证明，臭氧层空洞源于人类活动释放到大气中的某些烃类以及烃类衍生物起到催化臭氧分解的作用。汽车尾气是城市大气质量变差的主要因素。为了降低汽车尾气中的有害物质，目前采取的主要措施是在汽车排放尾气的排气管内装上以金属铂为主要组分的固体催化剂，但至今对催化剂的组分与催化效能的关系还知之甚少。最佳催化剂的确定问题，在理论上还没有完全解决。

4. 其他因素对反应速率的影响

体系中物理性质和化学组成完全相同的均匀部分称为一个“相”。化学反应可分为单相反应和多相反应两类。

单相反应(均相反应)：反应体系中只有一个相的反应。如气相反应、某些液相反应。

多相反应：反应体系中同时存在两个或两个以上相的反应。如气固反应、气液反应、某些液液反应与固固反应等。

多相反应是在相与相之间的界面上进行的，因此增大相与相的接触面积和改变界面的物理或化学性质，可加快反应速率。因此，在化工生产上往往把固态反应物先行粉碎、拌匀，再进行反应；将液态反应物喷淋、雾化，使其与气态反应物充分混合、接触；对于溶液中进行的反应则普遍采用搅拌、振荡的方法，强化扩散作用，增加反应物的碰撞频率并使生成物及时脱离反应界面。

此外，超声波、激光以及高能射线的作用，也可能影响某些化学反应的反应速率。

[化学博览]

极端条件对实际化学反应的影响

化学热力学讨论化学反应方向与反应过程中的焓变、熵变以及反应温度的关系。实际上化学反应的方向会受到某些极端条件(如超高压力、超低温度、等离子技术、超声波等)影响。下面介绍几种极端条件对化学反应的影响。

1. 超高压力

某些反应在一般条件下不发生反应,但在超高压力下,反应物的分子、原子或离子之间的距离被极大地压缩,甚至会使其电子层的结构发生变化,如使反应物不同的原子轨道发生重叠等,从而导致反应的发生。例如,石墨(s)转化为金刚石(s)为焓增和熵减的过程,其 298.15 K 时 $\Delta_r G_m^{\ominus}$ 为 2.9 $kJ \cdot mol^{-1}$,理论上是非自发的反应,但在超高温度以及超高压力的共同作用下,该反应能够自发进行,具体如下:

$$\text{石墨(s)} \xrightarrow{5\times10^9\ Pa,1500\ ℃} \text{金刚石(s)}$$

2. 超低温度

科学家发现对于某些化学反应,越低的温度反而越能促进其反应,即在超低温度条件下参与化学反应的各原子变得迟钝后反而易于发生化学反应,这与我们之前的认知是相反的。日本平冈贤三教授研究发现:气体和尘埃在极低温度(−263 ℃)下发生的化学反应受量子力学隧道效应的影响,即使达不到反应所需要的能量也能发生各种化学反应。例如:向硅片喷涂乙炔分子形成薄膜,再按照每平方厘米 100 亿个原子的密度向薄膜喷射氢原子,考察不同温度对加氢反应的影响,发现温度为−233 ℃时,硅片上完全没有乙烷生成,而当温度慢慢降至−263 ℃时,硅片上 40 %乙炔变成乙烷。

3. 等离子体

气体因电离作用而产生由大量的带电粒子(如离子和电子)以及中性粒子(如分子和原子)组成的混合体系,其正、负电荷总量相等,把该体系称为等离子体。物质处于等离子体状态时其反应活性极其特殊。例如,1976 年在较低的温度和压力条件下,以甲烷和氢气为原料成功地使用等离子体合成技术人工合成出金刚石薄膜。

$$CH_4(g)+H_2(g) \xrightarrow{\text{等离子激发}} \text{等离子态} \xrightarrow{p<1\times10^4\ Pa,T<723\ K} \text{金刚石薄膜}$$

等离子体技术作为当代一种高科技手段,已在化学合成、新材料研制以及表面处理等领域得到一定的应用。

4. 超声波

超声化学反应指由超声波(振动频率高于 16 kHz 的声波)作用而引起的化学反应。随着超声波声压的变化,反应中的溶剂受到压缩和稀疏作用,液体中的微小气泡在超声波作用下被激活,会形成泡核、振荡、生长等过程,这些微气泡再长大,然后在几微秒之内突然崩溃,气泡破裂类似于一个小小的爆炸过程,产生极短暂的高能环境,由此产生局部的高温、高压(局部空间压力可高达 10^{11} Pa,气穴中心温度可高达 $10^4\sim10^6$ K)反应条件。这为一些难以实现或不可能实现的化学反应提供了一种非常特殊的环境。例如,超声波可使水分解为氢氧自由基(·OH)和氢原子(·H),以致产生下列反应:

$$2H_2O(l) \xrightarrow{\text{超声波}} H_2O_2(l)+H_2(g)$$

超声波除了会影响反应的发生外，还会促进某些化学反应，进而提高产率，有些超声化学反应的产物甚至不同于热化学反应的产物。超声化学技术由于具有改变反应历程、加速反应速率等优点，在化学和化工领域应用广泛。

习　题

1. 室温下，下列哪个正向反应熵变数值最大？（不必查表）

A. $CO_2(g) \rightleftharpoons C(s) + O_2(g)$　　B. $2SO_3(g) \rightleftharpoons 2SO_2(g) + O_2(g)$

C. $CaSO_4 \cdot 2H_2O(s) \rightleftharpoons CaSO_4(s) + 2H_2O(l)$　　D. $2NH_3(g) \rightleftharpoons 3H_2(g) + N_2(g)$

2. 如果某反应的 $\Delta_r G^{\ominus} > 0$，则该反应一定不能自发进行吗？

3. 设计出来的某反应，如果 $\Delta_r G > 0$，则这个反应无论如何是无法进行的吗？

4. 如果一反应 $\Delta_r H^{\ominus}$ 和 $\Delta_r S^{\ominus}$ 都是负值，那么这个反应无论如何是无法进行的吗？

5. 化学平衡发生移动时，其平衡常数是否一定改变？若化学反应的平衡常数发生改变，平衡是否一定发生移动？

6. 下面的反应在一个 1 L 的容器里，在 298.15 K 下达到平衡：

$$C(\text{石墨}, s) + O_2(g) \rightleftharpoons CO_2(g), \quad \Delta_r H_m^{\ominus} = -393.51\ kJ \cdot mol^{-1}$$

以下各种措施对氧气的平衡分压有何影响？

A. 增加石墨的量；　　B. 增加 CO_2 气体的量；

C. 增加氧气的量；　　D. 降低反应的温度；

E. 加入催化剂。

7. 升高温度可增加反应速率的原因是什么？

8. 催化剂能改变反应速率，但不能影响化学平衡，为什么？

9. 已知 298.15 K 时，反应

	$BaCO_3(s)$	$\rightleftharpoons$	$BaO(s)$	+	$CO_2(g)$
$\Delta_f H_m^{\ominus}/(kJ \cdot mol^{-1})$	−1 216.29		−548.10		−393.51
$S_m^{\ominus}/(J \cdot mol^{-1} \cdot K^{-1})$	112.13		72.09		213.74

求 298.15 K 时，该反应的 $\Delta_r H_m^{\ominus}$、$\Delta_r S_m^{\ominus}$ 和 $\Delta_r G_m^{\ominus}$，以及该反应可自发进行的最低温度。

10. 计算反应 $MgCO_3(s) = MgO(s) + CO_2(g)$ 在 298.15 K 时的标准摩尔焓变、Gibbs 自由能变和熵变。

11. 已知 298.15 K 时 KCl 晶体溶于水的 $\Delta_r H_m^{\ominus} = 8.4\ kJ \cdot mol^{-1}$，$\Delta_r S_m^{\ominus} = 96\ J \cdot mol^{-1} \cdot K^{-1}$，求此溶解过程的标准摩尔 Gibbs 自由能变 $\Delta_r G_m^{\ominus}$，并判断此溶解过程是否是自发的，随温度变化的趋势如何。

12. 现有反应　　$2SO_3(g) \rightleftharpoons 2SO_2(g) + O_2(g)$

(1) 查找有关数据，计算该反应在常温下的 $\Delta_r G_m^{\ominus}$。

(2) 此反应在 298.15 K 和 100 kPa 下是自发的吗？

(3) 求逆反应的 $\Delta_r G_m^{\ominus}$。

(4) 求在 298.15 K 和 100 kPa 时 1.00 g $SO_3(g)$ 分解成 $SO_2(g)$ 和 $O_2(g)$ 过程的 $\Delta_r G_m^{\ominus}$。

13. 指定 $NH_4Cl(s)$ 分解产物的分压皆为 10^5 Pa，试求 $NH_4Cl(s)$ 分解的最低温度。

14. 通过下列两个反应都可由赤铁矿生产铁，哪一个反应自发进行的温度较低？

(1) $Fe_2O_3(s) + \frac{3}{2}C(s) = 2Fe(s) + \frac{3}{2}CO_2(g)$

(2) $Fe_2O_3(s) + 3H_2(g) = 2Fe(s) + 3H_2O(g)$

15. 写出下列反应的标准平衡常数表达式。

(1) $N_2(g) + 3H_2(g) \rightleftharpoons 2NH_3(g)$；

(2) $CH_4(g)+2O_2(g) \rightleftharpoons CO_2(g)+2H_2O(g)$；

(3) $CaCO_3(s) \rightleftharpoons CaO(s)+CO_2(g)$。

16. 现有下列反应 $H_2(g)+CO_2(g) \rightleftharpoons H_2O(g)+CO(g)$，此反应在 1 259 K 下达到平衡。平衡时 $c(H_2)=c(CO_2)=0.44\ mol \cdot L^{-1}$，$c(H_2O)=c(CO)=0.56\ mol \cdot L^{-1}$，求此温度下的平衡常数及开始时 H_2 和 CO_2 的浓度。

17. 在 6.0 L 的反应容器和 1 280 K 温度下，下列反应达到平衡：

$$CO_2(g)+H_2(g) \rightleftharpoons CO(g)+H_2O(g)$$

平衡混合物中，各物质的分压分别是 $p(CO_2)=6\ 381.9$ kPa，$p(H_2)=2\ 137.4$ kPa，$p(CO)=8\ 529.5$ kPa，$p(H_2O)=3\ 201.1$ kPa。若温度、体积保持不变，因除去部分 CO_2 使 CO 的分压减小到 6 381.9 kPa，试计算

(1) 达到新平衡时 CO_2 的分压；

(2) 新平衡时的 K_p、K_c；

(3) 在新平衡体系中加压，使体积减小到 3 L 时 CO_2 的分压。

18. 在 1 273 K 时反应 $FeO(s)+CO(g) \rightleftharpoons Fe(s)+CO_2(g)$ 的 $K^{\ominus}=0.5$，若 CO 和 CO_2 的起始浓度分别为 $0.05\ mol \cdot L^{-1}$ 和 $0.01\ mol \cdot L^{-1}$。

(1) 反应物 CO 及产物 CO_2 的平衡浓度为多少？

(2) 平衡时 CO 的转化率为多少？

(3) 若增加 FeO 的量，对平衡有没有影响？

19. 反应 $H_2(g)+I_2(g) \rightleftharpoons 2HI(g)$ 在 713 K 时的 $K^{\ominus}=49$，698 K 时的 $K^{\ominus}=54.3$。

(1) 上述反应的 $\Delta_r H_m^{\ominus}$ 为多少？在 698～713 K 的温度范围内，上述反应是吸热反应，还是放热反应？

(2) 计算 713 K 时的 $\Delta_r G_m$。

(3) 当 H_2、I_2、HI 的分压分别为 100 Pa、100 kPa 和 50 kPa 时，计算 713 K 时反应的 $\Delta_r G_m$。

20. 已知在某温度下，反应 $2CO_2(g) \rightleftharpoons 2CO(g)+O_2(g)$ 的 $K_1^{\ominus}=A$，反应 $SnO_2(s)+2CO(g) \rightleftharpoons Sn(s)+2CO_2(g)$ 的 $K_2^{\ominus}=B$，则在同一温度下的反应 $SnO_2(s) \rightleftharpoons Sn(s)+O_2(g)$ 的 $K_3^{\ominus}$ 应为多少？

21. 室温下，锌粒放置在空气中表面易被氧化，生成 ZnO 膜。如将锌放在真空度为 1.3×10^{-4} Pa 空气氛的安瓿中，试通过有关计算说明其表面是否还会被氧化。

22. 已知大气中含 CO_2 约为 0.031%（体积分数），试用化学热力学分析说明，菱镁矿（$MgCO_3$）能否稳定存在于自然界中（提示：$MgCO_3$ 如不稳定，将分解成 MgO 和 CO_2）。已知 $\Delta_f G_m^{\ominus}(MgCO_3)=-1\ 029\ kJ \cdot mol^{-1}$，$\Delta_f G_m^{\ominus}(MgO)=-569.57\ kJ \cdot mol^{-1}$。

23. 分别用反应物浓度和生成物浓度的变化表示下列各反应的平均速率和瞬时速率，并表示出用不同物质浓度变化表示的反应速率之间的关系。这种关系对平均速率和瞬时速率是否适用？

(1) $N_2(g)+3H_2(g) \rightleftharpoons 2NH_3(g)$；

(2) $2SO_2(g)+O_2(g) \rightleftharpoons 2SO_3(g)$；

(3) $aA+bB \rightleftharpoons gG+hH$。

24. 反应 $NO(g)+H_2(g) \rightleftharpoons \frac{1}{2}N_2(g)+H_2O(g)$ 的反应速率表达式为 $v=kc(NO)\cdot c(H_2)$，试讨论下列各条件变化时对反应初速率有何影响。

(1) NO 的浓度增加一倍；

(2) 有催化剂参加；

(3) 降低温度；

(4) 将反应容器的容积增大一倍；

(5) 向反应体系中加入一定量的 N_2。

25. 已知 HCl(g) 在 100 kPa 和 298 K 时的生成热为 $-92.3\ kJ \cdot mol^{-1}$，生成反应活化能为 $113\ kJ \cdot mol^{-1}$，试

计算逆反应的活化能。

26. 某反应 $E_a=82\ kJ\cdot mol^{-1}$,300 K 时速率常数 $k_1=1.2\times10^{-2}\ mol\cdot L^{-1}\cdot s^{-1}$,求 400 K 的速率常数 k_2。

27. 已知青霉素 G 的分解反应为一级反应,37 ℃时其活化能为 $84.8\ kJ\cdot mol^{-1}$,指前因子 A 为 $4.2\times10^{12}\ h^{-1}$,求 37 ℃该反应的速率常数 k。

28. 已知合成氨反应于 773 K 下进行,无催化剂时活化能约为 $326\ kJ\cdot mol^{-1}$,使用催化剂后,活化能降低至 $175\ kJ\cdot mol^{-1}$。加入催化剂后,反应速率增加到原来的多少倍?

第 3 章　酸 碱 反 应

酸、碱是生活中常用的物质，也是许多化工生产的基本原料。国际上曾以硫酸的生产量和消耗量作为化工生产能力的标志。酸碱反应在生物、医学、地质等众多领域中是一类很重要的反应。例如，人体胃中消化液的主要成分是稀盐酸，胃酸过多会引起溃疡，而过少又可能引起贫血；土壤的酸碱性对植物和某些动物的生长有巨大的影响；碳酸在常温下也能分解出 CO_2，从而产生温室效应，对人类赖以生存的地球气候产生巨大的影响。因此，加深对酸、碱及酸碱反应的认识和理解是十分重要的。本章在酸、碱基本定义的基础上，着重讨论酸、碱在水溶液中的质子转移平衡及有关计算，并利用该平衡和计算方法引申出缓冲溶液的基本概念及相关计算，这在科研和生产实践中都有相当大的实用价值。

3.1　酸碱质子理论

以 Arrhenius 电离理论为基础的酸碱学说，在化学学科的发展中发挥了巨大的作用，至今仍然被广泛应用于化学、生物、医药等领域。但是，随着化学的发展，非水条件下的合成与表征日益增多，不同溶剂中的化学行为多姿多彩，将仅限于水溶液体系的 Arrhenius 电离理论用于非水体系的理论解释就显得无能为力。1923 年丹麦哥本哈根大学 Brönsted 和英国剑桥大学 Lowry 分别提出了酸碱质子理论，大大地扩展了酸、碱的概念，将酸碱理论的应用引申到非水体系和无溶剂体系。

码 3.1　人物简介

3.1.1　酸、碱的定义

酸碱质子理论认为，在化学反应过程中，凡是能给出质子（H^+）的物质都是酸，凡是能接受质子的物质都是碱。例如，HCN、$H_2PO_4^-$、NH_4^+ 等都是酸，因为它们都能给出质子；CN^-、Cl^-、NH_3、CO_3^{2-}、S^{2-} 等都是碱，因为它们都能接受质子。

按照上述定义，任何酸失去了质子就变成了碱，该碱可以再次接受质子还原成原来的酸；任何碱得到质子就变成了酸，该酸能够再次给出质子还原成原来的碱。这种关系可以用下式表示：

$$\text{酸} \rightleftharpoons \text{碱} + \text{质子}$$

满足上述关系的一对酸和碱就称为共轭酸碱对。例如：

$$HCN \rightleftharpoons CN^- + H^+$$

$$H_2S \rightleftharpoons HS^- + H^+$$

$$HS^- \rightleftharpoons S^{2-} + H^+$$

$$H_2PO_4^- \rightleftharpoons HPO_4^{2-} + H^+$$

在某种条件下可以给出质子，而在另一条件下可以接受质子的物质称为两性物质。如 HS^-，它既可以作为酸给出质子，又可以作为碱接受质子。判断一种两性物质是酸还是碱，必须具体分析。HS^- 在强碱性介质中是酸，而在强酸性介质中是碱。某些金属离子的两性也是由于其水合离子既可给出质子，又能接受质子。例如：

$$[Al(H_2O)_6]^{3+} \rightleftharpoons [Al(H_2O)_5(OH)]^{2+} + H^+$$

$$[Al(H_2O)_5(OH)]^{2+} \rightleftharpoons [Al(H_2O)_4(OH)_2]^{+} + H^+$$

在上面第二个反应式中，$[Al(H_2O)_5(OH)]^{2+}$是酸，而$[Al(H_2O)_4(OH)_2]^{+}$是其共轭碱。因此，酸给出质子得到其共轭碱，而碱接受质子得到相应的共轭酸。酸、碱共存于一个具体的反应中，两者之间以质子相联系。在酸碱质子理论中，酸、碱不再局限于电中性的化合物。

3.1.2　酸碱反应的实质

根据共轭酸碱对的定义，质子成为酸和碱相联系的桥梁。

$$H_2O + H_2O \overset{H^+}{\rightleftharpoons} H_3O^+ + OH^- \qquad \text{(水的离解)}$$

$$H_3O^+ + OH^- \overset{H^+}{\rightleftharpoons} H_2O + H_2O \qquad \text{(酸碱中和)}$$

从上面的反应可以看出，酸和碱发生反应时，质子在两者间发生了传递，或者说在反应过程中发生了质子的转移。

一个共轭酸碱对的质子得失反应，称为酸碱半反应。H^+半径极小，正电荷密度极高，在溶液中不能独立存在，因而酸碱半反应不能单独存在。一个完整的酸碱反应要在两个共轭酸碱对中进行。例如：

$$\underset{\text{酸1}}{HAc} \rightleftharpoons H^+ + \underset{\text{碱1}}{Ac^-} \tag{3-1}$$

$$\underset{\text{碱2}}{H_2O} + H^+ \rightleftharpoons \underset{\text{酸2}}{H_3O^+} \tag{3-2}$$

式(3-1)＋式(3-2)

$$\underset{\text{酸1}}{HAc} + \underset{\text{碱2}}{H_2O} \rightleftharpoons \underset{\text{酸2}}{H_3O^+} + \underset{\text{碱1}}{Ac^-} \tag{3-3}$$

共轭酸碱对

乙酸在水溶液中的离解是两个共轭酸碱对$HAc\text{-}Ac^-$和$H_3O^+\text{-}H_2O$共同作用的结果。如果没有溶剂H_2O(作为碱)的存在，HAc就无法离解。式(3-3)通常以简化方式书写为

$$HAc \rightleftharpoons H^+ + Ac^-$$

同样，碱的离解也必须有溶剂的参与，如

$$NH_3 + H^+ \rightleftharpoons NH_4^+ \tag{3-4}$$

$$H_2O \rightleftharpoons H^+ + OH^- \tag{3-5}$$

式(3-4)＋式(3-5)

$$NH_3 + H_2O \rightleftharpoons OH^- + NH_4^+ \tag{3-6}$$

共轭酸碱对

显然，NH_3在水溶液中的离解实质上是两个共轭酸碱对$NH_4^+\text{-}NH_3$和$H_2O\text{-}OH^-$共同作用的结果。酸碱反应实际上是酸、碱之间的质子传递反应，其反应方向总是较强酸和较强碱反应向着生成较弱酸和较弱碱的方向进行。酸碱反应的实质是两个共轭酸碱对竞争质子的反应。

酸碱质子理论扩大了酸、碱的范围。它不仅可以应用于水溶液，而且适用于非水体系以及

无溶剂体系，不仅在无机化学，而且在有机化学等领域中得到广泛应用。但是，该理论需要有质子的传递，对于无质子参与的酸碱反应无法进行合理的理论解释。

3.1.3 酸碱反应的类型

在酸碱质子理论中，酸碱反应的一般表达式为

$$HB_1 + B_2 \rightleftharpoons HB_2 + B_1$$

码 3.2 知识拓展

酸碱反应的类型大致分为如下几种。

(1) 酸的离解：

强酸的离解 $HCl + H_2O \rightleftharpoons H_3O^+ + Cl^-$

弱酸的离解 $HCN + H_2O \rightleftharpoons H_3O^+ + CN^-$

(2) 碱的离解： $H_2O + NH_3 \rightleftharpoons NH_4^+ + OH^-$

(3) 酸碱中和反应： $H_3O^+ + OH^- \rightleftharpoons H_2O + H_2O$

(4) 弱酸盐的水解： $H_2O + CN^- \rightleftharpoons HCN + OH^-$

(5) 弱碱盐的水解： $NH_4^+ + H_2O \rightleftharpoons H_3O^+ + NH_3$

(6) 溶剂的质子自递反应：

溶剂水的质子自递反应 $H_2O + H_2O \rightleftharpoons H_3O^+ + OH^-$

非水溶剂的质子自递反应 $NH_3 + NH_3 \rightleftharpoons NH_4^+ + NH_2^-$

(7) 非水质子溶剂中的反应： $HClO_4 + HAc \rightleftharpoons H_2Ac^+ + ClO_4^-$

以上七种类型的反应，不仅概括了水溶液中的酸碱反应类型，而且适用于非水溶剂。在类型(7)中，$HClO_4$在 HAc 中部分离解，体系中仍然存在着一定量的 $HClO_4$分子。显然，在 HAc 溶剂中存在着比 H_3O^+ 更强的质子酸 $HClO_4$。因此，在不同的溶剂中，同一酸、碱的存在形式不同，最终导致酸碱反应的产物不同。对于酸碱中和反应，其产物为较弱的酸和较弱的碱，故酸碱质子理论中没有盐的概念，这是酸碱质子理论与 Arrhenius 电离理论的一个区别。

3.1.4 酸、碱的相对强弱

在 Arrhenius 电离理论中，弱酸、弱碱的强弱用它们的离解常数表示。水能区分这些弱酸、弱碱的强度，而对于强酸、强碱，则无法进行分辨。例如，在水中不能用离解常数分辨诸如 $HClO_4$、H_2SO_4、HCl 等强酸。在水溶液中，强酸由于完全离解，给出的质子被 H_2O 接受，生成 H_3O^+，它们皆以 H_3O^+ 形式表现。对于水溶液中的强碱，它们皆以 OH^- 形式表现出来。如果存在更强的碱，将夺取 H_2O 中的 H^+ 而产生 OH^-。因此，在水溶液中不能区分强酸、强碱的强度，水将所有强酸拉平到 H_3O^+ 水平，而将所有强碱拉平到 OH^- 水平。这种作用称为溶剂 H_2O 的拉平效应，H_2O 是 $HClO_4$、H_2SO_4、HCl 等强酸的拉平溶剂。拉平效应是通过溶剂的作用，使不同强度的酸或碱显示同等强度的作用。如果要区分强酸的真实强弱，必须选比水碱性更弱的碱作为溶剂。如以冰醋酸为溶剂，$HClO_4$ 就不是完全离解，它与 HAc 发生如下反应：

$$HClO_4 + CH_3COOH \rightleftharpoons [CH_3C(OH)_2]^+ + ClO_4^-$$

其他强酸也会发生类似反应，离解程度各不相同，体现出来的酸性也不相同。这就是冰醋酸作为溶剂对于 $HClO_4$、H_2SO_4、HCl 等强酸的区分效应。区分效应指能区分酸碱强度的效应。因此，对于碱来说，也存在着溶剂的区分效应和拉平效应。

例如，NH_3 在水中是弱碱，而在 HAc 溶剂中则是较强的碱，因为 HAc 给出质子的能力比

水强,促进了 NH_3 的离解,其离解表达式为

$$H_2O + NH_3 \rightleftharpoons NH_4^+ + OH^-$$

$$HAc + NH_3 \rightleftharpoons NH_4^+ + Ac^-$$

在同一溶剂中,酸、碱的相对强弱取决于各酸、碱的本性。但同一酸、碱在不同溶剂中的强弱则由溶剂的性质决定。物质的酸碱性在不同溶剂作用的影响下,强弱可以变化,酸碱性也可以变化。这是酸碱质子理论与 Arrhenius 电离理论的又一主要区别。因此,通过选用不同的溶剂,可使强酸、强碱在该溶剂中只发生部分离解,通过比较在该溶剂中的离解常数来比较酸、碱的强弱。

3.2 水溶液中的质子转移平衡及有关计算

3.2.1 水的质子自递和溶液的 pH 值

水是应用最广泛、最常见的溶剂。根据酸碱质子理论,溶剂分子间的质子传递反应称为质子自递平衡(又称为溶剂自耦离解平衡)。实验证明,纯水有微弱的导电性,它是一个很弱的电解质。

1. 水的质子自递平衡常数

在 25.0 ℃时,水的质子自递反应为

$$H_2O\ (l) + H_2O\ (l) \rightleftharpoons H_3O^+(aq) + OH^-(aq)$$

常简单地写成水的自离解反应

$$H_2O(l) \rightleftharpoons H^+(aq) + OH^-(aq), \quad \Delta_r H_m^\ominus = 55.90\ kJ \cdot mol^{-1}$$

其平衡常数为

$$K_w = \frac{a(H^+) \cdot a(OH^-)}{a(H_2O)}$$

a 是某物质的活度,即该物质的有效浓度。在稀溶液中,可用浓度代替活度。在纯水中 H^+ 和 OH^- 的浓度很小,可近似认为是理想溶液,即 $a(H^+)=c(H^+)$,$a(OH^-)=c(OH^-)$,$a(H_2O)=1$,所以水的质子自递反应的平衡常数可写为

$$K_w=c(H^+)\cdot c(OH^-) \text{或} K_w^\ominus=[c(H^+)/c^\ominus]\cdot[c(OH^-)/c^\ominus]$$

式中:K_w 为实验平衡常数,$K_w^\ominus$ 为标准平衡常数。考虑到 $c^\ominus=1\ mol\cdot L^{-1}$,为演算简便,本章具体计算时,一般不出现 $c^\ominus$。而且本章中的实验平衡常数和标准平衡常数均以 $K_i^\ominus$(i 指具体物质)表示。

$K_w^\ominus$ 是水的质子自递平衡常数,也称为水的自离解常数,简称水的离子积。

水的离子积可用电导法测定。在 25.0 ℃时,利用电导率实验值和极限摩尔电导求得

$$c(H^+) = c(OH^-) = 1.00 \times 10^{-7}\ mol \cdot L^{-1}$$

所以在 25.0 ℃时,水的离子积的实验值为

$$K_w^\ominus = c(H^+) \cdot c(OH^-) = 1.00 \times 10^{-14}$$

由 $K_w^\ominus$ 可以求得水的质子自递反应的标准 Gibbs 自由能变 $\Delta G^\ominus$ 和标准熵变 $\Delta S^\ominus$。水的质子自递反应是吸热反应,$K_w^\ominus$ 将随温度的升高而增大。在室温条件下,可用 25.0 ℃的 $K_w^\ominus$ 值进行近似计算。不要把 $c(H^+)=c(OH^-)=1.00\times10^{-7}\ mol\cdot L^{-1}$ 看成是溶液为中性的不变标志,在非常温下,虽然 $c(H^+)=c(OH^-)$,但并不等于 $1.00\times10^{-7}\ mol\cdot L^{-1}$。$K_w^\ominus$ 值与温度的

关系见表3-1。

2. 溶液的pH值

在稀溶液中，pH值是$a(H^+)$的一种简便表示方法。

$$pH = -\lg a(H^+)$$

通常用浓度代替活度，即

$$pH = -\lg c(H^+)$$

同理

$$pOH = -\lg c(OH^-),\quad pK_w^\ominus = -\lg K_w^\ominus$$

表3-1　$K_w^\ominus$值与温度的关系

温度/℃	$K_w^\ominus$
0	0.11×10^{-14}
10	0.30×10^{-14}
18	0.60×10^{-14}
22	0.81×10^{-14}
25	1.00×10^{-14}
40	2.95×10^{-14}
60	9.55×10^{-14}

由于$K_w^\ominus = c(H^+)\cdot c(OH^-)$，则

$$pK_w^\ominus = pOH + pH$$

常温下

$$K_w^\ominus = 1.00\times10^{-14}$$

故

$$pH + pOH = 14.00$$

当溶液酸度较高，$c(H^+)$很大时，用pH值表示不方便，一般仍用物质的量浓度表示。

3.2.2　酸、碱在水溶液中的质子转移平衡及有关计算

化学反应常在水溶液中进行。根据酸碱质子理论，H^+是水中最强的酸，而OH^-是水中最强的碱。溶液中两者浓度的相应变化直接影响了整个酸碱反应体系，决定了体系的性质。

1. 离解度和离解常数

弱酸、弱碱在水溶液中只有部分发生离解，未离解部分与已离解部分存在着平衡。如某弱酸HA，在水溶液中存在下列质子转移平衡：

$$HA(aq) + H_2O(l) \rightleftharpoons H_3O^+(aq) + A^-(aq)$$

简写为弱酸的离解

$$HA(aq) \rightleftharpoons H^+(aq) + A^-(aq)$$

其平衡常数表达式为

$$K_a^\ominus = \frac{a(H^+)\cdot a(A^-)}{a(HA)}$$

由于溶液较稀，一般可用浓度代替活度，故平衡常数的表达式可写为

$$K_a^\ominus = \frac{c(H^+)\cdot c(A^-)}{c(HA)} \tag{3-7}$$

式(3-7)为一元弱酸离解常数的表达式，其中$K_a^\ominus$是一元弱酸的离解常数，简称酸常数。

某弱碱B，在水溶液中也存在下列平衡：

$$B(aq) + H_2O(l) \rightleftharpoons BH^+(aq) + OH^-(aq)$$

同理,一元弱碱的离解常数表达式如下,其中 $K_b^\ominus$ 简称为碱常数。

$$K_b^\ominus = \frac{c(BH^+) \cdot c(OH^-)}{c(B)} \tag{3-8}$$

$K_a^\ominus$ 和 $K_b^\ominus$ 都是化学反应的平衡常数,它们能反映弱酸或弱碱在水中离解出离子趋势的大小。和其他平衡常数一样,酸、碱的离解常数也和温度有关,但是,由于弱电解质离解时的热效应不大,因此可以忽略温度对离解常数的影响。表 3-2 列出了某些酸及其共轭碱的离解常数。

表 3-2　某些酸及其共轭碱的离解常数(25 ℃)

$K_a^\ominus$	酸 HB	共轭碱 B^-	$K_b^\ominus$
5.9×10^{-2}	$H_2C_2O_4$	$HC_2O_4^-$	1.7×10^{-13}
1.0×10^{-2}	HSO_4^-	SO_4^{2-}	1.0×10^{-12}
7.1×10^{-3}	H_3PO_4	$H_2PO_4^-$	1.41×10^{-12}
6.46×10^{-5}	C_6H_5COOH	$C_6H_5COO^-$	1.55×10^{-10}
6.4×10^{-5}	$HC_2O_4^-$	$C_2O_4^{2-}$	1.6×10^{-10}
1.8×10^{-5}	CH_3COOH	CH_3COO^-	5.56×10^{-10}
6.3×10^{-8}	$H_2PO_4^-$	HPO_4^{2-}	1.59×10^{-7}
6.2×10^{-10}	HCN	CN^-	1.61×10^{-5}
5.6×10^{-10}	NH_4^+	NH_3	1.8×10^{-5}
4.7×10^{-11}	HCO_3^-	CO_3^{2-}	2.1×10^{-4}
4.8×10^{-13}	HPO_4^{2-}	PO_4^{3-}	2.1×10^{-2}

根据酸碱质子理论,当酸 HA 离解出质子 H^+ 后所产生的 A^- 是其共轭碱,共轭酸碱 HA 和 A^- 可互相转化,如

$$H_2O(l) + A^-(aq) \rightleftharpoons HA(aq) + OH^-(aq)$$

其反应的平衡常数为

$$K_b^\ominus = \frac{c(HA) \cdot c(OH^-)}{c(A^-)}$$

又
$$K_a^\ominus = \frac{c(H^+) \cdot c(A^-)}{c(HA)},\quad K_w^\ominus = c(H^+) \cdot c(OH^-)$$

所以
$$K_a^\ominus \cdot K_b^\ominus = K_w^\ominus \tag{3-9}$$

从上面的推导中很容易得出结论:酸 HA 的酸性越强,则其共轭碱 A^- 的碱性越弱;反之,碱 A^- 的碱性越强,则其共轭酸 HA 的酸性越弱。

弱酸、弱碱在水中的离解程度用离解度(电离度)α 表示为

$$\alpha = \frac{离解的溶液的浓度}{溶液的起始浓度} \times 100\%$$

则弱酸的离解度为

$$\alpha = \frac{c(H^+)}{c_0} \times 100\% \tag{3-10}$$

弱碱的离解度为

$$\alpha = \frac{c(OH^-)}{c_0} \times 100\% \tag{3-11}$$

离解常数不随酸或碱的浓度改变而变化，但离解度随酸、碱的起始浓度改变而变化。酸或碱的起始浓度越大，则其离解度越小。离解度的大小不能说明酸或碱的强度。

码 3.3　疑难解析

2. 水溶液中 pH 值的有关计算

1）一元弱酸和弱碱溶液

在大多数酸性溶液中，可以忽略水的质子自递产生的 H^+。令 c_0 为一元弱酸 HA 的起始浓度，则平衡时 $c(H^+)=c(A^-)$，$c(HA)=c_0-c(H^+)$，即

$$HA(aq) \rightleftharpoons H^+(aq) + A^-(aq)$$

	HA(aq)	H⁺(aq)	A⁻(aq)
起始浓度	c_0	0	0
平衡浓度	$c_0-c(H^+)$	$c(H^+)$	$c(H^+)$

故

$$K_a^\ominus = \frac{[c(H^+)]^2}{c_0-c(H^+)} \tag{3-12}$$

利用式(3-12)，在已知弱酸起始浓度和离解常数的条件下，解一元二次方程，可以求出溶液中 H^+ 的浓度。

当离解常数很小，而一元弱酸的初始浓度很大时，有 $c_0 \gg c(H^+)$，故

$$K_a^\ominus = \frac{[c(H^+)]^2}{c_0}$$

所以

$$c(H^+) = \sqrt{c_0 K_a^\ominus} \tag{3-13}$$

当 $c_0/K_a^\ominus > 400$ 时，可用式(3-13)求得 $c(H^+)$，式(3-13)也称为稀释公式。

对于一元弱碱

$$K_b^\ominus = \frac{[c(OH^-)]^2}{c_0-c(OH^-)} \tag{3-14}$$

同理，当 $c_0/K_b^\ominus > 400$ 时，有

$$c(OH^-) = \sqrt{c_0 K_b^\ominus} \tag{3-15}$$

将式(3-13)代入式(3-10)中，得

$$\alpha = \sqrt{\frac{K_a^\ominus}{c_0}} \times 100\% \tag{3-16}$$

【例 3-1】 根据表 3-2 所给的离解常数，计算 25 ℃时浓度为 $0.100\ mol \cdot L^{-1}$ 的 $NaHSO_4$ 溶液中各酸、碱物质的平衡浓度和溶液的 pH 值。

解　$NaHSO_4$ 在水溶液中完全离解，溶液中 HSO_4^- 的浓度为 $c_0=0.100\ mol \cdot L^{-1}$。$HSO_4^-$ 的水溶液可以作为一元弱酸处理，它在水溶液中的离解平衡为

$$HSO_4^-(aq) \rightleftharpoons H^+(aq) + SO_4^{2-}(aq)$$

溶液中全部的酸、碱物质为 HSO_4^-、SO_4^{2-}、H^+ 和 OH^-。

25 ℃时 HSO_4^- 的离解常数 $K_a^\ominus=1.0\times10^{-2}$，将 $K_a^\ominus$ 与 c_0 代入下式：

$$K_a^\ominus = \frac{[c(H^+)]^2}{c_0-c(H^+)}$$

然后解此一元二次方程，得

$$c(H^+)=0.027\ mol \cdot L^{-1}$$

$$c(OH^-)=\frac{K_w^\ominus}{c(H^+)}=3.70\times10^{-13}\ mol \cdot L^{-1}$$

$$c(HSO_4^-) = c_0 - c(H^+) = (0.100 - 0.027)\ mol \cdot L^{-1} = 0.073\ mol \cdot L^{-1}$$

$$c(SO_4^{2-}) = 0.027\ mol \cdot L^{-1}$$

溶液的 pH 值为

$$pH = 1.57$$

应该注意此题中的弱酸为 HSO_4^-，其离解常数不能满足 $c_0/K_a^\ominus > 400$ 的条件，故不能用稀释公式计算$c(H^+)$。

【例 3-2】 维生素 C($HC_6H_7O_6$)的 $K_a^\ominus$ 为 8.0×10^{-5}。把 500 mg 纯维生素 C 片剂溶解于水中并稀释到 100 mL，计算所得溶液的 pH 值。

解 维生素 C($HC_6H_7O_6$)的相对分子质量 $M_r = 176$，其起始浓度

$$c_0 = \frac{500\times10^{-3}}{176\times100\times10^{-3}}\ mol \cdot L^{-1} = 0.028\ mol \cdot L^{-1}$$

因为 $c_0/K_a^\ominus < 400$，不能用稀释公式计算，根据下式：

$$K_a^\ominus = \frac{[c(H^+)]^2}{c_0 - c(H^+)}$$

得

$$c(H^+) = 1.46\times10^{-3}\ mol \cdot L^{-1}$$

$$pH = 2.84$$

【例 3-3】 计算 $1.0\ mol \cdot L^{-1}$ 和 $0.001\ mol \cdot L^{-1}$ HAc 溶液的 pH 值及 HAc 的离解度。

解 已知 HAc 的 $K_a^\ominus = 1.80\times10^{-5}$。

当 $c_0 = 1.0\ mol \cdot L^{-1}$ 时，$c_0/K_a^\ominus > 400$，则

$$c(H^+) = \sqrt{c_0 K_a^\ominus} = \sqrt{1.0\times1.80\times10^{-5}}\ mol \cdot L^{-1} = 4.24\times10^{-3}\ mol \cdot L^{-1}$$

$$pH = 2.37$$

$$\alpha = \sqrt{\frac{K_a^\ominus}{c_0}}\times100\% = 4.24\times10^{-3}\times100\% = 0.42\%$$

当 $c_0 = 0.001\ mol \cdot L^{-1}$ 时，$c_0/K_a^\ominus < 400$，将 $K_a^\ominus$ 与 c_0 代入下式：

$$K_a^\ominus = \frac{[c(H^+)]^2}{c_0 - c(H^+)}$$

然后解此一元二次方程，得

$$c(H^+) = 1.26\times10^{-4}\ mol \cdot L^{-1}, \quad pH = 3.90$$

$$\alpha = \frac{c(H^+)}{c_0}\times100\% = \frac{1.26\times10^{-4}}{0.001}\times100\% = 12.6\%$$

此例可以说明，稀的弱酸、弱碱溶液的离解度较大，浓的弱酸、弱碱溶液的离解度较小，酸度与其起始浓度有关。

应注意在酸碱质子理论中没有盐的概念，像 NH_4Cl、NaAc 等盐类由于在水中的水解反应而显酸性或显碱性，前已述及，水解反应也是酸碱质子反应。如NH_4Cl为强酸弱碱盐，因NH_4^+的水解而显酸性。

$$NH_4^+(aq) + H_2O(l) \rightleftharpoons NH_3 \cdot H_2O(aq) + H^+(aq)$$

因此，NH_4Cl 可看作一元弱酸，反应的平衡常数为 $NH_3 \cdot H_2O$ 的共轭酸 NH_4^+ 的离解常数：

$$K_a^\ominus(NH_4^+) = \frac{c(NH_3 \cdot H_2O)\cdot c(H^+)}{c(NH_4^+)} = \frac{c(NH_3 \cdot H_2O)\cdot K_w^\ominus}{c(NH_4^+)\cdot c(OH^-)} = \frac{K_w^\ominus}{K_b^\ominus(NH_3)}$$

NaAc 为强碱弱酸盐，因 Ac^- 的水解而显碱性。

$$Ac^-(aq) + H_2O(l) \rightleftharpoons HAc(aq) + OH^-(aq)$$

故 NaAc 是一元弱碱，其平衡常数为 HAc 的共轭碱 Ac^- 的离解常数：

$$K_b^\ominus(Ac^-) = \frac{c(HAc)\cdot c(OH^-)}{c(Ac^-)} = \frac{c(HAc)\cdot K_w^\ominus}{c(Ac^-)\cdot c(H^+)} = \frac{K_w^\ominus}{K_a^\ominus(HAc)}$$

因此在计算相关问题时，可以将强酸弱碱盐依照弱酸进行处理，将强碱弱酸盐依照弱碱进行处理。

【例 3-4】 计算 0.10 $mol \cdot L^{-1}$ NH_4Cl 溶液的 pH 值和 NH_4^+ 的离解度。

解　NH_4Cl 为一元弱酸，由表 3-2 查出 NH_3 的 $K_b^\ominus = 1.8\times10^{-5}$，则

$$K_a^\ominus = \frac{K_w^\ominus}{K_b^\ominus} = \frac{1.00\times10^{-14}}{1.8\times10^{-5}} = 5.60\times10^{-10}$$

设平衡时 H^+ 的浓度为 x $mol \cdot L^{-1}$，则

$$NH_4^+(aq) + H_2O(l) \rightleftharpoons NH_3 \cdot H_2O(aq) + H^+(aq)$$

平衡浓度/$(mol \cdot L^{-1})$　$0.10-x$　　x　　x

$$\frac{x^2}{0.10-x} = 5.60\times10^{-10},\quad x = 7.48\times10^{-6}$$

$$c(H^+) = 7.48\times10^{-6}\ mol \cdot L^{-1},\quad pH = 5.13$$

另外，由于 $c_0/K_a^\ominus > 400$，也可以用式(3-13)计算。

$$c(H^+) = \sqrt{c_0 K_a^\ominus} = \sqrt{0.10\times5.60\times10^{-10}}\ mol \cdot L^{-1} = 7.48\times10^{-6}\ mol \cdot L^{-1}$$

$$\alpha = \sqrt{\frac{K_a^\ominus}{c_0}}\times100\% = \sqrt{\frac{5.60\times10^{-10}}{0.10}}\times100\% = 0.0075\%$$

【例 3-5】 将 2.45 g NaCN 配制成 500 mL 水溶液，试计算此溶液的 pH 值。已知 $K_a^\ominus(HCN) = 6.20\times10^{-10}$。

解　$c_0 = \frac{m}{MV} = \frac{2.45\ g}{49.007\ g \cdot mol^{-1}\times0.5\ L} = 0.10\ mol \cdot L^{-1}$

NaCN 为一元弱碱，其碱常数

$$K_b^\ominus = \frac{K_w^\ominus}{K_a^\ominus} = \frac{1.00\times10^{-14}}{6.20\times10^{-10}} = 1.61\times10^{-5}$$

$c_0/K_b^\ominus > 400$，故可用式(3-15)计算。

$$c(OH^-) = \sqrt{c_0 K_b^\ominus} = \sqrt{0.10\times1.61\times10^{-5}}\ mol \cdot L^{-1} = 1.27\times10^{-3}\ mol \cdot L^{-1}$$

$$pH = pK_w^\ominus - pOH$$

$$pH = 11.10$$

由此可见，按照酸碱质子理论，盐类的水解可以转化为相应的酸碱质子反应进行计算，但需要正确地理解酸、碱的含义。

2）多元弱酸和弱碱溶液

在水溶液中，一个分子能给出一个以上 H^+ 的弱酸称为多元弱酸，能够接受一个以上质子的弱碱称为多元弱碱。如 H_2S、H_2CO_3 为二元弱酸，H_3PO_4、H_3AsO_4 为三元弱酸；Na_2CO_3、Na_3PO_4 分别为二元弱碱和三元弱碱。

多元弱酸或弱碱在水中分步离解，但是，各分步的离解平衡是同时建立起来的。在一定条件下，某物质在水中的浓度只能有一个数值，并要满足所参与的全部的化学平衡。以 H_2A 为例。

第一步离解：

$$H_2A(aq) \rightleftharpoons HA^-(aq) + H^+(aq)$$

第一级离解常数为

$$K_{a1}^\ominus = \frac{c(HA^-) \cdot c(H^+)}{c(H_2A)}$$

第二步离解：

$$HA^-(aq) \rightleftharpoons A^{2-}(aq) + H^+(aq)$$

第二级离解常数为

$$K_{a2}^{\ominus}=\frac{c(A^{2-})\cdot c(H^{+})}{c(HA^{-})}$$

根据表 3-2 可以看出，一般多级离解的离解常数是逐级显著减小的。这是因为，从带负电荷的 HA^- 中再离解出一个 H^+ 是很困难的，第一步离解所产生的大量 H^+ 也要满足第二步离解平衡，它抑制了 HA^- 进一步离解出 H^+，因此 $K_{a2}^{\ominus}$ 远小于 $K_{a1}^{\ominus}$。

当 $K_{a1}^{\ominus}\gg K_{a2}^{\ominus}$(一般相差 100 倍以上)时，可以忽略 H_2A 的第二步离解，$c(HA^-)$ 和 $c(H^+)$ 近似相等，由此可计算出溶液中各种离子的浓度。

【例 3-6】 求 0.10 $mol\cdot L^{-1}$ H_2S 溶液的 $c(H^+)$、$c(HS^-)$ 和 $c(S^{2-})$。

解 $K_{a1}^{\ominus}=1.10\times10^{-7}$，$K_{a2}^{\ominus}=1.3\times10^{-13}$，设平衡时 H_2S 的浓度减小 x $mol\cdot L^{-1}$，S^{2-} 的浓度为 y $mol\cdot L^{-1}$，则

	$H_2S(aq) \rightleftharpoons$	$H^+(aq)$ +	$HS^-(aq)$
平衡浓度/$(mol\cdot L^{-1})$	$0.10-x$	$x+y$	$x-y$
	$HS^-(aq) \rightleftharpoons$	$H^+(aq)$ +	$S^{2-}(aq)$
平衡浓度/$(mol\cdot L^{-1})$	$x-y$	$x+y$	y

因为 $K_{a1}^{\ominus}\gg K_{a2}^{\ominus}$，且 $c_0/K_{a1}^{\ominus}>400$，所以 $c(H^+)=x+y\approx x$，将二元弱酸转化为一元弱酸处理，则

$$c(H^+)=\sqrt{c_0K_{a1}^{\ominus}}=\sqrt{0.10\times1.10\times10^{-7}}\ mol\cdot L^{-1}=1.05\times10^{-4}\ mol\cdot L^{-1}$$

又 $c(HS^-)=x-y\approx x$，则

$$c(HS^-)=1.05\times10^{-4}\ mol\cdot L^{-1}$$

因为

$$K_{a2}^{\ominus}=\frac{c(H^+)\cdot c(S^{2-})}{c(HS^-)}\approx\frac{xy}{x}$$

故

$$c(S^{2-})\approx K_{a2}^{\ominus}=1.3\times10^{-13}\ mol\cdot L^{-1}$$

在近似计算中，如果二元弱酸能转化为一元弱酸进行计算，则其酸根离子的浓度等于 $K_{a2}^{\ominus}$，比较二元弱酸的强度，只需比较其第一级离解常数的大小。

【例 3-7】 25 ℃时，二元弱酸水杨酸($C_7H_4O_3H_2$)的 $K_{a1}^{\ominus}=1.06\times10^{-3}$，$K_{a2}^{\ominus}=3.6\times10^{-14}$。计算 0.065 $mol\cdot L^{-1}$ 的水杨酸溶液中平衡时各物质的浓度和 pH 值。

解 水杨酸是二元弱酸，其离解反应分两步进行。设平衡时水杨酸的浓度减小了 x $mol\cdot L^{-1}$，$C_7H_4O_3^{2-}$ 的浓度为 y $mol\cdot L^{-1}$，则

	$C_7H_4O_3H_2(aq) \rightleftharpoons$	$C_7H_4O_3H^-(aq)$ +	$H^+(aq)$
平衡浓度/$(mol\cdot L^{-1})$	$0.065-x$	$x-y$	$x+y$
	$C_7H_4O_3H^-(aq) \rightleftharpoons$	$C_7H_4O_3^{2-}(aq)$ +	$H^+(aq)$
平衡浓度/$(mol\cdot L^{-1})$	$x-y$	y	$x+y$

因为 $K_{a1}^{\ominus}\gg K_{a2}^{\ominus}$，可以忽略第二步离解，但 $c_0/K_{a1}^{\ominus}<400$，不能用稀释公式计算，由于 $x\pm y\approx x$，则

$$K_{a1}^{\ominus}=\frac{(x-y)(x+y)}{0.065-x}=1.06\times10^{-3}$$

$$K_{a2}^{\ominus}=\frac{y(x+y)}{x-y}=3.6\times10^{-14}$$

得

$$y=3.60\times10^{-14},\quad x=7.80\times10^{-3}$$

平衡时 $c(C_7H_4O_3H_2)=(0.065-7.80\times10^{-3})\ mol\cdot L^{-1}=0.057\ mol\cdot L^{-1}$

$$c(C_7H_4O_3H^-)=c(H^+)=7.80\times10^{-3}\ mol\cdot L^{-1},\quad pH=2.11$$

$$c(C_7H_4O_3^{2-})=3.60\times10^{-14}\ mol\cdot L^{-1}$$

【例 3-8】 在 0.10 $mol\cdot L^{-1}$ 的盐酸中通入 H_2S 至饱和(H_2S 饱和溶液的浓度为 0.10 $mol\cdot L^{-1}$)，求溶液中 S^{2-} 的浓度。

解 盐酸是强酸，在水中完全离解，体系中 H^+ 的起始浓度不能忽略。因此，H^+ 的起始浓度 $c_0=0.10$

$mol \cdot L^{-1}$，在这种条件下，H_2S的离解受到极大的抑制，H_2S饱和溶液的浓度为0.10 $mol \cdot L^{-1}$，它离解出的H^+极少，可以忽略不计。查表得H_2S的$K_{a1}^{\ominus}=1.10\times10^{-7}$，$K_{a2}^{\ominus}=1.3\times10^{-13}$，设$c(S^{2-})=x$ $mol \cdot L^{-1}$，则

$$H_2S(aq) \rightleftharpoons 2H^+(aq) + S^{2-}(aq)$$

$$\text{平衡浓度}/(mol \cdot L^{-1}) \quad 0.10 \qquad 0.10 \qquad x$$

码3.4　疑难解析

$$K_a^{\ominus}=K_{a1}^{\ominus}\cdot K_{a2}^{\ominus}=\frac{[c(H^+)]^2\cdot c(S^{2-})}{c(H_2S)}=\frac{0.10^2\times x}{0.10}=1.43\times10^{-20}$$

$$x=1.43\times10^{-19}$$

即
$$c(S^{2-})=1.43\times10^{-19}\ mol\cdot L^{-1}$$

通过上面的讨论，可以得到以下几个结论。

(1) 在多元弱酸溶液中，第一步离解是主要的，当$K_{a1}^{\ominus}\gg K_{a2}^{\ominus}$时，可以把多元弱酸当作一元弱酸处理，而且二元弱酸的酸根浓度等于其第二级离解常数。

(2) 多元弱碱在水中分步离解，溶液中碱度计算方法及原则与多元弱酸相似，但需要采用相应的碱的离解常数。

3) 两性物质溶液

既能结合质子又能给出质子的物质为两性物质，比较重要的两性物质包括弱酸弱碱盐（如NH_4Ac）、两性阴离子（如HCO_3^-、HPO_4^{2-}）、氨基酸（如NH_2CH_2COOH）等。

(1) 弱酸弱碱盐。由一元弱酸HB和一元弱碱MOH生成的弱酸弱碱盐MB在水中存在双水解，这些水解反应均属于溶液中的质子转移反应，各种离子浓度的计算也可以转化为酸碱问题进行处理。设该盐的起始浓度为c_0，相应的弱酸、弱碱的离解常数分别为$K_a^{\ominus}$和$K_b^{\ominus}$。

两个水解反应同时达到平衡：

$$M^+(aq)+H_2O(l)\rightleftharpoons M(OH)(aq)+H^+(aq) \tag{3-17}$$

$$B^-(aq)+H_2O(l)\rightleftharpoons HB(aq)+OH^-(aq) \tag{3-18}$$

式(3-17)中弱酸M^+所产生的H^+需要中和式(3-18)中的OH^-，所以

$$c(H^+)=c(MOH)-c(HB) \tag{3-19}$$

由M^+的水解平衡常数表达式

$$K_a^{\ominus}(M^+)=\frac{K_w^{\ominus}}{K_b^{\ominus}}=\frac{c(MOH)\cdot c(H^+)}{c(M^+)}$$

得出
$$c(MOH)=\frac{K_w^{\ominus}\cdot c(M^+)}{K_b^{\ominus}\cdot c(H^+)} \tag{3-20}$$

对于弱碱B^-的离解常数$K_b^{\ominus}$，设其共轭酸的离解常数为$K_a^{\ominus'}$，由B^-的水解平衡常数表达式

$$K_b^{\ominus}(B^-)=\frac{K_w^{\ominus}}{K_a^{\ominus'}}=\frac{c(HB)\cdot c(OH^-)}{c(B^-)}$$

得出
$$c(HB)=\frac{K_w^{\ominus}\cdot c(B^-)}{K_a^{\ominus'}\cdot c(OH^-)}=\frac{c(B^-)\cdot c(H^+)}{K_a^{\ominus'}} \tag{3-21}$$

将式(3-20)和式(3-21)代入式(3-19)中，有

$$c(H^+)=\frac{K_w^{\ominus}\cdot c(M^+)}{K_b^{\ominus}\cdot c(H^+)}-\frac{c(B^-)\cdot c(H^+)}{K_a^{\ominus'}}$$

化简得

$$c(H^+)=\sqrt{\frac{K_w^{\ominus}\cdot K_a^{\ominus'}\cdot c(M^+)}{K_b^{\ominus}[K_a^{\ominus'}+c(B^-)]}} \tag{3-22}$$

当$c_0>20K_a^{\ominus'}$，且水解平衡常数都很小时，$c(M^+)\approx c(B^-)\approx c_0$，且$K_a^{\ominus'}+c(B^-)\approx c(B^-)$

$\approx c_0$。所以

$$c(H^+)=\sqrt{\frac{K_w^\ominus \cdot K_a^{\ominus'}}{K_b^\ominus}} \tag{3-23}$$

则式(3-23)可写为

$$c(H^+)=\sqrt{K_a^\ominus \cdot K_a^{\ominus'}}$$

$$pH=\frac{1}{2}(pK_a^\ominus+pK_a^{\ominus'}) \tag{3-24}$$

可见,在水解平衡常数都很小时,可以认为弱酸弱碱盐水溶液的 $c(H^+)$ 和溶液的浓度无直接关系。但是,应用式(3-24)时需要满足 $c_0>20K_a^{\ominus'}$ 的条件。在无机化学课程中,一般只要求做近似的计算,因而可以利用式(3-23)或式(3-24)判断弱酸弱碱盐的酸碱性。如 0.1 $mol \cdot L^{-1}$ NH_4Ac溶液,由于 $K_a^\ominus$ 和 $K_b^\ominus$ 近似相等,故溶液显中性。

(2) 两性阴离子溶液。以 $NaHCO_3$ 为例,HCO_3^- 作为酸,在水中给出质子,反应为

$$HCO_3^-(aq)+H_2O(l) \rightleftharpoons H_3O^+(aq)+CO_3^{2-}(aq)$$

HCO_3^- 作为碱,接受质子的反应为

$$HCO_3^-(aq)+H_2O(l) \rightleftharpoons H_2CO_3(aq)+OH^-(aq)$$

由与弱酸弱碱盐溶液中 $c(H^+)$ 计算关系的类似推导,当 $c_0>20K_{a1}^\ominus$ 时可得

$$c(H^+)=\sqrt{K_{a1}^\ominus \cdot K_{a2}^\ominus} \tag{3-25}$$

$$pH=\frac{1}{2}(pK_{a1}^\ominus+pK_{a2}^\ominus) \tag{3-26}$$

式中:$K_{a1}^\ominus$、$K_{a2}^\ominus$ 分别为 H_2CO_3 的第一级和第二级离解常数。对于其他的两性阴离子溶液,也可类推。例如:

对于 $H_2PO_4^-$ 溶液　　$c(H^+)=\sqrt{K_{a1}^\ominus \cdot K_{a2}^\ominus}$

对于 HPO_4^{2-} 溶液　　$c(H^+)=\sqrt{K_{a2}^\ominus \cdot K_{a3}^\ominus}$

3.3 缓冲溶液

许多化学反应要在一定的酸碱范围内才能进行,如人体血液的 pH 值要保持在 7.35～7.45才能维持机体的酸碱平衡。在化工生产和科学研究中,有效控制反应体系的 pH 值是保证反应正常进行的一个重要条件。因此,可以在体系中人为地加入某化学平衡,根据化学平衡移动的原理来控制体系中的酸碱度。

3.3.1 同离子效应

在 HAc 溶液中加入 NaAc 固体,溶液的 pH 值将如何变化?

在 HAc 溶液中存在平衡:

$$HAc(aq) \rightleftharpoons H^+(aq)+Ac^-(aq)$$

加入 NaAc 固体后　　$NaAc(s) = Na^+(aq)+Ac^-(aq)$

由于反应式中的产物 Ac^- 的浓度增加,根据平衡移动原理,平衡将向左移动,导致 HAc 的离解度减小。

在弱电解质溶液中,加入含有与其相同离子的另一强电解质,而使平衡向降低弱电解质离

解度的方向移动的作用称为同离子效应。

【例 3-9】 计算 0.100 mol · L^{-1} $NH_3 \cdot H_2O$ 的 $c(OH^-)$；若向其中加入固体NH_4Cl，使 $c(NH_4^+)$达到 0.20 mol · L^{-1}，求 $c(OH^-)$。

解 查表 3-2，$K_b^\ominus = 1.8\times10^{-5}$，$NH_3 \cdot H_2O$ 的起始浓度 $c_0 = 0.100$ mol · L^{-1}。设平衡时OH^-的浓度为 x mol · L^{-1}，则

$$NH_3 \cdot H_2O(aq) \rightleftharpoons NH_4^+(aq) + OH^-(aq)$$

起始浓度/(mol · L^{-1})	c_0	0	0
平衡浓度/(mol · L^{-1})	$c_0 - x$	x	x

$c_0/K_b^\ominus > 400$，$x = \sqrt{c_0 K_b^\ominus} = \sqrt{0.100\times1.8\times10^{-5}}$ mol · L^{-1} $= 1.34\times10^{-3}$ mol · L^{-1}

$$\alpha = \sqrt{\frac{K_b^\ominus}{c_0}}\times100\% = \sqrt{\frac{1.8\times10^{-5}}{0.100}}\times100\% = 1.34\%$$

加入固体 NH_4Cl 后，平衡时 $c(NH_4^+) = 0.20$ mol · L^{-1}。设重新平衡时 OH^- 的浓度为 y mol · L^{-1}，则

$$NH_3 \cdot H_2O(aq) \rightleftharpoons NH_4^+(aq) + OH^-(aq)$$

平衡浓度/(mol · L^{-1})	$c_0 - y$	0.20	y

根据化学平衡移动原理，加入 NH_4^+ 后，y 值远小于 c_0，所以 $c_0 - y \approx c_0$，则

$$K_b^\ominus = \frac{c(NH_4^+)\cdot c(OH^-)}{c(NH_3 \cdot H_2O)} = \frac{0.20y}{0.100 - y} \approx \frac{0.20y}{0.100}$$

即

$$\frac{0.20y}{0.100} = 1.80\times10^{-5}$$

$$c(OH^-) = y = 9.0\times10^{-6}\ \text{mol}\cdot\text{L}^{-1}$$

$$\alpha = \frac{c(OH^-)}{c_0}\times100\% = \frac{9.0\times10^{-6}}{0.100}\times100\% = 0.009\%$$

由例 3-9 可以看出，同离子效应导致弱电解质的离解度减小。

3.3.2 缓冲溶液及其组成

为了理解缓冲溶液的概念，先分析表 3-3 中的实验数据。

表 3-3 缓冲溶液与非缓冲溶液的比较实验

项 目	1.8×10^{-5} mol · L^{-1} HCl	0.10 mol · L^{-1} HAc-0.10 mol · L^{-1} NaAc
1.0 L 溶液的 pH 值	4.75	4.75
加入 0.010 mol NaOH(s)后的 pH 值	12.00	4.83
加入 0.010 mol HCl 后的 pH 值	2.00	4.66

从表 3-3 可以看出，在 1.8×10^{-5} mol · L^{-1} 盐酸和 0.10 mol · L^{-1} HAc-0.10 mol · L^{-1} NaAc 溶液中加入相同的少量酸或碱，溶液的 pH 值变化不同。在 1.8×10^{-5} mol · L^{-1} 盐酸中，pH 值改变很大，而 0.10 mol · L^{-1} HAc-0.10 mol · L^{-1} NaAc 溶液的 pH 值变化很小，因为在此混合溶液中存在着下面两种平衡：

$$HAc(aq) + H_2O(l) \rightleftharpoons H_3O^+(aq) + Ac^-(aq) \tag{3-27}$$

$$Ac^-(aq) + H_2O(l) \rightleftharpoons HAc(aq) + OH^-(aq) \tag{3-28}$$

在混合溶液中加入少量的酸，虽然使体系的酸度增加，但是，反应式(3-27)中生成物 H_3O^+ 的浓度增大了，导致平衡向左移动，使得体系中酸度降低，净结果是 pH 值变化不大。在混合溶液中加入少量的碱，虽然使体系的碱度增加，但是，反应式(3-28)中生成物 OH^- 的浓度增大

了,导致平衡向左移动,使得体系中碱度降低,净结果仍然是 pH 值变化不大。而式(3-27)和式(3-28)两种平衡的移动都是因为同离子效应。

加入少量强酸或强碱或稍加稀释时,pH 值保持相对稳定的溶液称为缓冲溶液。这种对 pH 值的稳定作用称为缓冲作用。

缓冲溶液的组成为共轭酸碱对,也称为缓冲对,一般有三种类型。最常见的是由弱酸(碱)及其共轭碱(酸)组成的缓冲溶液,如 HAc-NaAc,NH_4Cl-NH_3。第二类是由两性物质组成的,如 $NaHCO_3$-Na_2CO_3,KH_2PO_4-K_2HPO_4。其中HCO_3^--CO_3^{2-}和 $H_2PO_4^-$-HPO_4^{2-}是缓冲对。强酸或强碱是第三种缓冲溶液,由于酸、碱的强度很高,外加少量的酸或碱对体系的 pH 值影响不大,但这类缓冲溶液不具有抗稀释作用。表 3-4、表 3-5 分别列出了几种常用的标准缓冲溶液和缓冲溶液。

表 3-4 几种常用的标准缓冲溶液(298.15 K)

标准缓冲溶液	pH 值
饱和酒石酸氢钾	3.557
0.05 $mol \cdot L^{-1}$邻苯二甲酸氢钾	4.008
0.025 $mol \cdot L^{-1}$ KH_2PO_4-0.025 $mol \cdot L^{-1}$ K_2HPO_4	6.865
0.01 $mol \cdot L^{-1}$硼砂	9.180
饱和氢氧化钙	12.454

表 3-5 常用的缓冲溶液(298.15 K)

缓冲溶液	缓冲对(共轭酸碱对)	$pK_a^\ominus$	缓冲范围
NaH_2PO_4-Na_2HPO_4	$H_2PO_4^-$-HPO_4^{2-}	7.21	6.21～8.21
$NH_3 \cdot H_2O$-NH_4Cl	NH_4^+-NH_3	9.25	8.25～10.25
$NaHCO_3$-Na_2CO_3	HCO_3^--CO_3^{2-}	10.25	9.25～11.25
Na_2HPO_4-Na_3PO_4	HPO_4^{2-}-PO_4^{3-}	12.66	11.66～13.66

3.3.3 缓冲溶液 pH 值的计算

对于 HA-A^-缓冲体系,设 HA 的起始浓度为 $c_{酸}$,A^-的起始浓度为 $c_{碱}$,溶液中存在着下面的平衡:

$$\begin{array}{lccccc} & HA(aq) & \rightleftharpoons & H^+(aq) & + & A^-(aq) \\ \text{起始浓度} & c_{酸} & & 0 & & c_{碱} \\ \text{平衡浓度} & c_{酸}-x & & x & & c_{碱}+x \end{array}$$

由于同离子效应,HA 的离解度很小,即 x 值很小,所以 $c_{酸}-x \approx c_{酸}$,$c_{碱}+x \approx c_{碱}$。反应的平衡常数为

$$K_a^\ominus = \frac{c(H^+) \cdot c(A^-)}{c(HA)} = \frac{x(c_{碱}+x)}{c_{酸}-x} \approx \frac{x \cdot c_{碱}}{c_{酸}}$$

$$x = \frac{c_{酸}}{c_{碱}} K_a^\ominus$$

故有

$$pH = pK_a^{\ominus} + \lg \frac{c_{碱}}{c_{酸}} \tag{3-29}$$

式(3-29)称为缓冲公式。缓冲溶液中共轭酸碱对浓度之比称为缓冲比,实际上缓冲比就是它们物质的量之比,所以在有关计算中也可以用如下公式:

$$pH = pK_a^{\ominus} + \lg \frac{n_{碱}}{n_{酸}} \tag{3-30}$$

【例 3-10】 现有 2.00 L 的 0.500 $mol \cdot L^{-1}$ $NH_3(aq)$ 和 2.00 L 的 0.500 $mol \cdot L^{-1}$ 盐酸,若配制 pH=9.00 的缓冲溶液,不允许再加水,最多能配制多少升缓冲溶液?其中 NH_3、NH_4^+ 浓度分别为多少?

分析 $NH_3 \cdot H_2O$ 和 HCl 反应生成 NH_4Cl,若体系中还留有 $NH_3 \cdot H_2O$,则组成了缓冲溶液。根据题中条件,可以看出 $n(NH_3 \cdot H_2O) = n(HCl)$,要配制尽可能多的 pH=9.00 的缓冲溶液,显然 HCl 过量,而 $NH_3 \cdot H_2O$ 需要全部用完。

解 查表得 $K_b^{\ominus} = 1.8 \times 10^{-5}$,设所用的盐酸体积为 x L,缓冲溶液的总体积为$(2.00+x)$L。酸碱中和后

$$c_{碱} = \frac{0.500 \times 2.00 - 0.500x}{2.00 + x}\ mol \cdot L^{-1}, \quad c_{酸} = \frac{0.500x}{2.00 + x}\ mol \cdot L^{-1}$$

由 $pH = pK_a^{\ominus} + \lg \frac{c_{碱}}{c_{酸}} = (pK_w^{\ominus} - pK_b^{\ominus}) + \lg \frac{c_{碱}}{c_{酸}}$,得

$$9.00 = 14.00 + \lg K_b^{\ominus} + \lg \frac{0.500 \times 2.00 - 0.500x}{0.500x}$$

$$x = 1.3$$

最多可配制(2.00+1.3)L,即 3.3 L 缓冲溶液。其中

$$c(NH_3 \cdot H_2O) = \frac{0.500 \times 2.00 - 0.500 \times 1.3}{3.3}\ mol \cdot L^{-1} = 0.11\ mol \cdot L^{-1}$$

$$c(NH_4^+) = \frac{0.500 \times 1.3}{3.3}\ mol \cdot L^{-1} = 0.20\ mol \cdot L^{-1}$$

【例 3-11】 将 300.0 mL 0.500 $mol \cdot L^{-1}$ H_3PO_4 溶液和 250.0 mL 0.300 $mol \cdot L^{-1}$ NaOH 溶液混合,计算混合后溶液的 pH 值。

分析 $n(H_3PO_4) = 0.500\ mol \cdot L^{-1} \times 0.300\ 0\ L = 0.150\ mol$

$n(NaOH) = 0.300\ mol \cdot L^{-1} \times 0.250\ 0\ L = 0.075\ 0\ mol$

H_3PO_4 和 NaOH 反应的产物有 Na_3PO_4、Na_2HPO_4 和 NaH_2PO_4,根据两者量的关系,NaOH 全部反应完生成 NaH_2PO_4 后还余下 0.075 0 mol 的 H_3PO_4,因此,可忽略另外两种产物。

解 $n(H_3PO_4) = 0.500\ mol \cdot L^{-1} \times 0.300\ 0\ L = 0.150\ mol$

$n(NaOH) = 0.300\ mol \cdot L^{-1} \times 0.250\ 0\ L = 0.075\ 0\ mol$

$$c(H_3PO_4) = \frac{0.075\ 0}{0.300 + 0.250}\ mol \cdot L^{-1} = 0.136\ mol \cdot L^{-1}$$

$$c(H_2PO_4^-) = c(H_3PO_4) = 0.136\ mol \cdot L^{-1}$$

$$H_3PO_4(aq) \rightleftharpoons H^+(aq) + H_2PO_4^-(aq)$$

平衡浓度/$(mol \cdot L^{-1})$ $\quad 0.136 - x \quad\quad x \quad\quad 0.136 + x$

$$K_{a1}^{\ominus} = \frac{x(0.136 + x)}{0.136 - x} = 7.1 \times 10^{-3}$$

解此一元二次方程,得 $\quad x = 6.46 \times 10^{-3}\ mol \cdot L^{-1}$

即 $\quad c(H^+) = 6.46 \times 10^{-3}\ mol \cdot L^{-1}$

$$pH = 2.19$$

3.3.4 缓冲容量及缓冲溶液的配制

从缓冲公式可以看出,影响溶液pH值的因素有两个:一是弱酸本身的$K_a^\ominus$值,二是缓冲比的值。对选定的缓冲体系,在一定温度下,$K_a^\ominus$值不变,若加入少量强酸、强碱引起pH值的变化,就在于改变了缓冲比的值。$c_{酸}$和$c_{碱}$的初始值越大,加入一定量酸、碱后,缓冲比的相对改变量将会越小,pH值的改变量将越小。共轭酸碱对的浓度越大,缓冲体系的缓冲能力越强。缓冲溶液的缓冲能力的大小用缓冲容量表示。

影响缓冲溶液的缓冲容量的因素主要有以下两个方面。

(1) 缓冲溶液中共轭酸碱对的总浓度越大,维持体系pH值不变的能力越强,缓冲容量越大。如缓冲溶液能抵抗稀释,是因为稀释时虽然$c_{酸}$和$c_{碱}$分别发生了变化,但$c_{酸}/c_{碱}$的值不变,故缓冲溶液的pH值不变。如果稀释超过了一定的限度,体系就不再具有缓冲能力。

(2) 缓冲溶液的缓冲能力与缓冲比有关。在共轭酸碱对总浓度固定的条件下,当$c_{酸}=c_{碱}$,缓冲比等于1,缓冲溶液的$pH=pK_a^\ominus$时,缓冲容量有极大值,缓冲溶液具有对酸、碱同等的最大的缓冲能力。缓冲比大于1或小于1,缓冲能力都会下降。一般来说,缓冲比在1/10 ~ 10/1,也即$pK_a^\ominus+1>pH>pK_a^\ominus-1$,缓冲溶液有较大的缓冲容量,因而这是缓冲溶液的有效缓冲范围。

因此,在配制一定pH值的缓冲溶液时,应注意以下两点。

(1) 缓冲体系的$pK_a^\ominus$应尽可能与缓冲溶液所需要的pH值保持一致,以保证所配溶液具有足够的缓冲容量。

(2) 实际工作中共轭酸碱对的浓度以0.01~0.10 mol·L^{-1}为宜,虽然共轭酸碱对的浓度越大,缓冲作用越强,但是过大的浓度可能产生其他的副作用,同时造成不必要的浪费。这个浓度范围的缓冲溶液可以抵御大多数外加的强酸和强碱。

【例3-12】 怎样配制pH值为7.40的磷酸盐缓冲溶液?

解 磷酸是三元弱酸。分别写出它的三步离解方程式,并从附录E中查出相应的$K_a^\ominus$值。

$$H_3PO_4(aq)+H_2O(l) \rightleftharpoons H_3O^+(aq)+H_2PO_4^-(aq)$$

$$K_{a1}^\ominus=7.1\times10^{-3},\quad pK_{a1}^\ominus=2.15$$

$$H_2PO_4^-(aq)+H_2O(l) \rightleftharpoons H_3O^+(aq)+HPO_4^{2-}(aq)$$

$$K_{a2}^\ominus=6.3\times10^{-8},\quad pK_{a2}^\ominus=7.20$$

$$HPO_4^{2-}(aq)+H_2O(l) \rightleftharpoons H_3O^+(aq)+PO_4^{3-}(aq)$$

$$K_{a3}^\ominus=4.8\times10^{-13},\quad pK_{a3}^\ominus=12.32$$

在三种缓冲系统中,最适宜的是$H_2PO_4^-$-HPO_4^{2-},因为$pK_{a2}^\ominus$与要求的pH值最接近。

根据式(3-30),可写出

$$pH=pK_{a2}^\ominus+\lg\frac{n(HPO_4^{2-})}{n(H_2PO_4^-)}$$

$$7.40=7.20+\lg\frac{n(HPO_4^{2-})}{n(H_2PO_4^-)}$$

$$\lg\frac{n(HPO_4^{2-})}{n(H_2PO_4^-)}=0.20$$

$$\frac{n(HPO_4^{2-})}{n(H_2PO_4^-)}=1.58$$

因此,按$n(HPO_4^{2-}):n(H_2PO_4^-)=1.58:1$,将$Na_2HPO_4$和$NaH_2PO_4$溶解在水中。如将1.58 mol Na_2HPO_4和1.0 mol NaH_2PO_4溶解在水中配制成1.0 L溶液。

[化学博览]

人体的酸碱性

“酸碱体质理论”的创始人 Robert O. Young 编有《The pH Miracle：Balance Your Diet，Reclaim Your Health》一书。此书于2002年出版，已被翻译成好几种语言。“酸碱体质理论”认为酸性体质容易得癌症，碱性饮食有益于健康，纠正体质酸性就能治愈疾病。有学者提出食物酸碱性理论，食物中的矿物质成分被提取后溶于水，会有不同的酸碱度，根据pH值可将食物分为碱性或酸性食物。多吃碱性食物，能否改变人体的酸碱性？人体的酸碱性是否与所吃食物的酸碱性有关？实际上，人体内存在着复杂的缓冲系统，人体的体液的pH值保持在很窄的范围内，唾液pH值在6.0～7.5，胃液的pH值在1.5～2.0，而人体的血液pH值在7.34～7.45，不会因为食物的酸碱性不同而发生较大的变化。

以人体的血液为例，血液中含有多种缓冲体系，最基本的组成为血浆和红细胞。血浆中含有多种化合物，包含无机盐和蛋白质，其主要的缓冲体系为H_2CO_3-HCO_3^-，H_2CO_3主要以溶解状态的CO_2形式存在于血液中。红细胞中的主要缓冲体系为H_2CO_3-HCO_3^-和血红蛋白。正常人的血浆中H_2CO_3-HCO_3^-的缓冲比为20∶1，已经超出缓冲溶液的有效缓冲范围，但是仍然能维持血液很窄的pH值范围，这是由于人体是一个开放体系，除H_2CO_3-HCO_3^-发生缓冲作用外，还受到肺和肾的生理功能调节，浓度相对稳定。当代谢过程中产生比H_2CO_3更强的酸进入血液，则H^+与HCO_3^-结合生成H_2CO_3，被带到肺部分解成H_2O和CO_2，呼出体外。代谢过程产生碱性物质进入血液时，H_2CO_3立即与OH^-作用，生成H_2O和HCO_3^-，经肾脏调节由尿排出。

糖、蛋白质和脂肪等营养物质在体内分解的最终产物为CO_2，体内转化为碳酸(H_2CO_3)，碳酸是人体内产量最多的酸性物质。血液中对碳酸直接起缓冲作用的为红细胞中的缓冲体系：H_2CO_3-HCO_3^-和血红蛋白。血红蛋白分子可近似地表示为一元弱酸HHb，血红蛋白和氧结合生成氧合血红蛋白$HHbO_2$，两者的离解平衡可表示如下：

$$HHb(aq) \rightleftharpoons H^+(aq) + Hb^-(aq)$$

$$HHbO_2(aq) \rightleftharpoons H^+(aq) + HbO_2^-(aq)$$

当人体新陈代谢产生的CO_2扩散进入红细胞，很快转化为碳酸，并发生如下离解：

$$H_2CO_3(aq) \rightleftharpoons H^+(aq) + HCO_3^-(aq)$$

HCO_3^-扩散出红细胞，再随着血液循环运送到肺部，从而除去CO_2。同时产生的H^+会与HbO_2^-结合生成$HHbO_2$，$HHbO_2$的生成会使下列平衡向右移动，产生O_2和血红蛋白，完成新陈代谢，增加对来自组织细胞的CO_2产生碳酸的缓冲能力。

$$HHbO_2(aq) \rightleftharpoons HHb(aq) + O_2(aq)$$

而当静脉血液返回肺部时，以上过程逆向进行，HCO_3^-扩散入红细胞，会与血红蛋白发生反应生成碳酸：

$$HHb(aq) + HCO_3^-(aq) \rightleftharpoons H_2CO_3(aq) + Hb^-(aq)$$

碳酸转化为CO_2，扩散到肺，最终被呼出。同时Hb^-在肺中与O_2结合。

代谢过程中产生的非挥发性酸(如乳酸)也有缓冲作用，这些物质不能在肺泡中排出，则依靠血浆中的缓冲体系H_2CO_3-HCO_3^-，使乳酸转化为CO_2，再由肺泡排出。而蔬菜和果类中的碱性物质进入血液，也会因为体内的缓冲作用，不会对血液的pH值造成较大影响。

在唾液、肾液和尿液中同样存在缓冲体系,因此通过食用碱性物质来调节人体的酸碱性是不科学的。维持健康的身体,提高自身的抵抗力,应该均衡饮食,多加锻炼,与多吃碱性食物没有关系。2018年11月,“酸碱体质理论”的创始人 Robert O. Young 被判罚赔偿一名癌症患者1.05亿美元。“酸碱体质理论”被证明是一个骗局,却被广泛传播,并为相关食品销售披上伪装。这不由得引起我们的深思。科学的发展包含着对真理的信仰,以及实事求是、探索创新的科学精神。科学界至今也一直存在着科学与伪科学的斗争,我们应坚持以科学的态度看待问题,学会以辩证思维思考问题,以理性的分析评价问题。

习　题

1. 写出下列酸的共轭碱的化学式。

(1) HCN　(2) HCO_3^-　(3) $N_2H_5^+$　(4) C_2H_5OH　(5) HNO_3

2. 写出下列碱的共轭酸的化学式。

(1) $HC_2H_3O_2$　(2) HCO_3^-　(3) C_5H_5N　(4) ClO^-　(5) PO_4^{3-}

3. 根据酸碱质子理论,指出下列分子或离子中:

SO_4^{2-},S^{2-},$H_2PO_4^-$,HPO_4^{2-},HS^-,NH_4^+,HAc,H_2O,NH_3,HNO_3

(1) 既是酸又是碱的物质。

(2) 哪些是酸?并指出其共轭碱。

(3) 哪些是碱?并指出其共轭酸。

4. 氨基酸是重要的生物化学物质,其中最简单的为甘氨酸,结构式为

$$H_2N—CH_2—\overset{\overset{\displaystyle O}{\|}}{C}—OH$$

每个甘氨酸分子中有一个弱酸基 —COOH 和一个弱碱基 $—NH_2$。按照酸碱质子理论,甘氨酸在强酸性溶液中变成哪种离子?在强碱性溶液中变成哪种离子?用化学式表示。

5. 50 ℃纯水和100 ℃纯水的 pH 值是否相等?为什么?

6. 为什么 pH=7 并不总是表明水溶液是中性的?

7. 弱酸及其共轭碱组成缓冲溶液时,为什么有时不能直接用缓冲溶液计算式进行计算?

8. 在 HAc-NaAc 组成的缓冲溶液中,若 $c(HAc)>c(NaAc)$,则该缓冲溶液抵抗酸或碱的能力哪一个大?

9. 下列情况下,溶液的 pH 值是否有变化?若有变化,是增大还是减小?

(1) 盐酸中加入氯化钾;　(2) 氢氟酸溶液中加入氯化钾;

(3) 氨水中加入硝酸铵;　(4) 乙酸溶液中加入乙酸钾。

10. 把下列溶液的 pH 值换算成 $c(H^+)$。

(1) 牛奶的 pH=6.5;　(2) 柠檬汁的 pH=2.3;

(3) 葡萄酒的 pH=3.3;　(4) 啤酒的 pH=4.5。

11. 将具有下列 pH 值的强电解质溶液以等体积混合,计算所得溶液的 pH 值。

(1) 1.00、2.00;　(2) 1.00、5.00;　(3) 13.00、1.00;　(4) 14.00、1.00。

12. 已知 HAc 的离解度 $\alpha=2.0\%$,计算 HAc 溶液的浓度。若将此溶液稀释10倍,计算其离解度。

13. 根据附录中的数据,计算下列溶液的 pH 值。

(1) 0.01 $mol \cdot L^{-1}$ HCN 溶液;

(2) 0.01 $mol \cdot L^{-1}$ HNO_2溶液;

(3) 0.01 $mol \cdot L^{-1}$ H_2SO_4溶液;

(4) 0.10 $mol \cdot L^{-1}$ $NaHCO_3$溶液;

(5) 0.10 $mol \cdot L^{-1}$ Na_2S溶液;

(6) 0.10 mol · L^{-1} NH_4Cl 溶液。

14. 盐酸与 H_2S 混合溶液的 pH 值为 1.00，设此时 H_2S 已饱和(饱和浓度为 0.1 mol · L^{-1})，计算 HS^- 和 S^{2-} 的平衡浓度。

15. 将 0.20 L 0.40 mol · L^{-1} HAc 溶液和 0.60 L 0.80 mol · L^{-1} HCN 溶液混合，求混合溶液中各离子的浓度。

16. Zn^{2+} 的酸离解(水解)常数是 3.3×10^{-10}。

(1) 计算 0.001 0 mol · L^{-1} $ZnCl_2$ 溶液的 pH 值；

(2) $Zn(OH)^+$ 的碱离解常数是多少？

17. 已知 H_2CrO_4 的离解常数是 $K_{a1}^{\ominus}=0.18$，$K_{a2}^{\ominus}=3.3\times10^{-7}$。试计算 0.005 mol · L^{-1} K_2CrO_4 的水解程度。

18. 试计算 0.010 0 mol · L^{-1} H_3PO_4 溶液中 $c(H^+)$、$c(H_2PO_4^-)$、$c(HPO_4^{2-})$ 和 $c(PO_4^{3-})$。

19. 根据表 3-2，计算 0.010 0 mol · L^{-1} $NaHCO_3$ 溶液的 pH 值。

20. 欲配制 pH=5.0 的缓冲溶液，需称取多少克 $NaAc\cdot3H_2O$ 固体溶解在 300 mL 0.5 mol · L^{-1} HAc 溶液中？

21. 将 Na_2CO_3 和 $NaHCO_3$ 混合物 30 g 配成 1 L 溶液，测得溶液的 pH=10.62，计算溶液含 Na_2CO_3 和 $NaHCO_3$ 各多少克。

22. 今有三种酸 $ClCH_2COOH$、HCOOH 和 $(CH_3)_2AsO_2H$，它们的离解常数分别为 1.40×10^{-3}、1.8×10^{-4} 和 6.40×10^{-7}。

(1) 配制 pH=3.50 的缓冲溶液选用哪种酸最好？

(2) 需要多少毫升浓度为 4.0 mol · L^{-1} 的酸和多少克 NaOH 才能配成 1 L 共轭酸碱对的总浓度为 1.0 mol · L^{-1} 的缓冲溶液？

23. 在血液中 H_2CO_3-$NaHCO_3$ 缓冲对的作用之一是从细胞组织中迅速除去由运动产生的乳酸(简记为 HL)。

(1) 求 $HL+HCO_3^- \rightleftharpoons H_2CO_3+L^-$ 的平衡常数 $K^{\ominus}$。

(2) 若血液中 $c(H_2CO_3)=1.4\times10^{-3}$ mol · L^{-1}，$c(HCO_3^-)=2.7\times10^{-2}$ mol · L^{-1}，求血液的 pH 值。

(3) 若向 1.0 L 血液中加入 5.0×10^{-3} mol HL，pH 值为多大？(HL 的 $K_a^{\ominus}=1.4\times10^{-4}$。)

24. 试计算 25 ℃时，1.0 L 0.40 mol · L^{-1} Na_2CO_3 溶液中分别加入下列溶液后的 pH 值。(25 ℃时 H_2CO_3 的饱和溶液浓度为 0.034 mol · L^{-1}。)

(1) 加入 1.0 L 0.20 mol · L^{-1} 盐酸；

(2) 加入 1.0 L 0.40 mol · L^{-1} 盐酸；

(3) 加入 1.0 L 0.60 mol · L^{-1} 盐酸；

(4) 加入 1.0 L 0.80 mol · L^{-1} 盐酸。

25. 需要一种 pH=8.50 的缓冲溶液。

(1) 用 0.010 0 mol 的 KCN 和实验室中常用的无机试剂，如何配制 1 L 缓冲溶液？

(2) 将 5×10^{-5} mol $HClO_4$ 加入 100 mL 缓冲溶液中，pH 值会改变多少？

(3) 将 5×10^{-5} mol NaOH 加入 100 mL 缓冲溶液中，pH 值会改变多少？

(4) 将 5×10^{-5} mol NaOH 加入 100 mL 水中，pH 值会改变多少？

26. 在 20 mL 0.30 mol · L^{-1} $NaHCO_3$ 溶液中加入 0.20 mol · L^{-1} Na_2CO_3 溶液后，溶液的 pH 值为 10.00。求加入 Na_2CO_3 溶液的体积。

第4章 沉淀反应

在科学实验和化工生产中，经常利用沉淀反应进行离子的鉴定与分离，制取需要的难溶化合物或除去溶液中的某种杂质离子等。那么，在什么条件下，沉淀才能产生？如何使离子沉淀完全？又怎样使沉淀溶解呢？本章运用沉淀-溶解平衡原理对上述问题进行详细讨论。

4.1 难溶电解质的溶度积和溶解度

本章中将要讨论的溶度积规则仅适用于难溶电解质，即在水中的溶解度小于 0.1 g 的电解质。

4.1.1 溶度积常数

AgCl 是一种难溶的强电解质，它是由 Ag^+ 和 Cl^- 构成的晶体。在一定温度下，将难溶电解质晶体放入水中，这时发生溶解和沉淀两个过程。在水分子作用下，束缚在晶体中的 Ag^+ 和 Cl^- 不断进入溶液形成水合离子，同时已经溶解在水中的 Ag^+ 和 Cl^- 在运动中相互碰撞，又有可能回到晶体表面，以固体形式析出。在一定条件下，当溶解和沉淀速率相等时，便建立了难溶电解质与溶液中离子的动态平衡。此时已形成 AgCl 饱和溶液，溶液中离子浓度不再改变。平衡关系可表示为

$$\underset{\text{未溶解固体}}{AgCl(s)} \underset{\text{沉淀}}{\overset{\text{溶解}}{\rightleftharpoons}} \underset{\text{溶液中离子}}{Ag^+(aq) + Cl^-(aq)}$$

平衡常数表达式为

$$K_{sp}^{\ominus} = [c(Ag^+)/c^{\ominus}] \cdot [c(Cl^-)/c^{\ominus}] \tag{4-1}$$

简写为

$$K_{sp}^{\ominus} = c(Ag^+) \cdot c(Cl^-)$$

式(4-1)表明：在给定的难溶电解质饱和溶液中，当温度一定时，无论各种离子的浓度如何变化，其构成晶体的离子浓度以方程式中的计量数为相应指数的乘积为常数，此常数称为溶度积常数，简称溶度积，用 $K_{sp}^{\ominus}$ 表示。

对于一般的沉淀反应：

$$A_nB_m(s) \rightleftharpoons nA^{m+}(aq) + mB^{n-}(aq)$$

溶度积的通式为

$$K_{sp}^{\ominus} = [c(A^{m+})]^n[c(B^{n-})]^m \tag{4-2}$$

即溶度积等于沉淀-溶解平衡时离子浓度幂的乘积，每种离子浓度的指数与化学计量式中的计量数相等。

由于难溶电解质在溶液中离子的浓度与固体的溶解度有关，且固体的溶解度一般随温度变化而改变，因此溶度积也随温度变化而改变。

严格地讲，溶度积应该是饱和溶液中各离子活度幂的乘积。一般手册中所提供的有关数

据是实验测得的活度积常数,但由于大多数难溶电解质溶解度很小,溶液中离子浓度极小,若离子强度不大,则活度积常数与溶度积常数相差不大。当溶液中有其他离子存在,离子强度较大时,$K_{sp}^{\ominus}$不再表现为近似常数,这也说明溶度积表示式仅对纯水中的溶解情况是正确的,当有其他电解质溶解于水中时,误差就较大。

4.1.2 溶度积和溶解度的相互换算

溶度积和溶解度都可以用来表示物质的溶解能力,因此两者之间可以相互换算。物质的溶解度 S 可以用 g(在 100 g 水中)表示,也可以用 $g \cdot L^{-1}$ 来表示,而溶度积计算中,离子浓度只能用 $mol \cdot L^{-1}$ 表示。因此,在换算时必须注意浓度单位。由于是难溶电解质,溶解的溶质对溶液密度的影响可忽略不计,因而在换算过程中溶液的密度以水的密度进行近似处理。

对于一般的沉淀-溶解平衡,溶度积和溶解度的相互换算关系为

$$A_nB_m(s) \rightleftharpoons nA^{m+}(aq) + mB^{n-}(aq)$$

平衡浓度 /$(mol \cdot L^{-1})$ $\qquad nS \qquad mS$

$$K_{sp}^{\ominus} = (nS)^n \cdot (mS)^m \tag{4-3}$$

【例 4-1】 298.15 K 时,AgCl 的溶解度 S 为 $1.79 \times 10^{-3}\ g \cdot L^{-1}$,试求该温度下 AgCl 的溶度积。

解 已知 AgCl 的相对分子质量为 143.4,则

$$\text{AgCl 的溶解度 } S = \frac{1.79 \times 10^{-3}}{143.4}\ mol \cdot L^{-1} = 1.25 \times 10^{-5}\ mol \cdot L^{-1}$$

从而有 $$c(Ag^+) = c(Cl^-) = 1.25 \times 10^{-5}\ mol \cdot L^{-1}$$

所以 $$K_{sp}^{\ominus} = [c(Ag^+)/c^{\ominus}] \cdot [c(Cl^-)/c^{\ominus}] = (1.25 \times 10^{-5})^2 = 1.56 \times 10^{-10}$$

【例 4-2】 298.15 K 时,Ag_2CrO_4的 $K_{sp}^{\ominus}$为 1.1×10^{-12},计算 Ag_2CrO_4的溶解度。

解 $$Ag_2CrO_4(s) \rightleftharpoons 2Ag^+(aq) + CrO_4^{2-}(aq)$$

设 S 为该温度下 Ag_2CrO_4的溶解度,则

$$c(CrO_4^{2-}) = S, \quad c(Ag^+) = 2S$$

$$K_{sp}^{\ominus} = [c(Ag^+)/c^{\ominus}]^2 \cdot [c(CrO_4^{2-})/c^{\ominus}]$$

$$= (2S)^2 \cdot S = 1.1 \times 10^{-12}$$

$$S = 6.5 \times 10^{-5}\ mol \cdot L^{-1}$$

从上两例可知:AgCl 的 $K_{sp}^{\ominus}$比 Ag_2CrO_4的大,但 AgCl 的溶解度反而比 Ag_2CrO_4的小,这是由于两者是不同类型的难溶电解质,它们的溶度积表示式的类型不同。$K_{sp}^{\ominus}$可表示难溶电解质的溶解能力大小,但只能用来比较相同类型的电解质。例如,同是 AB 型或同是 A_2B(或 AB_2)型,此时溶度积越小,其溶解度也越小。而对于不同类型的难溶电解质不能简单地直接比较,必须通过计算来说明。

必须指出,上述简单换算关系只适用于少数在溶液中不发生副反应(不水解、不形成配合物),或发生副反应但程度不大的情况。此外,当有高浓度电解质存在时,盐效应的影响有时也是很大的。因此,严格来说,上述换算关系只有在总离子浓度不大,且只存在单一溶度积平衡的情况下才适用。

4.1.3 溶度积规则

难溶电解质的沉淀-溶解平衡也是一种动态平衡,遵循 Le Chatelier 平衡移动原理。条件的改变,可以使溶液中的离子转化为沉淀,或者使沉淀转化为溶液中的离子。

对于难溶电解质的多相离子平衡:

$$A_nB_m(s) \rightleftharpoons nA^{m+}(aq) + mB^{n-}(aq)$$

$$J = [c(A^{m+})]^n \cdot [c(B^{n-})]^m$$

式中:J 为难溶电解质的离子积。

根据 Le Chatelier 原理,可得出如下规律:

(1) $J > K_{sp}^{\ominus}$时,平衡向左移动,沉淀从溶液中析出;

(2) $J = K_{sp}^{\ominus}$时,处于平衡状态,溶液为饱和溶液;

(3) $J < K_{sp}^{\ominus}$时,平衡向右移动,无沉淀析出,若原来有沉淀存在,则沉淀溶解。

这就是沉淀-溶解平衡的反应商判据,即溶度积规则,可以用来判断沉淀的生成和溶解能否发生。

【例 4-3】 25 ℃下,在 1.00 L 0.030 mol · L^{-1} $AgNO_3$溶液中加入 0.50 L 0.060 mol · L^{-1} $BaCl_2$溶液,能否生成 AgCl 沉淀?若能生成,则 AgCl 的物质的量是多少?最后溶液中 $c(Ag^+)$是多少?

解 不考虑混合稀释时总体积的变化,则起始浓度为

$$c_0(Ag^+) = \frac{0.030 \times 1.00}{1.50} \text{mol} \cdot \text{L}^{-1} = 0.020 \text{ mol} \cdot \text{L}^{-1}$$

$$c_0(Cl^-) = \frac{0.060 \times 0.50 \times 2}{1.50} \text{mol} \cdot \text{L}^{-1} = 0.040 \text{ mol} \cdot \text{L}^{-1}$$

$$J = c(Ag^+) \cdot c(Cl^-) = 0.020 \times 0.040 = 8.0 \times 10^{-4}$$

$$K_{sp}^{\ominus}(AgCl) = 1.80 \times 10^{-10}$$

$J > K_{sp}^{\ominus}$,所以有 AgCl 沉淀析出。

因为 $c_0(Cl^-) > c_0(Ag^+)$,生成 AgCl 沉淀时,Cl^-是过量的。

设平衡时 $c(Ag^+) = x$ mol · L^{-1},则

	$AgCl(s) \rightleftharpoons$ $Ag^+(aq)$	+ $Cl^-(aq)$
起始浓度/(mol · L^{-1})	0.020	0.040
变化浓度/(mol · L^{-1})	$0.020-x$	$0.020-x$
平衡浓度/(mol · L^{-1})	x	$0.040-(0.020-x)$

故

$$x[0.040-(0.020-x)] = 1.80 \times 10^{-10}$$

$$x = 9.0 \times 10^{-9}, \quad c(Ag^+) = 9.0 \times 10^{-9} \text{ mol} \cdot \text{L}^{-1}$$

析出 AgCl 的物质的量

$$n(AgCl) = 0.020 \text{ mol} \cdot \text{L}^{-1} \times 1.50 \text{ L} = 0.030 \text{ mol}$$

4.2 沉淀的生成

根据溶度积规则,沉淀生成的条件是使溶液中难溶电解质的离子积大于该物质的溶度积。往往通过加入与该难溶电解质含有相同离子的易溶强电解质作为沉淀剂,增大溶液中离子的浓度,沉淀-溶解平衡发生移动,从而使反应向生成沉淀的方向进行。

加入易溶强电解质作为沉淀剂时,对沉淀-溶解平衡有两种不同的影响,产生两种不同的效应,即同离子效应与盐效应。

4.2.1 同离子效应和盐效应

1. 同离子效应

在难溶电解质的饱和溶液中,加入与该难溶电解质含有相同离子的易溶强电解质,由于溶

液中离子浓度增加，沉淀-溶解平衡向生成沉淀的方向移动，而使难溶电解质的溶解度降低的作用称为同离子效应。

【例 4-4】 求 25 ℃时，Ag_2CrO_4在 0.010 mol·L^{-1} K_2CrO_4溶液中的溶解度。

解　设 Ag_2CrO_4的溶解度为 S mol·L^{-1}，则

$$Ag_2CrO_4(s) \rightleftharpoons 2Ag^+(aq) + CrO_4^{2-}(aq)$$

起始浓度 /(mol·L^{-1})　　　0　　　0.010

平衡浓度 /(mol·L^{-1})　　　$2S$　　　$0.010 + S$

故
$$(2S)^2(0.010 + S) = K_{sp}^{\ominus}(Ag_2CrO_4) = 1.1 \times 10^{-12}$$

S 很小，$0.010 + S \approx 0.010$，则

$$S = 5.2 \times 10^{-6}$$

在例 4-2 中，已求得 Ag_2CrO_4在水中的溶解度为 6.5×10^{-5} mol·L^{-1}，可见 Ag_2CrO_4在含有 CrO_4^{2-} 的溶液中溶解度降低了。

在实验中，常常利用加入适当过量的沉淀剂（一般过量 20%～50%即可），使沉淀趋于完全（在分析化学中，当溶液中离子浓度小于 1.0×10^{-5} mol·L^{-1}时即认为沉淀完全）。但是，如果加入沉淀剂太多，往往产生相反的作用，使沉淀的溶解度增大，这种影响来源于盐效应。

2. 盐效应

在难溶电解质溶液中加入易溶强电解质（不含相同的离子），可使难溶电解质的溶解度比在纯水中的增大。如在 AgCl 溶液中加入 KNO_3后，AgCl 溶解度增大，并且 KNO_3的浓度越大，AgCl 的溶解度也越大，如表 4-1 所示。这是因为加入易溶强电解质后，溶液中的总离子浓度增大了，增强了离子间的静电作用，在阴、阳离子的周围分别有更多的阳、阴离子（主要是易溶强电解质的阳、阴离子）而形成“离子氛”，使得维持沉淀-溶解平衡的离子的有效浓度降低，因而平衡向溶解的方向移动。当建立新的平衡时，难溶电解质的溶解度增大了。

表 4-1　AgCl 在 KNO_3溶液中的溶解度（25℃）

$c(KNO_3)$/(mol·L^{-1})	0	0.001 00	0.005 00	0.010 0
S(AgCl)/(10^{-5} mol·L^{-1})	1.278	1.325	1.385	1.427

这种由于加入易溶强电解质而使难溶电解质溶解度增大的效应，称为盐效应。可见盐效应和同离子效应对沉淀-溶解平衡的影响刚好相反。如果加入具有相同离子的易溶强电解质，在产生同离子效应的同时，也能产生盐效应。一般来说，同离子效应的影响远比盐效应的大。但盐效应较明显时，其影响也必须注意。如$PbSO_4$在 Na_2SO_4共存时其溶解度变化情况见表 4-2。

表 4-2　$PbSO_4$在 Na_2SO_4溶液中的溶解度

$c(Na_2SO_4)$/(mol·L^{-1})	0	0.001	0.010	0.020	0.040	0.100	0.200
$S(PbSO_4)$/(mmol·L^{-1})	0.15	0.024	0.016	0.014	0.013	0.016	0.023

当 Na_2SO_4的浓度从 0 增加到 0.040 mol·L^{-1}时，$PbSO_4$的溶解度逐渐变小，同离子效应起主导作用，当 Na_2SO_4的浓度为 0.040 mol·L^{-1}时，$PbSO_4$的溶解度最小；当 Na_2SO_4的浓度大于 0.040 mol·L^{-1}时，$PbSO_4$的溶解度逐渐增大，盐效应起主导作用。

一般来说，当难溶电解质的溶度积很小时，盐效应的影响很小，可忽略不计；当难溶电解质的溶度积较大时，溶液中各种离子的总浓度也较大，就应该考虑盐效应的影响。

4.2.2 pH 值对沉淀-溶解平衡的影响

如果难溶电解质的阴离子是某弱酸的共轭碱，由于该共轭碱能与质子结合，则难溶电解质的溶解度将随溶液的 pH 值的变化而改变。这类难溶电解质包括难溶金属氢氧化物和难溶弱酸盐。利用它们在酸中溶解度的差异，可通过控制溶液的 pH 值来达到生成沉淀，从而分离金属离子的目的。

1. 难溶金属氢氧化物

对于难溶金属氢氧化物 $M(OH)_n$ 的沉淀-溶解平衡：

$$M(OH)_n(s) \rightleftharpoons M^{n+}(aq) + nOH^-(aq)$$

$$K_{sp}^{\ominus}(M(OH)_n) = [c(M^{n+})] \cdot [c(OH^-)]^n$$

利用上式可以计算氢氧化物开始沉淀和沉淀完全时溶液的 $c(OH^-)$，从而求出相应条件下的 pH 值。

开始沉淀时：

$$c_{始}(OH^-) \geqslant \sqrt[n]{\frac{K_{sp}^{\ominus}(M(OH)_n)}{c_0(M^{n+})}} \tag{4-4}$$

式中：$c_0(M^{n+})$ 表示溶液中 M^{n+} 的起始浓度。

当溶液中 OH^- 的浓度小于 $c_{始}(OH^-)$ 时，就不会生成 $M(OH)_n$ 沉淀；若溶液中有沉淀，只要将溶液中的 OH^- 控制在 $c_{始}(OH^-)$ 以下，$M(OH)_n$ 沉淀将溶解，且溶解后溶液中 M^{n+} 的浓度为 $c_0(M^{n+})$。

沉淀完全时：

$$c_{终}(OH^-) \geqslant \sqrt[n]{\frac{K_{sp}^{\ominus}(M(OH)_n)}{1.0 \times 10^{-5}}} \tag{4-5}$$

利用不同离子形成氢氧化物沉淀和沉淀完全时溶液的 pH 值的差异，可将不同的离子进行分离。

【例 4-5】 在含有 $0.10\ mol \cdot L^{-1}$ Fe^{3+} 和 $0.10\ mol \cdot L^{-1}$ Ni^{2+} 的溶液中，欲除掉 Fe^{3+}，Ni^{2+} 仍留在溶液中，应控制 pH 值为多少？

解 $Ni(OH)_2$ 开始沉淀时，溶液中 OH^- 的浓度为

$$c_{始}(OH^-) \geqslant \sqrt{\frac{K_{sp}^{\ominus}(Ni(OH)_2)}{c_0(Ni^{2+})}} = \sqrt{\frac{5.0 \times 10^{-16}}{0.10}}\ mol \cdot L^{-1} = 7.0 \times 10^{-8}\ mol \cdot L^{-1}$$

$$pH_{始} \geqslant 6.85$$

$Fe(OH)_3$ 完全沉淀时　　$c_{终}(Fe^{3+}) = 1.0 \times 10^{-5}\ mol \cdot L^{-1}$

$$c_{终}(OH^-) \geqslant \sqrt[3]{\frac{K_{sp}^{\ominus}(Fe(OH)_3)}{c_0(Fe^{3+})}} = \sqrt[3]{\frac{2.8 \times 10^{-39}}{1.0 \times 10^{-5}}}\ mol \cdot L^{-1} = 6.54 \times 10^{-12}\ mol \cdot L^{-1}$$

$$pH_{终} \geqslant 2.82$$

2.82　　6.85

$c(Fe^{3+}) \leqslant 10^{-5}\ mol \cdot L^{-1}$　　Ni^{2+} 开始沉淀

所以若控制 pH 值在 2.82～6.85，可保证 Fe^{3+} 完全沉淀，而 Ni^{2+} 仍留在溶液中。

根据式(4-4)和式(4-5)可绘出不同浓度的不同金属离子沉淀为难溶金属氢氧化物的 pH 值图，如图 4-1 所示。

对于 $K_{sp}^{\ominus}$ 不是很小($K_{sp}^{\ominus} = 10^{-13} \sim 10^{-12}$)的难溶金属氢氧化物，常使用氨-铵盐缓冲溶液来

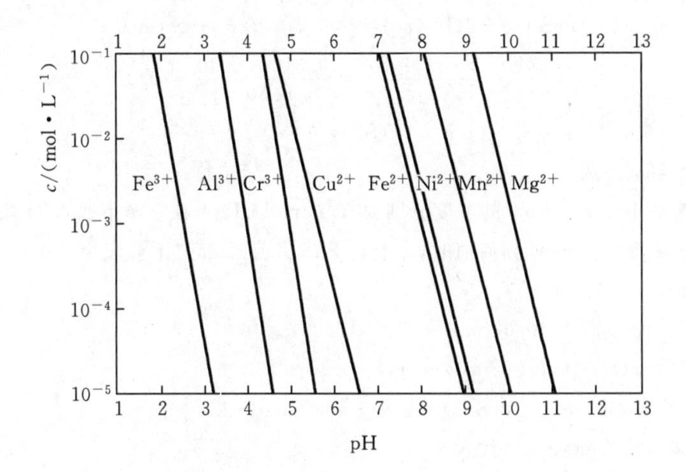

图 4-1 pH 值对难溶金属氢氧化物的溶解-沉淀平衡的影响

控制 pH 值，达到沉淀生成或溶解的目的。

【例 4-6】 在 0.20 L 0.50 $mol \cdot L^{-1}$ $MgCl_2$ 溶液中加入等体积的 0.100 $mol \cdot L^{-1}$ 氨水。试通过计算判断有无 $Mg(OH)_2$ 沉淀生成。

解 两种溶液等体积混合，浓度减半，即 $c_0(Mg^{2+})=0.25\ mol \cdot L^{-1}$，$c_0(NH_3)=0.050\ mol \cdot L^{-1}$。设溶液中 OH^- 的浓度为 $x\ mol \cdot L^{-1}$，则

$$NH_3(aq)+H_2O(l) \rightleftharpoons NH_4^+(aq)+OH^-(aq)$$

起始浓度/$(mol \cdot L^{-1})$	0.050	0	0
平衡浓度/$(mol \cdot L^{-1})$	$0.050-x$	x	x

故
$$\frac{x^2}{0.050-x}=K_b^\ominus(NH_3)=1.8\times10^{-5}$$

$$x=0.94\times10^{-3}$$

$$J=[c_0(Mg^{2+})]\cdot[c_0(OH^-)]^2=0.25\times(0.94\times10^{-3})^2=2.2\times10^{-7}$$

$$K_{sp}^\ominus(Mg(OH)_2)=5.61\times10^{-12}$$

$J>K_{sp}^\ominus(Mg(OH)_2)$，有 $Mg(OH)_2$ 沉淀析出。

2. 金属硫化物

金属硫化物是弱酸 H_2S 的盐，在实际应用中，常利用硫化物溶度积的差异以及硫化物的特征颜色，来分离或鉴定某些金属离子。在酸性溶液中，析出难溶金属硫化物 MS 的多相离子平衡为

$$MS(s)+2H^+(aq) \rightleftharpoons M^{2+}(aq)+H_2S\ (aq)$$

对于难溶金属硫化物，在酸性溶液中的沉淀-溶解平衡的溶度积可表示为

$$K_{spa}^\ominus=\frac{c(M^{2+})\cdot c(H_2S)}{[c(H^+)]^2}\cdot\frac{c(S^{2-})}{c(S^{2-})}$$

或
$$K_{spa}^\ominus=\frac{K_{sp}^\ominus(MS)}{K_{a1}^\ominus(H_2S)\cdot K_{a2}^\ominus(H_2S)} \tag{4-6}$$

$$c(M^{2+})=K_{spa}^\ominus\cdot\frac{[c(H^+)]^2}{c(H_2S)}$$

因此，影响难溶金属硫化物的溶解度的因素有两个方面：硫化物的溶度积；酸度。

【例 4-7】 25 ℃下，于 0.010 $mol \cdot L^{-1}$ $FeSO_4$ 溶液中通入 $H_2S(g)$，使其成为 H_2S 饱和溶液（$c(H_2S)=0.10\ mol \cdot L^{-1}$）。用 HCl 调节 pH 值，使 $c(HCl)=0.30\ mol \cdot L^{-1}$。试判断是否有 FeS 生成。

解

$$FeS(s)+2H^+(aq)\rightleftharpoons Fe^{2+}(aq)+H_2S(aq)$$

$$J=\frac{c(Fe^{2+})\cdot c(H_2S)}{[c(H^+)]^2}=\frac{0.010\times0.10}{0.30^2}=0.011$$

$$K^{\ominus}_{spa}(FeS)=6\times10^2$$

$J<K^{\ominus}_{spa}(FeS)$,无 FeS 沉淀生成。

【例 4-8】 在某溶液中,Zn^{2+}、Pb^{2+}的浓度分别为 0.02 mol·L^{-1},在室温下通入 H_2S 气体,达到饱和,然后加入盐酸,控制离子浓度,则 pH 调到何值时,才能有 PbS 沉淀而 Zn^{2+}不会成为 ZnS 沉淀?已知 $K^{\ominus}_{sp}(PbS)=8.0\times10^{-28}$,$K^{\ominus}_{sp}(ZnS)=2.5\times10^{-22}$。

解 已知 $c(Zn^{2+})=c(Pb^{2+})=0.02\ mol\cdot L^{-1}$

要使 ZnS 不沉淀,则 $c(S^{2-})\leqslant K^{\ominus}_{sp}(ZnS)/c(Zn^{2+})$

故
$$c(S^{2-})\leqslant1.25\times10^{-20}\ mol\cdot L^{-1}$$

以 $c(S^{2-})=1.25\times10^{-20}\ mol\cdot L^{-1}$代入

$$K^{\ominus}_{a1}(H_2S)\cdot K^{\ominus}_{a2}(H_2S)=\frac{[c(H^+)]^2\cdot c(S^{2-})}{c(H_2S)}$$

得
$$c(H^+)\geqslant\sqrt{\frac{1.1\times10^{-7}\times1.3\times10^{-13}\times0.1}{1.25\times10^{-20}}}\ mol\cdot L^{-1}=0.338\ mol\cdot L^{-1}$$

故 pH≤0.47 时,Zn^{2+}不会形成 ZnS 沉淀。

要使 PbS 沉淀,则 $c(S^{2-})\geqslant K^{\ominus}_{sp}(PbS)/c(Pb^{2+})$

故
$$c(S^{2-})\geqslant4.0\times10^{-26}\ mol\cdot L^{-1}$$

以 $c(S^{2-})=4.0\times10^{-26}\ mol\cdot L^{-1}$代入上面的平衡关系式,有

$$c(H^+)\leqslant\sqrt{\frac{1.43\times10^{-20}\times0.1}{4.0\times10^{-26}}}\ mol\cdot L^{-1}=189\ mol\cdot L^{-1}$$

两项综合,只要上述溶液的 pH≤0.47,就只能生成 PbS 沉淀而无 ZnS 沉淀。这是因为再浓的盐酸也达不到 189 mol·L^{-1}。换言之,溶解 PbS 沉淀时必须加氧化性的酸,使之氧化溶解。

4.2.3 分步沉淀

当溶液中存在多种可被沉淀的离子时,加入沉淀剂会产生怎样的结果呢?是同时沉淀还是一步一步地按先后次序沉淀呢?

在含有相同浓度(1×10^{-3} mol·L^{-1})的 Ag^+和 Pb^{2+}的混合溶液中,先加一滴 0.1 mol·L^{-1} K_2CrO_4溶液,此时只有黄色的 $PbCrO_4$沉淀析出,继续滴加溶液,才有砖红色的 Ag_2CrO_4沉淀析出。这种先后沉淀的现象称为分步沉淀。

用溶度积规则,可解释上述实验事实。

析出 $PbCrO_4(s)$的最低 CrO_4^{2-} 浓度

$$\begin{aligned}c_1(CrO_4^{2-})&=\frac{K^{\ominus}_{sp}(PbCrO_4)}{c_0(Pb^{2+})}\\&=\frac{2.8\times10^{-13}}{1.0\times10^{-3}}\ mol\cdot L^{-1}\\&=2.8\times10^{-10}\ mol\cdot L^{-1}\end{aligned}$$

析出 $Ag_2CrO_4(s)$的最低 CrO_4^{2-} 浓度

$$\begin{aligned}c_2(CrO_4^{2-})&=\frac{K^{\ominus}_{sp}(Ag_2CrO_4)}{[c_0(Ag^+)]^2}\\&=\frac{1.1\times10^{-12}}{(1.0\times10^{-3})^2}\ mol\cdot L^{-1}\end{aligned}$$

$$= 1.1 \times 10^{-6}\ \text{mol} \cdot \text{L}^{-1}$$

$c_1(CrO_4^{2-}) \ll c_2(CrO_4^{2-})$，所以 $PbCrO_4$ 沉淀先析出。随着 $PbCrO_4$ 的不断析出，$c(Pb^{2+})$ 减小，$c(CrO_4^{2-})$ 增大；当 $J \geqslant K_{sp}^{\ominus}(Ag_2CrO_4)$ 时，Ag_2CrO_4 沉淀开始析出。此时，溶液中 Pb^{2+} 的浓度

$$c(Pb^{2+}) = \frac{K_{sp}^{\ominus}(PbCrO_4)}{c_2(CrO_4^{2-})}$$

$$= \frac{2.8 \times 10^{-13}}{1.1 \times 10^{-6}}\ \text{mol} \cdot \text{L}^{-1}$$

$$= 2.5 \times 10^{-7}\ \text{mol} \cdot \text{L}^{-1} \ll 10^{-5}\ \text{mol} \cdot \text{L}^{-1}$$

说明 Ag_2CrO_4 沉淀开始析出时，Pb^{2+} 早已沉淀完全了。

由此可见两种沉淀的溶度积差别越大，越有可能用分步沉淀的方法将它们分开。此外，分步沉淀的次序不仅与溶度积的数值有关，还与溶液中对应的各种离子的浓度有关。如上述实验中，当系统中同时析出 $PbCrO_4$ 和 Ag_2CrO_4 两种沉淀时，所需 CrO_4^{2-} 的浓度

$$c(CrO_4^{2-}) = \frac{K_{sp}^{\ominus}(PbCrO_4)}{c(Pb^{2+})} = \frac{K_{sp}^{\ominus}(Ag_2CrO_4)}{[c(Ag^+)]^2}$$

$$\frac{c(Pb^{2+})}{[c(Ag^+)]^2} = \frac{2.8 \times 10^{-13}}{1.1 \times 10^{-12}} = 0.25$$

当 $c(Pb^{2+}) < 0.25[c(Ag^+)]^2$ 时，逐滴加入 K_2CrO_4 溶液，首先析出的沉淀将是砖红色的 $Ag_2CrO_4(s)$，而不是黄色的 $PbCrO_4(s)$。

由此得出结论：若沉淀类型相同，被沉淀离子的浓度相同，$K_{sp}^{\ominus}$ 相差5个数量级时，两种沉淀可以分离开。若沉淀类型不同，要通过计算确定。

码4.1　疑难解析

【例4-9】 银量法测定溶液中 Cl^- 的含量时，以 K_2CrO_4 为指示剂。在某被测溶液中 Cl^- 的浓度为 $0.010\ \text{mol} \cdot \text{L}^{-1}$，$CrO_4^{2-}$ 的浓度为 $5.0 \times 10^{-3}\ \text{mol} \cdot \text{L}^{-1}$。当用 $0.010\ 0\ \text{mol} \cdot \text{L}^{-1}$ $AgNO_3$ 标准溶液进行滴定时，哪种沉淀首先析出？当第二种沉淀析出时，第一种离子是否已被沉淀完全？

解　可能发生如下反应：

$$2Ag^+(aq) + CrO_4^{2-}(aq) \rightleftharpoons Ag_2CrO_4(s,\text{砖红色}) \qquad K_{sp}^{\ominus}(Ag_2CrO_4) = 1.1 \times 10^{-12}$$

$$Ag^+(aq) + Cl^-(aq) \rightleftharpoons AgCl(s,\text{白色}) \qquad K_{sp}^{\ominus}(AgCl) = 1.8 \times 10^{-10}$$

考虑到滴定终点时，溶液体积将增大一倍，Cl^-、CrO_4^{2-} 的浓度减半。

$$c_0(Cl^-) = 0.005\ 0\ \text{mol} \cdot \text{L}^{-1}, \quad c_0(CrO_4^{2-}) = 0.002\ 5\ \text{mol} \cdot \text{L}^{-1}$$

设生成 Ag_2CrO_4 沉淀所需要的 Ag^+ 的最低浓度为 $c_1(Ag^+)$，生成 AgCl 沉淀所需要的 Ag^+ 的最低浓度为 $c_2(Ag^+)$，则

$$c_1(Ag^+) = \sqrt{\frac{K_{sp}^{\ominus}(Ag_2CrO_4)}{c_0(CrO_4^{2-})}} = \sqrt{\frac{1.1 \times 10^{-12}}{0.002\ 5}}\ \text{mol} \cdot \text{L}^{-1} = 2.1 \times 10^{-5}\ \text{mol} \cdot \text{L}^{-1}$$

$$c_2(Ag^+) = \frac{K_{sp}^{\ominus}(AgCl)}{c_0(Cl^-)} = \frac{1.8 \times 10^{-10}}{0.005\ 0}\ \text{mol} \cdot \text{L}^{-1} = 3.6 \times 10^{-8}\ \text{mol} \cdot \text{L}^{-1}$$

$$c_2(Ag^+) \ll c_1(Ag^+)$$

AgCl 沉淀先析出，当 Ag_2CrO_4 开始析出时，溶液中 Ag^+ 的浓度 $c(Ag^+) = c_1(Ag^+) = 2.1 \times 10^{-5}\ \text{mol} \cdot \text{L}^{-1}$，这时 Cl^- 的浓度

$$c(Cl^-) = \frac{K_{sp}^{\ominus}(AgCl)}{c_1(Ag^+)} = \frac{1.8 \times 10^{-10}}{2.1 \times 10^{-5}}\ \text{mol} \cdot \text{L}^{-1} = 8.6 \times 10^{-6}\ \text{mol} \cdot \text{L}^{-1}$$

即滴定终点时，$c(Cl^-) < 1.0 \times 10^{-5}\ \text{mol} \cdot \text{L}^{-1}$，说明 Cl^- 已沉淀完全。

4.3 沉淀的溶解

根据溶度积规则,当 $J<K_{sp}^{\ominus}$时,平衡向溶解方向移动,无沉淀析出,若原来有沉淀存在,则沉淀溶解,因而可通过减小难溶电解质饱和溶液中某离子的浓度,以使 $J<K_{sp}^{\ominus}$,实现沉淀的溶解。

4.3.1 生成弱电解质

酸或铵盐的存在,使难溶金属氢氧化物中溶解出来的 OH^-与质子结合,减小离子积,实现沉淀的溶解。

【例 4-10】 在 0.20 L 0.50 mol·L^{-1} $MgCl_2$溶液中加入等体积的 0.100 mol·L^{-1}氨水。为了不使 $Mg(OH)_2$沉淀析出,加入 $NH_4Cl(s)$的质量最低为多少?(设加入固体 NH_4Cl 后溶液的体积不变。)

解 设加入 NH_4Cl 的浓度为 c_0。为了不使 $Mg(OH)_2$沉淀析出,$J\leqslant K_{sp}^{\ominus}(Mg(OH)_2)$。

$$c(OH^-)\leqslant\sqrt{\frac{K_{sp}^{\ominus}(Mg(OH)_2)}{c(Mg^{2+})}}=\sqrt{\frac{5.61\times10^{-12}}{0.25}}\ \text{mol}\cdot\text{L}^{-1}=4.74\times10^{-6}\ \text{mol}\cdot\text{L}^{-1}$$

$$NH_3(aq)+H_2O(l)\rightleftharpoons NH_4^+(aq)+OH^-(aq)$$

平衡浓度/(mol·L^{-1})　$0.050-4.74\times10^{-6}\approx0.050$　　$c_0+4.74\times10^{-6}\approx c_0$　　4.74×10^{-6}

故

$$\frac{4.74\times10^{-6}c_0}{0.050}=1.8\times10^{-5}$$

$$c_0=0.190\ \text{mol}\cdot\text{L}^{-1}$$

$$M_r(NH_4Cl)=53.5$$

$$m(NH_4Cl)=(0.190\times0.40\times53.5)\text{g}=4.07\ \text{g}$$

可以看出,在适当浓度的 NH_3-NH_4Cl 缓冲溶液中,$Mg(OH)_2$沉淀不能析出。

对于难溶金属硫化物,酸离解出来的质子与 S^{2-}结合成 H_2S,使离子积减小而发生沉淀的溶解。其 $K_{sp}^{\ominus}$越小,硫化物越难溶。

【例 4-11】 已知 CuS 的 $K_{spa}^{\ominus}=4.41\times10^{-16}$,将 0.1 mol CuS 溶于 1.0 mL 盐酸中,为了使 CuS 完全溶解,求所需的盐酸的最低浓度。

解 CuS 完全溶解后,溶液中　　$c(Cu^{2+})=0.1\ \text{mol}\cdot\text{L}^{-1}$

假定溶液中平衡时　　$c(H_2S)=0.1\ \text{mol}\cdot\text{L}^{-1}$

则平衡时 $c(H^+)=\sqrt{\frac{c(Cu^{2+})\cdot c(H_2S)}{K_{spa}^{\ominus}}}=\sqrt{\frac{0.1\times0.1}{4.41\times10^{-16}}}\ \text{mol}\cdot\text{L}^{-1}=4.76\times10^{6}\ \text{mol}\cdot\text{L}^{-1}$

故所需的盐酸的浓度为

$$c(HCl)=(4.76\times10^{6}+0.1\times2)\ \text{mol}\cdot\text{L}^{-1}=4.76\times10^{6}\ \text{mol}\cdot\text{L}^{-1}$$

实际上用最浓的盐酸(12 mol·L^{-1})也不能将 CuS 溶解。

4.3.2 氧化还原溶解

如果使难溶电解质饱和溶液中某离子发生氧化还原反应而降低浓度,则可使 $J<K_{sp}^{\ominus}$,从而使沉淀发生溶解。

$$CuS(s)\rightleftharpoons Cu^{2+}(aq)+S^{2-}(aq)\qquad(1)$$

$$3S^{2-}(aq)+2NO_3^-(aq)+8H_3O^+(aq)=3S(s)+2NO(g)+12H_2O(l)\qquad(2)$$

总反应为

$$3CuS(s) + 2NO_3^-(aq) + 8H_3O^+(aq) = 3Cu^{2+}(aq) + 3S(s) + 2NO(g) + 12H_2O(l)$$

即反应(2)的发生使反应(1)的平衡向右移动，从而发生氧化还原溶解。

4.3.3 配位溶解

许多难溶化合物在配位剂的作用下，能够生成配离子，从而使沉淀-溶解平衡向溶解的方向移动，即发生了配位溶解。例如：

$$CdS(s) + 2H^+(aq) + 4Cl^-(aq) \rightleftharpoons [CdCl_4]^{2-}(aq) + H_2S(aq)$$

$$K^\ominus = \frac{c([CdCl_4]^{2-}) \cdot c(H_2S)}{[c(H^+)]^2 \cdot [c(Cl^-)]^4} \cdot \frac{c(Cd^{2+}) \cdot c(S^{2-})}{c(Cd^{2+}) \cdot c(S^{2-})}$$

$$= K_{spa}^\ominus(CdS) \cdot K_f^\ominus([CdCl_4]^{2-})$$

一般情况下，当难溶化合物的溶度积不是很小，并且配合物的生成常数$K_f^\ominus$(将在第8章中详细介绍)比较大时，就有利于配位溶解反应的发生。此外，配位剂的浓度也是影响难溶化合物配位溶解的重要因素之一。

4.4 沉淀的转化

有些沉淀既不溶于水也不溶于酸，还无法利用配位反应和氧化还原反应直接溶解。这时，可把一种难溶电解质转化为另一种难溶电解质，然后使其溶解。把一种沉淀转化为另一种沉淀的过程，称为沉淀转化。

【例 4-12】 将$SrSO_4(s)$转化为$SrCO_3$，可用Na_2CO_3溶液与$SrSO_4$反应。如果1.0 L Na_2CO_3溶液中溶解0.010 mol $SrSO_4$，Na_2CO_3的起始浓度最低应为多少？

解 设平衡时CO_3^{2-}的浓度为x mol·L^{-1}，则

$$SrSO_4(s) + CO_3^{2-}(aq) \rightleftharpoons SrCO_3(s) + SO_4^{2-}(aq)$$

平衡浓度/(mol·L^{-1})　　x　　0.010

$$K^\ominus = \frac{c(SO_4^{2-})}{c(CO_3^{2-})} = \frac{K_{sp}^\ominus(SrSO_4)}{K_{sp}^\ominus(SrCO_3)} = \frac{3.4\times10^{-7}}{5.6\times10^{-10}} = 6.1\times10^2$$

$$K^\ominus = \frac{0.010}{x} = 6.1\times10^2$$

$$x = 1.6\times10^{-5}$$

因为溶解1 mol $SrSO_4$需要消耗1 mol Na_2CO_3，所以在1.0 L溶液中要溶解0.010 mol $SrSO_4(s)$，所需要Na_2CO_3的最低浓度

$$c_0(Na_2CO_3) = (0.010 + 1.6\times10^{-5})\text{mol}\cdot\text{L}^{-1} = 0.010\ \text{mol}\cdot\text{L}^{-1}$$

若沉淀类型相同，$K_{sp}^\ominus$大(易溶)者向$K_{sp}^\ominus$小(难溶)者转化容易，两者$K_{sp}^\ominus$相差越大，转化越完全；反之，$K_{sp}^\ominus$小者向$K_{sp}^\ominus$大者转化较困难，但一定条件下也能实现。若沉淀类型不同，需计算反应的$K^\ominus$后再下结论。

码 4.2 疑难解析

【例 4-13】 如果在1.0 L Na_2CO_3溶液中溶解0.010 mol $BaSO_4$，则Na_2CO_3溶液的起始浓度不得低于多少？

解

$$BaSO_4(s) + CO_3^{2-}(aq) \rightleftharpoons BaCO_3(s) + SO_4^{2-}(aq)$$

平衡浓度/(mol·L^{-1})　　x　　0.010

$$K^\ominus = \frac{c(SO_4^{2-})}{c(CO_3^{2-})} = \frac{K_{sp}^\ominus(BaSO_4)}{K_{sp}^\ominus(BaCO_3)} = \frac{1.1\times10^{-10}}{2.6\times10^{-9}} = 0.042$$

$$K^\ominus = \frac{0.010}{x} = 0.042$$

$$x = 0.24\ \mathrm{mol \cdot L^{-1}}$$

Na_2CO_3溶液的起始浓度

$$c_0(\mathrm{Na_2CO_3}) \geqslant (0.010 + 0.24)\mathrm{mol \cdot L^{-1}} = 0.25\ \mathrm{mol \cdot L^{-1}}$$

该浓度的 Na_2CO_3溶液是可配制的,所以可以实现较难溶的 $BaSO_4$到易溶的 $BaCO_3$的转化。当然,两者溶解度相差越大,$K^{\ominus}$越小,转化也越困难。

4.5 沉淀反应的应用

依据沉淀-溶解平衡原理,沉淀反应的应用十分广泛,如化工生产中离子的分离和鉴定,分析化学中沉淀滴定,冶金工业中镁、铝的提炼。沉淀反应在医学领域中的应用研究也十分活跃,如免疫蛋白沉淀反应、钡餐的应用等。

码 4.3 知识拓展

分析化学中,沉淀反应可应用于定性分析、定量分析和分离。常常利用沉淀反应将欲测组分分离出来,或将其他共存的干扰组分沉淀下来,然后用过滤或离心法将其分离除去,以消除干扰,提高测定的准确度。在沉淀分离法中,采用有机沉淀剂是发展方向。有机沉淀剂具有选择性好、相对分子质量大、获得的沉淀容易处理等优点。

铝是应用最为广泛的金属,目前工业上主要是通过电解 Al_2O_3得到纯净的金属铝。铝的主要矿石是铝矾土(含水合氧化铝 $Al_2O_3 \cdot nH_2O$ 的混合物),其中含有 Fe_2O_3和 SiO_2等杂质。在电解前,须除去杂质,利用硅、铝氧化物的两性,首先采用热的浓 NaOH 溶液与铝矾土反应。其反应式为

$$\mathrm{SiO_2(s) + 2OH^-(aq) + 2H_2O(l) = [Si(OH)_6]^{2-}(aq)}$$

$$\mathrm{Al_2O_3(s) + 2OH^-(aq) + 3H_2O(l) = 2[Al(OH)_4]^-(aq)}$$

生成可溶性的$[Si(OH)_6]^{2-}$和$[Al(OH)_4]^-$。碱性氧化物 Fe_2O_3不反应,经过滤后分离开。然后利用沉淀反应,向滤液中通入 CO_2使$[Al(OH)_4]^-$沉淀为 Al_2O_3,而$[Si(OH)_6]^{2-}$仍留在溶液中。其反应式为

$$\mathrm{2[Al(OH)_4]^-(aq) + CO_2(g) = Al_2O_3(s) + CO_3^{2-}(aq) + 4H_2O(l)}$$

过滤分离得纯净的 Al_2O_3。

在医疗诊断中,难溶 $BaSO_4$被用于消化系统的 X 光透视中,通常称为钡餐透视。在进行透视之前,患者要食入混于 Na_2SO_4溶液中的 $BaSO_4$(s)糊状物,以便 $BaSO_4$能到达消化系统。因为 $BaSO_4$是不能透过 X 射线的,这样在屏幕上或照片上就能很清楚地将消化系统显现出来。虽然 Ba^{2+}是有毒的,但是,由于同离子效应,$BaSO_4$在 Na_2SO_4溶液中的溶解度非常小,对患者没有任何危险。

码 4.4 知识拓展

牙齿表面保护层珐琅质层(即牙釉质),是由溶度积很小的羟基磷酸钙 $Ca_5(PO_4)_3OH$($K_{sp}^{\ominus}=6.8\times10^{-37}$)组成的。酸性物质的存在导致唾液 pH 值减小,促进羟基磷酸钙的溶解而使釉质层被削弱,引起蛀牙。含氟牙膏中的 F^-(如 NaF 或SnF_2)能使牙齿的釉质层组成发生变化,生成的氟磷灰石 $Ca_5(PO_4)_3F$ 是更难溶的化合物,其 $K_{sp}^{\ominus}$等于 1.0×10^{-60},因而更难溶于酸。又因为 F^-是弱碱,不易与酸反应,从而使牙齿具有更强的耐酸能力,有利于防治蛀牙。

[化学博览]

中国民族制碱业的重生——“侯氏制碱法”

20世纪初期，我国化工产业发展远远落后于西方国家，碱的工业生产更是一片尚未开垦的荒芜之地。国民生产生活所使用的碱，完全依赖于从欧洲进口。恰逢第一次世界大战的动荡时期，亚欧大陆陆路运输完全中断，人们生活上无碱可用，馒头都带有酸味。工业生产受影响更加严重，以纯碱为原料的企业全部停产，给刚刚起步的民族工业造成了重大创伤。

危难之际，爱国实业家范东旭邀请侯德榜博士返回中国，突破当时西方列强对“苏维尔制碱法”的技术封锁。侯德榜殚精竭虑数年，终于解密了该技术，中国的制碱工业就此发展起来。然而在1937年，日本全面侵华，制碱工业被迫转入战争后方四川发展，急需一种盐转化率高的生产方法——“蔡安法”。该技术被当时的法西斯德国掌控，因战争需要，德国不希望中国制碱业重生。侯德榜先生卧薪尝胆，将“苏维尔制碱法”和“蔡安法”相结合，创造出具有开拓性的“侯氏制碱法”，挽救了岌岌可危的中国制碱工业。

“侯氏制碱法”的第一步：

$$NH_3(g)+H_2O(l)+CO_2(g) \xlongequal{} NH_4HCO_3(aq)$$

即水、二氧化碳和氨气生成碳酸氢铵。

第二步： $NH_4HCO_3(aq)+NaCl(aq) \xlongequal{} NH_4Cl(aq)+NaHCO_3(s)$

这一步中碳酸氢钠沉淀的生成涉及一个沉淀-溶解平衡反应：

$$NaHCO_3(s) \rightleftharpoons Na^+(aq)+HCO_3^-(aq)$$

由于常温下 NH_4Cl 的溶解度远大于 $NaHCO_3$ 的溶解度，只需在反应体系中加入足量 NaCl，Na^+ 浓度就足够大，$NaHCO_3$ 也就能从溶液中沉淀出来。同时另一产物 NH_4Cl 也是重要的工业原料。

第三步： $2NaHCO_3(s) \xlongequal{} Na_2CO_3(s)+2H_2O(l)+CO_2(g)$

第三步的沉淀经过煅烧，得到纯白色的纯碱。生成的二氧化碳气体可以循环用于生产过程中。

侯德榜先生曾提笔写下：“祖国昏沉思悄然，自悉无力可回天。从来有志空留恨，刀锯余生已几年”的诗句，他以一往无前的勇气为中国制碱工业写下了可歌可泣的篇章，也以“刀锯余生已几年”的大义诠释了他灿烂辉煌的一生。

习　题

1. 简答题。

(1) 溶解度和溶度积都能表示难溶电解质在水中的溶解趋势，两者有何异同？

(2) 在 $ZnSO_4$ 溶液中通入 H_2S，为了使 ZnS 沉淀完全，往往先在溶液中加入 NaAc，为什么？

(3) HgS 不溶于浓硝酸，但可以溶于王水，为什么？

(4) 利用 $BaCl_2$ 与 Na_2SO_4 反应制备 $BaSO_4$ 沉淀，要得到易于过滤的晶型沉淀，操作过程中应注意什么？

2. 将 Ag_2CrO_4 和 $Ag_2C_2O_4$ 固体同时溶于水中，直至两者都达到饱和，求溶液中的 $c(Ag^+)$。

3. 已知 298 K 时，1.0 L 水中可溶解 0.10 g $FeC_2O_4 \cdot 2H_2O$，求 $FeC_2O_4 \cdot 2H_2O$ 的溶度积。

4. 在含 Mn^{2+} 的溶液中加入 Na_2S，直至其浓度为 0.10 $mol \cdot L^{-1}$，则首先沉淀的是 MnS 还是 $Mn(OH)_2$？

5. 计算下列各反应的平衡常数，并估计反应方向。

(1) $PbS(s)+2HAc(aq) \rightleftharpoons Pb^{2+}(aq)+H_2S(g)+2Ac^-(aq)$

(2) $CuS(s)+2H^+(aq) \rightleftharpoons Cu^{2+}(aq)+H_2S(g)$

(3) $ZnS(s)+Cu^{2+}(aq) \rightleftharpoons CuS(s)+Zn^{2+}(aq)$

6. 在含有 0.10 mol·L^{-1} HAc 和 0.10 mol·L^{-1} $CuSO_4$的溶液中,通入 H_2S 气体至饱和,能否生成 CuS 沉淀?

7. 将 100 mL 0.20 mol·L^{-1} $MnSO_4$溶液与 100 mL 0.10 mol·L^{-1} 氨水混合,若要使溶液中无 $Mn(OH)_2$沉淀生成,应加入多少克 NH_4Cl?(提示:计算当 $Mn(OH)_2$沉淀未生成时溶液中 OH^-的浓度,再按 $NH_3 \cdot H_2O$ 离解或缓冲溶液公式计算溶液中 NH_4^+的浓度。)

8. 100 mL 溶液中含有 1.0×10^{-3} mol NaI、2.0×10^{-3} mol NaBr 及 3.0×10^{-3} mol NaCl,若将 4.0×10^{-3} mol $AgNO_3$加入其中,最后溶液中残留的 I^-的浓度为多少?(提示:加入的$AgNO_3$溶液 1.0×10^{-3}mol 与 I^-作用,2.0×10^{-3}mol 与 Br^-作用,1.0×10^{-3}mol 与 Cl^-作用,计算溶液中剩余 Cl^-的浓度,溶液中同时存在 AgI、AgBr、AgCl 的沉淀-溶解平衡。)

9. 在含有 0.2 mol·L^{-1} HCl 的 0.10 mol·L^{-1} $CdCl_2$溶液中,通入 H_2S 气体至饱和,达到平衡时,溶液中 H^+的浓度为多少? Cd^{2+}的浓度为多少?(提示:在给定实验条件下,CdS 已沉淀完全。)

10. 在含有 0.10 mol·L^{-1} Li^+ 和 0.10 mol·L^{-1} Mg^{2+}的溶液中,滴加 NaF 溶液。

(1) 通过计算判断首先产生沉淀的物质。

(2) 计算当第二种沉淀析出时,第一种被沉淀的离子的浓度。

11. 在 0.68 mol·L^{-1} $ZnSO_4$溶液中含有 0.001 0 mol·L^{-1} $FeSO_4$杂质,要将铁除净,可通过加H_2O_2将Fe^{2+}氧化为 Fe^{3+},再调节 pH 值使其形成 $Fe(OH)_3$沉淀。试计算要将铁除净,而锌不损失,则 pH 值应控制在什么范围。

12. 已知反应 $Cr(OH)_3(s)+OH^-(aq) \rightleftharpoons [Cr(OH)_4]^-(aq)$的标准平衡常数为 0.4。

(1) 计算 Cr^{3+}沉淀完全时溶液的 pH 值。

(2) 若将 0.10 mol $Cr(OH)_3$刚好溶解在 1.0 L NaOH 溶液中,则 NaOH 溶液的起始浓度至少应为多少?

13. 写出 $BaCrO_4$溶入硝酸溶液中的反应方程式。$BaCrO_4$和 $PbCrO_4$都是黄色的难溶物,如何区别这两种化合物?

14. 已知室温下,反应 $2CrO_4^{2-}(aq)+2H^+(aq) \rightleftharpoons Cr_2O_7^{2-}(aq)+H_2O(l)$的标准平衡常数为 3.5×10^{14}。试通过计算说明

(1) 在 pH=2.00 的 10 mL 0.010 mol·L^{-1} K_2CrO_4溶液中,加入 1.0 mL 0.10 mol·L^{-1} $BaCl_2$溶液时,可以产生 $BaCrO_4$沉淀。

(2) 在同样条件下,加入 1.0 mL 0.10 mol·L^{-1} $SrSO_4$溶液时,不可能产生 $SrCrO_4$沉淀。

15. 已知 $K_{sp}^{\ominus}(BaCO_3)=5.1\times10^{-9}$,$K_{sp}^{\ominus}(BaSO_4)=1.1\times10^{-10}$。如果 $BaCO_3$沉淀中尚有 0.020 mol $BaSO_4$固体,在 1.0 L 含有此沉淀的溶液中,加入 Na_2CO_3的物质的量至少是多少才能使 $BaSO_4$完全转化为 $BaCO_3$? 溶液的 $c(Ba^{2+})$为多大?

第 5 章　氧化还原反应

化学反应可分为氧化还原反应和非氧化还原反应两大类。氧化还原反应以反应前后元素的氧化数(值)发生变化为特征,其本质是参加反应的物质之间发生了电子转移。

本章介绍氧化还原反应的一般特征,并讨论与氧化还原反应有关的原电池、电极电势等概念,以了解和掌握氧化还原反应的一般规律。

5.1　氧化数与氧化还原反应方程式的配平

5.1.1　氧化数

码 5.1　知识拓展

1970 年国际纯粹与应用化学联合会(IUPAC)对氧化数给出了明确定义:氧化数是某元素一个原子的荷电数,这个荷电数是通过假设把每个键中的电子指定给电负性更大的原子而求得的。显然,在离子型化合物中,阴、阳离子所带的电荷数就是该元素原子的氧化数。例如,在 KCl 中,K 的氧化数为+1,Cl 的氧化数为−1。而对共价型化合物来说,成键原子之间只是共用电子对的偏移,不同元素的原子由于电负性的差别仅带有部分正电荷或部分负电荷,因此,按上述定义求得的共价型化合物中元素的氧化数是指元素原子在其化合态中的形式电荷数。如 S 在下列不同化合态中的氧化数如下:

	S	$S_2O_3^{2-}$	SO_3^{2-}	SO_4^{2-}
S 的氧化数	0	+2	+4	+6

元素原子的氧化数的确定,有如下一些规则。

(1) 单质中,元素原子的氧化数为零;简单离子中,元素原子的氧化数等于离子的电荷数。

(2) 中性分子中,各元素原子的氧化数的代数和为零;复杂离子中,各元素原子的氧化数的代数和等于离子的总电荷数。

(3) H 的氧化数一般为+1,只有在活泼金属的氢化物(如 NaH、CaH_2)中,H 的氧化数为−1。

(4) O 的氧化数一般为−2,但在氟化物(如 O_2F_2、OF_2)中,O 的氧化数为+1、+2;在过氧化物(如 H_2O_2、Na_2O_2)中,O 的氧化数为−1;在超氧化物(如 KO_2)中,O 的氧化数为−1/2;在臭氧化物(如 KO_3)中,O 的氧化数为−1/3。

【例 5-1】 求 NH_4^+ 中 N 的氧化数。

解　根据氧化数的确定规则,H 的氧化数为+1,设 N 的氧化数为 x。

在复杂离子中,按各元素原子的氧化数的代数和等于离子的总电荷数的规则可得

$$x+(+1)\times 4=+1$$

$$x=-3$$

所以 N 的氧化数是−3。

【例 5-2】 求 $S_4O_6^{2-}$ 中 S 的氧化数。

解　根据氧化数的确定规则,O 的氧化数为 −2,设 S 的氧化数为 x,按各元素原子的氧化数的代数和等于离子的总电荷数的规则可得

$$4x + (-2) \times 6 = -2$$

$$x = +\frac{5}{2}$$

所以 $S_4O_6^{2-}$ 中 S 的平均氧化数为 +5/2。由此可见,氧化数可为整数,也可为分数。

5.1.2　氧化还原反应方程式的配平

配平氧化还原反应方程式的方法很多,常用的有电子法、氧化数法和离子-电子法。本节除主要讨论离子-电子法外,也对无机物与有机物之间发生的氧化还原反应方程式的配平方法进行简单介绍。

1. 离子-电子法

用离子-电子法配平氧化还原反应方程式时应遵循两个原则:其一,参加反应的物质之间得失电子总数必须相等;其二,反应前后各元素的原子总数相等。具体的配平方法按下列步骤进行。

(1) 写出未配平的离子反应方程式。例如:

$$MnO_4^- + SO_3^{2-} + H^+ \longrightarrow Mn^{2+} + SO_4^{2-} + H_2O$$

(2) 将反应分解为两个半反应方程式,并使半反应方程式两边相同元素的原子数相等。

还原反应:　$MnO_4^- + 8H^+ \longrightarrow Mn^{2+} + 4H_2O$

氧化反应:　$SO_3^{2-} + H_2O \longrightarrow SO_4^{2-} + 2H^+$

为了使半反应方程式两边相同元素的原子数相等,有时需要添加一定数目的 H_2O、H^+ 或 OH^-,如上述还原半反应中,右边添加了 4 个 H_2O,使右边 O 原子数与左边 MnO_4^- 中 O 原子数相等,然后,再在左边添加 8 个 H^+ 以配平左右两边的 H 原子数。

(3) 用加、减电子数的方法使两边电荷数相等。

$$MnO_4^- + 8H^+ + 5e^- = Mn^{2+} + 4H_2O$$

$$SO_3^{2-} + H_2O - 2e^- = SO_4^{2-} + 2H^+$$

(4) 用适当的系数乘以两个半反应方程式,以使氧化半反应中得电子数和还原半反应中失电子数相等,然后将两个半反应方程式相加、整理,即得配平的离子反应方程式。

$$2 \times (MnO_4^- + 8H^+ + 5e^- = Mn^{2+} + 4H_2O)$$

$$+)\,5 \times (SO_3^{2-} + H_2O - 2e^- = SO_4^{2-} + 2H^+)$$

$$2MnO_4^- + 16H^+ + 5SO_3^{2-} + 5H_2O = 2Mn^{2+} + 8H_2O + 5SO_4^{2-} + 10H^+$$

经整理可得

$$2MnO_4^- + 5SO_3^{2-} + 6H^+ = 2Mn^{2+} + 5SO_4^{2-} + 3H_2O$$

在配平半反应方程式时,常有反应物和生成物所含 O 原子数目不等的情况。为了使半反应方程式两边的 O 原子数相等,往往在半反应方程式中添加 H_2O,而 H 原子数的平衡则通过添加 H^+ 或 OH^-。根据介质的酸碱性,半反应方程式左右两边添加 H^+、OH^-、H_2O 的一般规律如表 5-1 所示。

表 5-1　不同介质条件下配平 O 原子数的经验规则

介质条件	半反应方程式中两边的添加物	
	多 n 个 O 原子的一边	少 n 个 O 原子的一边
酸性	$2n$ 个 H^+	n 个 H_2O
碱性	n 个 H_2O	$2n$ 个 OH^-
中性	$\begin{cases} n \text{ 个 } H_2O \\ 2n \text{ 个 } H^+ \end{cases}$	$\begin{cases} 2n \text{ 个 } OH^- \\ n \text{ 个 } H_2O \end{cases}$

总的原则是酸性介质中的半反应方程式里不应出现 OH^-，碱性介质中的半反应方程式中不应出现 H^+。用离子-电子法配平，能反映出水溶液中氧化还原反应的实质。但是，对于气相或固相反应的配平，离子-电子法无能为力。

*2. 无机物与有机物之间发生的氧化还原反应方程式的配平

无机物与有机物之间发生的氧化还原反应方程式的配平方法，通常有半反应法和氧化数法两种。

1）半反应法

半反应法又分为[H]半反应法和[O]半反应法两种。

(1) [H]半反应法。

【例 5-3】 在酸性介质中，2-丁醇被 CrO_3 氧化为 2-丁酮。

$$CH_3{-}CH_2{-}\underset{\underset{H}{|}}{\overset{\overset{OH}{|}}{C}}{-}CH_3 \xrightarrow[HAc\text{-}H_2O]{CrO_3} CH_3{-}CH_2{-}\overset{\overset{O}{\|}}{C}{-}CH_3$$

解　先写出未配平的氧化还原半反应。

氧化反应：
$$CH_3{-}CH_2{-}\underset{\underset{H}{|}}{\overset{\overset{OH}{|}}{C}}{-}CH_3 \longrightarrow CH_3{-}CH_2{-}\overset{\overset{O}{\|}}{C}{-}CH_3$$

还原反应：
$$CrO_3 \longrightarrow Cr^{3+}$$

再配平半反应，其方法：酸性介质中，电荷数用 H^+ 配平，O 原子数用 H_2O 配平，H 原子数用[H]（有效 H 原子）配平。

$$3[H] + 3H^+ + CrO_3 \xlongequal{\quad} Cr^{3+} + 3H_2O$$

$$CH_3{-}CH_2{-}\underset{\underset{H}{|}}{\overset{\overset{OH}{|}}{C}}{-}CH_3 \xlongequal{\quad} CH_3{-}CH_2{-}\overset{\overset{O}{\|}}{C}{-}CH_3 + 2[H]$$

乘以适当的系数，使上面两式[H]相等后，两式再相加可得

$$3CH_3{-}CH_2{-}\underset{\underset{H}{|}}{\overset{\overset{OH}{|}}{C}}{-}CH_3 + 2CrO_3 + 6H^+ \xlongequal{\quad} 3CH_3{-}CH_2{-}\overset{\overset{O}{\|}}{C}{-}CH_3 + 2Cr^{3+} + 6H_2O$$

考虑到 HAc 是弱酸，配平后的反应方程式应写成

$$3CH_3{-}CH_2{-}\underset{\underset{H}{|}}{\overset{\overset{OH}{|}}{C}}{-}CH_3 + 2CrO_3 + 6HAc \xlongequal{\quad} 3CH_3{-}CH_2{-}\overset{\overset{O}{\|}}{C}{-}CH_3 + 2Cr(Ac)_3 + 6H_2O$$

(2) [O]半反应法。

【例 5-4】 在碱性溶液中,甲苯被 $KMnO_4$ 氧化成苯甲酸。

$$C_6H_5-CH_3 + KMnO_4 \xrightarrow[H_2O]{OH^-} C_6H_5-\overset{\overset{O}{\|}}{C}-O^- + MnO_2$$

解 先写出未配平的氧化还原半反应。

氧化反应: $C_6H_5-CH_3 \longrightarrow C_6H_5-\overset{\overset{O}{\|}}{C}-O^-$

还原反应: $MnO_4^- \longrightarrow MnO_2$

配平半反应的方法:碱性介质用 OH^- 配平电荷数,用 H_2O 配平 H 原子数,用[O](即有效 O 原子)配平 O 原子的个数,得到配平的半反应式。

$$\frac{1}{2}H_2O + MnO_4^- = MnO_2 + OH^- + \frac{3}{2}[O]$$

$$3[O] + C_6H_5-CH_3 + OH^- = C_6H_5-\overset{\overset{O}{\|}}{C}-O^- + 2H_2O$$

乘以适当的系数,使以上两式[O]相等后,两式再相加可得

$$C_6H_5-CH_3 + 2MnO_4^- = C_6H_5-\overset{\overset{O}{\|}}{C}-O^- + 2MnO_2 + OH^- + H_2O$$

2) 氧化数法

【例 5-5】 铬酸把乙醇氧化成乙酸。

$$CH_3CH_2OH \xrightarrow{H_2CrO_4} CH_3-\overset{\overset{O}{\|}}{C}-OH$$

解 先写出未配平的氧化还原半反应。

氧化反应: $CH_3CH_2OH \longrightarrow CH_3-\overset{\overset{O}{\|}}{C}-OH$

还原反应: $CrO_4^{2-} \longrightarrow Cr^{3+}$

标出化合物中氧化数有变化的原子的总氧化数及其变化值。

$$\overset{-3}{C}H_3\overset{-1}{C}H_2OH \longrightarrow \overset{-3}{C}H_3-\overset{+3}{C}(=O)-OH \quad (+4) \qquad \overset{+6}{Cr}O_4^{2-} \longrightarrow \overset{+3}{Cr}{}^{3+} \quad (-3)$$

最后根据元素原子中氧化数降低的总数与氧化数升高的总数相等的原则,用 H^+ 或 OH^-(根据介质需要)和 H_2O 配平电荷数及 H、O 原子个数,可得

$$3CH_3CH_2OH + 4CrO_4^{2-} + 20H^+ = 3CH_3-\overset{\overset{O}{\|}}{C}-OH + 4Cr^{3+} + 13H_2O$$

5.2 原电池与电极电势

5.2.1 原电池

将 Zn 粒放入 Cu^{2+} 溶液中,可以看到蓝色溶液颜色逐渐变浅,同时 Zn 粒不断溶解并有紫

红色的Cu析出，这表明Zn和Cu^{2+}溶液之间发生了下列反应：

$$Zn + Cu^{2+} = Zn^{2+} + Cu$$

上述反应中由于Zn粒与Cu^{2+}溶液接触，电子从Zn粒直接转移给Cu^{2+}，电子的转移是无秩序的，反应放出的化学能转变为热能。

码5.2 知识拓展

若将上述反应换一种方式进行：在装有$ZnSO_4$溶液的烧杯中插入Zn片，在装有$CuSO_4$溶液的另一只烧杯中插入Cu片，两只烧杯通过盐桥（一个倒置的U形管，管内充满饱和KCl-琼脂凝胶）连接，然后用导线连接Zn片和Cu片，中间串联一个检流计，装置如图5-1所示。

在上述装置中，除同样可观察到Zn片溶解，Cu片上有紫红色的Cu析出外，还可以看到检流计的指针发生偏转。这表明导线中有电流通过。由检流计指针的偏转方向可知，电子从Zn极流向Cu极。

由此可见，将Zn粒放入Cu^{2+}溶液中与图5-1装置中发生的反应实质上是一样的，都是在氧化剂与还原剂之间发生了电子的传递。但是按图5-1的装置，将氧化反应和还原反应分别置于负极和正极进行，电子就可由Zn极向Cu极转移而产生电流。这种能使化学能转变为电能的装置称为原电池。

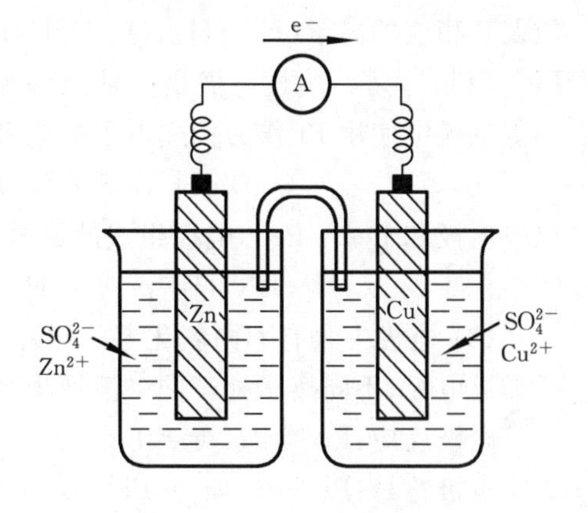

图5-1 Cu-Zn原电池

原电池是由两个“半电池”组成的。如上述Cu-Zn原电池，Zn和$ZnSO_4$溶液、Cu和$CuSO_4$溶液分别构成锌半电池和铜半电池，半电池也称为电极。电子流入的电极称为正极（Cu极），电子流出的电极称为负极（Zn极）。在负极与正极发生的反应称为电极反应或半电池反应，上述电池中电极反应分别为

负极（Zn） $Zn - 2e^- \rightleftharpoons Zn^{2+}$ 氧化反应[①]

正极（Cu） $Cu^{2+} + 2e^- \rightleftharpoons Cu$ 还原反应

电池反应 $Zn + Cu^{2+} \rightleftharpoons Zn^{2+} + Cu$

每个电极含有同一元素的不同氧化数的两种物质，其中高氧化数者称为氧化型（或氧化态）物质，用Ox表示，如Zn半电池的Zn^{2+}和Cu半电池的Cu^{2+}；氧化数低的称为还原型（或还原态）物质，用Red表示，如Zn半电池的Zn和Cu半电池的Cu。同一元素的氧化型物质和还原型物质构成氧化还原电对，常用“Ox/Red”形式表示。如Zn^{2+}/Zn、Cu^{2+}/Cu、Fe^{3+}/Fe^{2+}、H^+/H_2和O_2/OH^-等。

在一定条件下，氧化型物质和还原型物质可以通过电子的转移而相互转化，即

$$Ox + ze^- \rightleftharpoons Red$$
$$Zn^{2+} + 2e^- \rightleftharpoons Zn$$
$$Cu^{2+} + 2e^- \rightleftharpoons Cu$$
$$2H^+ + 2e^- \rightleftharpoons H_2$$

---

① 本书中在电极和电池反应中略去物质状态和浓度的标注，默认反应中的所有物质处于标准状态。非标准状态时需标注物质的浓度。

$$O_2 + 2H_2O + 4e^- \rightleftharpoons 4OH^-$$

电化学中常用便于书写的方式表示原电池。原电池的表示应注意以下几方面。

(1) 左边写负极,右边写正极,电极内电极板与离子溶液之间的物相界面用"|"表示,两个电极中间用"‖"表示盐桥,c 表示溶液的浓度(气体以分压 p 表示)。例如,Cu-Zn 原电池可以表示为

$$(-)Zn \mid ZnSO_4(c_1) \parallel CuSO_4(c_2) \mid Cu(+)$$

(2) 如果组成电极的物质本身不具备传导电子的载体,须外加惰性电极板。如非金属单质及其相应的离子(H^+/H_2、O_2/OH^-),或者是同一元素的不同氧化数的离子(Sn^{4+}/Sn^{2+}、Fe^{3+}/Fe^{2+})等。惰性电极是一种能够导电而不参加电极反应的电极,常用金属 Pt、石墨等。如氢电极中使用 Pt 作为传递电子的电极板,锌电极与氢电极组成的原电池可以表示为

$$(-)Zn \mid ZnSO_4(c_1) \parallel H_2SO_4(c_2) \mid H_2(p^\ominus),Pt(+)$$

以氢电极和 Fe^{3+}/Fe^{2+} 电极组成的原电池可以表示为

$$(-)Pt,H_2(p^\ominus) \mid H^+(c_1) \parallel Fe^{3+}(c_2),Fe^{2+}(c_3) \mid Pt(+)$$

(3) 电极中含有不同氧化态的同种元素离子时,高氧化态的离子靠近盐桥,低氧化态的离子靠近电极;不同离子处于同一溶液中时,用","分开。如铂浸在含 Fe^{2+} 和 Fe^{3+} 的溶液中时

电极反应:$Fe^{3+} + e^- \rightleftharpoons Fe^{2+}$

电极符号:$Pt|Fe^{2+}(c_1),Fe^{3+}(c_2)$

组成电极中的气体物质应在导体这一边,后面应注明压力,如氢电极

电极反应:$2H^+ + 2e^- \rightleftharpoons H_2$

电极符号:$Pt,H_2(p)|H^+(c_1)$

参与电极反应的其他物质也应写入电池符号中,如

电极反应:$Cr_2O_7^{2-} + 14H^+ + 6e^- \rightleftharpoons 2Cr^{3+} + 7H_2O$

电极符号:$Pt|Cr^{3+}(c_1),H^+(c_2),Cr_2O_7^{2-}(c_2)$

【例 5-6】 写出下列电池符号所对应的化学反应。

$$(-)Pt|Sn^{2+}(c_1),Sn^{4+}(c_2) \parallel Ti^{3+}(c_3),Ti^+(c_4)|Pt(+)$$

解 负极反应:$Sn^{2+} - 2e^- \rightleftharpoons Sn^{4+}$

正极反应:$Ti^{3+} + 2e^- \rightleftharpoons Ti^+$

电池反应:$Sn^{2+} + Ti^{3+} \rightleftharpoons Ti^+ + Sn^{4+}$

【例 5-7】 在稀 H_2SO_4 溶液中,$KMnO_4$ 和 $FeSO_4$ 发生以下反应:

$$MnO_4^- + H^+ + Fe^{2+} \rightleftharpoons Mn^{2+} + Fe^{3+}$$

如将此反应设计为原电池,写出正、负极的反应,电池反应和电池符号。

解 负极反应:$Fe^{2+} - e^- \rightleftharpoons Fe^{3+}$

正极反应:$MnO_4^- + 8H^+ + 5e^- \rightleftharpoons Mn^{2+} + 4H_2O$

电池反应:$MnO_4^- + 8H^+ + 5Fe^{2+} \rightleftharpoons Mn^{2+} + 5Fe^{3+} + 4H_2O$

电池符号:$(-)Pt|Fe^{2+}(c_1),Fe^{3+}(c_2) \parallel MnO_4^-(c_3),H^+(c_4),Mn^{2+}(c_5)|Pt(+)$

5.2.2 电极电势的产生

在 Cu-Zn 原电池中,电流从正(Cu)极流向负(Zn)极,表明 Cu 极电势比 Zn 极电势高。电极电势是怎样产生的呢?

当把金属(M)浸入其盐溶液时,会出现两种倾向:一种倾向是金属表面的原子(M)因热运动和受极性水分子的作用以离子(M^{n+})形式进入溶液中,这种倾向随着金属活泼性的增加或

溶液中金属离子(M^{n+})浓度的减小而增大;另一种倾向是溶液中的金属离子(M^{n+})受金属表面自由电子的吸引而沉积在金属表面上,这种倾向随着金属活泼性的降低或溶液中金属离子(M^{n+})浓度的增大而增大。当溶解和沉积的速率相等时,则达到动态平衡:

$$M(s) \rightleftharpoons M^{n+}(aq) + ne^-$$

若金属溶解的倾向大于离子沉积的倾向,则达到平衡时金属有过剩的负电荷,而与金属接触的溶液中有较多的阳离子,正、负电荷的静电作用使金属表面排列较多的负电荷,与金属接触的溶液表面排列较多的正电荷,两相的接触界面形成一个双电层,双电层之间存在电势差,这种电势差称为该金属的平衡电极电势(简称电极电势)。若将两种活泼性不同的金属分别组成两个电极,再将这两个电极以原电池的形式连接起来,由于其电极电势不同,两极之间因电势差而产生电流。

5.2.3　电极电势的测定

单个电极的电极电势的绝对值是无法测量的,只能用比较的方法确定它的相对值。通常采用标准氢电极(SHE)作为相对标准。

标准氢电极(见图 5-2)是把镀有一层铂黑的铂片浸入 H^+ 活度为 1 $mol \cdot L^{-1}$ 的溶液中,在 298.15 K 下通入压力为 100 kPa 的 H_2 让铂黑吸附并维持饱和状态,这样的电极称为标准氢电极,表示为

$$Pt, H_2(100\ kPa) \mid H^+(1.0\ mol \cdot L^{-1})$$

规定标准氢电极的电极电势为零,表示为 $\varphi^{\ominus}(H^+/H_2) = 0.000\ 0\ V$。

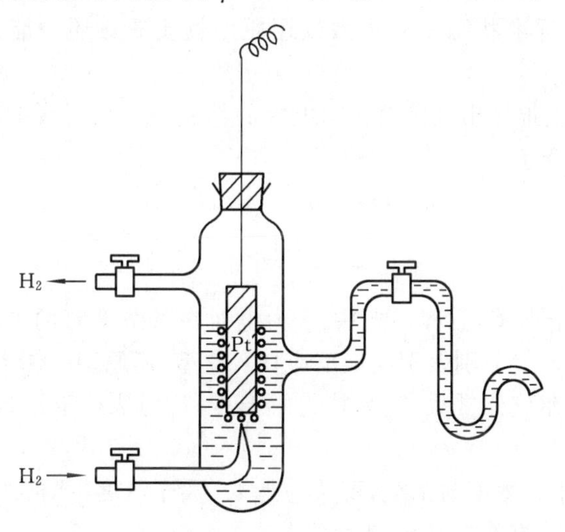

图 5-2　标准氢电极

若要测定某电极的电极电势,可将待测电极与标准氢电极组成原电池,测定原电池的电动势,由于 $E = \varphi_{(+)} - \varphi^{\ominus}(H^+/H_2)$,且 $\varphi^{\ominus}(H^+/H_2) = 0.000\ 0\ V$,这样测量该原电池的电动势($E$)即可测定欲测电极的电极电势。

如果用标准状态下的各种电极与标准氢电极组成原电池,测定这些原电池的标准电动势,就可测定这些电极的标准电极电势,标准电极电势符号用 $\varphi^{\ominus}(M^{n+}/M)$表示。

$$E^{\ominus} = \varphi^{\ominus}_{(+)} - \varphi^{\ominus}_{(-)}$$

例如,要测定锌电极的标准电极电势 $\varphi^{\ominus}(Zn^{2+}/Zn)$,可组成下列原电池:

$$(-)Pt, H_2(100\ kPa) \mid H^+(1.0\ mol\cdot L^{-1}) \parallel Zn^{2+}(1.0\ mol\cdot L^{-1}) \mid Zn(+)$$

在 298.15 K 下,测得该电池的电动势

$$E^{\ominus}=-0.762\ 6\ V$$

即 $$E^{\ominus}=\varphi^{\ominus}(Zn^{2+}/Zn)-\varphi^{\ominus}(H^+/H_2)=-0.762\ 6\ V$$

因为 $$\varphi^{\ominus}(H^+/H_2)=0.000\ 0\ V$$

所以 $$\varphi^{\ominus}(Zn^{2+}/Zn)=-0.762\ 6\ V$$

用类似的方法可测得一系列电极的标准电极电势,将所测得的结果排列成表,即得到标准电极电势表。附录 G 中列出了 298.15 K 时一些常用电极的标准电极电势 $\varphi_A^{\ominus}$(下标 A 表示在酸性溶液中)和 $\varphi_B^{\ominus}$(下标 B 表示在碱性溶液中)。

按国际惯例,附录 G 中的电极反应均为还原反应,因此电极电势采用的是还原电势。$\varphi^{\ominus}$(Ox/Red)代数值越小,表示该电对中,还原型(Red)物质的还原能力越强,氧化型(Ox)物质的氧化能力越弱。如 Li 的还原性最强而 Li^+ 的氧化能力最弱。$\varphi^{\ominus}$(Ox/Red)代数值越大,表示该电对所对应的还原型物质的还原能力越弱,氧化型物质的氧化能力越强。因此,可根据标准电极电势表来判断标准状态下氧化型或还原型物质的氧化还原能力的相对强弱。

要注意的是标准电极电势表仅适用于标准状态下水溶液的电极反应,对于非水、高温、固相反应,则不适用。

5.2.4　影响电极电势的因素

实际体系中各物质不可能都处于标准状态,这时根据非标准状态下的电极电势才能判断在非标准状态下氧化型或还原型物质氧化还原能力的相对强弱。

码 5.3　人物简介

Nernst W. 从理论上推导出电极电势与电极的性质、温度、溶液中离子的浓度和气体的分压的关系:

$$a[Ox]+ne^- \rightleftharpoons b[Red]$$

$$\varphi=\varphi^{\ominus}+\frac{RT}{nF}\ln\frac{[Ox]^a}{[Red]^b} \tag{5-1}$$

这就是著名的 Nernst(能斯特)方程。式中:φ 为电对在某浓度时的电极电势;$\varphi^{\ominus}$ 为电对的标准电极电势;$[Ox]^a$、$[Red]^b$ 分别表示电极反应在氧化型、还原型一侧各物质相对浓度(或相对压力)幂的乘积;R 为摩尔气体常数;T 为热力学温度;F 为法拉第常数;n 为电极反应式中转移的电子数。

纯固体、纯液体和水的浓度为常数,可认为是 1。离子浓度(严格地说应用活度)的单位用 $mol\cdot L^{-1}$ 表示,气体分压的单位用 Pa 表示。

如果将自然对数改为常用对数,R 取 8.314 $J\cdot mol^{-1}\cdot K^{-1}$,$F$ 取 96 485 $C\cdot mol^{-1}$,则在 298.15 K 下:

$$\frac{RT}{nF}\ln\frac{[Ox]^a}{[Red]^b}=\frac{0.059\ 2\ V}{n}\lg\frac{[Ox]^a}{[Red]^b}$$

$$\varphi=\varphi^{\ominus}+\frac{0.059\ 2\ V}{n}\lg\frac{[Ox]^a}{[Red]^b} \tag{5-2}$$

从 Nernst 方程可看出,当体系温度一定时,电极电势主要由 $\varphi^{\ominus}$ 决定,另外还与 $[Ox]^a$、$[Red]^b$ 的比值有关。

【例 5-8】 计算 298.15 K 下,$c(Cu^{2+})=0.100\ mol\cdot L^{-1}$ 时 $\varphi(Cu^{2+}/Cu)$ 的值。

解　电极反应为

$$Cu^{2+} + 2e^- \rightleftharpoons Cu$$

$$\begin{aligned}\varphi(Cu^{2+}/Cu) &= \varphi^{\ominus}(Cu^{2+}/Cu) + \frac{0.059\,2\ V}{2}\lg[c(Cu^{2+})/c^{\ominus}] \\ &= \left(0.340 + \frac{0.059\,2}{2}\lg 0.100\right)\ V \\ &= 0.310\,4\ V\end{aligned}$$

即当 $c(Cu^{2+})$ 减小为 $c^{\ominus}(Cu^{2+})$ 的 1/10 时，$\varphi(Cu^{2+}/Cu)$ 比 $\varphi^{\ominus}(Cu^{2+}/Cu)$ 仅减小 0.03 V。

【例 5-9】　计算 298.15 K 下，$c(OH^-)=0.100\ mol\cdot L^{-1}$ 时 $\varphi(O_2/OH^-)$ 的值。已知 $p(O_2)=10^5$ Pa。

解　电极反应为

$$O_2 + 2H_2O + 4e^- \rightleftharpoons 4OH^-$$

$$\begin{aligned}\varphi(O_2/OH^-) &= \varphi^{\ominus}(O_2/OH^-) + \frac{0.059\,2\ V}{4}\lg\frac{p(O_2)/p^{\ominus}}{[c(OH^-)/c^{\ominus}]^4} \\ &= \left(0.401 + \frac{0.059\,2}{4}\lg\frac{1}{0.100^4}\right)\ V \\ &= 0.460\,2\ V\end{aligned}$$

【例 5-10】　在 298.15 K 下，将 Pt 片浸入 $c(MnO_4^-)=c(Mn^{2+})=1\ mol\cdot L^{-1}$，pH=5.0 的溶液中。计算 $\varphi(MnO_4^-/Mn^{2+})$ 的值。

解　电极反应为

$$MnO_4^- + 5e^- + 8H^+ \rightleftharpoons Mn^{2+} + 4H_2O$$

$$\begin{aligned}\varphi(MnO_4^-/Mn^{2+}) &= \varphi^{\ominus}(MnO_4^-/Mn^{2+}) + \frac{0.059\,2\ V}{n}\lg\frac{[c(MnO_4^-)/c^{\ominus}][c(H^+)/c^{\ominus}]^8}{[c(Mn^{2+})/c^{\ominus}]} \\ &= \left(1.51 + \frac{0.059\,2}{5}\lg\frac{1\times 10.0^{-5\times 8}}{1}\right)\ V \\ &= 1.04\ V\end{aligned}$$

说明酸度影响含氧酸盐氧化性的强弱。

从上述例题可知：离子浓度对电极电势影响一般不大；若有 H^+ 或 OH^- 参与电极反应，那么溶液的酸度对电极电势有较大的影响。此外，沉淀和弱电解质的生成对电极电势也有较大的影响。

【例 5-11】　在含有 Ag^+/Ag 电对的体系中，电极反应为

$$Ag^+ + e^- \rightleftharpoons Ag,\quad \varphi^{\ominus}(Ag^+/Ag) = 0.799\,1\ V$$

若加入 NaI 溶液至溶液中 $c(I^-)=1.00\ mol\cdot L^{-1}$，试计算 $\varphi(Ag^+/Ag)$ 和 $\varphi^{\ominus}(AgI/Ag)$ 的值。

解　当加入 NaI 溶液，便生成 AgI 沉淀。

$$Ag^+ + I^- \rightleftharpoons AgI$$

这时

$$c(Ag^+) = \frac{K_{sp}^{\ominus}(AgI)}{c(I^-)}$$

当 $c(I^-)=1.00\ mol\cdot L^{-1}$ 时

$$c(Ag^+) = \frac{8.52\times 10^{-17}}{1.00}\ mol\cdot L^{-1} = 8.52\times 10^{-17}\ mol\cdot L^{-1}$$

把 $c(Ag^+)$ 的值代入电极电势公式，有

$$\begin{aligned}\varphi(Ag^+/Ag) &= \varphi^{\ominus}(Ag^+/Ag) + \frac{0.059\,2\ V}{1}\lg[c(Ag^+)/c^{\ominus}] \\ &= \left[0.799\,1 + \frac{0.059\,2}{1}\lg(8.52\times 10^{-17})\right]\ V \\ &= -0.152\,2\ V\end{aligned}$$

$\varphi(Ag^+/Ag)$ 与 $\varphi^{\ominus}(Ag^+/Ag)$ 比较，由于 AgI 沉淀的生成，Ag^+ 平衡浓度减小，Ag^+/Ag 电对的电极电势下降了 0.951 3 V，使 Ag^+ 的氧化能力大大降低。

由于此时的条件是半反应 $AgI + e^- \rightleftharpoons Ag + I^-$ 的标准状态，所以

$$\varphi^{\ominus}(AgI/Ag) = \varphi(Ag^+/Ag) = -0.152\,2\ V$$

【例 5-12】 在下列体系中：

$$2H^{+}+2e^{-} \rightleftharpoons H_2, \quad \varphi^{\ominus}(H^{+}/H_2)=0.000\ 0\ V$$

若加入 NaAc 溶液即生成 HAc。当 $p(H_2)=1.00\times10^{5}\ Pa$，$c(HAc)=c(Ac^{-})=1\ mol\cdot L^{-1}$时，试计算 $\varphi(H^{+}/H_2)$和 $\varphi^{\ominus}(HAc/H_2)$的值。

解
$$c(H^{+})=\frac{K_a^{\ominus}(HAc)\cdot c(HAc)/c^{\ominus}}{[c(Ac^{-})/c^{\ominus}]^2}=1.8\times10^{-5}\ mol\cdot L^{-1}$$

则
$$\varphi(H^{+}/H_2)=\varphi^{\ominus}(H^{+}/H_2)+\frac{0.059\ 2\ V}{2}\lg\frac{[c(H^{+})/c^{\ominus}]^2}{p(H_2)/p^{\ominus}}$$

$$=\left[0.000\ 0+\frac{0.059\ 2}{2}\lg\frac{(1.8\times10^{-5})^2}{1.00\times10^{5}/(1.00\times10^{5})}\right]V$$

$$=-0.28\ V$$

$\varphi(H^{+}/H_2)$与 $\varphi^{\ominus}(H^{+}/H_2)$比较，由于 HAc 的生成，$H^{+}$平衡浓度减小，$H^{+}/H_2$电对的电极电势下降了 0.28 V，使 H^{+}的氧化能力降低。

同理可知，$\varphi(H^{+}/H_2)=\varphi^{\ominus}(HAc/H_2)$。

5.2.5 电极电势的应用

1. 判断氧化剂、还原剂的相对强弱

电极电势代数值的大小反映了电对中氧化型物质的氧化能力和还原型物质的还原能力的相对强弱。因此，氧化剂和还原剂的强弱可根据有关电对的电极电势代数值的大小来比较和衡量。

在标准电极电势表中，由于电极电势的代数值由上至下逐渐增大，因此电对中氧化型物质的氧化能力和还原型物质的还原能力也由上至下发生有规律的变化(见表 5-2、表 5-3)。

表 5-2 标准状态物质在酸性溶液中氧化还原能力的递变

电　对	氧化还原能力递变规律	$\varphi_A^{\ominus}/V$
Li^{+}/Li	Li 为还原能力最强的还原型物质	
⋮	氧化型物质的氧化能力增强（↓）　还原型物质的还原能力增强（↑）	代数值增大（↓）
Mg^{2+}/Mg		
⋮		
H^{+}/H_2		
⋮		
Cu^{2+}/Cu		
⋮		
$F_2(g)/F^{-}$	$F_2(g)$为氧化能力最强的氧化型物质	

实验室常用的强氧化剂有 $KMnO_4$、MnO_2、$K_2Cr_2O_7$、HNO_3、$K_2S_2O_8$、H_2O_2等，其标准电极电势一般大于 1.0 V；常用的强还原剂有 Na、Mg、Fe、Zn、Sn^{2+}等，其标准电极电势一般小于 0 V。

2. 判断氧化还原反应的方向和原电池的正、负极

在等温、等压，不做非体积功的封闭体系中，化学反应自发进行的条件为

$$\Delta_r G_m < 0$$

表 5-3　标准状态物质在碱性溶液中氧化还原能力的递变

电　对	氧化还原能力递变规律	$\varphi_B^\ominus$/V
$Ca(OH)_2/Ca$ ⋮ $[Zn(OH)_4]^{2-}/Zn$ ⋮ NO_2/NO ⋮ ClO^-/Cl_2 ⋮ O_3/OH^-	Ca 为还原能力最强的还原型物质 氧化型物质的氧化能力增强↓　还原型物质的还原能力增强↑ O_3 为氧化能力最强的氧化型物质	代数值增大↓

$\Delta_r G_m$ 与原电池的电动势之间存在如下关系：

$$\Delta_r G_m = -nFE \tag{5-3}$$

式中：n 为电池反应中转移的电子数；F 为法拉第常数。

当 $\Delta_r G_m < 0$ 时，$E > 0$，该反应能自发进行；当 $\Delta_r G_m > 0$ 时，$E < 0$，该反应能逆向自发进行；当 $\Delta_r G_m = 0$ 时，$E = 0$，该反应达到平衡。可见，原电池的电动势(E)值也可以作为氧化还原反应自发进行的判断依据。又由于 $E = \varphi_{(+)} - \varphi_{(-)}$，因此只有电极电势代数值较大的电对中的氧化型物质才能与电极电势代数值较小的电对中的还原型物质反应。氧化还原反应的方向：

较强的氧化剂＋较强的还原剂⟶较弱的还原剂＋较弱的氧化剂

当浓度(或气体分压)的变化不太大，且两个电对的标准电极电势相差比较大($E^\ominus = \varphi^\ominus$(氧化剂)$-\varphi^\ominus$(还原剂)$>0.2$ V)时，一般可以用标准电极电势来判断氧化还原反应进行的方向。根据标准电极电势表中 $\varphi^\ominus$ 的排列顺序，很容易归纳出一条规律，即处于标准电极电势表左下方的氧化型物质可氧化右上方的还原型物质，反之则不能反应。例如：

$$Zn^{2+} + 2e^- \rightleftharpoons Zn, \quad \varphi^\ominus(Zn^{2+}/Zn) = -0.762\,6\ \text{V}$$

$$Cu^{2+} + 2e^- \rightleftharpoons Cu, \quad \varphi^\ominus(Cu^{2+}/Cu) = 0.340\ \text{V}$$

$$Fe^{3+} + e^- \rightleftharpoons Fe^{2+}, \quad \varphi^\ominus(Fe^{3+}/Fe^{2+}) = 0.771\ \text{V}$$

Cu^{2+} 可氧化 Zn，Cu 不能被 Zn^{2+} 氧化但可被 Fe^{3+} 氧化：

$$2Fe^{3+} + Cu \rightleftharpoons Cu^{2+} + 2Fe^{2+}$$

由于氧化还原反应发生的条件常常并非标准状态，严格来说，判断氧化还原反应的方向时，应该根据 Nernst 方程求得在给定条件下各电对的电极电势值，然后进行比较和判断。

【例 5-13】　试判断下述反应在下列条件下自发进行的方向。

$$2Fe^{3+} + 2I^- \rightleftharpoons 2Fe^{2+} + I_2$$

(1) 标准状态；

(2) 非标准状态，$c(Fe^{3+}) = 0.001\ \text{mol} \cdot \text{L}^{-1}$、$c(Fe^{2+}) = 1.0\ \text{mol} \cdot \text{L}^{-1}$、$c(I^-) = 0.001\ \text{mol} \cdot \text{L}^{-1}$。

解　(1) 标准状态下

$$\begin{aligned} E^\ominus &= \varphi^\ominus(Fe^{3+}/Fe^{2+}) - \varphi^\ominus(I_2/I^-) \\ &= (0.771 - 0.535\,5)\ \text{V} \\ &= 0.235\,5\ \text{V} > 0\ \text{V} \end{aligned}$$

所以上述反应自发向右进行。

(2) 非标准状态下

$$E=\left[\varphi^{\ominus}(Fe^{3+}/Fe^{2+})+\frac{0.059\,2\ V}{1}\lg\frac{c(Fe^{3+})/c^{\ominus}}{c(Fe^{2+})/c^{\ominus}}\right]$$
$$-\left\{\varphi^{\ominus}(I_2/I^-)+\frac{0.059\,2\ V}{2}\lg\frac{1}{[c(I^-)/c^{\ominus}]^2}\right\}$$
$$=[0.771+(-0.177\,6)-(0.535\,5+0.177\,6)]\ V$$
$$=-0.118\,5\ V<0\ V$$

所以上述反应逆向自发进行。

对于含氧酸及其盐(如 $KMnO_4$、$K_2Cr_2O_7$、H_3AsO_4等)参加的氧化还原反应，电极电势的大小受溶液酸度的影响较大，可能导致反应方向的改变。例如，下列可逆反应：

$$H_3AsO_4+2I^-+2H^+\underset{\text{弱碱性介质}}{\overset{\text{强酸性介质}}{\rightleftharpoons}}HAsO_2+I_2+2H_2O$$

pH≈8 时，$HAsO_2$可定量还原 I_2，而当 $c(H^+)$为 4～6 mol·L^{-1}时，H_3AsO_4可定量氧化 I^-。

在原电池中的正极反应为还原反应，负极反应为氧化反应。根据电极电势与氧化还原反应方向的关系，电极电势代数值较大的电极为正极，电极电势代数值较小的电极为负极。当外界条件变化时，原电池的正、负极可能发生变化，我们要用发展的观点看问题。

【例 5-14】 试判断下列原电池的正、负极，并计算其电动势。

$$Pt\ |\ Fe^{2+}(1.0\ mol\cdot L^{-1}),Fe^{3+}(0.01\ mol\cdot L^{-1})\ \|\ Fe^{3+}(1.0\ mol\cdot L^{-1}),\ Fe^{2+}(1.0\ mol\cdot L^{-1})\ |\ Pt$$

解 查附录数据可知　　$\varphi^{\ominus}(Fe^{3+}/Fe^{2+})=0.771\ V$

根据 Nernst 方程写出

$$\varphi(Fe^{3+}/Fe^{2+})=\varphi^{\ominus}(Fe^{3+}/Fe^{2+})+\frac{0.059\,2\ V}{1}\lg\frac{c(Fe^{3+})/c^{\ominus}}{c(Fe^{2+})/c^{\ominus}}$$
$$=\left(0.771+\frac{0.059\,2}{1}\lg 0.01\right)\ V$$
$$=0.652\,6\ V$$

φ 代数值大的电对作为正极，φ 代数值小的电对作为负极，所以盐桥左边为负极，盐桥右边为正极，即

$$(-)Pt\ |\ Fe^{2+}(1.0\ mol\cdot L^{-1}),Fe^{3+}(0.01\ mol\cdot L^{-1})\ \|\ Fe^{3+}(1.0\ mol\cdot L^{-1}),\ Fe^{2+}(1.0\ mol\cdot L^{-1})\ |\ Pt(+)$$

$$E=\varphi_{(+)}-\varphi_{(-)}$$
$$=(0.771-0.652\,6)\ V$$
$$=0.118\,4\ V$$

上述原电池的正、负极的电对相同，只是电极的浓度不同，这种原电池称为浓差电池。

3. 判断氧化还原反应的限度

一个化学反应的完成程度可从该反应的平衡常数大小定量地判断。如前所述，化学反应进行的限度与平衡常数的关系如下：

$$\lg K^{\ominus}=-\frac{\Delta_r G_m^{\ominus}}{2.303RT}$$

在标准状态下原电池的 $\Delta_r G_m^{\ominus}=-nFE^{\ominus}$，则

$$\lg K^{\ominus}=\frac{nFE^{\ominus}}{2.303RT}$$

在 298.15 K 下，将 R、F 值代入上式可得

$$\lg K^{\ominus}=\frac{nE^{\ominus}}{0.059\,2\ V}$$

即
$$\lg K^{\ominus}=\frac{n(\varphi^{\ominus}_{(+)}-\varphi^{\ominus}_{(-)})}{0.0592\ \text{V}}$$

可见，氧化还原反应的平衡常数($K^{\ominus}$)只与标准电动势($E^{\ominus}$)和温度有关，而与物质的浓度无关。$E^{\ominus}$值越大，$K^{\ominus}$值越大，正反应有可能进行得越完全。一般当$K^{\ominus}\geqslant 10^6$时可认为该反应已进行完全。

【例 5-15】 试计算下列反应在 298.15 K 时的平衡常数($K^{\ominus}$)。
$$Cu^{2+}+Zn \rightleftharpoons Cu+Zn^{2+}$$

解 由附录可知
$$\varphi^{\ominus}(Cu^{2+}/Cu)=0.340\ \text{V}$$
$$E^{\ominus}=\varphi^{\ominus}_{(+)}-\varphi^{\ominus}_{(-)}=\varphi^{\ominus}(Cu^{2+}/Cu)-\varphi^{\ominus}(Zn^{2+}/Zn)$$
$$=[0.340-(-0.7626)]\ \text{V}=1.103\ \text{V}$$
$$\lg K^{\ominus}=\frac{nE^{\ominus}}{0.0592\ \text{V}}=\frac{2\times 1.103}{0.0592}=37.26$$
$$K^{\ominus}=\frac{c(Zn^{2+})/c^{\ominus}}{c(Cu^{2+})/c^{\ominus}}=1.8\times 10^{37}$$

平衡常数 $K^{\ominus}$ 值远大于 10^6，表明该反应进行得很完全。

从以上讨论可看出，氧化还原反应自发进行的方向和限度可根据电极电势的相对大小来判断。但是要注意，电极电势的大小与反应速率的快慢无必然联系。例如：
$$2MnO_4^-+5Zn+16H^+ \rightleftharpoons 2Mn^{2+}+5Zn^{2+}+8H_2O$$

该反应的 $\varphi^{\ominus}(MnO_4^-/Mn^{2+})=1.51\ \text{V}$，$\varphi^{\ominus}(Zn^{2+}/Zn)=-0.7626\ \text{V}$，可计算出该反应的平衡常数 $K^{\ominus}=7.7\times 10^{383}$，只表明该反应进行得很完全，并不表示反应速率的快慢。实验证明，用纯 Zn 与 $KMnO_4$作用，因反应速率非常小而难以察觉，只有在 Fe^{3+} 的催化下，反应才明显地进行。

4. 计算离解常数($K_a^{\ominus}$)和溶度积($K_{sp}^{\ominus}$)

合理设计原电池，利用氧化还原反应和电极电势值，可以方便地计算弱电解质的离解常数和难溶电解质的溶度积。

【例 5-16】 已知 $\varphi^{\ominus}(HCN/H_2)=-0.545\ \text{V}$，计算 $K_a^{\ominus}(HCN)$的值。

解 设电极反应为
$$2HCN+2e^- \rightleftharpoons H_2+2CN^-$$

根据
$$\varphi(H^+/H_2)=\varphi^{\ominus}(HCN/H_2)=\varphi^{\ominus}(H^+/H_2)+\frac{0.0592\ \text{V}}{2}\lg\frac{[c(H^+)/c^{\ominus}]^2}{p(H_2)/p^{\ominus}}$$

在标准状态下
$$p(H_2)=1.00\times 10^5\ \text{Pa}$$
$$c(HCN)=c(CN^-)=1.0\ \text{mol}\cdot\text{L}^{-1}$$

则
$$\varphi(H^+/H_2)=\varphi^{\ominus}(HCN/H_2)$$
$$=\varphi^{\ominus}(H^+/H_2)+\frac{0.0592\ \text{V}}{2}\lg\frac{[c(H^+)/c^{\ominus}]^2}{p(H_2)/p^{\ominus}}$$
$$=0+0.0592\ \text{V}\times\lg[c(H^+)/c^{\ominus}]$$
$$=0.0592\ \text{V}\lg\frac{K_a^{\ominus}(HCN)\cdot c(HCN)/c^{\ominus}}{c(CN^-)/c^{\ominus}}$$

所以
$$\varphi^{\ominus}(HCN/H_2)=0.0592\ \text{V}\lg K_a^{\ominus}(HCN)$$
$$\lg K_a^{\ominus}(HCN)=\frac{\varphi^{\ominus}(HCN/H_2)}{0.0592\ \text{V}}=\frac{-0.545}{0.0592}=-9.21$$
$$K_a^{\ominus}(HCN)=6\times 10^{-10}$$

【例 5-17】 已知 $\varphi^{\ominus}(AgCl/Ag)=0.2223\ \text{V}$，$\varphi^{\ominus}(Ag^+/Ag)=0.7991\ \text{V}$，求 $K_{sp}^{\ominus}(AgCl)$。

解
$$\varphi^{\ominus}(AgCl/Ag)=\varphi(Ag^+/Ag)$$

$$=\varphi^{\ominus}(Ag^+/Ag)+\frac{0.0592\ V}{1}\lg[c(Ag^+)/c^{\ominus}]$$

$$=\varphi^{\ominus}(Ag^+/Ag)+\frac{0.0592\ V}{1}\lg\frac{K_{sp}^{\ominus}(AgCl)}{c(Cl^-)/c^{\ominus}}$$

在标准状态下　　$c(Cl^-)=1.0\ mol\cdot L^{-1}$

$$\varphi^{\ominus}(AgCl/Ag)=\varphi^{\ominus}(Ag^+/Ag)+\frac{0.0592\ V}{1}\lg K_{sp}^{\ominus}(AgCl)$$

则

$$\lg K_{sp}^{\ominus}(AgCl)=\frac{\varphi^{\ominus}(AgCl/Ag)-\varphi^{\ominus}(Ag^+/Ag)}{0.0592\ V}$$

$$=\frac{0.2223-0.7991}{0.0592}$$

$$=-9.74$$

$$K_{sp}^{\ominus}(AgCl)=1.80\times10^{-10}$$

码 5.4　疑难解析

5.3　元素标准电极电势图及其应用

元素电极电势图是用来表示同一元素的不同氧化数的氧化还原能力相对强弱的图示。元素电极电势图有多种,本节只介绍元素标准电极电势图(又称为拉铁莫尔图)及其应用。

很多元素都有多种氧化数,不同的氧化数物质其氧化还原能力是不同的。因此,为了简明表示同一元素的不同氧化数物质的氧化还原能力的强弱及它们之间的变化关系,可以把同一元素的不同氧化数物质按元素氧化数由高到低的顺序排列,并在两种氧化数物质之间标出对应电对的标准电极电势,这样就得到所谓的元素标准电极电势图。

例如,在标准状态下,氧在酸、碱介质中的标准电极电势图为

氧化数　　0　　　　−1　　　　−2

$E_A^{\ominus}/V$　　$O_2 \xrightarrow{0.695} H_2O_2 \xrightarrow{1.763} H_2O$　(O_2 至 H_2O:1.229)

$E_B^{\ominus}/V$　　$O_2 \xrightarrow{-0.076} HO_2^- \xrightarrow{0.867} OH^-$　(O_2 至 OH^-:0.401)

从元素标准电极电势图可清楚地看出同一元素的不同氧化数物质氧化还原能力的相对强弱。此外,元素标准电极电势图还有以下应用。

5.3.1　求未知电对的标准电极电势

例如,下列元素标准电极电势图:

$$A \xrightarrow[n_1]{\varphi_1^{\ominus}} B \xrightarrow[n_2]{\varphi_2^{\ominus}} C \xrightarrow[n_3]{\varphi_3^{\ominus}} D$$

(A 至 D:n,$\varphi^{\ominus}$)

根据 Gibbs 自由能变与电动势的关系可知

$$n\varphi^{\ominus}=n_1\varphi_1^{\ominus}+n_2\varphi_2^{\ominus}+n_3\varphi_3^{\ominus}$$

$$n=n_1+n_2+n_3$$

$$\varphi^{\ominus}(A/D)=\frac{n_1\varphi_1^{\ominus}+n_2\varphi_2^{\ominus}+n_3\varphi_3^{\ominus}}{n}\tag{5-4}$$

式中：n_1、n_2、n_3、n 分别为电对中对应元素氧化型与还原型的氧化数之差（均取正值）。

【例 5-18】 下面为碱性介质中 Br 的标准电极电势图：

Br 的氧化数　　+5　　　　+1　　　　0　　　　−1

$\varphi_B^\ominus$/V　　$BrO_3^- \xrightarrow[n_1=4]{?} BrO^- \xrightarrow[n_2=1]{?} Br_2$[1] $\xrightarrow[n_3=1]{1.065} Br^-$

$BrO^- \rightarrow Br^-$：0.76，$n_4=2$

$BrO_3^- \rightarrow Br^-$：0.61，$n=6$

求 $\varphi_B^\ominus(BrO^-/Br_2)$ 和 $\varphi_B^\ominus(BrO_3^-/BrO^-)$ 的值[2]。

解　(1) 根据式(5-4)，有

$$\varphi_B^\ominus(BrO^-/Br_2)=\frac{n_4\varphi_B^\ominus(BrO^-/Br^-)-n_3\varphi_B^\ominus(Br_2/Br^-)}{n_2}$$

$$=\frac{2\times 0.76-1\times 1.065}{1}\ V=0.456\ V$$

(2)

$$\varphi_B^\ominus(BrO_3^-/BrO^-)=\frac{n\varphi_B^\ominus(BrO_3^-/Br^-)-n_4\varphi_B^\ominus(BrO^-/Br^-)}{n_1}$$

$$=\frac{6\times 0.61-2\times 0.76}{4}\ V=0.535\ V$$

5.3.2　判断歧化反应的发生

歧化反应是一种自身氧化还原反应。当一种元素处于中间氧化数时，中间氧化数物质一部分被氧化，另一部分被还原，这类反应称为歧化反应。例如，O 的标准电极电势图：

$\varphi_A^\ominus$/V　　$O_2 \xrightarrow{0.695} H_2O_2 \xrightarrow{1.763} H_2O$（$O_2 \rightarrow H_2O$：1.229）

当 H_2O_2 作为氧化剂，发生还原反应时（正极）：　$H_2O_2+2H^++2e^- \rightleftharpoons 2H_2O$

当 H_2O_2 作为还原剂，发生氧化反应时（负极）：　$H_2O_2-2e^- \rightleftharpoons O_2+2H^+$

将两个半反应相加得总反应：　$2H_2O_2 \rightleftharpoons 2H_2O+O_2$

$$E^\ominus=\varphi_{(+)}^\ominus-\varphi_{(-)}^\ominus=(1.763-0.695)\ V>0\ V$$

该反应自发进行，即 H_2O_2 发生了歧化反应。

一般来说，对于元素标准电极电势图：

$$M^{2+} \xrightarrow{\varphi_左^\ominus} M^+ \xrightarrow{\varphi_右^\ominus} M$$

当 $\varphi_右^\ominus>\varphi_左^\ominus$ 时，处于中间氧化数的物质 M^+ 容易发生歧化反应。

$$2M^+ \rightleftharpoons M^{2+}+M$$

反之，当 $\varphi_右^\ominus<\varphi_左^\ominus$ 时，处于中间氧化数的物质不能发生歧化反应，而其逆向反应则是可以进行的，即发生如下反应：

$$M^{2+}+M \rightleftharpoons 2M^+$$

例如，Cu 的标准电极电势图：

---

① 本节采用的电极电势数据主要取自《兰氏化学手册》(Dean J A, Lange's Handbook of Chemistry, 15th ed., 1999)，个别数据取自《化学物理手册》(Lide D R, CRC Handbook of Chemistry and Physics, 78th ed., 1997—1998)。

② 室温下 Br_2 在水中的浓度达不到 1 mol·L^{-1}，因此实际计算采用与 Br_2(l) 接触的饱和溶液中的数据。

$$E_A^\ominus/V \qquad Cu^{2+} \xrightarrow{0.159} Cu^{+} \xrightarrow{0.520} Cu \quad (Cu^{2+} \xrightarrow{0.340} Cu)$$

Cu^+容易发生歧化，一部分Cu^+被氧化为Cu^{2+}，另一部分Cu^+被还原为金属Cu。

$$2Cu^+ \rightleftharpoons Cu + Cu^{2+}$$

[化学博览]

锂离子电池

1. 发展过程

锂离子电池(Li-ion battery)由锂电池发展而来。首个锂电池在1970年由埃克森美孚公司的M. S. Whittingham采用硫化钛作为正极材料、金属锂作为负极材料制成，最初照相机里用的纽扣电池就属于锂电池。这种电池也可以充电，但循环性能不好，在充放电循环过程中容易形成锂枝晶，造成电池内部短路，所以一般情况下这种电池是禁止充电的。1982年伊利诺伊理工大学的R. R. Agarwal和J. R. Selman发现锂离子可嵌入石墨，此过程快速并且可逆。因此人们开始尝试利用锂离子可嵌入石墨的特性制作可充电电池。首个可用的锂离子石墨电极由贝尔实验室试制成功。1983年M. Thackeray、J. Goodenough等发现锰尖晶石是优良的正极材料，原料便宜，结构稳定，且同时具有较高的离子电导率和电子电导率。其分解温度高，且氧化性远低于钴酸锂，即使出现短路、过充电，也能够避免燃烧、爆炸的危险。1989年，A. Manthiram和J. Goodenough发现采用聚合阴离子的正极将产生更高的电压。1992年，日本索尼公司发明了以炭材料为负极，以含锂的化合物为正极的锂电池，在充放电过程中，没有金属锂存在，只有锂离子，这就是锂离子电池。2015年3月，日本夏普公司与京都大学的田中功教授联手成功研发出使用寿命可达70年之久的锂离子电池。此锂离子电池实际充放电1万次之后，其性能依旧稳定。

2. 工作原理

锂离子电池充放电时的反应方程式为

$$LiCoO_2 + C \underset{\text{放电}}{\overset{\text{充电}}{\rightleftharpoons}} Li_{1-x}CoO_2 + Li_xC$$

锂离子电池是以锂离子嵌入化合物为正极材料的电池的总称。锂离子电池的充放电过程，就是锂离子的嵌入和脱嵌过程。在这个过程中，伴随着与锂离子等当量电子的嵌入和脱嵌(习惯上正极用嵌入或脱嵌表示，而负极用插入或脱插表示)。在充放电过程中，锂离子在正、负极之间往返，嵌入、脱嵌和插入、脱插，所以该电池被形象地称为“摇椅电池”。

3. 发展前景

石油焦炭和石墨作为负极材料，无毒且资源充足，锂离子嵌入碳中，克服了锂的高活性，解决了传统锂电池存在的安全问题，正极也从最初的钴酸锂发展出锰酸锂、磷酸铁锂、三元材料等数种类型，使得锂离子电池的综合性能得到极大提升。锂离子电池最早用于计算机、通信和消费类电子产品，现已广泛应用于电动汽车和储能领域。尤其是随着电动汽车的迅猛发展，锂离子电池也将迎来行业发展的黄金期。

习　题

1. 指出下列物质中S的氧化数。

H_2S、S、SCl_2、$Na_2S_2O_3$、SO_2、$Na_2S_4O_6$、$Na_2S_2O_4$

2. 用离子-电子法配平下列反应方程式。

(1) $I^- + H_2O_2 + H^+ \longrightarrow I_2 + H_2O$

(2) $ClO_3^- + Fe^{2+} + H^+ \longrightarrow Cl^- + Fe^{3+} + H_2O$

3. 用氧化数法配平下列反应方程式。

(1) $Cu + HNO_3$(稀)$\longrightarrow Cu(NO_3)_2 + NO + H_2O$

(2) $MnO_2 + H^+ + Br^- \longrightarrow Mn^{2+} + H_2O + Br_2$

4. 现有下列物质：$KMnO_4$、$K_2Cr_2O_7$、$Na_2S_2O_8$、$FeCl_3$、H_2O_2、I_2、Cl_2、F_2，试根据它们在酸性介质中的标准电极电势，将其按氧化能力递增顺序排列：__________。

5. 在给定条件下，判断下列反应自发进行的方向。

(1) 标准状态下根据 $E^{\ominus}$ 值：

$$2Br^-(aq) + 2Fe^{3+}(aq) \rightleftharpoons Br_2(aq) + 2Fe^{2+}(aq)$$

(2) 实验测知 Cu-Ag 原电池的 E 值为 0.48 V。

$$(-)Cu \mid Cu^{2+}(0.052\ mol \cdot L^{-1}) \parallel Ag^+(0.50\ mol \cdot L^{-1}) \mid Ag(+)$$

$$Cu^{2+} + 2Ag \rightleftharpoons 2Ag^+ + Cu$$

(3) $H_2(g) + \frac{1}{2}O_2(g) \rightleftharpoons H_2O(g)$，　$\Delta_r G_m^{\ominus} = -237.129\ kJ \cdot mol^{-1}$

6. 回答下列问题：

(1) 化学反应的 $\Delta_r H_m$、$\Delta_r S_m$、$\Delta_r G_m$ 和电池电动势及电极电势值的大小，哪些与化学反应方程式的写法无关？

(2) 铁溶于过量稀盐酸或过量稀硝酸，其氧化产物有何不同？

7. 计算 298.15 K 时下列电极的电极电势。

(1) $Pt|Sn^{2+}(1\ mol \cdot L^{-1}), Sn^{4+}(0.01\ mol \cdot L^{-1})$

(2) $Pt, Br_2(l)|Br^-(0.01\ mol \cdot L^{-1})$

(3) $AgCl(s)|Ag, Cl^-(0.2\ mol \cdot L^{-1})$

(4) $Pt|Fe^{2+}(0.5\ mol \cdot L^{-1}), Fe^{3+}(0.1\ mol \cdot L^{-1})$

8. 计算 298.15 K 时下列电池的电动势，标明正、负极，列出电极反应式和电池反应式。

(1) $Pt|Sn^{2+}(0.01\ mol \cdot L^{-1}), Sn^{4+}(0.1\ mol \cdot L^{-1}) \parallel Cd^{2+}(0.1\ mol \cdot L^{-1})|Cd$

(2) $Pt|Fe^{2+}(0.05\ mol \cdot L^{-1}), Fe^{3+}(0.5\ mol \cdot L^{-1}) \parallel Mn^{2+}(0.01\ mol \cdot L^{-1})$,
$H^+(0.1\ mol \cdot L^{-1}), MnO_4^-(0.1\ mol \cdot L^{-1})|Pt$

(3) $Pt|H_2(100\ kPa), H^+(0.01\ mol \cdot L^{-1}) \parallel Cl^-(0.01\ mol \cdot L^{-1})|AgCl(s), Ag$

(4) $Pt|Fe^{2+}(0.01\ mol \cdot L^{-1}), Fe^{3+}(1.0\ mol \cdot L^{-1}) \parallel Hg^{2+}(0.1\ mol \cdot L^{-1})|Hg$

9. $SnCl_2$ 溶液久置易失效，而在 $SnCl_2$ 溶液中加入一些锡粒即可使溶液稳定，试说明原因。

已知：$Sn^{4+} + 2e^- \rightleftharpoons Sn^{2+}$，　$\varphi^{\ominus} = 0.154\ V$；

$Sn^{2+} + 2e^- \rightleftharpoons Sn$，　$\varphi^{\ominus} = -0.136\ V$；

$O_2 + 4H^+ + 4e^- \rightleftharpoons 2H_2O$，　$\varphi^{\ominus} = 1.229\ V$。

10. 将 Cu 片插入盛有 $0.5\ mol \cdot L^{-1}\ CuSO_4$ 溶液的烧杯中，Ag 片插入盛有 $0.5\ mol \cdot L^{-1}\ AgNO_3$ 溶液的烧杯中。

(1) 写出该原电池的符号。

(2) 写出电极反应式和原电池的电池反应式。

(3) 求该电池的电动势。

(4) 若加氨水于 $CuSO_4$ 溶液中，电池电动势如何变化？若加氨水于 $AgNO_3$ 溶液中，情况又如何？（定性回答）

11. 已知：$MnO_4^- + 8H^+ + 5e^- \rightleftharpoons Mn^{2+} + 4H_2O$，　$\varphi^{\ominus} = 1.51\ V$；

$Fe^{3+}+e^{-} \rightleftharpoons Fe^{2+}$，　$\varphi^{\ominus}=0.771\ V$。

(1) 判断下列反应的方向。

$$MnO_4^{-}+5Fe^{2+}+8H^{+} \rightleftharpoons Mn^{2+}+5Fe^{3+}+4H_2O$$

(2) 将这两个半电池组成原电池，用电池符号表示该原电池的组成，标明正、负极，并计算其标准电动势。

(3) 当氢离子浓度为 10.0 mol·L^{-1}，其他各离子浓度均为 1.0 mol·L^{-1}时，计算该电池的电动势。

12. 已知在 298.15 K 时，下列原电池的电动势为 0.436 V，计算 Ag^{+} 的浓度。

$$(-)Cu \mid Cu^{2+}(0.010\ mol\cdot L^{-1}) \parallel Ag^{+}(x\ mol\cdot L^{-1}) \mid Ag(+)$$

13. $\varphi^{\ominus}(Ag^{+}/Ag)=0.7991\ V$，　$\varphi^{\ominus}(Fe^{3+}/Fe^{2+})=0.771\ V$，下列反应：

$$Ag^{+}+Fe^{2+} \rightleftharpoons Ag+Fe^{3+}$$

(1) 计算 298.15 K 时，该反应的平衡常数 K。

(2) 若 Fe^{3+}、Fe^{2+}、Ag^{+} 的浓度分别为 1.0 mol·L^{-1}、0.10 mol·L^{-1}、0.10 mol·L^{-1}，判断该反应自发进行的方向。

14. 现有一氢电极(H_2压力为100 kPa)。该电极所用的溶液由浓度均为 1.0 mol·L^{-1}的弱酸(HA)及其钾盐(KA)组成。若将此氢电极与另一电极组成原电池，测得平均电动势$E=0.38$ V，并知氢电极为正极，另一电极的 $\varphi=-0.65$ V，该氢电极中溶液的 pH 值和弱酸(HA)的离解常数分别为多少？

15. 计算下列反应在 298.15 K 下的标准平衡常数($K^{\ominus}$)。

$$MnO_2+2Cl^{-}+4H^{+} \rightleftharpoons Mn^{2+}+Cl_2+2H_2O$$

16. 在 Ag^{+}、Cu^{2+} 浓度分别为 1.0×10^{2} mol·L^{-1}和 0.1 mol·L^{-1}的混合溶液中加入 Fe 粉，哪种金属离子先被还原？当第二种离子被还原时，第一种金属离子在溶液中的浓度是多少？

17. 已知 Mn 的标准电极电势图：

$$\varphi_A^{\ominus}/V \quad MnO_4^{-} \xrightarrow{0.56} MnO_4^{2-} \xrightarrow{?} MnO_2 \xrightarrow{?} Mn^{3+} \xrightarrow{1.5} Mn^{2+} \xrightarrow{-1.18} Mn$$

(MnO_4^{-} 至 MnO_2：1.70；MnO_2 至 Mn^{2+}：1.23)

(1) 求 $\varphi_A^{\ominus}(MnO_4^{2-}/MnO_2)$和 $\varphi_A^{\ominus}(MnO_2/Mn^{3+})$。

(2) 判断图中哪些物质能发生歧化反应。

(3) 指出金属 Mn 溶于 HCl 或 H_2SO_4 中的产物是 Mn^{2+} 还是 Mn^{3+}，为什么？

第6章　原子结构与元素周期性

物质的种类不同，其性质也各不相同。物质在性质上的差异是由物质的内部结构不同引起的。大多数物质由分子组成，而分子又由原子组成，原子则由原子核和核外电子组成。在化学变化中，原子核并不发生变化，只是核外电子的运动状态发生了变化。因此要了解和掌握物质的性质，尤其是化学性质及其变化规律，就必须清楚物质的内部结构，特别是原子结构及核外电子的运动状态。现代量子理论揭示了原子核外电子运动的规律，它是研究原子、分子结构和性质的重要工具。本章运用量子理论的观点讨论原子结构的特点，阐述元素周期性的结构本质。

码 6.1　人物简介

6.1　原子结构的近代概念

对原子结构的研究经过了漫长的阶段，从 1803 年 Dalton J. 提出原子论开始，到现在可以利用扫描隧道显微镜观察原子，历经 2 个多世纪。科学家们在实验过程中始终保持勇往直前、不畏困难的开拓精神和敢于质疑、实事求是的科学精神。他们借助科学实验，在辩证思维的指引下通过逻辑推理建立了一个又一个理论模型。随着科学实验技术不断进步，根据不断发现的新的实验事实，对原有理论模型再进行修改或完善，创建新的模型，逐步形成了近代原子结构的理论。

1897 年 Thomson J. J. 发现电子，推翻了原子不可再分的旧观点，1905 年 Einstein A. 根据光电效应实验，提出了光子学说（光不仅是一种波，而且具有粒子性）；1911 年 Rutherford E. 根据 α 粒子散射实验，提出了含核原子模型；1913 年 Bohr N. 引进量子化条件，提出了 Bohr 假设；1924 年 de Broglie L. 提出了微观粒子的波粒二象性；1926 年 Schrödinger E. 提出了量子力学波动方程。至此，以量子力学取代经典力学，描述物质微观粒子运动状态获得了极大的成功。其中 Rutherford E. 提出的原子模型已经成功解决了原子的组成问题，但是对于核外电子的运动规律以及近代原子结构理论的研究，都是从 H 原子光谱实验开始的。

6.1.1　Bohr 原子模型

H 原子是自然界中最简单的原子，它是解读物质结构的天然模型。现代量子理论对 H 原子的研究是认识复杂原子体系结构的基础。

1. 光和电磁辐射

1865 年 Maxwell J. C. 指出光是电磁波，即电磁辐射的一种形式。太阳或白炽灯发出的白光通过三棱镜时，其中不同波长的光折射的程度不同，形成红、橙、黄、绿、蓝、靛、紫等没有明显界限的光谱，这类光谱称为连续光谱。一般炽热的固体、液体、高压气体所发出的光都形成连续光谱。

码 6.2　疑难解析

人类肉眼能观察到的电磁辐射，波长范围是 400～700 nm，这仅仅是电磁辐射的一小部分。电磁辐射包括无线电波、TV 波、微波、红外射线、可见光、紫外射线、X 射线、γ 射线和宇宙射线，如图 6-1 所示。这些不同形式的辐射在真空中均以光速运行。它们的区别只在于频率、波长的不同。电磁辐射的频率与波长的乘积等于光速：

$$c = \nu\lambda$$

式中：ν 为频率(Hz)；λ 为波长(m)；c 为光速，c 等于 $2.998\times10^8\ \mathrm{m\cdot s^{-1}}$。

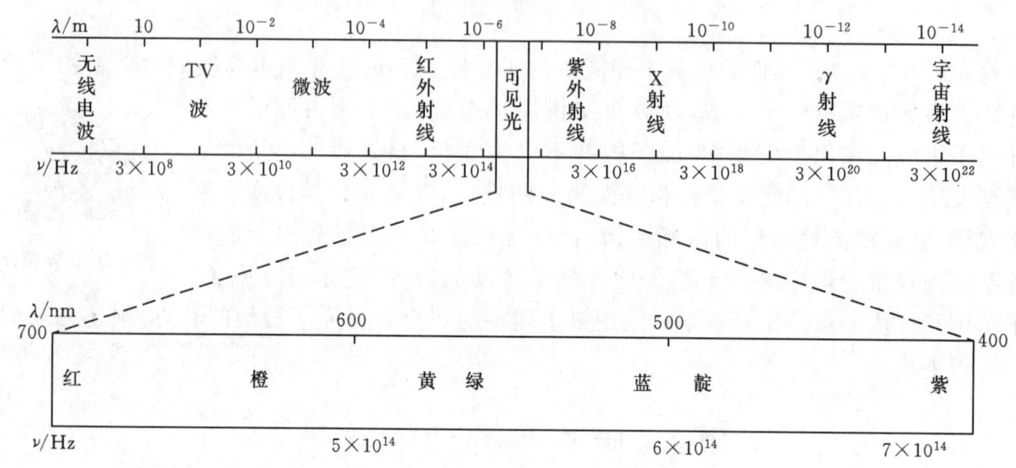

图 6-1 电磁辐射与可见光

2. H 原子光谱

白光经散射时，可以观察到可见光区的连续光谱，但是稀薄气体原子被火花、电流等激发而产生的光经过分光后，只能看到几条亮线，这是一种不连续光谱，即线状光谱或原子光谱。例如，H 原子的发射光谱在可见光区有 4 条谱线(见图 6-2)。图 6-3 是 H 原子的线状光谱实验示意图。

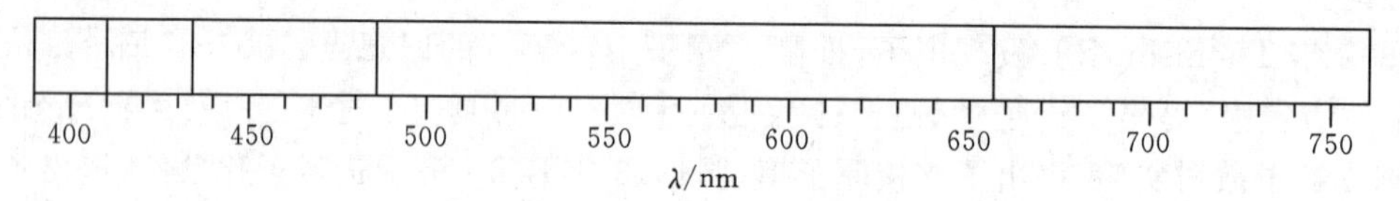

图 6-2 H 原子的线状光谱

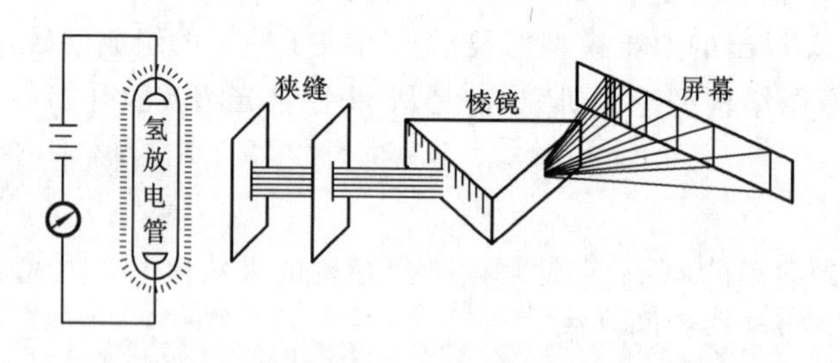

图 6-3 H 原子的线状光谱实验示意图

码 6.3 知识拓展

H 原子光谱中，各谱线的波长或频率有一定的规律。早在 1885 年瑞士物理学家 Balmer J. J. 就发现 H 原子光谱在可见光区各谱线的波长之间有着如下关系(在紫外光区和红外光区也有类似关系)：

$$\frac{1}{\lambda} = \frac{R_{\mathrm{H}}}{hc}\left(\frac{1}{2^2} - \frac{1}{n^2}\right) \tag{6-1}$$

式中：$\frac{R_H}{hc}=1.097\times10^7\ m^{-1}$；$n$ 为大于 2 的正整数，当 $n=3,4,5,6$ 时，λ 分别等于 H 原子光谱可见光区中的 4 条谱线的波长。

在某一瞬间一个 H 原子只能放出一条谱线，许多 H 原子才能放出不同的谱线。在实验中之所以能同时观察到全部谱线，是无数个 H 原子被激发到高能级，而后又回到低能级的结果。

原子的稳定性及其线状光谱都无法用经典理论来解释。1913 年，丹麦科学家 Bohr N. 在 Planck 的量子假设、Einstein 的光子学说和 Rutherford 的含核原子模型的基础上，提出了原子结构理论的三点假设。

(1) 核外电子只能在有确定半径和能量的轨道上运动。原子中的电子沿着固定轨道绕核运动，如同行星绕太阳转动。电子在这些轨道上运动时，既不吸收能量也不辐射能量，这种状态称为定态(stationary state)。

(2) 轨道上的电子有特定的能量值，称为能级(energy level)。根据量子化条件，可以推出 H 原子核外轨道的能量公式为

$$E=-\frac{R_H}{n^2}\quad(n=1,2,\cdots)\tag{6-2}$$

式中：R_H是常量，等于 2.18×10^{-18} J；n 为主量子数(principal quantum number)，取整数值。$n=1$时能量最低，这种状态称为原子的基态(ground state)，其他能量较高的状态都称为激发态(excited state)。图 6-4 给出了 H 原子的部分能级。

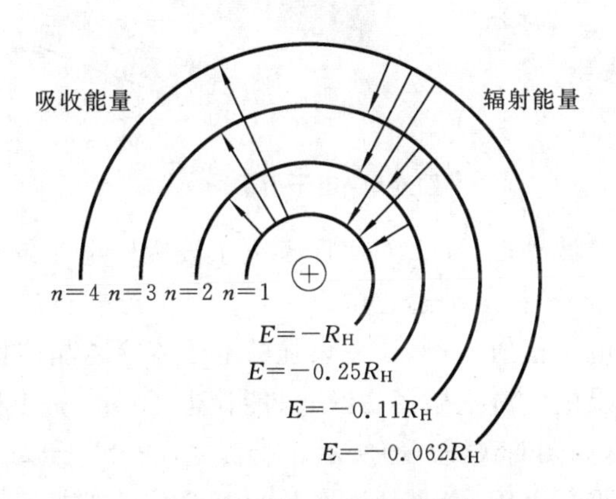

图 6-4　H 原子能级图

(3) 能级间的跃迁。电子由一个能级到达另一个能级的过程称为跃迁(transition)。电子跃迁所吸收或辐射的光子的能量等于电子跃迁后的能级(E_2)的能量与跃迁前的能级(E_1)的能量之差，即

$$h\nu=E_2-E_1\tag{6-3}$$

式中：ν 为光子的频率；h 为普朗克常量(Planck constant)，等于 6.626×10^{-34} J·s。将式(6-2)代入式(6-3)，运用频率 ν 和光速 c 及波长 λ 的关系式 $\nu=c/\lambda$，整理后便可得到公式(6-1)。

Bohr 理论提出能级的概念，运用量子化观点成功地解释了 H 原子的稳定性和线状光谱，推动了原子结构理论的发展。但 Bohr 理论未能冲破经典物理学的束缚，不能解释多电子原子光谱，甚至不能说明 H 原子光谱的精细结构。

6.1.2 电子的波粒二象性

根据 Einstein 的光子学说，光具有波粒二象性，即既有波动性又有粒子性。光子作为电磁波，其波长为 λ，频率为 ν，能量 $E=h\nu$；光子作为粒子，其动量 $p=mc$。运用 Einstein 方程 $E=mc^2$ 及 $\nu=c/\lambda$，就能得到联系光的波动性和粒子性的关系式 $\lambda=h/(mc)$。

1923 年，法国物理学家 de Broglie L. 在光的波粒二象性的启发下提出，微观粒子(如电子、原子等)也具有波粒二象性。他类比光的波粒二象性关系式，导出微观粒子具有波动性的 de Broglie 关系式

码 6.4 人物简介

$$\lambda = \frac{h}{p} = \frac{h}{mv} \tag{6-4}$$

式中：p 为粒子的动量；m 为粒子的质量；v 为粒子的速度；λ 为粒子波波长。微观粒子的波动性和粒子性通过普朗克常量 h 联系和统一起来。

de Broglie 关系式的正确性很快被证实了。1927 年美国物理学家 Davisson C. 和 Germer L. 用电子束代替 X 射线，用镍晶体薄层做光栅进行衍射实验，得到与 X 射线衍射类似的图像，如图 6-5(a)所示。同年英国的 Thomson G. 用金箔做光栅也得到类似的电子衍射图。

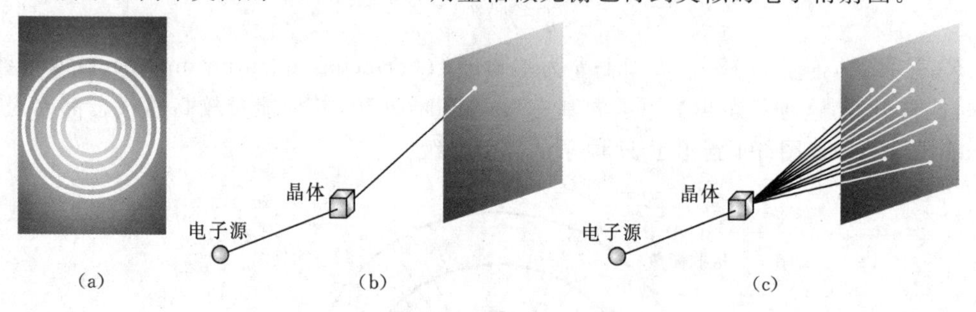

图 6-5　电子衍射图

衍射现象证实了电子的波动性，那么如何理解电子波呢？电子的波动性既不意味着电子是一种电磁波，也不意味着电子在运动过程中以一种振动的方式行进，电子的波动性与电子运动的统计性规律相关。以电子衍射为例，让一束强的电子流穿越晶体投射到照相底片上，可以得到电子的衍射图像。如果电子流很微弱，几乎只能让电子一个一个射出，只要时间足够长，也可形成同样的衍射图像，如图6-5(b)、(c)所示。换言之，一个电子每次到达底片上的位置是随机的，不能预测，但多次重复以后，电子到达底片上某个位置的概率就显现出来了。衍射图像上，亮斑强度大的地方，电子出现的概率大；反之，电子出现少的地方，亮斑强度就弱。因此，电子波是概率波，它反映了电子在空间区域出现的概率。电子运动遵循统计规律。

【例 6-1】 (1) 电子在 1 V 电压下的速率为 $5.9\times10^5\ \mathrm{m\cdot s^{-1}}$，电子质量 $m=9.1\times10^{-31}$ kg，h 为 $6.626\times10^{-34}\ \mathrm{J\cdot s}$，电子波的波长是多少？

(2) 质量为 1.0×10^{-8} kg 的沙粒以 $1.0\times10^{-2}\ \mathrm{m\cdot s^{-1}}$ 的速率运动，波长是多少？

解　(1) $1\ \mathrm{J}=1\ \mathrm{kg\cdot m^2\cdot s^{-2}}$，$h=6.626\times10^{-34}\ \mathrm{kg\cdot m^2\cdot s^{-1}}$

根据 de Broglie 关系式

$$\lambda_1 = \frac{h}{m_1 v_1} = \frac{6.626\times10^{-34}\ \mathrm{kg\cdot m^2\cdot s^{-1}}}{9.1\times10^{-31}\ \mathrm{kg}\times5.9\times10^5\ \mathrm{m\cdot s^{-1}}} = 1.2\times10^{-9}\ \mathrm{m}$$

(2)
$$\lambda_2 = \frac{h}{m_2 v_2} = \frac{6.626\times10^{-34}\ \mathrm{kg\cdot m^2\cdot s^{-1}}}{1.0\times10^{-8}\ \mathrm{kg}\times1.0\times10^{-2}\ \mathrm{m\cdot s^{-1}}} = 6.6\times10^{-24}\ \mathrm{m}$$

以上例子说明，物体质量越大，波长越小。宏观物体的波长小到难以察觉，仅表现出粒子

性;微观粒子质量小,其 de Broglie 波长不可忽略。

6.1.3　测不准原理

码 6.5　疑难解答

宏观物体的位置和运动速度(或动量)可以同时确定,因而可预测其运动轨迹,如大到行星的轨道,小到子弹的弹道。但微观粒子具有波动性,有着完全不同的运动特点。1927 年,德国科学家 Heisenberg W. 指出,无法同时确定微观粒子的位置和动量。它的位置测得越准确,动量(或速度)就越不准确;反之,它的动量(或速度)测得越准确,位置就越不准确。这就是著名的测不准原理,即

$$\Delta x \cdot \Delta p_x \geqslant \frac{h}{4\pi} \tag{6-5}$$

式中:Δx 为坐标上粒子在 x 方向的位置误差;Δp_x 为动量在 x 方向的误差。上式表明,Δx 越小,Δp_x 越大;反之亦然。

测不准原理是粒子波动性的必然结果。如果微观粒子如同宏观物体那样在一个精确的轨道上运动,那就意味着它既有确定的位置同时又有确定的速度,这违背了测不准原理。微观粒子的运动不存在确定的运动轨迹,不遵守经典力学规律。因此,微观粒子的运动规律不能用经典力学而必须用量子力学来描述。

【例 6-2】　电子在原子核附近运动的速率约为 $6\times10^{6}\ \mathrm{m\cdot s^{-1}}$,原子半径约为 10^{-10} m。若速率误差为 $\pm1\%$,电子的位置误差 Δx 有多大?

解　$\Delta v = 6\times10^{6}\ \mathrm{m\cdot s^{-1}}\times1\% = 6\times10^{4}\ \mathrm{m\cdot s^{-1}}$

根据测不准原理,有

$$\Delta x \geqslant \frac{h}{4\pi m\Delta v} = \frac{6.626\times10^{-34}\ \mathrm{kg\cdot m^{2}\cdot s^{-1}}}{4\pi\times9.1\times10^{-31}\ \mathrm{kg}\times6\times10^{4}\ \mathrm{m\cdot s^{-1}}} = 1\times10^{-9}\ \mathrm{m}$$

即原子中电子的位置误差比原子半径大 10 倍,电子在原子中无精确的位置可言。

【例 6-3】　如电子和子弹的质量分别为 9.1×10^{-31} kg、2.0×10^{-2} kg,其位置的准确度分别为 10^{-12} m 和 10^{-4} m,则速率的测量误差分别为多少?

解　由 $\Delta x\cdot m\Delta v \geqslant h/(4\pi)$ 得

① 电子

$$\Delta x = 10^{-12}\ \mathrm{m},\quad m = 9.1\times10^{-31}\ \mathrm{kg}$$
$$h = 6.626\times10^{-34}\ \mathrm{kg\cdot m^{2}\cdot s^{-1}}$$
$$\Delta v = 5.79\times10^{7}\ \mathrm{m\cdot s^{-1}}$$

而电子的运动速率约为 $6\times10^{6}\ \mathrm{m\cdot s^{-1}}$。

② 子弹

$$\Delta x = 10^{-4}\ \mathrm{m},\quad m = 2.0\times10^{-2}\ \mathrm{kg}$$
$$\Delta v = 2.64\times10^{-29}\ \mathrm{m\cdot s^{-1}}$$

而子弹的速率一般为 $800\ \mathrm{m\cdot s^{-1}}$。

计算结果表明,将测不准原理应用于宏观物体时,由于其本身质量和体积非常大,位置和动量误差完全可以忽略。

6.2　核外电子运动状态的近代描述——H 原子的波函数

在微观粒子波粒二象性的概念提出后不久,奥地利物理学家 Schrödinger E. 于 1926 年提出了描述微观粒子运动的波动方程——Schrödinger 方程(量子力学方程),从而建立了近代量子力学。量子力学的最基本的假设就是任何微观粒子系统的运动状态都可以用一个波函数

Ψ来描述。因为微粒在三维空间运动，所以波函数Ψ是与空间坐标x、y、z三个自变量有关的数学函数式。波函数$\Psi(x、y、z)$可通过 Schrödinger 方程求得。

Schrödinger 方程是一个二阶偏微分方程：

$$\frac{\partial^2\Psi}{\partial x^2}+\frac{\partial^2\Psi}{\partial y^2}+\frac{\partial^2\Psi}{\partial z^2}+\frac{8\pi^2 m}{h^2}(E-V)\Psi=0 \tag{6-6}$$

对于 H 原子来说，m是电子的质量；E是总能量，等于势能与动能之和；V是势能；h为普朗克常量；Ψ是波函数；x、y、z是空间坐标。

码 6.6　疑难解答

这个方程的求解比较复杂，H 原子仅有一个电子，其势能只取决于核对它的吸引，通过它的 Schrödinger 方程可以精确解得波函数。能够精确求解的还有类氢离子，如He^+、Li^{2+}等。在此只需理解 Schrödinger 方程的一些重要结论。

6.2.1　波函数与原子轨道

波函数Ψ是描述原子中电子运动状态的数学表达式，解 Schrödinger 方程可得出一系列波函数Ψ，它们是三维空间坐标函数。每一个Ψ都代表着电子在原子中的一种运动状态。求解 Schrödinger 方程时，为了数学处理方便，用球极坐标代替直角坐标，把直角坐标表示的$\Psi(x,y,z)$转换成球极坐标表示的$\Psi(r,\theta,\varphi)$。球极坐标与直角坐标的关系如图6-6所示。其中r和z轴夹角$\theta=0°\sim180°$，r在xy面上投影与x轴夹角$\varphi=0°\sim360°$。为了方便起见，通常把$\Psi(r,\theta,\varphi)$描述的一种电子运动状态仍称为一个原子轨道，即波函数Ψ就是原子轨道。但这里原子轨道仅仅是波函数Ψ的代名词，绝无经典力学中的轨道含义。将$\Psi(r,\theta,\varphi)$在球极坐标中作图，可以得到原子轨道的图形表示。

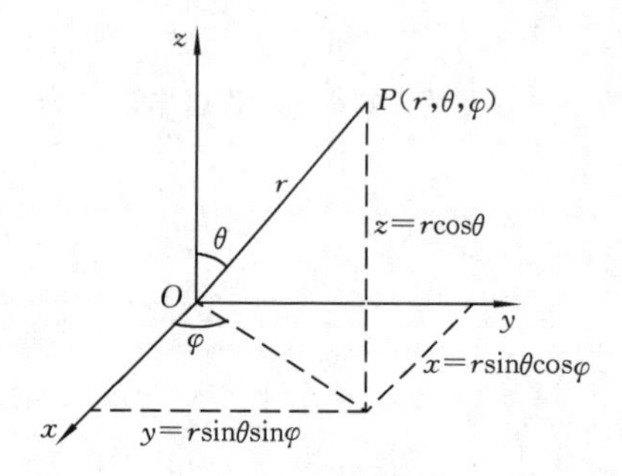

图 6-6　直角坐标转换成球极坐标

6.2.2　量子数

如上所述，原子轨道是空间坐标的函数，表示成$\Psi(r,\theta,\varphi)$。要解出合理的波函数，必须满足一些整数条件，否则波函数将为零。这些整数称为量子数（quantum number），用符号n、l、m表示。这种现象并不奇怪，因为微观世界中许多现象是以量子化为特征的。在 Bohr 理论中已经出现了主量子数n。不过在该理论中量子数是人为规定的，而波函数中的量子数是在求解过程中自然产生的，这恰好表明现代量子理论揭示了微观粒子的内在本质。

n、l和m这三个量子数的取值一定时，就确定了一个波函数$\Psi_{n,l,m}(r,\theta,\varphi)$。因此，运用一组量子数的组合就可以方便地描述原子轨道，而不必记忆波函数复杂的数学式。

量子数的取值限制和物理意义如下。

1. 主量子数

主量子数（principal quantum number）用符号n表示。它是决定电子能量的主要因素。它可以取任意正整数值（即 1，2，…）。电子能量主要取决于主量子数，n越小，能量越低，$n=1$时能量最低。H 原子核外只有一个电子，能量只由主量子数决定，即$E=-\frac{R_H}{n^2}$。

主量子数还决定电子离核的平均距离，或者说决定原子轨道的大小，所以n也称为电子层

(shell)。n 越大，电子离核的平均距离越远，原子轨道也越大。具有相同量子数 n 的轨道属于同一电子层。按光谱学习惯，电子层用特定的符号表示(见表 6-1)。

表 6-1 电子层

电子层符号	K	L	M	N	O	P	…
n	1	2	3	4	5	6	…

2. 角量子数

角量子数(azimuthal quantum number)用符号 l 表示。它决定原子轨道的形状。它的取值受主量子数限制，只能取小于 n 的正整数和零(即 0，1，2，…，$(n-1)$)，共可取 n 个值。

角量子数描述原子轨道在空间角度分布的情况。角量子数 l 的大小决定原子轨道的形状。$l=0$ 时，原子轨道的形状为球形；$l=1$ 时，原子轨道的形状为哑铃形；$l=2$ 时，原子轨道的形状为花瓣形；$l=3$ 时，原子轨道形状较复杂，本书不予介绍。

在多电子原子中，角量子数还决定电子能量。当 n 一定时，即在同一电子层中，l 越大，原子轨道能量越高。所以 l 又称为能级或电子亚层(subshell 或sublevel)。按光谱学习惯，电子亚层用特定的符号表示(见表 6-2)。

表 6-2 能级符号

能 级 符 号	s	p	d	f	g	…
l	0	1	2	3	4	…

某电子层中的亚层或能级，需用主量子数和亚层符号表示。如 2p 是指 $n=2$、$l=1$ 的电子亚层或能级。

3. 磁量子数

磁量子数(magnetic quantum number)用符号 m 表示。它决定原子轨道的空间取向。它的取值受角量子数的限制，可以取 $-l$ 到 $+l$ 共 $2l+1$ 个值(即 0，±1，±2，…，$\pm l$)。因此，l 亚层共有 $2l+1$ 个不同空间伸展方向的原子轨道。例如，$l=1$时，磁量子数可以有 3 个取值(即 $m=0,\pm1$)，p 轨道有 3 种空间取向，或者说这个亚层有 3 个 p 轨道。磁量子数与电子能量无关，这 3 个 p 轨道的能级相同，能量相等，称为简并轨道或等价轨道(equivalent orbital)。

综上所述，量子数 n、l、m 的组合很有规律。例如，$n=1$ 时，l 和 m 只能等于 0，量子数组合只有 1 种，即(1，0，0)，这说明 K 电子层只有 1 个能级，也只有 1 个轨道，这个轨道可以表示为 $\Psi_{1,0,0}$ 或 Ψ_{1s}。$\Psi_{1,0,0}$ 或 Ψ_{1s}也称为 1s 轨道。$n=2$ 时，l 可以等于 0 和 1，所以 L 电子层有 2 个能级。当 $n=2$、$l=0$ 时，m 只能等于 0，只有 1 个轨道 $\Psi_{2,0,0}$ 或 Ψ_{2s}；当 $n=2$、$l=1$ 时，m 可以等于 0、±1，有 3 个轨道：$\Psi_{2,1,0}$、$\Psi_{2,1,1}$、$\Psi_{2,1,-1}$，分别称为$2p_x$、$2p_y$和 $2p_z$轨道。L 电子层共有 4 个轨道，其中 s 能级 1 个、p 能级 3 个。以此类推，每个电子层的轨道总数应为 n^2(见表 6-3)。

4. 自旋量子数

除了由薛定谔方程直接得到的三个量子数 n、l 和 m 之外，还有一个描述轨道电子特征的量子数，叫做电子的自旋量子数(spin quantum number)，用符号 m_s表示。原子中电子除了以极高速度在核外空间运动之外，还有自身的旋转运动，称为电子的自旋。自旋量子数 m_s表示电子两种不同的运动状态，即顺时针方向和逆时针方向的自旋。它决定了电子自旋角动量在外磁场方向上的分量。m_s只有两个取值(即$\pm\frac{1}{2}$)，常用正、反箭头↑、↓表示。

表 6-3　量子数和轨道数

主量子数 n	角量子数 l	磁量子数 m	自旋量子数	波函数 Ψ	亚层轨道	亚层轨道数	各层的轨道数(n^2)	各层电子总数($2n^2$)
1	0	0		Ψ_{1s}	1s	1	1	2
2	0	0		Ψ_{2s}	2s	1	4	8
	1	+1,0,−1		Ψ_{2p}	2p	3		
3	0	0		Ψ_{3s}	3s	1	9	18
	1	+1,0,−1	+1/2,	Ψ_{3p}	3p	3		
	2	+2,+1,0,−1,−2	−1/2	Ψ_{3d}	3d	5		
4	0	0		Ψ_{4s}	4s	1	16	32
	1	+1,0,−1		Ψ_{4p}	4p	3		
	2	+2,+1,0,−1,−2		Ψ_{4d}	4d	5		
	3	+3,+2,+1,0,−1,−2,−3		Ψ_{4f}	4f	7		

1925 年瑞士物理学家 Pauli 根据光谱分析结果，提出 Pauli 不相容原理：在同一原子中不可能有运动状态完全相同的电子，即在同一原子中不可能有 4 个量子数(n、l、m、m_s)完全相同的电子。因此，每一个原子轨道最多只能容纳两个自旋方向相反的电子。

从表 6-3 可以看出，每一亚层的原子轨道数为($2l+1$)，每个电子层中原子轨道数为 n^2。根据 Pauli 不相容原理，可以计算出当主量子数为 n 时，最多可容纳电子数为 $2n^2$。

6.2.3　电子云

1. 电子云的概念

对于 H 原子核外电子的运动，假定能用高速照相机摄取电子在某一瞬间的空间位置，然后对在不同瞬间拍摄的数百万张照片上电子的位置进行考察。从每一张照片来看，电子运动似乎毫无规则可言，但是若把数百万张照片重叠在一起进行考察，则会发现明显的统计性规律。电子经常出现的区域是核外一定的球形空间。图 6-7 即是数百万张照片重叠在一起的图像，每一个黑点表示一张照片上电子的位置。

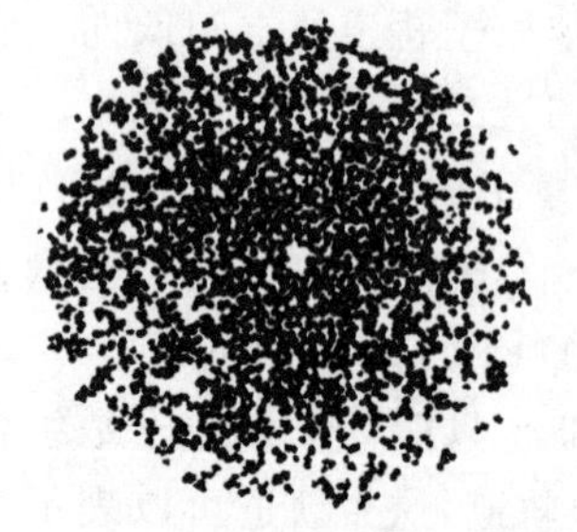

图 6-7　基态 H 原子的电子云

图中离核越近，小黑点越密；离核越远，小黑点越稀。这些密密麻麻的小黑点像一团带负电的云，把原子核包围起来，如同天空中的云雾一样。所以人们形象地称它为电子云(electron cloud)。

2. 概率密度和电子云

量子力学用波函数 Ψ 来描述电子的运动状态。波函数本身的物理意义并不明确，但是波函数绝对值的平方有明确的物理意义。$|\Psi|^2$表示在原子核外空间电子出现的概率密度(probability density)，即在单位体积中电子出现的概率。

实际上，电子概率密度$|\Psi|^2$的直观图形就是电子云。图 6-8 中(a)是基态 H 原子的$|\Psi|^2$的立体图形，图 6-8(b)是它的剖面图。图中颜色深的地方表示电子的概率密度大，颜色浅的地方表示概率密度小。由此可见电子云就是$|\Psi|^2$的图形。

处于不同运动状态的电子，它们的波函数 Ψ 各不相同，其$|\Psi|^2$也各不相同，表示$|\Psi|^2$的

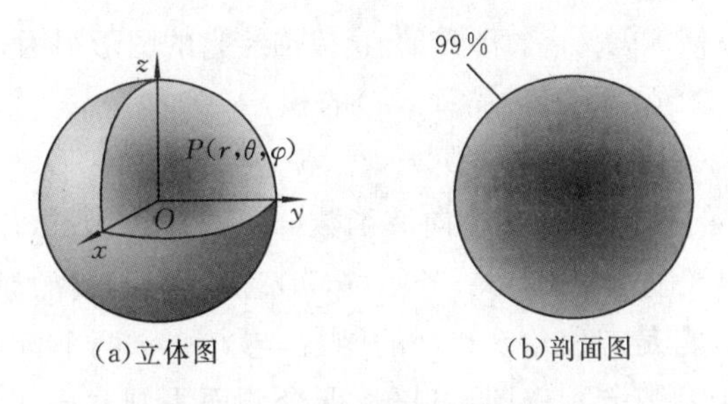

图 6-8　基态 H 原子的电子云

电子云图形当然也不一样。图 6-9 给出了各种状态的电子云的分布形状。

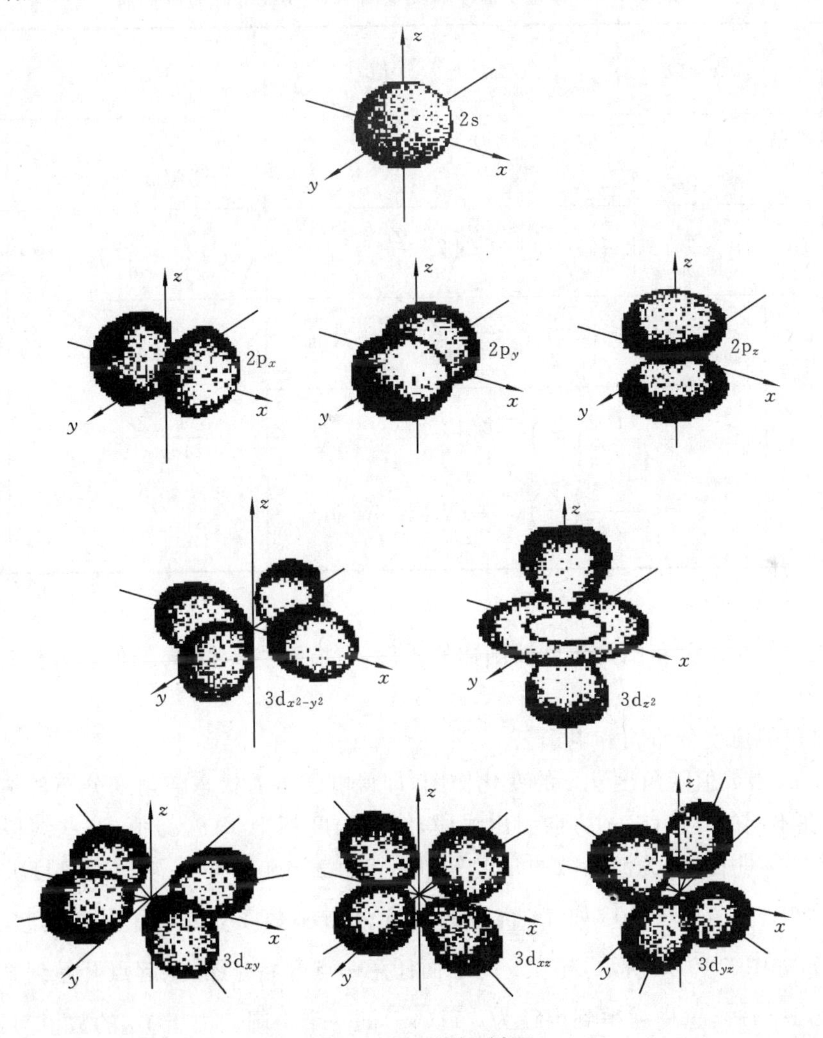

图 6-9　H 原子的 $|\Psi|^2$ 图

6.2.4　原子轨道和电子云的图形

1. 原子轨道的角度分布

原子轨道有其一定的图形和空间伸展方向,绘制原子轨道的图形对理解波函数有直观的效果,而且对研究原子及分子的结构和性质都十分重要。

波函数 $\Psi_{n,m,l}(r,\theta,\varphi)$ 有 r、θ、φ 三个自变量，直接描绘它的图形很困难。但是 $\Psi_{n,m,l}(r,\theta,\varphi)$ 可以进行变量分离，写成函数 $R_{n,l}(r)$ 和 $Y_{l,m}(\theta,\varphi)$ 的积：

$$\Psi_{n,m,l}(r,\theta,\varphi) = R_{n,l}(r) \cdot Y_{l,m}(\theta,\varphi)$$

式中：$R_{n,l}(r)$ 称为波函数的径向部分或径向波函数(radial wave function)，它是电子与核间距离 r 的函数，与 n 和 l 两个量子数有关；$Y_{l,m}(\theta,\varphi)$ 称为波函数的角度部分或角度波函数(angular wave function)，它是方位角 θ 和 φ 的函数，与 l 和 m 两个量子数有关，表示电子在核外空间的取向。对这两个函数分别作图，可以从两个侧面去观察电子的运动状态。现将单电子原子和类氢离子 Schrödinger 方程的解列于表 6-4 中。

表 6-4　H 单电子原子和类氢离子 Schrödinger 方程的解

<table>
<tr><th colspan="3">量子数</th><th rowspan="2">波函数</th><th rowspan="2">$\varphi_{n,l,m}(r,\theta,\varphi)$ 值</th><th rowspan="2">$R_{n,l}(r)$</th><th rowspan="2">$Y_{l,m}(\theta,\varphi)$</th></tr>
<tr><th>n</th><th>l</th><th>m</th></tr>
<tr><td>1</td><td>0</td><td>0</td><td>ψ_{100}
(或 ψ_{1s})</td><td>$\frac{1}{\sqrt{\pi}}\left(\frac{Z}{a_0}\right)^{3/2} e^{-Zr/a_0}$</td><td>$2\sqrt{\frac{1}{a_0^3}} e^{-Zr/a_0}$</td><td>$\sqrt{\frac{1}{4\pi}}$</td></tr>
<tr><td>2</td><td>0</td><td>0</td><td>ψ_{200}
(或 ψ_{2s})</td><td>$\frac{1}{4\sqrt{2\pi}}\left(\frac{Z}{a_0}\right)^{3/2}\left(2-\frac{Zr}{a_0}\right)e^{-Zr/(2a_0)}$</td><td>$\sqrt{\frac{1}{8a_0^3}}\left(2-\frac{Zr}{a_0}\right)e^{-Zr/(2a_0)}$</td><td>$\sqrt{\frac{1}{4\pi}}$</td></tr>
<tr><td>2</td><td>1</td><td>0</td><td>ψ_{210}
(或 ψ_{2p_z})</td><td>$\frac{1}{4\sqrt{2\pi}}\left(\frac{Z}{a_0}\right)^{3/2}\frac{Zr}{a_0}e^{-Zr/(2a_0)}\cos\theta$</td><td rowspan="3">$\sqrt{\frac{1}{24a_0^3}}\frac{Zr}{a_0}e^{-Zr/(2a_0)}$</td><td>$\sqrt{\frac{3}{4\pi}}\cos\theta$</td></tr>
<tr><td>2</td><td>1</td><td rowspan="2">± 1</td><td colspan="2">$\psi_{2p_x} = \frac{1}{4\sqrt{2\pi}}\left(\frac{Z}{a_0}\right)^{3/2}\frac{Zr}{a_0}e^{-Zr/(2a_0)}\sin\theta\cos\varphi$</td><td>$\sqrt{\frac{3}{4\pi}}\sin\theta\cos\varphi$</td></tr>
<tr><td>2</td><td>1</td><td colspan="2">$\psi_{2p_y} = \frac{1}{4\sqrt{2\pi}}\left(\frac{Z}{a_0}\right)^{3/2}\frac{Zr}{a_0}e^{-Zr/(2a_0)}\sin\theta\sin\varphi$</td><td>$\sqrt{\frac{3}{4\pi}}\sin\theta\sin\varphi$</td></tr>
</table>

注：表中 a_0 为 Bohr 半径。

原子轨道的角度分布图是角度波函数的图形，它描绘了 $Y_{l,m}(\theta,\varphi)$ 值随方位角改变而变化的情况。

1) s 轨道的角度分布图和电子云

以 $Y(\theta,\varphi)$ 函数值随角度 θ、φ 的变化作图，即得电子运动状态随角度分布的情况。以原子核为原点，在不同的角度 (θ,φ) 方向引出线段，线段长度等于 $Y(\theta,\varphi)$ 值，这些线段的端点在空间构成一个立体曲面，即为波函数的角度分布图。由表 6-4 可知，s 轨道的角度波函数是一个常数。$Y_{l,m}(\theta,\varphi)=\sqrt{1/(4\pi)}$，如 1s 轨道的角度分布函数 Y_{100} 或 Y_{1s} 是与角度无关的常数($\sqrt{1/(4\pi)}$)，如图 6-10(a)所示，先在 x-z 平面任意一点开始作图，从起点开始到 θ 取 0～180°，Y_{1s} 均等于 $\sqrt{1/(4\pi)}$，这样就得到半径为 $\sqrt{1/(4\pi)}$ 的一个半圆。由于 Y_{1s} 的数值与 φ 无关，将这个半圆绕 z 轴旋转一周(φ=0°～360°)，得到一个半径为 $\sqrt{1/(4\pi)}$ 的球，图 6-10(b)为 1s 轨道的角度分布图。概率密度 $|\Psi_{n,l,m}(r,\theta,\varphi)|^2$ 的角度部分 $Y^2_{l,m}(\theta,\varphi)$ 的图形也是一个球形，即 s 电子云是球形的，如图 6-10(c)所示。凡处于 s 状态的电子，它在核外空间中离核距离相同的各个方向上出现的概率密度相同。

2) p 轨道角度分布图和电子云

p 轨道的角度波函数的值随方位角 θ 和 φ 的改变而改变。

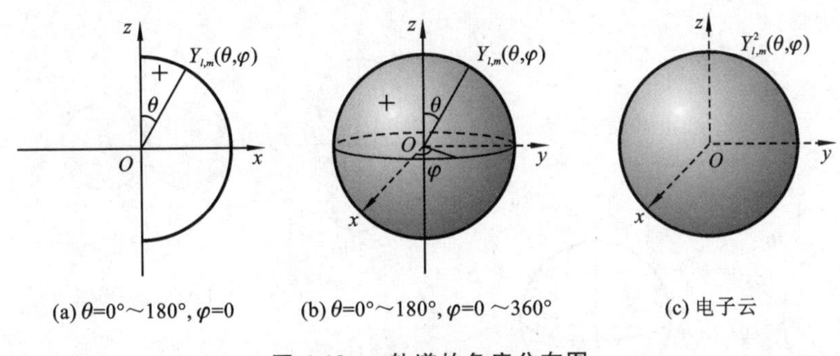

图 6-10　s 轨道的角度分布图

以 p_z 轨道为例，$Y_{p_z}=\sqrt{3/(4\pi)}\cdot\cos\theta$，$\cos\theta$ 与 θ 的关系如表 6-5 所示。

表 6-5　$\cos\theta$ 与 θ 的关系

θ	0°	30°	60°	90°	120°	150°	180°
$\cos\theta$	1	0.866	0.5	0	−0.5	−0.866	−1

将各 $\cos\theta$ 值代入 Y_{p_z}，以 Y_{p_z} 对 θ 作图，可得到两个外接等径半圆，如图 6-11(a)所示。将此图形绕 z 轴旋转一周，就得到 Y_{p_z} 的角度分布图，如图 6-11(b)所示。图形的每一波瓣近似为一个球体，两波瓣沿 z 轴伸展。Y_{p_z} 的值有正、负之分，在相应的曲线或曲面内分别以“+”或“−”来表示。在 x-y 平面上波函数为 0，这个平面称为节面。

p 轨道的角量子数 $l=1$，磁量子数 m 可取 0、+1、−1 三个值，因此 p 轨道有三个空间伸展方向。$m=0$ 的 p_z 轨道沿 z 轴方向伸展。$m=\pm1$ 时，可组合得到 p_x 和 p_y 轨道，其图形和 p_z 相同，但分别沿 x 轴和 y 轴方向伸展。图 6-12(a)是三个 p 轨道的角度分布图，图 6-12(b)是它们的电子云。电子云图形比相应的角度波函数图形瘦，因为函数中的正弦和余弦函数平方后数值变小。电子云图形的两个波瓣不再有正、负之分。p 轨道和 p 电子云的形状呈无柄哑铃形。可见 p 轨道电子沿着某一个轴的方向上出现的概率密度最大，电子云主要集中在此方向上，在另两个轴上和核附近出现的概率密度几乎为零。

3) d 轨道的角度分布图和电子云

d 轨道的角度分布图和电子云如图 6-13 所示。这些图形一般各有两个节面，波瓣呈橄榄形，形状似花瓣。d 轨道在核外空间有五种不同分布。其中 d_{xy}、d_{yz} 和 d_{xz} 彼此互相垂直，各有四个波瓣，分别在 x-y、y-z 和 x-z 平面内，而且沿坐标轴的夹角平分线方向分布。$d_{x^2-y^2}$ 的形状和上面三种原子轨道形状一样，也分布在 x-y 平面内，但四个波瓣沿坐标轴方向分布。d_{z^2} 的图形看起来很特殊，沿 z 轴有两个较大的波瓣，而围绕着 z 轴在 x-y 平面上有一个圆环形分布，但它和其他 d 轨道是等价的。d 电子云图形相对于角度分布图来说比较瘦且没有符号的区别。

f 原子轨道和 f 电子云在核外空间有七种不同分布。由于形状较为复杂，在这里不作介绍。

原子轨道角度分布图中，正、负号是函数值符号，反映了电子的波动性，不应理解为电荷符号。

2. 原子轨道的径向分布

原子轨道的径向分布可以用径向波函数作图，或以电子云的径向部分 $R_{n,l}^2(r)$ 作图，还能以径向分布函数作图。以后两种方式作出的图能简洁表示电子离核的远近。

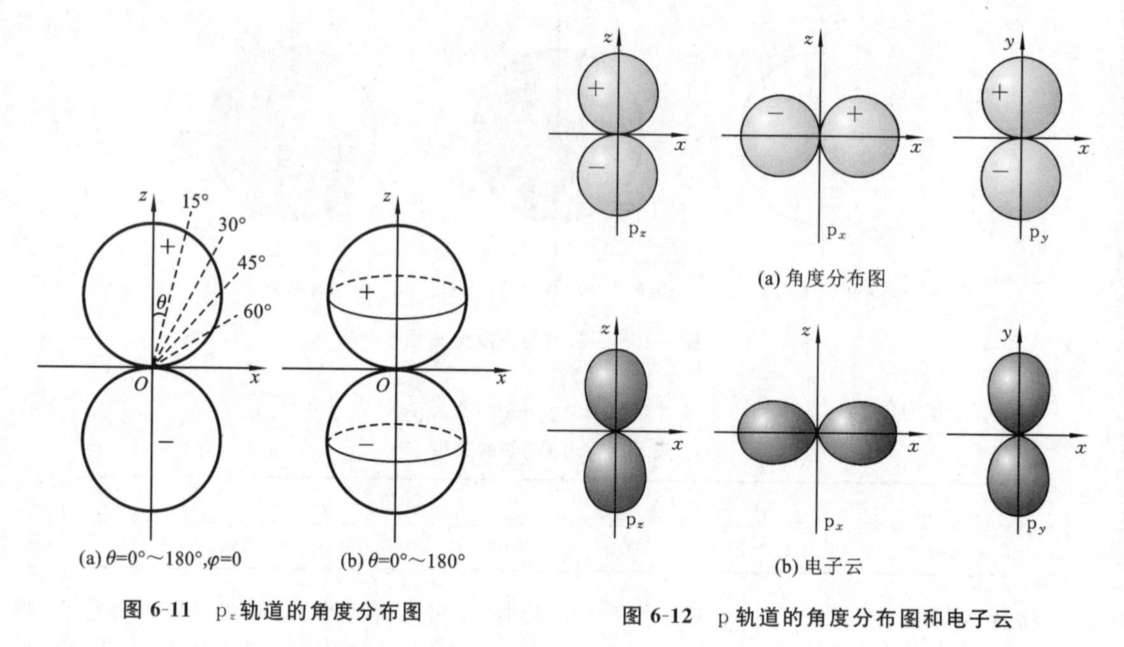

图 6-11　p_z 轨道的角度分布图

图 6-12　p 轨道的角度分布图和电子云

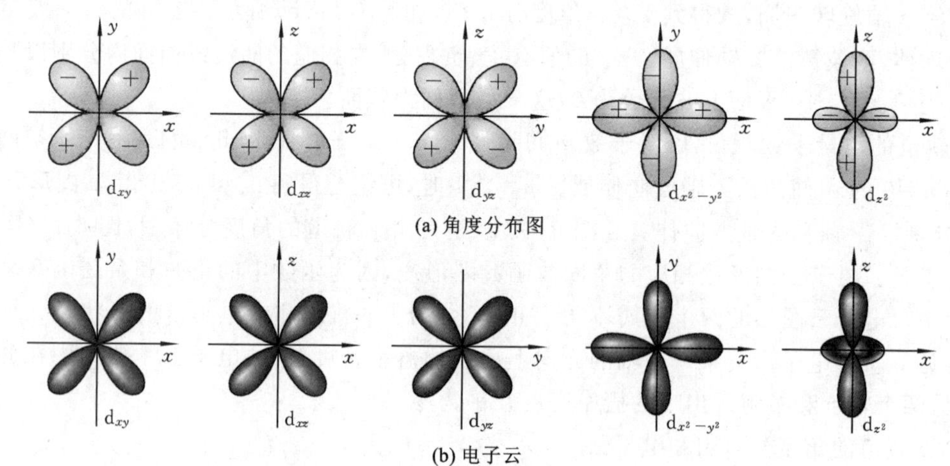

图 6-13　d 轨道的角度分布图和电子云

1s 轨道的径向波函数为 $R_{1s}(r)=2\sqrt{\frac{1}{a_0^3}}\mathrm{e}^{-Zr/a_0}$,以 $R_{1s}^2(r)$对 r 作图,如图 6-14 所示。将 $R_{1s}^2(r)$-r曲线与电子云图形对比,可见电子云的径向分布曲线表达了径向部分概率密度的大小。离核越近,1s 电子出现的概率密度越大。

注意:概率密度和概率是有区别的。概率密度是单位体积内的概率,而概率=概率密度×体积。距核 r 处的概率应为概率密度乘以该处的体积。设体积是以原子核为中心、r 为半径的球面上微厚度为 dr 的薄球壳夹层(见图 6-15)的体积,该体积为球面积 $4\pi r^2$与 dr 的积 $4\pi r^2\mathrm{d}r$,所以

$$概率=R_{n,l}^2(r)4\pi r^2\mathrm{d}r=D(r)\mathrm{d}r$$

定义径向分布函数 $D(r)$:

$$D(r)=R_{n,l}^2(r)4\pi r^2 \tag{6-7}$$

它的意义是电子在一个以原子核为球心、r 为半径、厚度为 dr 的球形薄壳夹层内出现的概率，反映了电子出现的概率与距离 r 的关系。

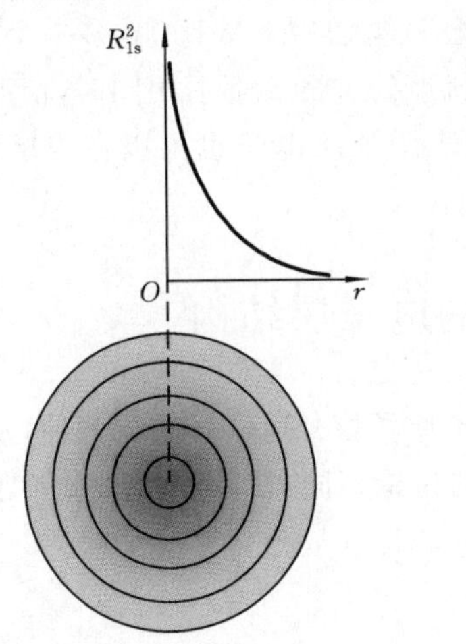

图 6-14　H 原子 R^2_{1s} 的径向分布

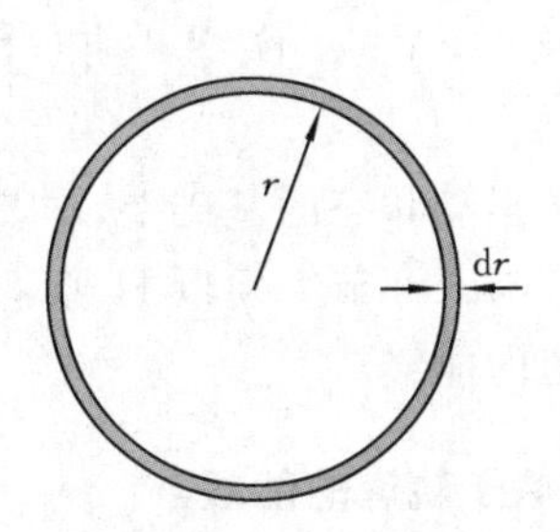

图 6-15　球形薄壳夹层

图 6-16 是 K 层、L 层和 M 层原子轨道的径向分布函数图。从径向分布函数图可以看出以下几点。

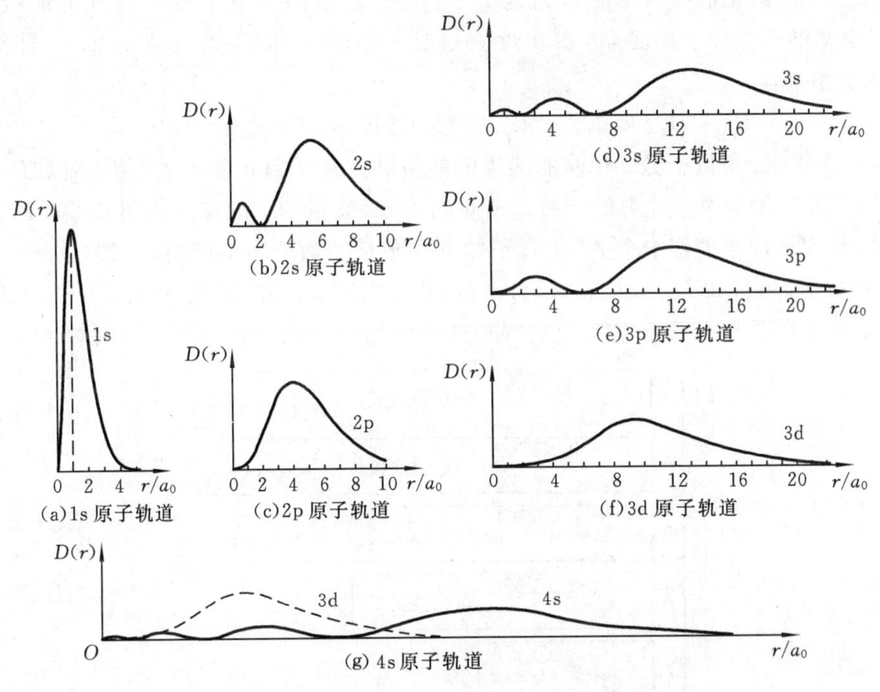

图 6-16　K 层、L 层和 M 层原子轨道的径向分布函数图

(1) 在基态 H 原子中，电子出现概率的极大值在 $r=a_0$($a_0=52.9$ pm)处，与 Bohr 理论的计算吻合，a_0称为 Bohr 半径。它与概率密度极大值处(原子核附近，见图 6-14)不一致。核附近概率密度虽大，但 r 极小，薄球壳夹层的体积几乎为零，因此概率也几乎为零。随着 r 增大，体积越来越大，但概率密度越来越小，这两个相反因素决定了 1s 径向分布函数图在 a_0处出现一个峰。从量子力学观点看，Bohr 半径是电子出现概率最大的球壳离核的距离。

(2) 径向分布函数有$(n-l)$个峰。每一个峰表现电子出现在距核r处的概率的一个极大值,主峰表现了这个概率的最大值。n越大,主峰距核越远,原子半径也越大。n一定时,l越小,径向分布函数峰越多,电子在核附近出现的概率越大。如3s比3p多一个离核较近的峰,3p又比3d多一个。在多电子原子中,两个原子轨道的n和l都不相同时,情况复杂一些。例如,4s的第一个峰甚至比3d的主峰离核更近,这表明外层电子也可以在内层出现,同时也反映了电子的波动性。

6.3　原子核外的电子层结构

在认识电子运动状态的基础上,本节主要讨论原子核外电子排布的规律,从而提高对元素周期性的认识。与6.2节主要以H原子为对象的讨论不同,核外电子排布问题首先在于考虑多电子原子轨道的能级。

码 6.7　人物简介

6.3.1　多电子原子轨道的能级

1. *原子轨道近似能级图*

1) Pauling近似能级图

Pauling L.根据光谱实验数据及理论计算结果,总结出多电子原子的近似能级图(见图6-17)。用小圆圈代表原子轨道,能量相近的划成一组,称为能级组。依1,2,… 能级组的顺序,能量依次增高。

$$E_{1s}<E_{2s}<E_{2p}<E_{3s}<E_{3p}<E_{4s}<E_{3d}<E_{4p}<\cdots$$

由图6-17可见,角量子数l相同的能级的能量随主量子数n的增大而升高(如$E_{1s}<E_{2s}<E_{3s}<E_{4s}$);主量子数$n$相同,角量子数$l$不同的能级,能量随$l$的增大而升高(如$E_{ns}<E_{np}<E_{nd}<E_{nf}$),此现象称为能级分裂;当主量子数$n$和角量子数$l$均不同时,一般主量子数是影响能量高低的主要因素(如$E_{3d}<E_{4p}<E_{5s}$),但出现了"能级交错"现象(如$E_{4s}<E_{3d}<E_{4p}$)。多电子原子中出现的能级分裂和能级交替现象通常可用屏蔽效应和钻穿效应解释。

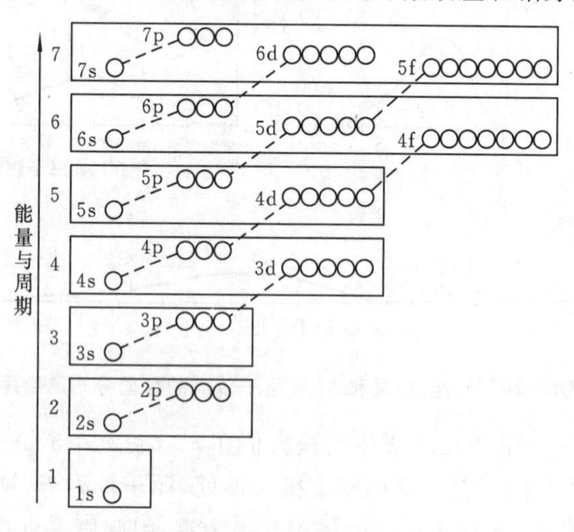

图6-17　原子轨道近似能级组

后来有人注意到原子轨道的能量和原子序数有关,从而提出了新的能级图。下面的Cotton原子轨道能级图便是其中的一种。

2) Cotton 原子轨道能级图

1962 年,Cotton F. A. 提出了原子轨道能量与原子序数的关系图(见图 6-18)。Cotton 原子轨道能级图概括了理论和实验的结果,定性地表明了原子序数改变时,原子轨道能量的相应变化。由图 6-18 可看出以下不同于 Pauling 近似能级图的特点。

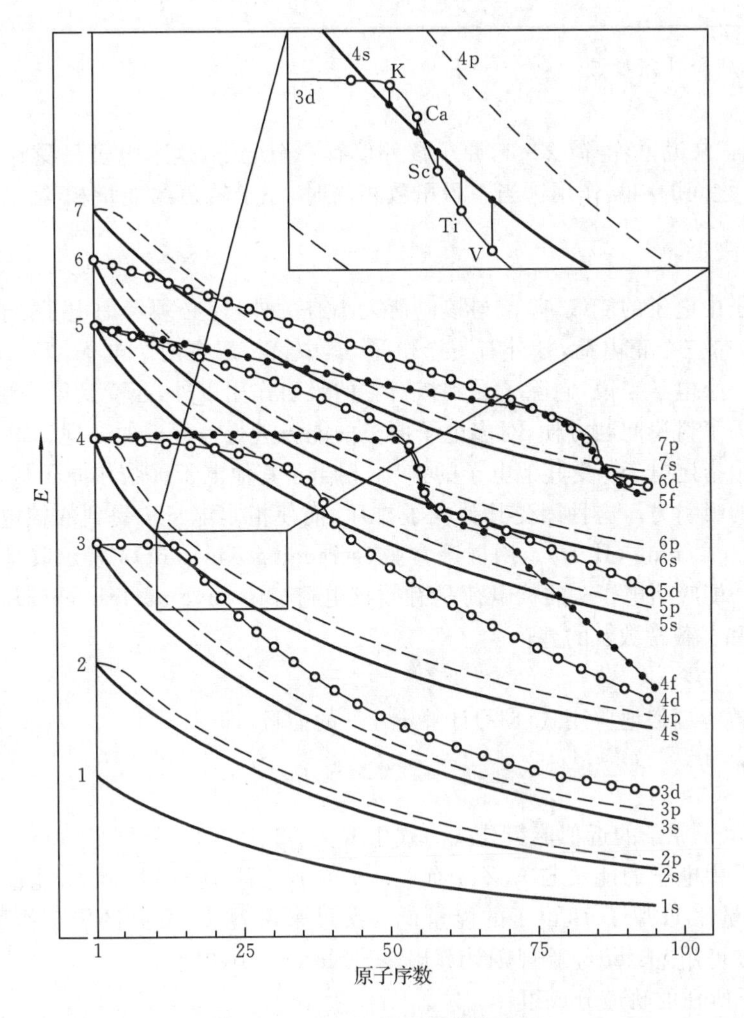

图 6-18　Cotton 原子轨道能级图

(1) 反映出主量子数相同的 H 原子轨道的简并性。$Z=1$ 时,其原子轨道不发生能级分裂,如主量子数相同的各轨道(如 3s、3p、3d)全处于同一能量点上。

(2) $Z>1$ 时,原子轨道的能量随着原子序数的增大而降低。

(3) $Z>1$ 时,随着原子序数的增大,原子轨道能级下降幅度不同,因此能级曲线产生了相交现象。例如,3d 与 4s 轨道的能量高低关系:K、Ca 的 $E_{3d}>E_{4s}$;原子序数较小或较大时,$E_{3d}<E_{4s}$。

在这个能级图中能量坐标不是按严格的比例画的,而是把主量子数大的能级间的距离适当拉开些,使能级曲线分散,这样就简明而清晰地反映出原子轨道能量和原子序数的关系。

我国化学家徐光宪提出一种估算原子轨道能级的方法,即用$(n+0.7l)$计算。$(n+0.7l)$值越大,轨道能级越高。通过此方法计算的能级(见表 6-6)与 Pauling 近似能级顺序吻合。

表 6-6　能级组

能级	1s	2s	2p	3s	3p	4s	3d	4p	5s	4d	5p	6s	4f	5d	6p
$n+0.7l$	1.0	2.0	2.7	3.0	3.7	4.0	4.4	4.7	5.0	5.4	5.7	6.0	6.1	6.4	6.7
能级组	1	2		3		4			5			6			

2. 屏蔽效应和钻穿效应

1) 屏蔽效应

对于 H 原子来说，核电荷 $Z=1$，原子核外仅有一个电子，这个电子只受到 H 原子核的作用，而没有电子之间的相互作用。当主量子数相同时，原子轨道的能量相等，其电子运动的能量由 $E=-\frac{R_H}{n^2}$决定。

多电子原子中电子的能级，除了与核电荷大小有关外，还必须考虑电子之间的相互作用。例如，Li 原子核带三个正电荷，核外有三个电子，其中第一层有两个电子，第二层有一个电子。对于第二层的一个电子来说，它除了受到核对它的吸引作用以外，还受到第一层两个电子对它的排斥作用。为了讨论问题方便，对多电子原子的能级进行一种近似处理。

设想原子中指定电子 i 受其他电子的排斥，相当于其他电子屏蔽住原子核，抵消了部分核电荷对该电子的吸引力。这种因受其他电子排斥，而使指定电子 i 受到的核电荷减小的现象称为屏蔽效应(screening effect)。用屏蔽常数(screening constant)σ 表示其他电子所抵消掉的部分核电荷。能吸引电子 i 的核电荷是有效核电荷(effective nuclear charge)，以 Z^* 表示，它是核电荷 Z 和屏蔽常数 σ 的差：

$$Z^* = Z-\sigma$$

以 Z^* 代替 Z，就能近似地应用式(6-2)计算电子 i 的能量，即

$$E=-\frac{Z^{*2}}{n^2}\times R_H \qquad (6\text{-}8)$$

式(6-8)称为多电子原子的近似能级公式。式中 R_H 为 2.18×10^{-18} J 或 13.6 eV。

多电子原子中电子的能量与 n、Z、σ 有关。n 越小，能量越低；Z 越大，能量越低。如 F 原子 1s 电子的能量比 H 原子 1s 电子的能量低。反过来，σ 越大，受到的屏蔽作用越强，能量越高。屏蔽常数 σ 可用 Slater 经验规则计算出来。Slater 规则如下。

(1) 将电子所在的轨道分成组：

(1s)(2s2p)(3s3p)(3d)(4s4p)(4d)(4f)…

(2) 在此分组的基础上，外层电子对内层电子的 $\sigma=0$，即屏蔽作用仅发生在内层电子对外层电子或同层电子之间，外层电子对内层电子没有屏蔽作用。如(3s3p)以及其右边各组的电子对(2s2p)和(1s)电子的 $\sigma=0$。

(3) 同组电子间的 $\sigma=0.35$(只有(1s)组电子间的 $\sigma=0.30$)。如(2s2p)组中，2s 和 2p 电子间的 $\sigma=0.35$。

(4) 被屏蔽电子为(nsnp)组的电子时，($n-1$)层的每个电子对(nsnp)组电子的 $\sigma=0.85$，而小于($n-1$)的层的每个电子，对其 $\sigma=1.00$。例如讨论(3s3p)组电子时，(2s2p)组电子对它的 $\sigma=0.85$，(1s)电子对它的 $\sigma=1$。

(5) 被屏蔽电子为(nd)或(nf)组的电子时，其左边各组电子对其 $\sigma=1.00$。例如(1s)、(2s2p)和(3s3p)对(3d)、(4f)各组电子的 $\sigma=1.00$。

在计算原子中某电子的 σ 值时，可将有关屏蔽电子对该电子的 σ 值相加而得，即

$$\sigma=\sigma_1+\sigma_2+\sigma_3\cdots$$

【例 6-4】 计算 Fe 原子中①1s,②2s 或 2p,③3s 或 3p,④3d,⑤4s 上一个电子的屏蔽常数 σ 值和有效核电荷 Z^*,以及 3d 轨道和 4s 轨道的能量。

解　Fe 原子的电子排布为 $1s^2 2s^2 2p^6 3s^2 3p^6 3d^6 4s^2$,分组情况为$(1s^2)(2s^2 2p^6)(3s^2 3p^6)(3d^6)(4s^2)$。

对于 1s 上一个电子:

$$\sigma=1\times0.30=0.30$$
$$Z^*=26-0.30=25.70$$

对于 2s 或 2p 上一个电子:

$$\sigma=7\times0.35+2\times0.85=4.15$$
$$Z^*=26-4.15=21.85$$

对于 3s 或 3p 上一个电子:

$$\sigma=7\times0.35+8\times0.85+2\times1.00=11.25$$
$$Z^*=Z-\sigma=26-11.25=14.75$$

对于 3d 上一个电子:

$$\sigma=5\times0.35+18\times1.00=19.75$$
$$Z^*=26-19.75=6.25$$

代入 $E=-13.6\times Z^{*2}/n^2$ eV,得

$$E_{3d}=-13.6\times6.25^2/3^2\ \text{eV}=-59.03\ \text{eV}$$

对于 4s 上一个电子:

$$\sigma=1\times0.35+14\times0.85+10\times1.00=22.25$$
$$Z^*=26-22.25=3.75$$

代入 $E=-13.6\times Z^{*2}/n^2$ eV,得

$$E_{4s}=-13.6\times3.75^2/4^2\ \text{eV}=-11.95\ \text{eV}$$

2) 钻穿效应

多电子原子中,电子间的屏蔽作用使 n 相同、l 不同的轨道发生能量分裂,轨道能量由 n 和 l 共同决定。对于 n 相同、l 不同的轨道,由径向分布函数可知,l 越小,$D(r)$的峰越多,其小峰越接近原子核,即电子穿过内层钻到核附近并回避其他电子屏蔽的能力越强,从而使其能量降低,这种由电子钻穿而引起能量发生变化的现象称为钻穿效应。屏蔽效应和钻穿效应是相互联系的。

n 相同、l 不同的各个电子,钻穿效应的能力为 ns>np>nd>nf。电子的钻穿能力越强,离核越近,受到其他电子的屏蔽就越弱,能量就越低。因此,能级顺序是

$$E_{ns}<E_{np}<E_{nd}<E_{nf}<\cdots$$

n、l 都不同时,一般 n 越大,轨道能级越高。但有时会出现能级交错的反常现象,如 $E_{4s}<E_{3d}$,这种现象可以从 4s 电子的钻穿能力强于 3d 电子去解释。

6.3.2　基态原子的电子排布原理

根据原子光谱实验和量子力学理论,基态原子核外电子排布遵循以下三个原则:能量最低原理、Pauli 不相容原理、Hund 规则。

1. 能量最低原理

基态原子核外电子的排布在整体上遵循能量最低原理,即电子排布时,总是先占据能量最低的轨道,当低能量轨道占满后,才排入高能量的轨道。

码 6.8　人物简介

2. Pauli 不相容原理

1925 年,奥地利物理学家 Pauli W. 提出:在同一原子中不可能有 2 个电子具有 4 个完全相同的量子数,这就是 Pauli 不相容原理。如果 2 个电子的 n、l、m 3 个量子数相同,那么自旋量子数 m_s 必然相反。换言之,由于 n、l、m 3 个量子数决定了一个原子轨道,在一个原子轨道中不可能存在自旋量子数相同的 2 个电子,即一个原子轨道中最多只能容纳 2 个自旋方向相反的电子。例如,Ca 原子 4s 轨道上的 2 个电子,用(n,l,m,m_s)一组量子数来描述其运动状态,一个是(4,0,0,+1/2),另一个则是(4,0,0,−1/2)。在同一轨道上电子的排布遵循 Pauli 不相容原理。

3. Hund 规则

电子在能量相同的轨道(即简并轨道)上排布时,总是尽可能以自旋相同的方向分占不同的轨道,因为这样的排布方式总能量最低,即在等价轨道上电子排布遵循 Hund 规则。例如,N 原子 $1s^2 2s^2 2p^3$ 的轨道表示式为

	1s	2s	2p		
$_7N$	↑↓	↑↓	↑	↑	↑

C 原子 $1s^2 2s^2 2p^2$ 的轨道表示式为

	1s	2s	2p		
$_6C$	↑↓	↑↓	↑	↑	

应该指出,作为 Hund 规则的特例,等价轨道全充满、半充满或全空的状态是比较稳定的,即

全充满: p^6、d^{10}、f^{14}

半充满: p^3、d^5、f^7

全　空: p^0、d^0、f^0

6.3.3　基态原子的电子层结构

根据光谱实验测定的结果,可以确定基态原子中电子层的构型,表 6-7 列出了所有基态原子的电子排布。有些特殊情况说明如下。

(1) 由于 K、Ca 原子的 $E_{4s}<E_{3d}$,3d 轨道的能量比 4s 轨道的高,因此,电子先填充 4s,然后填充 3d。另外,从 Sc 到 Zn,d 电子逐渐增加,但 Cr 不是 $3d^4 4s^2$,而是 $3d^5 4s^1$;Cu 不是 $3d^9 4s^2$,而是 $3d^{10} 4s^1$。这是由于半充满的 d^5 和全充满的 d^{10} 结构较稳定。

(2) 由于 Rb、Sr 原子的 $E_{5s}<E_{4d}$,因此,它们的电子先填充 5s,然后填充 4d。但由于能级差别不大,第五、六、七周期元素的电子填充有时变得不太有规律,以致光谱实验测定结果与前述三原则的一般推论有不一致的情况。

(3) 由于 Cs 原子的 $E_{6s}<E_{4f}<E_{5d}$,6s 轨道的能量较低,4f 轨道的能量介于 6s 轨道和 5d 轨道之间,因此,从 55 号元素开始,电子先填充 6s,接着一般情况是填充 4f 轨道,4f 充满后,再填充 5d。但在 57 号到 70 号元素中,57 号 La 不是 $6s^2 4f^1$,而是 $6s^2 4f^0 5d^1$;64 号 Gd 不是 $6s^2 4f^8$,而是 $6s^2 4f^7 5d^1$。这是由于 f^0 和 f^7 的结构较稳定。70 号元素以后,4f 轨道已充满,电子就逐渐填充 5d 轨道。

(4) 应该说明,核外电子排布原理是概括了大量实验事实后提出的一般结论,因此,绝大多数原子的核外电子的实际排布与这些原理是一致的,然而有些副族元素,特别是第六、七周期的某些元素,实验测定结果并不能用核外电子排布原理圆满解释。

表 6-7　基态原子的电子排布

周期	原子序数	元素名称	元素符号	电子层																	
				K	L		M			N				O				P			Q
				1s	2s	2p	3s	3p	3d	4s	4p	4d	4f	5s	5p	5d	5f	6s	6p	6d	7s
1	1	氢	H	1																	
	2	氦	He	2																	
2	3	锂	Li	2	1																
	4	铍	Be	2	2																
	5	硼	B	2	2	1															
	6	碳	C	2	2	2															
	7	氮	N	2	2	3															
	8	氧	O	2	2	4															
	9	氟	F	2	2	5															
	10	氖	Ne	2	2	6															
3	11	钠	Na	2	2	6	1														
	12	镁	Mg	2	2	6	2														
	13	铝	Al	2	2	6	2	1													
	14	硅	Si	2	2	6	2	2													
	15	磷	P	2	2	6	2	3													
	16	硫	S	2	2	6	2	4													
	17	氯	Cl	2	2	6	2	5													
	18	氩	Ar	2	2	6	2	6													
4	19	钾	K	2	2	6	2	6		1											
	20	钙	Ca	2	2	6	2	6		2											
	21	钪	Sc	2	2	6	2	6	1	2											
	22	钛	Ti	2	2	6	2	6	2	2											
	23	钒	V	2	2	6	2	6	3	2											
	24	铬	Cr	2	2	6	2	6	5	1											
	25	锰	Mn	2	2	6	2	6	5	2											
	26	铁	Fe	2	2	6	2	6	6	2											
	27	钴	Co	2	2	6	2	6	7	2											
	28	镍	Ni	2	2	6	2	6	8	2											
	29	铜	Cu	2	2	6	2	6	10	1											
	30	锌	Zn	2	2	6	2	6	10	2											
	31	镓	Ga	2	2	6	2	6	10	2	1										
	32	锗	Ge	2	2	6	2	6	10	2	2										
	33	砷	As	2	2	6	2	6	10	2	3										
	34	硒	Se	2	2	6	2	6	10	2	4										
	35	溴	Br	2	2	6	2	6	10	2	5										
	36	氪	Kr	2	2	6	2	6	10	2	6										

续表

周期	原子序数	元素名称	元素符号	电子层																	
				K	L		M			N				O				P			Q
				1s	2s	2p	3s	3p	3d	4s	4p	4d	4f	5s	5p	5d	5f	6s	6p	6d	7s
5	37	铷	Rb	2	2	6	2	6	10	2	6			1							
	38	锶	Sr	2	2	6	2	6	10	2	6			2							
	39	钇	Y	2	2	6	2	6	10	2	6	1		2							
	40	锆	Zr	2	2	6	2	6	10	2	6	2		2							
	41	铌	Nb	2	2	6	2	6	10	2	6	4		1							
	42	钼	Mo	2	2	6	2	6	10	2	6	5		1							
	43	锝	Tc	2	2	6	2	6	10	2	6	5		2							
	44	钌	Ru	2	2	6	2	6	10	2	6	7		1							
	45	铑	Rh	2	2	6	2	6	10	2	6	8		1							
	46	钯	Pd	2	2	6	2	6	10	2	6	10									
	47	银	Ag	2	2	6	2	6	10	2	6	10		1							
	48	镉	Cd	2	2	6	2	6	10	2	6	10		2							
	49	铟	In	2	2	6	2	6	10	2	6	10		2	1						
	50	锡	Sn	2	2	6	2	6	10	2	6	10		2	2						
	51	锑	Sb	2	2	6	2	6	10	2	6	10		2	3						
	52	碲	Te	2	2	6	2	6	10	2	6	10		2	4						
	53	碘	I	2	2	6	2	6	10	2	6	10		2	5						
	54	氙	Xe	2	2	6	2	6	10	2	6	10		2	6						
6	55	铯	Cs	2	2	6	2	6	10	2	6	10		2	6			1			
	56	钡	Ba	2	2	6	2	6	10	2	6	10		2	6			2			
	57	镧	La	2	2	6	2	6	10	2	6	10		2	6	1		2			
	58	铈	Ce	2	2	6	2	6	10	2	6	10	1	2	6	1		2			
	59	镨	Pr	2	2	6	2	6	10	2	6	10	3	2	6			2			
	60	钕	Nd	2	2	6	2	6	10	2	6	10	4	2	6			2			
	61	钷	Pm	2	2	6	2	6	10	2	6	10	5	2	6			2			
	62	钐	Sm	2	2	6	2	6	10	2	6	10	6	2	6			2			
	63	铕	Eu	2	2	6	2	6	10	2	6	10	7	2	6			2			
	64	钆	Gd	2	2	6	2	6	10	2	6	10	7	2	6	1		2			
	65	铽	Tb	2	2	6	2	6	10	2	6	10	9	2	6			2			
	66	镝	Dy	2	2	6	2	6	10	2	6	10	10	2	6			2			
	67	钬	Ho	2	2	6	2	6	10	2	6	10	11	2	6			2			
	68	铒	Er	2	2	6	2	6	10	2	6	10	12	2	6			2			
	69	铥	Tm	2	2	6	2	6	10	2	6	10	13	2	6			2			
	70	镱	Yb	2	2	6	2	6	10	2	6	10	14	2	6			2			
	71	镥	Lu	2	2	6	2	6	10	2	6	10	14	2	6	1		2			
	72	铪	Hf	2	2	6	2	6	10	2	6	10	14	2	6	2		2			
	73	钽	Ta	2	2	6	2	6	10	2	6	10	14	2	6	3		2			
	74	钨	W	2	2	6	2	6	10	2	6	10	14	2	6	4		2			
	75	铼	Re	2	2	6	2	6	10	2	6	10	14	2	6	5		2			

续表

周期	原子序数	元素名称	元素符号	电子层																	
				K	L		M			N				O				P			Q
				1s	2s	2p	3s	3p	3d	4s	4p	4d	4f	5s	5p	5d	5f	6s	6p	6d	7s
6	76	锇	Os	2	2	6	2	6	10	2	6	10	14	2	6	6		2			
	77	铱	Ir	2	2	6	2	6	10	2	6	10	14	2	6	7		2			
	78	铂	Pt	2	2	6	2	6	10	2	6	10	14	2	6	9		1			
	79	金	Au	2	2	6	2	6	10	2	6	10	14	2	6	10		1			
	80	汞	Hg	2	2	6	2	6	10	2	6	10	14	2	6	10		2			
	81	铊	Tl	2	2	6	2	6	10	2	6	10	14	2	6	10		2	1		
	82	铅	Pb	2	2	6	2	6	10	2	6	10	14	2	6	10		2	2		
	83	铋	Bi	2	2	6	2	6	10	2	6	10	14	2	6	10		2	3		
	84	钋	Po	2	2	6	2	6	10	2	6	10	14	2	6	10		2	4		
	85	砹	At	2	2	6	2	6	10	2	6	10	14	2	6	10		2	5		
	86	氡	Rn	2	2	6	2	6	10	2	6	10	14	2	6	10		2	6		
7	87	钫	Fr	2	2	6	2	6	10	2	6	10	14	2	6	10		2	6		1
	88	镭	Ra	2	2	6	2	6	10	2	6	10	14	2	6	10		2	6		2
	89	锕	Ac	2	2	6	2	6	10	2	6	10	14	2	6	10		2	6	1	2
	90	钍	Th	2	2	6	2	6	10	2	6	10	14	2	6	10		2	6	2	2
	91	镤	Pa	2	2	6	2	6	10	2	6	10	14	2	6	10	2	2	6	1	2
	92	铀	U	2	2	6	2	6	10	2	6	10	14	2	6	10	3	2	6	1	2
	93	镎	Np	2	2	6	2	6	10	2	6	10	14	2	6	10	4	2	6	1	2
	94	钚	Pu	2	2	6	2	6	10	2	6	10	14	2	6	10	6	2	6		2
	95	镅	Am	2	2	6	2	6	10	2	6	10	14	2	6	10	7	2	6		2
	96	锔	Cm	2	2	6	2	6	10	2	6	10	14	2	6	10	7	2	6	1	2
	97	锫	Bk	2	2	6	2	6	10	2	6	10	14	2	6	10	9	2	6		2
	98	锎	Cf	2	2	6	2	6	10	2	6	10	14	2	6	10	10	2	6		2
	99	锿	Es	2	2	6	2	6	10	2	6	10	14	2	6	10	11	2	6		2
	100	镄	Fm	2	2	6	2	6	10	2	6	10	14	2	6	10	12	2	6		2
	101	钔	Md	2	2	6	2	6	10	2	6	10	14	2	6	10	13	2	6		2
	102	锘	No	2	2	6	2	6	10	2	6	10	14	2	6	10	14	2	6		2
	103	铹	Lr	2	2	6	2	6	10	2	6	10	14	2	6	10	14	2	6	1	2
	104	𬬻	Rf	2	2	6	2	6	10	2	6	10	14	2	6	10	14	2	6	2	2
	105	𬭊	Db	2	2	6	2	6	10	2	6	10	14	2	6	10	14	2	6	3	2
	106	𬭳	Sg	2	2	6	2	6	10	2	6	10	14	2	6	10	14	2	6	4	2
	107	𬭛	Bh	2	2	6	2	6	10	2	6	10	14	2	6	10	14	2	6	5	2
	108	𬭶	Hs	2	2	6	2	6	10	2	6	10	14	2	6	10	14	2	6	6	2

为简化电子组态的书写，通常把内层已达到稀有气体电子层结构的部分，用稀有气体的元素符号加方括号表示，并将之称为原子芯(或原子实)。例如，Ca 的基态 $1s^2 2s^2 2p^6 3s^2 3p^6 4s^2$ 写成 $[Ar]4s^2$，Fe 的基态 $1s^2 2s^2 2p^6 3s^2 3p^6 3d^6 4s^2$ 写成 $[Ar]3d^6 4s^2$，Ag 的基态写成 $[Kr]4d^{10} 5s^1$。化学反应中原子芯部分的电子结构一般不变化，结构发生改变的是价电子(valence electron)，它

的结构变化引起元素化合价的改变。价电子所处的电子层称为价电子层或价层(valence shell)。例如,Ca、Fe、Ag 原子的价电子组态分别是 $4s^2$、$3d^6 4s^2$、$4d^{10} 5s^1$。

6.3.4 简单基态阳离子的电子层结构

简单基态阳离子的电子层结构与基态原子的电子层结构相似,只是在基态原子电子层结构的基础上,失去最外层的部分电子。我国化学家徐光宪用($n+0.7l$)估算原子轨道能级,以确定电子填入原子轨道的能级顺序。而在讨论基态原子电离(失去电子)时,徐光宪用($n+0.4l$)近似估算原子轨道能级顺序,即($n+0.4l$)值越大者,其轨道能级上的电子越先电离。通过轨道能级的计算及大量光谱数据归纳出如下经验规律。

基态原子外层电子填充顺序:ns→($n-2$)f→($n-1$)d→np

价电子电离顺序:np→ns→($n-1$)d→($n-2$)f

如 Fe 原子的外层价电子轨道为 3d 和 4s,用($n+0.7l$)计算 3d 和 4s 的值分别为 4.4 和 4.0,即 4s 轨道的能量低于 3d,电子填入轨道的顺序为 4s→3d;用($n+0.4l$)计算 3d 和 4s 的值分别为 3.8 和 4.0,外层价电子电离时的轨道顺序仍为 4s→3d。这与例 6-3 的计算结果相一致。$E_{4s}=-11.95$ eV$>E_{3d}=-59.03$ eV。Fe^{2+} 的电子排布式为[Ar]$3d^6 4s^0$。

6.3.5 元素周期性与核外电子排布的关系

1. 能级组与元素周期

按能级的高低把原子轨道划分为若干个能级组。在元素周期表中,每一个能级组恰好与每一个周期(period)相对应。第一能级组只有 1s 能级,形成第一周期。其后,第 n 能级组从 ns 能级开始到 np 能级结束,形成第 n 周期。每一周期元素中,其原子的外层电子结构从 ns^1 开始到 np^6 结束,每一周期中元素的数目与能级组最多能容纳的电子数目一致。例如,第四能级组 4s3d4p 最多能容纳的电子数目为 18,第四周期有 18 种元素,原子的外层电子结构始于 $4s^1$ 而止于 $4s^2 4p^6$。各周期元素的数目分别为 2、8、8、18、18、32、32,第一周期是超短周期,第二和第三周期是短周期,后面是长周期,第七周期未完成。

【例 6-5】 预测第七周期完成时共有多少种元素。

解 按电子排布的规律,第七周期从 7s 能级开始填充电子,然后依次是 5f、6d、7p。7s 有 1 个原子轨道,5f 有 7 个,6d 有 5 个,7p 有 3 个,共有 16 个原子轨道,最多能填充 32 个电子。所以第七周期完成时共有 32 种元素。

2. 价电子组态与族

元素周期表根据原子价电子组态,把性质相似的元素归为一族(group)。同族元素的原子价电子组态相似,主族和副族元素的性质区别也与价电子组态有关。

1) 主族

按电子填充顺序,电子最后填充到最外层的 ns 或 np 轨道的元素称为主族元素。周期表中共有 8 个主族,即ⅠA～ⅧA 族,其中ⅧA 族又称为 0 族。主族元素的内层轨道是全充满的,外层电子组态是 ns^1 到 ns^2np^6,外电子层同时又是价层。主族元素(He 除外)外层电子的总数等于族数。H 和 He 较特殊,H 属于ⅠA 族,He 属于 0 族,它们只有一个电子层,电子组态是 $1s^1$ 到 $1s^2$。

2) 副族

副族也有 8 个,它们是ⅠB～ⅦB 族和Ⅷ族。副族元素的电子结构特征一般是次外层($n-1$)d

或倒数第三层$(n-2)$f 轨道被依次填入电子，$(n-2)$f、$(n-1)$d 和 ns 电子都是副族元素的价电子。为了区别于主族的价电子组态，常称副族元素的价电子组态为外围电子组态。第一、二、三周期没有副族元素。第四、五周期，继ⅠA、ⅡA 族之后出现的副族是ⅢB～ⅦB 族，随着原子序数的增加，3d 或 4d 轨道逐渐被电子填满，各有 10 种元素，族数等于$(n-1)$d 及 ns 电子数的总和；Ⅷ族有三列元素，其$(n-1)$d 及 ns 电子数的和达到 8～10；ⅠB、ⅡB 族元素已经具备了$(n-1)d^{10}$电子结构，ns 电子数（等于族数）是 1 和 2。第六、七周期，ⅢB 族是镧系和锕系，它们各有 14 种元素，其电子结构是$(n-2)$f 轨道逐渐填入电子并最终填满，其$(n-1)$d 轨道电子数为 0～2。第六、七周期其他各副族元素的$(n-2)$f 轨道全充满，$(n-1)$d 和 ns轨道的电子结构与第四、五周期相应的副族元素类似。

3. 元素分区

根据价电子组态的特征，可将周期表中的元素分为 5 个区（见图 6-19）。

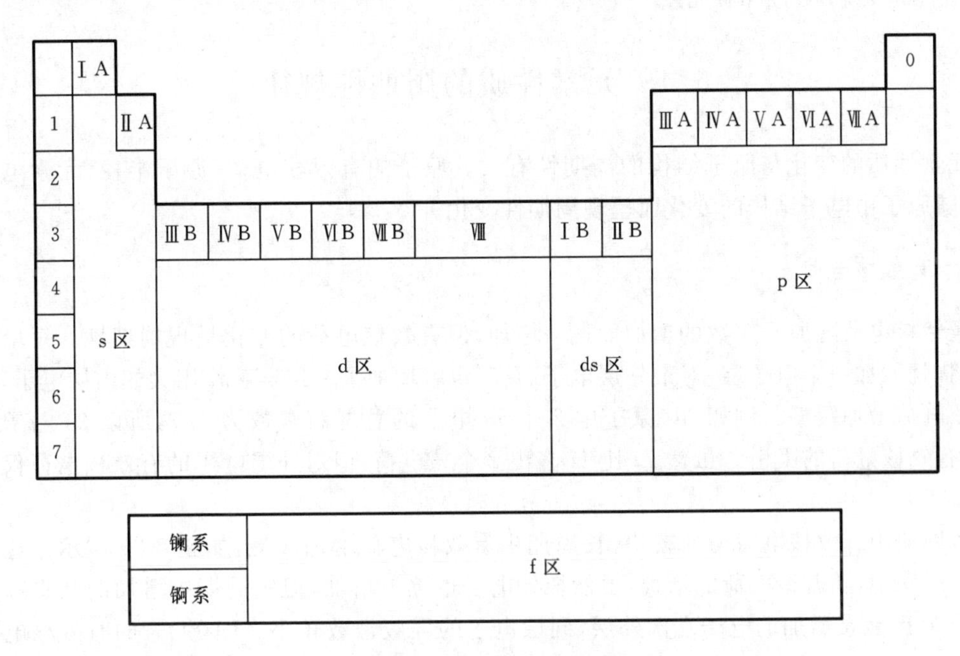

图 6-19　周期表中元素的分区

1）s 区元素

s 区元素价电子组态是 ns^1 和 ns^2，包括ⅠA 和ⅡA 族元素。它们（H 除外）都是活泼金属，在化学反应中容易失去电子形成＋1 或＋2 价离子，在化合物中它们没有可变的氧化数。第一周期的 H 在 s 区，它不是金属元素，在金属氢化物中它的氧化数是－1，在其他化合物中它的氧化数是＋1。

2）p 区元素

p 区元素价电子组态是 $ns^2np^{1\sim6}$，包括ⅢA～ⅦA 族和 0 族元素。它们大部分是非金属元素，0 族是稀有气体。p 区元素大都有可变的氧化数。第一周期的 He 在 p 区，它的电子组态是 $1s^2$，属稀有气体。

3）d 区元素

d 区元素（又称为过渡元素）价电子组态为 $(n-1)d^{1\sim8}ns^{0\sim2}$，但也有例外。d 区元素包括ⅢB～ⅦB 族和Ⅷ族元素。它们都是金属，每种元素都有多种氧化数。

4）ds 区元素

ds 区元素价电子组态为$(n-1)d^{10}ns^{1\sim2}$，包括ⅠB 和ⅡB 族元素。不同于 d 区元素，它们的次外层$(n-1)$d 轨道是充满的。它们都是金属，一般有可变的氧化数。

5）f 区元素

f 区元素（又称为内过渡元素）价电子组态为$(n-2)f^{0\sim14}(n-1)d^{0\sim2}ns^2$，包括镧系和锕系元素。它们的最外层电子数目、次外层电子数目大都相同，只有$(n-2)$层电子数目不同，所以每个系内各元素化学性质极为相似。它们都是金属，也有可变的氧化数。

【例 6-6】 已知某元素的原子序数为 25，试写出该元素原子的电子组态，并指出该元素在周期表中所属周期、族和区。

解 该元素的原子有 25 个电子。根据电子填充顺序，它的电子组态为 $1s^22s^22p^63s^23p^63d^54s^2$ 或 $[Ar]3d^54s^2$。其中最外层电子的主量子数 $n=4$，所以它属第四周期。最外层电子和次外层 d 轨道的电子总数为 7，所以它属ⅦB 族，是 d 区元素。

6.4　元素性质的周期性规律

元素性质的变化与原子结构的周期性有关。原子的有效核电荷、原子半径、元素电负性等，都随原子中电子结构的变化而呈现周期性变化。

6.4.1　有效核电荷

虽然核电荷随原子序数的增加而逐一增加，但有效核电荷的变化呈现周期性。每增加一个周期，就增加一个电子层，对最外层电子而言，也就增加了一层屏蔽作用大的内层电子，所以有效核电荷增加缓慢。例如，Li 原子中 2 个 1s 电子的总屏蔽常数为 1.7，所以 2s 电子受到 1.3个有效核电荷的吸引。虽然 Li 比 H 多出 2 个核电荷，但对外层电子的有效核电荷仅增加 0.3。

短周期中有效核电荷增加较快，长周期中有效核电荷增加较慢，如图 6-20 所示。这是因为同一周期中，随着核电荷的增加，虽然核外电子也逐一增加，但短周期中增加的几乎都是同层电子，d 区元素增加的电子在次外层，同层电子的屏蔽常数较小。f 区元素的有效核电荷几乎不增加，因为增加的电子在倒数第三层，对外层电子的屏蔽更大。

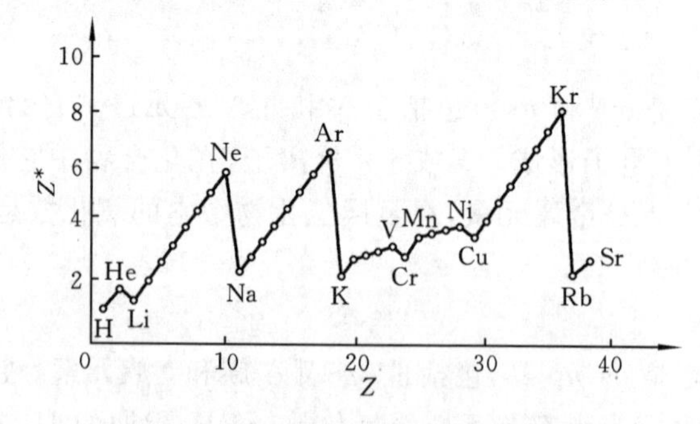

图 6-20　有效核电荷的周期性变化

同一主族，从上到下，随着电子层数的增加，有效核电荷增加不明显；同一副族，从上到下，随着电子层数的增加，外层电子的钻穿效应增强，有效核电荷增加明显。

6.4.2 原子半径

电子在原子核外的运动没有确定的轨道，只是按一定的概率出现在原子核周围，因此无法精确说出一个原子的大小。核外的电子运动可以波及离核很远的区域，原子并无有限体积，只能根据径向分布函数，把最外层电子出现概率最大的球壳层半径近似地看成自由原子半径，如基态 H 原子的半径为 52.9 pm。

现在讨论的原子半径(atomic radius)是以不同方法测定的，一般有三种原子半径：共价半径(covalent radius)、范德华半径(van der Waals radius)和金属半径(metallic radius)。共价半径是指同种非金属元素的两个原子以共价键连接时的核间距的一半，如 Cl_2 的核间距 $d=198$ pm，则 Cl 原子的共价半径 $r_c=\frac{d}{2}=99$ pm；范德华半径是指单质分子晶体中相邻分子间两个非键合原子的核间距的一半(见图 6-21)；金属半径是指金属单质晶体中相邻两个原子的核间距的一半。三种半径中，共价半径和金属半径是原子处于键合状态的半径，比范德华半径要小得多。表 6-8 列出了 Na 原子和 Cl 原子的三种半径。

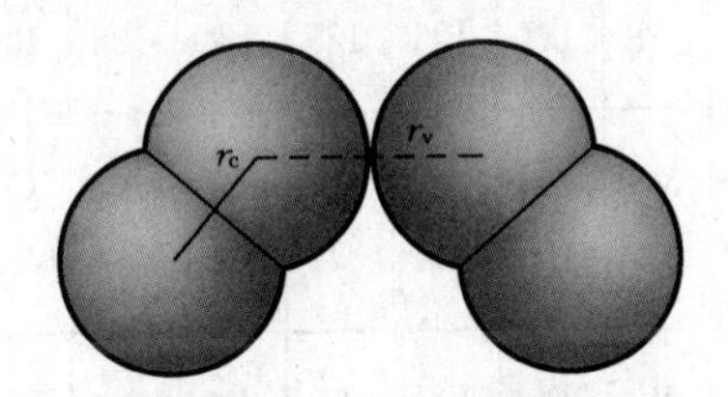

图 6-21 共价半径(r_c)和范德华半径(r_v)

表 6-8 Na 原子和 Cl 原子的三种半径

原子	共价半径/pm	范德华半径/pm	金属半径/pm
Cl	99	198	—
Na	191	231	186

第一周期至第六周期元素原子的共价半径列于表 6-9，原子半径的周期性变化趋势如图 6-22 所示。原子半径的变化与原子的有效核电荷和电子层数目有关。

同一周期从左到右，主族元素的原子半径逐渐减小。因为同一周期的电子层数不变，电子填充在最外层，核外每增加一个电子，相当于核内增加 0.65 个有效核电荷。有效核电荷 Z^* 增加得多，所以原子半径减小的幅度大。如从 Na 到 Cl(6 种元素)，原子半径由 186 pm 缩小到 99 pm，原子序数每增加 1，原子半径平均缩小约 14.5 pm。

过渡元素原子半径先是缓慢减小，然后略有增加。这是因为过渡元素随着核电荷增加，电子填充在$(n-1)$d 轨道上，内层电子对外层电子屏蔽作用较大，使有效核电荷增加得不如短周期显著，所以原子半径减小的幅度小。以第四周期的第一过渡系为例，从 Sc 到 Ni(8 种元素)原子半径从 162 pm 缩小到 124 pm，相邻元素之间的原子半径减小幅度约为 5.4 pm。Cu、Zn 为 d^{10} 结构，全充满的 d 轨道有较大的屏蔽作用，使有效核电荷增加缓慢，而电子的斥力也在起作用。因此，Cu、Zn 的原子半径反而略有增加。

超长周期的内过渡元素，以镧系元素为例，随着原子序数增加，电子填充在$(n-2)$f 轨道上，$(n-2)$f 轨道对外层电子的屏蔽作用大于$(n-1)$d，因而使有效核电荷增加得更缓慢，故从 La 到 Lu，共 15 种元素，原子半径从 183 pm 减小到 173.8 pm，相邻元素之间的原子半径减小幅度约 0.7 pm。

表 6-9　原子共价半径

单位:pm

族 / 周期	ⅠA	ⅡA	ⅢB	ⅣB	ⅤB	ⅥB	ⅦB	Ⅷ			ⅠB	ⅡB	ⅢA	ⅣA	ⅤA	ⅥA	ⅦA	0
1	H 30*																	He 140**
2	Li 152	Be 111.3											B 86 88*	C 77.2*	N 70*	O 66*	F 64*	Ne 154**
3	Na 186	Mg 160											Al 143.1 126*	Si 118	P 108 110*	S 106 104*	Cl 99*	Ar 188**
4	K 232	Ca 197	Sc 162	Ti 147	V 134	Cr 128	Mn 127	Fe 126	Co 125	Ni 124	Cu 128	Zn 134	Ga 135	Ge 128 122*	As 124.8 121*	Se 116 117*	Br 114*	Kr 202**
5	Rb 248	Sr 215	Y 180	Zr 160	Nb 146	Mo 139	Tc 136	Ru 134	Rh 134	Pd 137	Ag 144	Cd 148.9	In 167	Sn 151	Sb 145	Te 142 137*	I 133*	Xe 216**
6	Cs 265	Ba 217.3	La 183	Hf 159	Ta 146	W 139	Re 137	Os 135	Ir 135.5	Pt 138.5	Au 144	Hg 151	Tl 175.9	Pb 175	Bi 154.7	Po 164	At	Rn
7	Fr 270	Ra (220)	Ac 187.8	Rf	Db	Sg	Bh	Hs	Mt	Ds	Rg	Cn	Nh	Fl	Mc	Lv	Ts	Og

镧系	La 183	Ce 181.8	Pr 182.4	Nd 181.4	Pm 183.4	Sm 180.4	Eu 208.4	Gd 180.4	Tb 177.3	Dy 178.1	Ho 176.2	Er 176.1	Tm 175.9	Yb 193.3	Lu 173.8
锕系	Ac 187.8	Th 179	Pa 163	U 156	Np 155	Pu 159	Am 173	Cm 174	Bk	Cf 186	Es 186	Fm	Md	No	Lr

注:数据录自 Lang's Handbook of Chemistry,16th ed.,2005;对于金属半径,配位数为 12,当配位数为 8、6、4 时,半径值要分别乘以 0.97、0.96 和 0.88。

将镧系元素半径共减小 9.2 pm 的这一事实,称为镧系收缩。镧系收缩对于镧系元素的影响,是使其后的第三过渡系元素铪(Hf)、钽(Ta)、钨(W)和第二过渡系同族元素锆(Zr)、铌(Nb)、钼(Mo)原子半径相近,造成了铪(Hf)与锆(Zr)、钽(Ta)和铌(Nb)、钨(W)和钼(Mo)性质相似,分离困难。

同一主族从上到下,原子半径递增。虽然有效核电荷呈增加趋势,但由于内层电子的屏蔽效应,有效核电荷增加缓慢,而电子层数增加使得原子半径增大。

6.4.3　电离能和电子亲和能

码 6.9　疑难解析

1. 电离能

基态气态原子失去电子成为+1 价气态阳离子所需的能量称为第一电

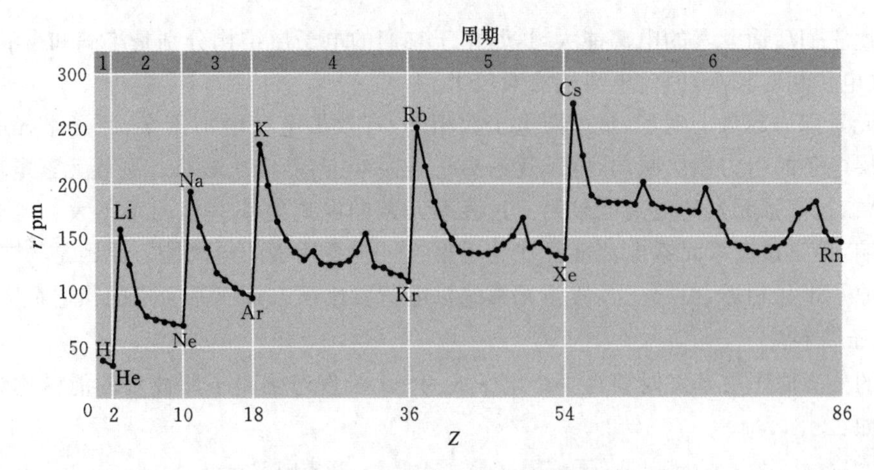

图 6-22　原子半径的周期性变化

离能，用 I_1表示。由+1 价气态阳离子失去电子成为+2 价气态阳离子所需的能量称为第二电离能，用 I_2表示。以此类推，还有第三电离能 I_3、第四电离能 I_4等。随着原子逐步失去电子所形成的离子正电荷数越来越多，失去电子变得越来越难。因此，同一元素原子的各级电离能依次增大(即 $I_1<I_2<I_3<I_4<\cdots$)。例如：

$$Li(g)-e^- = Li^+(g) \quad I_1=520.2\ kJ\cdot mol^{-1}$$

$$Li^+(g)-e^- = Li^{2+}(g) \quad I_2=7\ 298.1\ kJ\cdot mol^{-1}$$

$$Li^{2+}(g)-e^- = Li^{3+}(g) \quad I_3=11\ 815\ kJ\cdot mol^{-1}$$

电离能的大小反映了原子失去电子的难易程度。电离能越小，原子失去电子越容易，金属性越强；反之，电离能越大，原子失去电子越难，金属性越弱。电离能主要取决于原子的有效核电荷、原子半径和原子的电子层结构。

通常讲的电离能，若不加注明，指的是第一电离能。各元素的第一电离能随原子序数的增加呈周期性变化，如图 6-23 所示。

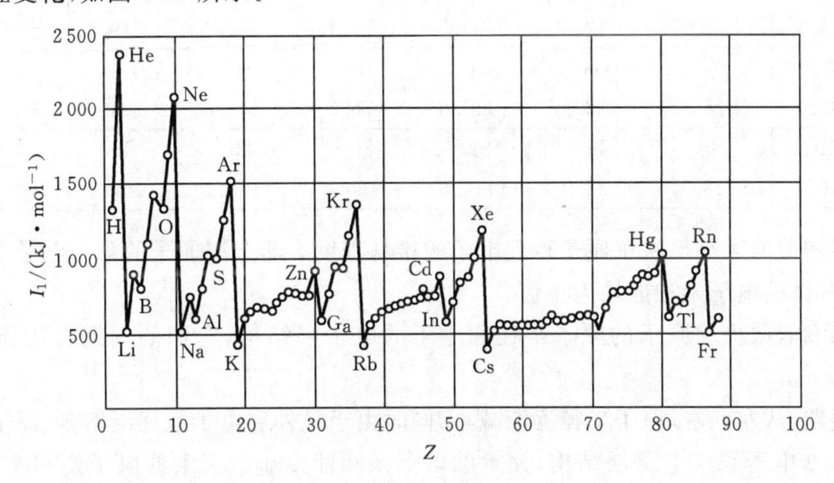

图 6-23　第一电离能的周期性变化

同一周期，从碱金属到卤素，原子半径逐渐减小，原子的最外层电子数逐渐增多，电离能逐渐增大。IA 族的 I_1最小，稀有气体的 I_1最大。长周期的中部过渡元素，由于电子增加到次外层，有效核电荷增加不多，原子半径减小缓慢，电离能仅略有增加。N、P、As、Be、Mg 等元素的电离能均比它们后面元素的电离能大,这是由于它们的电子层结构分别是半满和全满状态,比较稳定,失电子相对较难,因此电离能相对较大。

主族元素同一族从上到下,最外层电子数相同,有效核电荷增加不多,原子半径的增大致使核对外层电子的引力依次减弱,电子逐渐易于失去,电离能依次减小。副族元素电离能变化不规则,第二过渡系元素的电离能较第一过渡系元素的电离能小些但相差不大。但由于镧系收缩的影响,第三过渡系元素电离能往往高于第二过渡系元素的电离能。原因是第二、三过渡系元素的原子半径相近,但第三过渡系元素的核电荷要比第二过渡系元素的核电荷大得多。

2. 电子亲和能

元素的气态原子在基态时获得一个电子成为−1价气态阴离子所放出的能量称为电子亲和能。例如:

$$F(g)+e^{-} = F^{-}(g) \quad A_1=-328\ kJ\cdot mol^{-1}$$

电子亲和能也有第一、二电子亲和能之分,如果不加注明,都是指第一电子亲和能。当−1价离子获得电子时,要克服负电荷之间的排斥力,因此要吸收能量。例如:

$$O(g)+e^{-} = O^{-}(g) \quad A_1=-141.0\ kJ\cdot mol^{-1}$$

$$O^{-}(g)+e^{-} = O^{2-}(g) \quad A_2=+844.2\ kJ\cdot mol^{-1}$$

表6-10列出了主族元素的第一电子亲和能。电子亲和能的测定较困难,其数据远不如电离能的数据完整。

表6-10　主族元素的第一电子亲和能

H −72.7	单位:$kJ\cdot mol^{-1}$						He +48.2
Li −59.6	Be +48.2	B −26.7	C −121.9	N +6.75	O −141.0	F −328.0	Ne +115.8
Na −52.9	Mg +38.6	Al −42.5	Si −133.6	P −72.1	S −200.4	Cl −349.0	Ar +96.5
K −48.4	Ca +28.9	Ga −28.9	Ge −115.8	As −78.2	Se −195.0	Br −324.7	Kr +96.5
Rb −46.9	Sr +28.9	In −28.9	Sn −115.8	Sb −103.2	Tb −190.2	I −295.1	Xe +77.2

电子亲和能的大小反映了原子得到电子的难易程度。非金属原子的第一电子亲和能总是负值,稀有气体的电子亲和能均为正值。

电子亲和能取决于原子的原子半径和原子的电子层结构,它们的周期性规律如图6-24所示。

同一周期,从左到右,原子半径逐渐减小,同时由于最外层电子数逐渐增多,原子趋向于结合电子形成8电子稳定电子层结构,元素的电子亲和能变小。卤素的电子亲和能相对较小。碱土金属因为半径较大,且其ns^2电子层结构不能结合电子,电子亲和能为正值。稀有气体具有8电子稳定电子层结构,更难以结合电子,因此电子亲和能相对较大。

同一主族,从上到下电子亲和能的变化规律不如同周期变化那么明显。比较特殊的是N原子的电子亲和能是p区元素中除稀有气体外唯一的正值,这是由于它具有半满p亚层稳定电子层结构,且其原子半径小,电子间排斥力大,得电子较困难。另外,值得注意的是,电子亲

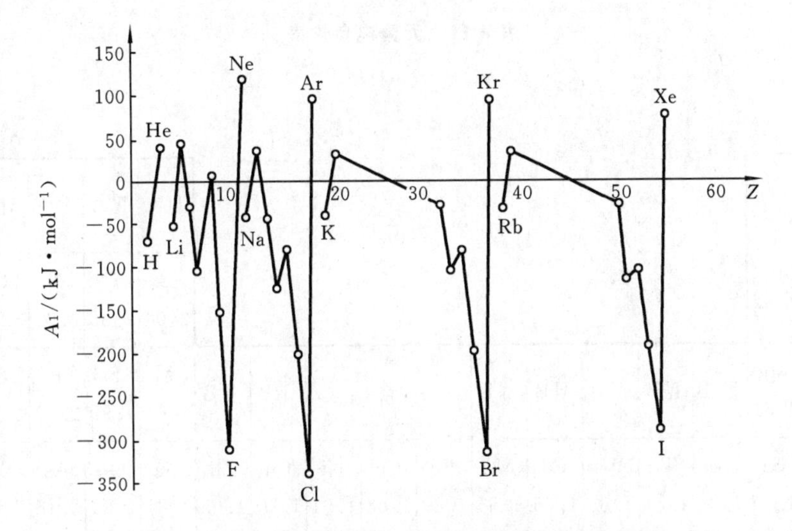

图 6-24　主族元素的第一电子亲和能的周期性规律

和能绝对值最大负值不是出现在 F 原子，而是 Cl 原子。这可能是由于 F 原子的半径小，电子云密度大，进入的电子会受到原有电子较强的排斥作用，用于克服电子排斥作用所消耗的能量相对多些。出于同种原因，O 元素的电子亲和能比同族的 S 元素和 Se 元素小。

虽然 F 和 O 的电子亲和能分别比同主族的 Cl 和 S 的电子亲和能小，但当单质参与化学反应时，F_2 比 Cl_2 活泼，O 比 S 活泼，因此不能单从电子亲和能来判断非金属元素的活泼性，还应考虑分子的离解能、升华热、晶格能、水合能等因素的影响。

码 6.10　疑难解析

6.4.4　元素的电负性

虽然从元素的电离能和电子亲和能可以看出原子得失电子的倾向，但它们都只表示孤立气态原子的性质。在分子中，为了表示化学键结合的原子对成键电子吸引力的大小，Pauling L. 综合考虑电离能和电子亲和能，提出了元素电负性（electronegativity）的概念，它表示原子吸引成键电子的相对能力，用符号 X 表示。1932 年 Pauling L. 根据热化学实验数据提出了一套元素的电负性值，并规定 F 的电负性值等于 3.98。电负性大者，原子在分子中吸引成键电子的能力强；反之就弱。

表 6-11 是根据新的热化学实验数据修正的元素电负性值，从中可以看出电负性变化存在明显的周期性。同一周期中，从左到右元素电负性递增；同一主族中，从上到下元素电负性递减。副族元素的电负性没有明显的变化规律。

元素电负性的变化趋势与元素金属性和非金属性的变化趋势一致，因此电负性可以作为比较元素金属性和非金属性强弱的标准。金属元素的电负性一般小于 2，非金属元素的电负性一般大于 2。Fr 的电负性最小，等于 0.7，它位于周期表的左下角，是金属性最强的元素。F 的电负性最大，等于 3.98，它位于周期表的右上角，是非金属性最强的元素。应注意，电负性小于或大于 2，并不是区分金属和非金属的严格界限。

元素电负性的应用广泛，除可用于比较元素金属性和非金属性的相对强弱外，还可以帮助理解化学键的性质，解释或预测物质的某些物理性质和化学性质等。

表 6-11　元素电负性表

族 周期	ⅠA	ⅡA	ⅢB	ⅣB	ⅤB	ⅥB	ⅦB	Ⅷ			ⅠB	ⅡB	ⅢA	ⅣA	ⅤA	ⅥA	ⅦA	0
1	H 2.20																	He
2	Li 0.98	Be 1.57											B 2.04	C 2.55	N 3.04	O 3.44	F 3.98	Ne
3	Na 0.93	Mg 1.31											Al 1.61	Si 1.90	P 2.19	S 2.58	Cl 3.16	Ar
4	K 0.82	Ca 1.00	Sc 1.36	Ti 1.54	V 1.63	Cr 1.66	Mn 1.55	Fe 1.83	Co 1.88	Ni 1.91	Cu 1.90	Zn 1.65	Ga 1.81	Ge 2.01	As 2.18	Se 2.55	Br 2.96	Kr
5	Rb 0.82	Sr 0.95	Y 1.22	Zr 1.33	Nb 1.60	Mo 2.16	Tc 2.10	Ru 2.20	Rh 2.28	Pd 2.20	Ag 1.93	Cd 1.69	In 1.78	Sn 1.96	Sb 2.05	Te 2.10	I 2.66	Xe 2.60
6	Cs 0.79	Ba 0.89	La 1.10	Hf 1.3	Ta 1.5	W 1.7	Re 1.9	Os 2.2	Ir 2.2	Pt 2.2	Au 2.4	Hg 1.9	Tl 1.8	Pb 1.8	Bi 1.9	Po 2.0	At 2.2	Rn
7	Fr 0.7	Ra 0.9	Ac 1.1	Rf	Db	Sg	Bh	Hs	Mt	Ds	Rg	Cn	Nh	Fl	Mc	Lv	Ts	Og

注:数据录自 Lang's Handbook of Chemistry,16th ed.,2005;对于原子共价半径,配位数为 4。

6.4.5　元素的氧化数

由于原子的有效核电荷、原子半径、元素电负性等影响元素氧化数的因素都随原子中电子结构的变化而呈现周期性变化,因此,元素的氧化数也随原子中电子结构的变化而呈现周期性变化。

由于主族元素的最外层电子是价电子,因此,同一周期主族元素的最高氧化数从左到右依次增大。主族元素(F、O 除外)的最高氧化数等于该原子的族数,如表 6-12 所示。

表 6-12　主族元素的氧化数

族	ⅠA	ⅡA	ⅢA	ⅣA	ⅤA	ⅥA	ⅦA
价电子组态	ns^1	ns^2	ns^2np^1	ns^2np^2	ns^2np^3	ns^2np^4	ns^2np^5
主要氧化数	+1	+2	+3 (Tl 还有 +1)	+4 +2 (C 还有 −4)	+5 +3 (N 还有 +1、+2、 +4 和−3, P 还有−3)	+6 +4 −2 (O 一般为 −1、−2)	+7 +5 +3 +1 −1 (F 一般 为−1)
最高氧化数	+1	+2	+3	+4	+5	+6	+7

由于副族元素除最外层的 s 电子外，还有次外层的 d 电子可以部分或全部参与成键，因此，同一周期副族元素的最高氧化数，从左到右先增大，而后减小，并且常有多种氧化数(见表 6-13)。第一、二、三过渡系元素相似。

表 6-13　第一过渡系元素的氧化数

元素	Sc	Ti	V	Cr	Mn	Fe	Co	Ni
氧化数		+2	+2	+2	$\underline{+2}$	$\underline{+2}$	$\underline{+2}$	$\underline{+2}$
	$\underline{+3}$	+3	+3	$\underline{+3}$	+3	$\underline{+3}$	$\underline{+3}$	+3
		$\underline{+4}$	$\underline{+4}$		$\underline{+4}$		+4	+4
			$\underline{+5}$					
				$\underline{+6}$	$\underline{+6}$	+6		
					+7			

注：加下划线的氧化数为常见氧化数。

6.4.6　元素的金属性和非金属性

元素的金属性与非金属性实际上就是指它们的原子失去电子与获得电子的能力大小。原子失去与获得电子的难易程度主要取决于原子半径的大小和电子层结构。一般来说，如果电子层结构相同，则核电荷越小、半径越大的原子越容易失去电子；反之，则越容易获得电子。

同一周期，随着原子序数的递增，元素的金属性逐渐减弱，非金属性逐渐增强。

[**化学博览**]

冷冻电镜技术

冷冻电镜技术也被译为低温电镜技术，是一种通过把高度相干的电子作为光源照射到冷冻在溶液中的蛋白质上，得到生物分子三维结构的显微技术。通过冷冻电镜技术可直接观察液体、半液体及对电子束敏感的样品，该技术简化了生物细胞的成像过程，提高了成像质量，使得生物化学迈入新的时代。

核酸和蛋白质是生命活动的关键密码。只有知道生物分子的原子排布，才能了解蛋白质的功能。1931 年，物理学家恩斯特·鲁斯卡(Ernst Ruska)和电机工程师马克斯·柯诺尔(Max Knoll)研发出世界上第一台电子显微镜。经历了半个多世纪的发展，才真正将电子显微镜技术广泛应用在生物样品的结构重构上。1975 年，理查德·亨德森(Richard Henderson)通过电子显微镜首次解析得到分辨率为 0.7 nm 的细菌视紫红质的三维结构，证明了电子显微镜在生物领域的适用性。1981 年阿基姆·弗兰克(Joachim Frank)完成了一种算法，利用计算机和数学方法将蛋白质的不同角度的投影计算并拟合出三维结构图像。弗兰克的图形拟合程序被认为是冷冻电镜发展的基础。1982 年，雅克·迪波什(Jacques Dubochet)解决了真空环境下如何使生物分子保持自然形状的冷冻技术问题，开发出真正成熟可用的快速冷冻的制样技术(图 6-25)。1984 年，迪波什首次发布不同病毒的结构图像。1990 年，亨德森又成功地使用电子显微镜得到蛋白质达到原子级分辨率的三维图像，将细菌视紫红质这个蛋白质的分辨率提高到 0.35 nm。雅克·迪波什、阿基姆·弗兰克和理查德·

亨德森这三位科学家因在冷冻电镜生物大分子结构解析中作出的开创性贡献于 2017 年被授予诺贝尔化学奖。

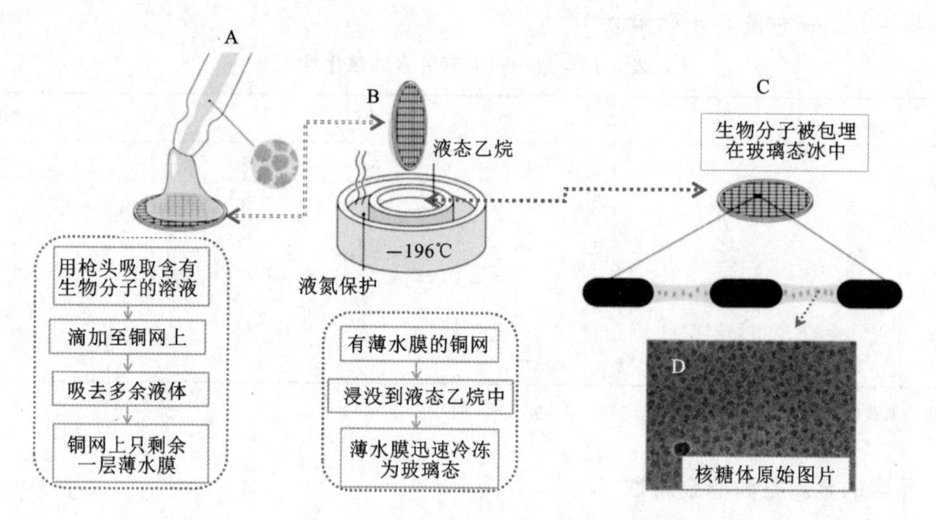

图 6-25 雅克·迪波什设计的冷冻制样方法及采集到的图片

冷冻电镜的成像原理与光学显微镜基本一样，冷冻电镜以电子束为光源，用电磁场作透镜。电子束透过样品和附近的冰层受到散射后，再利用探测器和透镜系统把散射信号成像记录下来，最后进行信号处理，得到样品的三维结构。两者的主要区别是由于光源的不同而导致分辨率不同。光子的波长在 500 nm 左右，而电子的波长是光子波长的十万分之一左右。波长越短，分辨率越高。冷冻电镜相比于光学显微镜的优势在于冷冻电镜能够将样品温度降至足够低，保证样品处于相对稳定的原始状态，这一技术对于观察分子结构有很大的帮助。

自 2017 年以来，冷冻电镜技术已经用于由定性到定量、由平面到空间的立体研究，解决了非常多的科研问题。冷冻电镜技术在生命科学、生物医学研究、药物研发及疫苗设计等多个领域发挥着越来越重要的作用，目前已成为研究结构生物学极为关键的方法，实现了对于任意不规则蛋白复合体原子级分辨率的三维结构的解析。它与 X 射线晶体学、核磁共振技术(nuclear magnetic resonance，NMR)一起构成高分辨率结构生物学研究的基础，将生物化学研究带入一个新纪元。

习　题

1. 试通过斯莱特(Slater)规则计算回答：在原子序数为 12、16、25 的元素原子中，4s 和 3d 轨道哪个能量高？

2. 下列各组量子数，哪些是不合理的？请改正并说明原因。

(1) $n=2, l=1, m=1$；

(2) $n=2, l=2, m=+1$；

(3) $n=3, l=1, m=-2$；

(4) $n=2, l=3, m=0$。

3. 写出下列情况的合理量子数。

(1) $n=(\quad), l=2, m=0, m_s=+1/2$；

(2) $n=3, l=(\quad), m=+1, m_s=-1/2$；

(3) $n=4, l=3, m=0, m_s=($　$)$；

(4) $n=2, l=($　$)$；

(5) $n=1, l=($　$), m=($　$), m_s=($　$)$。

4. 写出原子序数为 24 的元素的名称、符号及其基态原子的电子结构式，并用四个量子数分别表示每个价电子的运动状态。

5. 写出原子序数分别为 25、49、79、86 的四种元素原子的电子排布式，并判断它们在周期表中的位置。

6. 已知五种元素原子的价电子组态分别为 $4s^1$、$3s^2p^5$、$3d^24s^2$、$3d^54s^2$、$5d^{10}6s^2$。试问：

(1) 它们在周期表中各处于哪一区？哪一周期？哪一族？

(2) 它们的最高正氧化数各是多少？

(3) 电负性的相对大小如何？

7. 根据元素在周期表中所处的位置，写出其原子的价电子组态。

周　期	族	价电子组态
3	ⅡA	
4	ⅣB	
5	ⅢB	
6	ⅥA	

8. 第四周期的 A、B、C、D 四种元素，其原子最外层电子数依次为 1、2、2、7，其原子序数按 A、B、C、D 的次序增大。已知 A 与 B 的次外层电子数为 8，而 C 与 D 的次外层电子数为 18。

(1) 哪些是金属元素？

(2) D 与 A 的简单离子是什么？

(3) 哪一元素的氢氧化物的碱性最强？

(4) B 与 D 两元素间能形成何种化合物？写出化学式。

9. 试根据原子结构理论预测。

(1) 第八周期将包括多少种元素？

(2) 原子核外出现第一个 5g($l=4$)电子元素的原子序数是多少？

(3) 114 号元素属于哪一周期？哪一族？试写出其电子排布式。

10. 有 A、B、C、D 四种元素，其原子的价电子数依次为 1、2、6、7，电子层数依次减少。已知 D 原子的电子层结构与 Ar 原子相同，A 和 B 次外层各只有 8 个电子，C 次外层有 18 个电子。试判断这四种元素：

(1) 原子半径由小到大的顺序；

(2) 第一电离能由小到大的顺序；

(3) 电负性由小到大的顺序；

(4) 金属性由弱到强的顺序。

11. 试判断下列叙述是否正确，对不正确的作出简要解释。

(1) 原子价层含有 ns^1 的元素是碱金属元素；

(2) 第Ⅷ族元素原子的价电子排布为 $(n-1)d^6ns^2$；

(3) 过渡元素的原子填充电子时是先填充 3d，然后填充 4s，所以失去电子时，也按此顺序进行；

(4) 因为镧系收缩，第六周期元素的原子半径比第五周期同族元素的原子半径小；

(5) 氟是最活泼的非金属元素，其电子亲和能也最大。

12. 有 A、B、C、D、E、F 六种元素，试按下列条件推断各元素在周期表中的位置、元素符号，并给出各元素原子的价电子组态。

(1) A、B、C 为同一周期活泼金属元素,原子半径 A>B>C,已知 C 有 3 个电子层;

(2) D、E 为非金属元素,与氢结合生成 HD 和 HE。室温下 D 的单质为液体,E 的单质为固体。

(3) F 为金属元素,其原子有 4 个电子层并且有 6 个单电子。

第7章　共价键与分子的结构

无论在分子或晶体中，相邻两原子或离子之间强烈的相互作用力称为化学键(chemical bond)。化学键的能量通常为几十到几百千焦耳每摩尔。物质的性质取决于分子的性质及分子间的作用力，而分子的性质又是由分子的内部结构决定的，因此研究分子中的化学键及分子间的作用力对了解物质的性质和变化规律具有重要意义。

根据化学键形成的方式与物质的性质的不同，化学键可分为离子键、共价键(包括配位键)和金属键三种基本类型。其中以共价键相结合的化合物占已知化合物的90%以上。本章主要介绍共价键理论、共价分子的空间构型及分子间力等内容，并对晶体知识进行简单介绍。

7.1　价键理论

1916年，美国化学家Lewis G. N.提出了经典的共价键理论。他认为，共价键是由成键原子双方各自提供外层单电子组成共用电子对而形成的。形成共价键后，成键原子一般都达到稀有气体原子的外层电子构型，因而较稳定。

经典的Lewis共价键理论把电子看成静止不动的负电荷，因而无法解释两个带负电荷的电子不互相排斥反而互相配对，也无法说明共价键具有方向性以及一些共价分子的中心原子最外层电子数虽少于8(如BCl_3)或多于8(如PCl_5)仍相当稳定等问题。

1927年德国化学家Heitler W.和London F.应用量子力学处理H_2分子结构，揭示了共价键的本质。Pauling L.和Slater J. C.等在此基础上加以发展，建立起现代价键理论(valence bond theory，简称VB法，又称为电子配对法)和杂化轨道理论。

由经典的Lewis共价键理论逐渐发展到现代价键理论，再发展到杂化轨道理论，体现了科学理论的发展呈螺旋式上升趋势，符合否定之否定的规律。

1932年，美国化学家Mulliken R. S.和德国化学家Hund F.提出了分子轨道理论(molecular orbital theory，简称MO法)。

7.1.1　共价键的形成和本质

以H_2分子的形成为例说明共价键的形成和本质。

Heitler W.和London F.应用量子力学处理2个H原子形成H_2分子的过程，得到H_2分子的能量与核间距的关系曲线(见图7-1)。量子力学认为，H_2分子的形成是2个H原子1s轨道重叠的结果。当单电子自旋方向相同的2个H原子相互接近时，两原子的1s轨道重叠部分的波函数Ψ相减，互相抵消，核间电子的概率密度几乎为零，从而增大了两核间的排斥力，2个H原子不能成键，这种不稳定的状态称为H_2分子的排斥态(repellent state)。只有当2个H原子的单电子自旋方向相反时，2个H原子互相靠近，2个1s轨道才会有效重叠，核间电子云密度增大，体系的能量随之降低，形成共价键(covalent bond)。当核间距r测定值达到74 pm(理论值为87 pm)时，2个原子轨道重叠最大，系统能量最低(测定值为

码7.1　人物简介

$-436\ kJ \cdot mol^{-1}$,理论值为$-388\ kJ \cdot mol^{-1}$),2 个 H 原子间形成稳定的共价键,这种状态称为 H_2分子的基态(ground state)(见图 7-2)。

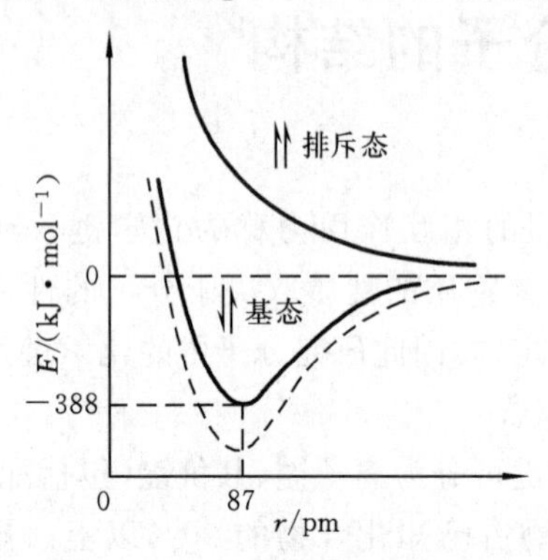

图 7-1　H_2分子的能量与核间距的关系曲线

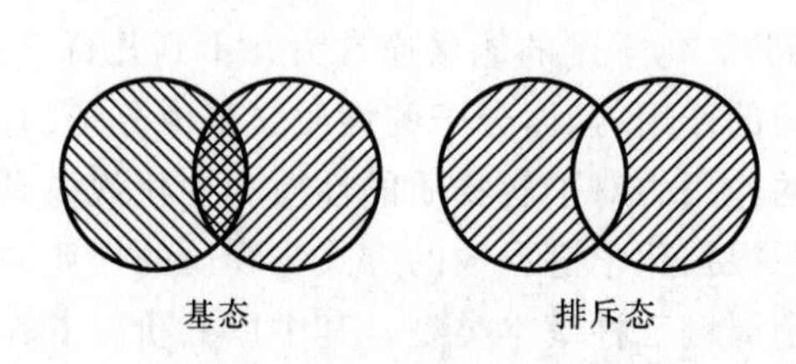

图 7-2　H_2分子的两种状态

量子力学对 H_2分子结构的处理阐明了共价键的本质是电性的,但因这种结合力是两核间的电子云密集区对两核的吸引力,而不是阴、阳离子间的库仑引力,所以它不同于一般的静电作用。

7.1.2　价键理论的基本要点

(1) 电子配对原理:两原子接近时,自旋相反的未成对电子相互配对,形成共价键,释放能量,使体系能量最低。如果原子的未成对电子自旋方向相同,或者电子均已经配对成键,都不能参与形成共价键。

(2) 原子轨道最大重叠原理:形成共价键时,成键电子的原子轨道必须在对称性一致的前提下发生重叠,原子轨道的重叠程度越大,两核间电子的概率密度就越大,形成的共价键越牢固。

7.1.3　共价键的特征与类型

1. 共价键的特征

根据价键理论要点,可以推知共价键具有饱和性和方向性。

1) 饱和性

共价键的饱和性是指每个原子的成键总数是一定的。由于每个原子提供的成键(原子)轨道数和形成分子时可提供的未成对电子数是一定的,因此原子轨道重叠和电子偶合成对的数目是一定的,这就决定了共价键的饱和性。例如,N 原子含有 3 个未成对的价电子,因此 2 个 N 原子间最多只能形成三键,即形成 N≡N 分子。这说明一个原子形成共价键的能力是有限的,即共价键具有饱和性。

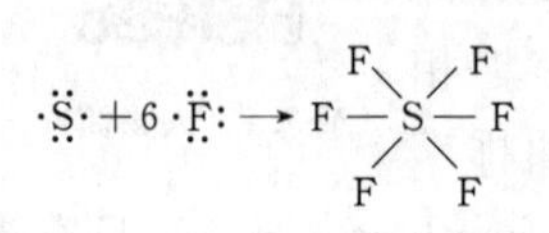

图 7-3　SF_6分子的形成

稀有气体由于原子没有未成对电子,原子间不成键,因此以单原子分子的形式存在。但是,原子中有些本来成对的价电子,在特定条件下也有可能被拆为单电子而参与成键。例如,S 原子的价层中原来只有 2 个未成对电子($3s^2 3p_x^2 3p_y^1 3p_z^1$),当遇到电负性大的 F 原子时,价电子对可以拆开,使未成对电子数增至 6 个($3s^1 3p_x^1 3p_y^1 3p_z^1 3d_{xy}^1 3d_{xz}^1$),从而可与 6 个 F 原子的未成对电子配对成键,形成 SF_6分子(见图 7-3)。

2) 方向性

根据最大重叠原理,在形成共价键时,原子间总是尽可能地沿着原子轨道最大重叠的方向成键,成键电子的原子轨道重叠程度越高,电子在两核间出现的概率密度越大,形成的共价键越牢固。

除 s 轨道呈球形对称外,p、d 等轨道都有一定的空间取向,它们在成键时只有沿电子出现概率最大的方向靠近达到最大程度的重叠以降低体系的能量,才能形成稳定的共价键,这就是共价键的方向性。例如,在形成 HCl 分子时,H 原子的 1s 轨道与 Cl 原子的 $3p_x$ 轨道是沿着 x 轴方向靠近,以实现它们之间的最大程度重叠,形成稳定的共价键(见图 7-4(a))。其他方向的重叠,因原子轨道没有重叠或重叠很少,故不能成键,如图7-4(b)和图7-4(c)所示。

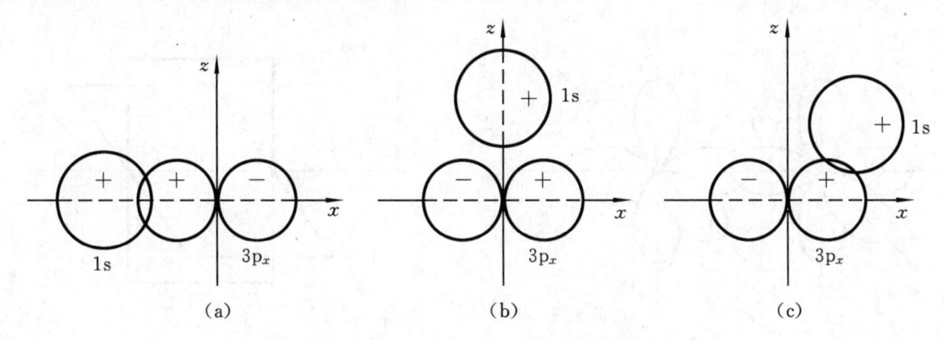

图 7-4　HCl 分子的成键示意图

2. 共价键的类型

按原子轨道重叠方式不同,共价键可分为 σ 键、π 键和 δ 键。

1) σ 键

为了达到原子轨道的最大程度重叠,两原子轨道沿着键轴(即成键两原子核间的连线,这里设为 x 轴)方向以"头碰头"方式进行重叠,轨道的重叠部分沿键轴呈圆柱形对称分布,原子轨道间以这种重叠方式形成的共价键称为 σ 键。如图 7-5(a)所示,s-s、s-p_x 和 p_x-p_x 均为圆柱形对称分布,x 轴为键轴。

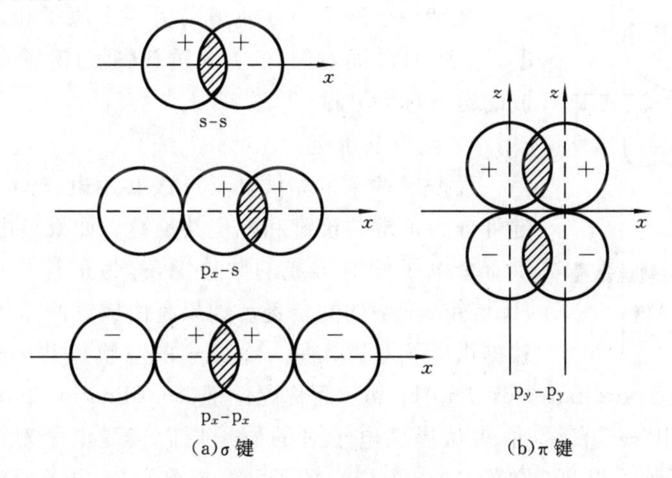

图 7-5　σ 键和 π 键

2) π 键

原子轨道的重叠部分,对键轴所在的某一特定平面具有反对称性,即两个互相平行的

p_y或p_z轨道以“肩并肩”方式进行重叠，轨道的重叠部分垂直于键轴并呈镜面反对称分布(原子轨道在镜面两边波瓣的符号相反)，原子轨道以这种重叠方式形成的共价键称为π键，形成π键的电子称为π电子。如图7-5(b)所示，x-y平面(或x-z平面)为对称镜面。

在具有双键或三键的两原子之间，常常既有σ键又有π键。例如，N_2分子内就有1个σ键和2个π键。N原子的价电子组态是$2s^2 2p^3$，形成N_2分子时用的是2p轨道上的3个单电子。这3个2p电子分别分布在3个相互垂直的$2p_x$、$2p_y$、$2p_z$轨道内。当2个N原子的p_x轨道沿着x轴方向以“头碰头”的方式重叠时，随着σ键的形成，2个N原子将进一步靠近，这时垂直于键轴(这里指x轴)的$2p_y$和$2p_z$轨道只能以“肩并肩”的方式两两重叠，形成2个π键。图7-6即为N_2分子中化学键的形成示意图。

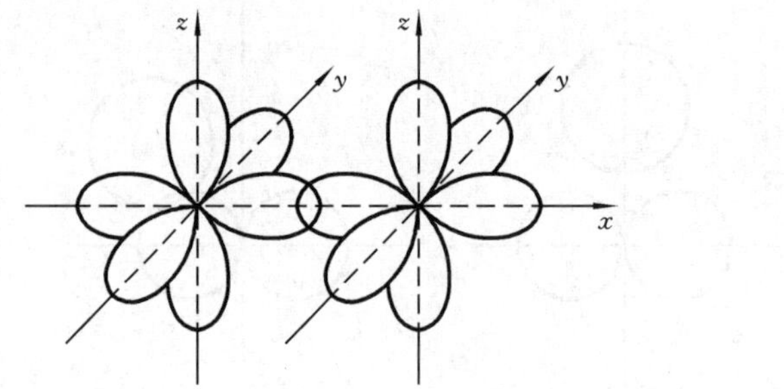

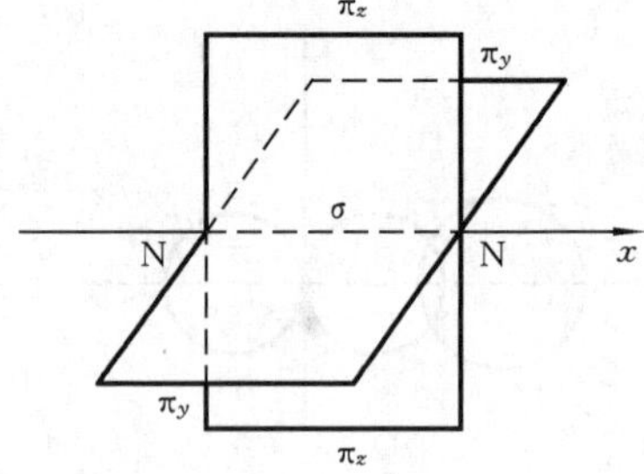

图7-6　N_2分子的化学键形成示意图

由于σ键的轨道重叠程度比π键的轨道重叠程度大，因而σ键比π键牢固。π键较易断开，化学活泼性强，它一般与σ键共存于具有双键或三键的分子中。σ键构成分子的骨架，可单独存在于两原子间，以共价键结合的两原子间只可能有1个σ键。共价单键一般是σ键，双键中有1个σ键和1个π键，三键中有1个σ键和2个π键。因在主量子数相同的原子轨道中，p轨道沿键轴方向的重叠程度较s轨道的大，所以一般来说，p-p重叠形成的σ键(可记为σ_{p-p})比s-s重叠形成的σ键(可记为σ_{s-s})牢固。

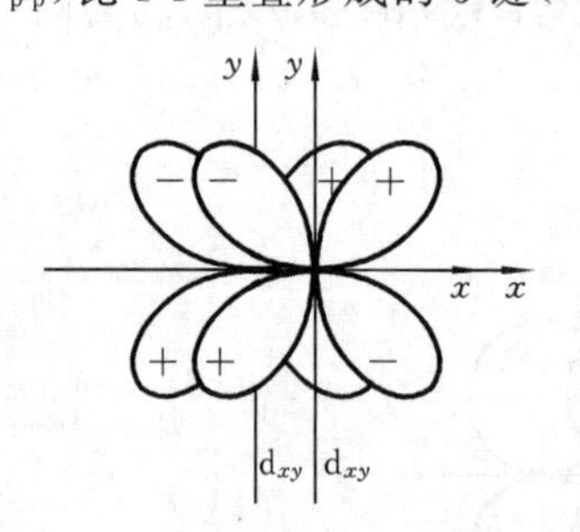

图7-7　由两个d_{xy}轨道重叠而形成的δ键

3) δ键

凡是一个原子的d轨道与另一个原子相匹配的d轨道(如d_{xy}与d_{xy})以“面对面”的方式重叠(通过键轴有两个节面)，所形成的键就称为δ键(见图7-7)。

4) 配位共价键

根据成键原子提供电子形成共用电子对方式的不同，共价键可分为正常共价键和配位共价键。如果是由成键两原子各提供1个电子配对形成的共价键，称为正常共价键，如H_2、O_2、HCl等分子中的共价键。如果是由成键两原子中的一个原子单独提供电子对进入另一个原子的空轨道共用而成键，这种共价键称为配位共价键(coordinate covalent bond)，简称配位键(coordination bond)。为区别于正常共价键，配位键用“→”表示，箭头从提供电子对的原子指向接受电子对的原子。例如，在CO分子中，O原子除了以2个单的2p电子与C原子的2个单的2p电子形成1个σ键和1个π键外，还单独提供一对孤对电子(lone pair electron)进入C原子的1个2p空轨道共用，形成1个π配位键，这可表示为

$$:\dot{\underset{\cdot}{C}}\cdot + \cdot\ddot{\underset{\cdot}{O}}: = :C \leftleftarrows O:$$

由此可见，要形成配位键必须同时具备两个条件：

(1) 一个成键原子的价层有孤对电子；

(2) 另一个成键原子的价层有空轨道。

只要具备以上条件，分子内、分子间、离子间以及分子与离子间均有可能形成配位键。配位键的形成方式虽和正常共价键不同，但形成以后，两者是没有区别的。关于配位键理论将在第 8 章中进一步介绍。

7.1.4　键参数

能表征化学键性质的物理量称为键参数(bond parameter)。共价键的键参数主要有键能、键长、键角及键的极性。

1. 键能

1) 键能(E)的定义

键能(bond energy)是衡量原子之间形成的化学键强度(键牢固程度)的键参数。广而言之，键能是指在标准状态下气态分子每单位物质的量的某键断裂时的焓变。

$$HCl(g) = H(g) + Cl(g),\quad E = \Delta_r H_m^{\ominus} = 431\ kJ \cdot mol^{-1}$$

2) 键能与键离解能(D)

(1) 键离解能：气态分子中每单位物质的量的某特定键离解时所需的能量。

(2) 对双原子分子而言(如 HCl)，其键能数值等于该键的离解能。例如：

$$HCl(g) = H(g) + Cl(g),\quad E = D = 431\ kJ \cdot mol^{-1}$$

(3) 多原子分子中若有多个相同的键，则该键的键能为同种键逐级离解能的平均值。

下面以 NH_3 分子为例说明键能与键离解能在多原子分子中的区别与联系。$NH_3(g)$分子中三个 N—H 键的键能是相同的，三级离解能不同。

$$NH_3(g) = NH_2(g) + H(g),\quad D_{1,\ N-H} = 435\ kJ \cdot mol^{-1}$$

$$NH_2(g) = NH(g) + H(g),\quad D_{2,\ N-H} = 398\ kJ \cdot mol^{-1}$$

$$NH(g) = N(g) + H(g),\quad D_{3,\ N-H} = 339\ kJ \cdot mol^{-1}$$

$$E_{N-H} = (D_{1,\ N-H} + D_{2,\ N-H} + D_{3,\ N-H})/3 = 391\ kJ \cdot mol^{-1}$$

同一种共价键在不同的多原子分子中的键能虽有差别，但差别不大。用不同分子中同一种键能的平均值即平均键能作为该键的键能。一般键能越大，键越牢固。表 7-1 列出了一些双原子分子的键能和某些键的平均键能。

表 7-1　一些双原子分子的键能和某些键的平均键能　　(单位：$kJ \cdot mol^{-1}$)

分子名称	键能	分子名称	键能	共价键	平均键能	共价键	平均键能
H_2	436	HF	565	C—H	413	N—H	391
F_2	165	HCl	431	C—F	460	N—N	159
Cl_2	247	HBr	366	C—Cl	335	N=N	418
Br_2	193	HI	299	C—Br	289	N≡N	946
I_2	151	NO	286	C—I	230	O—O	143
N_2	946	CO	1071	C—C	346	O=O	495
O_2	493			C=C	610	O—H	463
				C≡C	835		

2. 键长

分子内成键两原子核间的平均距离称为键长(bond length),用符号 L_b 表示。光谱及衍射实验的结果表明,同一种键在不同分子中的键长数值基本上是一定值。例如,氢氧键(H—O)的键长 L_{O-H} 在不同分子中的值几乎相等。表 7-2 列出了 O—H 在几种化合物中的键长。

表 7-2　O—H 在几种化合物中的键长

化合物	H_2O	H_2O_2	CH_3OH	HCOOH
L_{O-H} /pm	96	97	96	96

又如 C—C 单键的键长在金刚石中为 154.2 pm,在乙烷中为 153.3 pm,在丙烷中为 154 pm,在环己烷中为 153 pm。因此将 C—C 单键的键长定为 154 pm。

表 7-3 列出了一些双原子分子的键长。

表 7-3　一些双原子分子的键长

键	L_b/pm	键	L_b/pm
H—H	74.0	H—F	91.3
Cl—Cl	198.8	H—Cl	127.4
Br—Br	228.4	H—Br	140.8
I—I	266.6	H—I	160.8

两个确定的原子之间形成的不同化学键,其键长值越小,键能就越大,键就越牢固(见表 7-4)。

表 7-4　若干化学键的键长和键能

化学键	C—C	C═C	C≡C	N—N	N═N	N≡N	C—N	C═N	C≡N
L_b/pm	154	134	120	146	125	109.8	147	132	116
$E/(kJ \cdot mol^{-1})$	356	598	813	160	418	946	285	616	866

由表 7-4 可看出,两原子形成的同型共价键的键长越短,键越牢固。就相同的两原子形成的键而言,单键键长＞双键键长＞三键键长。例如,C═C 键长为 134 pm,C≡C 键长为 120 pm。

3. 键角

分子中同一原子形成的两个化学键间的夹角称为键角(bond angle)。它是反映分子空间构型的一个重要参数。如 H_2O 分子中的键角为 104°45′,表明 H_2O 分子为 V 形结构;CO_2 分子中的键角为 180°,表明 CO_2 分子为直线型结构。一般来说,根据分子中的键角和键长可确定分子的空间构型。

4. 键的极性

键的极性是由成键原子的电负性不同而引起的。当成键原子的电负性相同时,核间的电子云密集区域在两核的中间位置,两个原子核正电荷所形成的正电荷重心和成键电子对的负电荷重心恰好重合,这样的共价键称为非极性共价键(nonpolar covalent bond)。如 H_2、O_2 分子中的共价键就是非极性共价键。当成键原子的电负性不同时,核间的电子云密集区域偏向电负性较大的原子一端,使之带部分负电荷,而电负性较小的原子一端则带部分正电荷,键的正电荷重心与负电荷重心不重合,这样的共价键称为极性共价键(polar covalent bond)。如

HCl 分子中的 H—Cl 键就是极性共价键。成键原子的电负性差值越大，键的极性就越大。当成键原子的电负性相差很大时，可以认为成键电子对完全转移到电负性较大的原子上，这时原子转变为离子，形成离子键。从键的极性看，可以认为离子键是最强的极性键，极性共价键是由离子键到非极性共价键之间的一种过渡情况，如表 7-5 所示。

表 7-5　键型与成键原子电负性差值的关系

物　质	NaCl	HF	HCl	HBr	HI	Cl_2
电负性差值	2.1	1.9	0.9	0.7	0.4	0
键型	离子键	极性共价键				非极性共价键

7.1.5　价键理论的局限性

价键理论成功地说明了共价键的形成，解释了共价键的方向性和饱和性，但用它来阐明多原子分子的空间构型时遇到困难。例如，它不能解释 CH_4 分子的正四面体空间构型，也不能解释 H_2O 分子中 2 个 O—H 键的键角为什么不是 90°，而是 104°45′。

7.2　杂化轨道理论

为解释多原子分子的价键形成和空间构型，1931 年 Pauling L. 等在价键理论的基础上提出了杂化轨道理论(hybrid orbital theory)。杂化轨道理论实质上仍属于现代价键理论，它在成键能力、分子的空间构型等方面丰富和发展了现代价键理论。

7.2.1　杂化轨道理论的基本要点

杂化轨道理论的基本要点如下。

(1) 形成多原子分子时，在键合原子的作用下，中心原子若干不同类型能量相近的原子轨道改变原有的状态，重新组合成一组有利于成键的、新的原子轨道，这种轨道重新组合的过程称为杂化(hybridization)。杂化后形成的新轨道称为杂化轨道(hybrid orbital)。

(2) 同一原子中能级相近的 n 个原子轨道重新组合只能得到 n 个杂化轨道。杂化轨道比原来未杂化的轨道成键能力强，形成的化学键键能大，形成的多原子分子更稳定。成键原子轨道杂化后，轨道角度分布图的形状发生了变化，一头大，一头小。成键时，较大一头与参与成键的其他原子的价电子轨道重叠，比未杂化的 p 轨道和 s 轨道重叠程度更大(如图 7-8 所示)，故形成的化学键更稳定。

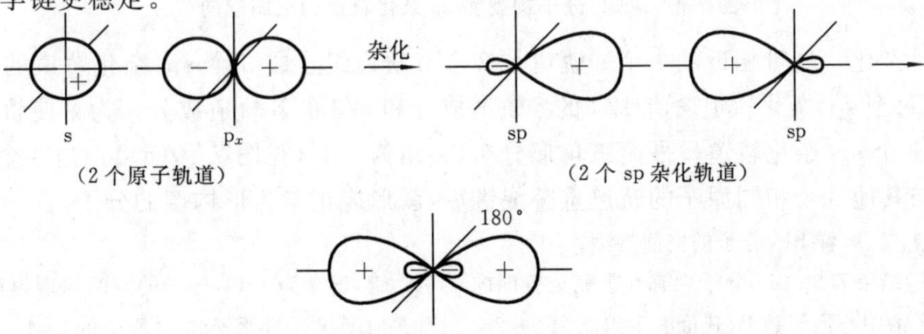

图 7-8　s 和 p 轨道组合成 sp 杂化轨道示意图

(3) 形成的杂化轨道之间应尽可能地满足最小排斥原理(化学键间排斥力越小,体系越稳定)。为满足最小排斥原理,杂化轨道之间的夹角应达到最大。

(4) 分子的空间构型主要取决于分子中 σ 键形成的骨架,而杂化轨道形成的键为 σ 键,所以杂化轨道的类型与分子的空间构型相关。

7.2.2 杂化类型与分子构型

1. sp 型和 spd 型杂化

按组成杂化轨道的原子轨道的种类,轨道的杂化有 sp 和 spd 两种主要类型。

1) sp 型杂化

同一原子在成键时其能量相近的 ns 轨道和 np 轨道之间的杂化称为 sp 型杂化。按参加杂化的 s 轨道、p 轨道数目的不同,sp 型杂化又可分为 sp、sp^2、sp^3 三种杂化。

(1) sp 杂化。由 1 个 s 轨道和 1 个 p 轨道组合成 2 个 sp 杂化轨道的过程称为 sp 杂化,所形成的轨道称为 sp 杂化轨道。每个 sp 杂化轨道均含有 1/2 的 s 轨道成分和 1/2 的 p 轨道成分。为了使相互间的排斥能最小,轨道间的夹角为 180°。当 2 个 sp 杂化轨道与其他原子轨道重叠成键后就形成直线型构型的分子。sp 杂化过程及 sp 杂化轨道的形状如图 7-8 所示。

【例 7-1】 试解释 $BeCl_2$ 分子的空间构型。

解　实验结果表明,$BeCl_2$ 分子是直线型分子。$BeCl_2$ 分子中有 2 个完全等同的 Be—Cl 键,键角为 180°,分子的空间构型为直线。

Be 原子的价电子组态为 $2s^2$。当 2 个 Cl 原子接近 Be 原子时,Be 原子的 1 个 2s 电子被激发到 2p 空轨道,此时其价电子组态为 $2s^1 2p_x^1$,这 2 个含有单电子的 2s 轨道和 $2p_x$ 轨道进行 sp 杂化,组成夹角为 180° 的 2 个能量相同的 sp 杂化轨道,2 个含有单电子的 Cl 原子的 3p 轨道与 sp 杂化轨道重叠,就形成 2 个 sp-p 的 σ 键,故 $BeCl_2$ 分子的空间构型为直线(见图 7-9),其形成过程可表示为

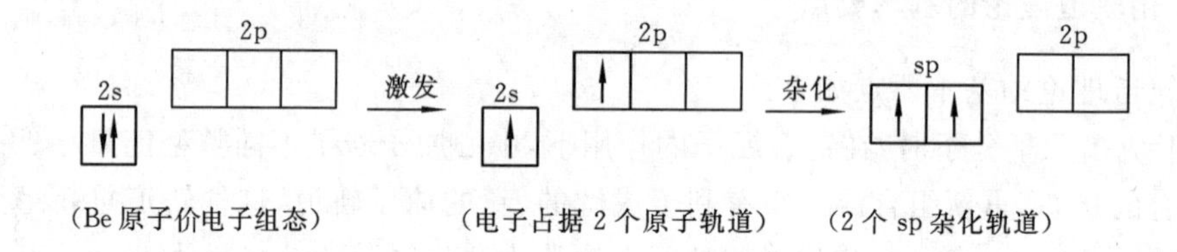

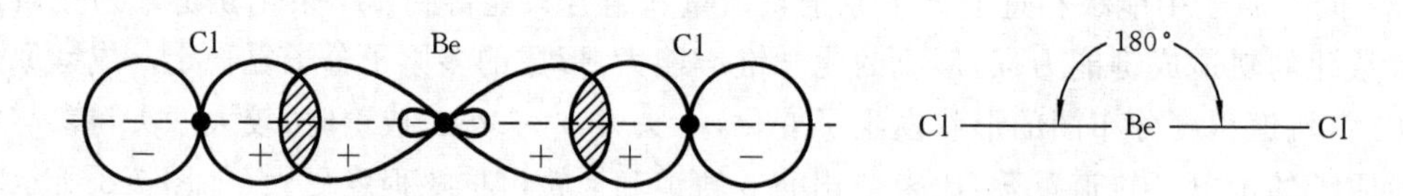

图 7-9　$BeCl_2$ **分子构型和 sp 杂化轨道的空间取向**

(2) sp^2 杂化。能量相近的 1 个 s 轨道与 2 个 p 轨道组合成 3 个 sp^2 杂化轨道的过程称为 sp^2 杂化。每个 sp^2 杂化轨道含有 1/3 的 s 轨道成分和 2/3 的 p 轨道成分。为了使轨道间的排斥能最小,3 个 sp^2 杂化轨道呈平面三角形分布,夹角为 120°(见图 7-10(a))。当 3 个 sp^2 杂化轨道分别与其他 3 个相同原子的轨道重叠成键后,就形成正三角形构型的分子。

【例 7-2】 试解释 BF_3 分子的空间构型。

解　实验结果表明,BF_3 分子中有 3 个完全等同的 B—F 键,键角为 120°,分子的空间构型为正三角形。

BF_3 分子的中心原子是 B,其价电子组态为 $2s^2 2p_x^1$。当 F 原子接近 B 原子时,B 原子的 2s 轨道上的 1 个电子被激发到 2p 空轨道,此时其价电子组态为 $2s^1 2p_x^1 2p_y^1$,1 个 2s 轨道和 2 个 2p 轨道进行 sp^2 杂化,形成夹

角均为 120°的 3 个完全等同的 sp^2 杂化轨道，3 个含有单电子的 F 原子的 2p 轨道与 sp^2 杂化轨道重叠，形成 3 个 sp^2-p 的 σ 键，故 BF_3 分子的空间构型是正三角形（见图 7-10(b)），其形成过程可表示为

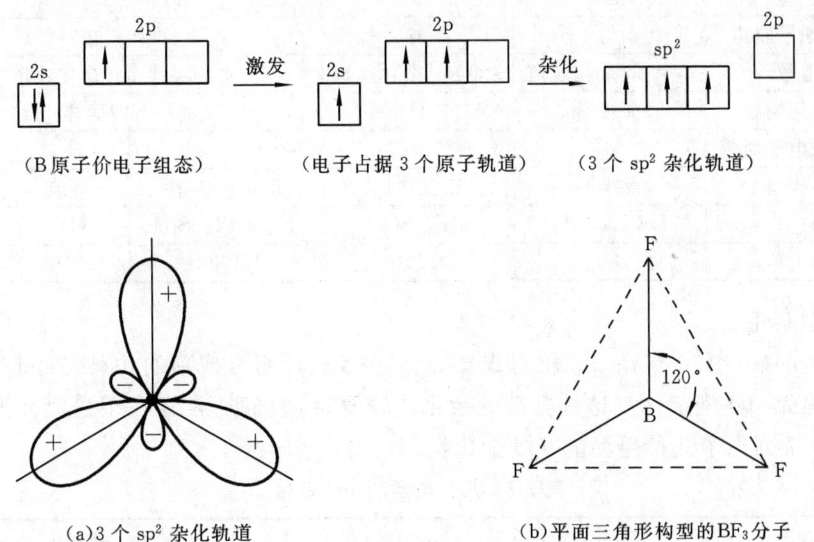

(a) 3 个 sp^2 杂化轨道　　(b) 平面三角形构型的 BF_3 分子

图 7-10　BF_3 分子构型和 sp^2 杂化轨道的空间取向

（3）sp^3 杂化轨道。由 1 个 s 轨道和 3 个 p 轨道组合成 4 个 sp^3 杂化轨道的过程称为 sp^3 杂化。每个 sp^3 杂化轨道含有 1/4 的 s 轨道成分和 3/4 的 p 轨道成分。为了使轨道间的排斥能最小，4 个分别指向四面体顶角的 sp^3 杂化轨道间的夹角均为 109°28′（见图 7-11(a)）。当它们分别与其他 4 个相同原子的轨道重叠成键后，就形成正四面体构型的分子。

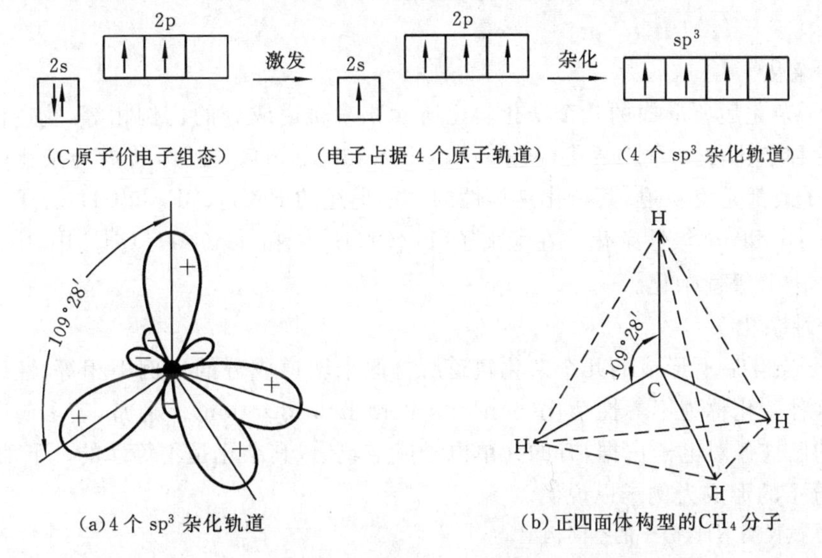

(a) 4 个 sp^3 杂化轨道　　(b) 正四面体构型的 CH_4 分子

图 7-11　CH_4 分子构型和 sp^3 杂化轨道的空间取向

【例 7-3】　试解释 CH_4 分子的空间构型。

解　CH_4 分子的空间构型为正四面体。其形成过程可表示为 C 原子的 2s 轨道和 3 个 2p 轨道杂化形成 4 个完全等同的 sp^3 杂化轨道，其夹角均为 109°28′，分别与 4 个 H 原子的 1s 轨道重叠后，形成 4 个 sp^3-s 的 σ 键，故 CH_4 分子的空间构型为正四面体（见图 7-11(b)）。

s 轨道和 p 轨道的三种杂化归纳于表 7-6 中。

表 7-6　s 轨道和 p 轨道的三种杂化

杂化类型	sp	sp^2	sp^3		
参与杂化的原子轨道	1 个 s 与 1 个 p	1 个 s 与 2 个 p	1 个 s 与 3 个 p		
杂化轨道数	2 个 sp 杂化轨道	3 个 sp^2 杂化轨道	4 个 sp^3 杂化轨道		
杂化轨道几何构型	直线形	三角形	四面体		
杂化轨道中孤电子对数	0	0	0	1	2
分子几何构型	直线形	正三角形	正四面体形	三角锥形	折线(V)形
实例	$BeCl_2$、CO_2	BF_3、SO_3	CH_4、CCl_4、SiH_4	NH_3	H_2O
键角	180°	120°	109°28′	107°18′	104°45′

2）spd 型杂化

能量相近的$(n-1)$d 与 ns、np 轨道或 ns、np 与 nd 轨道组合成新的 dsp 或 spd 型杂化轨道的过程可统称为 spd 型杂化。这种类型的杂化比较复杂，它们通常存在于过渡元素形成的化合物中。表 7-7 列出了几种典型的 spd 杂化实例。

表 7-7　几种典型的 spd 杂化

杂化类型	dsp^2	sp^3d	d^2sp^3 或 sp^3d^2
杂化轨道数	4	5	6
空间构型	平面正方形	三角双锥	正八面体
实例	$[Ni(CN)_4]^{2-}$	PCl_5	$[Fe(CN)_6]^{3-}$、$[Co(NH_3)_6]^{2+}$

2. 等性杂化和不等性杂化

根据杂化后形成的几个杂化轨道的能量是否相同，轨道的杂化可分为等性杂化和不等性杂化。

1）等性杂化

中心原子杂化后所形成的几个杂化轨道所含原来轨道成分的比例相等，轨道性质和能量完全相同，这种杂化称为等性杂化(equivalent hybridization)。通常，若参与杂化的原子轨道都含有单电子或都是空轨道，其杂化是等性的。如上述的 $BeCl_2$、BF_3 和 CH_4 分子中的中心原子分别为 sp、sp^2 和 sp^3 等性杂化。在配离子$[Fe(CN)_6]^{3-}$和$[Co(NH_3)_6]^{2+}$中，中心原子分别为 d^2sp^3 和 sp^3d^2 等性杂化。

2）不等性杂化

中心原子杂化后所形成的几个杂化轨道所含原来轨道成分的比例不相等，性质和能量不完全相同，这种杂化称为不等性杂化(nonequivalent hybridization)。通常，若参与杂化的原子轨道中，有的已被孤对电子占据，有的为单电子或空轨道，其杂化是不等性的。下面以 NH_3 分子和 H_2O 分子的形成为例予以说明。

【例 7-4】 试说明 NH_3 分子的空间构型。

解　由实验测得，NH_3 分子中有 3 个 N—H 键，键角为 107°18′，分子的空间构型为三角锥形(孤对电子习惯上不包括在分子的空间构型中)。

N 原子是 NH_3 分子的中心原子，其价电子组态为 $2s^22p_x^12p_y^12p_z^1$。H 原子与 N 原子在形成 NH_3 分子的过程中，N 原子的 1 个已被孤对电子占据的 2s 轨道与 3 个含有单电子的 p 轨道进行 sp^3 杂化，但在形成的 4 个 sp^3 杂化轨道中，有 1 个已被 N 原子的孤对电子占据，该 sp^3 杂化轨道含有较多的 2s 轨道成分，其余 3 个有单电子的 sp^3 杂化轨道则含有较多的 2p 轨道成分，故 N 原子的 sp^3 杂化是不等性杂化。当 3 个含有单电子的 sp^3 杂化轨道各与 1 个 H 原子的 1s 轨道重叠，就形成 3 个 sp^3-s 的 σ 键。由于 N 原子中有 1 对孤对电子不参与成键，其电子云在 N 原子周围较密集，它对成键电子对产生排斥作用，使 N—H 键的夹角被压缩至107°18′(小于 109°28′)，所以 NH_3分子的空间构型呈三角锥形(见图 7-12(a))。

【例 7-5】 试解释 H_2O 分子的空间构型。

解　由实验测得，H_2O 分子中有 2 个 O—H 键，键角为 104°45′，分子的空间构型为 V 形。

中心原子 O 的价电子组态为 $2s^2 2p_x^2 2p_y^1 2p_z^1$。H 原子与 O 原子在形成 H_2O 分子的过程中，O 原子以sp^3不等性杂化形成 4 个 sp^3不等性杂化轨道，其中有单电子的 2 个 sp^3杂化轨道含有较多的 2p 轨道成分，它们各与 1 个 H 原子的 1s 轨道重叠，形成 2 个 sp^3-s 的 σ 键，而余下的 2 个含有较多 2s 轨道成分的 sp^3杂化轨道各被 1 对孤对电子占据，它们对成键电子对的排斥作用比 NH_3分子中的更大，使 O—H 键夹角压缩至 104°45′(比 NH_3分子的键角小)，故 H_2O 分子具有 V 形空间构型(见图 7-12(b))。

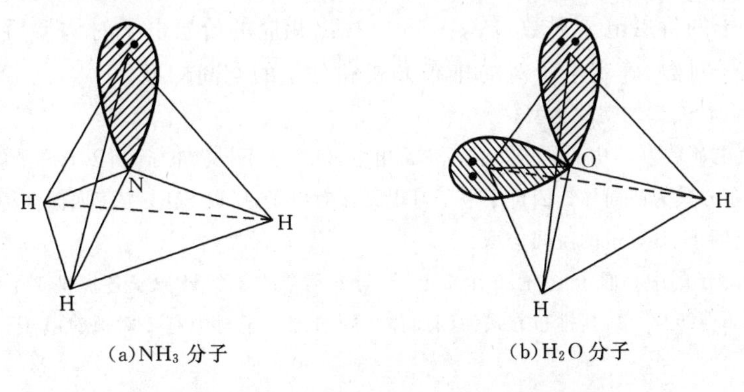

图 7-12　NH_3分子和 H_2O 分子的结构示意图

*7.3　价层电子对互斥理论

杂化轨道理论成功地解释了共价分子的空间构型，但如果直接应用杂化轨道理论预测分子的空间构型，不一定能得到满意的结果。虽然可根据杂化类型来确定某些分子的几何构型，但是一个分子的中心原子究竟采取哪种类型的轨道杂化，有时难以预料。为了能更准确地确定或预测分子的空间构型，1940 年美国的 Sidgwick N. V. 等相继提出了价层电子对互斥理论(valence shell electron pair repulsion theory)，简称 VSEPR 法。

7.3.1　价层电子对互斥理论的基本要点

价层电子对互斥理论的基本要点如下。

(1) 对于一个 AB_m型分子或离子，围绕中心原子 A 的价层电子对(包括成键电子对和孤对电子)之间尽可能相互远离(见表 7-8)，这样电子对之间静电斥力小，体系趋于稳定。

(2) 孤对电子比成键电子接近中心原子，只受中心原子核的吸引，电子云密度大，对相邻电子的斥力较大。电子对之间斥力大小顺序为

孤对电子-孤对电子＞孤对电子-成键电子对＞成键电子对-成键电子对

(3) 如果 AB_m分子中存在双键或三键，按生成单键来考虑，即只考虑提供一个成键电子，多重键具有较多的电子而斥力大，其斥力大小顺序为

三键 ＞双键 ＞单键

7.3.2　分子的空间结构

应用价层电子对互斥理论，可按下述规定和步骤判断分子的空间构型。

1. 确定中心原子中价层电子对数

中心原子的价电子数和配体所提供的共用电子数的总和除以 2，即为中心原子的价层电子对数。规定：①作为配体，卤素原子和 H 原子提供 1 个电子，氧族元素的原子不提供电子；②作为中心原子，卤素原子按提供 7 个电子计算，氧族元素的原子按提供 6 个电子计算；③对于复杂离子，在计算价层电子对数时，还应加上阴离子的电荷数或减去阳离子的电荷数；④计算电子对数时，若剩余 1 个电子，也当作 1 对电子处理；⑤双键、三键等多重键作为 1 对电子看待。

2. 判断分子的空间构型

根据中心原子的价层电子对数，从表 7-8 中找出相应的价层电子对构型后，再根据价层电子对中的孤对电子对数，确定电子对的排布方式和分子的空间构型。

【例 7-6】 试判断 SO_4^{2-} 的空间构型。

解 SO_4^{2-} 的负电荷数为 2，中心原子 S 有 6 个价电子，O 原子不提供电子，所以 S 原子的价层电子对数为 $(6+2)/2=4$，其排布方式为四面体。因价层电子对中无孤对电子，所以 SO_4^{2-} 为正四面体构型。

【例 7-7】 试判断 H_2S 分子的空间构型。

解 S 是 H_2S 分子的中心原子，它有 6 个价电子，与 S 化合的 2 个 H 原子各提供 1 个电子，所以 S 原子的价层电子对数为 $(6+2)/2=4$，其排布方式为四面体。因价层电子对中有 2 对孤对电子，所以 H_2S 分子的空间构型为 V 形。

表 7-8　理想的价层电子对构型和分子构型

A 的价层电子对数	价层电子对构型	分子类型	成键电子对数	孤对电子对数	电子对排布	分子构型	实　例
2	直线	AB_2	2	0		直线	$HgCl_2$、CO_2
3	平面三角形	AB_3	3	0	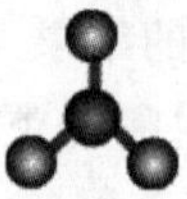	平面三角形	BF_3、NO_3^-
		AB_2	2	1	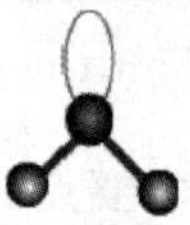	V 形	$PbCl_2$、SO_2
4	四面体	AB_4	4	0	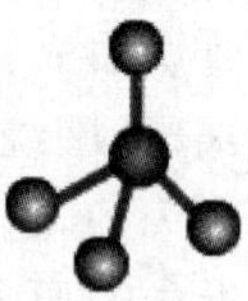	正四面体	SiF_4、SO_4^{2-}
		AB_3	3	1	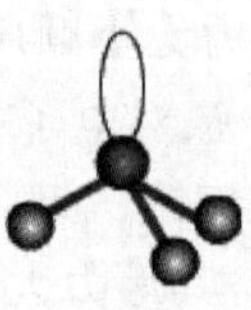	三角锥	NH_3、H_3O^+
		AB_2	2	2		V 形	H_2O、H_2S

续表

A的价层电子对数	价层电子对构型	分子类型	成键电子对数	孤对电子对数	电子对排布	分子构型	实 例
5	三角双锥	AB_5	5	0	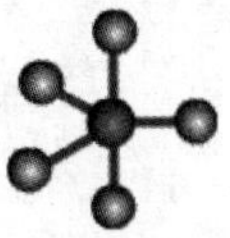	三角双锥	PCl_5、PF_5
		AB_4	4	1	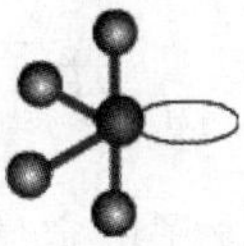	变形四面体	SF_4、$TeCl_4$
		AB_3	3	2	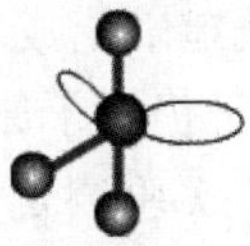	T形	ClF_3
		AB_2	2	3	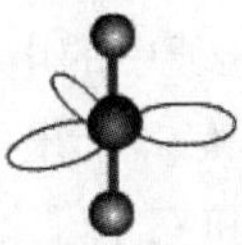	直线	I_3^-、XeF_2
6	八面体	AB_6	6	0	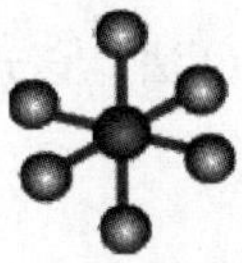	正八面体	SF_6、AlF_6^{3-}
		AB_5	5	1	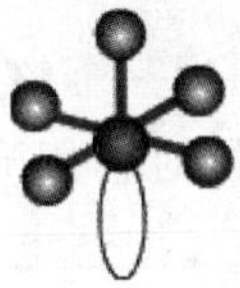	四方锥	BrF_5、SbF_5^{2-}
		AB_4	4	2	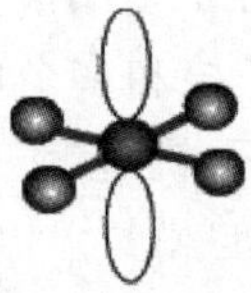	平面正方形	ICl_4^-、XeF_4

【例7-8】 试判断HCHO分子和HCN分子的空间构型。

解 HCHO分子的结构式为 H—C(—H)═O，分子中有1个C═O双键，看作1对成键电子，2个C—H单键为2对成键电子，故C原子的价层电子对数为3，且无孤对电子，所以HCHO分子的空间构型为平面三角形。

HCN分子的结构式为 H—C≡N:，含有1个C≡N三键，看作1对成键电子，1个C—H单键为1对成键电子，故C原子的价层电子对数为2，且无孤对电子，所以HCN分子的空间构型为直线。

3. 考虑π键的影响，进一步确定分子的空间构型

对分子构型起主要作用的是σ键，而不是π键。在有多重键存在时，多重键同孤对电子相似，对其他成键电子对也有较大斥力，从而影响分子中的键角，改变分子的空间构型。

【例 7-9】 试判断 $CH_2{=}CH_2$ 分子的空间构型。

解 在 $CH_2{=}CH_2$ 分子中,C 原子的价层电子对数均为 3,无孤对电子存在,其键角都应是 120°,但多重键的存在对 C—H 键的成键电子对有较大斥力,使其键角缩小。

H　　H
C=C　116°42′
H　　H

7.4 分子轨道理论简介

价键理论强调电子对和成键电子的定域,有明确的键的概念,模型直观,易于理解,阐明了共价键的本质,尤其是它的杂化轨道理论成功地解释了共价分子的空间构型,因而得到广泛的应用。但该理论认为分子中的电子仍属于原来的原子,成键的共用电子对只在两个成键原子间的小区域内运动,故有局限性。实验测定 NO、NO^+、O_2都具有顺磁性,该理论不能解释此现象。O 原子的电子组态为$1s^2 2s^2 2p_x^2 2p_y^1 2p_z^1$,按现代价键理论,2 个 O 原子应以 1 个 σ 键和 1 个 π 键结合成 O_2分子,因此 O_2分子中的电子都是成对的,它应是抗磁性[①]物质。但是磁性测定表明,O_2分子是顺磁性物质,它有 2 个未配对的单电子。另外,现代价键理论也不能解释分子中存在单电子键(如在 H_2^+ 中)和三电子键(如在 O_2分子中)等现象。1932 年,美国化学家 Mulliken R. S. 和德国化学家 Hund F. 提出一种新的共价键理论——分子轨道理论(molecular orbital theory),即 MO 法。该理论立足于分子的整体性,能较好地说明多原子分子的结构。

7.4.1 分子轨道的形成

在分子轨道理论里,把分子作为一个整体来考虑,并认为电子是在多电子、多原子核组成的势能场中运动。在讨论原子结构时曾用波函数(Ψ)来描述电子在原子中的运动状态,并把 Ψ 称为原子轨道。同样可以用 Ψ 来描述电子在分子中的运动状态,$|\Psi|^2$描述电子在分子中各处空间出现的概率密度,并把分子中的波函数称为分子轨道(molecular orbital)。

除 H_2^+ 外,分子是由多个原子核和多个电子组成的,想通过 Schrödinger 方程求得多电子分子的分子轨道十分困难。分子轨道理论假定分子是所属原子轨道的线性组合(linear combination of atomic orbitals,LCAO)。以 H_2^+ 为例,Ψ_a和 Ψ_b分别表示两个氢原子的 1s 轨道,它们线性组合后得到两个分子轨道 $\Psi_{\text{I}}(\sigma_{1s})$和$\Psi_{\text{II}}(\sigma_{1s}^*)$,表示为

$$\Psi_{\text{I}} = C_1\Psi_a + C_2\Psi_b$$

$$\Psi_{\text{II}} = C_1\Psi_a - C_2\Psi_b$$

从电子的波动性考虑,把原子轨道相加看成两个电子波组合时波峰叠加,使波增强;把原子轨道相减看成两个电子波组合时波峰相减,使波减弱(见图 7-13)。

故在 Ψ_{I}中,两核间电子概率密度明显增大,屏蔽了两原子核之间的静电排斥而稳定成键。所以由两个原子轨道重叠相加组成的分子轨道称为成键轨道(bonding molecular orbital)。

Ψ_{II}中两核间电子概率密度减小,波函数值为零。由两个原子轨道相减组成的分子轨道

① 物质的磁性,主要是由其中电子的自旋引起的。通常,在抗磁性物质中电子都已成对,在顺磁性物质中则含有单电子。

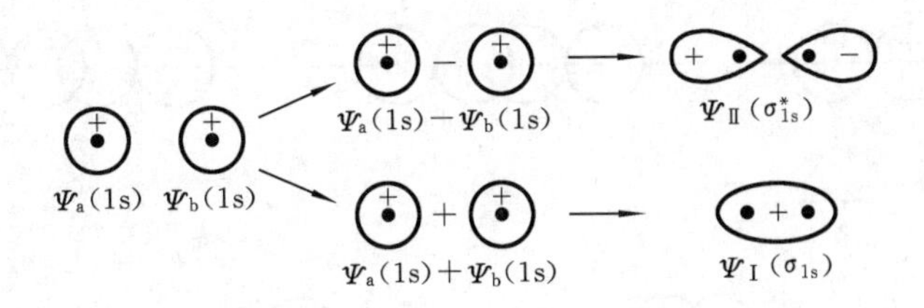

图 7-13　σ_{1s}、σ_{1s}^*分子轨道的形成

称为反键轨道(antibonding molecular orbital)。成键轨道的能量低于原子轨道能量,反键轨道的能量高于原子轨道能量。用轨道能级表示如图 7-14 所示。

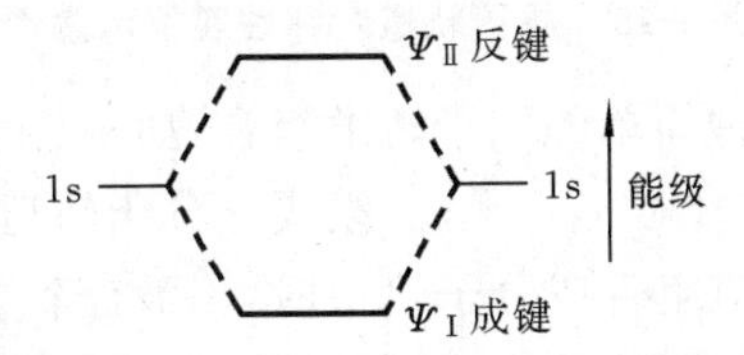

图 7-14　原子轨道和分子轨道的能级关系

7.4.2　分子轨道理论的要点

分子轨道理论的要点如下。

(1) 在原子形成分子时,所有电子都有贡献,分子中的电子不再从属于某个原子,而是在整个分子空间范围内运动。在分子中电子的空间运动状态可用相应的分子轨道波函数 Ψ 来描述。分子轨道和原子轨道的主要区别在于:①在原子中,电子的运动只受 1 个原子核的作用,原子轨道是单核系统,而在分子中,电子则在所有原子核势能场作用下运动,分子轨道是多核系统;②原子轨道的名称用 s、p、d 等符号表示,而分子轨道的名称则相应地用 σ、π、δ 等符号表示。

(2) 分子轨道可以由分子中原子轨道波函数的线性组合而得到。几个原子轨道可组合成几个分子轨道,其中有一半分子轨道为成键分子轨道,分别由正、负号相同的两个原子轨道叠加而成,两核间电子的概率密度增大,其能量较原来的原子轨道能量低,有利于成键,如 σ、π 轨道;另一半分子轨道为反键分子轨道,分别由正、负号不同的两个原子轨道叠加而成,两核间电子的概率密度减小,其能量较原来的原子轨道能量高,不利于成键,如 σ^*、π^* 轨道。

(3) 为了有效地组合成分子轨道,要求成键的各原子轨道必须符合下述三条原则。

① 对称性匹配原则。只有对称性匹配的原子轨道才能组合成分子轨道,这称为对称性匹配原则。

原子轨道有 s、p、d 等各种类型,从它们的角度分布函数的几何图形可以看出,它们对于某些点、线、面等有着不同的空间对称性。对称性是否匹配,可根据两个原子轨道的角度分布图中波瓣的正、负号对于键轴(设为 x 轴)或对于含键轴的某一平面(x-y 平面或 x-z 平面)的对称性决定。例如,图 7-15 的(a)、(b)、(c)中,进行线性组合的原子轨道分别对于 x 轴呈圆柱形对称,均为对称性匹配;图 7-15 的(d)和(e)中,参加组合的原子轨道分别对于 x-y 平面呈反对称,它们也是对称性匹配,均可组合成分子轨道;图 7-15 的(f)、(g)中,参加组合的两个原子轨道对于 x-y 平面一个呈对称而另一个呈反对称,则两者对称性不匹配,不能组合成分子轨道。

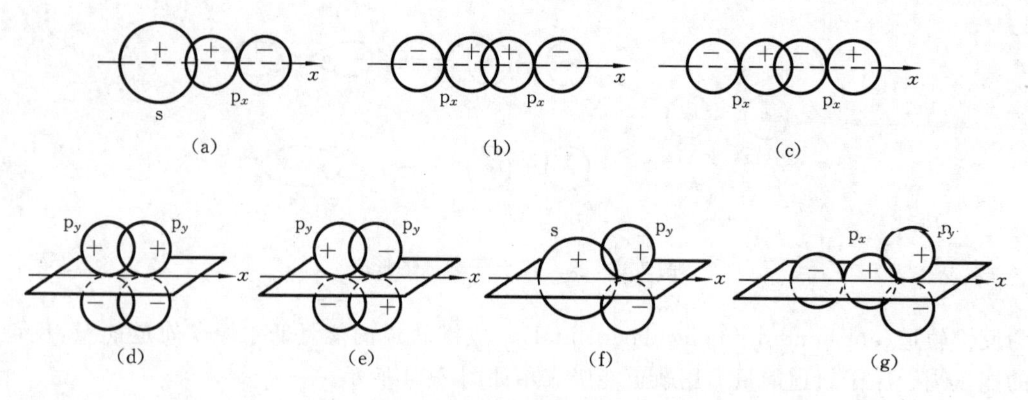

图 7-15　原子轨道对称性匹配示意图

符合对称性匹配原则的几种简单的原子轨道组合，如 s-s、s-p_x、p_x-p_x(对 x 轴)组成 σ 分子轨道，p_y-p_y(对 x-z 平面)、p_z-p_z(对 x-y 平面)组成 π 分子轨道。

对称性匹配的两个原子轨道组合成分子轨道时，因波瓣符号的异同，有两种组合方式：波瓣符号相同(即＋＋重叠或－－重叠)的两个原子轨道组合成成键分子轨道；波瓣符号相反(即＋－重叠)的两个原子轨道组合成反键分子轨道。图 7-16 是对称性匹配的两个原子轨道组合成分子轨道的示意图。

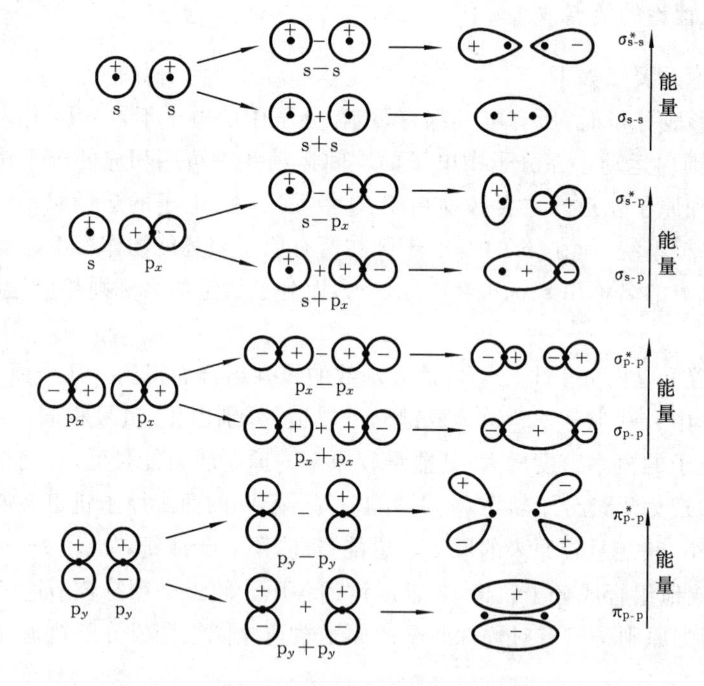

图 7-16　对称性匹配的两个原子轨道组合成分子轨道的示意图

② 能量近似原则。在对称性匹配的原子轨道中，只有能量相近的原子轨道才能有效地组合成分子轨道，而且能量越相近越好，这称为能量近似原则。这个原则对于确定两种不同类型的原子轨道之间能否组成分子轨道尤为重要。例如，H 原子的 1s 轨道的能量为 $-1\,312$ kJ · mol^{-1}，F 原子的 1s、2s 和 2p 轨道的能量分别为 $-6\,718.1$ kJ · mol^{-1}、$-3\,870.8$ kJ · mol^{-1} 和 $-1\,797.4$ kJ · mol^{-1}。当 H 原子和 F 原子形成 HF 分子时，从对称性匹配情况看，H 原子的 1s 轨道可以和 F 原子的 1s、2s 或 2p 轨道中的任何一个组合成分子轨道，但根据能量近似

原则，H 原子的 1s 轨道只能和 F 原子的 2p 轨道组合才有效。因此，H 原子与 F 原子是通过 $\sigma_{s\text{-}p_x}$ 单键结合成 HF 分子的。

③ 轨道最大重叠原则。对称性匹配的两个原子轨道进行线性组合时，其重叠程度越大，则组合成的分子轨道的能量越低，所形成的化学键越牢固，这称为轨道最大重叠原则。

在上述三条原则中，对称性匹配原则是首要的，它决定原子轨道有无组合成分子轨道的可能性。能量近似原则和轨道最大重叠原则是在符合对称性匹配原则的前提下，决定分子轨道的组合效率。

(4) 电子在分子轨道中的排布也遵守 Pauli 不相容原理、能量最低原理和 Hund 规则。具体排布时，应先知道分子轨道的能级顺序。目前这个顺序主要借助于分子光谱实验来确定。

(5) 在分子轨道理论中，用键级(bond order)表示键的牢固程度。键级的定义是

$$\text{键级} \xlongequal{\text{def}} (\text{成键轨道上的电子数} - \text{反键轨道上的电子数})/2$$

键级也可以是分数。一般来说，键级越高，键能越大，键越稳定。键级为零，则表明原子不可能结合成分子。

7.4.3 分子轨道的能级

每个分子轨道都有相应的能量，把分子中各分子轨道按能级高低顺序排列起来，可得到分子轨道能级图。

1. 同核双原子分子的轨道能级图

现以第二周期元素形成的同核双原子分子为例予以说明。第二周期元素中，因各自的 2s、2p 轨道能量之差不同，所形成的同核双原子分子的分子轨道能级顺序有两种。一种是组成原子的 2s 和 2p 轨道的能量相差较大(大于 1 500 kJ · mol^{-1})，在组合成分子轨道时，不会发生 2s 和 2p 轨道的相互作用，只是两原子的 s-s 和 p-p 轨道的线性组合。因此，由这些原子组成的同核双原子分子的分子轨道能级顺序为

$$\sigma_{1s} < \sigma_{1s}^* < \sigma_{2s} < \sigma_{2s}^* < \sigma_{2p_x} < \pi_{2p_y} = \pi_{2p_z} < \pi_{2p_y}^* = \pi_{2p_z}^* < \sigma_{2p_x}^*$$

图 7-17(a)即是此能级顺序的分子轨道能级图。O_2、F_2 分子的分子轨道能级排列符合此顺序。另一种是组成原子的 2s 和 2p 轨道的能量相差较小(小于 1 500 kJ · mol^{-1})，在组合成分子轨

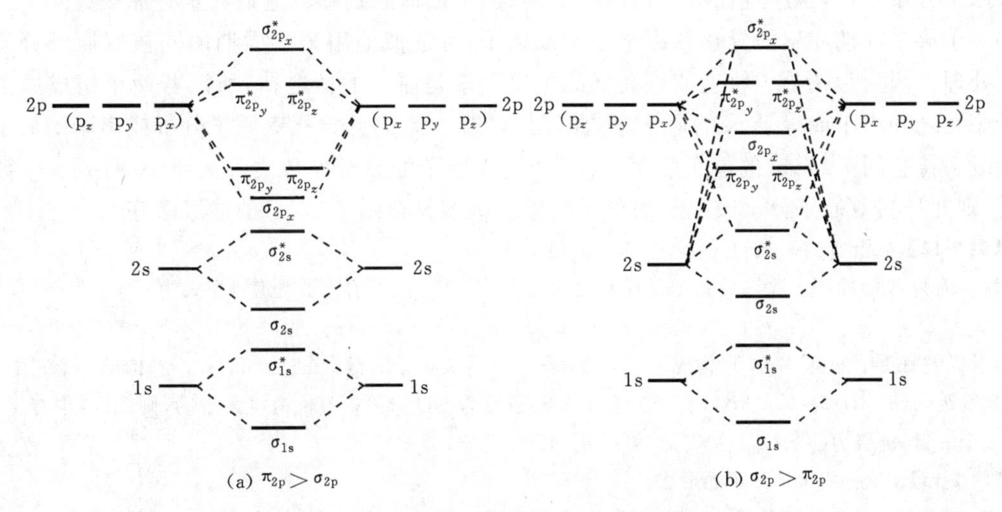

图 7-17　同核双原子分子的轨道能级图

道时，一个原子的 2s 轨道除能和另一个原子的 2s 轨道发生重叠外，还可与其 2p 轨道重叠，其结果是使 σ_{2p_x} 分子轨道的能量超过 π_{2p_y} 和 π_{2p_z} 分子轨道的能量。由这些原子组成的同核双原子分子的分子轨道能级顺序为

$$\sigma_{1s}<\sigma_{1s}^*<\sigma_{2s}<\sigma_{2s}^*<\pi_{2p_y}=\pi_{2p_z}<\sigma_{2p_x}<\pi_{2p_y}^*=\pi_{2p_z}^*<\sigma_{2p_x}^*$$

图 7-17(b)即是此能级顺序的分子轨道能级图。第二周期元素组成的同核双原子分子中，除 O_2、F_2 外，其余的 Li_2、Be_2、B_2、C_2、N_2 等分子的分子轨道能级排列均符合此顺序。

【例 7-10】 试分析 H_2^+ 和 He_2 分子能否存在。

解 H_2^+ 是由 1 个 H 原子和 1 个 H 原子核组成的。因为 H_2^+ 中只有 1 个 1s 电子，所以它的分子轨道式为 $H_2^+[(\sigma_{1s})^1]$。这表明 1 个 H 原子和 1 个 H^+ 是通过 1 个单电子 σ 键结合在一起的，其键级为 1/2。故 H_2^+ 可以存在，但不太稳定。

He 原子的电子组态为 $1s^2$。2 个 He 原子共有 4 个电子，若它们可以结合，则 He_2 分子的分子轨道式应为 $He_2[(\sigma_{1s})^2(\sigma_{1s}^*)^2]$。键级为零，这表明 He_2 分子不能存在。在这里，成键分子轨道 σ_{1s} 和反键分子轨道 σ_{1s}^* 各填满 2 个电子，使成键轨道降低的能量与反键轨道升高的能量相互抵消，因而净成键作用为零，或者说对成键没有贡献。

【例 7-11】 试用 MO 法说明 N_2 分子的结构。

解 N 原子的电子组态为 $1s^22s^22p^3$。N_2 分子中的 14 个电子按图 7-17(b)的能级顺序依次填入相应的分子轨道，所以 N_2 分子的分子轨道式为

$$N_2[(\sigma_{1s})^2(\sigma_{1s}^*)^2(\sigma_{2s})^2(\sigma_{2s}^*)^2(\pi_{2p_y})^2(\pi_{2p_z})^2(\sigma_{2p_x})^2]$$

根据计算，原子内层轨道上的电子在形成分子时基本上处于原来的原子轨道上，可以认为它们未参与成键。所以 N_2 分子的分子轨道式可写成

$$N_2[KK(\sigma_{2s})^2(\sigma_{2s}^*)^2(\pi_{2p_y})^2(\pi_{2p_z})^2(\sigma_{2p_x})^2]$$

式中每一个 K 表示 K 层原子轨道上的 2 个电子。

此分子轨道式中 $(\sigma_{2s})^2$ 的成键作用与 $(\sigma_{2s}^*)^2$ 的反键作用相互抵消，对成键没有贡献；$(\sigma_{2p_x})^2$ 构成 1 个 σ 键；$(\pi_{2p_y})^2$、$(\pi_{2p_z})^2$ 各构成 1 个 π 键。所以 N_2 分子中有 1 个 σ 键和 2 个 π 键。由于电子都填入成键轨道，而且分子中 π 轨道的能量较低，使体系的能量大为降低，故 N_2 分子特别稳定。其键级为(8−2)/2=3。

2. 异核双原子分子的轨道能级图

用分子轨道理论处理两种不同元素的原子组成的异核双原子分子时，所用原则和处理同核双原子分子一样，也应遵循对称性匹配原则、能量近似原则和轨道最大重叠原则。

对于第二周期元素的异核双原子分子或离子，可近似地用第二周期的同核双原子分子的方法处理。因为影响分子轨道能级高低的主要因素是原子的核电荷，所以若两个组成原子的原子序数之和小于或等于 N 的原子序数的两倍(即 14)，则此异核双原子分子或离子的分子轨道能级图符合图 7-17(b)的能级顺序；若两个组成原子的原子序数之和大于 N 的原子序数的两倍，则此异核双原子分子或离子的分子轨道能级图符合图 7-17(a)的能级顺序。

【例 7-12】 试比较 NO 分子和 NO^+ 离子的稳定性。

解 因为 N 的原子序数与 O 的原子序数之和为 15，故 NO 分子的分子轨道排布式为

$$NO[(\sigma_{1s})^2(\sigma_{1s}^*)^2(\sigma_{2s})^2(\sigma_{2s}^*)^2(\sigma_{2p_x})^2(\pi_{2p_y})^2(\pi_{2p_z})^2(\pi_{2p_y}^*)^1]$$

其中，对成键有贡献的有：$(\sigma_{2p_x})^2$ 构成 1 个 σ 键，$(\pi_{2p_z})^2$ 构成 1 个 π 键，$(\pi_{2p_y})^2$ 和 $(\pi_{2p_y}^*)^1$ 构成 1 个三电子 π 键。其键级为(8−3)/2=2.5。NO 分子失去 1 个电子成为 NO^+ 后，$\pi_{2p_y}^*$ 轨道将是空的，则 NO^+ 中有 1 个 σ 键和 2 个 π 键，键级为(8−2)/2=3。故 NO^+ 比 NO 更稳定。

【例 7-13】 试分析 HF 分子的形成。

解 HF 是异核双原子分子。但因 H 和 F 不属于同一周期，因而不能采用上述两例的方法来确定其分子轨道能级顺序。根据分子轨道理论提出的原子轨道线性组合三原则进行综合分析，可确定 H 原子的 1s 轨

道和 F 原子的 $2p_x$ 轨道沿键轴(x 轴)方向能最大程度重叠,有效地组成 1 个成键分子轨道 3σ 和 1 个反键分子轨道 4σ。而 F 原子的其他原子轨道在形成 HF 分子的过程中,基本保持它们原来的原子轨道性质,对成键没有贡献,统称为非键轨道(nonbonding orbital)。HF 分子的分子轨道能级图和电子在其中的排布如图 7-18 所示。图中的 1σ、2σ 和 2 个 1π 均为非键轨道。HF 分子的键级为 1,分子中有 1 个 σ 键。

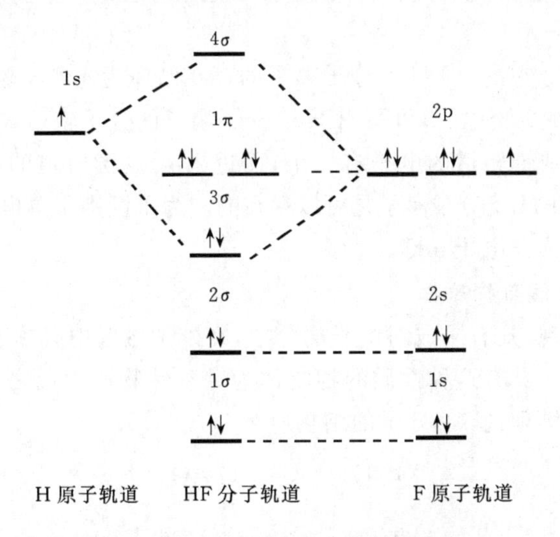

图 7-18　HF 分子的分子轨道能级

7.4.4　分子轨道理论的应用

1. 推测分子的存在和阐明分子的结构

第一、二周期元素的同核双原子分子中,H_2、N_2、O_2、F_2分子我们早已熟悉;H_2^+、He_2^+、Li_2、B_2及 C_2分子虽较少见,但在气相中已被观测到并被研究过;Be_2和 Ne_2分子则至今未发现。下面举几个例子,应用分子轨道理论加以说明。

1) H_2^+分子离子与 Li_2分子

H_2^+分子离子只有 1 个电子,根据同核双原子分子轨道能级图可写出其分子轨道式:$H_2^+[(\sigma_{1s})^1]$。由于有 1 个电子进入 σ_{1s}成键轨道,体系能量降低了,因此从理论上推测 H_2^+分子离子是可能存在的。$[H \cdot H]^+$分子离子中的键称为单电子 σ 键。Li_2分子有 6 个电子,同理可写出其分子轨道式:$Li_2[KK(\sigma_{2s})^2]$。由于有 2 个价电子进入 σ_{2s}轨道,体系能量也降低了,因此从理论上推测 Li_2分子也是可能存在的。

H_2^+分子离子和 Li_2分子的存在,通过实验已经得到证实,对于这类化学事实,利用价键理论是无法进行解释的。

2) Be_2分子与 Ne_2分子

Be_2分子有 8 个电子,Ne_2分子有 20 个电子。假如这两种分子都能存在,根据同核双原子分子轨道能级图可分别写出它们各自的分子轨道式:

$$Be_2[KK(\sigma_{2s})^2(\sigma_{2s}^*)^2]$$

$$Ne_2[KK(\sigma_{2s})^2(\sigma_{2s}^*)^2(\sigma_{2p_x})^2(\pi_{2p_y})^2(\pi_{2p_z})^2(\pi_{2p_y}^*)^2(\pi_{2p_z}^*)^2(\sigma_{2p_x}^*)^2]$$

由于进入成键轨道和反键轨道的电子数目一样多,能量变化上相互抵消,因此从理论上推测 Be_2分子和 Ne_2分子不是高度不稳定就是根本不存在。事实上Be_2和Ne_2分子至今尚未被发现。

3) He_2分子与He_2^+分子离子

He_2分子有4个电子。假如He_2分子能存在,同理可写出其分子轨道式:$He_2[(\sigma_{1s})^2(\sigma_{1s}^*)^2]$。由于进入$\sigma_{1s}$和$\sigma_{1s}^*$轨道的电子均为2个,对体系能量的影响相互抵消,因此,与Ne_2分子一样,从理论上可以预言He_2分子是不存在的,这正是稀有气体为单原子分子的原因所在。

尽管He_2分子是不存在的,但He_2^+分子离子的存在已经为光谱实验所证实。由于He_2^+分子离子比2个He原子少1个电子,可写出He_2^+分子离子的分子轨道式:$He_2^+[(\sigma_{1s})^2(\sigma_{1s}^*)^1]$。由此可以看出,进入$\sigma_{1s}$成键轨道的电子有2个,而进入$\sigma_{1s}^*$反键轨道的电子只有1个,体系总的能量还是降低了,说明He_2^+分子离子是可以存在的。为了区别于单电子σ键,把$[He\vdots He]^+$分子离子中的化学键称为三电子σ键。

2. 预言分子的顺磁性与抗磁性

物质的磁性实验发现,凡有未成对电子的分子,在外加磁场中必顺着磁场方向排列。分子的这种性质称为顺磁性。具有这种性质的物质称为顺磁性物质。反之,电子完全配对的分子则具有抗磁性。若按价键理论,O_2分子的结构应为

$$:\ddot{O}::\ddot{O}: \qquad\qquad O{=}O$$

电子式　　　　分子结构式

亦即O_2分子是以双键结合的,分子中无未成对电子,应具有抗磁性。但磁性实验说明O_2分子具有顺磁性,而且光谱实验还指出O_2分子中确实含有2个自旋平行的未成对电子。按照分子轨道理论来处理,O原子的电子组态为$1s^22s^22p^4$,O_2分子中共有16个电子。与N_2分子不同,O_2分子中的电子按图7-17(a)所示的能级顺序依次填入相应的分子轨道,其中有14个电子填入π_{2p}及其以下的分子轨道中,剩下的2个电子按Hund规则分别填入2个简并的π_{2p}^*轨道,且自旋平行。所以O_2分子的分子轨道式为

$$O_2[K\,K(\sigma_{2s})^2(\sigma_{2s}^*)^2(\sigma_{2p_x})^2(\pi_{2p_y})^2(\pi_{2p_z})^2(\pi_{2p_y}^*)^1(\pi_{2p_z}^*)^1]$$

其中$(\sigma_{2s})^2$和$(\sigma_{2s}^*)^2$对成键没有贡献;$(\sigma_{2p_x})^2$构成1个σ键;$(\pi_{2p_y})^2$的成键作用与$(\pi_{2p_y}^*)^1$的反键作用不能完全抵消,且因其空间方位一致,构成1个三电子π键;$(\pi_{2p_z})^2$与$(\pi_{2p_z}^*)^1$构成另1个三电子π键。所以O_2分子中有1个σ键和2个三电子π键。因2个三电子π键中各有1个单电子,故O_2具有顺磁性。

在每个三电子π键中,2个电子在成键轨道,1个电子在反键轨道,三电子π键的键能只有单键的一半,因而三电子π键要比双电子π键弱得多。事实上,O_2的键能只有495 $kJ\cdot mol^{-1}$,这比一般双键的键能低。正因为O_2分子中含有结合力弱的三电子π键,所以它的化学性质比较活泼,而且可以失去电子变成氧分子离子O_2^+。O_2分子的键级为$(8-4)/2=2$。

由此可见,分子轨道理论能预言分子的顺磁性与抗磁性,这是价键理论所不能的。

价键理论简明直观,价键概念突出,在描述分子的几何构型方面有其独到之处,容易为人们所掌握。但是价键理论把成键局限于两个相邻原子之间,构成定域键,而且该理论严格限定只有自旋方向相反的两个电子配对才能成键,这就使得它的应用范围比较狭窄,对许多分子的结构和性能不能给出确切的解释。

分子轨道理论恰好克服了价键理论的缺点,它提出分子轨道的概念,把分子中电子的分布统筹安排,使分子具有整体性,这样成键就可以不局限于两个相邻原子之间,还可以构成非定域键;而且该理论把成键条件放宽,认为单电子进入分子轨道后,只要分子体系的总能量得以

降低就可以成键，这使得它的应用范围比较广，能阐明一些价键理论不能解释的问题。但是分子轨道理论的价键概念不明显，计算方法也比较复杂，不易为一般学习者运用和掌握，而且在描述分子的几何构型方面也不够直观。

由于计算机的应用，分子轨道理论发展很快，应用也越来越广泛；同时价键理论也在不断地改进。在新的更为成熟的分子结构理论正式建立之前，价键理论和分子轨道理论两者取长补短，相辅相成，在阐明分子结构方面发挥着各自的优势。

7.5 分子间力与氢键

分子间力是分子与分子之间或分子内部存在的一种相互作用力，其强度较弱，只有化学键键能的1/100～1/10。分子间力最早由荷兰物理学家 van der Waals 提出，故称为 van der Waals 力。分子间力主要影响物质的物理性质，如化合物的熔点、沸点、溶解度、表面张力等。

分子间力与分子的结构有关，也与分子的极性有关。

7.5.1 分子的极性与极化

1. 分子的极性

分子中都含有带正电荷的原子核和带负电荷的电子，根据分子中原子正、负电荷重心是否重合，可将分子分为极性分子和非极性分子。其中正、负电荷重心相重合的分子为非极性分子(nonpolar molecule)，而正、负电荷重心不重合的分子为极性分子(polar molecule)。

根据组成分子的原子个数，可将分子分为双原子分子和多原子分子。双原子分子又分为同核双原子分子和异核双原子分子。对于双原子分子，分子的极性与键的极性是一致的。由非极性共价键构成的分子一定是非极性分子，如 H_2、Cl_2、O_2等分子；而由极性共价键构成的异核分子一定是极性分子，如 HCl、HF 等分子。

对于多原子组成的分子，分子的极性与键的极性不一定一致。分子是否有极性，不仅取决于组成分子的元素的电负性，而且与分子的空间构型有关。例如，CO_2、CH_4分子中，虽然都是极性键，但前者是直线构型，后者是正四面体构型，键的极性相互抵消，因此它们是非极性分子。而在V形构型的 H_2O 分子和三角锥形构型的 NH_3分子中，键的极性不能抵消，它们是极性分子。

分子极性的大小用电偶极矩(electric dipole moment)量度。分子的电偶极矩简称偶极矩(μ)，其大小等于正、负电荷重心距离(d)和正电荷重心或负电荷重心上的电量(q)的乘积，即

$$\mu = q \cdot d$$

电偶极矩的单位为 10^{-30} C·m。电偶极矩是一个矢量，化学上规定其方向是从正电荷重心指向负电荷重心。一些分子的电偶极矩测定值和分子空间构型见表7-9。电偶极矩为零的分子是非极性分子，电偶极矩越大表示分子的极性越强。

表7-9 一些分子的电偶极矩 μ 和分子空间构型

分子	$\mu/(10^{-30}$ C·m)	空间构型	分子	$\mu/(10^{-30}$ C·m)	空间构型
H_2	0	直线型	CO	0.33	直线型
Cl_2	0	直线型	HCl	3.43	直线型
CO_2	0	直线型	HBr	2.63	直线型

续表

分子	$\mu/(10^{-30}C\cdot m)$	空间构型	分子	$\mu/(10^{-30}C\cdot m)$	空间构型
CH_4	0	正四面体	HI	1.27	直线型
BF_3	0	平面三角形	$CHCl_3$	3.63	四面体
SO_2	5.33	V形	O_3	1.67	V形
H_2O	6.16	V形	H_2S	3.63	V形

2. 分子的极化

在外电场作用下,无论分子有无极性,它们的正、负电荷重心都将发生变化。非极性分子的正、负电荷重心本来是重合的 ($\mu=0$),但在外电场的作用下,发生相对位移,引起分子变形而产生偶极;极性分子的正、负电荷重心不重合,分子中始终存在一个正极和一个负极,故极性分子具有永久偶极(permanent dipole),但在外电场的作用下,分子的偶极按电场方向取向,同时使正、负电荷重心的距离增大,分子的极性因而增强(见图 7-19)。这种因外电场的作用,使分子变形产生偶极或增大偶极矩的现象称为分子的极化(polarization)。由此而产生的偶极称为诱导偶极(induced dipole),其电偶极矩称为诱导电偶极矩,即图 7-19 中的 $\Delta\mu$ 值。

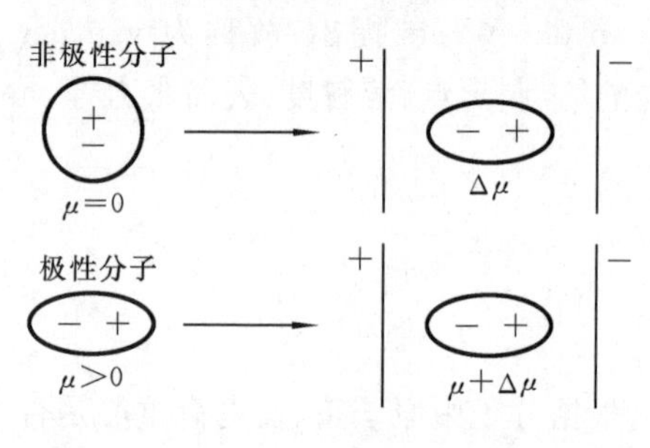

图 7-19 外电场对分子极性影响示意图

分子的极化不仅在外电场的作用下产生,分子间相互作用时也可发生,这正是分子间存在相互作用力的重要原因。

7.5.2 分子间力

分子间力按产生的原因和特点可分为取向力、诱导力和色散力。

1. 取向力

由于极性分子的正、负电荷重心不重合,分子中存在永久偶极。当两个极性分子接近时,极性分子的永久偶极因同极相斥,异极相吸,分子将发生相对转动,力图使分子间按异极相邻的状态排列(见图 7-20)。这种由于极性分子的偶极定向排列而产生的静电作用力称为取向力(orientation force)。显然取向力发生在极性分子之间。

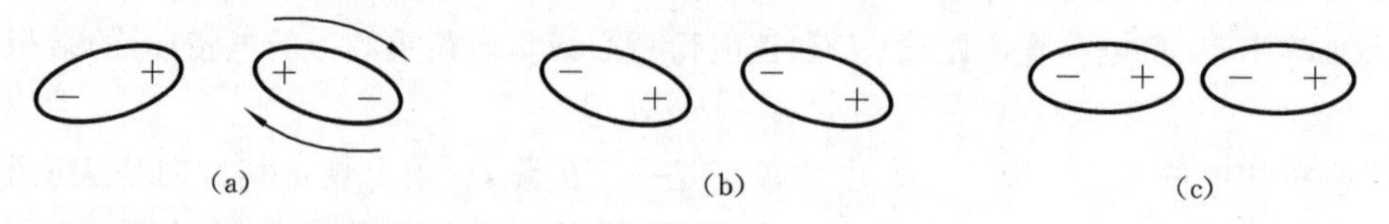

图 7-20 两个极性分子相互作用示意图

2. 诱导力

当极性分子与非极性分子接近时,因极性分子的永久偶极相当于一个外电场,可使非极性分子极化而产生偶极(称为诱导偶极),诱导偶极与永久偶极相吸引,如图 7-21 所示。这种由极性分子的永久偶极与非极性分子所产生的诱导偶极之间的相互作用力称为诱导力(induction force)。

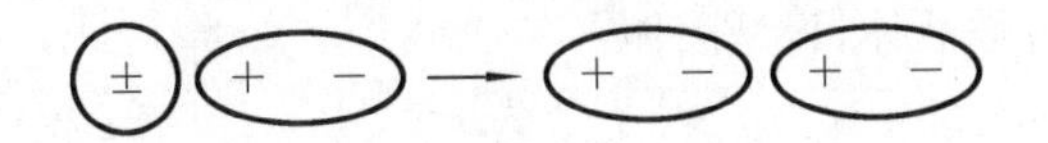

图 7-21　极性分子和非极性分子相互作用示意图

当两个极性分子互相靠近时，在永久偶极的相互影响下，每个极性分子的正、负电荷重心的距离被拉大，也会产生诱导偶极，因此诱导力虽主要发生在极性分子和非极性分子之间，但也存在于极性分子之间，是一种附加的取向力。

3. 色散力

对于非极性分子，在微观情况下由于非极性分子内部的电子在不断地运动，原子核在不断地振动，使分子的正、负电荷重心不断发生瞬间相对位移而产生的偶极称为瞬间偶极。瞬间偶极又可诱使邻近的分子极化，因此非极性分子之间可靠瞬间偶极相互吸引（见图 7-22）而产生分子间作用力。由于从量子力学导出的这种力的理论公式与光的色散公式相似，故这种非极性分子之间由于瞬间偶极产生的力称为色散力(dispersion force)。虽然瞬间偶极存在的时间很短，但是不断地重复发生，又不断地相互诱导和吸引，因此色散力始终存在。任何分子都有不断运动的电子和不停振动的原子核，都会不断产生瞬间偶极，所以色散力存在于各种分子之间。现代实验证实，色散力在分子间力中占有相当大的比例（见表 7-10）。

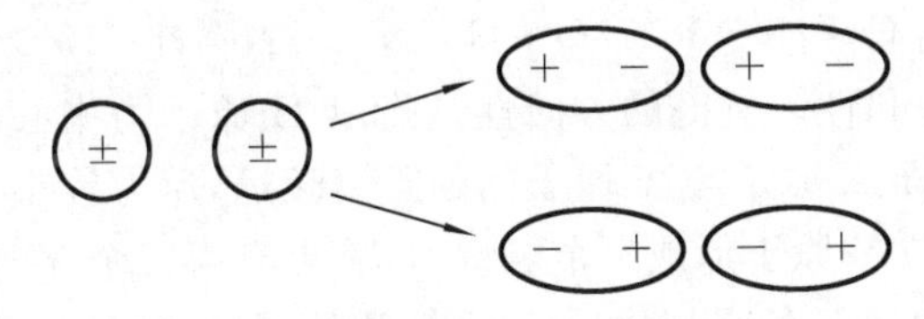

图 7-22　色散力产生示意图

综上所述，在非极性分子之间只有色散力；在极性分子和非极性分子之间，既有诱导力又有色散力；在极性分子之间，取向力、诱导力和色散力都存在。表 7-10 列出了上述三种作用力在一些分子间的分配情况。

表 7-10　三种作用力在分子间的分配情况　　（单位：$kJ \cdot mol^{-1}$）

分子	取向力	诱导力	色散力	总能量
Ar	0.000	0.000	8.49	8.49
CO	0.003	0.008	8.74	8.75
HI	0.025	0.113	25.86	26.00
HBr	0.686	0.502	21.92	23.11
HCl	3.305	1.004	16.82	21.13
NH_3	13.31	1.548	14.94	29.80
H_2O	36.38	1.929	8.996	47.31

分子间力不属于化学键范畴，它有下列特点：它是静电引力，其作用能只有几到几十千焦耳每摩尔，比化学键小 1～2 个数量级；它的作用范围只有几十到几百皮米；它不具有方向性和饱和性。对于大多数分子，色散力是主要的。只有极性大的分子，取向力才比较显著。诱导力通常很小。

物质的沸点、熔点等物理性质与分子间力有关，一般来说，分子间力小的物质，其沸点和熔点都较低。从表 7-10 可见，HCl、HBr、HI 的分子间力依次增大，故其沸点和熔点依次递增。

在常温下,Cl_2是气体,Br_2是液体,I_2是固体。

7.5.3　氢键

在讨论同族元素的氢化物的沸点和熔点时,分子间力的大小一般随相对分子质量的增大而增高,但实验发现卤素、氧族和氮族的氢化物中,HF、H_2O和NH_3的沸点和熔点比其同系物的沸点和熔点高。这表明在HF、H_2O和NH_3分子之间除了存在分子间力外,可能还存在另一种作用力。

H原子核外只有一个电子,当H原子与电负性很大、半径很小的原子X(如F、O、N等)以共价键结合成分子时,密集于两核间的电子云强烈地偏向于X原子,使H原子几乎变成裸露的质子而具有较大的正电荷场强,因而这个H原子还能与另一个电负性大、半径小并在外层有孤对电子的Y原子(如F、O、N等)产生定向的吸引作用,形成 X—H┈Y 结构,其中H原子与Y原子间的静电吸引作用(虚线所示)称为氢键(hydrogen bond)。X、Y可以是同种元素的原子,如 O—H┈O ,F—H┈F ,也可以是不同元素的原子,如 N—H┈O 。

氢键的强弱与X、Y原子的电负性及半径大小有关。X与Y原子的电负性越大,半径越小,形成的氢键越强。Cl的电负性比N的电负性略大,但半径比N大,只能形成较弱的氢键。常见氢键的强弱顺序是

F—H┈F ＞ O—H┈O ＞ O—H┈N ＞ N—H┈N ＞ O—H┈Cl

氢键具有方向性和饱和性。氢键的方向性是指以H原子为中心的3个原子 X—H┈Y 尽可能在一条直线上,这样X原子与Y原子间的距离较远,斥力较小,形成的氢键更稳定。氢键的饱和性是指H原子与Y原子形成1个氢键后,若再有第二个Y原子靠近H原子,将会受到已形成氢键的Y原子电子云的强烈排斥。因为H原子比X、Y原子小得多,通常只能形成1个氢键。氢键的键能一般在42 $kJ \cdot mol^{-1}$以下,它比化学键弱得多,但比分子间力强。根据上述讨论,可认为氢键是较强的、有方向性和饱和性的分子间力。

氢键不仅在分子间形成,如氟化氢、氨水(见图7-23),也可以在同一分子内形成,如硝酸、邻硝基苯酚(见图7-24)。分子内氢键虽不在一条直线上,但形成了较稳定的环状结构。

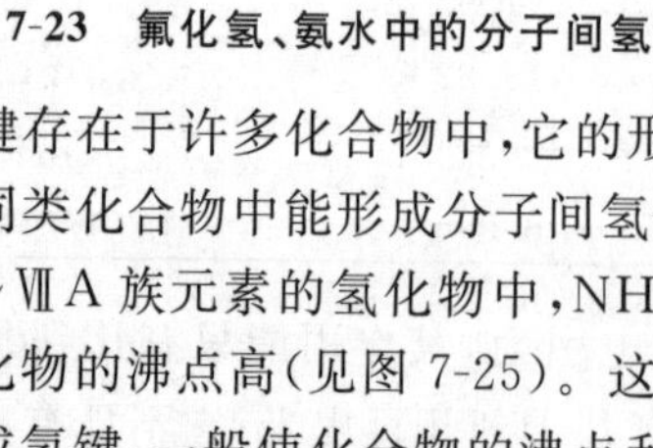

图7-23　氟化氢、氨水中的分子间氢键

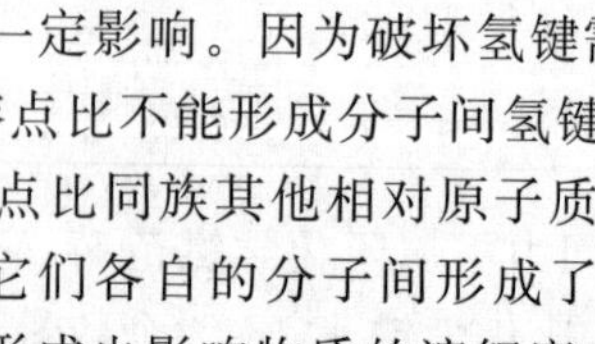

图7-24　硝酸、邻硝基苯酚中的分子内氢键

氢键存在于许多化合物中,它的形成对物质的性质有一定影响。因为破坏氢键需要能量,所以在同类化合物中能形成分子间氢键的物质,其沸点、熔点比不能形成分子间氢键的高。如在VA～ⅦA族元素的氢化物中,NH_3、H_2O和HF的沸点比同族其他相对原子质量较大元素的氢化物的沸点高(见图7-25)。这种反常行为是由于它们各自的分子间形成了氢键。分子内形成氢键,一般使化合物的沸点和熔点降低。氢键的形成也影响物质的溶解度,若溶质和溶剂间形成氢键,可使溶解度增大;若溶质分子内形成氢键,则在极性溶剂中溶解度减小,而在非极性溶剂中溶解度增大。如邻硝基苯酚分子可形成分子内氢键,对硝基苯酚分子因硝基与羟基相距较远不能形成分子内氢键,但它能与水分子形成分子间氢键,所以邻硝基苯酚在水中的溶解度比对硝基苯酚的小。

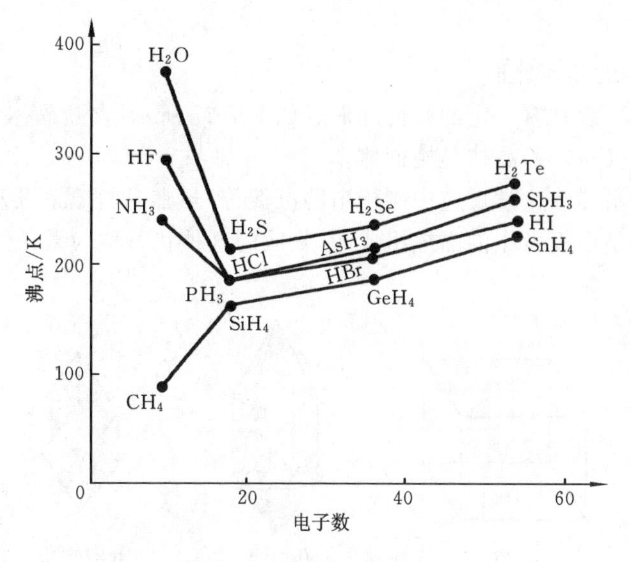

图 7-25　氢化物的沸点变化

7.6　晶体的结构与性质

自然界有许多物质,不仅具有刚性和不可压缩性,而且具有特征的几何形状,如常见的石英(SiO_2)呈六角柱体,氯化钠呈立方体,明矾呈八面体。组成物质的微粒在空间有规则地排列而形成的具有规则的外形、固定的熔点和各向异性等特征的均匀固体称为晶体(crystal)(见图 7-26)。有些固态物质,肉眼看起来像粉末,而在显微镜或电子显微镜下可以看到有规则的外形,其实它们是晶体。另有一些固态物质如橡胶、玻璃、塑料、沥青、松香、石蜡、动物胶、琥珀等,虽然它们具有某些机械性质,但它们不具有规则的特征外形。通常把这类不具有规则的特征外形的物质称为非晶体,俗称无定形物质(amorphus solid)。

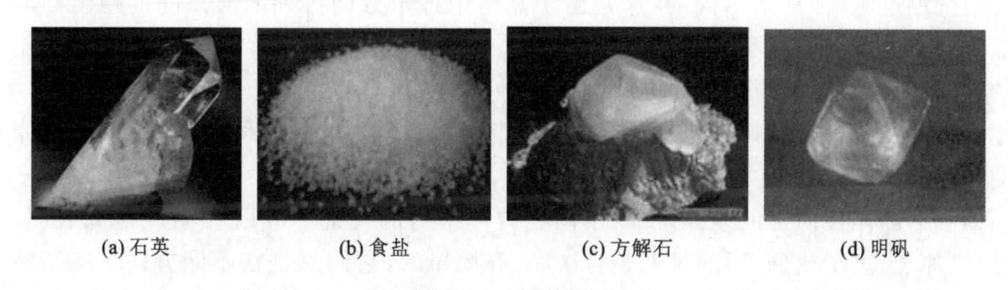

(a) 石英　(b) 食盐　(c) 方解石　(d) 明矾

图 7-26　晶体实物

固态物质的宏观外形与其内部的微观结构是密切相关的,组成晶体的内部质点可以是分子、原子和离子,它们在空间有规律地重复排列,而非晶体的内部质点排列没有规律。有一些非晶体在改变固化条件的情况下可以成为晶体。

7.6.1　晶体和非晶体

1. 晶体的宏观特征

晶体与非晶体的微观结构不同,它们的宏观性质也不同。与非晶体相比,晶体通常有如下特征。

(1) 晶体有一定的几何外形。

从外观看,晶体一般具有一定的几何外形。如图 7-27 所示,食盐晶体是立方体,石英晶体是六角柱体,方解石($CaCO_3$)晶体是棱面体。

有一些物质(如炭黑和化学反应中刚析出的沉淀等)虽然从外观看不具备整齐的外观,但结构分析证明,它们是由极微小的晶体组成的,物质的这种状态称为微晶体。微晶体仍然属于晶体的范畴。

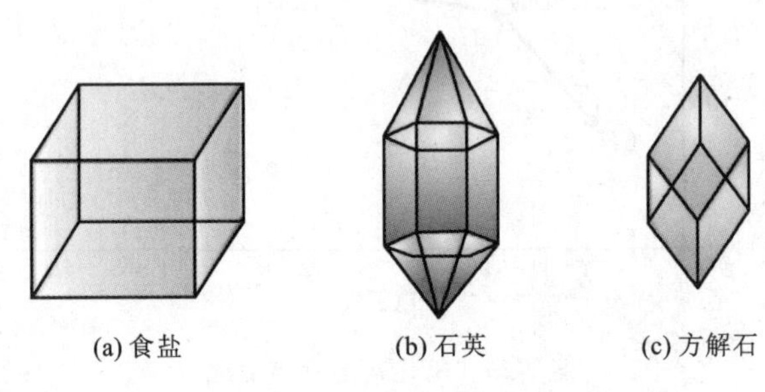

图 7-27 几种晶体的外形

(2) 晶体有固定的熔点。

在一定温度、一定压力下将晶体加热,只有达到某一温度(熔点)时,晶体才开始熔化。在晶体全部熔化之前,即使继续加热,温度仍保持恒定不变,这时所吸收的热量都消耗在使晶体从固态转变为液态,直至晶体完全熔化后温度才继续上升,这说明晶体都具有固定的熔点。例如,常压下冰的熔点为 0 ℃。非晶体则不同,加热时先软化成黏度很大的物质,随着温度的升高黏度不断变小,最后成为流动性的熔体。非晶体在开始软化到完全熔化的过程中,温度是不断上升的,没有固定的熔点。例如,松香在 50~70 ℃之间软化,70 ℃以上才基本成为熔体。

(3) 晶体有各向异性。

晶体的某些性质,如光学性质、力学性质、导热性、导电性、机械强度、溶解性等,从晶体的不同方向去测定时,常常是不同的,这是由于晶体中各个方向排列的质点间的距离和取向不同。晶体在不同方向上有不同的性质,晶体的这种性质称为各向异性。例如,石墨容易沿层状结构的方向断裂,石墨在与层平行方向上的电导率比与层垂直方向上的电导率要高近 1 万倍,热导率要大 4~6 倍;云母特别容易沿纹理面(又称为解理面)的方向裂成薄片。非晶体是各向同性的。

晶体和非晶体性质上的差异,反映了两者内部结构的差别。应用 X 射线研究表明,晶体内部微粒(原子、离子或分子)的排列是有次序、有规律的,它们总是在不同方向上按某些确定的规则重复性地排列,这种有次序的、周期性的排列规律贯穿于整个晶体内部(微粒分布的这种特点称为远程有序),而且在不同方向上的排列方式往往不同,因而造成晶体的各向异性。非晶体内部微粒的排列是无次序、无规律的。图 7-28 为石英晶体与石英玻璃(非晶体)中微粒排列示意图。

2. 晶体的微观结构

1) 晶格与晶胞

在研究晶体中微粒的排列规律时,法国结晶学家 Bravais A. 提出,把晶体中规则排列的微粒抽象为几何学中的点,并称之为节点。这些节点的总和称为空间点阵。沿着一定的方向按某种规则把节点连接起来,则可以得到描述各种晶体内部结构的几何图像——晶体的空间点

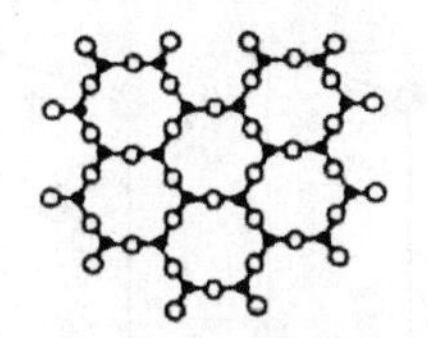

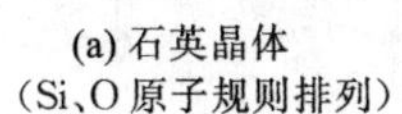

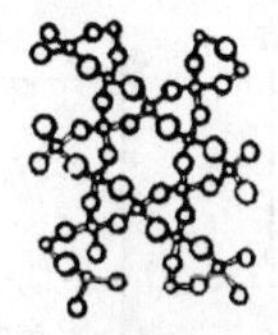

(b) 石英玻璃（非晶体）
（Si、O 原子无规则排列）

图 7-28　石英晶体与石英玻璃（非晶体）微粒排列示意图

阵，简称为晶格(lattice)。空间点阵是晶体结构最基本的特征。晶体结构中具有代表性的最小单元称为晶胞(unit cell)。晶胞既包括晶格的形式和大小，也包括位于晶格节点上的微粒。图 7-29 为 NaCl 的立方晶格示意图。

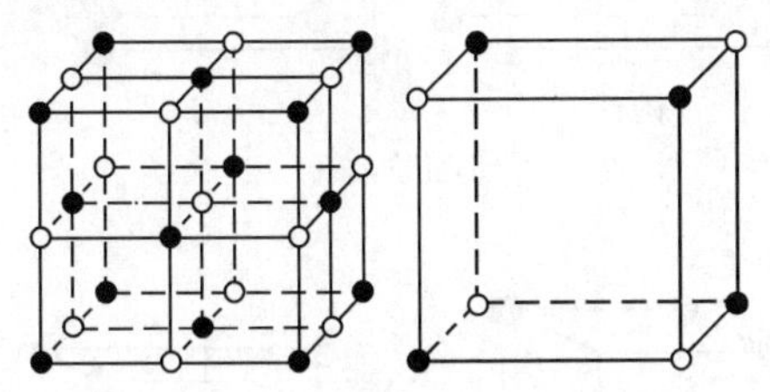

图 7-29　NaCl 的立方晶格示意图

2）晶格的类型

由于晶格的最小单位是晶胞，晶胞从几何学角度观察实际为不同的平行六面体。可用六面体的三边之长 a、b、c，以及 cb、ca、ab 所形成的三个夹角 α、β、γ 来表示这些六面体，即表示晶胞的大小和形状，这 6 个参数称为晶胞参数。根据晶胞参数的不同可将晶体分为七大晶系，即立方晶系、正交晶系、四方晶系、单斜晶系、三方晶系、三斜晶系和六方晶系（见表 7-11、图 7-30）。

表 7-11　七大晶系和十四种晶格

晶　系	晶胞边长	晶胞夹角	晶　格
立方	$a=b=c$	$\alpha=\beta=\gamma=90°$	简单 体心 面心
正交	$a\neq b\neq c$	$\alpha=\beta=\gamma=90°$	简单 体心 底心 面心
四方	$a=b\neq c$	$\alpha=\beta=\gamma=90°$	简单 体心
单斜	$a\neq b\neq c$	$\alpha=\gamma=90°,\beta\neq 90°$	简单 底心
三方	$a=b=c$	$\alpha=\beta=\gamma\neq 90°$	简单
三斜	$a\neq b\neq c$	$\alpha\neq\beta\neq\gamma\neq 90°$	简单
六方	$a=b\neq c$	$\alpha=\beta=90°,\gamma=120°$	简单

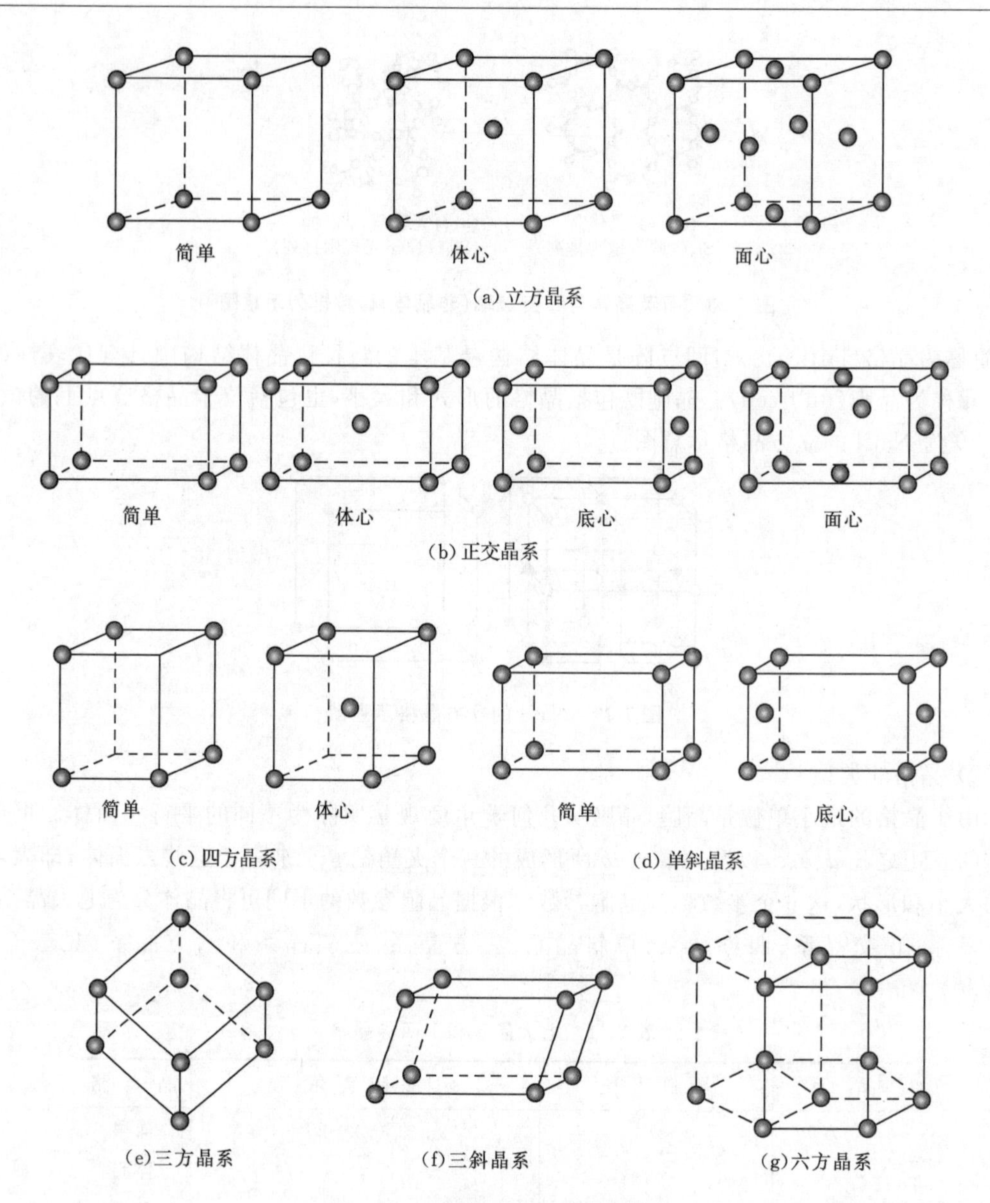

图 7-30　七大晶系和十四种晶格

3. 非晶体

非晶体是指结构无序(近程可能有序)的固态物质。玻璃体是典型的非晶体,所以非晶态又称为玻璃态。重要的玻璃态物质有四大类:氧化物玻璃(简称玻璃)、金属玻璃、非晶半导体和高分子化合物。

玻璃体整体质地均匀,拉伸而成的玻璃纤维其强度大于尼龙纤维的强度。用玻璃纤维增强的塑料(称为玻璃钢),可用于制造质轻、耐腐蚀、无磁性的管道及容器。

在一定条件下,晶体与非晶体可以互相转化。例如,将石英晶体熔化并迅速冷却,可以得到石英玻璃。涤纶熔体若迅速冷却,可得到非晶体;若慢慢冷却,则可得到晶体。由此可见,晶态与非晶态是物质在不同条件下形成的两种不同的固体状态。从热力学角度来说,晶态比非晶态更稳定。

7.6.2　离子晶体

1. 离子晶体的特征

离子晶体是由阴、阳离子通过离子键结合而成的，故凡靠离子间引力结合而成的晶体统称为离子晶体(ionic crystal)。离子型化合物在常温下均为离子晶体，如 CsI、LiF、NaF 等。

离子晶体中，晶格节点上有规则地交替排列着阴、阳离子。例如，NaCl 晶体就是一种典型的离子晶体。如图 7-31 所示，Na^+ 和 Cl^- 按一定的规则在空间相隔排列着，每个 Na^+ 的周围有 6 个 Cl^-，而每个 Cl^- 的周围也有 6 个 Na^+。通常把晶体内(或分子内)某粒子周围最接近的粒子数目，称为该粒子的配位数。在 NaCl 晶体内，Na^+ 和 Cl^- 的配位数都是 6，Na^+ 和 Cl^- 数目比为 1∶1，其化学组成习惯上以“NaCl”表示。所以 NaCl 称为化学式比称为分子式更确切。

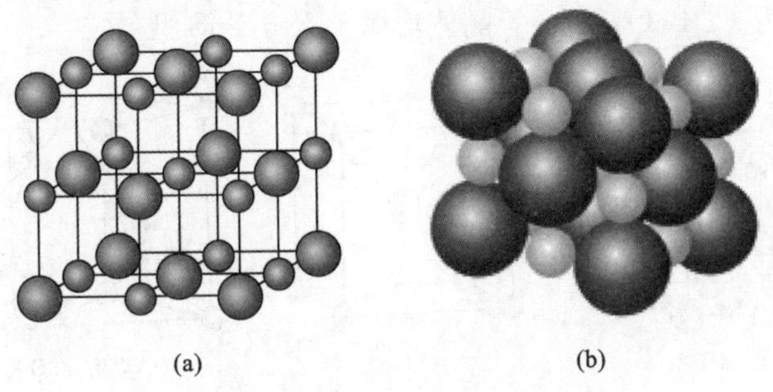

图 7-31　NaCl 的晶格结构和密堆积层排列

离子晶体中晶格节点上阴、阳离子间静电引力较大，若破坏离子晶体就需要克服这种引力，因而离子晶体一般熔点较高，硬度较大，难以挥发。表 7-12 列出了 NaF 与 MgF_2 的硬度及熔点。

表 7-12　NaF 与 MgF_2 的硬度及熔点

离子晶体	硬度	熔点/℃
NaF	2～2.5	993
MgF_2	5	1261

离子晶体质脆，受压时易破裂，其原因是当离子晶体受机械力作用时，若晶格节点上离子发生了位移，原来异性离子相间排列的稳定状态变为同性离子相邻接触的排斥状态，晶体结构即被破坏。

离子晶体一般易溶于水，导电时阴、阳离子同时向相反方向迁移，因此，离子晶体是典型的电解质。但是，科学家们发现有一类固体电解质，如 AgI 晶体受热时，因 Ag^+ 与 I^- 的有效质量不同和相互极化的影响，它们在晶格中振幅变化不同，到一定温度时有效质量较低的 Ag^+ 先行脱落，脱落的 Ag^+ 在 I^- 骨架(亚晶格)中可以无序地移动，在电场作用下 Ag^+ 可以大规模迁移而造成单离子导电。已发现数百种固体电解质，室温传导离子有 H^+、Li^+、Cu^{2+} 等，高温传导离子有 Cl^-、F^-、O^{2-} 等，这些传导离子比骨架离子体积小、质量轻。固体电解质这类特殊材料在能源、电解、环保、冶金等方面有着广泛的应用。

2. 离子晶体的结构类型

离子晶体中阳、阴离子在空间的排列情况是多种多样的。这里主要介绍 AB 型离子晶体(只含有一种阳离子和一种阴离子，且两者电荷数相同)中三种典型的结构类型：NaCl 型、CsCl

型和立方 ZnS 型①。

1）NaCl 型

NaCl 是最常见的典型的 AB 型离子晶体。如图 7-32(a)所示，它的晶胞是正立方体，阳、阴离子的配位数均为 6。许多晶体如 KI、LiF、NaBr、MgO、CaS 等均属于 NaCl 型。

2）CsCl 型

CsCl 晶体如图 7-32(b)所示，晶体的晶胞也是正立方体，其中每个阳离子周围有 8 个阴离子，每个阴离子周围同样也有 8 个阳离子，阴、阳离子的配位数均为 8。许多晶体如 TlCl、CsBr、CsI 等均属于 CsCl 型。

3）立方 ZnS 型

ZnS 晶体如图 7-32(c)所示，立方 ZnS 型晶体的晶胞也是正立方体，但粒子排列较复杂，阴、阳离子配位数均为 4。BeO、ZnSe 等晶体均属于立方 ZnS 型。

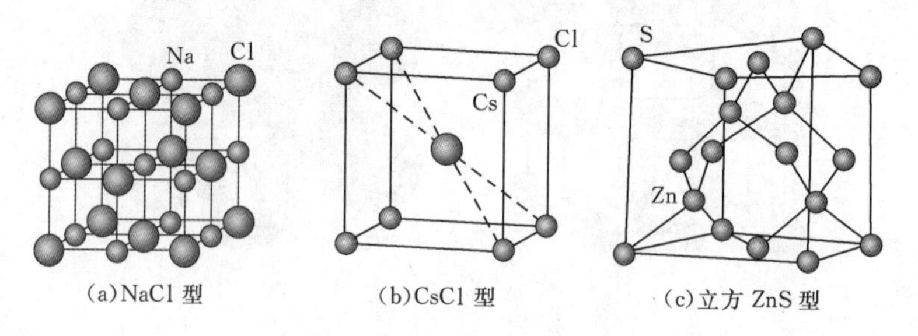

(a)NaCl 型　(b)CsCl 型　(c)立方 ZnS 型

图 7-32　离子晶体的结构类型

离子晶体的构型与外界条件有关。当外界条件变化时，晶体构型也可能改变。例如，最简单的 CsCl 晶体，在常温下是 CsCl 型的，但在高温下可以转变为 NaCl 型。这种化学组成相同而晶体构型不同的现象称为同质多晶现象。

3. 离子晶体的稳定性

1）离子晶体的晶格能

在标准状态下，拆开单位物质的量的离子所需吸收的能量，称为离子晶体的晶格能(U)。例如，在 298.15 K、标准状态下拆开单位物质的量的 NaCl 晶体，使其变为气态 Na^+ 和气态 Cl^- 时能量变化为 786 kJ · mol^{-1}。

$$\mathrm{NaCl(s)} \xrightarrow{298.15\ \mathrm{K}、标准状态下} \mathrm{Na^+(g)} + \mathrm{Cl^-(g)}, \quad U = 786\ \mathrm{kJ \cdot mol^{-1}}$$

关于晶格能的定义，目前并不统一。多数学者把标准状态下由气态阳离子和气态阴离子结合成单位物质的量的离子晶体所放出的能量称为晶格能。

2）离子晶体的稳定性

对晶体构型相同的离子型化合物，离子电荷数越多，核间距越短，晶格能就越大。熔化或压碎离子晶体要消耗能量，晶格能大的离子晶体，熔点较高，硬度较大。表 7-13 列出了一些离子晶体的物理性质与晶格能的对应关系。利用晶格能数据可以解释和预测离子晶体的某些物理性质。晶格能值的大小可作为衡量某种离子晶体稳定性的标准，晶格能越大，该离子晶体越稳定。

① ZnS 本身是共价型化合物，但因某些 AB 型离子晶体内离子分布与其相似，结晶化学习惯上把此类型的离子晶体称为 ZnS 型。

表 7-13　离子晶体的物理性质与晶格能

NaCl 型晶体	NaI	NaBr	NaCl	NaF	BaO	SrO	CaO	MgO
离子电荷	1	1	1	1	2	2	2	2
核间距/pm	318	294	279	231	277	257	240	210
晶格能/(kJ · mol^{-1})	704	747	785	923	3 054	3 223	3 401	3 791
熔点/℃	661	747	801	993	1 918	2 430	2 614	2 852
硬度(金刚石＝10)			2.5	2～2.5	3.3	3.5	4.5	5.5

7.6.3　原子晶体和分子晶体

1. 原子晶体

碳(金刚石)、硅以及两者所组成的化合物(金刚砂)等晶体，其晶格节点上排列的都是原子，这些原子间可通过共价键结合。凡靠共价键结合而成的晶体称为原子晶体，又称为共价晶体(covalent crystal)。例如，金刚石就是一种典型的原子晶体。在金刚石晶体中，每个 C 原子都被相邻的 4 个 C 原子包围(配位数为 4)，处在 4 个 C 原子的中心，以 sp^3 杂化形式与相邻的 4 个 C 原子结合，成为正四面体的面心立体结构(见图 7-33)。由于每个 C 原子都形成 4 个等同的 C—C 键(σ 键)，它们把晶体内所有的 C 原子联结成一个整体，因此在金刚石内不存在独立的小分子。

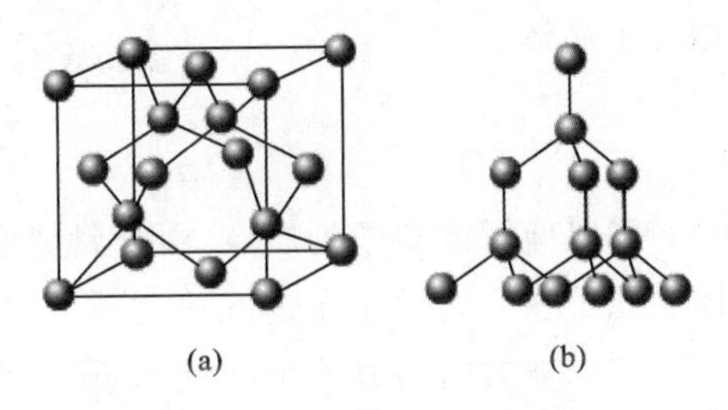

图 7-33　金刚石晶体结构及晶胞

不同的原子晶体，原子排列的方式可能有所不同，但原子之间都是以共价键相结合的。由于共价键的结合力强，因此原子晶体熔点高，硬度大。例如：

原子晶体	硬度	熔点
金刚石	10	＞3 550 ℃
金刚砂(SiC)	9.5	2 700 ℃

原子晶体一般不导电，即使熔化也不能导电。

属于原子晶体的物质为数不多。除金刚石外，单质硅(Si)、单质硼(B)、碳化硅(SiC)、石英(SiO_2)、碳化硼(B_4C)、氮化硼(BN)和氮化铝(AlN)等，也属于原子晶体。

2. 分子晶体

分子晶体(molecular crystal)指以分子为质点，靠分子间力或氢键结合而成的晶体。单质和复杂分子都能构成分子晶体。例如，温度降低到 163 K 时，Cl_2凝结成固体，这时 Cl_2分子有规则地排列形成分子晶体。固态 CO_2(干冰)也是一种典型的分子晶体。如图 7-34 所示，在 CO_2分子内原子之间以共价键结合成 CO_2分子，以整个分子为单位占据晶格节点的位置。不同的分子晶体，分子的排列方式可能有所不同，但分子之间都是以分子间力相结合的。由于分子间力比离子键、共价键要弱得多，因此分子晶体一般熔点低，硬度小，易挥发。例如，白磷的熔点为44.1 ℃，天然硫黄的熔点为 112.8 ℃；有些分子晶体（如干冰）在常温常压下即以气态存在；有些分子晶体（如碘、萘等）甚至可以不经过熔化阶段而直接升华。

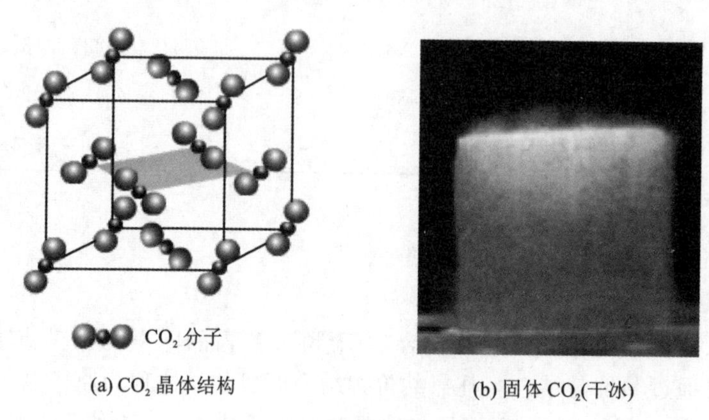

(a) CO_2 晶体结构　　(b) 固体 CO_2(干冰)

图 7-34　干冰的晶体结构和外形

非金属之间的化合物（如 HCl、CO_2等）、稀有气体和大多数非金属单质（如氢气、氮气、氧气、卤素单质、磷、硫黄等），以及大部分有机化合物，在固态时都是分子晶体。还有一些物质，分子之间除了存在着分子间力外，还同时存在着更为重要的氢键作用力。例如，冰、草酸、硼酸、间苯二酚等均属于氢键型分子晶体。

7.6.4　金属晶体

金属晶体(metallic crystal)指以原子或离子为质点，由金属键把它们结合在一起构成的晶体。对于金属单质而言，晶体中原子在空间的排布情况可看成等径圆球的堆积。为了形成稳定的金属结构，金属原子将尽可能采取紧密的方式堆积起来，所以金属一般密度较大，而且每个原子都被较多的相同原子包围着，配位数较大。

研究表明，等径圆球的密堆积有三种基本构型：面心立方密堆积（见图 7-35）、六方密堆积（见图 7-36）和体心立方密堆积（见图 7-37）。

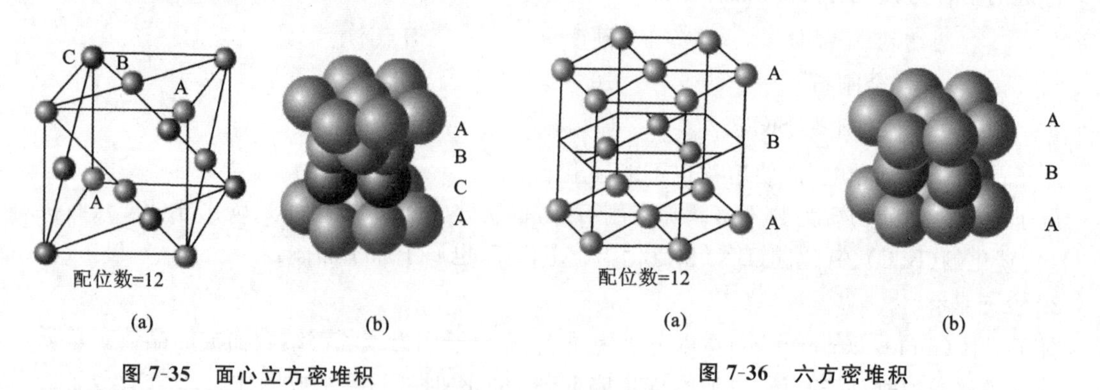

(a)　(b)　图 7-35　面心立方密堆积

(a)　(b)　图 7-36　六方密堆积

晶体的四种基本类型比较归纳于表 7-14 中。

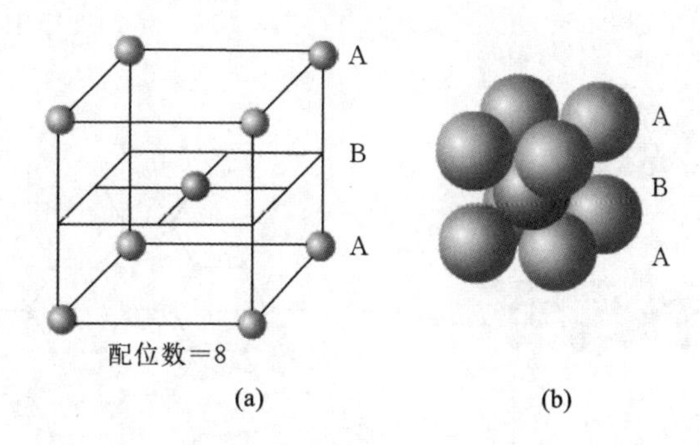

图 7-37　体心立方密堆积

表 7-14　晶体的四种基本类型比较

晶体类型	晶格节点上的粒子	粒子间的作用力	晶体的一般性质	物质示例
离子晶体	阴、阳离子	离子键	熔点较高，略硬而脆。除固体电解质外，固态时一般不导电（熔化或溶于水时能导电）	活泼金属的氧化物和盐类等
原子晶体	原子	共价键	熔点高、硬度大、不导电	金刚石、单质硅、单质硼、碳化硅（SiC）、石英、氮化硼等
分子晶体	分子	分子间力、氢键	熔点低、易挥发、硬度小、不导电	稀有气体、大多数非金属单质、非金属之间的化合物、大部分有机化合物等
金属晶体	金属原子、金属阳离子	金属键	导电性、导热性、延展性好，有金属光泽，熔点、硬度差别大	金属或合金

7.6.5　混合型晶体

除了上述四种典型晶体外，还有特殊类型的晶体，其晶体内同时存在着若干种不同的作用力，故具有若干种晶体的结构和性质，这类晶体称为混合型晶体。石墨晶体就是一种典型的混合型晶体。

石墨晶体具有层状结构，如图 7-38 所示。处在平面层的每一个 C 原子采用 sp^2 杂化轨道与相邻的 3 个 C 原子以 σ 键相连接，键角为 120°，形成由无数个正六边形连接起来的、相互平行的平面网状结构层。每个 C 原子还剩下 1 个 p 电子，其轨道与杂化轨道平面垂直，这些 p 电子都参与形成同层 C 原子之间的 π 键，这种由多个原子共同形成的 π 键称为大 π 键。大 π 键中的电子沿层面方向的活动能力很强，与金属中的自由电子有某些类似之处（石墨可做电极材料），故石墨沿层面方向电导率大。石墨层内相邻 C 原子之间的距离为 142 pm，以共价键结合。相邻两层间的距离为 335 pm，相对较远，因此层与层之间引力较弱，与分子间力相仿。正由于层间结合力弱，当石墨晶体受到与石墨层相平行的作用力时，各层较易滑动，裂成鳞状薄片，故石墨可用作铅笔芯和润滑剂。

石墨晶体内既有共价键，又有类似于金属键的非定域键（成键电子并不定域于两个原子之

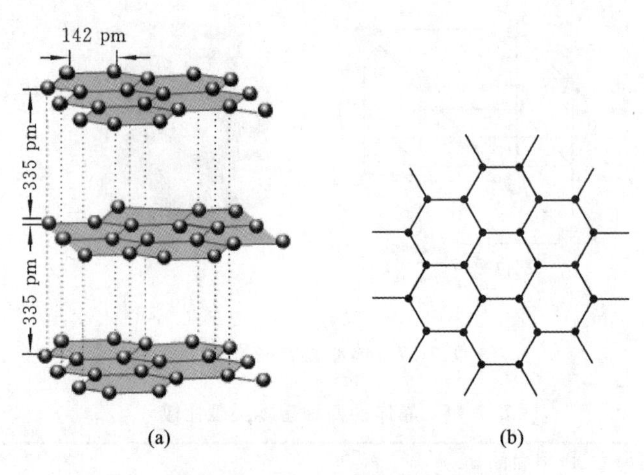

图 7-38　石墨晶体的层状结构

间)和分子间力在共同起作用,可称为混合键型的晶体。

除石墨外,滑石、云母、黑磷等也都属于层状过渡型晶体。另外,纤维状石棉属链状过渡型晶体,链中 Si 和 O 间以共价键结合,硅氧链与阳离子以离子键结合,这种结合力不及链内共价键强,故石棉容易被撕成纤维。

7.6.6　离子极化对物质性质的影响

大多数盐都是离子晶体。在研究这些离子晶体时发现,它们的一些性质如在水中的溶解度、熔点等有较大的差异。例如,同族氯化物中,$CuCl_2$溶于水,而 AgCl 难溶于水;一般离子晶体熔点都较高,而 $FeCl_3$的熔点仅为 579 K。还有些离子晶体,它们的离子电荷相同,离子半径极为相近,性质上却差别很大。如 NaCl 和 CuCl 晶体,它们的阳、阴离子电荷都相同,Na^+的半径(95 pm)与 Cu^+的半径(96 pm)又极为相近,但这两种晶体在性质上有明显不同,如 NaCl 在水中溶解度很大,而 CuCl 却很小。除离子电荷、离子半径以外,离子的电子构型也是影响离子晶体的重要因素。

1. 离子的电子构型

在离子型化合物中,所有的简单阴离子(如 F^-、Cl^-、S^{2-}等)的最外电子层都有 8 个电子(ns^2np^6),即具有 8 电子构型。对阳离子来说,情况就比较复杂。除有 8 电子构型的阳离子外,还有其他构型的阳离子存在(见表 7-15)。

表 7-15　离子的电子构型

离子外电子层电子分布通式	离子的电子构型	阳离子实例
$1s^2$	2(稀有气体型)	Li^+、Be^{2+}
ns^2np^6	8(稀有气体型)	Na^+、Mg^{2+}、Al^{3+}、Sc^{3+}、Ti^{4+}
$ns^2np^6nd^{1\sim9}$	9～17	Cr^{3+}、Mn^{2+}、Fe^{2+}、Fe^{3+}、Cu^{2+}
$ns^2np^6nd^{10}$	18	Ag^+、Zn^{2+}、Cd^{2+}、Hg^{2+}
$(n-1)s^2(n-1)p^6(n-1)d^{10}ns^2$	18+2	Sn^{2+}、Pb^{2+}、Sb^{3+}、Bi^{3+}

2 电子和 8 电子构型的离子,由于都具有稀有气体原子的电子层结构,都可以稳定存在。实际上其他几种非稀有气体构型的离子,也有一定程度的稳定性。

离子的电子构型如何影响离子晶体的性质，需要从离子极化的角度来说明。

2. 离子极化

1）离子极化的概念

把分子极化的概念推广到离子晶体体系，可以引出离子极化的概念。

对孤立的简单离子来说，离子的电荷分布基本上是球形对称的，离子本身正、负电荷重心是重合的，不存在偶极（见图 7-39）。但当离子置于电场中，离子的原子核就会受到正电场的排斥和负电场的吸引，而离子中的电子则会受到正电场的吸引和负电场的排斥，离子就会发生变形而产生诱导偶极（见图 7-40），这种过程称为离子的极化。

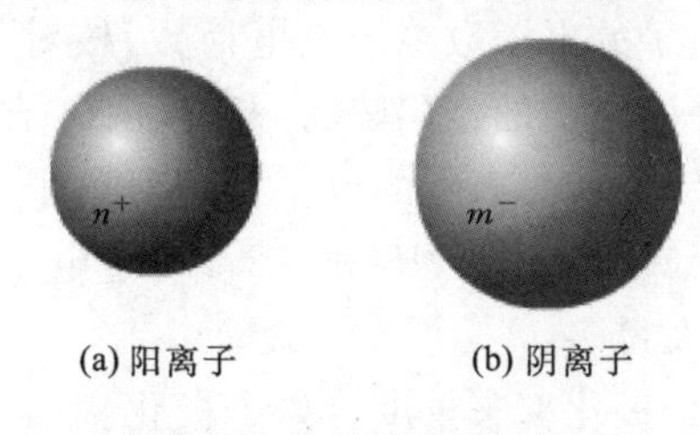

图 7-39　未极化的简单离子

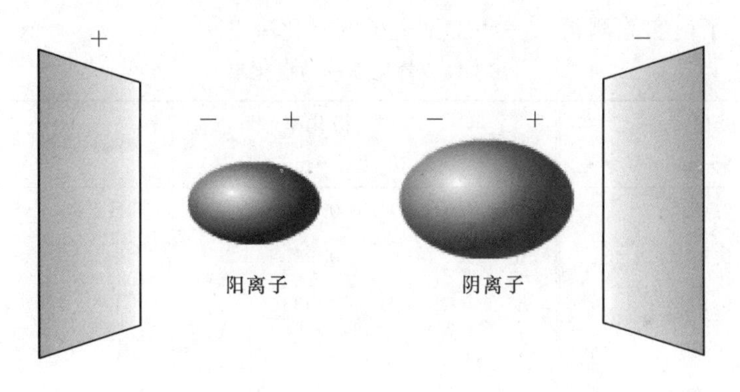

图 7-40　离子在电场中极化

在离子型化合物中，每个离子作为带电的粒子，本身就会在其周围产生相应的电场，所以离子极化现象普遍存在于离子晶体中。阳离子的电场使阴离子发生极化（即阳离子吸引阴离子的电子云而引起阴离子变形），阴离子的电场则使阳离子发生极化（即阴离子排斥阳离子的电子云而引起阳离子变形），如图 7-41 所示。显然，离子极化的强弱取决于两个因素：一是离子的极化力，二是离子的变形性。

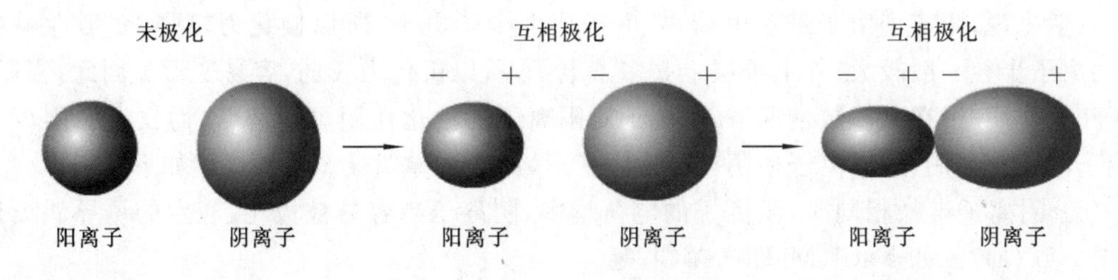

图 7-41　离子的互相极化过程

2）离子的极化力

离子的极化力与离子的电荷、离子的半径以及离子的电子构型等因素有关。离子的电荷越多,半径越小,产生的电场强度就越强,离子的极化能力也越强。当离子电荷相同、半径相近时,离子的电子构型对离子的极化力起决定性的影响。18 电子构型的离子(如 Cu^+、Ag^+、Hg^{2+} 等)、(18+2)电子构型的离子(如 Sn^{2+}、Pb^{2+}、Bi^{3+} 等)以及 2 电子构型的离子(如 Li^+、Be^{2+})具有较强的极化力,(9~17)电子构型的离子(如 Fe^{2+}、Cu^{2+}、Mn^{2+} 等)次之,8 电子构型(即稀有气体构型)的离子(如 Na^+、K^+、Ca^{2+}、Ba^{2+} 等)极化力最弱。

3) 离子的变形性

离子的变形性主要取决于离子半径的大小。离子半径大,外层电子与核距离远,核对其作用相对较弱,在外电场作用下,外层电子与核容易产生相对位移,所以一般来说变形性也大。

电子构型相同的离子,阳离子的电子数少于核电荷数,核对外层电子的作用较强;阴离子的电子数多于核电荷数,核对外层电子的作用较弱。所以阴离子一般比阳离子容易变形。

当离子电荷相同、离子半径相近时,离子的电子构型对离子的变形性就产生决定性影响。非稀有气体构型的离子(即外层具有 9~17、18 和(18+2)个电子的离子),其变形性比稀有气体构型(即 8 电子构型)的离子大得多。

离子的变形性大小可用离子极化率来量度。离子极化率(α)定义为离子在单位电场中被极化所产生的诱导偶极矩(μ),$\alpha=\mu/E$。显然,E 一定时,μ 越大,α 也越大,即离子的变形性越大。表 7-16 列出了由实验测得的一些常见离子的极化率。

表 7-16　常见离子的极化率

离子	极化率 /($10^{-40}C\cdot m^2\cdot V^{-1}$)	离子	极化率 /($10^{-40}C\cdot m^2\cdot V^{-1}$)	离子	极化率 /($10^{-40}C\cdot m^2\cdot V^{-1}$)
Li^+	0.034	Ca^{2+}	0.52	OH^-	1.95
Na^+	0.199	Sr^{2+}	0.96	F^-	1.16
K^+	0.923	B^{3+}	0.0033	Cl^-	4.07
Pb^{2+}	1.56	Al^{3+}	0.058	Br^-	5.31
Cs^+	2.69	Hg^{2+}	1.39	I^-	7.9
Be^{2+}	0.009	Ag^+	1.91	O^{2-}	4.32
Mg^{2+}	0.105	Zn^{2+}	0.317	S^{2-}	11.3

最容易变形的是体积大的阴离子和 18 电子构型及(18+2)电子构型、电荷数少的阳离子,最不容易变形的是半径小、电荷数多的稀有气体构型的阳离子。

4) 离子的极化规律

一般来说,阳离子由于带正电荷,外电子层上少了电子,所以极化力较强,变形性一般不大;阴离子半径一般较大,外电子层上又多了电子,所以极化力较弱,容易变形。因此,当阳、阴离子相互作用时,在大多数情况下,阴离子对阳离子的极化作用可以忽略,而仅考虑阳离子对阴离子的极化作用,即阳离子使阴离子发生变形,产生诱导偶极。一般规律如下。

(1) 阴离子半径相同时,阳离子的电荷越多,阴离子越容易被极化,产生的诱导偶极越大(见图 7-42(a))。如 NaCl、$MgCl_2$、$AlCl_3$ 等。

(2) 阳离子的电荷相同时,阳离子越大,阴离子被极化程度越小,产生的诱导偶极越小(见图 7-42(b))。如 $BeCO_3$、$MgCO_3$、$CaCO_3$、$SrCO_3$、$BaCO_3$ 等。

(3) 阳离子的电荷相同、大小相近时,阴离子越大,越容易被极化,产生的诱导偶极越大(见图 7-42(c))。如 AgCl、AgBr、AgI 等。

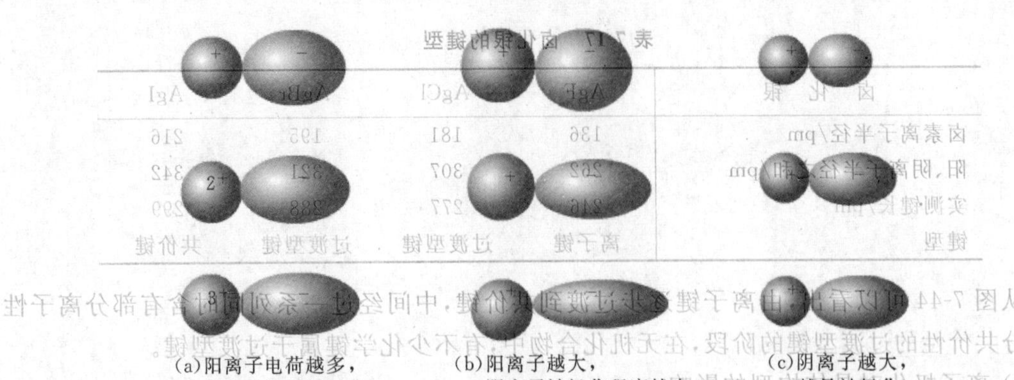

(a)阳离子电荷越多，阴离子越易被极化　(b)阳离子越大，阴离子被极化程度越小　(c)阴离子越大，越易被极化

图 7-42 离子极化规律示意图

5) 离子的附加极化作用

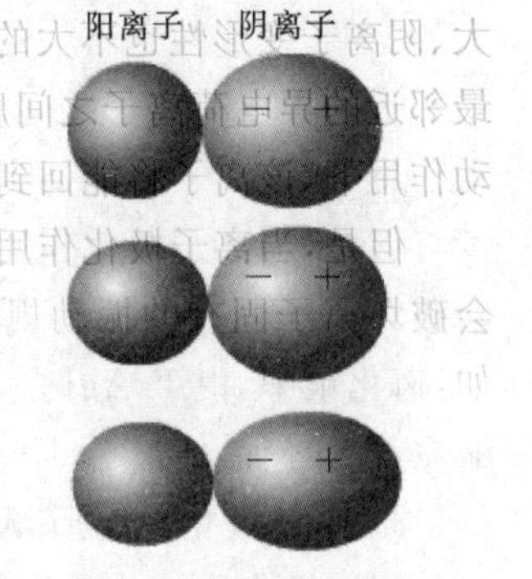

图 7-43 离子附加极化作用

当阳离子与阴离子一样，也容易变形时，除要考虑阳离子对阴离子的极化外，还必须考虑阴离子对阳离子的极化作用。

如图 7-43 所示，阴离子被极化所产生的诱导偶极会反过来诱导变形性大的非稀有气体型阳离子，使阳离子也发生变形，阳离子所产生的诱导偶极会加强阳离子对阴离子的极化能力，使阴离子诱导偶极增大，这种效应称为附加极化作用。

在离子晶体中，每个离子的总极化力等于该离子固有的极化力和附加极化力之和。

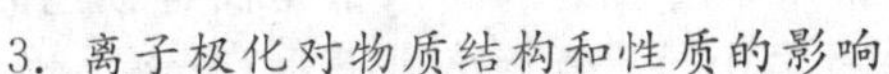

3. 离子极化对物质结构和性质的影响

1) 离子极化对键型的影响

阳、阴离子结合时，如果相互间完全没有极化作用，则形成的化学键属于离子键。但是，实际上离子极化作用不同程度地存在于阳、阴离子之间。

当极化力强、变形性大的阳离子与变形性大的阴离子相互接触时，由于阳、阴离子相互极化作用显著，阴离子的电子云便会向阳离子方向偏移，同时阳离子的电子云也会发生相应变形。这样导致阳、阴离子外层轨道不同程度地发生重叠现象，阳、阴离子的核间距缩短（即键长缩短），键的极性减弱，从而使键型有可能发生从离子键向共价键过渡的变化（见图 7-44）。

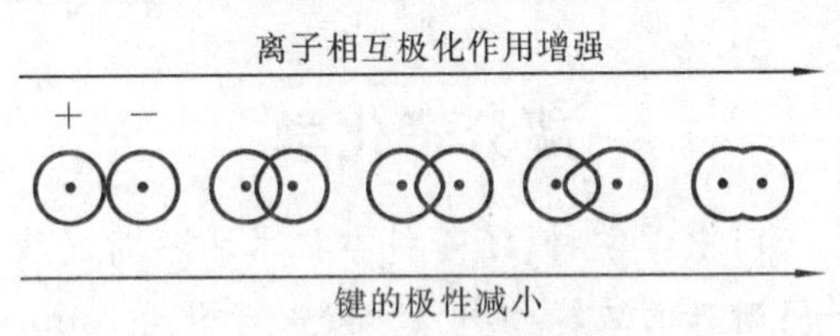

图 7-44 离子极化对键型的影响

CuCl 在水中的溶解度比 NaCl 小得多，这正是由于 Cu^+ 是 18 电子构型而 Na^+ 是 8 电子构型，Cu^+ 的极化力比 Na^+ 的要强得多，NaCl 是以离子键结合的，而 CuCl 则是以共价键结合的。又如卤化银，Ag^+ 是 18 电子构型的离子，极化力强，变形性较大。对 AgF 来说，由于 F^- 的离子半径较小，变形性不大，Ag^+ 与 F^- 之间相互极化作用不明显，因此，所形成的化学键属于离子键。但是随着 Cl^-、Br^-、I^- 的半径依次递增，Ag^+ 与它们之间的相互极化作用不断增强，所形成化学键的极性不断减弱，AgI 已经以共价键结合了（见表 7-17）。

表 7-17　卤化银的键型

卤　化　银	AgF	AgCl	AgBr	AgI
卤素离子半径/pm	136	181	195	216
阳、阴离子半径之和/pm	262	307	321	342
实测键长/pm	246	277	288	299
键型	离子键	过渡型键	过渡型键	共价键

从图 7-44 可以看出,由离子键逐步过渡到共价键,中间经过一系列同时含有部分离子性和部分共价性的过渡型键的阶段,在无机化合物中,有不少化学键属于过渡型键。

2) 离子极化对晶体构型的影响

物质总是在不停地运动,晶体中的离子也不例外,总是在其平衡位置附近不断振动着。当离子离开其平衡位置而稍偏向某异电荷离子时,该离子将产生诱导偶极。在阳离子极化力不大、阴离子变形性也不大的情况下,极化作用不显著,这样,由于诱导偶极的出现,该离子与它最邻近的异电荷离子之间所产生的附加引力不足以破坏离子固有的振动规律。因此,在热运动作用下,该离子将能回到原来的平衡位置,离子晶体的晶体构型维持不变。

但是,当离子极化作用很强、阴离子变形性大时,足够大的诱导偶极所产生的附加引力就会破坏离子固有的振动规律,缩短离子间的距离,使晶体向配位数减小的晶体构型转变。例如,卤化银中,由于 AgI 晶体内离子间的极化作用比 AgCl、AgBr 强得多,因此,核间距离大为缩短,这样使晶体从 NaCl 型突变为 ZnS 型。

3) 离子极化对物质颜色的影响

离子极化能使化合物的颜色加深。例如,卤化银中,Ag^+和 I^-本来都是没有颜色的,但 AgI 固体是黄色的,这是离子极化的结果。在卤素离子中,I^-的半径最大,根据离子极化规律,I^-最容易被极化,所以在卤素化合物中,碘化物颜色最深,其次是溴化物、氯化物,而氟化物大多为无色。又如硫化物,S^{2-}的变形性大于 O^{2-}的,而 O^{2-}的变形性又大于 OH^-的,所以硫化物的颜色通常比氧化物的深,而氢氧化物(金属有色离子除外)大多为无色。

当盐类熔化或溶解后,由于阴、阳离子分离,相互极化的条件消失,在固体中因极化所呈现的颜色会消失或改变。如 CdI_2固体呈黄色,溶解后却形成无色溶液。

[化学博览]

超分子化学

在自然科学中,化学是一门中心学科,随着科学技术的不断发展、高新技术的不断深入、学科间的相互渗透,诞生了一门新兴的边缘学科——超分子化学(supramolecular chemistry)。

研究由两种以上的化学物质(分子、离子等)以分子间力高层次组装的化学,称为“超越分子概念的化学”,简称超分子化学。超分子化学涉及无机与配位化学、有机化学、高分子化学、生物化学和物理化学。

超分子化学可以定义为“分子之上的化学”。分子化学主要研究原子之间通过共价键(或离子键)形成的分子实体的结构与功能,而超分子化学则研究两种或多种化学物质通过分子间力结合而成的化学实体的结构与功能。

1987 年诺贝尔化学奖被在超分子方面作出杰出贡献的 Pedersen C. J. 、Cram D. J. 和

Lehn J. M. 等三位科学家共同分享，此后超分子化学的研究得到长足的发展。

1992年《超分子化学》的创刊凸显了超分子化学在化学中的重要地位。

1996年由Lehn J. M. 教授任总编，世界各国超分子化学家共同编著的鸿篇巨制——十一卷本的《超分子化学大全》(comprehensive supramolecular chemistry)的出版面世，进一步推动了超分子化学的发展。

超分子化学研究的内容主要包括：

(1) 固态超分子化学，分为晶体工程、二维和三维的无机网络；

(2) 生物有机体系和生物无机体系的超分子反应性及传输；

(3) 分子识别，分为离子客体的受体和分子客体的受体；

(4) 超分子化学中的物理方法；

(5) 模板、自组装和自组织；

(6) 超分子技术，分为分子器件及分子技术的应用等。

超分子化学是一门年轻的学科，它正在发生日新月异的变化。超分子体系的分子构筑及功能组装，由于其在基础研究和应用研究领域的重要性已引起国内外科学界的广泛关注，尤其是开辟合成受体的分子识别和分子组装在生命、信息和材料等学科方面具有潜在的广阔应用前景。我国的化学工作者也积极开展这方面的研究工作，并且已进入由分子到分子有序聚集体的高层次研究。

习　题

1. 简述共价键的饱和性和方向性。

2. 已知BF_3的空间构型为正三角形而NF_3是三角锥形，试用杂化轨道理论予以说明。

3. 试用杂化轨道理论分别说明$HgCl_2$、$SnCl_4$、H_3O^+、PH_3的中心原子可能采取的杂化类型及分子或离子的空间构型。

4. 试用价层电子对互斥理论分别判断NH_4^+、PCl_5、SF_6的空间构型。

5. 试分别写出B_2、F_2、He_2^+、F_2^+的分子轨道式，指出所含的化学键，计算键级并判断哪个最稳定，哪个最不稳定，哪个具有顺磁性，哪个具有抗磁性。

6. 试用分子轨道理论说明超氧化钾KO_2中的超氧离子O_2^-和过氧化钠Na_2O_2中的过氧离子O_2^{2-}能否存在。它们和O_2比较，其稳定性和磁性如何？

7. 用VB法和MO法分别说明为什么H_2能稳定存在而He_2不能稳定存在。

8. 预测下列分子的空间构型，指出电偶极矩是否为零，并判断分子的极性。

SiF_4、NF_3、BCl_3、H_2S、$CHCl_3$

9. 下列每对分子中，哪个分子的极性较强？试简单说明原因。

(1) HCl和HI　　(2) H_2O和H_2S　　(3) NH_3和PH_3

(4) CH_4和SiH_4　　(5) CH_4和$CHCl_3$　　(6) BF_3和NF_3

10. 已知稀有气体的沸点如下，试说明沸点递变的规律和原因。

稀有气体	He	Ne	Ar	Kr	Xe
沸点/K	4.26	27.26	87.46	120.26	166.06

11. 将下列两组物质按沸点由低到高的顺序排列并说明理由。

(1) H_2、CO、Ne、HF　　(2) CI_4、CF_4、CBr_4、CCl_4

12. 常温下F_2和Cl_2为气体，Br_2为液体，而I_2为固体，为什么？

13. 乙醇(C_2H_5OH)和二甲醚(CH_3OCH_3)组成相同,但乙醇的沸点比二甲醚的沸点高,为什么?

14. 判断下列各组分子间存在着哪种分子间力。

(1) 苯和四氯化碳 (2) 乙醇和水 (3) 苯和乙醇 (4) 液氨

15. 将下列每组分子间存在的氢键按照由强到弱的顺序排列。

HF 与 HF、H_2O 与 H_2O、NH_3 与 NH_3

16. 某化合物的分子式为 AB_4,A 属ⅣA 族,B 属ⅦA 族,A、B 的电负性值分别为 2.55 和 3.16。试回答下列问题。

(1) 已知 AB_4 的空间构型为正四面体,推测原子 A 与原子 B 成键时采取的轨道杂化类型。

(2) A—B 键的极性如何?AB_4 分子的极性如何?

(3) AB_4 在常温下为液体,该化合物分子间存在什么作用力?

(4) 将 AB_4 与 $SiCl_4$ 比较,哪一个的熔点、沸点较高?

17. 试推测下列物质分别属于哪一类晶体。

物质	B	LiCl	BCl_3
熔点/℃	2 300	605	−107.3

18. (1) 试推测下列物质可形成何种类型的晶体。

O_2、H_2S、KCl、Si、Pt

(2) 下列物质熔化时,要克服何种作用力?

AlN、Al、HF(s)、K_2S

19. 将下列两组离子分别按离子极化力及变形性由小到大的顺序重新排列。

(1) Al^{3+}、Na^+、Si^{4+} (2) Sn^{2+}、Ge^{2+}、I^-

20. 试按离子极化作用由强到弱的顺序重新排列下列物质。

$MgCl_2$、$SiCl_4$、NaCl、$AlCl_3$

21. 比较下列每组化合物的离子极化作用的强弱,并预测溶解度的相对大小。

(1) ZnS、CdS、HgS (2) PbF_2、$PbCl_2$、PbI_2 (3) CaS、FeS、ZnS

第 8 章　配位化合物

配位化合物(coordination compound)简称配合物，旧称络合物，是一类结构较为复杂的化合物。历史上有记载最早发现的配合物是亚铁氰化铁，它是 1704 年由普鲁士人 Diesbach 在染料作坊中将兽皮、兽血同碳酸钠煮沸而得到的一种蓝色染料，因此定名为普鲁士蓝。后经研究确定其化学式为 $Fe_4[Fe(CN)_6]_3$。近一个世纪以来，随着对配合物组成、结构、性质及应用研究的不断深入，配位化学已经成为一门独立的分支学科。20 世纪 50 年代开始发展的配位催化及 20 世纪 60 年代蓬勃发展的生物无机化学等都对配位化学的发展起到促进作用。目前配位化学已成为无机化学中一个十分活跃的研究领域。配合物的各种独特性能使其在科学研究及生产实践中得到广泛应用，如原子能、半导体、火箭等尖端工业生产中金属的分离技术、新材料的制取和分析等。随着研究的进一步深入，配合物将更广泛地应用于有机化学、生物化学、分析化学、物理化学以及量子化学等领域。

码 8.1　人物简介

8.1　配合物的基本概念

8.1.1　配合物的组成

将过量的氨水加入硫酸铜溶液中，溶液逐渐变为深蓝色，用酒精处理后，可以得到深蓝色的晶体，经分析证明该晶体为$[Cu(NH_3)_4]SO_4$。其反应方程式为

$$CuSO_4 + 4NH_3 = [Cu(NH_3)_4]SO_4$$

在纯的$[Cu(NH_3)_4]SO_4$溶液中，除了水合硫酸根离子和深蓝色的$[Cu(NH_3)_4]^{2+}$外，几乎检查不出 Cu^{2+} 和 NH_3分子。$[Cu(NH_3)_4]^{2+}$不仅稳定存在于溶液中，也存在于晶体中。在晶体和溶液中这种难离解的复杂离子被称为配位离子(又称为配离子)。配离子可与异种电荷离子组成中性配合物，如$[Cu(NH_3)_4]SO_4$。

在$[CoCl_3(NH_3)_3]$的水溶液中，Co^{3+}、NH_3、Cl^-的浓度都极小，它主要以复杂分子形式$[CoCl_3(NH_3)_3]$存在。配合物和配离子在概念上有所不同，但使用上对此常不严加区分。

配合物在组成上具有共同特点，处于配合物结构中心的金属离子(或原子)，称为配合物的形成体；一定数目的中性分子(如 NH_3)或阴离子(如 Cl^-)与中心原子或离子通过配位键结合，形成一定空间构型的配分子或配离子，与中心原子或离子结合的中性分子或阴离子称为配位体(简称配体)。因此，配合物是形成体和配体按一定的组成和空间构型通过配位键所形成的化合物。配体和形成体构成配合物的内界(也称为内配位层)，它是配合物的特征部分。书写配合物化学式时，将内界置于方括号之内。配合物中方括号之外的部分称为配合物的外界。一般配合物的内、外界之间通过离子键结合。

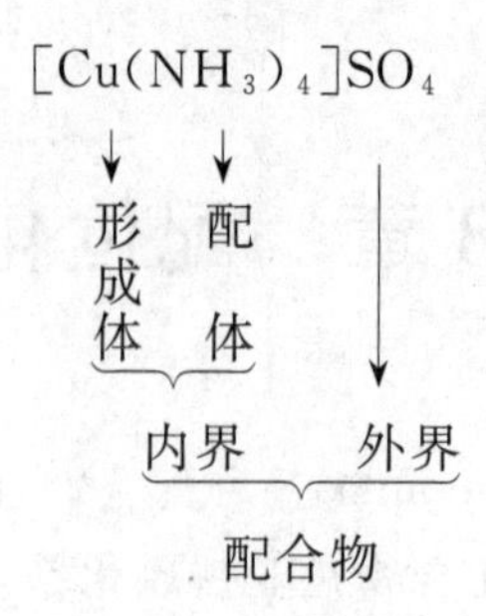

1. 配合物的形成体

形成体常为金属阳离子或金属原子,过渡金属离子或原子是最常见的配合物形成体。形成体一般是以具有能够接受孤对电子的空轨道为其结构特征。

2. 配体和配位原子

配体是含有孤对电子的中性分子或阴离子,如 NH_3、H_2O、Cl^-、Br^-、I^-、CN^-、SCN^-等。形成配离子时,配体的孤对电子填充到中心原子或离子的空轨道而形成配位键。配体中含有孤对电子且与形成体直接相连的原子,称为配位原子。如 NH_3 中的 N 原子,是电子对给予体。配位原子主要是周期表ⅤA、ⅥA、ⅦA 族中电负性较大的非金属元素的原子。此外,负氢离子和能提供 π 电子的有机分子或离子等也可作为配体。常见的配体如表 8-1 所示。

表 8-1　常见的配体

配体类型		分子式或结构式	名　称	配位原子	缩写符号
单齿配体	中性分子配体	H_2O	水	O	
单齿配体	中性分子配体	NH_3	氨	N	
单齿配体	中性分子配体	CO	羰基	C	
单齿配体	中性分子配体	CH_3NH_2	甲胺	N	
单齿配体	阴离子配体	F^-	氟	F	
单齿配体	阴离子配体	Cl^-	氯	Cl	
单齿配体	阴离子配体	Br^-	溴	Br	
单齿配体	阴离子配体	I^-	碘	I	
单齿配体	阴离子配体	OH^-	羟基	O	
单齿配体	阴离子配体	CN^-	氰	C	
单齿配体	阴离子配体	NO_2^-	硝基	N	
单齿配体	阴离子配体	ONO^-	亚硝酸根	O	
单齿配体	阴离子配体	SCN^-	硫氰酸根	S	
单齿配体	阴离子配体	NCS^-	异硫氰酸根	N	
多齿配体		$^{-}O(O=)C—C(=O)O^{-}$	草酸根	O	ox
多齿配体		$H_2C—CH_2$, H_2N: :NH_2	乙二胺	N	en

续表

配体类型	分子式或结构式	名　称	配位原子	缩写符号
多齿配体	S S $^{-}$O O^{-}	二硫代草酸根	O	dto
	N N	邻菲啰啉	N	*o*-phen
	N N	联吡啶	N	bpy
	$HOOCCH_2$ CH_2COOH :NCH_2CH_2N: $HOOCCH_2$ CH_2COOH	乙二胺四乙酸	N、O	H_4EDTA

含有一个配位原子的配体称为单齿(或单基)配体。如 NH_3、H_2O、Cl^-、Br^-、I^-、CN^-、SCN^- 等都是单齿配体。若一个配体中含有两个或两个以上的配位原子,则称为多齿配体。例如,乙二胺 ($NH_2—CH_2—CH_2—NH_2$) 中两个氨基 N 原子都是配位原子,因此乙二胺为双齿配体。同理,氨基三乙酸中一个氨基 N 原子和三个羧基 O 原子都为配位原子,因此氨基三乙酸为四齿配体。多齿配体以两个或两个以上配位原子与中心原子或离子配位时,可形成环状结构的配合物。这种配合物称为螯合物(chelate complex)。如$[Cu(en)_2]^{2+}$中,两个 en (代表乙二胺分子)犹如螃蟹的双螯钳住中心 Cu^{2+},形成了两个五元环。

$$\left[\begin{array}{ccccc} CH_2—NH_2 & \searrow & & \swarrow & NH_2—CH_2 \\ | & & Cu & & | \\ CH_2—NH_2 & \nearrow & & \nwarrow & NH_2—CH_2 \end{array}\right]^{2+}$$

3. 配位数

直接同形成体配位的配位原子数目称为该形成体的配位数(coordination number)。目前已知形成体的配位数一般为 1～14,其中最常见的配位数为 2、4、6(见表 8-2)。形成体的配位数大小与形成体大小和配体的电荷、体积、电子层构型等性质有关,也与配合物形成的条件有关。

表 8-2　常见金属离子(M^{n+})的配位数

M^+	配位数	M^{2+}	配位数	M^{3+}	配位数
Cu^+	2、4	Ca^{2+}	6	Al^{3+}	4、6
Ag^+	2	Mg^{2+}	6	Cr^{3+}	6
Au^+	2、4	Fe^{2+}	6	Fe^{3+}	6
		Co^{2+}	4、6	Co^{3+}	6
		Cu^{2+}	4、6	Au^{3+}	4
		Zn^{2+}	4、6		

在计算形成体的配位数时，一般先在配分子或配离子中确定形成体和配体，然后找出配位原子的数目。如果配体是单齿的，那么配体的数目就是该形成体的配位数。例如，$[Pt(NH_3)_4]Cl_2$和$[PtCl_2(NH_3)_2]$中的形成体都是Pt^{2+}，而配体不同，前者是NH_3，后者是NH_3和Cl^-。这些配体都是单齿的，那么配位数都是4。如果配体是多齿的，显然配体的数目不等于形成体的配位数。如$[CoCl_2(en)_2]^+$中en是双齿配体，因此Co^{3+}的配位数不是4而是6。同理，在$[Co(en)_3]Cl_3$中Co^{3+}的配位数不是3而是6。

4. 配离子的电荷

配离子的电荷等于形成体电荷和配体电荷的代数和。如配离子$[Ag(S_2O_3)_2]^x$的电荷：$x=+1+(-2\times2)=-3$。

8.1.2 配合物化学式的书写与配合物的命名

1. 配合物化学式的书写

配合物化学式的书写应遵循以下两个原则。

(1) 含有配离子的配合物，阳离子写在前，阴离子写在后。

(2) 对配合物的内界而言，先列出形成体，再列出配体，然后将整个内界的化学式置于方括号内。若内界中的配体不止一种，则按如下次序规则列出配体：无机配体在前，有机配体在后；阴离子配体在前，中性分子配体在后；同类配体(同为中性分子或阴离子)按配位原子元素符号的英文字母先后顺序排序；配位原子相同，则按与配位原子直接相连的其他原子元素符号的英文字母先后顺序排序。

2. 配合物的命名

配合物的命名遵循一般无机化合物的命名原则。含配阳离子的配合物，内、外界之间缀以“化”字。例如，$[Pt(NH_3)_6]Cl_4$称为氯化六氨合铂(Ⅳ)。含配阴离子的配合物，内、外界之间缀以“酸”字。例如，$K_4[Fe(CN)_6]$称为六氰合铁(Ⅱ)酸钾。若外界为氢离子，则在配阴离子之后缀以“酸”字。例如，$H[PtCl_3(NH_3)]$称为三氯·氨合铂(Ⅱ)酸。

对配合物的内界而言，命名时把配体名称列在形成体名称之前，不同配体名称的顺序同书写顺序。配体名称前面“二”“三”“四”等数字表示配体个数，配体之间以黑点“·”隔开，在最后一个配体名称之后缀以“合”字。形成体名称之后用带圆括号的罗马数字表示其氧化数。几个配合物(配离子)命名的实例如下：

$[Cu(NH_3)_4]^{2+}$	四氨合铜(Ⅱ)离子
$[PtCl_5(NH_3)]^-$	五氯·氨合铂(Ⅳ)离子
$[PtCl_6]^{2-}$	六氯合铂(Ⅳ)离子
$[Zn(OH)(H_2O)_3]^+$	羟基·三水合锌(Ⅱ)离子
$[Fe(CO)_5]$	五羰(基)合铁
$[Co(NO_2)_3(NH_3)_3]$	三硝基·三氨合钴(Ⅲ)

8.2 配合物的化学键理论

配合物中的化学键是指配合物中配体与形成体之间的化学键。为什么配合物具有许多独特的性质？具有空轨道的中心原子或离子与具有孤对电子的配体之间如何形成稳定的化学键？阐明这种键的理论目前较为常用的有价键理论、晶体场理论和配位体场理论三种，它们分别从不同角度讨论配体与形成体之间的作用力，说明配体与形成体之间化学键的实质。下面主要介绍价键理论和晶体场理论。

8.2.1　价键理论

1. 价键理论的基本要点

价键理论的核心是认为形成体和配位原子通过共价键结合。因此，配合物的价键理论是在共价键的电子配对法和杂化轨道理论的基础上经补充和修正发展而来的。其基本的要点如下。

(1) 配体中的配位原子可提供孤对电子，是电子对给予体，而形成体可提供与配位数相同数目的空轨道，是电子对的接受体。配位原子的孤对电子填入形成体的空轨道而形成配位键。

(2) 形成体所提供的空轨道先进行杂化，形成数目相等、能量相同、具有一定空间伸展方向的杂化轨道，形成体的杂化轨道与配位原子的孤对电子沿键轴方向重叠成键。

例如，Fe^{3+} 的 3d 能级上有 5 个电子，其价电子组态如图 8-1 所示，这些 d 电子分布服从 Hund 规则，即在等价轨道中，自旋平行时状态最稳定。当与 F 形成$[FeF_6]^{3-}$时，Fe^{3+} 的 3d 电子层不发生改变，而最外层的 1 个 4s、3 个 4p 和 2 个 4d 空轨道受配体影响，杂化形成 6 个 sp^3d^2 杂化轨道，6 个 F^- 的 6 对孤对电子进入这些杂化轨道。

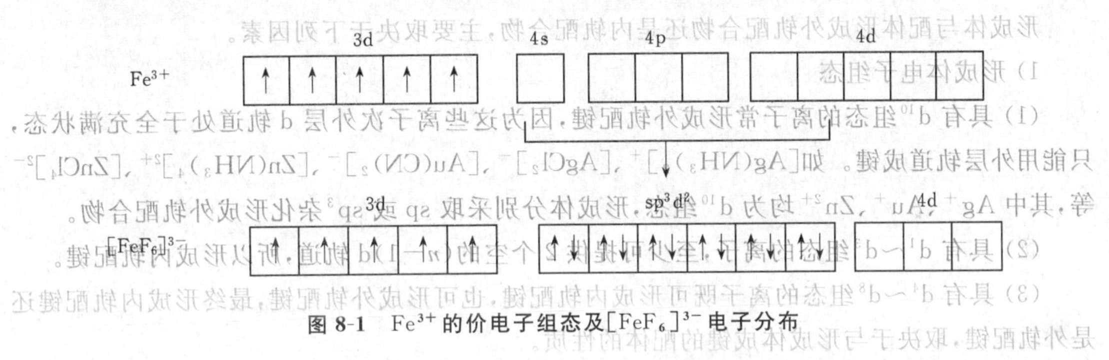

图 8-1　Fe^{3+} 的价电子组态及$[FeF_6]^{3-}$ 电子分布

(3) 形成体的杂化轨道具有一定的空间取向，这种空间取向决定了配体在中心原子或离子周围有一定的排布方式，所以配合物具有一定的空间构型。如$[FeF_6]^{3-}$中 Fe^{3+} 的 6 个 sp^3d^2 杂化轨道为减小互相之间的排斥力，在空间以正八面体取向，形成正八面体型配离子。配离子的空间构型与形成体所提供杂化轨道的数目和类型的关系如表 8-3 所示。

表 8-3　配离子的空间构型和形成体的轨道杂化类型

配位数	轨道杂化类型	空间构型	实　例
2	sp	直线	$[Ag(NH_3)_2]^+$、$[AgCl_2]^-$、$[Au(CN)_2]^-$
4	sp^3	正四面体	$[Ni(NH_3)_4]^{2+}$、$[ZnCl_4]^{2-}$、$[Cd(CN)_4]^{2-}$
	dsp^2	平面正方形	$[Ni(CN)_4]^{2-}$、$[PtCl_4]^{2-}$、$[PtCl_2(NH_3)_2]$
6	sp^3d^2	八面体	$[FeF_6]^{3-}$、$[Fe(H_2O)_6]^{3+}$、$[CoF_6]^{3-}$
	d^2sp^3	八面体	$[Fe(CN)_6]^{3-}$、$[Fe(CN)_6]^{4-}$、$[Co(NH_3)_6]^{3+}$

2. 配位键的类型

形成体与配位原子形成配位键时，由于形成体轨道的杂化可以有不同的方式，因而使得形成的配位键有不同的类型。

如 Fe^{3+} 与 CN^- 形成 $[Fe(CN)_6]^{3-}$ 时，CN^- 对电子的排斥力很大，能将 Fe^{3+} 中原来平行排列的 5 个单电子挤入 3 个 d 轨道配成两对，空出 2 个 d 轨道。也就是说，受配体 CN^- 的影响，Fe^{3+} 的价电子结构发生重排，形成由 2 个 3d、1 个 4s、3 个 4p 参与杂化的 d^2sp^3 杂化轨道。

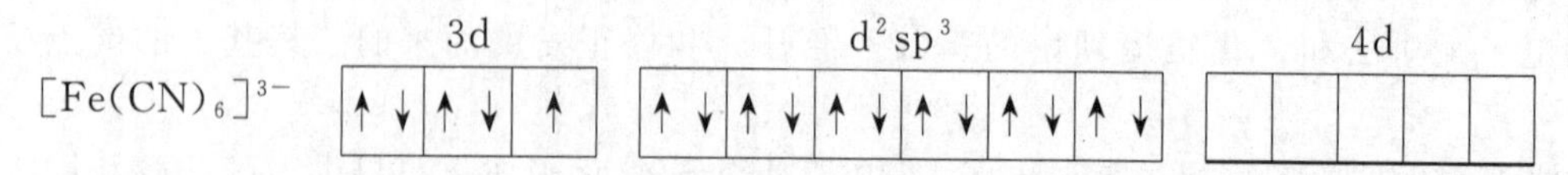

6 个 d^2sp^3 杂化轨道与 6 个 CN^- 提供的孤对电子形成配位键。$[FeF_6]^{3-}$ 和 $[Fe(CN)_6]^{3-}$ 都是正八面体构型的配离子，但是两种配离子中，Fe^{3+} 轨道杂化方式不同，形成的配位键为两种类型，分别称为外轨配键和内轨配键。形成体以最外层的轨道(ns, np, nd)组成杂化轨道，然后和配位原子形成的配位键称为外轨配键，以外轨配键所形成的配合物称为外轨配合物。反之，形成体以部分次外层的轨道(如(n−1)d 轨道)参与组成杂化轨道所形成的配位键称为内轨配键，以内轨配键所形成的配合物称为内轨配合物。$[FeF_6]^{3-}$ 和 $[Fe(CN)_6]^{3-}$ 分别为外轨配合物和内轨配合物。

形成体与配体形成外轨配合物还是内轨配合物，主要取决于下列因素。

1) 形成体电子组态

(1) 具有 d^{10} 组态的离子常形成外轨配键，因为这些离子次外层 d 轨道处于全充满状态，只能用外层轨道成键。如 $[Ag(NH_3)_2]^+$、$[AgCl_2]^-$、$[Au(CN)_2]^-$、$[Zn(NH_3)_4]^{2+}$、$[ZnCl_4]^{2-}$ 等，其中 Ag^+、Au^+、Zn^{2+} 均为 d^{10} 组态，形成体分别采取 sp 或 sp^3 杂化形成外轨配合物。

(2) 具有 d^1～d^3 组态的离子，至少可提供 2 个空的(n−1)d 轨道，所以形成内轨配键。

(3) 具有 d^4～d^8 组态的离子既可形成内轨配键，也可形成外轨配键，最终形成内轨配键还是外轨配键，取决于与形成体成键的配体的性质。

如 Ni^{2+} 的外层价电子组态为 $3d^8$。

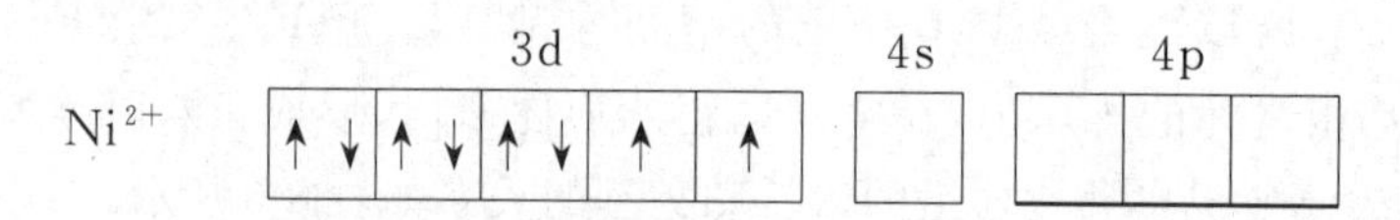

当 Ni^{2+} 与 NH_3 成键时，Ni^{2+} 的外层的 4s 与 4p 轨道构成 sp^3 杂化轨道，形成外轨配合物 $[Ni(NH_3)_4]^{2+}$，空间构型为正四面体。

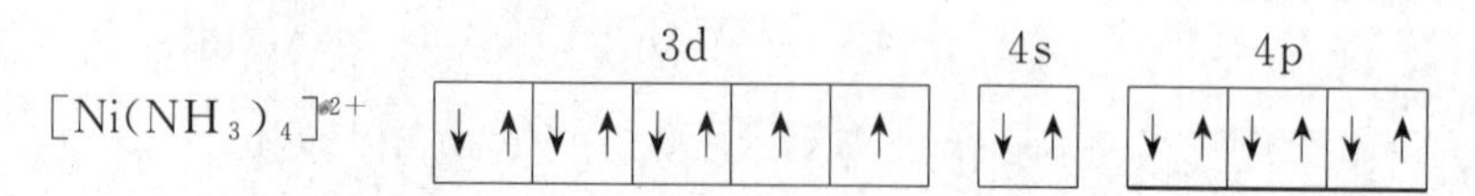

当 Ni^{2+} 与 CN^- 形成配位键时，Ni^{2+} 的杂化形式为 dsp^2，即 3d 轨道的 2 个单电子成对，一个空的 3d 轨道与外层的 1 个 4s 和 2 个 4p 轨道形成 dsp^2 杂化轨道，CN^- 的孤对电子填入 dsp^2 杂化轨道中，表示如下：

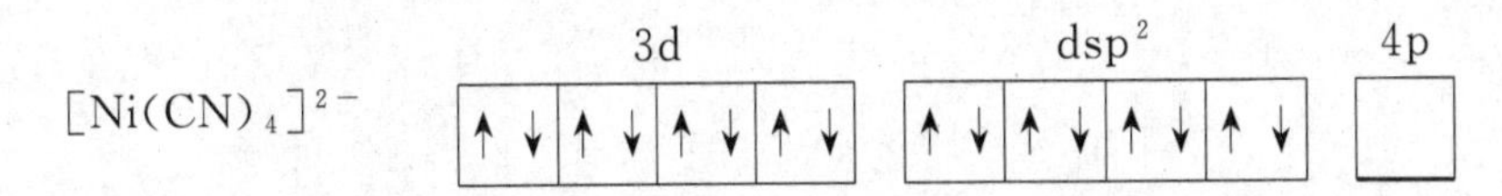

因而$[Ni(CN)_4]^{2-}$是内轨配合物，空间构型为平面正方形。

2）形成体的电荷

形成体的电荷高，对配位原子的引力大，便于其内层轨道参与成键，因而有利于形成内轨配键。例如，$[Co(NH_3)_6]^{2+}$为外轨配合物，$[Co(NH_3)_6]^{3+}$为内轨配合物。

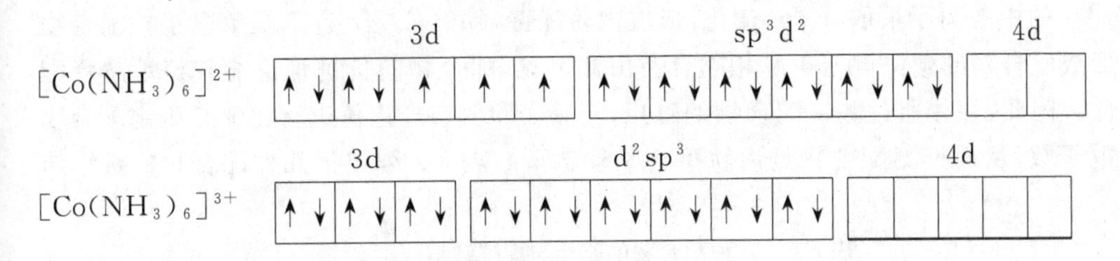

3）配位原子的电负性

电负性大的配位原子吸引电子的能力强，不易提供孤对电子，往往只能与形成体的外层轨道形成外轨配键，形成外轨配合物。如CN^-和F^-两种配体中配位原子比较，显然C原子电负性较小，因此它们与Fe^{3+}形成配合物时，前者形成内轨配合物，而后者形成外轨配合物。

3. 配合物的性质与配合物键型的关系

配合物的价键理论，不仅较好地说明了配合物的空间构型，也合理地阐明了配合物的许多性质。

1）配合物的稳定性

虽说配离子在溶液中都有较高的稳定性，但不同的配离子，其稳定性大小是有差别的。如$[FeF_6]^{3-}$和$[Fe(CN)_6]^{3-}$，形成体相同，且都是配位数为6的正八面体型配离子，而前者的稳定性不如后者。同样$[Ni(CN)_4]^{2-}$比$[Ni(NH_3)_4]^{2+}$更稳定。按价键理论的观点，这种稳定性的差别正好与形成配离子的配位键型相关。$[FeF_6]^{3-}$和$[Ni(NH_3)_4]^{2+}$中的配位键为外轨配键，而$[Fe(CN)_6]^{3-}$与$[Ni(CN)_4]^{2-}$中的配位键为内轨配键。内轨配键由于使用次外层$(n-1)$d轨道杂化成键，其能量低于最外层轨道的能量。因此，配位数相同的配离子，一般内轨配合物比外轨配合物稳定。

2）配合物的磁性

物质的磁性可用磁矩μ进行量度。通过实验测定配合物的磁矩，可了解配合物的磁性。如实验测得$K_3[FeF_6]$、$K_3[Fe(CN)_6]$两种配合物的磁矩分别为5.90 B.M.和2.0 B.M.，两种配合物磁性明显不同。这是由于物质的磁性与物质中电子的自旋运动有关。若配合物结构中所有电子均已成对，不存在单电子，正、逆方向自旋的电子所产生的磁效应刚好相互抵消，此时磁矩$\mu=0$，磁矩为0的物质称为抗磁性物质。反之，若配合物结构中存在未成对电子，则物质必表现为顺磁性，磁矩$\mu>0$，而且磁矩的大小与未成对电子的数目有关。根据磁学理论，磁矩可用下式近似计算：

$$\mu=\sqrt{n(n+2)}$$

式中：n是物质中未成对电子数；μ的单位为玻尔磁子，用符号B.M.表示。根据上式估算单电子数$n=0\sim5$时的磁矩如下：

n	0	1	2	3	4	5
μ/B. M.	0	1.73	2.83	3.87	4.90	5.92

将实验测得的值与理论值比较,可确定配合物中未成对电子数。如$[FeF_6]^{3-}$的磁矩$\mu_{实}$=5.90 B. M.,这说明$[FeF_6]^{3-}$中应有5个未成对电子;$[Fe(CN)_6]^{3-}$的磁矩$\mu_{实}$=2.0 B. M.,这说明其中应只有1个单电子。已知Fe^{3+}的价电子组态为$3d^5$,有5个未成对的d电子,由于$[FeF_6]^{3-}$的中心离子采取sp^3d^2杂化,形成外轨配键,仍然保留5个未成对的d电子,$[Fe(CN)_6]^{3-}$的中心离子采取d^2sp^3杂化,形成内轨配键,$(n-1)$层只有1个单电子。配合物的磁性与形成配合物的配位键型正好相吻合。由此可见,配合物的价键理论能较好地解释配合物的磁性。因此,往往通过测定配合物的磁矩,将其实验值与理论值进行比较来确定配合物中未成对电子数,从而推测配合物是内轨型还是外轨型。表8-4列出了几种配合物的磁矩与配位键型。

表 8-4 几种配合物的磁矩与配位键型

配合物	中心原子d电子数	μ/B. M.	未成对电子数	杂化轨道类型	配位键型
$K_3[Mn(CN)_6]$	4	3.18	2	d^2sp^3	内轨型
$[Mn(SCN)_6]^{4-}$	5	6.10	5	sp^3d^2	外轨型
$[Ti(H_2O)_6]^{3+}$	1	1.73	1	d^2sp^3	内轨型
$[Co(SCN)_4]^{2-}$	7	4.30	3	sp^3	外轨型
$K_2[PtCl_4]$	8	0	0	dsp^2	内轨型

配合物价键理论简单明确,易于理解和接受,能较好地阐明许多配合物的几何构型,并能成功地解释配合物的某些性质。但它有一定的局限性,价键理论仅是一个定性的理论,不能定量或半定量地说明配合物的性质。如当配体相同时,第四周期过渡金属八面体型配合物的稳定性常与金属离子或原子所含d电子数有关。又如每种配合物都具有自己的特征光谱,过渡金属配合物具有不同的颜色,对这些现象用价键理论无法给出合理的说明,而用晶体场理论却能得到比较满意的解释。

8.2.2 晶体场理论

1. 晶体场理论的基本要点

(1) 在配合物中,中心原子或离子与配体之间的作用类似于离子晶体中阴、阳离子间的静电作用,这种作用是纯粹的静电排斥和吸引,即不形成共价键。

(2) 中心原子或离子在周围配体的电场作用下,原来能量相同的5个简并d轨道分裂成能量高低不同的几组d轨道。

(3) 由于d轨道能级的分裂,d轨道上的电子重新分布,使体系的总能量有所降低,即给配合物带来了额外的稳定化能。

2. 八面体场中d轨道能级的分裂

配体作为带负电的点电荷,通过静电作用结合在中心原子或离子的周围,此时中心原子或离子相当于处在一个带负电的外电场中。这种外电场与中心原子或离子外层d轨道之间的排斥作用会使 d 轨道能量升高。若配体对中心原子或离子形成一个球形对称的外电场，那么中心原子或离子中各个方向伸展的 5 个 d 轨道受到的电场排斥作用是均衡的，其能量同等程度地升高，5 个 d 轨道仍然是 5 个能量相等的简并轨道。然而配体对中心原子或离子形成的外电场不可能是一个球形场。以八面体型的配合物为例，在中心原子或离子周围，6 个配体从正八面体的 6 个顶点与中心原子或离子相作用（见图 8-2），6 个配体可沿 $\pm x$、$\pm y$、$\pm z$ 轴方向接近中心原子或离子，中心原子或离子外层 5 个 d 轨道受到的配体负电荷排斥作用的大小不等。其中 d_{z^2}、$d_{x^2-y^2}$ 轨道沿坐标轴方向伸展，与配体处于“迎头相碰”的状态，这些轨道受配体负电荷排斥作用较大，能量显著升高。而 d_{xy}、d_{xz}、d_{yz} 3 个轨道的伸展方向都处于坐标轴的夹角方向，正好穿插在配体之间，避开了与配体“迎头相碰”的状态，受到的排斥作用相对较小，因而能量升高较少。八面体场 d 轨道能级分裂情况如图 8-3 所示。

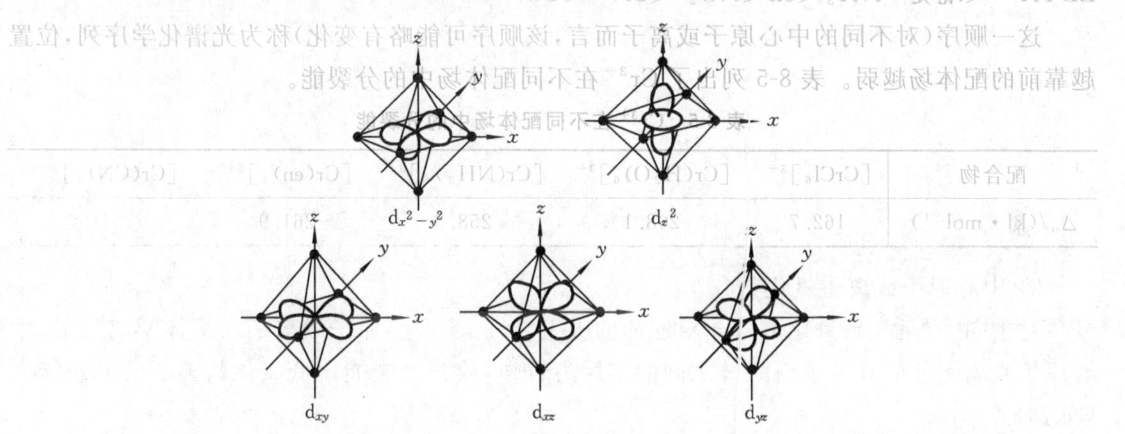

图 8-2 正八面体配合物中心原子或离子 d 轨道与配体的相对位置

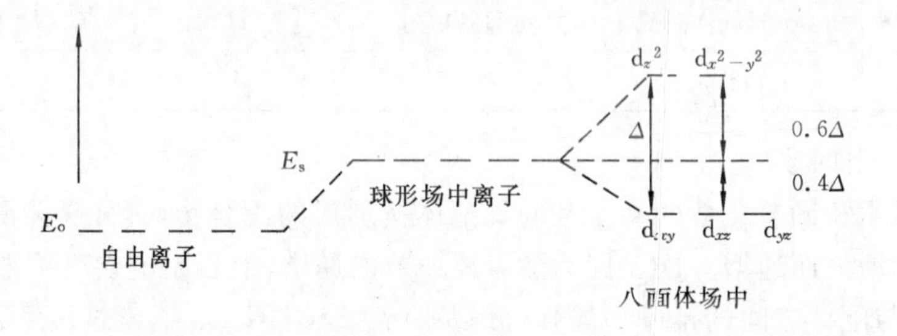

图 8-3 八面体场中中心原子或离子 d 轨道能级的分裂

可见，在配体形成的八面体场中，原来能量相等的 5 个简并 d 轨道分裂成两组：一组是能量较高的 d_{z^2} 和 $d_{x^2-y^2}$ 轨道，称为 d_γ 或 e_g 轨道；另一组是能量相对较低的 d_{xy}、d_{xz}、d_{yz} 轨道，称为 d_ε 或 t_{2g} 轨道（d_γ、d_ε 及 e_g、t_{2g} 为晶体场理论所用符号）。

3. 分裂能及其影响因素

中心原子或离子 d 轨道受配体静电场的影响大小不同而发生了能级的分裂，分裂后最高能级与最低能级之间的能量差称为分裂能，通常用符号 Δ 表示。在八面体（octahedron）场中的分裂能（Δ_o）为

$$\Delta_o = E(e_g) - E(t_{2g})$$

即 1 个电子从 e_g 轨道跃迁到 t_{2g} 轨道所需要的能量。分裂能可通过配合物的光谱实验测得。

上面所述是中心原子或离子在八面体场中 d 轨道能级分裂的情况。由于不同配合物有不

同的空间构型，如四面体型、平面正方形等，中心原子或离子 d 轨道在四面体场、平面正方形场等不同空间构型的静电场中能级分裂的方式和大小不同。在八面体场中，由于不同配合物的中心原子或离子和配体不同，静电作用的大小不一，分裂能的大小也不相同。本章仅限于讨论八面体场中 d 轨道能级分裂的情况。影响分裂能的因素主要有以下几个方面。

1）配体的性质

对于同种中心原子或离子而言，分裂能随配体静电场强弱的不同而变化。配体场越强，d 轨道能级分裂程度越大，分裂能越大。当金属离子确定时，正八面体配合物的光谱实验测得配体场强弱的顺序如下：

$I^- < Br^- < Cl^- < SCN^- < F^- < S_2O_3^{2-} < OH^- \approx ONO^- < C_2O_4^{2-} < H_2O < NCS^- <$ $EDTA^{4-} <$ 吡啶 $\approx NH_3 < en < NO_2^- < CN^- < CO$

这一顺序（对不同的中心原子或离子而言，该顺序可能略有变化）称为光谱化学序列，位置越靠前的配体场越弱。表 8-5 列出了 Cr^{3+} 在不同配体场中的分裂能。

表 8-5　Cr^{3+} 在不同配体场中的分裂能

配合物	$[CrCl_6]^{3-}$	$[Cr(H_2O)_6]^{3+}$	$[Cr(NH_3)_6]^{3+}$	$[Cr(en)_3]^{3+}$	$[Cr(CN)_6]^{3-}$
$\Delta_o/(kJ \cdot mol^{-1})$	162.7	208.1	258.3	261.9	314.5

2）中心原子或离子氧化数

对于同一配体，高氧化数离子对配体的吸引力较大，中心原子或离子与配体距离较近，中心原子或离子外层 d 电子与配体之间的排斥力较强，故其分裂能比低氧化数离子的分裂能大（见表 8-6）。

表 8-6　中心原子氧化数对分裂能的影响

配合物	$[Co(H_2O)_6]^{2+}$	$[Co(H_2O)_6]^{3+}$	$[V(H_2O)_6]^{2+}$	$[V(H_2O)_6]^{3+}$
$\Delta_o/(kJ \cdot mol^{-1})$	111.3	222.5	150.7	211.7

3）元素所属周期数

同族过渡元素相同氧化数的离子与同种配体所形成的配合物，其分裂能随中心原子或离子所属的周期数增大而递增。这是因为随着周期数的递增，中心原子或离子半径增大，外层 d 轨道离核变远，与配体之间的排斥力增强，分裂能增大。以第一、二、三过渡系元素离子形成的配合物的分裂能相比，一般第二过渡系元素的分裂能比第一过渡系的增大 40%～50%，第三过渡系元素的分裂能比第二过渡系的增大20%～25%（见表 8-7）。

表 8-7　中心原子所属周期数对分裂能的影响

中心原子	价电子	周期	配合物	$\Delta_o/(kJ \cdot mol^{-1})$
Co^{3+}	$3d^6$	4	$[Co(en)_3]^{3+}$	278.7
			$[Co(NH_3)_3]^{3+}$	274
Rh^{3+}	$4d^6$	5	$[Rh(en)_3]^{3+}$	411.4
			$[Rh(NH_3)_3]^{3+}$	408
Ir^{3+}	$5d^6$	6	$[Ir(en)_3]^{3+}$	492.8
			$[Ir(NH_3)_3]^{3+}$	490

4. 八面体场中中心原子或离子的 d 电子排布

在八面体场中，由于中心原子或离子 d 轨道发生了能级分裂，原来能量相同的 5 个简并轨道分裂成能量不同的两组轨道，这就导致中心原子或离子 d 电子重新排布以保持体系的能量最低。各种 d 电子组态的离子，其 d 电子排布的规律有以下几种情况。

(1) d^1～d^3组态的离子，只有一种排布方式，即 d 电子填充到能量较低的 t_{2g}轨道，并且按照 Hund 规则，电子应尽可能分占能量相等的 3 个 t_{2g}简并轨道并保持自旋平行，体系能量降低。图 8-4 是 d^3组态的离子电子排布示意图。

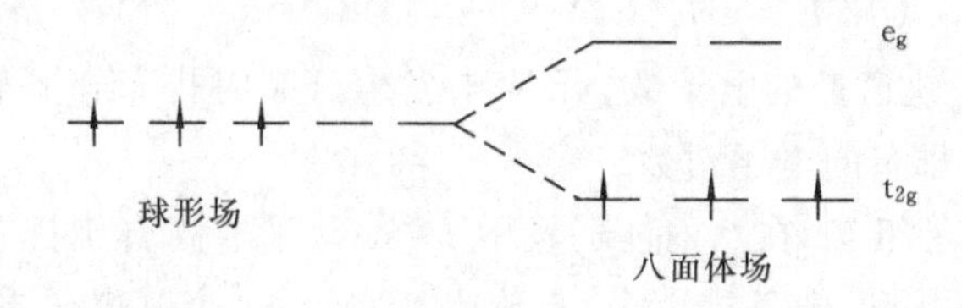

图 8-4　d^3组态的离子电子排布示意图

(2) d^4～d^7组态的离子，可能有两种不同的排列方式。例如，d^5组态的离子，一种排列方式为 5 个 d 电子在 3 个 t_{2g}轨道和 2 个 e_g轨道中各占 1 个轨道，互相自旋平行，这种排列方式因单电子数较多而被称为高自旋排列；另一种方式则为 5 个 d 电子全部进入 3 个能量低的t_{2g}轨道，其中只有 1 个 t_{2g}轨道中有 1 个未成对的电子，另 2 个 t_{2g}轨道中容纳了 4 个电子，形成 2 对，这种排列称为低自旋排列。电子成对时势必要克服电子之间的排斥作用，需要一定的能量。为克服电子间排斥作用所需的能量称为电子成对能(P)。具有 d^5组态的离子在配合物中究竟采取哪一种排列方式取决于分裂能Δ_o和电子成对能 P 的相对大小。一般来说，在弱配体场中，中心原子或离子分裂能较小，而电子成对能相对较大，$\Delta_o < P$，则 d 电子采取高自旋排列使体系能量更低；反之，在强配体场中，中心原子或离子分裂能较大，超过电子成对能，$\Delta_o > P$，则 d 电子采取低自旋排列更有利于体系能量的降低，配合物更稳定(见图 8-5)。

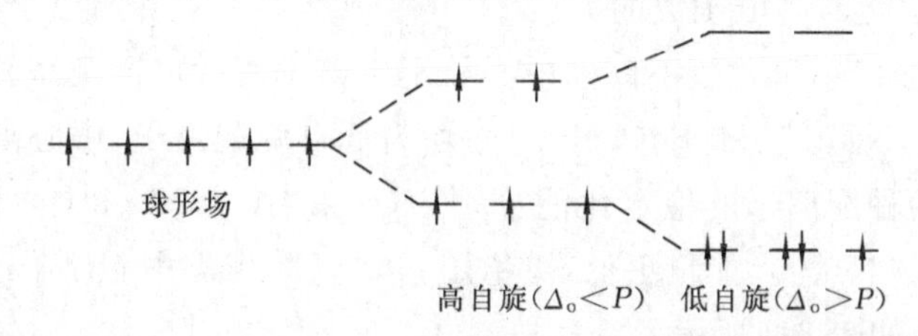

图 8-5　中心原子或离子在不同强度的八面体场中 d 电子的排布

(3) d_8～d_{10}组态的离子，因能量低的 t_{2g}轨道已全充满，电子别无选择，只能进入能量较高的 e_g轨道，所以只有一种排列方式，无高自旋和低自旋之分。

综上所述，对于八面体场中 d^1～d^3、d^8～d^{10}组态的离子，不论在强配体场或弱配体场中电子都只有一种排布方式；d^4～d^7组态的离子，在强配体场和弱配体场中可出现低自旋和高自旋两种不同的排列方式。

5. 晶体场稳定化能

以分裂前球形场中 d 轨道的能量 $E_s = 0$ 为计算能量的相对标准，因 d 轨道分裂前后总能量不变，则分裂后的两组轨道之间的能量关系有

$$\begin{cases} 2E(e_g) + 3E(t_{2g}) = 0 \\ E(e_g) - E(t_{2g}) = \Delta_o \end{cases}$$

解上述方程组得

$$E(e_g) = +0.6\Delta_o$$

$$E(t_{2g}) = -0.4\Delta_o$$

即八面体场中分裂后的 e_g轨道能量升高 $0.6\Delta_o$,t_{2g}轨道能量降低 $0.4\Delta_o$。因此,在t_{2g}轨道中填充1个电子相应于增加$0.4\Delta_o$的稳定化能,在 e_g轨道中填充1个电子相应于减少 $0.6\Delta_o$的稳定化能,d电子进入分裂后的d轨道产生的这种额外稳定化能称为晶体场稳定化能(CFSE)。根据 t_{2g}和 e_g轨道中的电子数,再考虑电子成对能的影响,通过下式可计算晶体场稳定化能的大小:

$$CFSE = xE(t_{2g}) + yE(e_g) + (n_2 - n_1)P$$

式中:x、y 分别为 t_{2g}、e_g轨道上的电子数;n_1 为未发生分裂时排布在 d 轨道中的电子对数;n_2 为在分裂后的 d 轨道中排布的电子对数。

例如,Fe^{2+} 为 d^6电子组态,在八面体弱场中 $P>\Delta_o$,采取高自旋排布,即 5 个 d 电子首先在 3 个 t_{2g}轨道和 2 个 e_g轨道中各排 1 个,自旋平行,最后 1 个 d 电子再进入 1 个能量较低的 t_{2g}轨道,形成一对成对电子。d^6电子组态的这种排列($t_{2g}^4e_g^2$)与其在球形场中的排列一样,都具有一对成对电子。其晶体场稳定化能为

$$CFSE = 4E(t_{2g}) + 2E(e_g) + (1-1)P = 4\times(-0.4\Delta_o) + 2\times 0.6\Delta_o = -0.4\Delta_o$$

晶体场稳定化能与中心原子或离子的d电子数有关,也与晶体场的场强有关,当然还与配合物的几何构型有关。晶体场稳定化能越大,配合物越稳定。

6. 晶体场理论的应用

1)电子自旋状态与配合物的磁性

晶体场理论与价键理论一样,能对配合物的磁性给出满意的解释,即高自旋配合物有较多的单电子,因而有较大的磁矩,而低自旋配合物中单电子数较少或没有单电子,因而磁矩较小或具有抗磁性。所以测定磁矩的大小也是判断配合物是高自旋型还是低自旋型的有效方法。

2)配合物的稳定性与d电子数的关系

根据稳定化能的计算,可比较不同的中心原子或离子所形成的类型相同配合物的稳定性的大小。例如,$[Co(CN)_6]^{3-}$和$[Fe(CN)_6]^{3-}$均为低自旋配离子,中心离子的d电子排布分别为 t_{2g}^6和t_{2g}^5,因此两种配离子的稳定化能分别为($-2.4\Delta_o+2P$)和($-2.0\Delta_o+2P$),这说明$[Co(CN)_6]^{3-}$比$[Fe(CN)_6]^{3-}$能量更低,更稳定。d^1～d^{10}组态中心原子或离子在八面体强场和弱场中的稳定化能如表 8-8 所示。

用离子的水合热可验证 CFSE 随 d 电子数的变化规律。离子的水合热是指稀溶液中,金属离子与水作用生成 1 mol 水合离子(配离子)所释放的热量。用方程式表示如下:

$$M^{n+}(aq) + mH_2O(l) = [M(H_2O)_m]^{n+}(aq) + \Delta_h H_m^\ominus$$

$\Delta_h H_m^\ominus$即为 M^{n+} 的水合热。Ca^{2+} 和第一过渡系 M^{2+} 的 3d 电子数依次正好为$d^0\rightarrow d^{10}$,可与水分子形成八面体型的高自旋水合离子。以实验测得的水合热为纵坐标对 d 电子数作图。如图 8-6所示,图中双峰曲线为水合热的实验值,其变化规律与八面体高自旋配合物的稳定性顺序相吻合。若从水合热的实验值扣除水合离子的 CFSE,其值几乎可连接为一条直线。而 $Ca^{2+}(d^0)$、$Mn^{2+}(d^5)$、$Zn^{2+}(d^{10})$的 CFSE 为零,它们的水合热实验值也恰好位于直线上。由此可见,图中双峰曲线所表示的实验水合热正好反映出配离子的 CFSE 随 d 电子数变化的规律。

表 8-8　$d^1 \sim d^{10}$ 组态中心原子或离子在八面体场中的稳定化能

d^n	弱场				强场			
	组态	电子对数		CFSE	组态	电子对数		CFSE
		n_2	n_1			n_2	n_1	
d^1	t_{2g}^1	0	0	$-0.4\Delta_o$	t_{2g}^1	0	0	$-0.4\Delta_o$
d^2	t_{2g}^2	0	0	$-0.8\Delta_o$	t_{2g}^2	0	0	$-0.8\Delta_o$
d^3	t_{2g}^3	0	0	$-1.2\Delta_o$	t_{2g}^3	0	0	$-1.2\Delta_o$
d^4	$t_{2g}^3e_g^1$	0	0	$-0.6\Delta_o$	t_{2g}^4	1	0	$-1.6\Delta_o+P$
d^5	$t_{2g}^3e_g^2$	0	0	0	t_{2g}^5	2	0	$-2.0\Delta_o+2P$
d^6	$t_{2g}^4e_g^2$	1	1	$-0.4\Delta_o$	t_{2g}^6	3	1	$-2.4\Delta_o+2P$
d^7	$t_{2g}^5e_g^2$	2	2	$-0.8\Delta_o$	$t_{2g}^6e_g^1$	3	2	$-1.8\Delta_o+P$
d^8	$t_{2g}^6e_g^2$	3	3	$-1.2\Delta_o$	$t_{2g}^6e_g^2$	3	3	$-1.2\Delta_o$
d^9	$t_{2g}^6e_g^3$	4	4	$-0.6\Delta_o$	$t_{2g}^6e_g^3$	4	4	$-0.6\Delta_o$
d^{10}	$t_{2g}^6e_g^4$	5	5	0	$t_{2g}^6e_g^4$	5	5	0

3）分裂能的大小与配合物的颜色

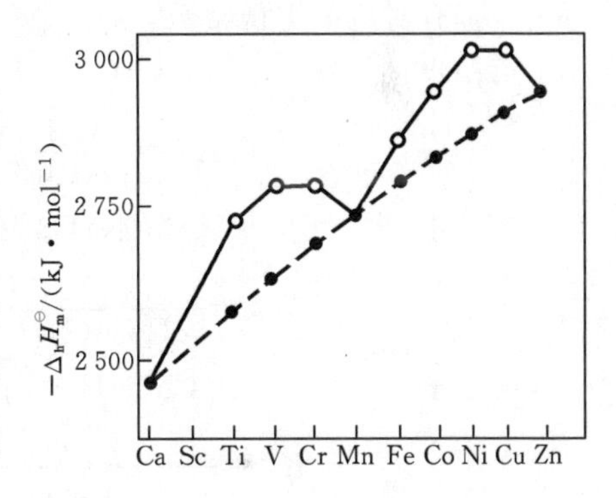

图 8-6　第一过渡系 M^{2+} 的水合热

晶体场理论较好地说明了过渡元素配合物大都具有颜色以及不同配合物呈现不同颜色的原因。按晶体场理论的观点，在配体的影响下，过渡金属离子的 d 轨道发生分裂，若这些金属离子的 d 轨道没有完全充满，低能量 d_ε 轨道的电子可吸收能量，向高能量 d_γ 轨道跃迁，这种跃迁称为 d-d 跃迁。产生 d-d 跃迁所需的能量值即为分裂能的值。$\Delta=E(d_\gamma)-E(d_\varepsilon)=h\nu=\frac{hc}{\lambda}$，其能量差一般为120～360 $kJ \cdot mol^{-1}$，这与波数为 10 000～30 000 cm^{-1}的可见光能量相当。因此配离子吸收可见光中部分波长的光发生 d-d 跃迁时，配合物就会显示出入射光中被吸收光的互补色。由于不同配合物的分裂能大小不同，产生 d-d 跃迁所需的能量不同，被吸收光的波长也就不同，因此不同配合物呈现出不同的颜色。可见，配合物显色必须具备的条件是有未完全填满电子的 d 轨道，且其分裂能 Δ_o值在可见光范围内。如第一过渡系金属的水合离子都具有一定的颜色，但 $Zn^{2+}(d^{10})$、$Sc^{3+}(d^0)$ 的水合离子$[Zn(H_2O)_6]^{2+}$、$[Sc(H_2O)_6]^{3+}$是无色的，这是因为 Zn^{2+}、Sc^{3+}中 d 轨道分别为全充满和全空状态，不可能产生 d-d 跃迁。

吸收光的波长越短，表示电子跃迁（被激发）所需的能量越大，亦即分裂能Δ_o越大；反之，分裂能 Δ_o越小。可见，金属配合物吸收光谱的研究，使我们能够通过实验测定晶体场分裂能的大小。由此确定的金属离子分裂能和配体场强大小的顺序称为光谱化学序列。如当配体一定时，第一过渡系普通金属离子分裂能大小的光谱化学序列为

$$Mn^{2+}<Ni^{2+}<Fe^{2+}<Co^{2+}<V^{2+}<Fe^{3+}<Cr^{3+}<V^{3+}<Co^{3+}$$

用晶体场理论很难对配体的光谱化学序列进行合理解释。例如，带负电荷的 I^- 是弱场配体，而电中性的 NH_3是较强的配体。中性分子的静电场比阴离子的更强，这是很难想象的。这些异常必须用配位体场理论才能进行说明。

8.3 配位平衡

配合物的内界与外界之间是通过离子键结合的,在水溶液中配合物会完全离解成配离子与外界离子。例如,在$[Cu(NH_3)_4]SO_4$溶液中加入少量Ba^{2+},可以看到$BaSO_4$白色沉淀,而加入NaOH溶液却并无$Cu(OH)_2$沉淀生成,说明$[Cu(NH_3)_4]^{2+}$配离子在溶液中能稳定存在。但当在$[Cu(NH_3)_4]SO_4$溶液中加入少量Na_2S溶液时,生成CuS黑色沉淀。这是因为稳定存在的$[Cu(NH_3)_4]^{2+}$配离子仍然可以微弱地离解,虽然离解出的Cu^{2+}量极少,但足以与S^{2-}生成极难溶的CuS沉淀。这说明水溶液中$[Cu(NH_3)_4]^{2+}$配离子与Cu^{2+}和NH_3分子之间存在配位平衡。

8.3.1 配合物的稳定常数与不稳定常数

实际上配离子在水溶液中的生成或离解均是可逆的,而且多个配体与中心原子的结合或配离子的离解都是逐级完成的。例如,$[Cu(NH_3)_4]^{2+}$的形成分四步完成,反应达到平衡时,每一步都有对应的平衡常数。

第一步:
$$Cu^{2+} + NH_3 \rightleftharpoons [Cu(NH_3)]^{2+}$$
$$K_1^\ominus = \frac{c([Cu(NH_3)]^{2+})/c^\ominus}{[c(Cu^{2+})/c^\ominus]\cdot[c(NH_3)/c^\ominus]} = 10^{4.31}$$

第二步:
$$[Cu(NH_3)]^{2+} + NH_3 \rightleftharpoons [Cu(NH_3)_2]^{2+}$$
$$K_2^\ominus = \frac{c([Cu(NH_3)_2]^{2+})/c^\ominus}{[c([Cu(NH_3)]^{2+})/c^\ominus]\cdot[c(NH_3)/c^\ominus]} = 10^{3.67}$$

第三步:
$$[Cu(NH_3)_2]^{2+} + NH_3 \rightleftharpoons [Cu(NH_3)_3]^{2+}$$
$$K_3^\ominus = \frac{c([Cu(NH_3)_3]^{2+})/c^\ominus}{[c([Cu(NH_3)_2]^{2+})/c^\ominus]\cdot[c(NH_3)/c^\ominus]} = 10^{3.04}$$

第四步:
$$[Cu(NH_3)_3]^{2+} + NH_3 \rightleftharpoons [Cu(NH_3)_4]^{2+}$$
$$K_4^\ominus = \frac{c([Cu(NH_3)_4]^{2+})/c^\ominus}{[c([Cu(NH_3)_3]^{2+})/c^\ominus]\cdot[c(NH_3)/c^\ominus]} = 10^{2.3}$$

配离子生成的总反应即上述四步反应之和:
$$Cu^{2+} + 4NH_3 \rightleftharpoons [Cu(NH_3)_4]^{2+}$$

总反应的平衡常数为
$$K^\ominus = \frac{c([Cu(NH_3)_4]^{2+})/c^\ominus}{[c(Cu^{2+})/c^\ominus]\cdot[c(NH_3)/c^\ominus]^4}$$

配位反应的平衡常数越大,说明生成配离子的倾向越大,而离解的倾向就越小,即配离子越稳定。所以把分步平衡常数称为逐级稳定常数,总反应的平衡常数称为配离子的总稳定常数或累积稳定常数,用$K_f^\ominus$表示。显然,配离子的总稳定常数等于逐级稳定常数的乘积。对于$[Cu(NH_3)_4]^{2+}$,即
$$K_f^\ominus = K_1^\ominus \cdot K_2^\ominus \cdot K_3^\ominus \cdot K_4^\ominus = 10^{13.32}$$

由于配离子的离解是分步进行的,配离子在溶液中的离解平衡与弱电解质的离解平衡相似,因此,可以根据配离子的分步离解写出分步离解常数和总离解常数。如$[Cu(NH_3)_4]^{2+}$在水溶液中的离解平衡:
$$[Cu(NH_3)_4]^{2+} \rightleftharpoons Cu^{2+} + 4NH_3$$

$$K_d^\ominus=\frac{[c(Cu^{2+})/c^\ominus]\cdot[c(NH_3)/c^\ominus]^4}{c([Cu(NH_3)_4]^{2+})/c^\ominus}$$

离解常数越大，表明配离子越容易离解，即配离子越不稳定，因此把配离子的离解常数称为不稳定常数，用 $K_d^\ominus$ 表示。显然，配离子的稳定常数和不稳定常数互为倒数关系，即

$$K_f^\ominus=\frac{1}{K_d^\ominus}$$

配合物的稳定常数或不稳定常数是每个配离子的特征常数。

如上述 $[Cu(NH_3)_4]^{2+}$ 的 $K_d^\ominus=4.78\times10^{-14}$，$[Cd(NH_3)_4]^{2+}$ 的 $K_d^\ominus=7.58\times10^{-8}$，$[Zn(NH_3)_4]^{2+}$ 的 $K_d^\ominus=3.47\times10^{-10}$。根据 $K_d^\ominus$ 越大，配离子越不稳定，越易离解的原则，上面三种配离子的稳定性为

$$[Cd(NH_3)_4]^{2+}<[Zn(NH_3)_4]^{2+}<[Cu(NH_3)_4]^{2+}$$

一些常见配离子的稳定常数列于表 8-9。

表 8-9　一些常见配离子的稳定常数

配离子	$K_f^\ominus$	配离子	$K_f^\ominus$
$[AgCl_2]^-$	1.1×10^5	$[Cu(en)_2]^{2+}$	1.0×10^{20}
$[AgI_2]^-$	5.5×10^{11}	$[Cu(NH_3)_2]^+$	7.24×10^{10}
$[Ag(CN)_2]^-$	1.26×10^{21}	$[Cu(NH_3)_4]^{2+}$	2.09×10^{13}
$[Ag(NH_3)_2]^+$	1.12×10^7	$[Fe(SCN)_2]^+$	2.29×10^3
$[Ag(SCN)_2]^-$	3.72×10^7	$[Fe(CN)_6]^{4-}$	1.0×10^{35}
$[Ag(S_2O_3)_2]^{3-}$	2.88×10^{13}	$[Fe(CN)_6]^{3-}$	1.0×10^{42}
$[AlF_6]^{3-}$	6.9×10^{19}	$[FeF_6]^{3-}$	2.04×10^{14}
$[Au(CN)_2]^-$	1.99×10^{38}	$[HgCl_4]^{2-}$	1.17×10^{15}
$[Ca(EDTA)]^{2-}$	1.0×10^{11}	$[HgI_4]^{2-}$	6.76×10^{29}
$[Cd(en)_2]^{2+}$	1.23×10^{10}	$[Hg(CN)_4]^{2-}$	2.51×10^{41}
$[Cd(NH_3)_4]^{2+}$	1.32×10^7	$[Mg(EDTA)]^{2-}$	4.37×10^8
$[Co(SCN)_4]^{2-}$	1.0×10^3	$[Ni(CN)_4]^{2-}$	1.99×10^{31}
$[Co(NH_3)_6]^{2+}$	1.29×10^5	$[Ni(NH_3)_4]^{2+}$	5.50×10^8
$[Co(NH_3)_6]^{3+}$	1.58×10^{35}	$[Zn(CN)_4]^{2-}$	5.01×10^{16}
$[Cu(CN)_2]^-$	1.0×10^{24}	$[Zn(NH_3)_4]^{2+}$	2.88×10^9

8.3.2　配离子在溶液中的稳定性

配离子在溶液中存在配位和离解平衡，条件的改变可使配位平衡发生移动。配离子在溶液中的稳定性可受到诸多因素的影响，配位平衡与酸碱平衡、沉淀-溶解平衡、氧化还原平衡等平衡之间及不同稳定性的配离子之间可互相转化。利用配合物的稳定常数，可判断不同化学平衡转化的可能性。

1. 溶液 pH 值对配离子稳定性的影响

溶液 pH 值从两个方面对配离子的稳定性产生影响。

当溶液的 pH 值较小时,溶液的酸度较大,因配体都具有孤对电子,属于Lewis碱,配体与溶液中的 H^+ 结合而使配离子的离解度增大,导致配离子的稳定性降低,这种现象称为酸效应。如$[Fe(CN)_6]^{4-}$ 在强酸性溶液中会发生如下反应而使其稳定性降低:

$$[Fe(CN)_6]^{4-} \rightleftharpoons Fe^{2+} + 6CN^-$$
$$+$$
$$6H^+ \rightleftharpoons 6HCN$$

增大溶液的 pH 值,固然有利于减小酸效应的影响,但对配离子中金属离子来说,会产生其他的影响。随着溶液 pH 值的增大,OH^- 浓度的增加会促使生成溶度积小的金属氢氧化物沉淀,即加剧金属离子的水解反应。如$[FeF_6]^{3-}$ 中的Fe^{3+} 易水解生成 $Fe(OH)_3$沉淀,pH 值越大,水解越彻底,此过程可以用如下反应式表示:

$$[FeF_6]^{3-} \rightleftharpoons Fe^{3+} + 6F^-$$
$$+$$
$$3OH^- \rightleftharpoons Fe(OH)_3\downarrow$$

配离子中金属离子的水解反应导致配离子的离解,使配离子稳定性降低,这种作用称为水解效应。在一定 pH 值的溶液中,配体的酸效应和金属离子的水解效应同时存在,都对配位平衡和配离子的稳定性产生影响。两者影响的相对大小取决于配合物的稳定常数、配体碱性强弱及金属离子氢氧化物的溶度积大小。

2. 配位平衡与沉淀-溶解平衡的相互转化

一些难溶盐往往因形成配合物而溶解,如 AgCl 固体溶于氨水生成$[Ag(NH_3)_2]^+$。相反,因为沉淀剂的加入,许多配合物因生成沉淀而离解,如$[Ag(NH_3)_2]^+$溶液中加入 I^-,因生成难溶的 AgI 而导致配离子的稳定性被破坏。配位平衡与沉淀-溶解平衡之间相互转化的可能性可通过配合物的稳定常数及难溶盐的溶度积进行计算而作出判断。

【例 8-1】 在 1 L 含 1.0 $mol \cdot L^{-1}$游离 NH_3及 1.0×10^{-3} $mol \cdot L^{-1}$ $[Cu(NH_3)_4]^{2+}$的溶液中:

(1) 加入 1.0×10^{-3} mol Na_2S,是否有 CuS 沉淀生成?

(2) 若加入 1.0×10^{-3} mol NaOH,是否有 $Cu(OH)_2$沉淀生成?(设溶液体积基本不变。)

已知 $K_{sp}^{\ominus}(CuS)=6.3\times10^{-36}$,$K_{sp}^{\ominus}(Cu(OH)_2)=2.2\times10^{-20}$,$K_f^{\ominus}([Cu(NH_3)_4]^{2+})=2.09\times10^{13}$。

解 根据配位平衡计算配离子溶液中游离 Cu^{2+} 的浓度:

$$Cu^{2+} + 4NH_3 \rightleftharpoons [Cu(NH_3)_4]^{2+}$$

$$K_f^{\ominus}=\frac{c([Cu(NH_3)_4]^{2+})/c^{\ominus}}{[c(Cu)^{2+}/c^{\ominus}]\cdot[c(NH_3)/c^{\ominus}]^4}$$

$$c(Cu^{2+})=\frac{1.0\times10^{-3}}{2.09\times10^{13}\times1.0^4}\,mol \cdot L^{-1}=4.8\times10^{-17}\ mol \cdot L^{-1}$$

(1) 加入 1.0×10^{-3} mol Na_2S 时,$c(S^{2-})\approx1.0\times10^{-3}$ $mol \cdot L^{-1}$

$$c(Cu^{2+})\cdot c(S^{2-})=4.8\times10^{-17}\times1.0\times10^{-3}=4.8\times10^{-20}$$

因为 $4.8\times10^{-20} > K_{sp}^{\ominus}(CuS)$,故加入 1.0×10^{-3} mol Na_2S 时,有 CuS 沉淀生成。

(2) 若加入 1.0×10^{-3} mol NaOH,$c(OH^-)\approx1.0\times10^{-3}$ $mol \cdot L^{-1}$

$$c(Cu^{2+})\cdot[c(OH^-)]^2=4.8\times10^{-17}\times(1.0\times10^{-3})^2=4.8\times10^{-23}$$

因为 $4.8\times10^{-23} < K_{sp}^{\ominus}(Cu(OH)_2)$,故加入 1.0×10^{-3} mol NaOH 时,无 $Cu(OH)_2$生成。

【例 8-2】 298.15 K 时,1.0 L 6.0 $mol \cdot L^{-1}$ 氨水中能溶解固体 AgCl 多少克?若完全溶解0.010 mol的AgCl,求所需要的 NH_3的最低浓度。

已知 $K_{sp}^{\ominus}(AgCl)=1.8\times10^{-10}$，$K_f^{\ominus}([Ag(NH_3)_2]^+)=1.12\times10^7$。

解　AgCl 在氨水中的溶解反应为

$$AgCl+2NH_3 \rightleftharpoons [Ag(NH_3)_2]^+ + Cl^-$$

该反应的平衡常数为

$$K^{\ominus}=\frac{[c([Ag(NH_3)_2]^+)/c^{\ominus}]\cdot[c(Cl^-)/c^{\ominus}]\cdot[c(Ag^+)/c^{\ominus}]}{[c(NH_3)/c^{\ominus}]^2\cdot[c(Ag^+)/c^{\ominus}]}$$

$$=K_f^{\ominus}([Ag(NH_3)_2]^+)\cdot K_{sp}^{\ominus}(AgCl)$$

$$=1.12\times10^7\times1.8\times10^{-10}=2.0\times10^{-3}$$

(1) 设 1.0 L 6.0 mol·L^{-1} 氨水中能溶解的固体 AgCl 为 x mol，则平衡时 $c(Cl^-)=c([Ag(NH_3)_2]^+)=x$ mol·L^{-1}，$c(NH_3)=(6.0-2x)$ mol·L^{-1}，将各物质的平衡浓度代入平衡常数表达式：

$$\frac{x^2}{(6.0-2x)^2}=2.0\times10^{-3}$$

$$x=0.25$$

溶解固体 AgCl 的质量为

$$m(AgCl)=0.25\ \text{mol}\times143.3\ \text{g}\cdot\text{mol}^{-1}=35.8\ \text{g}$$

(2) 完全溶解 0.010 mol 的 AgCl 后，全部转化为 $[Ag(NH_3)_2]^+$。

$c([Ag(NH_3)_2]^+)\approx0.010$ mol·L^{-1}，$c(Cl^-)=0.010$ mol·L^{-1}，将其代入平衡常数表达式：

$$\frac{0.010\times0.010}{[c(NH_3)]^2}=2.0\times10^{-3}$$

$$c(NH_3)=0.225\ \text{mol}\cdot\text{L}^{-1}$$

溶解 AgCl 所消耗的氨水浓度为

$$2\times0.010\ \text{mol}\cdot\text{L}^{-1}=0.020\ \text{mol}\cdot\text{L}^{-1}$$

所需氨水的浓度为　$(0.225+0.020)\text{mol}\cdot\text{L}^{-1}=0.245\ \text{mol}\cdot\text{L}^{-1}$

3. 配位平衡与氧化还原平衡之间的相互影响

配位平衡与氧化还原平衡之间的影响也是相互的。若在配离子溶液中加入某种氧化剂或还原剂，能与形成体或配体发生氧化还原反应，显然会使配离子溶液中的形成体或配体浓度降低而导致配离子最终遭到破坏。金属离子形成配合物后，所对应的氧化还原电对的电极电势将发生改变。

【例 8-3】　已知 $\varphi^{\ominus}(Ag^+/Ag)=0.80$ V，$K_f^{\ominus}([Ag(NH_3)_2]^+)=1.12\times10^7$，计算 298.15 K 时，电极 $[Ag(NH_3)_2]^+/Ag$ 的标准电极电势。

解　利用 $\varphi^{\ominus}(Ag^+/Ag)$ 的值，计算 $\varphi^{\ominus}([Ag(NH_3)_2]^+/Ag)$，可设想为在 Ag^+/Ag 的电极溶液中加入 NH_3，由于生成 $[Ag(NH_3)_2]^+$，使溶液中游离 Ag^+ 的浓度大大降低，根据 Nernst 方程，此时的电极电势为

$$\varphi(Ag^+/Ag)=\varphi^{\ominus}(Ag^+/Ag)+0.0592\ \text{V}\times\lg c(Ag^+)$$

若使平衡时溶液中 $[Ag(NH_3)_2]^+$、NH_3 的浓度为 1 mol·L^{-1}，$c(Ag^+)$ 可根据下列配位平衡进行计算：

$$Ag^+ + 2NH_3 \rightleftharpoons [Ag(NH_3)_2]^+$$

$$K_f^{\ominus}=\frac{c([Ag(NH_3)_2]^+)/c^{\ominus}}{[c(Ag^+)/c^{\ominus}]\cdot[c(NH_3)/c^{\ominus}]^2}=\frac{1}{c(Ag^+)}$$

$$c(Ag^+)=\frac{1}{K_f^{\ominus}}=\frac{1}{1.12\times10^7}$$

而实际上在此条件下的电极组成已经由 Ag^+/Ag 转化为 $[Ag(NH_3)_2]^+/Ag$，电极反应为

$$[Ag(NH_3)_2]^+ + e^- \rightleftharpoons Ag+2NH_3$$

因 $[Ag(NH_3)_2]^+$、NH_3 的浓度均为 1 mol·L^{-1}，按上式求得的 $\varphi(Ag^+/Ag)$ 值实际上是 $\varphi^{\ominus}([Ag(NH_3)_2]^+/Ag)$，即

$$\varphi^{\ominus}([Ag(NH_3)_2]^+/Ag)=\varphi(Ag^+/Ag)$$

$$=\varphi^{\ominus}(Ag^+/Ag)+(0.059\ 2\ \lg\frac{1}{1.12\times10^7})\ V$$

$$=[0.80+(-0.42)]\ V=0.38\ V$$

即$\varphi^{\ominus}([Ag(NH_3)_2]^+/Ag)$的值为0.38 V。

从计算结果可以看出，当简单离子形成配合物以后，其电极电势一般变小，因而简单离子得电子的能力减弱，使其不易被还原为金属，增加了金属离子的稳定性，而相应金属单质的还原性增强。如金和铂不与硝酸反应，但可与王水反应，这也与生成配离子的反应有关。

$$Au+HNO_3+4HCl \rightleftharpoons H[AuCl_4]+NO\uparrow+2H_2O$$

$$3Pt+4HNO_3+18HCl \rightleftharpoons 3H_2[PtCl_6]+4NO\uparrow+8H_2O$$

配离子$[AuCl_4]^-$与$[PtCl_6]^{2-}$的生成使Au、Pt的还原性增强，从而被硝酸氧化。

【例8-4】 $\varphi^{\ominus}(Au^+/Au)=1.68$ V，Au单质很难被氧化。若在Au^+溶液中加入KCN，就可以在碱性条件下利用空气中的氧气将Au氧化，试通过计算进行说明。已知$\varphi^{\ominus}(O_2/OH^-)=0.401$ V，$K_f^{\ominus}([Au(CN)_2]^-)=1.99\times10^{38}$。

解

$$\varphi(Au^+/Au)=\varphi^{\ominus}(Au^+/Au)+0.059\ 2\ V\times\lg c(Au^+)$$

$$Au^++2CN^- \rightleftharpoons [Au(CN)_2]^-$$

$$K_f^{\ominus}=\frac{c([Au(CN)_2]^-)/c^{\ominus}}{[c(Au^+)/c^{\ominus}]\cdot[c(CN^-)/c^{\ominus}]^2}$$

当$c([Au(CN)_2]^-)=c(CN^-)=1.0\ mol\cdot L^{-1}$时

$$c(Au^+)=\frac{1}{K_f^{\ominus}}$$

$$\varphi(Au^+/Au)=\varphi^{\ominus}([Au(CN)_2]^-/Au)=\varphi^{\ominus}(Au^+/Au)+0.059\ 2\ V\times\lg c(Au^+)$$

$$=\varphi^{\ominus}(Au^+/Au)+0.059\ 2\ V\times\lg\frac{1}{K_f^{\ominus}}$$

$$=\left[1.68+0.059\ 2\ \lg\frac{1}{1.99\times10^{38}}\right]\ V=-0.587\ V$$

$$\varphi^{\ominus}(O_2/OH^-)>\varphi(Au^+/Au)$$

因此在碱性条件下，空气中的氧可将Au氧化。

4. 配离子之间的转化

配离子之间的转化总是向生成更稳定的配离子的方向进行。

【例8-5】 在含有NH_3和CN^-的溶液中加入Ag^+，可能形成$[Ag(NH_3)_2]^+$和$[Ag(CN)_2]^-$，哪种配离子先形成？若在$[Ag(NH_3)_2]^+$溶液中加入KCN，$[Ag(NH_3)_2]^+$能否转化为$[Ag(CN)_2]^-$？

解 $K_f^{\ominus}([Ag(NH_3)_2]^+)=1.12\times10^7$，$K_f^{\ominus}([Ag(CN)_2]^-)=1.26\times10^{21}$

同类型配离子，一般是稳定性大的配离子先形成，根据稳定常数的大小可知，$[Ag(CN)_2]^-$先形成。

设在$[Ag(NH_3)_2]^+$溶液中加入KCN能发生下列转化：

$$[Ag(NH_3)_2]^++2CN^- \rightleftharpoons [Ag(CN)_2]^-+2NH_3$$

$$K^{\ominus}=\frac{[c([Ag(CN)_2]^-)/c^{\ominus}]\cdot[c(NH_3)/c^{\ominus}]^2}{[c([Ag(NH_3)_2]^+)/c^{\ominus}]\cdot[c(CN^-)/c^{\ominus}]^2}$$

可见，$K^{\ominus}$值越大，转化反应进行得越完全。为了计算$K^{\ominus}$值，上式中分子、分母同乘以$c(Ag^+)$，得

$$K^{\ominus}=\frac{[c([Ag(CN)_2]^-)/c^{\ominus}]\cdot[c(NH_3)/c^{\ominus}]^2\cdot[c(Ag^+)/c^{\ominus}]}{[c([Ag(NH_3)_2]^+)/c^{\ominus}]\cdot[c(CN^-)/c^{\ominus}]^2\cdot[c(Ag^+)/c^{\ominus}]}=\frac{K_f^{\ominus}([Ag(CN)_2]^-)}{K_f^{\ominus}([Ag(NH_3)_2]^+)}$$

将已知稳定常数的值代入上式，则

$$K^{\ominus}=\frac{1.26\times10^{21}}{1.12\times10^7}=1.13\times10^{14}$$

计算结果表明，反应的平衡常数很大，上述配位反应向着生成$[Ag(CN)_2]^-$方向进行的趋势很大。因此在含有$[Ag(NH_3)_2]^+$的溶液中，加入足够的CN^-时，转化反应能完全进行，$[Ag(NH_3)_2]^+$能完全转化为

$[Ag(CN)_2]^-$。

总之,配离子之间的转化,通常是稳定性小的配离子向稳定性大的配离子转化,且转化反应的程度可用配离子稳定常数的大小来衡量,稳定常数相差越大,转化反应进行得越完全。

8.4 特殊类型的配合物简介

前面讨论的配合物基本上都是由单齿配体与形成体直接配位形成的一类简单配合物。配合物种类繁多,除了已讨论的这些简单配合物外,许多特殊类型的配合物发展迅速,主要有螯合物、羰基配合物、原子簇状配合物、大环配合物及夹心配合物等。

8.4.1 螯合物

中心原子或离子与多齿配体成键形成的具有环状结构的配合物称为螯合物。例如,乙二胺分子(en)与 Cu^{2+} 生成二(乙二胺)合铜(Ⅱ)离子,其结构中包含两个五原子环(俗称螯环):

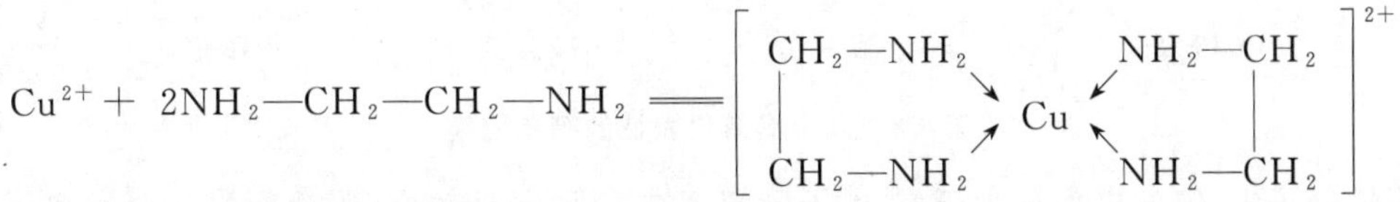

$$Cu^{2+} + 2NH_2—CH_2—CH_2—NH_2 \rightleftharpoons \left[\begin{array}{ccccc} CH_2—NH_2 & & & & NH_2—CH_2 \\ | & \searrow & & \swarrow & | \\ & & Cu & & \\ | & \nearrow & & \nwarrow & | \\ CH_2—NH_2 & & & & NH_2—CH_2 \end{array}\right]^{2+}$$

一般来说,螯合物的每一环上有几个原子就称为几原子环。

金属螯合物与具有相同配位原子的非螯合配合物相比,具有特殊的稳定性。这种特殊的稳定性是由于形成环形结构而产生的,因此把这种由于形成螯环而具有的特殊稳定性称为螯合效应。例如:

$$Ni^{2+} + 6NH_3 \rightleftharpoons [Ni(NH_3)_6]^{2+}, \quad K_f^{\ominus} = 5.50 \times 10^8$$

$$Ni^{2+} + 2en \rightleftharpoons [Ni(en)_2]^{2+}, \quad K_f^{\ominus} = 2.14 \times 10^{18}$$

有2个螯环的 $[Ni(en)_2]^{2+}$,其 $K_f^{\ominus}$ 几乎是无环的 $[Ni(NH_3)_6]^{2+}$ 的 10^{10} 倍,$[Ni(en)_2]^{2+}$ 在高度稀释的溶液中也相当稳定,而 $[Ni(NH_3)_6]^{2+}$ 在同样条件下却会析出氢氧化镍沉淀。

螯合物的稳定性和它的环状结构有关,螯环的大小和螯环的数量都对螯合物的稳定性产生影响。含五原子环、六原子环的螯合物具有很高的稳定性,而其他类型的螯合物一般是不稳定的。一个配体与形成体形成的螯环的数目越多,螯合物越稳定。如乙二胺四乙酸中有2个氨基氮原子和4个羧基氧原子,是包含6个配位原子的六齿配体,其结构表示为

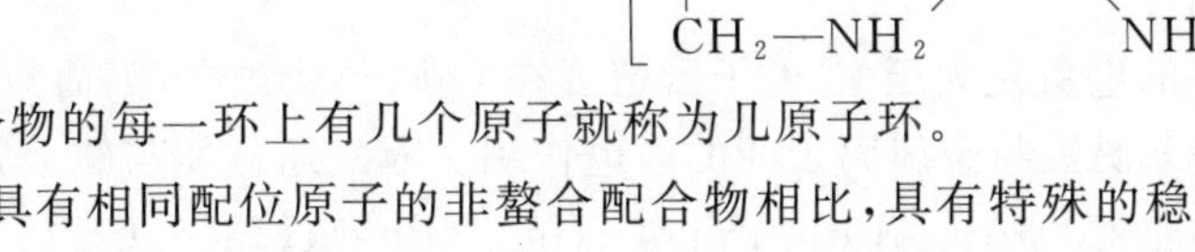

$$\left[\begin{array}{ccccc} OOC—H_2C & & & & CH_2—COO \\ & \searrow & & \swarrow & \\ & & N—CH_2—CH_2—N & & \\ & \swarrow & & \searrow & \\ OOC—H_2C & & & & CH_2—COO \end{array}\right]^{4-}$$

乙二胺四乙酸简称EDTA,能与许多金属离子形成多螯环的稳定螯合物。$EDTA^{4-}$ 与 Ca^{2+} 形成的螯合物结构如图8-7所示,其中含5个五原子环,具有很高的稳定性。

能形成螯合物的配体称为螯合剂(chelating agent)。常见的螯合剂是含有N、O、S、P等配位原子的有机物,但也有极少数的无机物。螯合剂在结构上的共同特点如下:

(1) 单个配体分子中应有2个以上的配位原子,即一定为多齿配体;

(2) 两个配位原子之间间隔2~3个其他非配位原子,保证形成的螯环为五原子环或六原子环。

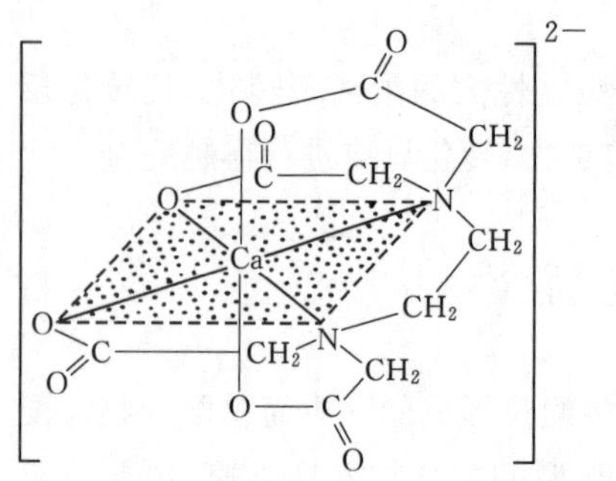

图 8-7　$EDTA^{4-}$-Ca^{2+} 结构示意图

螯合物稳定性高,且许多螯合物有特征颜色,在水或有机溶剂中有特殊的溶解性等,利用这些特点可以进行沉淀溶剂萃取分离、比色定量等工作。螯合物通常用作显色剂、滴定剂、沉淀剂、掩蔽剂等,所以螯合物的形成在分析和分离中得到广泛应用。

8.4.2　冠醚配合物

冠醚是具有 $\leftarrow CH_2—CH_2 \rightarrow$ 结构单元的大单环多元醚,图 8-8 所示为几个具有代表性的简单冠醚。

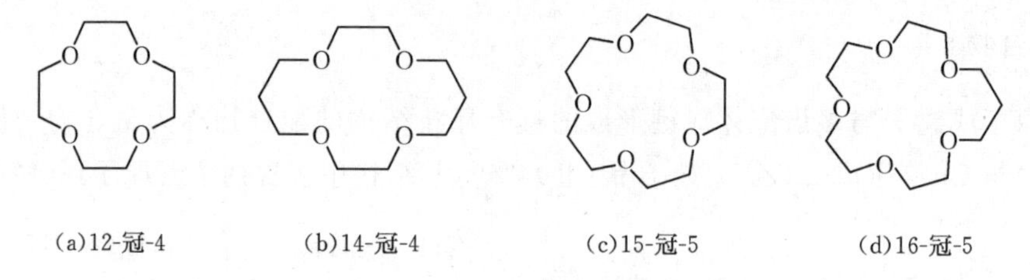

图 8-8　几个具有代表性的简单冠醚

冠醚分子中,O 的电负性大于 C,电子云密度在 O 原子处较高,因而冠醚与金属离子配位可认为是多个 C—O 偶极与金属离子间的静电作用。冠醚通常能与碱金属、碱土金属离子形成较稳定的配合物,也能与 Au^+、Cd^{2+}、Hg^{2+}、Hg_2^{2+}、Pb^{2+}、Mn^{2+}、Co^{2+}、Ni^{2+}、Cu^{2+}、Sn^{2+}、镧系和锕系金属离子形成具有一定稳定性的配合物。

影响冠醚配合物稳定性的因素很复杂,除冠醚中配位原子种类和环上取代基等因素的影响外,金属离子的性质、冠醚分子的结构等都会对其稳定性产生影响。冠醚是一种大环配体,具有一定的空腔结构。不同的冠醚空腔大小不同,冠醚配合物的稳定性取决于配体腔径与金属离子的匹配程度。若金属离子的大小刚好与配体的腔径相匹配,配体和金属离子就有较强的偶极作用,因而有较强的离子键合能力,能形成稳定的配合物。冠醚与金属离子配位最基本的特征如图 8-9 所示。

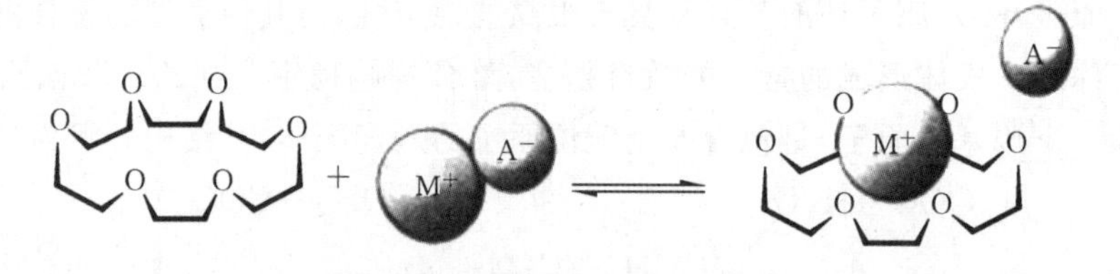

图 8-9　冠醚与金属离子配位最基本的特征

冠醚由于其对碱金属、碱土金属离子的特殊选择配位作用而被大量合成并被广泛研究,对冠醚的研究由最初的对称性冠醚到低对称性冠醚、穴醚、臂式冠醚、双冠醚等,由此开创了大环化学这一新的学科领域。冠醚分子有疏水性的外部骨架,又有亲水性的、可结合金属离子的成键内腔,因此冠醚配合物在有机溶剂中常具有良好的溶解性能,使冠醚成为一种良好的新型萃取剂,用于金属离子的分离和提取。人工合成的冠醚在结构和功能上与天然的离子载体相似,可作为生物膜和天然离子载体的化学模拟物。包括冠醚配合物在内的大环化学在分离、分析、催化、药物控制释放、分子识别及分子组装等方面将具有广阔的应用前景。

8.4.3　羰基配合物

羰基配合物是由过渡金属与 CO 配体生成的一类配合物。羰基配合物中的中心原子多为低氧化数或零氧化数，羰基配合物常为中性分子，如$Cr(CO)_6$、$Mo(CO)_6$、$W(CO)_6$、$Fe(CO)_5$、$Ru(CO)_5$、$Ni(CO)_4$等。此类配合物被认为是典型的共价型化合物。

羰基配合物中 CO 与金属之间配位键的形成比较复杂。由于 O 原子的电负性较大，因此 CO 分子利用 C 原子上的孤对电子与金属的空轨道形成 σ 配键（见图 8-10(a)）。低氧化数的中心原子都具有一定数量的 d 轨道电子，它通过 σ 配键从配体得到电子的同时，由于 CO 分子还存在空的 $\pi^*(2p)$ 反键轨道，因此金属可把它的 d 电子送入 CO 的 $\pi^*(2p)$ 反键轨道，形成 $(d\rightarrow p)\pi$ 配键（见图 8-10(b)）。此时，与 σ 配键相反，金属原子变成了电子对的给予者，配体是电子对的接受者，因此把这种 π 配键称为金属、碳之间的反馈 π 配键。反馈 π 配键的形成减少了形成 σ 配键时中心原子周围存在的过量电荷，使 σ 配键比没有反馈 π 配键存在时更易形成；反之，σ 配键的形成也促进了金属 d 电子对配体的反馈，σ 配键和反馈 π 配键的相互促进和加强作用使羰基配合物的稳定性得到加强。

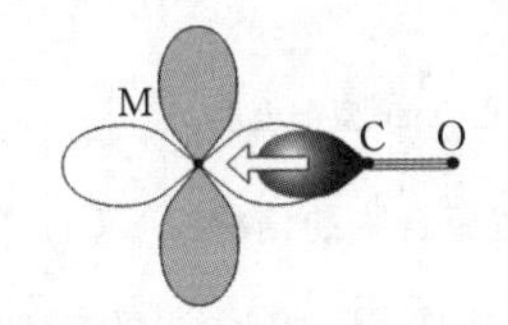

(a)σ 配键：CO 为电子对给予体

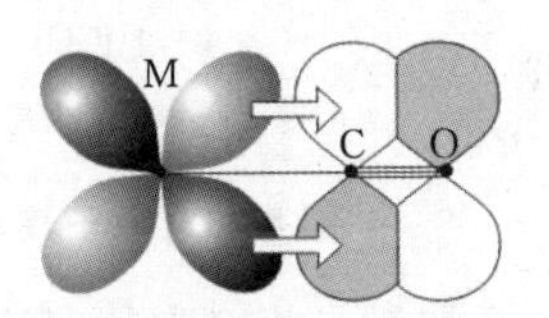

(b)π 配键：CO 为电子对受体

图 8-10　CO 与金属原子之间 σ 配键和 π 配键形成示意图

羰基配合物种类很多，可以分为单核和多核羰基配合物。多核羰基配合物是指一个配位分子中含 2 个或 2 个以上中心原子的羰基配合物。单核羰基配合物中，M—C—O 单元为线形或接近线形结构。而在多核羰基配合物中，CO 与金属原子有多种配位方式，常见的有端羰基、双桥羰基（边桥基）、三桥羰基（面桥基）等，分别由 CO 分子与 1、2、3 个金属原子结合而成（见图 8-11）。

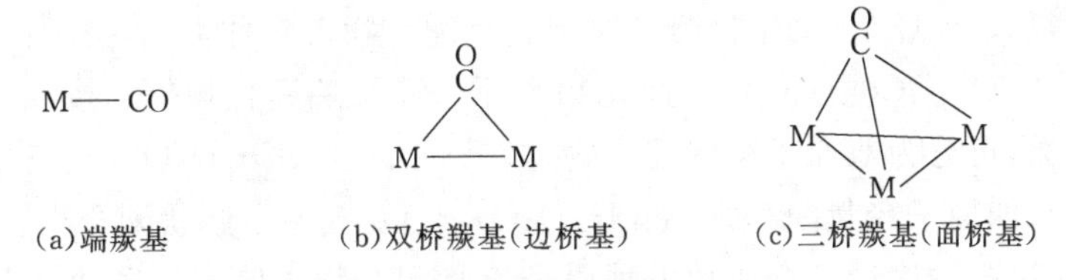

图 8-11　羰基与金属原子的配位方式

多核羰基配合物中有的羰基全部为端羰基，如液态的 $Co_2(CO)_8$，更多的既包含端羰基也包含桥羰基，如 $Fe_2(CO)_9$和固态的 $Co_2(CO)_8$等双核羰基配合物（见图 8-12）。

羰基配合物的熔点、沸点较低，易挥发，一般易溶于非极性溶剂中，受热易分解为金属和 CO。利用这些特性可分离或提纯金属。羰基化合物有剧毒。羰基化合物与其他过渡金属有机化合物在配位催化领域得到广泛应用。

8.4.4　原子簇状配合物

原子簇状配合物是指分子中含有 3 个或 3 个以上金属原子直接键合形成金属—金属

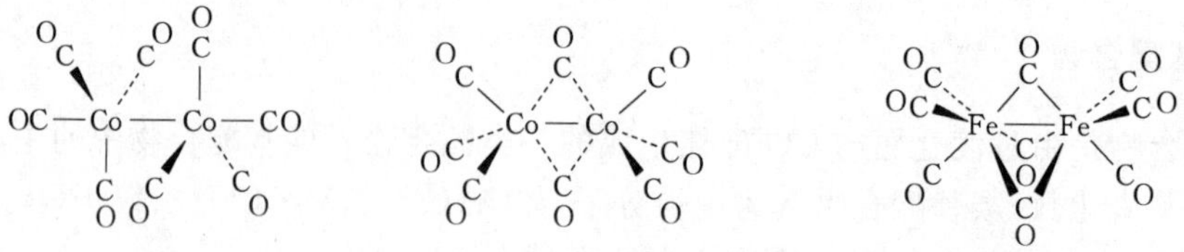

$Co_2(CO)_8$(液态)　　$Co_2(CO)_8$(固态)　　$Fe_2(CO)_9$

(a)全部为端羰基　　(b)含端羰基和双桥羰基

图 8-12　羰基配合物的结构

(M—M)键,组成以分立的多面体或缺顶点多面体为骨架的一类配合物,其电子结构以离域的多中心键为特征。如$[Re_3Cl_{12}]^{3-}$中 3 个 Re(Ⅲ)原子以金属键构成以平面三角形的金属骨架为核心的配合物,配体 Cl^- 通过多种形式的化学键结合在其周围。其结构如图 8-13(a)所示。

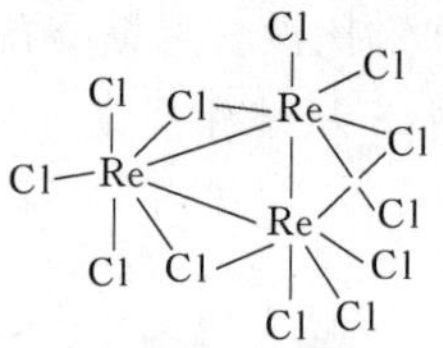

(a)原子簇状配合物 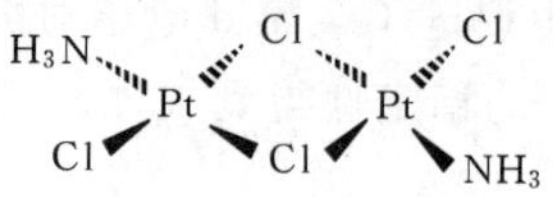　　(b)Werner 型配合物

图 8-13　原子簇状配合物和 Werner 型配合物的结构

所谓金属—金属键是指金属原子之间的一种直接相互作用,按通常的键级概念可以分为金属—金属单键、双键、三键和四键等。分子中含金属—金属键是原子簇状配合物区别于其他配合物最根本的特点。如$[Pt_2Cl_4(NH_3)_2]$虽是一种双核铂配合物,但其中的两个 Pt 原子之间并无 Pt—Pt 键,而是利用桥联配体 Cl^- 将两个 Pt 原子连在一起。其结构如图 8-13(b)所示,它属于经典的 Werner① 型配合物。这种多核配合物与类似的单核配合物在性质上没有显著差别,而含金属—金属键的原子簇状配合物却显示出一系列独特的性质。

研究表明,只有那些低氧化数和高原子序数的过渡金属才容易形成稳定的金属—金属键,能形成原子簇状配合物的金属元素主要是ⅠB、ⅤB、ⅥB、ⅦB、Ⅷ族元素和 Cd、Hg 等。常见的配体有卤素、硫、氢、CO、烃基、氰化物等。原子簇状配合物有多种类型,按配体分类,可分为羰基原子簇(如 $Fe_2(CO)_9$、$Co_2(CO)_8$)、卤化物类原子簇及烷簇合物等。按原子簇状配合物中金属原子数目分类,可分为双原子簇状配合物(如 $Fe_2(CO)_9$、$Co_2(CO)_8$)、三原子簇状配合物(如$[Re_3Cl_{12}]^{3-}$)、四原子簇状配合物(如$[Ir_4(CO)_{12}]$)及五原子簇状配合物、六原子簇状配合物等。近年来,通过多种途径已合成数万种原子簇状配合物。鉴于原子簇状配合物在结构上的独特性和优越的光、电、磁和催化等性能,金属原子簇化学已发展成为一个非常活跃的研究领域。

8.5　配合物的应用

配位化学已成为当代化学最活跃的前沿领域之一,配位化学的发展打破了传统的无机化学和有机化学之间的界限,从而促进了配合物在科学研究、生产实践和社会生活中的广泛应

---

① Werner A.,配位化学奠基人。

用。下面从几个方面作简要介绍。

1. *在元素分析方面*

1）离子的鉴定

例如，Ni^{2+} 与丁二酮肟在中性、弱酸性或弱碱性溶液中形成鲜红色的二（丁二肟）合镍（Ⅱ）沉淀，此反应是鉴定 Ni^{2+} 的特征反应：

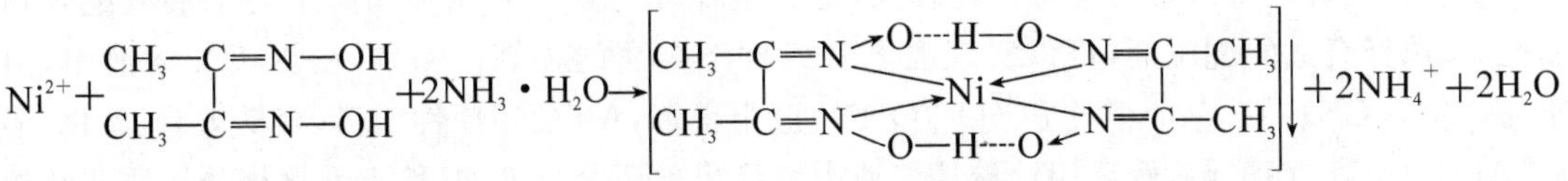

$$Ni^{2+}+\begin{matrix}CH_3-C=N-OH\\ |\\ CH_3-C=N-OH\end{matrix}+2NH_3\cdot H_2O\longrightarrow\left[\begin{matrix}CH_3-C=N\rightarrow O\cdots H-O-N=C-CH_3\\ |\quad\quad \searrow Ni \swarrow \quad\quad |\\ CH_3-C=N\leftarrow O-H\cdots O\leftarrow N=C-CH_3\end{matrix}\right]\downarrow+2NH_4^++2H_2O$$

鲜红色

又如，Zn^{2+} 与二苯硫腙在碱性介质中形成稳定的粉红色螯合物沉淀，可用于鉴定 Zn^{2+}：

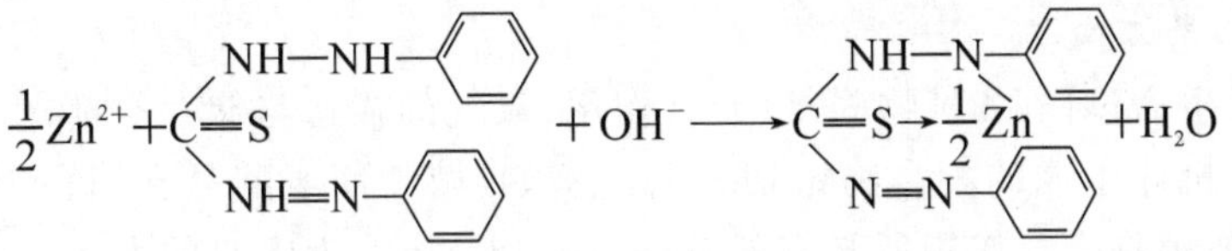

$$\frac{1}{2}Zn^{2+}+\begin{matrix}NH-NH-C_6H_5\\ /\\ C=S\\ \backslash\\ NH=N-C_6H_5\end{matrix}+OH^-\longrightarrow\begin{matrix}NH-N-C_6H_5\\ /\\ C=S\rightarrow\frac{1}{2}Zn\\ \backslash\\ N=N-C_6H_5\end{matrix}+H_2O$$

粉红色

2）离子的分离

例如，在含有 Zn^{2+} 和 Al^{3+} 的溶液中加入过量氨水：

$$Zn^{2+}、Al^{3+}\xrightarrow{\text{过量}NH_3\cdot H_2O}\begin{cases}[Zn(NH_3)_4]^{2+}(aq)\\ Al(OH)_3\downarrow\end{cases}$$

可达到分离 Zn^{2+} 和 Al^{3+} 的目的。

又如，Zr^{4+} 和 Hf^{4+} 离子半径相似，性质也相似，用一般方法难以完全分离。但 Zr^{4+}、Hf^{4+} 可分别生成 K_2ZrF_6、K_2HfF_6 配合物，它们在溶解度上有较大差异，据此可以达到较完全的分离。

3）离子的掩蔽

例如，鉴定 Co^{2+} 时常在丙酮溶液中加入配位剂 KSCN，Co^{2+} 与配位剂将发生下面的反应：

$$\underset{\text{粉红色}}{[Co(H_2O)_6]^{2+}}+4SCN^-\xrightarrow{\text{丙酮}}\underset{\text{艳蓝色}}{[Co(NCS)_4]^{2-}}+6H_2O$$

如果溶液中同时含有 Fe^{3+}，Fe^{3+} 也可与 SCN^- 反应形成血红色的 $[Fe(NCS)]^{2+}$，从而妨碍 Co^{2+} 的鉴定。如果先在溶液中加入足量的配位剂 NaF（或 NH_4F），使 Fe^{3+} 形成更为稳定的无色配离子 $[FeF_6]^{3-}$，这样就可以排除 Fe^{3+} 对鉴定 Co^{2+} 的干扰。在分析化学中，这种排除干扰作用的效应称为掩蔽效应，所用的配位剂称为掩蔽剂。

2. *在配位催化方面*

在有机合成中，由反应物和催化剂形成配合物所产生的催化作用，称为配位催化作用。具体地说，反应物分子与催化剂活性中心配位，致使反应物处于活化状态，因而容易发生某一特定反应。由于催化活性高、选择性专一以及反应条件温和，配位催化广泛应用于石化工业的生产过程。例如，用 Wacker 法由乙烯合成乙醛时，采用 $PdCl_2$ 和 $CuCl_2$ 的稀盐酸溶液催化，首先 C_2H_4、H_2O 和 Pd^{2+} 配位生成 $[PdCl_2(H_2O)(C_2H_4)]$，然后水解成中间产物 $[PdCl_2(OH)(C_2H_4)]^-$，由于 C_2H_4 分子与 Pd^{2+} 配位后，其中的双键（$\gt C=C\lt$）在 Pd^{2+} 的影响下被削弱而

活化,有利于双键的打开并加成,在常温常压下乙烯就能氧化成乙醛,转化率高达95%。其反应式为

$$C_2H_4+\frac{1}{2}O_2\xrightarrow[\text{HCl 溶液}]{PdCl_2+CuCl_2}CH_3CHO$$

3. *在冶金工业方面*

从矿石冶炼出金属常常能源消耗较大,污染也比较严重。利用金属离子易于形成配合物的性质,选择合适的配位剂,可以实现在温和条件下金属的提炼。例如,在 NaCN 溶液中,由于 $\varphi^\ominus([Au(CN)_2]^-/Au)$值比 $\varphi^\ominus(O_2/OH^-)$值小得多,Au 的还原性增强,容易被 O_2氧化,形成$[Au(CN)_2]^-$而溶解,然后用锌粉从溶液中置换出单质金。又如,稀土元素化学性质非常相似,分离提纯难度大,目前萃取法是提取和分离稀土金属重要的工业方法,其实质就是利用稀土元素与萃取剂进行配位反应,从而达到分离和提纯的目的。

4. *在生物医药方面*

许多重要的生命过程,如植物固氮、光合作用、氧气的输送与储存等都与金属离子和有机体生成的配合物密切相关。例如:植物固氮酶是含钼、铁的蛋白配合物;植物光合作用所必需的叶绿素是以 Mg^{2+} 为中心的大环配合物;动物体内与呼吸作用密切相关的血红素是铁的配合物。

码 8.2 知识拓展

医学上常利用配位反应除去进入人体的某些有毒元素。例如,EDTA 的钙盐是人体铅中毒的高效解毒剂。对于铅中毒病人,可注射溶于生理盐水或葡萄糖溶液的 $Na_2[Ca(EDTA)]$,反应式如下:

$$Pb^{2+}+[Ca(EDTA)]^{2-}\longrightarrow[Pb(EDTA)]^{2-}+Ca^{2+}$$

$[Pb(EDTA)]^{2-}$及剩余的$[Ca(EDTA)]^{2-}$均可随尿排出体外,从而达到解铅毒的目的。

另外,治疗糖尿病的胰岛素、治疗血吸虫病的酒石酸锑钾,以及抗癌药顺铂、二氯茂钛等都属于配合物。顺铂(*cis*-$[PtCl_2(NH_3)_2]$)及类似结构的铂配合物现已成为临床应用最为广泛的一类抗癌药物。

[**化学博览**]

金属有机框架材料

金属有机框架(metal-organic framework,MOF)材料又名配位聚合物,是金属离子或金属簇与有机桥联配体通过自组装而形成的具有周期性三维结构的多孔晶体材料。随着配位化学研究的不断深入和拓展,金属有机配合物的种类不断丰富,结构新颖和功能性的 MOF 材料源源不断地涌现。MOF 材料具有孔道结构规则、孔尺寸可调控、密度低、比表面积大以及易于表面修饰等特点,在客体分子的吸附、分离与存储等方面表现出优异性能,受到广泛关注。尤其 MOF 材料的内部孔道,就像一个个小的储气罐,在储存气体方面表现出良好的可逆性、优异的动力学性能,以及低压储氢性能。

2003 年,Yaghi 等对 MOF 材料 MOF-5 的储氢性能进行了报道,引领了 MOF 材料在储氢应用上的研究。MOF-5 的结构可看成由分离的次级结构单元 Zn_4O 通过有机配体对苯二甲酸桥联自组装而成,其比表面积可以达到 3800 m^2/g。在 298 K、20 bar 的条件下可吸收 1.0%(质量分数,下同)的 H_2,在 78 K、0.7 bar 的条件下可以吸收 4.5%的 H_2,相当于每个配合物分子可以吸收 17.2 个 H_2分子。目前 MOF 材料家族中 MOF-177 储氢能力非常强,该材

料在 77 K、7 MPa 条件下的储氢量可达 7.5%。但常压下储氢量仅为 1.25%，因此当前研究重点是在室温和常压下实现储氢能力的突破。随着 MOF 材料种类的多样化，通过调整金属离子或簇与有机配体的种类，控制 MOF 材料的表面积、孔的形状、孔径以及活性位点，进而提高 MOF 材料对气体的储存和运输能力。MOF 材料在新能源领域下的应用，对实现氢能广泛应用、推进 2030 年“碳达峰”和 2060 年“碳中和”目标的实现将发挥重要的作用。

习　题

1. $PtCl_4$和氨水反应，生成的化合物的化学式为 $Pt(NH_3)_4Cl_4$。将 1 mol 此化合物用 $AgNO_3$溶液处理，得到 2 mol AgCl。试推断配合物内界和外界的组分，并写出结构式。

2. 下列说法是否正确？为什么？

(1) 配体的数目就是中心原子的配位数；

(2) 配离子的几何构型取决于中心原子所采取的杂化轨道类型；

(3) 配合物的形成体一定是金属离子；

(4) 氧化数为+1 的金属离子只能形成配位数为 2 的配离子；

(5) 螯合剂中两个配位原子之间必须相隔 2～3 个非配位原子；

(6) 八面体型配离子是由外轨配键形成的。

3. 指出下列配离子的形成体、配体、配位原子、中心离子电荷及配位数。

配离子	形成体	配体	配位原子	中心离子电荷	配位数
$[CrCl(NH_3)_5]^{2+}$					
$[Ag(S_2O_3)_2]^{3-}$					
$[Co(H_2O)_2(en)_2]$					
$[Pt(CN)_6]^{2-}$					

4. 写出下列各物质的名称。

(1) $[PtCl_4]$；　(2) $[Co(NH_3)_2(H_2O)_4]Cl_2$；

(3) $[Co(H_2O)_2(en)_2]SO_4$；　(4) $[CrCl_2(NH_3)_4]Cl$；

(5) $Na_3[AlF_6]$；　(6) $K_3[Ag(S_2O_3)_2]$。

5. 写出下列各物质的化学式。

(1) 二氯·四水合铁(Ⅲ)离子；　(2) 六氯合锰(Ⅲ)酸钾；

(3) 四氯合金(Ⅲ)离子；　(4) 硫酸二硝基·二(乙二胺)合铁(Ⅲ)；

(5) 二硫代硫酸合银(Ⅰ)离子；　(6) 四硫氰酸根·二氨合铬(Ⅱ)酸铵。

6. 指出下列各物质中形成体的 d 电子组态、键的类型(内轨型或外轨型)以及未成对的电子数。

配离子	d 电子组态	键的类型	未成对电子数
$[VCl_6]^{3-}$			
$[Ni(NH_3)_6]^{2+}$			
$[Fe(NH_3)_6]^{3+}$			
$[Co(CN)_6]^{3-}$			

7. 实验测得$[Mn(CN)_6]^{4-}$的磁矩为 2.00 B.M.，而$[Pt(CN)_6]^{2-}$的磁矩为零，试推断它们的中心离子的杂化类型和配合物的空间构型，并指出配位键是内轨型还是外轨型。

8. 已知下列几种配离子均为正八面体构型,试推测其中磁矩最大的是哪一种,磁矩为零的有哪些。

$[Fe(CN)_6]^{3-}$、$[Fe(CN)_6]^{4-}$、$[Co(CN)_6]^{3-}$、$[Mn(CN)_6]^{4-}$

9. 分别写出$[Co(CN)_6]^{3-}$、$[Co(CN)_6]^{4-}$中心原子在晶体场中的d电子排布,计算它们的CFSE,并比较两者的稳定性。

10. 有下列几种相同浓度的溶液,AgI在其中溶解度最小的应是哪一种?

KCN、$Na_2S_2O_3$、$KSCN$、$NH_3 \cdot H_2O$

11. 根据有关物质的$K_f^{\ominus}$和$K_{sp}^{\ominus}$,计算下列反应的平衡常数,判断下列转化反应能否进行,并比较三种配离子$[Ag(NH_3)_2]^+$、$[Ag(S_2O_3)_2]^{3-}$、$[Ag(CN)_2]^-$的稳定性大小。

$$AgCl + 2NH_3 \rightleftharpoons [Ag(NH_3)_2]^+ + Cl^-$$

$$AgBr + 2NH_3 \rightleftharpoons [Ag(NH_3)_2]^+ + Br^-$$

$$AgBr + 2S_2O_3^{2-} \rightleftharpoons [Ag(S_2O_3)_2]^{3-} + Br^-$$

$$AgI + 2S_2O_3^{2-} \rightleftharpoons [Ag(S_2O_3)_2]^{3-} + I^-$$

$$AgI + 2CN^- \rightleftharpoons [Ag(CN)_2]^- + I^-$$

12. 根据上题的结论,判断下列几个电极的标准电极电势的大小顺序。

$\varphi^{\ominus}(Ag^+/Ag)$、$\varphi^{\ominus}([Ag(NH_3)_2]^+/Ag)$、$\varphi^{\ominus}([Ag(S_2O_3)_2]^{3-}/Ag)$、$\varphi^{\ominus}([Ag(CN)_2]^-/Ag)$。

13. 0.29 mol NH_3溶解在0.45 L 0.36 mol·L^{-1} $AgNO_3$溶液中,已知$K_b^{\ominus}(NH_3)=1.8\times10^5$,$K_f^{\ominus}([Ag(NH_3)_2]^+)=1.12\times10^7$,计算平衡时各种物质的浓度。

14. 计算在1 L 0.01 mol·L^{-1}氨水和1 L 0.01 mol·L^{-1}KCN溶液中AgI的溶解度(mol·L^{-1})。已知$K_f^{\ominus}([Ag(NH_3)_2]^+)=1.12\times10^7$,$K_f^{\ominus}([Ag(CN)_2]^-)=1.26\times10^{21}$,$K_{sp}^{\ominus}(AgI)=8.52\times10^{-17}$。(不考虑逐级稳定常数。)

15. 将0.20 mol·L^{-1} $AgNO_3$溶液与0.60 mol·L^{-1}KCN溶液等体积混合后,加入固体KI(忽略体积的变化),使I^-的浓度为0.085 mol·L^{-1},能否产生AgI沉淀?再加入固体$AgNO_3$,溶液中的Ag^+浓度高于多少时才可能出现AgI沉淀?此时,CN^-的浓度低于多少?

16. 298.15 K时,在1 L 0.050 mol·L^{-1} $AgNO_3$的过量氨溶液中,加入固体KCl(忽略体积的变化),使Cl^-的浓度为0.017 7 mol·L^{-1},回答下列问题。

(1) 为阻止AgCl沉淀生成,上述溶液中NH_3的起始浓度至少应为多少?

(2) 上述溶液中各成分的平衡浓度为多少?

17. 已知$\varphi^{\ominus}(Cu^{2+}/Cu)=0.340$ V,计算电对$[Cu(NH_3)_4]^{2+}/Cu$的标准电极电势,并根据有关数据说明在空气存在下,能否用铜制品容器储存1.0 mol·L^{-1}氨水(假设$p(O_2)=100$ kPa,且$\varphi^{\ominus}(O_2/OH^-)=0.401$ V)。

第9章　主族元素

主族元素是指周期表中的s区和p区元素，包括ⅠA～ⅦA七个主族和一个0族，依次称为碱金属族(ⅠA)、碱土金属族(ⅡA)、硼族(ⅢA)、碳族(ⅣA)、氮族(ⅤA)、氧族(ⅥA)、卤族(ⅦA)及稀有气体(0族)。主族元素的价电子组态为$ns^{1\sim2}np^{1\sim6}$。从周期表上看，由主族的s区经副族的d区和ds区过渡到主族的p区，完成一个周期。在同一周期中，从左到右，随着最外层p电子的增多，有效核电荷增加，原子半径减小，失电子能力(金属活泼性)减弱，得电子能力增强，因而使p区元素出现一些新的性质和规律。

本章以p区的非金属元素为重点，并联系s区元素，对单质、氢化物、卤化物、氧化物、氢氧化物、含氧酸及其盐的一些主要性质进行综合论述。

9.1　主族元素通论

9.1.1　非金属元素

s区元素除H外都是金属元素，p区除含有10种金属元素外，集中了几乎全部非金属元素，两者沿"对角线"B—Si—As—Te—At分界。与活泼金属提供电子、起强还原剂作用相反，最活泼的非金属即F_2是以夺取电子、起强氧化剂作用为特征的。

$$2F_2+2H_2O = 4HF+O_2\uparrow$$

比较活泼的非金属如卤素X_2(除F_2外)、白磷和S等，往往既有氧化性又有还原性，它们在水或碱溶液中发生歧化反应。

$$X_2+H_2O = HX+HXO_n \quad (n=1,3)$$

$$X_2+OH^- = X^-+XO_n^-+H_2O \quad (n=1,3)$$

$$P_4+3OH^-+3H_2O = PH_3\uparrow+3H_2PO_2^-$$

$$3S+6OH^- = 2S^{2-}+SO_3^{2-}+3H_2O$$

只有那些处于"对角线"上的不活泼非金属如B、Si、As等，才能从碱中置换出氢气。

$$2B+2OH^-+2H_2O = 2BO_2^-+3H_2\uparrow$$

$$Si+2OH^-+H_2O = SiO_3^{2-}+2H_2\uparrow$$

$$As+2OH^-+H_2O = AsO_3^{2-}+2H_2\uparrow$$

这一点很像那些氢氧化物为两性的活泼金属，如Be、Zn、Cr、Al等。

$$M+2OH^- = MO_2^{2-}+H_2\uparrow \quad (M=Be、Zn)$$

$$2M+2OH^-+2H_2O = 2MO_2^-+3H_2\uparrow \quad (M=Cr、Al)$$

非金属不与非氧化性酸作用，但能被强氧化性酸(如浓HNO_3、热浓H_2SO_4)氧化成相应的含氧酸或酸酐(氧化物)。例如：

$$3C+4HNO_3(浓) = 3CO_2\uparrow+4NO\uparrow+2H_2O$$

上述情况可归纳于图9-1中。

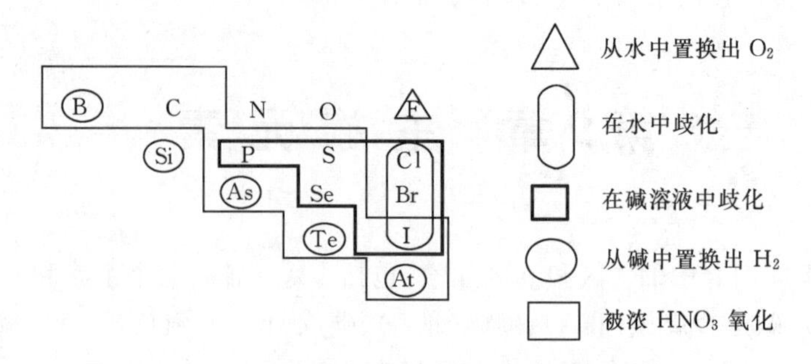

图 9-1 非金属单质在水溶液中的化学行为

9.1.2 氧化数

s 区元素(ⅠA 和ⅡA)所呈现的最高氧化数与所在的族数相对应;p 区元素的氧化数常呈“跳跃式”变化,有 $+N$(族数),$+(N-2)$,…,$+(N-8)$。这与它们的激发成键或配位成键密切相关。金属元素一般没有稳定的负氧化数。例如,Pb 和 C 同属ⅣA 族,Pb 的常见氧化数是 +4、+2 和 0,而 C 还有 −2 和 −4 等。p 区元素的价电子全部在原子最外层的 ns 和 np 轨道上,且随价电子的增多,失电子倾向逐渐被共享电子以至得电子倾向所代替,故非金属元素除正氧化数外,还表现出负氧化数。F 因非金属性最强而只有 −1 氧化数;O 的电负性仅次于 F,它只在与 F 结合时才呈现正氧化数。

第六周期的 p 区元素 Tl、Pb 及 Bi 的最高氧化数 $+N$ 不太稳定,相应的化合物如 $TlCl_3$、PbO_2、$NaBiO_3$(铋酸钠)在酸性介质中都是强氧化剂;它们的稳定氧化数是 $+(N-2)$,如 TlCl、$PbCl_2$、$BiCl_3$。同一族元素这种自上而下低氧化数化合物比高氧化数化合物变得更稳定的现象称为惰性电子对效应。与此相反,其他周期的 p 区元素往往是最高氧化数比较稳定。例如,In(Ⅲ)比 In(Ⅰ)、Sn(Ⅳ)比Sn(Ⅱ)、P(Ⅴ)比 P(Ⅲ)、S(Ⅵ)比 S(Ⅳ)稳定,而 InCl、$SnCl_2$、H_3PO_3、H_2SO_3都是较强的还原剂。卤素 X、O、N 等非金属元素的电负性很大,它们难以提供电子却易于获得电子,因此最低氧化数 X(−1)、O(−2)、N(−3)比较稳定。

码 9.1 知识拓展

9.1.3 键型及配位性

碱金属离子因电荷少、半径大而不易形成一般的配合物,特别是与一些常见的单齿配体大都难以形成稳定的配合物。

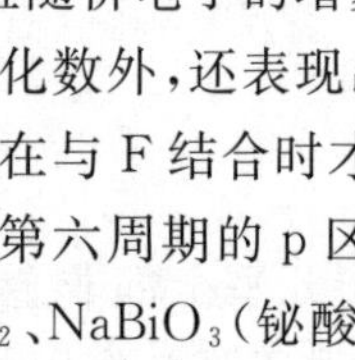

图 9-2 铍配合物的结构

碱土金属离子中除能形成大环配合物外,还能与一些较常见的配体形成稳定的配合物。例如,BeF_2 很容易与 F^- 配位,生成 $[BeF_3]^-$ 或 $[BeF_4]^{2-}$。在配合物中,Be 的最高配位数为 4,以 sp^3 杂化轨道成键,形成四面体结构(见图 9-2)。Be 的化合物都有剧毒,这或许是由于它们易溶解和易形成配合物。

Mg 最重要的配合物是叶绿素。Ca^{2+}、Sr^{2+}、Ba^{2+} 的离子半径较大,生成配合物的能力较弱,而且配合物的共价性较小,除能与氨形成一些不太稳定的氨合物(如$CaCl_2 \cdot 8NH_3$)外,只有与配位能力很强的乙酰丙酮($CH_3COCH_2COCH_3$)、乙二胺四乙酸根($EDTA^{4-}$)等螯合剂才能生成较稳定的螯合物。在 pH=10 的 NH_3-NH_4Cl 缓冲溶液中,可以用 $EDTA^{4-}$ 测定水样中 Ca^{2+} 和 Mg^{2+} 的总含量,从而确定水的总硬度。

配合物形成体的最高配位数受中心原子或离子的价层空轨道数限制,第二周期元素的价

层轨道数为4,因而第二周期元素作为形成体时最高配位数只能达到4,而其他周期的则不然。例如:

$[BF_4]^-$　　$[CF_4]$　　$[NH_4]^+$　　$[H_3O]^+$

$[AlF_6]^{3-}$　　$[SiF_6]^{2-}$　　$[PF_6]^-$　　$[SF_6]$　　$[ClF_5]$

对p区非金属元素来说,作为配位原子是它们主要的性质。常见的配位原子有C、N、O、S和卤素,配位能力较强的是C和N。

9.1.4 主族元素的特殊性

1. Li和Be的特殊性

1) Li的特殊性

一般来说,碱金属元素性质的递变是很有规律的,但Li常表现出反常性。Li的性质反常,主要是由于Li原子或Li^+特别小(静电场强),Li^+又具有2电子构型,Li^+的极化能力在碱金属离子最大,因此具有较强的形成共价键的倾向。Li的熔点、硬度高于其他碱金属,而导电性则较弱。Li的标准电极电势$\varphi^\ominus(Li^+/Li)$在同族元素中反常地低,这与$Li^+(g)$的水合热较大有关。Li在空气中燃烧时能与氧形成普通氧化物Li_2O,与N_2直接作用生成氮化物,这是由于Li的离子半径小,对晶格能有较大的贡献。Li的化合物也与其他碱金属化合物在性质上有差别,Li化合物的共价性比同族其他元素化合物的共价性显著。例如,LiOH红热时可分解,而其他碱金属氢氧化物则不分解;LiH的热稳定性比其他碱金属氢化物的高;LiF、Li_2CO_3、Li_3PO_4难溶于水。

2) Be的特殊性

Be及其化合物的性质和ⅡA族其他金属元素及其化合物的也有明显的差异。由于Be原子或Be^{2+}半径是同族中最小的,Be^{2+}为2电子构型,具有很高的电荷/半径值,因此,Be^{2+}的极化能力很强,使化合物中键具有明显的共价性(配位数为4或2)。Be的熔点、沸点比其他碱土金属的高,其硬度也是碱土金属中最大的,但有脆性。Be的电负性较大,有较强形成共价键的倾向。例如,$BeCl_2$已属于共价型化合物,而其他碱土金属的氯化物基本上是离子型的。另外,Be的化合物热稳定性相对较差,易水解。Be的氢氧化物$Be(OH)_2$呈两性,它既能溶于酸,又能溶于碱,反应方程式如下:

$$Be(OH)_2+2H^++2H_2O = [Be(H_2O)_4]^{2+}$$

$$Be(OH)_2+2OH^- = [Be(OH)_4]^{2-}$$

2. 对角线规则

在s区和p区元素中,除了同族元素的性质相似外,还有一些元素及其化合物的性质呈现出“对角线”相似性。“对角线”相似性又称为对角线规则,是从有关元素及其化合物的许多性质中总结出来的经验规律。周期表中第二、第三两个短周期的元素的“对角线”左上和右下元素的性质相似。

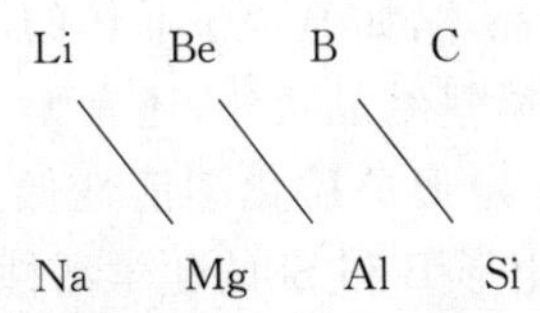

对角线规则可以用离子极化的观点粗略地说明:同一周期从左到右,阳离子的电荷增多、

半径减小、极化力增强,而同一族中由上至下,阳离子的半径增大、极化力减弱。因此,处于周期表中"对角线"左上右下位置上的两种元素,由于电荷/半径值相近,即离子势相近,它们的离子极化作用比较相近,因此表现出比较相似的化学性质。

1) Li与Mg的相似性

Li、Mg在过量的O_2中燃烧时并不生成过氧化物,而生成正常氧化物。Li和Mg都能与N_2直接化合而生成氮化物Li_3N和Mg_3N_2,故Li和Mg可被用来从其他气体中除去N_2。它们的氮化物和碳化物都比较稳定。Li和Mg与水反应均较缓慢。Li和Mg的氢氧化物都是中强碱,溶解度都不大,在加热时可分解为Li_2O、MgO和H_2O,其他碱金属的氢氧化物加热不分解。LiOH的溶解度与$Mg(OH)_2$的相似。LiOH的溶解度较小,覆盖在锂的表面,使Li与水的反应变慢。Li和Mg的某些盐类如氟化物、碳酸盐、磷酸盐均难溶于水。它们的碳酸盐在加热下均能分解为相应的氧化物和CO_2。Li、Mg的氯化物(LiCl、$MgCl_2$)均能溶于有机溶剂,表现出共价特征。

2) Be与Al的相似性

Be、Al都是两性金属,既能溶于酸,也能溶于强碱,并放出H_2。

$$Be+2NaOH+2H_2O \xlongequal{} Na_2[Be(OH)_4]+H_2\uparrow$$

$$2Al+2NaOH+6H_2O \xlongequal{} 2Na[Al(OH)_4]+3H_2\uparrow$$

Be和Al在空气中不易被腐蚀,在表面形成氧化膜保护层。Be和Al与酸作用缓慢,可被浓HNO_3钝化。Be和Al的氧化物均是熔点高、硬度大的物质。Be和Al的氢氧化物($Be(OH)_2$和$Al(OH)_3$)都是两性氢氧化物,而且都难溶于水。Be和Al的氟化物都能与碱金属的氟化物形成配合物,如$Na_2[BeF_4]$、$Na_3[AlF_6]$。它们的氯化物、溴化物、碘化物都易溶于水,且强烈水解。Be和Al都有共价型的卤化物,熔、沸点低,易升华、易聚合、易溶于有机溶剂,在其蒸气中都具有桥状结构的双聚分子$(BeCl_2)_2$、$(AlCl_3)_2$。所不同的是,$BeCl_2$的二聚体$(BeCl_2)_2$中Be原子为sp^2杂化,三角形构型;而$AlCl_3$二聚体$(AlCl_3)_2$中Al原子为sp^3杂化,四面体构型。水合卤化物$BeCl_2\cdot 4H_2O$和$AlCl_3\cdot 6H_2O$受热脱水时均发生水解;氢氧化物$Be(OH)_2$和$Al(OH)_3$都难溶于水,且均为两性氢氧化物,既溶于酸也能溶于强碱。其他碱土金属的氢氧化物均非两性,不溶于强碱。

$$BeCl_2\cdot 4H_2O \xlongequal{\triangle} Be(OH)Cl+3H_2O+HCl$$

$$AlCl_3\cdot 6H_2O \xlongequal{\triangle} Al(OH)_2Cl+4H_2O+2HCl$$

$$Be(OH)_2+2NaOH \xlongequal{} Na_2[Be(OH)_4]$$

$$Al(OH)_3+NaOH \xlongequal{} Na[Al(OH)_4]$$

Be_2C和Al_4C_3与水反应都生成甲烷。

$$Be_2C+4H_2O \xlongequal{} 2Be(OH)_2\downarrow+CH_4\uparrow$$

$$Al_4C_3+12H_2O \xlongequal{} 4Al(OH)_3\downarrow+3CH_4\uparrow$$

3) B与Si的相似性

B和Si都能形成高熔点的原子晶体,如B原子晶体的熔点为2 300 ℃,Si原子晶体的熔点为1 410 ℃。从它们的聚集状态看,除呈结晶状外,还有无定形单质。由于断裂晶体内共价键需要的能量较大,故结晶状单质比无定形单质化学活性低。例如,晶状B能耐浓酸、浓碱,晶状Si也几乎不溶于所有的酸,但无定形B和Si的化学活性高得多,能与电负性比它们低的元素化合,生成硼化物、硅化物。B、Si的单质与碱溶液反应能生成H_2。

$$2B+2NaOH+2H_2O \xlongequal{} 2NaBO_2+3H_2\uparrow$$

$$Si+2NaOH+H_2O \xlongequal{} Na_2SiO_3+2H_2\uparrow$$

B和Si都能形成不稳定的分子型氢化物——硼烷和硅烷，B、Si的氢化物化学性质都很活泼，且易挥发，与水反应则放出H_2。用硼化镁或硅化镁与酸或水作用可制取氢化物。

$$Mg_3B_2+6HCl \xlongequal{} 3MgCl_2+B_2H_6\uparrow$$

$$Mg_2Si+4HCl \xlongequal{} 2MgCl_2+SiH_4\uparrow$$

B和Si的含氧酸都是很弱的酸，在冷水中的溶解度都不大。它们的卤化物水解后都生成相应的酸——硼酸和硅酸。它们的氧化物显酸性，能与金属氧化物作用分别生成硼酸盐和硅酸盐。这些盐中除了部分碱金属的盐能溶于水外，其他盐都难溶于水。它们的可溶性盐可发生强烈水解。硼砂是硼的最重要的含氧酸盐，是带有结晶水的四硼酸钠盐($Na_2B_4O_5(OH)_4\cdot 8H_2O$)，其水溶液有显著碱性，可作为肥皂和洗衣粉的填料。Na_2SiO_3的水溶液俗称水玻璃(工业上称为泡花碱)，也是强碱弱酸盐。

B和Si都容易形成多酸盐，简单的正硅酸盐和正硼酸盐很少，绝大多数的硼酸盐和硅酸盐都是复杂结构的多酸盐，它们构成大量无机高分子化合物。构成多硼酸盐的基本单位是三角状的BO_3和四面体状的BO_4，构成多硅酸盐的基本单位是四面体状的SiO_4。

3. p区元素的特殊性

与s区元素Li和Be具有特殊性类似，p区第二周期元素也表现出特殊性。例如，N、O、F的单键键能($\Delta_B H_m^\ominus$)分别小于第三周期元素P、S、Cl的单键键能：

	N—N(N_2H_4)	O—O(H_2O_2)	F—F
$\Delta_B H_m^\ominus/(kJ\cdot mol^{-1})$	160	142	141
	P—P(P_4)	S—S(H_2S_2)	Cl—Cl
$\Delta_B H_m^\ominus/(kJ\cdot mol^{-1})$	209	264	199

这与通常情况下单键键能在同一族中自上而下依次递减的规律不符。造成这一反常现象的原因是N、O、F原子半径小，成键时N与N、O与O、F与F原子间靠得近(即键长较短)，原子中未参与成键的电子之间有较明显的排斥作用，从而削弱了共价单键的强度。

第二周期p区元素原子最外层只有2s和2p轨道，所容纳的电子数不超过8，第三周期以上的p区元素原子最外层除s和p轨道外尚有d轨道，可容纳更多的电子。因此，第二周期p区元素形成化合物时配位数一般不超过4，而第三周期以上的p区元素则可以有更高配位数的化合物。如ⅤA族元素中，除N以外，其他元素都能与F形成五氟化物。

从第四周期开始，在周期表中s区元素和p区元素之间插入了d区元素，使第四周期p区元素的有效核电荷显著增大，对核外电子的吸引力增强，因而原子半径比同周期的s区元素的原子半径显著地减小。因此，p区第四周期元素的性质在同族中也呈现反常性，Ga、Ge、As、Se、Br等元素都如此。例如在ⅦA族的含氧酸中，溴酸、高溴酸的氧化性均比其他卤酸、高卤酸的氧化性强。

在第五周期和第六周期的p区元素前面，也排列着d区元素(第六周期前还排列着f区元素)，它们对这两周期元素也有类似的影响，因而使各族第四、五、六周期的元素性质又出现了同族元素性质的递变情况，但这种递变远不如s区元素那样明显。

第六周期 p 区元素由于镧系收缩的影响,与第五周期相应元素的性质比较接近。从下面列出的有关离子半径可以看出,第五、六周期元素的离子半径相差不太大,而第四、五周期元素的离子半径相差较大。

	Ga^{3+}	Ge^{4+}	As^{5+}
r/pm	62	53	47
	In^{3+}	Sn^{4+}	Sb^{5+}
r/pm	81	71	62
	Tl^{3+}	Pb^{4+}	Bi^{5+}
r/pm	95	84	74

p 区同族元素性质的递变虽然并不规则,但这种不规则也有一定的规律性,如第二周期和第四周期元素在 p 区中都存在反常性,而且也是逐渐改变的。通常周期性指各周期元素之间的规律性。这里同族元素之间的这种规律性曾被称为"二次周期性"。二次周期性的具体例子很多,如含氧酸的氧化还原性、卤化物的生成焓等。在考虑元素性质周期性时,不仅要考虑价电子,而且要考虑内层电子排布的影响。

综上所述,由于 d 区和 f 区元素的插入,p 区元素自上而下性质的递变远不如 s 区元素那样有规律。p 区元素性质有以下 3 个特征:

(1) 第二、四周期元素性质表现出反常性;

(2) 各族第四、五、六周期的元素性质递变缓慢;

(3) 各族第五、六周期的元素性质有些相似。

9.2 单　　质

9.2.1 单质的晶体结构类型与物理性质

表 9-1 列出了主族元素单质的晶体类型。从表 9-1 可以看出:s 区元素的单质均为金属晶体;p 区元素的中间部分,其单质的晶体结构较为复杂,有的为原子晶体,有的为过渡型(链状或层状)晶体,有的为分子晶体;周期表最右方的非金属和稀有气体则全部为分子晶体。总之,同一周期元素的单质,从左向右一般由典型的金属晶体经过原子晶体最后过渡到分子晶体,同一族元素的单质,从上向下常由分子晶体过渡到金属晶体。

表 9-1　主族元素单质的晶体类型

周期	族							
	ⅠA	ⅡA	ⅢA	ⅣA	ⅤA	ⅥA	ⅦA	0
一	H_2 分子晶体							He 分子晶体

续表

周期	族							
	ⅠA	ⅡA	ⅢA	ⅣA	ⅤA	ⅥA	ⅦA	0
二	Li 金属晶体	Be 金属晶体	B 原子晶体	C 金刚石 原子晶体 石墨 片状结构晶体 富勒烯 分子晶体	N_2 分子晶体	O_2 分子晶体	F_2 分子晶体	Ne 分子晶体
三	Na 金属晶体	Mg 金属晶体	Al 金属晶体	Si 原子晶体	P 白磷 分子晶体 黑磷 层状结构晶体	S 斜方硫 单斜硫 分子晶体 弹性硫 链状结构晶体	Cl_2 分子晶体	Ar 分子晶体
四	K 金属晶体	Ca 金属晶体	Ga 金属晶体	Ge 原子晶体	As 黑砷 分子晶体 灰砷 层状结构晶体	Se 红硒 分子晶体 灰硒 链状结构晶体	Br_2 分子晶体	Kr 分子晶体
五	Rb 金属晶体	Sr 金属晶体	In 金属晶体	Sn 灰锡 原子晶体 白锡 金属晶体	Sb 黑锑 分子晶体 灰锑 层状结构晶体	Te 灰碲 链状结构晶体	I_2 分子晶体	Xe 分子晶体
六	Cs 金属晶体	Ba 金属晶体	Tl 金属晶体	Pb 金属晶体	Bi 层状结构晶体（近于金属晶体）	Po 金属晶体	At 金属晶体（具有某些金属性质）	Rn 分子晶体

由于单质晶体结构呈周期性变化，元素单质的一些物理性质也呈现周期性变化。

1. 熔点和沸点

物质的熔点、沸点取决于该物质的晶体类型。同一周期的主族元素，从左到右熔点、沸点由低到高再到低，即两端元素单质的熔点、沸点低，中间的高。例如，每周期开始的碱金属熔点较低，除 Li 外，Na、K、Rb、Cs 的熔点都低于 100 ℃，Cs 只有 28.5 ℃；ⅣA 族的 C 和 Si 等的熔点达高峰（其中金刚石的熔点为3 727 ℃）；ⅣA、ⅤA 族的金属的熔点一般也较低，如 Sn、Pb 和 Bi 等的熔点均在 300 ℃以下；每周期后半部ⅥA、ⅦA 族及稀有气体单质的熔点更低。沸点的变化趋势与熔点相似。

2. 密度和硬度

同一周期的主族元素，从左到右单质的密度与硬度是两头小、中间大，这与原子半径和晶体结构的变化有关。每周期开始的碱金属其密度、硬度都很小,其中 Li、Na、K 的密度比水还小(Li 的密度只有水的一半),并均可用小刀切开;碱土金属的密度和硬度比碱金属的略大,但仍属轻金属;ⅢA、ⅣA 族的密度、硬度增大,但当过渡到ⅤA～ⅦA 族典型的非金属元素(如 N、O、S、卤素),尤其是 0 族稀有气体时,由于均为分子晶体,分子间作用力较弱,分子间空隙较大,密度、硬度又降低了。

3. 导电性和超导性

主族元素单质的导电性差别较大。周期表从左到右,主族元素单质呈现出由导体向半导体、非导体演变的趋势。主族金属单质几乎均为金属晶体,易导电;主族非金属单质一般不导电;位于 p 区对角线上的一些单质,如 Si、Ge、Sb、Se、Te 等具有半导体性质,其中 Si、Ge 被认为是最好的半导体材料。

综上所述,主族元素金属单质按其结构和性质大致可以分成以下四类。

(1) 第一类是ⅠA 族和ⅡA 族金属晶体物质。ⅠA 族和ⅡA 族元素的原子最外层分别只有 1～2 个 s 电子,在同一周期中这些原子具有较大的原子半径和较少的核电荷,故ⅠA 族和ⅡA 族金属晶体中的金属键很不牢固,单质的熔点、沸点较低,硬度较小。但碱土金属的熔点和沸点比碱金属的高,密度和硬度比碱金属的大。

(2) 第二类是小分子物质。如单原子分子的稀有气体及双原子分子的 X_2(卤素)、O_2、N_2 及 H_2 等,在通常情况下,它们是气体,其固体为分子晶体,熔点、沸点都很低。

(3) 第三类为多原子分子物质。如 S_8、P_4、As_4 等,它们在通常情况下是固体,为分子晶体,熔点、沸点也不高,但比上一类高,容易挥发。

(4) 第四类是大分子物质,即"巨型分子"物质。如金刚石、石墨、As、晶体 Si 和 B 等,为原子晶体,熔点、沸点都很高,不容易挥发。

绝大多数非金属单质是分子晶体,少数形成原子晶体,所以它们的熔点、沸点的差别较大。

部分非金属单质的空间结构如图 9-3 所示。

9.2.2　单质的化学性质

s 区金属单质均为活泼的金属,具有很强的还原性,易形成阳离子盐。p 区绝大多数非金属既有氧化性又有还原性,当与金属作用时表现出氧化性。非金属元素容易形成单原子阴离子或多原子阴离子,它们在化学性质上也有较大的差别。在常见的非金属元素中,F、Cl、O、S、P、H 较活泼,而 N、B、C、Si 在常温下不活泼。活泼的非金属元素容易与金属元素形成卤化物、氧化物、硫化物、氢化物或含氧酸盐等,与活泼非金属作用时则表现出还原性,且非金属元素之间也可形成卤化物、氧化物、无氧酸或含氧酸。

大多数主族元素金属不与碱作用,只有少数两性金属元素 Al、Be、Ge、Sn 等的单质能与强碱作用,形成相应的含氧酸并放出 H_2。非金属单质发生的化学反应涉及范围较广。下面主要介绍非金属单质与水、碱和酸的反应。

(1) 大部分非金属单质不与水作用,只有 B、C 等在高温下可与水蒸气反应。

$$2B+6H_2O(g)=\!=\!=2H_3BO_3+3H_2\uparrow$$

$$C+H_2O(g)=\!=\!=CO\uparrow+H_2\uparrow$$

(2) 卤素仅部分能与水作用,且从 Cl_2 到 I_2 反应的趋势不同,卤素与水的反应可以有两种形式:

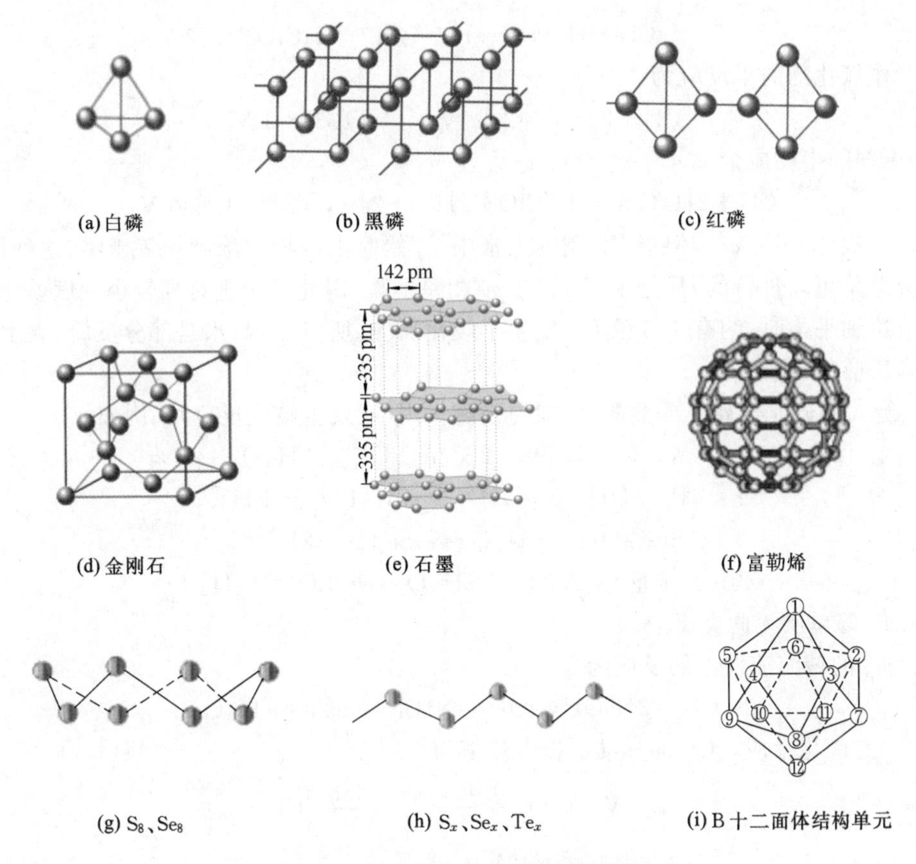

图 9-3　部分非金属单质的空间结构

$$① \ 2X_2+2H_2O \longrightarrow 4H^++4X^-+O_2\uparrow$$

$$② \ X_2+H_2O \longrightarrow H^++X^-+HXO$$

在反应①中，卤素单质显示氧化性，将水氧化成 O_2 放出，反应②虽然也是氧化还原反应，不过氧化剂和还原剂是同一种物质，所以该反应是卤素单质的歧化反应。卤素单质与水反应以何种形式为主，可用电极反应的标准电极电势值予以说明：

	氧化型　　还原型		
氧化性增强 ↑	$F_2+2e^- \rightleftharpoons 2F^-$	还原性增强 ↓	$\varphi^\ominus(F_2/F^-)=2.870\ V$
	$Cl_2+2e^- \rightleftharpoons 2Cl^-$		$\varphi^\ominus(Cl_2/Cl^-)=1.358\ 3\ V$
	$Br_2+2e^- \rightleftharpoons 2Br^-$		$\varphi^\ominus(Br_2/Br^-)=1.065\ V$
	$I_2+2e^- \rightleftharpoons 2I^-$		$\varphi^\ominus(I_2/I^-)=0.535\ 5\ V$

卤素单质中，F_2 的 $\varphi^\ominus$ 最大，其氧化性最强；I_2 的 $\varphi^\ominus$ 最小，其氧化性最弱。所以 F_2 能和水剧烈反应放出 O_2，反应式如下：

$$2F_2+2H_2O \longrightarrow 4H^++4F^-+O_2$$

Cl_2、Br_2 氧化水生成 O_2 的反应也能进行，但速度极慢。它们和水的反应如下：

$$X_2+H_2O \longrightarrow H^++X^-+HXO \qquad (X 代表 Cl、Br、I)$$

反应进行得并不完全。以 Cl_2 的歧化反应为例：

$$Cl_2+H_2O = H^++Cl^-+HClO$$

其中,Cl_2作氧化剂的半反应为

$$Cl_2+2e^- \rightleftharpoons 2Cl^-, \quad \varphi^\ominus=1.358\,3\ V$$

Cl_2作还原剂的半反应为

$$Cl_2+2H_2O \rightleftharpoons 2HClO+2H^++2e^-, \quad \varphi^\ominus=1.630\ V$$

虽然上述反应的$\varphi^\ominus_{氧}<\varphi^\ominus_{还}$,但当$Cl_2$刚通入水中,开始时生成物的浓度均等于零,这种情况下,歧化反应总是可以进行的,只是由于$\varphi^\ominus_{氧}$与$\varphi^\ominus_{还}$相差不大,因此反应进行到较小程度就建立了平衡。反应达到平衡时,约有1/3的Cl_2发生了歧化反应,所以Cl_2与水是部分反应,氯水中常含有大量未反应的Cl_2。

(3) 绝大部分非金属单质显酸性,能与强碱作用(或发生歧化反应)。例如:

$$3S+6OH^- = 2S^{2-}+SO_3^{2-}+3H_2O$$

$$4P+3OH^-+3H_2O = 3H_2PO_2^-+PH_3$$

$$Si+2OH^-+H_2O = SiO_3^{2-}+2H_2\uparrow$$

$$2B(无定形)+2OH^-+2H_2O = 2BO_2^-+3H_2\uparrow$$

而C、O_2、F_2等单质无此类反应。

Cl_2与冷的碱溶液发生的反应为

$$Cl_2+2NaOH(冷) = NaCl+NaClO+H_2O$$

这也是Cl_2的歧化反应。Cl_2的标准电极电势值为

$$\varphi^\ominus_B/V \quad ClO^- \xrightarrow{0.421} Cl_2 \xrightarrow{1.358\,3} Cl^-$$

可知$\varphi^\ominus_{氧}>\varphi^\ominus_{还}$,则$\lg K^\ominus=\dfrac{1.358\,3\ V-0.421\ V}{0.059\,2\ V}=15.83$

$$K^\ominus=6.31\times10^{15}$$

所以反应进行得很完全。

当Cl_2通入热的碱溶液时,主要产物将是氯酸盐:

$$3Cl_2+6NaOH(热) = 5NaCl+NaClO_3+3H_2O$$

其中Cl_2的标准电极电势值如下:

$$\varphi^\ominus_B/V \quad ClO_3^- \xrightarrow{0.48} Cl_2 \xrightarrow{1.358\,3} Cl^-$$

上述反应的平衡常数为

$$\lg K^\ominus=\frac{5\times(1.358\,3\ V-0.48\ V)}{0.059\,2\ V}=74.18$$

$$K^\ominus=1.52\times10^{74}$$

由此可见,Cl_2在碱溶液中的歧化反应非常完全,Br_2、I_2也能发生类似上述反应。

(4) 许多非金属单质不与HCl或稀H_2SO_4反应,但可以与浓HNO_3反应。非金属单质一般被氧化成所在族的最高氧化数,浓H_2SO_4或浓HNO_3则分别被还原成SO_2或NO(有时为NO_2)。

$$3C+4HNO_3(浓) = 3CO_2+4NO\uparrow+2H_2O$$

$$C+2H_2SO_4(浓) = CO_2+2SO_2\uparrow+2H_2O$$

$$3P+5HNO_3(浓)+2H_2O = 3H_3PO_4+5NO\uparrow$$

$$S+2HNO_3(浓) = H_2SO_4+2NO\uparrow$$

$$B+3HNO_3(浓)=H_3BO_3+3NO_2\uparrow$$

$$2B+3H_2SO_4(浓)=2H_3BO_3+3SO_2\uparrow$$

$$I_2+5H_2SO_4(浓)=2HIO_3+5SO_2\uparrow+4H_2O$$

但 Si 不溶于任何单一的酸中，可溶于混酸 $HF\text{-}HNO_3$中，发生如下反应：

$$3Si+4HNO_3+18HF=3H_2SiF_6+4NO\uparrow+8H_2O$$

9.3 氢 化 物

氢化物按其结构与性质的不同大致可分为三类：离子型、金属型以及共价型。某种元素的氢化物属于哪一类型，与元素的电负性大小有关，因而也与元素在周期表中的位置有关（见表9-2）。

表 9-2 氢化物类型与在周期表中的位置关系

Li	Be											B	C	N	O	F
Na	Mg											Al	Si	P	S	Cl
K	Ca	Sc	Ti	V	Cr	Mn	Fe	Co	Ni	Cu	Zn	Ga	Ge	As	Se	Br
Rb	Sr	Y	Zr	Nb	Mo	Tc	Ru	Rh	Pd	Ag	Cd	In	Sn	Sb	Te	I
Cs	Ba	La	Hf	Ta	W	Re	Os	Ir	Pt	Au	Hg	Tl	Pb	Bi	Po	At
离子型氢化物		金属型氢化物											共价型氢化物			

9.3.1 离子型氢化物

碱金属和碱土金属（Be、Mg 除外）在加热时能与 H_2直接化合，生成离子型氢化物：

$$2M+H_2=2MH \qquad (M 代表碱金属)$$

$$M+H_2=MH_2 \qquad (M 代表 Ca、Sr、Ba)$$

所有纯的离子型氢化物都是白色晶体，不纯的通常为浅灰色至黑色，其性能类似盐，又称为类盐型氢化物。这些氢化物具有离子型化合物的特征，如熔点、沸点较高，熔融时能够导电等。其密度都比相应的金属的密度大得多（如 K 的密度为 $0.86\ g\cdot cm^{-3}$，而 KH 的密度为 $1.43\ g\cdot cm^{-3}$）。碱金属氢化物具有 NaCl 型晶体结构，Ca、Sr、Ba 的氢化物具有像某些重金属氯化物（如斜方 $PbCl_2$）那样的晶体结构。晶体结构研究表明，在碱金属氢化物中，H^-半径在 126 pm（LiH）到 154 pm（CsH）这样大的范围内变化。这是因为 H 原子对核外两个电子的控制力很弱，使 H^-的半径很大，容易发生变形，这种弱的结合力导致 H^-具有高的可压缩性。

s 区元素的离子型氢化物热稳定性差异很大，分解温度各不相同。碱金属氢化物中，以 LiH 最为稳定，其分解温度为 850 ℃，高于其熔点（680 ℃）。其他碱金属氢化物加热未到熔点时便分解为 H_2和相应的金属单质。碱土金属的氢化物比碱金属的氢化物热稳定性高一些，BaH_2具有较高的熔点（1 200 ℃）。分解反应式如下：

$$2MH=2M+H_2\uparrow$$

$$MH_2=M+H_2\uparrow$$

离子型氢化物易与水发生剧烈的反应而放出 H_2，原因是 H^-可与水离解出的 H^+结合成

为 H_2。例如：

$$MH+H_2O\xlongequal{乙醚}MOH+H_2\uparrow$$

$$MH_2+2H_2O\xlongequal{}M(OH)_2+2H_2\uparrow$$

CaH_2常用作军事和气象野外作业的生氢剂。

离子型氢化物都是极强的还原剂。在 400 ℃时，NaH 可以自 $TiCl_4$中还原出金属 Ti：

$$TiCl_4+4NaH\xlongequal{}Ti+4NaCl+2H_2\uparrow$$

在有机合成中，LiH 常被用来还原某些有机化合物，CaH_2也是重要的还原剂。

H^-能在非水溶剂中与 B^{3+}、Al^{3+}、Ga^{3+}等结合成复合氢化物，这类氢化物包括 $NaBH_4$、$LiAlH_4$等。$LiAlH_4$的生成：

$$4LiH+AlCl_3\xlongequal{}LiAlH_4+3LiCl$$

其中 $LiAlH_4$是重要的还原剂。$LiAlH_4$在干燥空气中较稳定，遇水则发生猛烈的反应：

$$LiAlH_4+4H_2O\xlongequal{}LiOH+Al(OH)_3+4H_2\uparrow$$

最有实用价值的离子型氢化物是 CaH_2、LiH 和 NaH。由于 CaH_2反应性最弱(较安全)，在工业规模的还原反应中常用作氢气源，制备 B、Ti、V 和其他单质，而且也可以用作微量水的干燥剂。$LiAlH_4$在有机合成工业中用于有机官能团的还原，如将醛、酮、羧酸等还原为醇，将硝基还原为氨基等；在高分子化学工业中用作某些高分子聚合反应的引发剂。

9.3.2　金属型氢化物

周期表中 d 区和 ds 区元素几乎都能形成金属型氢化物。过去曾认为金属氢化物是 H 在金属中的固溶体，或认为 H 填充在晶格空隙中。现已研究表明，除氢化钯($PdH_{0.8}$)以及少数 La 系、Ac 系的氢化物外，大多数的金属氢化物有明确的物相，其结构与原金属完全不同。在过渡金属氢化物中，H 以三种形式存在：①H 以原子状态存在于金属晶格中；②H 的价电子进入氢化物导带中，本身以 H^+形式存在；③H 从氢化物导带中得到一个电子，以 H^-形式存在。某些过渡金属具有可逆吸收和释放 H_2的物性，例如：

$$2Pd+H_2\underset{放氢}{\overset{吸氢}{\rightleftharpoons}}2PdH,\quad \Delta_r H_m^{\ominus}<0$$

室温下，1 体积 Pd 可吸收多达 700 体积 H_2；在减压下加热，又可以把吸收的 H_2完全释放出来。利用上述反应，这类氢化物可用作储氢材料。近年来发现过渡金属的合金也有很好的储氢性能，如 TiFe、TiMn、$LaNi_5$以及含稀土的 Ni-Zr-Al(或 Cr、Mn)组成的多元合金，其中 $LaNi_5$在空气中稳定，吸氢和放氢过程可以反复进行，其性质不会发生改变。

$$LaNi_5+3H_2\underset{微热}{\overset{298K,2.5\times10^2kPa}{\rightleftharpoons}}LaNi_5H_6$$

因此，$LaNi_5$是较为理想的储氢材料。

9.3.3　共价型氢化物

绝大多数 p 区元素与氢均可形成共价型氢化物。这类氢化物在固态时大多数属于分子晶体，因此也称为分子型氢化物。根据 Lewis 结构式中价电子数与形成的化学键数之间的关系，ⅢA 族元素氢化物称为缺电子氢化物，ⅣA 族元素氢化物称为足电子氢化物，ⅤA～ⅦA 族元素氢化物称为富电子氢化物。

共价型氢化物可用通式 RH_{8-N}表示(R 表示ⅣA～ⅦA 族某些元素，N 代表该元素所在族数)。其对应的氢化物的几何构型如表9-3所示。

表9-3 ⅣA～ⅦA族元素氢化物的几何构型

RH_{8-N} 空间构型	RH_4 正四面体	RH_3 三角锥形	RH_2 V形	RH 直线型
R	C	N	O	F
	Si	P	S	Cl
	Ge	As	Se	Br
	Sn	Sb	Te	I
	Pb	Bi	Po	

共价型氢化物大多数是无色的,熔点和沸点较低,在常温下除 H_2O、BiH_3 为液体外,其余的均为气体。共价型氢化物的物理性质有很多相似之处,而其化学性质则有显著的差异。根据元素在周期表中的位置,这些氢化物性质的变化也存在着某些规律性。

CH_4	NH_3	H_2O	HF
SiH_4	PH_3	H_2S	HCl
GeH_4	AsH_3	H_2Se	HBr
SnH_4	SbH_3	H_2Te	HI
(PbH_4)	(BiH_3)		

↓ 稳定性减弱 还原性增强 水溶液酸性增强

→ 稳定性增强 还原性减弱 水溶液酸性增强

下面就共价型氢化物的热稳定性、还原性(HF除外)和酸碱性在周期表中的递变规律进行讨论。

1. 共价型氢化物水溶液的酸碱性

共价型氢化物与水的作用大致分为五种情况,如表9-4所示。

表9-4 共价型氢化物与水的作用

族	元素	作用情况	反应举例
ⅢA、ⅣA	B、Al、Ga、Si	分解水,放出 H_2	$SiH_4+(n+2)H_2O \longrightarrow SiO_2\cdot nH_2O+4H_2\uparrow$
ⅣA、ⅤA	C、Ge、Sn P、As、Sb	不反应	
ⅤA	N	形成弱碱	$NH_3+H_2O \rightleftharpoons NH_3\cdot H_2O \rightleftharpoons NH_4^++OH^-$
ⅥA	O、S、Se、Te	形成弱酸	$H_2S \rightleftharpoons H^++HS^-$
ⅦA	Cl、Br、I	形成强酸	$HCl \longrightarrow H^++Cl^-$

由表9-4可知,ⅣA族元素氢化物和ⅤA族元素氢化物(除 NH_3 外)的水溶液是不显酸性或碱性的。ⅥA族元素氢化物和ⅦA族元素氢化物的水溶液显酸性,唯有个别的(如 H_2O)是两性物质。同一周期从左向右,H_nA 的酸性随元素A的电负性的增加而增强(如 NH_3、H_2O、HF);同一族从上往下,如HF、HCl、HBr、HI系列中酸性逐渐增强。

共价型氢化物的酸性强弱可用热力学循环计算说明。下面以卤化氢和氢卤酸为例,介绍其实验室的制备方法、性质及氢卤酸离解过程中热化学循环过程。

1) 卤化氢的制备

卤化氢的制备可采用由单质合成、复分解和卤化物的水解等方法。工业上合成盐酸是用 H_2 流在 Cl_2 中燃烧的方法,生成的 HCl 再用水吸收即成盐酸。

制备 HF 及少量 HCl 时,可用浓 H_2SO_4 与相应的卤化物作用:

$$CaF_2 + 2H_2SO_4(浓) \xlongequal{200\sim250\ ℃} Ca(HSO_4)_2 + 2HF\uparrow$$

$$NaCl + H_2SO_4(浓) \xlongequal{150\ ℃} NaHSO_4 + HCl\uparrow$$

$$NaCl + NaHSO_4(浓) \xlongequal{540\sim600\ ℃} Na_2SO_4 + HCl\uparrow$$

但这种方法不适用于制备 HBr 和 HI,因为浓硫酸可将 HBr 和 HI 部分氧化为单质:

$$NaBr + H_2SO_4(浓) \xlongequal{} NaHSO_4 + HBr\uparrow$$

$$2HBr + H_2SO_4(浓) \xlongequal{} SO_2\uparrow + Br_2 + 2H_2O$$

$$NaI + H_2SO_4(浓) \xlongequal{} NaHSO_4 + HI\uparrow$$

$$8HI + H_2SO_4(浓) \xlongequal{} H_2S\uparrow + 4I_2 + 4H_2O$$

H_3PO_4 为不挥发的非氧化性酸,可以代替 H_2SO_4 制备 HBr 和 HI:

$$NaX + H_3PO_4(浓) \xlongequal{\triangle} NaH_2PO_4 + HX\uparrow \quad (X=Br、I)$$

实验室中常用非金属卤化物水解的方法制备 HBr 和 HI。例如,将水滴入 PBr_3 和 PI_3 表面即可产生 HBr 和 HI:

$$PBr_3 + 3H_2O \xlongequal{} H_3PO_3 + 3HBr\uparrow$$

$$PI_3 + 3H_2O \xlongequal{} H_3PO_3 + 3HI\uparrow$$

实际使用时并不需要先制成非金属卤化物,而是将 Br_2 逐滴加入 P 与少量水的混合物中,或将水逐滴加入 I_2 与 P 的混合物中,即可不断产生 HBr 或 HI:

$$3Br_2 + 2P + 6H_2O \xlongequal{} 2H_3PO_3 + 6HBr\uparrow$$

$$3I_2 + 2P + 6H_2O \xlongequal{} 2H_3PO_3 + 6HI\uparrow$$

2) 卤化氢的性质

卤化氢均为具有强烈刺激性的无色气体,在空气中易与水蒸气结合而形成白色酸雾。卤化氢是极性分子,极易溶于水,其水溶液为氢卤酸。液态卤化氢不导电,表明它们是共价型化合物而非离子型化合物。卤化氢的一些重要性质列于表 9-5 中。

表 9-5　卤化氢的一些重要性质

项　目	HF	HCl	HBr	HI
熔点/℃	−83.57	−114.18	−86.87	−50.8
沸点/℃	19.52	−85.05	−66.71	−35.1
核间距/pm	92	127	141	161
键能/($kJ\cdot mol^{-1}$)	568.6	431.8	365.7	298.7
汽化焓/($kJ\cdot mol^{-1}$)	28.7	16.2	17.6	19.8
熔化焓/($kJ\cdot mol^{-1}$)	19.6	2.0	2.4	2.9
$\Delta_f H_m^\ominus$/($kJ\cdot mol^{-1}$)	−271.1	−92.31	−36.4	26.48
$\Delta_f G_m^\ominus$/($kJ\cdot mol^{-1}$)	−273.2	−95.30	−53.45	1.70
分子偶极矩 μ/($10^{-30}C\cdot m$)	6.37	3.57	2.76	1.40

从表9-5中可以看出，卤化氢的性质依HCl、HBr、HI的顺序有规律地变化。唯HF在许多性质上表现出例外，如熔点、沸点和汽化焓偏高。HF这些独特性质与其分子间存在着氢键而形成缔合分子有关。从化学性质来看，卤化氢和氢卤酸也表现出规律性的变化，同样氢氟酸也表现出一些特殊性。

在氢卤酸中，氢氯酸（盐酸）、氢溴酸和氢碘酸均为强酸，并且酸性依次增强，只有氢氟酸为弱酸。实验表明，氢氟酸的离解度随浓度的变化情况与一般弱电解质不同，它的离解度随浓度的增大而增加，浓度大于5 mol·L^{-1}时，已变成强酸。这一反常现象的原因是生成了缔合离子HF_2^-、$H_2F_3^-$等，促使HF进一步离解，故溶液酸性增强。

$$HF \rightleftharpoons H^+ + F^-, \quad K^\ominus(HF)=6.3\times10^{-4}$$

$$F^- + HF \rightleftharpoons HF_2^-, \quad K^\ominus(HF_2^-)=5.1$$

码9.2 知识拓展

对于氢卤酸酸性变化的规律性，可从热化学角度进行说明。氢卤酸离解过程的热化学循环如下所示：

$$\begin{array}{ccccc}
HX(aq) & \xrightarrow{\Delta H_m^\ominus} & H^+(aq) & + & X^-(aq) \\
\downarrow & & \uparrow \Delta H_h^\ominus(H^+) & & \uparrow \Delta H_h^\ominus(X^-) \\
\Delta H_m^\ominus(\text{脱水}) & & H^+(g) & & X^-(g) \\
\downarrow & & \uparrow I & & \uparrow E_A \\
HX(g) & \xrightarrow{D^\ominus(HX,g)} & H(g) & + & X(g)
\end{array}$$

$$\Delta H_m^\ominus(\text{离解})=\Delta H_m^\ominus(\text{脱水})+D^\ominus(HX,g)+I+E_A+\Delta H_h^\ominus(H^+)+\Delta H_h^\ominus(X^-)$$

HX(aq)离解过程有关的热化学数据如表9-6所示。

表9-6 氢卤酸离解过程中有关的热化学数据

项目	HF	HCl	HBr	HI
$\Delta H_m^\ominus$(脱水)/(kJ·mol^{-1})	48	18	21	23
$D^\ominus$(HX,g)/(kJ·mol^{-1})	568.6	431.8	365.7	298.7
I(H)/(kJ·mol^{-1})	1 311	1 311	1 311	1 311
E_A/(kJ·mol^{-1})	−322	−348	−324	−295
$\Delta H_h^\ominus(H^+)$/(kJ·mol^{-1})	−1 091	−1 091	−1 091	−1 091
$\Delta H_h^\ominus(X^-)$/(kJ·mol^{-1})	−515	−381	−347	−305
$\Delta H_m^\ominus$(离解)/(kJ·mol^{-1})	−3	−60	−64	−58
$T\Delta S_m^\ominus$/(kJ·mol^{-1})	−29	−13	−4	4
$\Delta G_m^\ominus$/(kJ·mol^{-1})	26	−47	−60	−62

根据$\Delta G_m^\ominus=-RT\ln K^\ominus$，可以分别算出HF、HCl、HBr和HI在298.15 K时的$K_a^\ominus$依次等于10^{-4}、10^8、10^{10}、10^{11}。

从表中的热力学数据不难找出氢氟酸是弱酸的原因。首先，在HX系列中，HF离解过程焓变的代数值最大（放热量最少），这是因为HF键离解能大、脱水焓大（HF溶液中存在氢键）以及氟的电子亲和能的代数值比预期值偏高；其次，熵变代数值最小。这些均导致$\Delta G_m^\ominus$(HF)最大，$K_a^\ominus(HF)\ll1$。

2. 共价型氢化物的热稳定性

H 与 p 区元素(除稀有气体、In、Tl 外)以共价键结合形成的分子型氢化物晶体属于分子晶体。共价型氢化物的熔点、沸点较低,在通常条件下为气体。同一周期从ⅣA 族到ⅥA 族元素氢化物的熔点和沸点逐渐升高,而ⅦA 族元素的熔点和沸点则低一些。同一族元素氢化物自上而下熔点和沸点逐渐升高,但第二周期的 NH_3、H_2O 和 HF 却由于分子间氢键的存在而使它们的熔点和沸点反常地高。ⅣA～ⅦA 族元素氢化物的熔点、沸点和 $\Delta_f G_m^\ominus$ 列在表9-7中。

表 9-7　ⅣA～ⅦA 族元素氢化物的熔点、沸点和 $\Delta_f G_m^\ominus$

氢化物	熔点 /℃	沸点 /℃	$\Delta_f G_m^\ominus$ /(kJ·mol^{-1})	氢化物	熔点 /℃	沸点 /℃	$\Delta_f G_m^\ominus$ /(kJ·mol^{-1})
CH_4	−182.48	−161.49	−50.7	GeH_4	−164.8	−88.1	113.4
NH_3	−77.75	−33.35	−16.5	AsH_3	−116.9	−62.5	68.9
H_2O	0	100	−237.1	H_2Se	−65.73	−41.4	15.9
HF	−83.57	19.52	−273.2	HBr	−86.87	−66.71	−53.45
SiH_4	−185	−111.9	56.9	SnH_4	−150	−52	188.3
PH_3	−133.81	−87.78	13.4	SbH_3	−91.5	−18.4	147.8
H_2S	−85.49	−60.33	−33.56	H_2Te	−49	−2	138.5
HCl	−114.18	−85.05	−95.30	HI	−50.8	−35.1	1.70

共价型氢化物的热稳定性差别较大。同一周期元素氢化物的热稳定性从左向右逐渐增强,同族元素共价型氢化物的热稳定性从上往下逐渐减弱。这种递变规律与元素的电负性的递变规律一致。与 H 相结合的元素 R 的电负性越大,形成的R—H键的键能越大,氢化物的热稳定性越高。例如,x(F)=4.0,x(H)=2.2,x(Bi)=1.9。HF 很稳定,甚至高温下也不分解;BiH_3很不稳定,室温下即强烈分解。

卤化氢的热稳定性大小可由氢化物的 $\Delta_f H_m^\ominus$和 $\Delta_f G_m^\ominus$来衡量。随着卤化氢分子生成焓的代数值依次增大,它们的热稳定性依从 HF 到 HI 的顺序急剧下降。HI(g)最易分解,加热到200 ℃左右就明显地分解,而 HF(g)在1 000 ℃还能稳定地存在。另一方面,也可从键能来判断同一系列化合物的热稳定性,通常键能大的化合物更稳定。表 9-7 中列出了一些 p 区元素氢化物的标准摩尔生成 Gibbs 自由能值,从中也可以看出上述氢化物热稳定性的递变规律,$\Delta_f G_m^\ominus$越小,氢化物越稳定。

3. 共价型氢化物的还原性

共价型氢化物中 H 的氧化数为+1,共价型氢化物 H_nA 的还原性来自A^{n-}。A^{n-}失电子能力与元素 A 的电负性及离子半径有关。在同一周期中,从左向右 A^{n-}的半径依次递减,电负性依次递增,这两个因素对 A^{n-}失电子是不利的,造成同周期元素从左向右氢化物(如PH_3、H_2S、HCl)的还原性依次递减。在同一族中,从上往下 A^{n-}半径递增,电负性递减,这两个因素对 A^{n-}失电子有利,因此同族元素从上往下氢化物(如 HCl、HBr、HI)的还原性依次递增。例如,PH_3在空气中可自燃得 P_2O_5;H_2S是可燃气体,空气充足时生成 SO_2;HCl 在常温下不与O_2作用,但 HBr、HI 可被氧化为单质。

$$2PH_3+4O_2 = P_2O_5+3H_2O$$
$$2H_2S+3O_2 = 2SO_2+2H_2O$$
$$4HBr+O_2 = 2Br_2+2H_2O$$
$$4HI+O_2 = 2I_2+2H_2O$$

在水溶液中许多共价型氢化物也有不同程度的还原性，有些氢化物还是重要的还原剂，如H_2S、HI等。在溶液中共价型氢化物的还原性强弱可以用标准电极电势$\varphi^{\ominus}$值加以比较。如氢卤酸的还原性强弱可用$\varphi^{\ominus}(X_2/X^-)$的数值来衡量和比较。HX还原能力的递变顺序：HI>HBr>HCl>HF。

事实上HF不能被一般氧化剂氧化；HCl较难被氧化，与一些强氧化剂如F_2、MnO_2、$KMnO_4$、PbO_2等反应才显还原性；Br^-和I^-的还原性较强，空气中的O_2就可以使它们氧化为单质。HBr溶液在光照、空气作用下即可变为棕色，而HI溶液即使在阴暗处也会逐渐变为棕色。

$$2KMnO_4+16HCl(浓) = 2MnCl_2+2KCl+5Cl_2\uparrow+8H_2O$$
$$PbO_2+4HCl(浓) = PbCl_2+Cl_2\uparrow+2H_2O$$

氢卤酸中氢氟酸和盐酸有较大的实用意义。

常用的浓盐酸，HCl质量分数为37%，密度为1.19 $g\cdot cm^{-3}$，浓度为12 $mol\cdot L^{-1}$。盐酸是一种重要的工业原料和化学试剂，用于制造各种氯化物，在皮革、焊接、电镀、搪瓷和医药工业中也有广泛应用。此外，盐酸也用于食品工业(合成酱油、味精等)。

氢氟酸(或HF气体)能和SiO_2反应生成气态SiF_4：

$$SiO_2+4HF = SiF_4\uparrow+2H_2O$$

利用这一反应，氢氟酸被广泛用于化学分析中，用以测定矿物或钢样中SiO_2的含量，还用于在玻璃器皿上蚀刻标记和花纹，毛玻璃和灯泡的"磨砂"也是用氢氟酸腐蚀的。通常氢氟酸储存在塑料容器里。氟化氢有"氟源"之称，可利用它制取单质氟和许多氟化物。HF对皮肤会造成令人痛苦的、难以治疗的灼伤(对指甲也有强烈的腐蚀作用)，使用时要注意安全。

4. As、Sb、Bi的氢化物

As、Sb、Bi都能形成氢化物，它们的分子结构与NH_3类似，均为三角锥形。AsH_3、SbH_3、BiH_3的熔点、沸点依次升高；它们都是不稳定的，且稳定性依次降低，BiH_3极其不稳定；它们的碱性也按此顺序依次减弱，BiH_3根本没有碱性。As、Sb、Bi的氢化物都是极毒的。

As、Sb、Bi的氢化物中较重要的是AsH_3(也称为胂)。胂可通过金属的砷化物水解或用较活泼金属在酸性溶液中还原As(Ⅲ)的化合物得到：

$$Na_3As+3H_2O = AsH_3\uparrow+3NaOH$$
$$As_2O_3+6Zn+6H_2SO_4 = 2AsH_3\uparrow+6ZnSO_4+3H_2O$$

Sb和Bi也有类似的反应。SbH_3在室温下即分解，BiH_3在228 K以上分解。

胂有大蒜的刺激气味，室温下胂在空气中能自燃：

$$2AsH_3+3O_2 = As_2O_3+3H_2O$$

在缺氧条件下，胂受热分解成单质As和H_2：

$$2AsH_3 \xlongequal{\triangle} 2As+3H_2\uparrow$$

这就是马氏试砷法的基本原理。具体方法是将试样、Zn和盐酸混在一起，反应生成的气体导入热玻璃管中。如果试样中含有As的化合物，则因Zn的还原而生成胂，由于胂在玻璃管的受热部分分解，生成的 As 沉积在管壁上形成亮黑色的“砷镜”。“砷镜”溶于 NaClO 溶液，而“锑镜”和“铋镜”不溶于 NaClO 溶液。

$$5NaClO+2As+3H_2O \xlongequal{} 2H_3AsO_4+5NaCl$$

胂是一种很强的还原剂，不仅能还原 $KMnO_4$、K_2CrO_7以及 H_2SO_4、H_2SO_3等，还能和某些重金属的盐反应而析出重金属。古氏试砷法的主要反应如下：

$$2AsH_3+12AgNO_3+3H_2O \xlongequal{} As_2O_3+12HNO_3+12Ag\downarrow$$

5. 氢桥键及硼烷

铍和镁的氢化物(BeH_2、MgH_2)是共价型的多聚物。氢化铍在常温常压下是一种白色固体，其结构是：每 2 个 Be 原子各以 2 个 sp^3杂化轨道(2 个电子)与 2 个 H 原子(2 个电子)键合，形成 2 个三中心两电子(3c-2e)键——氢桥键，从而结成原子簇群$(BeH_2)_n$(见图 9-4)。

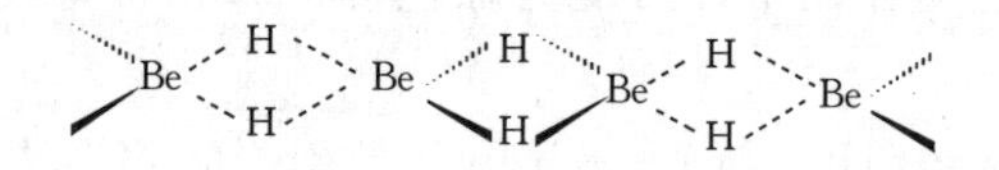

图 9-4　氢化铍的结构

另外 B 与 H 可形成一系列稳定的氢化物。硼氢化合物是典型的共价型化合物，由于硼氢化合物是缺电子化合物①，与碳氢化合物相比，在结构与性质方面有较大的差别。在最简单的硼烷——乙硼烷(B_2H_6)中，存在两个三中心两电子(3c-2e)的氢桥键。B_2H_6分子的立体结构如图 9-5 所示。

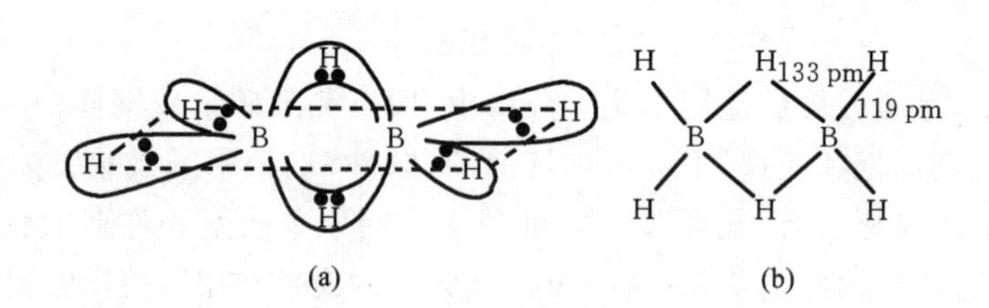

图 9-5　B_2H_6分子的立体结构

在 B_2H_6分子中，4 个 H 原子与 2 个 B 原子以正常的 σ 键(B—H)结合成 2 个处于同一平面上的 BH_2；另外 2 个 H 原子分别同时与 2 个 B 原子靠 2 个电子形成三中心两电子(3c-2e)的氢桥键(B┈H┈B)，即每个 B 原子用 1 个 sp^3杂化轨道同 H 原子的 1s 轨道重叠，总共产生 2 个覆盖在 B、H、B 3 个原子核上的分子轨道，它们所在的平面垂直于分子中另外 4 个 H 原子所组成的平面。在这种桥式结构中，B 原子的 4 个价键轨道虽全被利用，成为相对稳定的分子，但在B┈H┈B中 3 个原子只靠 2 个电子互相结合成键，体现了硼氢化合物的缺电子特征。这种桥式键与氢键不同，它是一种特殊的共价键。氢桥键与氢键的比较如表 9-8 所示。

值得注意的是，乙硼烷分子中，2 个硼原子间没有B—B单键，而 B_4H_{10}中则有 1 个B—B单键。B_4H_{10}的分子结构见图 9-6。

---

① 硼族元素原子的价电子组态为 ns^2np^1，假设 3 个电子按激发态 $ns^1np_x^1np_y^1np_z^0$排布，那么价电子数为 3，而价轨道数为 4，价电子数小于价轨道数的原子为缺电子原子，由硼族元素的缺电子原子所形成的化合物为缺电子化合物。全空的 np_z^0轨道尚可接受一对电子，故它们又可称为 Lewis 酸，若无合适的外来电子，则化合物本身互相提供电子，而生成聚合型的分子，这时其配位数达 4～6，如 Al_2Cl_6为二聚分子。

表 9-8 氢桥键与氢键的比较

项目	氢键	氢桥键
结合力的类型	主要是静电引力	共价键(三中心两电子键)
键能	小(与分子间力相近)	较大(小于正常共价键)
H 连接的原子	电负性大、半径小的原子,主要是 F、O、N	缺电子原子,主要是 B
与 H 相连接的原子的对称性	不对称(除对称氢键外)	对称

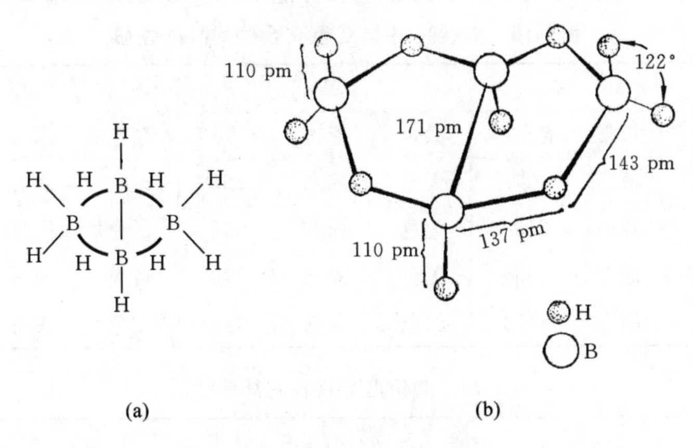

图 9-6 B_4H_{10} 分子结构

9.4 卤 化 物

卤素包括周期表ⅦA 族 5 种元素(F、Cl、Br、I 和 At)。其中 F 是所有元素中非金属性最强的,I 具有微弱的金属性,At 是放射性元素。卤素是相应各周期中原子半径最小、电负性最大的元素,它们的非金属性是同周期元素中最强的。卤素的一般性质列于表 9-9 中。

表 9-9 卤素的一般性质

项目	氟	氯	溴	碘
元素符号	F	Cl	Br	I
原子序数	9	17	35	53
价电子组态	$2s^22p^5$	$3s^23p^5$	$4s^24p^5$	$5s^25p^5$
共价半径/pm	64	99	114	133
电负性	4.0	3.0	2.8	2.5
第一电离能/(kJ · mol^{-1})	1 681	1 251	1 140	1 008
电子亲和能/(kJ · mol^{-1})	−328	−349	−325	−295
氧化数	−1	−1,+1,+3	−1,+1,+3,+5,+7	−1,+1,+3,+5,+7
配位数	1	1,2,3,4	1,2,3,4,5	1,2,3,4,5,6,7

卤素与电负性比它小的元素所形成的化合物称为卤化物。卤化物可以分为金属卤化物和非金属卤化物两类。根据卤化物的键型,卤化物又可分为离子型卤化物和共价型卤化物,但是

离子型卤化物与共价型卤化物之间没有严格的界限。

9.4.1 非金属卤化物

卤素与非金属 B、C、Si、N、P 等形成的各种相应的卤化物为共价型卤化物，另外，卤素与氧化数较高的金属所形成的卤化物也为共价型卤化物。共价型卤化物一般熔点、沸点低，熔融时不导电，并具有挥发性。共价型卤化物的熔点、沸点按 F、Cl、Br、I 顺序而升高，如表 9-10、表 9-11所示。这是因为非金属卤化物分子间的色散力随相对分子质量的增大而增强。

表 9-10 砷、锑、铋 MX_3 型化合物的某些性质

	As			Sb			Bi		
	颜色	形态	熔点/℃	颜色	形态	熔点/℃	颜色	形态	熔点/℃
F	无色	液态	267	无色	固态	565	灰白色	固态	998～1 003
Cl	无色	液态	256.8	无色	固态	346	白色	固态	506.5
Br	无色	固态	304	无色	固态	370	黄色	固态	492
I	红色	固态	413	红色	固态	444	红色	固态	681

表 9-11 共价型卤化物的某些性质

卤化硼	熔点/℃	沸点/℃	键能/(kJ·mol⁻¹)	键长/pm	卤化硅	熔点/℃	沸点/℃	键能/(kJ·mol⁻¹)	键长/pm
BF_3	−127.1	−100.4	613.1	130	SiF_4	−90.3	−86	565	154
BCl_3	−107	12.7	456	175	$SiCl_4$	−68.8	57.6	381	201
BBr_3	−46	91.3	377	195	$SiBr_4$	5.2	154	310	215
BI_3	49.9	210	267	210	SiI_4	120.5	287.3	234	243

三卤化硼(BX_3)的分子构型为平面三角形，在 BX_3 分子中，B 原子以 sp^2 杂化轨道与卤素原子形成 σ 键。随着卤素原子半径的增大，B—X键的键能依次减小。实验测得 BF_3 分子中B—F键键长为 130 pm，比理论B—F键键长(152 pm)短。一般认为这与 BF_3 分子中存在着 Π_4^6 键有关。

硅的卤化物 SiX_4 都是无色的，常温下 SiF_4 是气体，$SiCl_4$ 和 $SiBr_4$ 是液体，SiI_4 是固体。在硅的卤化物中最重要的是 SiF_4 和 $SiCl_4$。SiF_4 是无色而有刺激气味的气体，由于它在水中强烈水解，因而在潮湿的空气中会发烟，气相中的主要产物为 $F_3SiOSiF_3$。无水的 SiF_4 很稳定，干燥时不腐蚀玻璃。

通常制备 SiF_4 是用萤石粉(CaF_2)和石英砂(SiO_2)的混合物与浓硫酸加热，反应方程式如下：

$$CaF_2+H_2SO_4 \xlongequal{} CaSO_4+2HF\uparrow$$
$$SiO_2+4HF \xlongequal{} SiF_4\uparrow+2H_2O$$

SiF_4 与 HF 相互作用生成酸性较强的氟硅酸：

$$2HF+SiF_4 \xlongequal{} H_2SiF_6$$

其他卤素不能形成这类化合物，这是因为 F 的半径比其他卤素原子的半径小得多。

在 Cl_2 气流内加热硅(或二氧化硅和焦炭的混合物)可生成 $SiCl_4$：

$$Si+2Cl_2 \xlongequal{} SiCl_4$$

$$SiO_2 + 2C + 2Cl_2 \xlongequal{} SiCl_4 + 2CO$$

常温下，$SiCl_4$ 是无色而有刺鼻气味的液体，$SiCl_4$ 易水解，因而在潮湿的空气中与水蒸气发生水解作用而产生烟雾，其反应方程式如下：

$$SiCl_4 + 3H_2O \xlongequal{} H_2SiO_3 + 4HCl$$

若使氨与 $SiCl_4$ 同时蒸发，所形成的烟雾更为浓厚，这是因为 NH_3 与 HCl 结合成 NH_4Cl。利用这一类反应可制作烟雾。

9.4.2　金属卤化物

所有金属都能形成卤化物。金属卤化物可以看作氢卤酸的盐，具有一般盐类的特征，如熔点和沸点较高，在水溶液中或熔融状态下大都能导电。电负性最大的 F 与电负性最小、离子半径最大的 Cs 化合形成的 CsF 是典型的离子型化合物。一般来说，碱金属（Li 除外）、碱土金属（Be 除外①）的卤化物基本上是离子型化合物或接近离子型，如 NaCl、$BaCl_2$ 等。在某些卤化物中，阳离子与阴离子之间极化作用比较明显，表现出一定的共价性，如 AgCl 等。有些高氧化数的金属卤化物则为共价型卤化物，如 $AlCl_3$、$SnCl_4$、$FeCl_3$、$TiCl_4$ 等。这些金属卤化物的特征是熔点、沸点一般较低，易挥发，能溶于非极性溶剂，熔融后不导电。它们在水中强烈地水解。

总之，金属卤化物的键型与金属和卤素的电负性、离子半径以及金属离子的电荷数有关。下面讨论卤化物键型及熔点、沸点等性质的递变规律。

同一周期元素的卤化物，从左向右，随着金属阳离子电荷数依次升高，离子半径逐渐减小，阳离子极化能力逐渐增强，致使卤化物键型由离子型向共价型过渡，熔点和沸点显著地降低，导电性下降。表 9-12 列出了第二至第六周期部分元素氯化物的熔点和沸点。第三周期元素的氟化物性质和键型如表 9-13 所示。

表 9-12　第二至第六周期部分元素氯化物的熔点、沸点

	LiCl	$BeCl_2$	BCl_3	CCl_4
熔点/℃	613	415	−107	−22.9
沸点/℃	1360	482.3	12.7	76.7
	NaCl	$MgCl_2$	$AlCl_3$	$SiCl_4$
熔点/℃	800.8	714	190（加压）	−68.8
沸点/℃	1465	1412	181（升华）	57.6
	KCl	$CaCl_2$	$ScCl_3$	$TiCl_4$
熔点/℃	771	775	967	−25
沸点/℃	1437	约 1940	1342	136.4
	RbCl	$SrCl_2$	YCl_3	$ZrCl_4$
熔点/℃	715	874	721	437(2.5MPa)
沸点/℃	1390	1250	1510	334（升华）
	CsCl	$BaCl_2$	$LaCl_3$	
熔点/℃	646	962	852	
沸点/℃	1300	1560	1812	
氯化物键型	离子型			共价型

① 卤化铍是共价型的聚合物 $(BeX_2)_n$，不导电而能升华，蒸气中含有 $BeCl_2$ 和 $(BeCl_2)_2$ 分子。

表 9-13　第三周期元素氟化物的熔点、沸点和键型

项　目	NaF	MgF_2	AlF_3	SiF_4	PF_5	SF_6
熔点/℃	993	1 250	1 040	−90	−83	−51
沸点/℃	1 695	2 260	1 260	−86	−75	−64(升华)
熔融态导电性	易	易	易	不能	不能	不能
键型	离子型	离子型	离子型	共价型	共价型	共价型

p 区同族元素卤化物,自上而下随着元素由典型的非金属过渡到金属,键型由共价型向离子型过渡,卤化物的熔点和沸点逐渐升高,导电性增加。氮族元素氟化物的性质和键型如表 9-14 所示。

表 9-14　氮族元素氟化物的性质和键型

项　目	NF_3	PF_3	AsF_3	SbF_3	BiF_3
熔点/℃	−206.6	−151.5	−85	292	727
沸点/℃	−129	−101.5	−63	319(升华)	102.7(升华)
熔融态导电性	不能	不能	不能	难	易
键型	共价型	共价型	共价型	过渡型	离子型

同一金属的不同卤化物,从 F 到 I 随着离子半径依次增大,极化率逐渐变大,键的离子性依次减小,而共价性依次增大,卤化物的熔点和沸点也依次降低。例如,卤化钠的熔点和沸点高低次序为 NaF＞NaCl＞NaI。卤化铝的键型过渡不符合上述变化规律。AlF_3是离子型化合物,熔点和沸点均较高,其他卤化物大多为共价型,熔点和沸点均较低,且沸点随着相对分子质量的增大而依次升高。表 9-15 列出了 NaX 和 AlX_3的性质和键型。

表 9-15　NaX 和 AlX_3的性质和键型

物　质		熔点/℃	沸点/℃	熔融态导电性	键型	物　质		熔点/℃	沸点/℃	熔融态导电性	键型
NaX	NaF	993	695	易	离子型	AlX_3	AlF_3	1 040	1 260(升华)	易	离子型
	NaCl	800.8	1465	易	离子型		$AlCl_3$	190(加压)	181(升华)	难	共价型
	NaBr	755	1390	易	离子型		$AlBr_3$	97.5	253(升华)	难	共价型
	NaI	660	1304	易	离子型		AlI_3	191.0	382	难	共价型

同一金属组成的不同氧化数的卤化物中,高氧化数卤化物一般具有更多的共价性,所以其熔点、沸点比低氧化数卤化物的低些,较易挥发。表 9-16 列出了几种金属氯化物的熔点和沸点。

表 9-16　不同氧化数氯化物的熔点、沸点

物　质	$SnCl_2$	$SnCl_4$	$PbCl_2$	$PbCl_4$	$SbCl_3$	$SbCl_5$	$FeCl_2$	$FeCl_3$
熔点/℃	246.9	−33	501	−15	73.4	3.5	677	304
沸点/℃	623	114.1	950	105(分解)	220.3	79(2.9 kPa)	1 024	316

9.4.3　卤化物的溶解性

大多数金属卤化物易溶于水。常见的金属卤化物中,氯、溴、碘的银盐(AgX)、铅盐

(PbX_2)、亚汞盐(Hg_2X_2)、亚铜盐(CuX)是难溶的。溴化物和碘化物的溶解性与相应的氯化物相似，氟化物的溶解性有些反常。例如，CaF_2难溶，而其他CaX_2易溶；AgF易溶，而其他AgX难溶。这与离子间吸引力的大小和离子极化作用的强弱有关。F^-半径特别小，它与Ca^{2+}之间的吸引力较大，CaF_2的晶格能较大，致使其难溶；其他卤化钙的晶格能较小，因此易溶于水。Ag^+具有18电子构型，极化率和变形性都较大，另外，Cl^-、Br^-、I^-的半径和极化率依次增大，所以Ag^+与Cl^-、Br^-、I^-间的相互作用依次增强，键的共价性逐渐增大，由此导致AgCl、AgBr、AgI均难溶于水，且溶解度依次降低；而F^-难变形，Ag^+与F^-之间极化作用不显著，所以AgF基本上是离子型而且易溶。

同一金属的不同卤化物，离子型卤化物的溶解度按F、Cl、Br、I的顺序增大，共价型卤化物的溶解度则按F、Cl、Br、I的顺序减小。

由于卤离子能和许多金属离子形成配合物，因此难溶金属卤化物常常可以与相应的X^-发生加合反应，生成配离子而溶解。例如：

$$CuI + I^- = [CuI_2]^-$$

$$AgCl + Cl^- = [AgCl_2]^-$$

$$HgI_2 + 2I^- = [HgI_4]^{2-}$$

卤离子也可以与许多共价型卤化物形成配合物，如$[FeCl_4]^-$、$[HgI_4]^{2-}$、$[SiF_6]^{2-}$等。不同卤离子X^-与金属离子M^{n+}形成的配合物的稳定性与M^{n+}的电荷、半径等因素有关，一般配合物的稳定性按F、Cl、Br、I的顺序降低。

9.4.4　卤化物的热稳定性

各种卤化物的热稳定性有很大的不同。对主族元素的金属卤化物来说，s区元素的卤化物大多数是很稳定的，p区元素的卤化物一般稳定性较差。例如，$CaCl_2$较$PbCl_2$稳定。如果金属元素相同，其氧化数也一样，则卤化物的热稳定性按F、Cl、Br、I的顺序递减。例如，AlF_3、$AlCl_3$、$AlBr_3$的稳定性依次降低；PbX_4中，PbF_4较稳定，$PbCl_4$为黄色油状液体，在低温下稳定，室温下即分解为$PbCl_2$和Cl_2，在潮湿空气中因水解而冒烟，$PbBr_4$的稳定性更差，由于Pb(Ⅳ)的氧化性与I^-的强还原性，PbI_4不能稳定存在。

金属元素氧化数相同的卤化物，其热稳定性可以用生成焓来估计。一般是生成焓代数值越小的卤化物，其稳定性越高。碱土金属卤化物按Be、Mg、Ca、Sr、Ba的顺序，生成焓代数值依次减小，热稳定性依次升高。例如，$BeCl_2$、$MgCl_2$、$CaCl_2$、$SrCl_2$、$BaCl_2$的热稳定性依次升高。

9.4.5　卤化物的水解性

无机物的水解性是一种十分重要的化学性质。我们有时需要利用它的水解性质(如制备氢氧化铁溶胶等)，有时却又必须避免它的水解性质(如配制$SnCl_2$溶液等)。

无机化合物中除强碱强酸盐外一般存在着水解的可能性。一些典型盐类溶于水时可发生以下的离解过程：

$$M^+A^- + (x+y)H_2O \rightleftharpoons [M(H_2O)_x]^+ + [A(H_2O)_y]^-$$

上式中的$[M(H_2O)_x]^+$和$[A(H_2O)_y]^-$表示相应的水合离子，这个过程是可逆的，如果M^+夺取水分子中的OH^-而释放出H^+，或者A^-夺取水分子中的H^+而释放出OH^-，那就破坏了水的离解平衡，从而产生一种弱酸或弱碱，这种过程即盐的水解过程。下面讨论影响盐类水解的因素和水解产物的类型。

1. 影响水解的因素

1) 电荷和半径

从水解的本质可见：MA 溶于水后能否发生水解作用，主要取决于 M^+ 或 A^- 对配位水分子影响(极化作用)的大小。当金属离子或阴离子具有高电荷和较小的离子半径时，它们对水分子有较强的极化作用，因此容易发生水解；反之，低电荷和较大离子半径的离子在水中不易水解。如 $AlCl_3$、$SiCl_4$ 遇水都极易水解：

$$AlCl_3 + 3H_2O \rightleftharpoons Al(OH)_3 \downarrow + 3HCl$$

$$SiCl_4 + 4H_2O \rightleftharpoons H_4SiO_4 + 4HCl$$

相反，NaCl、$BaCl_2$ 在水中基本不发生水解。

2) 电子层结构

Ca^{2+}、Sr^{2+} 和 Ba^{2+} 等的盐一般不发生水解，但是电荷相同的 Zn^{2+}、Cd^{2+} 和 Hg^{2+} 等离子在水中会水解，这种差异主要是由电子层结构不同引起的。Zn^{2+}、Cd^{2+} 和 Hg^{2+} 等离子是 18 电子构型的离子，它们有较高的有效核电荷，因而极化作用较强，容易使配位水发生离解。而 Ca^{2+}、Sr^{2+} 和 Ba^{2+} 等离子是 8 电子构型的离子，它们具有较低的有效核电荷和较大的离子半径，极化作用较弱，不易使配位水发生离解作用，即不易水解。总之，离子的极化作用越强，该离子在水中就越容易水解。

3) 空轨道

C 的卤化物(如 CF_4 和 CCl_4)遇水并不发生水解，但是比 C 的原子半径大的 Si 及其卤化物容易水解。例如：

$$SiX_4 + 4H_2O = H_4SiO_4 + 4HX$$

对于 SiF_4 来说，水解后所产生的 HF 与部分 SiF_4 生成氟硅酸：

$$3SiF_4 + 4H_2O = H_4SiO_4 + 4H^+ + 2[SiF_6]^{2-}$$

这种区别是因为 C 原子只能利用 2s 和 2p 轨道成键，其最大配位数为 4，外层没有空轨道，不能再接受水分子中 O 原子的电子对，所以 C 的卤化物不水解。然而 Si 不仅有可利用的 3s 和 3p 轨道形成共价键，而且还有空的 3d 轨道，当遇到水分子时，具有空的 3d 轨道的 Si^{4+} 接受了水分子中 O 原子的孤对电子而形成配位键，同时使原有的键被削弱、断裂。这就是卤化硅水解的实质，出于相同的原因，Si 也容易形成包含 sp^3d^2 杂化轨道的 $[SiF_6]^{2-}$ 配离子。

NF_3 不易水解，PF_3 却易水解，这也可同样解释。

B 原子虽然也利用 2s 和 2p 轨道成键，但是因为成键后在 2p 轨道中仍有空轨道存在，所以 B 原子还有接受电子对形成配位键的可能，这就是 B 的卤化物会强烈水解的原因。如 BCl_3 的水解反应可认为是从 O 原子的孤对电子给予 B 原子开始的：

$$H_2O + BCl_3 \longrightarrow [H_2O \rightarrow BCl_3] = HOBCl_2 + HCl$$

$$\downarrow 2H_2O$$

$$B(OH)_3 + 2HCl$$

4) 其他影响因素

除结构因素影响水解反应以外，升高温度往往使水解加强，如 $MgCl_2$ 在水中很少水解，但加热其水合物，则发生水解，其反应方程式为

$$MgCl_2 \cdot 6H_2O \xlongequal{\triangle} Mg(OH)Cl + HCl \uparrow + 5H_2O$$

$$Mg(OH)Cl \xlongequal{\triangle} MgO + HCl \uparrow$$

欲使 $MgCl_2 \cdot 6H_2O$ 脱水而不水解，需在 HCl 气流中加热，且温度不得超过 500 ℃。

由于水解反应是可逆反应，因此溶液的酸度也会影响水解反应的进行。

2. 水解产物的类型

化合物的水解情况主要取决于阴、阳两种离子的水解情况。阴离子的水解一般比较简单，下面主要讨论阳离子水解产物的类型，大致可分成以下几种。

1）碱式盐或氢氧化物

多数无机盐水解后生成碱式盐，这是一种最常见的水解类型。例如：

$$SnCl_2 + H_2O \xlongequal{} Sn(OH)Cl\downarrow + HCl$$

$$BiCl_3 + H_2O \xlongequal{} BiOCl\downarrow + 2HCl$$

$$SbCl_3 + H_2O \xlongequal{} SbOCl\downarrow + 2HCl$$

$SnCl_2$ 具有还原性和水解性，当配制其溶液时，应在稀盐酸中进行，并在溶液中加入少量的 Sn 粒，以保证溶液的纯度。

$$2Sn^{2+} + O_2 + 4H^+ \xlongequal{} 2Sn^{4+} + 2H_2O$$

$$Sn^{4+} + Sn \xlongequal{} 2Sn^{2+}$$

同理，必须在稀盐酸中配制 SbX_3、BiX_3 溶液。$Sb(NO_3)_3$ 和 $Bi(NO_3)_3$ 水解生成碱式盐沉淀。如 $Sb(NO_3)_3$ 水解生成 $Sb(OH)_2NO_3$ 和 HNO_3，$Sb(OH)_2NO_3$ 进一步脱水生成 $SbONO_3$，因此 $Sb(NO_3)_3$ 溶液应该在 HNO_3 溶液中进行配制，以防其水解产生沉淀。

有些金属盐类水解后最终产物是氢氧化物，这些水解反应常需要通过加热来促进水解的完成。例如：

$$AlCl_3 + 3H_2O \xlongequal{\triangle} Al(OH)_3\downarrow + 3HCl$$

$$FeCl_3 + 3H_2O \xlongequal{\triangle} Fe(OH)_3\downarrow + 3HCl$$

2）含氧酸

许多非金属卤化物和高价金属盐类水解后生成相应的含氧酸。例如：

$$BX_3 + 3H_2O \xlongequal{} H_3BO_3 + 3HX \quad (X = Cl、Br、I)$$

$$PCl_3 + 3H_2O \xlongequal{} H_3PO_3 + 3HCl$$

$$PCl_5 + 4H_2O \xlongequal{} H_3PO_4 + 5HCl$$

$$SnCl_4 + 3H_2O \xlongequal{} H_2SnO_3 + 4HCl$$

$$AsCl_3 + 3H_2O \xlongequal{} H_3AsO_3 + 3HCl$$

水解后所产生的含氧酸，有些可以认为是相应氧化物的水合物，如 $SnCl_4$ 的水解产物主要是 $\alpha\text{-}H_2SnO_3$，可以认为是 $SnO_2 \cdot H_2O$。$SnCl_4$ 的水解产物不是单一的，所以在配制 $SnCl_4$ 溶液时也应先用盐酸酸化。

3）配位酸

有时水解产物可以同未水解的无机物发生配位作用。例如：

$$SiF_4 + 4H_2O \xrightleftharpoons{水解} H_4SiO_4 + 4HF$$

$$4HF + 2SiF_4 \xrightleftharpoons{配位} 4H^+ + 2[SiF_6]^{2-}$$

$$\overline{3SiF_4 + 4H_2O \rightleftharpoons H_4SiO_4 + 4H^+ + 2[SiF_6]^{2-}}$$

又如 $SnCl_4$ 水解后生成配位酸 H_2SnCl_6，反应式为

$$3SnCl_4 + 3H_2O \rightleftharpoons SnO_2 \cdot H_2O\downarrow + 2H_2SnCl_6$$

BF_3的水解较为复杂,溶于水时有一定程度的水解,产物通常是 HBF_4和H_3BO_3,其水解总反应式为

$$4BF_3 + 3H_2O \longrightarrow H_3BO_3 + 3HBF_4$$

可认为是第一步生成的 HF 与过量的 BF_3化合生成氟硼酸 HBF_4(由于 F 半径小,B 的最大配位数为 4),HBF_4为强酸。

综上所述,无机物的水解反应可归纳出以下几条规律。

(1) 随阴、阳离子极化作用的增强,水解反应加剧,这包括水解度的增大和水解反应步骤的深化。离子电荷、电子壳结构(或统一为有效核电荷)、离子半径是影响离子极化作用的主要内在因素,电荷高、半径小的离子,其极化作用强。由 18 电子构型(如 Cu^+、Hg^{2+}等)、(18+2)电子构型(如 Sn^{2+}、Bi^{3+}等)以及 2 电子构型(Li^+、Be^{2+})过渡到(9～17)电子构型(如 Fe^{3+}、Co^{2+}等)、8 电子构型时,离子极化作用依次减弱。共价型化合物水解的必要条件是电正性原子有空轨道。

(2) 温度对水解反应的影响较大,是主要的外因,温度升高时水解加剧。

(3) 水解产物一般是碱式盐或氢氧化物、含氧酸和配位酸三种,这个产物顺序与阳离子的极化作用增强顺序是一致的。低价金属离子水解的产物一般为碱式盐,高价金属离子水解的产物一般为氢氧化物或含氧酸。在估计共价型化合物的水解产物时,首先要判断清楚元素的正、负氧化数,判断依据就是它们的电负性。负氧化数的非金属元素的水解产物一般为氢化物,正氧化数的非金属元素的水解产物一般为含氧酸。

(4) 水解反应常伴有其他反应,氧化还原反应和聚合反应是最常见的。氧化还原反应常发生在非金属元素间化合物水解的情况下,聚合反应则常发生在多价金属元素离子水解的情况下。

9.5 氧　化　物

O 与其他元素(F 除外)形成的二元化合物称为氧化物。除轻稀有气体(He、Ne、Ar)外,其余元素都可形成氧化物。

9.5.1 氧化物的键型和结构

按氧化物键型,氧化物大体上可分成共价型氧化物、离子型氧化物和介于两者之间的过渡型氧化物,活泼金属的氧化物(Na_2O、CaO、Al_2O_3等)属于离子型化合物,非金属氧化物都属于共价型化合物,准金属氧化物(如 Sb_2O_3)也具有共价性。按氧化物的酸碱性又可将其分成酸性氧化物、碱性氧化物、两性氧化物、中性氧化物(既不与酸又不与碱反应,如 CO、NO 等)和其他一些复杂的氧化物(Fe_3O_4等)。氧化物按其组成可分为金属氧化物和非金属氧化物。氧化物的通式为 R_xO_y。氧化物的键型和晶体类型如表 9-17 所示。

表 9-17　氧化物的键型和晶体类型

键　型	晶体类型	举　例
离子键	离子晶体	Na_2O、K_2O、MgO、CaO、Al_2O_3

续表

键　型	晶体类型	举　例
共价键	分子晶体	CO、N_2O、NO、N_2O_3、NO_2、N_2O_4、N_2O_5、P_4O_6、P_4O_{10}、SO_2、SO_3、$(SO_3)_3$、Cl_2O、Cl_2O_7、As_4O_6
	原子晶体	SiO_2、B_2O_3
	链状晶体	$(SO_3)_n$、Sb_2O_3
	层状晶体	As_2O_3

9.5.2　氧化物的性质

通常，在讨论氧化物时，并不涉及过氧化物、超氧化物、臭氧化物等。氧化物的结构与性质多种多样，这里仅对重要氧化物的某些性质加以介绍。

1. 氧化物的熔点

一般来说，大多数离子型氧化物的熔点很高，如 BeO（2 530 ℃）、MgO（2 800 ℃）、CaO(2 530 ℃)；另外，那些巨型分子共价型氧化物的熔点也比较高，如 SiO_2 在1 713 ℃时熔化。

大多数共价型氧化物和少数离子型氧化物的熔点比较低。其中主要有 CO_2（－78.8 ℃升华）、Cl_2O_7（－91.5 ℃熔化）、SO_3（16.8 ℃熔化，44.8 ℃升华）、N_2O_5（30 ℃熔化，47 ℃升华）等。

总之，物质的熔点、沸点取决于该物质的化学键和晶格类型。离子型氧化物的熔点、沸点高，共价型氧化物的熔点、沸点低。

2. 氧化物的酸碱性

氧化物 R_xO_y 的酸碱性，首先取决于 R 的金属性或非金属性的强弱，即与 R 在周期表中的位置有关，其次也与 R 的氧化数有关。氧化物的酸碱性示于表 9-18。

表 9-18　氧化物的酸碱性

碱　性	两　性	酸　性				
Li_2O	BeO	B_2O_3	CO_2	N_2O_5		
Na_2O	MgO	Al_2O_3	SiO_2	P_2O_5	SO_3	Cl_2O_7
K_2O	CaO	Ga_2O_3	GeO_2	As_2O_5	SeO_3	Br_2O_7
Rb_2O	SrO	In_2O_3	SnO_2	Sb_2O_3	TeO_3	I_2O_7
Cs_2O	BaO	Tl_2O	PbO_2	Bi_2O_3	PoO_2	

一般来说，非金属元素氧化物及氧化数较高（大于＋4）的金属氧化物大多是共价型化合物，其水溶液显酸性或能被碱中和，如 B_2O_3、CO_2、N_2O_3、NO_2、N_2O_5 等，它们是酸性氧化物。低氧化数（不大于＋3）的金属氧化物，其水溶液显碱性或能被酸中和，如 Li_2O、Na_2O、K_2O 等，它们是碱性氧化物。那些既能被强酸又能被强碱中和的氧化物是两性氧化物，如 BeO、Al_2O_3、SnO_2、As_2O_3、Sb_2O_3、Sb_2O_5 等。此外，还有一些氧化物，它们难溶于水，也不能被酸、碱中和，称为中性氧化物，如 CO、N_2O、NO 等。

应注意的是，某元素如有几种不同氧化数的氧化物，其酸碱性有所不同。一般来说，高氧化数的氧化物酸性比低氧化数的强，但不能认为高氧化数的只显酸性，低氧化数的只显碱性。

大多数非金属氧化物和某些高氧化数的金属氧化物显酸性，大多数金属氧化物呈碱性，一些金属氧化物和少数非金属氧化物呈两性。

氧化物的酸碱性与它们的离子-共价性之间有较密切的联系。离子型氧化物通常为碱性或两性,共价型氧化物通常为酸性,介于两者之间的过渡型氧化物一般具有弱酸性(如 SiO_2)、弱碱性或两性。

氧化物酸碱性的一般规律如下。

(1) 同周期各元素最高氧化数的氧化物,从左到右由碱性→两性→酸性。例如:

Na_2O MgO	Al_2O_3	SiO_2 P_4O_{10} SO_3 Cl_2O_7
碱性	两性	酸性

(2) 相同氧化数的同族各元素的氧化物从上到下碱性依次增强,酸性依次减弱。例如:

N_2O_3 P_4O_6	As_4O_6	Sb_4O_6	Bi_2O_3
酸性	两性偏酸	两性	碱性

(3) 同一元素有几种氧化数的氧化物,其酸性随氧化数的升高而增强,这种递变规律在 d 区过渡元素中更为常见。例如:

As_4O_6	两性偏酸	As_2O_5	酸性
PbO	碱性	PbO_2	两性
CrO	碱性	Cr_2O_3	两性
CrO_3	酸性	VO	碱性
VO_2	两性	V_2O_5	酸性

9.6 氢氧化物和含氧酸

9.6.1 氧化物水合物的酸碱性

氧化物的水合物形成酸或碱,其组成可用R—O—H通式表示,R 称为中心离子或原子。如果离解时在R—O键处断裂,即按碱式离解,则呈碱性;如果在O—H键处断裂,即按酸式离解,则呈酸性。R—O—H在水中的两种离解方式表示如下:

$$RO^- + H^+ \xleftarrow{\text{酸式离解}} R—O—H \xrightarrow{\text{碱式离解}} R^+ + OH^-$$

用R—O—H模型对比某些氧化物的水合物的酸碱性强弱时,能够指明酸碱性的变化规律,但不能回答某一氧化物的水合物是酸还是碱。

R—O—H究竟进行酸式离解还是碱式离解,与阳离子的极化能力有关,一般可由 R^{n+} 的电荷以及半径等因素来决定。R^{n+} 正电荷越高,半径越小,R^{n+} 对 O^{2-} 的吸引力及对 H^+ 的排斥力都增大,使O—H键的极性越来越显著,越有利于酸式离解,故酸性增强。

Cartledge G. H. 提出以"离子势"来衡量阳离子极化能力的大小:

$$\text{离子势}(\phi)=\frac{\text{阳离子电荷}(z)}{\text{阳离子半径}(r)}$$

在R—O—H中,若 R^{n+} 的 ϕ 值大,其极化能力大,O 原子的电子云将偏向 R^{n+},使O—H键的极性增强,则R—O—H以酸式离解为主;若 R^{n+} 的 ϕ 值小,R—O的极性增强,则R—O—H倾向于碱式离解。据此,有人提出用$\sqrt{\phi}$值作为判断R—O—H 酸碱性的标度。

$\sqrt{\phi}$值	<7	$7\sim10$	>10
R—O—H 酸碱性	碱性	两性	酸性

现以第三周期元素氧化物的水合物为例，说明它们的酸碱性递变与$\sqrt{\phi}$值的关系（见表 9-19）。

表 9-19　第三周期元素氧化物的水合物的酸碱性与$\sqrt{\phi}$值的关系

项　目	Na	Mg	Al	Si	P	S	Cl
氧化物的水合物	NaOH	$Mg(OH)_2$	$Al(OH)_3$	H_2SiO_3	H_3PO_4	H_2SO_4	$HClO_4$
R^{n+}半径/nm	0.095	0.065	0.05	0.041	0.034	0.029	0.026
$\sqrt{\phi}$值	3.24	5.55	7.75	9.88	12.1	14.4	16.4
酸碱性	强碱	中强碱	两性	弱酸	中强酸	强酸	最强酸

表 9-20 列出了碱土金属元素氢氧化物的酸碱性与$\sqrt{\phi}$值的关系。从表 9-20 所列的$\sqrt{\phi}$值可见，$Be(OH)_2$为两性氢氧化物，其余都是碱性氢氧化物，而且碱性依 Be、Mg、Ca、Sr、Ba 的顺序逐渐增强。

表 9-20　碱土金属元素氢氧化物的酸碱性与$\sqrt{\phi}$值的关系

项　目	Be	Mg	Ca	Sr	Ba
氢氧化物	$Be(OH)_2$	$Mg(OH)_2$	$Ca(OH)_2$	$Sr(OH)_2$	$Ba(OH)_2$
R^{n+}半径/nm	0.031	0.065	0.099	0.113	0.125
$\sqrt{\phi}$值	8.03	5.55	4.50	4.21	3.85
酸碱性	两性	中强碱	强碱	强碱	强碱

用离子势判断氧化物的水合物的酸碱性只是一个经验规律。它对某些物质是不适用的，如 $Zn(OH)_2$的 Zn^{2+}半径为 0.074 nm，$\sqrt{\phi}=5.2$，按酸碱性的标度 $Zn(OH)_2$应为碱性，而实际上 $Zn(OH)_2$为两性。

9.6.2　重要的氧化物和氢氧化物（含氧酸）

码 9.3　知识拓展

1. 硼的含氧化合物

由于硼与氧形成的B—O键键能（806 kJ · mol^{-1}）大，因此硼的含氧化合物具有很高的稳定性。构成硼的含氧化合物的基本结构单元是平面三角形的 BO_3和四面体构型的 BO_4。这是由硼元素的亲氧性和缺电子性质决定的。

1）三氧化二硼

单质 B 在空气中加热或 H_3BO_3受热脱水可得到三氧化二硼 B_2O_3（H_3BO_3受热脱水首先生成 HBO_2，而后转变为 B_2O_3）。

$$H_3BO_3 \xlongequal{150\ ℃} HBO_2 + H_2O$$

$$2HBO_2 \xlongequal{150\ ℃} B_2O_3 + H_2O$$

温度较低时，得到的是晶体，高温灼烧后得到的是玻璃体。

B_2O_3是白色固体。晶态 B_2O_3比较稳定，其密度为 2.55 g · cm^{-3}，熔点为450 ℃。玻璃状 B_2O_3的密度为 1.83 g · cm^{-3}，温度升高时逐渐软化，当达到赤热高温时即成为液态。

与碳、氮不同，硼与氧之间只能形成稳定的B—O单键，不能形成B═O双键。在 B_2O_3晶体中，不存在单个的 B_2O_3分子，而是含有—B—O—B—O—链的大分子。

B_2O_3能被碱金属以及 Mg 和 Al 还原为单质 B。例如:

$$B_2O_3+3Mg \xlongequal{} 2B+3MgO$$

用盐酸处理反应混合物时,MgO 与盐酸作用生成溶于水的 $MgCl_2$,过滤后得到粗硼。B_2O_3在高温时不被 C 还原。

B_2O_3与水反应可生成偏硼酸 HBO_2和硼酸:

$$B_2O_3+H_2O \xlongequal{} 2HBO_2$$

$$B_2O_3+3H_2O \xlongequal{} 2H_3BO_3$$

B_2O_3同某些金属氧化物反应,形成具有特征颜色的玻璃状偏硼酸盐,如 $NiO \cdot B_2O_3$显绿色,$CuO \cdot B_2O_3$显蓝色。由锂、铍和硼的氧化物制成的玻璃可以用作 X 射线管的窗口。

2) 硼酸

用硫酸分解硼镁矿($Mg_2B_2O_5 \cdot H_2O$)或将硼砂及其他硼的含氧酸盐用强酸处理,都可以制得硼酸。

$$Mg_2B_2O_5 \cdot H_2O+2H_2SO_4 \xlongequal{} 2H_3BO_3+2MgSO_4$$

$$Na_2B_4O_7+2HCl+5H_2O \xlongequal{} 4H_3BO_3+2NaCl$$

硼酸只有一种晶型,其晶体结构为层状。硼酸晶体的基本结构单元为H_3BO_3分子,构型为平面三角形。在 H_3BO_3分子中,B 原子以 sp^2杂化轨道与 3 个 O 原子形成 3 个 σ 键。H_3BO_3分子在同一层内彼此通过氢键相互连接,如图 9-7 所示。

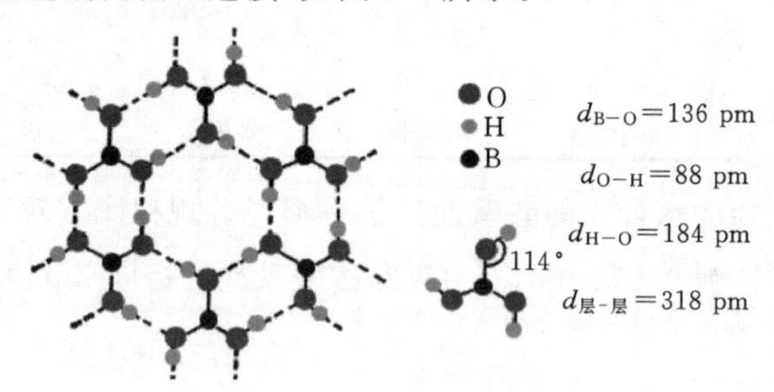

图 9-7 H_3BO_3的分子结构

由图可见,每个 B 原子以共价键与 3 个 O 原子相连接,而每个 O 原子除以共价键与 1 个 B 原子结合外,还通过氢键与其他 2 个 O 原子相连接。氢键(OH---O)的平均键长为 184 pm,层与层之间距离为 318 pm,层间以微弱的分子间力相结合。因此 H_3BO_3晶体呈鳞片状,具有离解性,可用作润滑剂。

H_3BO_3具有如下性质。

(1) H_3BO_3能溶于水,溶解度随温度升高而增加(晶体中部分氢键断裂的缘故)。

(2) HBO_3是一元弱酸($K_a^\ominus=5.8\times10^{-10}$),它在水中表现出来的弱酸性,并不是 H_3BO_3本身离解出 H^+所致,而是水分子中 OH^-的孤对电子填入中心 B 原子的 p 空轨道而生成$[B(OH)_4]^-$。$[B(OH)_4]^-$的构型为四面体,其中 B 原子采用 sp^3杂化轨道成键。H_3BO_3与 H_2O 反应的特殊性是由其缺电子性质决定的。因此,H_3BO_3是典型的 Lewis 酸。

$$B(OH)_3+H_2O \rightleftharpoons [B(OH)_4]^-+H^+$$

在 H_3BO_3溶液中加入多羟基化合物,如甘露醇($CH_2OH(CHOH)_4CH_2OH$)、丙三醇(甘油),它们可与$[B(OH)_4]^-$生成稳定的配合物,推动可逆平衡向右移动,使溶液酸性大大增强($K_a^\ominus$由 10^{-10}增大至 10^{-6})。

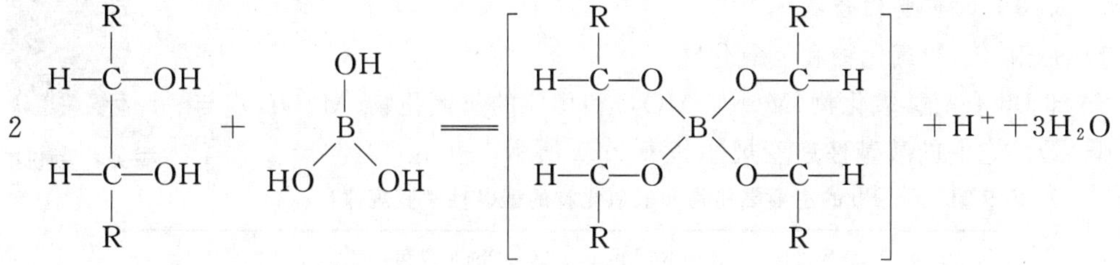

$$2\begin{array}{c}\text{R}\\|\\\text{H—C—OH}\\|\\\text{H—C—OH}\\|\\\text{R}\end{array}+\begin{array}{c}\text{OH}\\|\\\text{B}\\\diagup\quad\diagdown\\\text{HO}\qquad\text{OH}\end{array}=\!=\!=\left[\begin{array}{ccccc}\text{R}&&&&\text{R}\\|&&&&|\\\text{H—C—O}&&&&\text{O—C—H}\\|&\diagdown&&\diagup&|\\&&\text{B}&&\\|&\diagup&&\diagdown&|\\\text{H—C—O}&&&&\text{O—C—H}\\|&&&&|\\\text{R}&&&&\text{R}\end{array}\right]^{-}+H^{+}+3H_2O$$

这一反应用于强碱对 H_3BO_3 溶液的中和滴定，可使滴定突跃猛增，有利于终点的判断，从而保证滴定误差在允许的范围之内。

(3) H_3BO_3 和单元醇反应则生成硼酸酯：

$$H_3BO_3+3CH_3OH=\!=\!=B(OCH_3)_3+3H_2O$$

这一反应进行时要加入浓 H_2SO_4 作为脱水剂，以抑制硼酸酯的水解。硼酸酯可挥发并且易燃，燃烧时火焰呈绿色。利用这一特性可以鉴定硼的化合物。

3) 硼酸盐

硼酸盐有偏硼酸盐、原硼酸盐和多硼酸盐等多种。最重要的硼酸盐是四硼酸钠，俗称硼砂，其分子式为 $Na_2B_4O_5(OH)_4\cdot 8H_2O$，习惯上也常写成 $Na_2B_4O_7\cdot 10H_2O$。酸根离子 $[B_4O_5(OH)_4]^{2-}$ 的结构如图 9-8 所示，它是由两个 BO_3 单元和两个 BO_4 单元通过共用顶角氧原子连接而成的。

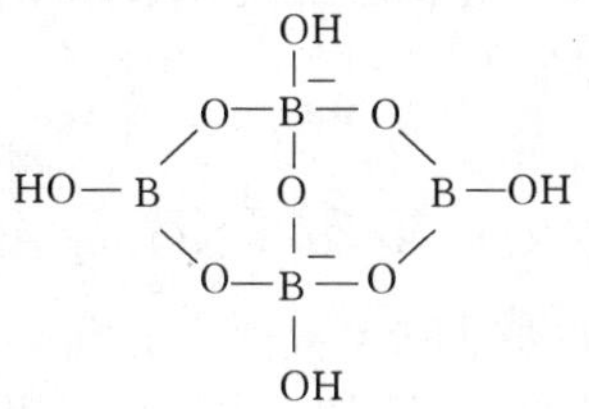

$$\begin{array}{ccccc}&&\text{OH}&&\\&&|^{-}&&\\&\text{O—}&\text{B}&\text{—O}&\\\diagup&&|&&\diagdown\\\text{HO—B}&&\text{O}&&\text{B—OH}\\\diagdown&&|^{-}&&\diagup\\&\text{O—}&\text{B}&\text{—O}&\\&&|&&\\&&\text{OH}&&\end{array}$$

图 9-8　$[B_4O_5(OH)_4]^{2-}$ 的结构

硼砂是无色透明的晶体，在干燥的空气中容易风化失水。硼砂受热时失去结晶水，加热至 350～400 ℃进一步脱水而成为无水四硼酸钠($Na_2B_4O_7$)，在 878 ℃时熔化为玻璃态。熔融的硼砂可以溶解许多金属氧化物，形成偏硼酸的复盐。例如：

$$Na_2B_4O_7+MO=\!=\!=2NaBO_2\cdot M(BO_2)_2$$

(M＝Co，蓝色；M＝Ni，棕色；M＝Mn，绿色)

上述反应可以看作酸性氧化物 B_2O_3 和碱性金属氧化物作用而生成偏硼酸盐的过程。许多 $M(BO_2)_2$ 具有特征颜色，利用硼砂的这一类反应，可以鉴定某些金属离子，在分析化学上称为硼砂珠实验。硼砂在高温下能与金属氧化物作用，在玻璃工业上可用于制造特种玻璃，在陶瓷和搪瓷工业上可用来点釉，焊接金属时可以用它作为助熔剂，以熔去金属表面的氧化物。

硼砂是强碱弱酸盐，易溶于水，其溶液因 $[B_4O_5(OH)_4]^{2-}$ 的水解而显碱性：

$$[B_4O_5(OH)_4]^{2-}+5H_2O \rightleftharpoons 4H_3BO_3+2OH^{-} \rightleftharpoons 2H_3BO_3+2[B(OH)_4]^{-}$$

20 ℃时，硼砂溶液的 pH 值为 9.24。因为 $[B_4O_5(OH)_4]^{2-}$ 水解生成 H_3BO_3 和 $[B(OH)_4]^{-}$ 的物质的量相等，且 H_3BO_3 为弱酸，$[B(OH)_4]^{-}$ 为弱酸根，形成缓冲体系，故具有缓冲作用。在实验室中可用硼砂来配制缓冲溶液。

2. Sn、Pb 的重要化合物

码 9.4　知识拓展

1) Sn 和 Pb 的氧化物和氢氧化物

Sn 和 Pb 有两类氧化物(MO 与 MO_2)和相应的氢氧化物($M(OH)_2$与 $M(OH)_4$)。它们的酸碱性递变规律如表 9-21 所示。

表 9-21　Sn、Pb 的主要氧化物和氢氧化物的酸碱性递变规律

氧化数		Sn	Pb	
氧化数	+2	SnO(黑色) $Sn(OH)_2$(白色) 两性偏碱	PbO(黄色或黄红色) $Pb(OH)_2$(白色) 两性偏碱	酸性增强 碱性减弱 ↓
	+4	SnO_2(白色) $Sn(OH)_4$(白色) 两性偏酸	PbO_2(棕黑色) $Pb(OH)_4$(棕色) 两性偏酸	
		→ 酸性减弱、碱性增强		

铅的氧化物除 PbO(密陀僧)和 PbO_2外,还有“混合氧化物”:鲜红色的Pb_3O_4(铅丹)和橙色的 Pb_2O_3。Pb_3O_4可以看作正铅酸的铅盐($Pb_2[PbO_4]$),或者说它是 PbO 和 PbO_2的“混合氧化物”($2PbO \cdot PbO_2$)。铅丹的化学性质较稳定,在工业上与亚麻仁油混合后作为油灰涂在管子的连接处可防止漏水。Pb_2O_3可以看作偏铅酸的铅盐($PbPbO_3$),或者说它也是 PbO 和 PbO_2的“混合氧化物”($PbO \cdot PbO_2$)。Pb_2O_3和 Pb_3O_4中的 Pb 具有 Pb(Ⅱ)和 Pb(Ⅳ)两种不同的氧化数。

铅丹和稀 HNO_3反应如下:

$$Pb_2[PbO_4] + 4HNO_3 = 2Pb(NO_3)_2 + PbO_2\downarrow + 2H_2O$$

Pb_2O_3($PbPbO_3$)和稀 HNO_3反应如下:

$$PbPbO_3 + 2HNO_3 = Pb(NO_3)_2 + PbO_2\downarrow + H_2O$$

可进一步通过实验证明 Pb_2O_3和 Pb_3O_4中含有 Pb(Ⅱ)和 Pb(Ⅳ)。将上述反应中的黑色不溶物与浓盐酸反应,产生的气体可使淀粉-KI 试纸变蓝,说明存在 Pb(Ⅳ)。在分离后的液相中加入 K_2CrO_4,有黄色沉淀物产生($PbCrO_4$),说明存在 Pb(Ⅱ)。

$Sn(OH)_2$和 $Pb(OH)_2$是 Sn、Pb 的主要氢氧化物,具有明显的两性。

Sn(Ⅳ)和 Pb(Ⅳ)的氢氧化物是未知的。Sn(Ⅳ)盐水解可得到组成不固定的二氧化锡的水合物 $xSnO_2 \cdot yH_2O$,称为锡酸。锡酸有两种变体:α-锡酸和 β-锡酸。α-锡酸能溶于酸和碱,β-锡酸不溶于酸和碱。前者由 Sn(Ⅳ)盐在低温下水解制得,后者通常在高温下水解制得。关于这两种变体溶解性的差别,有两种不同的观点:一种观点认为 α-锡酸是无定形粉末,而 β-锡酸是晶态的;另一种观点认为是由于粒子大小和聚结程度不同造成的。

2) Sn(Ⅱ)的还原性和 Pb(Ⅳ)的氧化性

Sn 和 Pb 都有氧化数为+2 和+4 的化合物,由于惰性电子对效应,Sn 的高氧化数状态较稳定,因此 Sn(Ⅱ)显还原性,Pb 的低氧化数状态较稳定,因此 Pb(Ⅳ)显氧化性。有关标准电极电势图如下:

$$\varphi_A^\ominus/V \qquad Sn^{4+}\,\underline{\ 0.154\ }\,Sn^{2+}\,\underline{\ -0.136\ }\,Sn$$

$$PbO_2\,\underline{\ 1.46\ }\,Pb^{2+}\,\underline{\ -0.126\ }\,Pb$$

$$\varphi_B^\ominus/V \qquad [Sn(OH)_6]^{2-} \xrightarrow{-0.93} [Sn(OH)_4]^{2-} \xrightarrow{-0.91} Sn$$

$$PbO_2 \xrightarrow{0.28} PbO \xrightarrow{-0.580} Pb$$

从上面的标准电极电势图可以看出，Sn(Ⅱ)无论在酸性或碱性介质中都有还原性，且在碱性介质中$[Sn(OH)_4]^{2-}$的还原性更强。例如，在碱性溶液中$[Sn(OH)_4]^{2-}$可以将铋盐还原成黑色的金属 Bi，这也是鉴定铋盐的一种方法：

$$2Bi^{3+} + 6OH^- + 3[Sn(OH)_4]^{2-} = 2Bi\downarrow + 3[Sn(OH)_6]^{2-}$$

$SnCl_2$是重要的还原剂，它能将 $HgCl_2$盐还原成白色的氯化亚汞(Hg_2Cl_2)沉淀：

$$2HgCl_2 + SnCl_2 = Hg_2Cl_2\downarrow + SnCl_4$$

这一反应可用来鉴定溶液中的 Sn^{2+}。如果用过量的 $SnCl_2$，还可以将Hg_2Cl_2进一步还原为黑色的金属汞：

$$Hg_2Cl_2 + SnCl_2 = 2Hg\downarrow + SnCl_4$$

PbO_2是强氧化剂，在酸性介质中它可以把 Cl^- 氧化为 Cl_2，与浓 H_2SO_4作用放出 O_2，还可以将 Mn^{2+}氧化为紫红色的 MnO_4^-：

$$PbO_2 + H_2SO_4 = PbSO_4\downarrow + \frac{1}{2}O_2\uparrow + H_2O$$

$$PbO_2 + 4HCl(浓) = PbCl_2\downarrow + Cl_2\uparrow + 2H_2O$$

$$2Mn^{2+} + 5PbO_2 + 4H^+ = 2MnO_4^- + 5Pb^{2+} + 2H_2O$$

在工业上 PbO_2主要用于制造铅蓄电池。其反应式为：

$$PbO_2 + Pb + 2H_2SO_4 \underset{充电}{\overset{放电}{\rightleftharpoons}} 2PbSO_4 + 2H_2O$$

3. As、Sb、Bi 的化合物

1) As、Sb、Bi 的氧化物

As、Sb、Bi 可形成两类氧化物，即氧化数为+3 的 As_2O_3、Sb_2O_3、Bi_2O_3和氧化数为+5 的 As_2O_5、Sb_2O_5、Bi_2O_5(Bi_2O_5极不稳定)。As、Sb、Bi 的 M_2O_3是其相应亚酸的酸酐，M_2O_5是相应正酸的酸酐。

在空气中燃烧 As、Sb、Bi 的单质或焙烧它们的硫化物可得到相应的 M_2O_3，M_2O_5不能用这种方法制得。用 HNO_3氧化 As 或 Sb 可得到其 M_2O_5的水合物，然后小心加热脱水，即可得到 M_2O_5。常态下，As、Sb 的 M_2O_3是双聚分子(As_4O_6和 Sb_4O_6)，其结构与 P_4O_6相似，在较高温度下离解为 As_2O_3和 Sb_2O_3。As_2O_3和 Sb_2O_3的晶体为分子晶体，Bi_2O_3为离子晶体。

三氧化二砷(As_2O_3)俗名砒霜，为白色粉末状的剧毒物，主要用于制造杀虫剂、除草剂以及含砷药物。As_2O_3微溶于水，在热水中溶解度稍大，溶解后形成 H_3AsO_3溶液。As_2O_3是两性偏酸性的氧化物，在碱溶液中溶解生成亚砷酸盐。

三氧化二锑(Sb_2O_3)是不溶于水的白色固体，但既可以溶于酸，又可以溶于强碱溶液。Sb_2O_3具有明显的两性，其酸性比 As_2O_3弱，碱性则略强。

三氧化二铋(Bi_2O_3)是黄色粉末，加热变为红棕色。Bi_2O_3极难溶于水，溶于酸生成相应的铋盐。Bi_2O_3是碱性氧化物，不溶于碱。

总之，As、Sb、Bi 氧化物的酸性依次逐渐减弱，碱性逐渐增强。

2) As、Sb、Bi 的氢氧化物及含氧酸

As、Sb、Bi 的氧化数为+3 的氢氧化物分别是 H_3AsO_3、$Sb(OH)_3$和 $Bi(OH)_3$，它们的酸性依次减弱，碱性依次增强。H_3AsO_3和 $Sb(OH)_3$是两性氢氧化物，而$Bi(OH)_3$的碱性大大强于酸性，只能微溶于浓的强碱溶液中。H_3AsO_3仅存在于溶液中，而 $Sb(OH)_3$和$Bi(OH)_3$都是难溶于水的白色沉淀。

H_3AsO_3是一种弱酸，$K_{a1}^{\ominus}=5.2\times10^{-10}$。$H_3AsO_3$在酸性介质中还原性较差，但亚砷酸盐在碱性溶液中是一种强还原剂，能将弱氧化剂 I_2还原(pH≤9)：

$$AsO_3^{3-}+I_2+2OH^- \longrightarrow AsO_4^{3-}+2I^-+H_2O$$

$Sb(OH)_3$在强碱性溶液中还原性也较差，$Bi(OH)_3$只能在强碱介质中被很强的氧化剂氧化。例如：

$$Bi(OH)_3+Cl_2+3NaOH \longrightarrow NaBiO_3+2NaCl+3H_2O$$

As、Sb、Bi 的氧化数为+3 的氢氧化物(或含氧酸)的还原性依次减弱。

以浓 HNO_3作用于 As、Sb 的单质或三氧化物时，生成氧化数为+5 的含氧酸或水合氧化物：

$$3As+5HNO_3+2H_2O \longrightarrow 3H_3AsO_4+5NO\uparrow$$

$$6Sb+10HNO_3 \longrightarrow 3Sb_2O_5+10NO\uparrow+5H_2O$$

$$xSb_2O_5+yH_2O \longrightarrow xSb_2O_5\cdot yH_2O$$

砷酸(H_3AsO_4)易溶于水，是一种三元酸($K_{a1}^{\ominus}=6.0\times10^{-3}$，$K_{a2}^{\ominus}=1.7\times10^{-7}$，$K_{a3}^{\ominus}=5.1\times10^{-12}$)，其酸性近似于 H_3PO_4。锑酸($H[Sb(OH)_6]$)在水中是难溶的，酸性相对较弱($K_a^{\ominus}=4\times10^{-5}$)，相应的锑酸盐中，$Na[Sb(OH)_6]$的溶解度最小，所以定性分析上用此法来鉴定 Na^+。铋酸很难制得，HNO_3只能将金属 Bi 氧化为$Bi(NO_3)_3$：

$$Bi+4HNO_3 \longrightarrow Bi(NO_3)_3+NO\uparrow+2H_2O$$

但铋酸盐已经制得，如 $NaBiO_3$。用酸处理 $NaBiO_3$得到的红棕色 Bi_2O_5极不稳定，很快分解为 Bi_2O_3和 O_2。因此，纯净的 Bi_2O_5至今尚未制得。这与铋的惰性电子对效应使 Bi(Ⅴ)氧化性强而很不稳定是一致的。

砷酸盐、锑酸盐和铋酸盐都具有氧化性，且氧化性依次增强。砷酸盐、锑酸盐只有在酸性溶液中才表现出氧化性。例如：

$$H_3AsO_4+2I^-+2H^+ \rightleftharpoons H_3AsO_3+I_2+H_2O$$

电对 H_3AsO_4/H_3AsO_3的电极电势随溶液 pH 值的变化而改变。

$$H_3AsO_4+2H^++2e^- \rightleftharpoons H_3AsO_3+H_2O,\quad \varphi^{\ominus}=0.5748\ V$$

$$E=E^{\ominus}+\frac{0.0592\ V}{2}\lg\frac{[c(H_3AsO_4)/c^{\ominus}][c(H^+)/c^{\ominus}]^2}{c(H_3AsO_3)/c^{\ominus}}$$

电对 I_2/I^-的电极电势在一定的 pH 值范围内不随溶液 pH 值的改变而改变(pH>9 时，I_2本身发生歧化反应生成 I^-和 IO_3^-)。

$$I_2+2e^- \rightleftharpoons 2I^-,\quad \varphi^{\ominus}=0.5355\ V$$

这两个电对的电极电势与溶液 pH 值的关系(*E*-pH 图)如图 9-9 所示。由图可见，当溶液酸性较强(pH<0.78)时，H_3AsO_4可以氧化 I^-；在酸性较弱时，H_3AsO_3可以还原 I_2。显然，H_3AsO_4只有在强酸性溶液中才表现出明显的氧化性。

铋酸盐在酸性溶液中是很强的氧化剂，可将 Mn^{2+}氧化成高锰酸盐：

$$2Mn^{2+}+5NaBiO_3+14H^+ \longrightarrow 2MnO_4^-+5Bi^{3+}+5Na^++7H_2O$$

这一反应用于鉴定 Mn^{2+}。

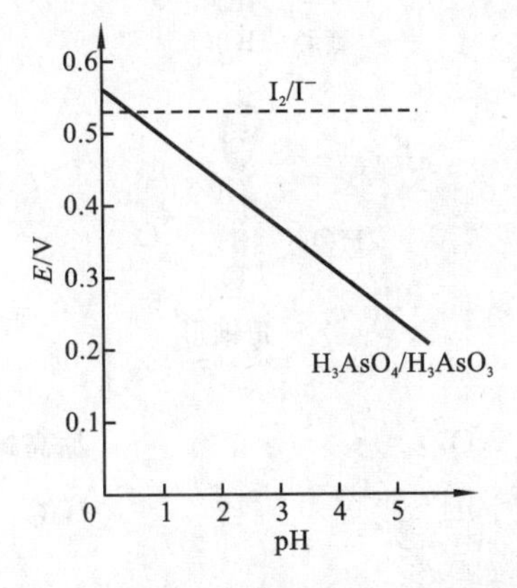

图 9-9 H_3AsO_4/H_3AsO_3电对和I_2/I^-电对的 E-pH 图

As、Sb、Bi 化合物的酸碱性、氧化还原性变化规律归纳如下：

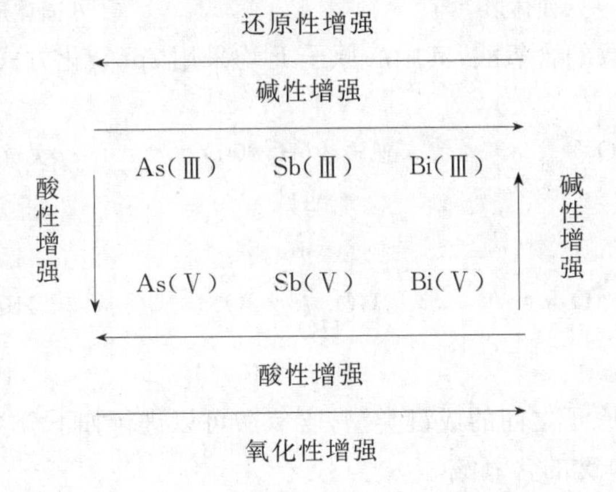

9.6.3 简单含氧酸的结构

常见的简单无机含氧酸是一些非金属元素(称为成酸元素)、H、O 形成的三元化合物。在它们的分子结构里，中心原子是成酸元素，配位原子一般是 O。中心原子与配位原子的半径大小关系(半径比规则)，使得在含氧酸中第二周期非金属元素(B、C、N)的最高配位数通常是 3，而其他周期成酸元素的配位数可能超过 3，最高配位数一般是 4，少数为 6。相应地，成酸元素在成键时杂化方式为 sp^2 和 sp^3，少数为sp^3d^2。例如：

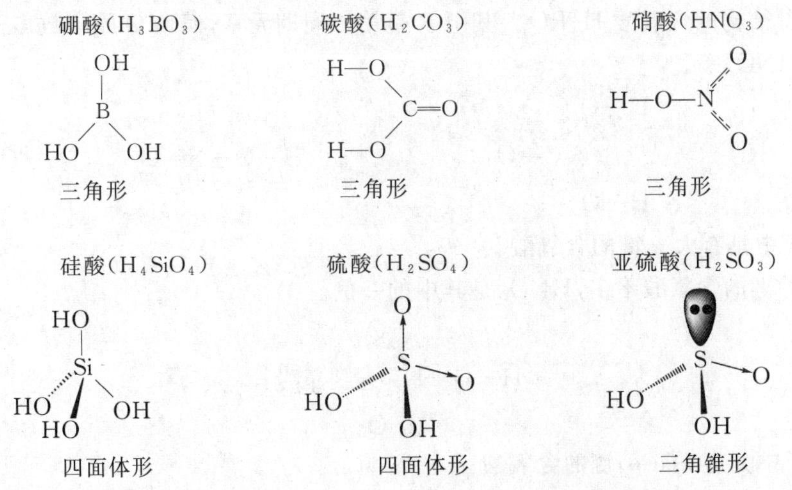

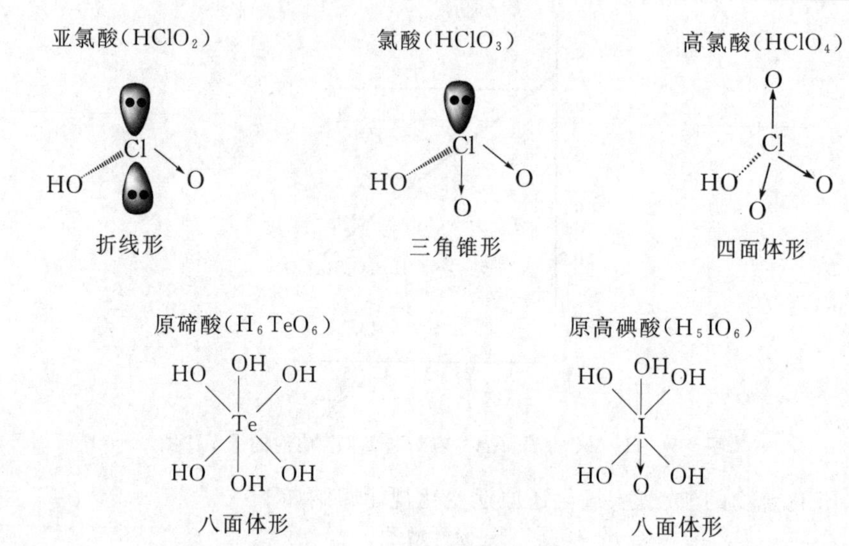

对于磷的不同氧化数的含氧酸,其中心原子 P 均采用 sp^3 杂化方式成键,均呈四面体的几何构型。

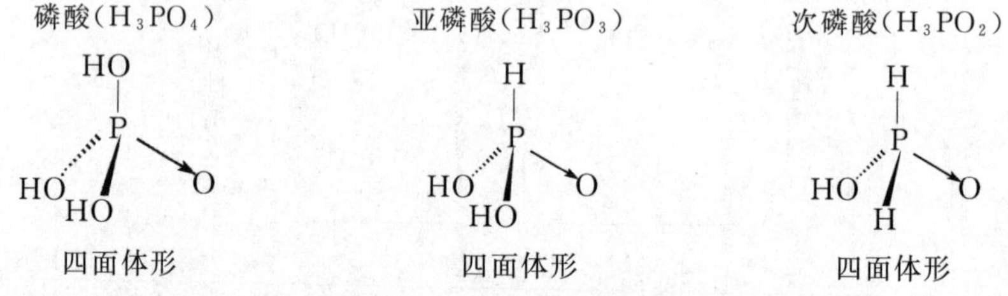

根据中心原子与 O 原子之间的成键类型,含氧酸可以进行如下分类。

(1) 分子中只具有单键的含氧酸。

具有这种结构的含氧酸 H_nRO_m,其中 O 原子数与 H 原子数相等,如 HClO、HBrO、H_3AsO_3 等。

H—O—Cl

H—O
　　＼
　　　As—O—H
　　／
H—O

(2) 分子中具有一般双键的含氧酸。

具有这种结构的含氧酸 H_nRO_m,其中 R 是第二周期元素,而且 O 原子数多于 H 原子数,如 H_2CO_3、HNO_2 等。

H—O
　　＼
　　　C═O
　　／
H—O

H—O—N═O

(3) 分子中具有大 π 键的含氧酸。

具有这种键的含氧酸不多,HNO_3 是其中的一例。

H—O—N(═O)═O　Π_3^4

(4) 分子中具有 π(d-p) 键的含氧酸。

这是普遍的类型，如 H_2SiO_3、H_3PO_4、H_2SO_4、$HClO_4$、$HClO_3$、$HClO_2$等。过去认为R原子与非羟基O原子间是双键R═O 或一般配位键 R→O，而现在大都认为是σ键和π(d-p)键。具有这种结构的含氧酸 H_nRO_m，其中R是第三周期及其以后的元素，而且O原子数多于H原子数。

```
          OH                       H—O       O
          |                            \   σ //
H—O—P═O  σ                              S  π(d-p)
          | π(d-p)                     /   \\
          OH                       H—O       O
```

9.6.4　含氧酸的酸性强度——Pauling 规则

化学家们对含氧酸酸性强度做了大量的研究工作，提出了各种经验模型或计算公式，如R—O—H模型、离子势等。但由于影响含氧酸强度的因素很多，要确立一个统一标度且能被人们普遍采用，至今尚未实现。下面介绍美国化学家 Pauling L. 提出的比较有影响的经验规则——Pauling 规则。

含氧酸的化学式为 H_nRO_m，也可以写成 $RO_{m-n}(OH)_n$，如 H_3BO_3、HNO_2、H_2SO_4、$HClO_4$可分别写成 $B(OH)_3$、$NO(OH)$、$SO_2(OH)_2$、$ClO_3(OH)$，其中$(m-n)$为非羟基氧原子数(不与H原子键合的O原子数)。

规则1：$(m-n)$值越大，酸性越强。

Pauling L. 认为，含氧酸的强度和非羟基氧原子数$(m-n)$有关(见表9-22)。

表 9-22　一些含氧酸的非羟基氧原子数$(m-n)$值与$K_{a1}^{\ominus}$值

$m-n$	$K_{a1}^{\ominus}$	酸强度	举　例
0	$<10^{-8}$	弱	$HClO$、$HBrO$、HIO、H_3AsO_3、H_3SbO_3、H_3BO_3、H_4GeO_4、H_6TeO_6、H_4SiO_4
1	$10^{-4}\sim10^{-2}$	中强	H_2SO_3、HNO_2、$HClO_2$、H_3PO_4、H_5IO_6
2	约10^3	强	$HClO_3$、H_2SO_4、HNO_3
3	约10^8	很强	$HClO_4$、$HBrO_4$、$HMnO_4$

表9-23列出了几种含氧酸酸性强弱与$(m-n)$值的关系。

表 9-23　几种含氧酸酸性强弱与$(m-n)$值的关系

$m-n$	3　　2　　1　　0
含氧酸酸性相对强弱	$HClO_4>HClO_3>HClO_2>HClO$ $HClO_4>H_2SO_4>H_3PO_4$ $HNO_3>HNO_2$

规则2：多元含氧酸的分步离解常数 $K_{a1}^{\ominus}:K_{a2}^{\ominus}:K_{a3}^{\ominus}\approx1:10^{-5}:10^{-10}$(见表9-24)。

表 9-24 多元含氧酸的分步离解常数

酸	$K_{a1}^{\ominus}$	$K_{a2}^{\ominus}$	$K_{a3}^{\ominus}$
H_3PO_4	7.1×10^{-3}	6.3×10^{-8}	4.8×10^{-13}
H_3AsO_4	6.0×10^{-3}	1.7×10^{-7}	5.1×10^{-12}
H_3PO_3	3.7×10^{-2}	2.1×10^{-7}	

从结构上看,如果含氧酸中非羟基氧的数目越多,或者成酸元素 R 的氧化数越高、半径越小、电负性越大,则含氧酸分子中的电子如下式偏移的程度越大:

$$\mathrm{H \overset{e}{\frown} O \overset{e}{\frown} R \overset{e}{\frown} O}$$

上述电子偏移使H—O键的极性增加,有利于离解出 H^+,从而导致含氧酸的强度($K_{a1}^{\ominus}$)增加。

Pauling L. 提出的含氧酸强度规则是根据大量事实总结出来的,这些规律对进一步研究含氧酸强度起到积极的作用,但影响含氧酸强度的因素比较复杂,因此也有例外。

9.6.5 缩合酸

若干个简单含氧酸分子失去水分子形成的多酸称为缩合酸。缩合酸(盐)的结构复杂,有链状、环状及架状的结构,它们都是简单含氧酸根通过氧原子以角、棱或面相连而成。影响无机含氧酸(盐)缩合程度的因素有成酸原子与氧原子的成键情况、酸的强度、成键元素的电负性等。

1. 含氧酸的酸性对缩合性的影响

同一周期从左到右,含氧酸的 $pK_{a1}^{\ominus}$ 值减小,酸性增强,缩合性减小。这是因为酸性越强,H^+ 越易离去,简单酸根中的成酸原子 R 与 O 原子之间作用力越强,从而导致酸根中 O 原子不易连接其他酸根形成稳定桥键,所以不易缩合。

2. 含氧酸中 d-p 键的强弱和数目对缩合性的影响

在含氧酸中,非羟基氧数目增加,导致 d-p 键的强度和数目增加,缩合性减小。同一周期从左到右,d-p 键的强度和数目增加,缩合性减小。这是因为含氧酸缩合为多酸的难易程度与简单酸能否形成重键(d-p 键)有关。如果成酸原子与周围的 O 原子不能有效地形成多重键,则酸根趋向相互聚合形成多聚体,以求体系能量进一步降低。如第三、四周期元素的成酸原子有空的 d 轨道,当它们作为含氧酸的成酸原子时,可与 O 原子形成 d-p 键,因而它们的含氧酸的结构与第二周期的含氧酸的结构不同。第二周期的 H_3BO_3、HNO_3、H_2CO_3 存在 p-p 成键方式,HNO_3、H_2CO_3 不容易缩合,H_3BO_3 易缩合与 B 原子的缺电子性质有关。第三周期中 SiO_4^{4-} 只存在很弱的 d-p 键,故 SiO_4^{4-} 很容易以 SiO_4 四面体为单位聚合成巨大的各种形式的多聚结构;磷酸盐中 d-p 键稍强,简单的 PO_4^{3-} 又比 SiO_4^{4-} 容易存在,而磷酸盐中也有大量多聚体存在;SO_4^{2-} 的 d-p 键更强,它仅有少量多聚体,且不稳定;ClO_4^- 的 d-p 键最强,不能以多聚含氧酸阴离子形式存在。

3. 电负性对含氧酸缩合性的影响

同一周期从左到右,成酸元素的电负性增加,成酸元素 R 与 O 之间的电负性差值减小,缩合性减小;同一主族从上到下,成酸元素的电负性减小,成酸元素 R 与 O 之间的电负性差值增大，缩合性增大。这是由于当 R 与 O 之间的电负性差值大时，O 原子上电荷密度大，阴离子失去 O^{2-} 缩合为多聚阴离子而使其电荷密度降低的倾向也大。

9.6.6 碱的分类和性质

s 区元素所形成的氧化物的水合物都是碱，而且大多为强碱；重金属元素所形成的碱大多为弱碱。

碱按溶解情况可分为以下三类。

(1) 易溶的碱，如 LiOH、NaOH、KOH、RbOH、CsOH、$Ba(OH)_2$ 等。易溶的碱皆为强碱(氨水除外)，它们大多是碱金属和一部分碱土金属的氢氧化物。

(2) 略溶或较不易溶的碱，如 $Mg(OH)_2$、$Ca(OH)_2$、$Sr(OH)_2$ 等。它们是部分碱土金属的氢氧化物。

(3) 难溶的碱，如 $Al(OH)_3$、$Sn(OH)_2$、$Pb(OH)_2$、$Sb(OH)_3$、$Bi(OH)_3$ 以及其他重金属氢氧化物。

碱类受热时，会分解为氧化物和水，分解的难易程度与 R^{n+} 的极化力大小有关。R^{n+} 极化力越弱，其氢氧化物越难分解；反之，则越易分解。例如，NaOH 和 KOH 虽受强热也难分解，$Sn(OH)_2$ 受微热即可分解。

9.7 非金属含氧酸盐的某些性质

9.7.1 溶解性

含氧酸盐属于离子型化合物，它们的绝大部分钠盐、钾盐、铵盐以及酸式盐都易溶于水。对于含氧酸盐在水中的溶解性，可归纳如下。

(1) 硝酸盐和氯酸盐几乎都易溶于水，且溶解度随温度的升高而迅速增大。

(2) 大多数硫酸盐都是易溶的，但 Pb^{2+}、Ba^{2+}、Sr^{2+} 的硫酸盐难溶，Ca^{2+}、Ag^+、Hg^{2+}、Hg_2^{2+} 的硫酸盐微溶。

(3) 大多数碳酸盐难溶于水(Na^+、K^+、Rb^+、Cs^+、NH_4^+ 例外)，其中又以 Ca^{2+}、Sr^{2+}、Ba^{2+}、Pb^{2+} 的碳酸盐最难溶。

下面就碳酸盐的溶解性进行详细的讨论。

1. 碳酸盐和碳酸氢盐

碳酸盐分为正盐和酸式盐两种。正盐中除碱金属(不包括 Li^+)、铵及铊(Tl^+)盐外都难溶于水。有些金属的酸式盐的溶解度稍大于正盐，其溶解度和 $p(CO_2)$ 有关。$p(CO_2)$ 增大时，碳酸盐溶解于水；$p(CO_2)$ 减小或升温时，则会析出碳酸盐。

$$MCO_3 + CO_2 + H_2O \rightleftharpoons M(HCO_3)_2$$

自然界的钟乳石和石笋的形成就是这个道理。$CaCO_3$ 在 CO_2 和 H_2O 的共同作用下发生上述正向反应，生成易溶的酸式碳酸盐 $Ca(HCO_3)_2$；随着自然条件的长期变化(如受热或减压)，上述反应又可以逆向进行，重新析出碳酸盐 $CaCO_3$，即 $CaCO_3$ 可随水迁移。

暂时硬水加热软化就是因为生成了碳酸盐沉淀。利用难溶盐转化为酸式盐而溶解，是沉淀分离的常用方法。钠、钾和铵的酸式盐溶解度都小于相应的正盐。例如，向浓 $(NH_4)_2CO_3$ 溶液中通入 CO_2 至饱和可析出 NH_4HCO_3，这是工业上生产碳酸氢铵肥料的基础。

$$2NH_4^+ + CO_3^{2-} + CO_2 + H_2O \longrightarrow 2NH_4HCO_3 \downarrow$$

酸式碳酸盐溶解度的反常是 HCO_3^- 通过氢键形成多聚链状离子的结果。

$$\left[\begin{array}{ccc} & OH\cdots O & \\ O—C & & C—O \\ & O\cdots HO & \end{array}\right]^{2-}$$

同是酸式盐,钙盐的溶解度比钠盐的大。这可能是由于 Ca^{2+} 的水合热(1 602 $kJ \cdot mol^{-1}$)比 Na^+ 的水合热(406 $kJ \cdot mol^{-1}$)大得多,因此从总能量过程来看,对 $Ca(HCO_3)_2$ 的溶解更为有利。

2. 金属离子与可溶性碳酸盐的反应特点

CO_3^{2-} 具有较强的水解性,当金属离子与碱金属碳酸盐溶液作用时,可能生成碳酸盐、碱式盐或氢氧化物。究竟生成何种产物,取决于金属离子 M^{n+} 的水解性(M^{n+} 的水解性与离子的电荷、半径和电子层结构等因素有关)和生成物的溶解度。下面举例来说明。

(1) 若金属离子强烈水解,且氢氧化物的溶解度小于碳酸盐的溶解度,产物通常为氢氧化物。

$$2M^{3+} + 3CO_3^{2-} + 3H_2O \longrightarrow 2M(OH)_3 \downarrow + 3CO_2 \uparrow \quad (M = Fe、Cr、Al 等)$$

(2) 若金属离子有水解性,而且氢氧化物的溶解度和碳酸盐的溶解度相近,则生成碱式碳酸盐。

$$2M^{2+} + 2CO_3^{2-} + H_2O \longrightarrow M(OH)_2 \cdot MCO_3 \downarrow + CO_2 \uparrow$$
$$(M = Mg、Be、Cu、Zn、Pb、Co 等)$$

(3) 金属离子的碳酸盐溶解度比氢氧化物的溶解度小,通常得到碳酸盐沉淀。

$$2M^+ + CO_3^{2-} \longrightarrow M_2CO_3 \quad (M = Ag 等)$$
$$M^{2+} + CO_3^{2-} \longrightarrow MCO_3 \downarrow \quad (M = Ca、Sr、Ba、Zn、Ni、Mn 等)$$

9.7.2 热稳定性

影响含氧酸盐热稳定性的因素很复杂,与含氧酸根的结构、金属离子的性质都有关系。归纳起来,含氧酸盐的热稳定性有如下规律:

(1) 相同金属离子与相同成酸元素所组成的含氧酸盐,其热稳定性相对大小为

正盐>酸式盐

(2) 不同金属离子与相同含氧酸根所组成的盐,其热稳定性相对大小为

碱金属盐>碱土金属盐>过渡金属盐>铵盐

表 9-25 列出了碳酸盐与硫酸盐的分解温度。

表 9-25 碳酸盐与硫酸盐的分解温度

碳酸盐	分解温度/℃	硫酸盐	分解温度/℃
Na_2CO_3	1 800	Na_2SO_4	不分解
$CaCO_3$	814	$CaSO_4$	1 450
$ZnCO_3$	350	$ZnSO_4$	930
$(NH_4)_2CO_3$	58	$(NH_4)_2SO_4$	100

(3) 相同金属离子与不同含氧酸根所形成的盐,其热稳定性取决于对应酸的稳定性,酸较稳定,其盐也较稳定。表 9-26 列出了 Na^+ 和 Ca^{2+} 与不同含氧酸根形成的盐的分解温度。

表 9-26 Na^+和Ca^{2+}与不同含氧酸根形成的盐的分解温度 （单位：℃）

阳离子	含氧酸根				
	ClO_3^-	NO_3^-	CO_3^{2-}	SO_4^{2-}	PO_4^{3-}
Na^+	300	380	1 800	不分解	不分解
Ca^{2+}	100	561	814	1 450	不分解

从上面的分解温度也可以看出，RO_4^{n-}（SO_4^{2-}、PO_4^{3-}）盐比RO_3^{n-}（ClO_3^-、NO_3^-、CO_3^{2-}）盐稳定。这是由于RO_4^{n-}为四面体结构，而RO_3^{n-}的结构为三角形或三角锥形。一般来说，结构的对称性越好，盐越稳定。四面体构型中的R被4个O^{2-}完全包围在中心，R处于完全被屏蔽状态，因此是比较稳定的。当然，金属离子不同，其稳定性也有差别。

(4) 同一成酸元素，一般高氧化数的含氧酸比低氧化数的含氧酸稳定，其相应含氧酸盐的稳定性也有此规律。例如：

$$HClO_4 > HClO_3 > HClO$$
$$KClO_4 > KClO_3 > KClO$$

(5) ⅡA族元素阳离子所形成的含氧酸盐，阳离子半径越大，含氧酸盐一般越稳定（见表9-27）。

表 9-27 ⅡA族元素阳离子形成的碳酸盐的分解温度

碳酸盐	$BeCO_3$	$MgCO_3$	$CaCO_3$	$SrCO_3$	$BaCO_3$
分解温度/℃	约100	402	814	1 098	1 277

碳酸盐的热稳定性存在一定规律，其受热分解的难易程度与阳离子的极化力有关，这主要取决于阳离子的电荷数、离子半径及电子层结构。阳离子的极化力越强，它们的碳酸盐越不稳定；极化力小的阳离子，相应的碳酸盐稳定性高。必须注意的是，在电荷数、离子半径、电子层结构三个条件中，离子半径与电荷数是决定性的条件，只有当这两个条件接近时，离子的电子层结构才起明显作用。

离子极化理论认为，碳酸盐热分解是其阳离子M^{n+}与C^{4+}争夺O^{2-}的结果。在“孤立”的CO_3^{2-}中，每一个O^{2-}都受C^{4+}的极化而发生变形，产生一个“原有偶极”（见图9-10(a)）。

在碳酸盐中，与M^{n+}邻近的O^{2-}因受M^{n+}的极化而产生一个方向和“原有偶极”相反的“诱导偶极”，这种作用称为反极化。诱导偶极部分地抵消了O^{2-}的原有偶极（见图9-10(b)），削弱了这个O^{2-}与C^{4+}之间的吸引作用。当温度升高时，晶体中各离子的振动加剧，M^{n+}和CO_3^{2-}在某一瞬间可能大大靠拢，M^{n+}对相邻O^{2-}的反极化作用超过C^{4+}的极化作用，即“诱导偶极”超过“原有偶极”，致使该O^{2-}因偶极反向（见图9-10(c)）而脱离C^{4+}，并与M^{n+}结合成氧化物。

$$M\left[O{-}C\begin{matrix}\diagup O\\ \diagdown O\end{matrix}\right] \xlongequal{\triangle} MO + CO_2$$

一般来说，阳离子的电荷越多、半径越小，极化力就越大。H^+（裸质子）的半径极小，故极化力特别大。此外，当电荷相同及半径相近时，离子极化作用依下列电子层结构的顺序增强：

8电子构型或2电子构型＜(9～17)电子构型＜18电子构型＜(18＋2)电子构型

（Mg^{2+}、Sr^{2+}）（Fe^{2+}、Pt^{2+}）（Zn^{2+}、Hg^{2+}）（Ge^{2+}、Pb^{2+}）

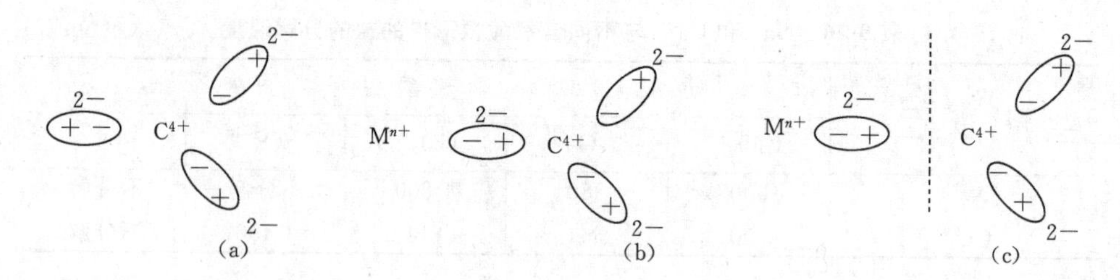

图 9-10　离子的极化与反极化

因此,碳酸盐的热稳定性大致有如下规律。

(1) 同种金属的碳酸盐中,正盐比酸式碳酸盐和碳酸稳定,其稳定性顺序为

$$M_2CO_3 > MHCO_3 > H_2CO_3$$

H^+的极化力很强,甚至可以钻到O^{2-}电子云中,使H_2CO_3极易发生分解而产生CO_2和H_2O。

(2) 同族金属由上至下,碳酸盐的热稳定性增强。它们的电荷数相同,极化力随阳离子半径递增而逐渐减弱,M^{2+}争夺O^{2-}的能力逐渐减弱,故其碳酸盐的热稳定性递增。

(3) 同一周期金属的碳酸盐中,热稳定性的顺序通常为

碱金属盐＞碱土金属盐＞过渡金属盐＞铵盐

9.7.3　氧化还原性

判断无机含氧酸及其盐氧化还原性强弱的依据是电极电势的大小。影响电极电势的因素很多且较复杂,如反应物本身的性质、介质的酸碱性、浓度及温度等。

含氧酸及其盐的氧化还原性首先取决于成酸元素的性质。成酸元素是非金属性很强的元素,它们的酸和盐往往具有氧化性,如卤素的含氧酸及其盐、硝酸及其盐;非金属性较弱元素的含氧酸及其盐则无氧化性,如碳酸及其盐、硼酸及其盐、硅酸及其盐等。其次,含氧酸及其盐的氧化还原性与成酸元素的氧化数有关。一般来说,非金属的成酸元素氧化数为正值,有获得电子的可能性(这里也包括一些高氧化数的金属含氧酸盐,如$NaBiO_3$等);处于中间氧化数的(如HNO_2及H_2SO_3等)既有氧化性又有还原性。但是,高氧化数的含氧酸盐不一定在任何情况下都能显示氧化性。如硝酸盐在高温或在酸性溶液中显强氧化性,而在中性或碱性溶液中就几乎不显氧化性。

含氧酸及其盐在水溶液中的氧化还原性可以用标准电极电势$\varphi^\ominus$来衡量。$\varphi^\ominus$值越正,表明氧化型物质的氧化性越强;$\varphi^\ominus$值越负,表明还原型物质的还原性越强。现就含氧酸及其盐的氧化还原性归纳如下。

(1) 溶液的pH值是影响含氧酸及其盐氧化还原性的重要因素之一。含氧酸盐在酸性溶液中比在中性或碱性溶液中氧化性强。这主要由电极电势的大小可以看出。例如:

$$\varphi_A^\ominus(HClO_2/HClO)=1.64\ V,\quad \varphi_B^\ominus(ClO_2^-/ClO^-)=0.66\ V$$

有些反应在不同介质中反应的方向可以不同。如下列反应在酸性介质中反应向右进行,在碱性介质中反应则向左进行:

$$XO_3^- + 6H^+ + 5X^- \rightleftharpoons 3X_2 + 3H_2O\quad (X=Cl、Br、I)$$

$$H_3AsO_4 + 2H^+ + 2I^- \rightleftharpoons H_3AsO_3 + H_2O + I_2$$

$$BiO_3^- + 6H^+ + 2Cl^- \rightleftharpoons Bi^{3+} + Cl_2\uparrow + 3H_2O$$

(2) 在同一周期中,在各元素最高氧化数含氧酸及酸根离子结构相似的情况下,决定其含

氧酸氧化性强弱的主要因素在于成酸元素的电负性和原子半径。从左到右，随着成酸元素电负性增大、原子半径减小，其含氧酸氧化性依次递增。例如，p 区元素含氧酸 H_3BO_3、H_2CO_3、HNO_3 的酸根离子结构相同，其氧化性顺序为 $H_3BO_3<H_2CO_3<HNO_3$。SiO_4^{4-}、PO_4^{3-}、SO_4^{2-}、ClO_4^- 结构相同，H_4SiO_4 和 H_3PO_4 几乎无氧化性，H_2SO_4 只在高温和浓度大时表现氧化性，而 $HClO_4$ 为强氧化剂。同类型低氧化数的含氧酸也有此倾向。如 $HClO_3$ 和 $HBrO_3$ 的氧化性分别比 H_2SO_3 和 H_2SeO_3 的强。

（3）在同一族成酸元素中，其含氧酸的结构不同，造成其氧化还原性的不规律变化。其含氧酸的氧化性如表 9-28 所示。在最高氧化数的含氧酸中，氧化性大多数从上往下递增，次卤酸依次递减。处于中间氧化数的含氧酸中，以第四周期元素的含氧酸最强。

表 9-28　一些含氧酸的氧化性

成酸元素的氧化数	最高			中间			低
族	ⅤA	ⅥA	ⅦA	ⅤA	ⅥA	ⅦA	ⅦA
含氧酸氧化性	HNO_3			HNO_2			
	∨			∨			
	H_3PO_4	H_2SO_4	$HClO_4$ ↓	H_3PO_3	H_2SO_3	$HClO_3$	$HClO$
	∧	∧	∧	∧	∧	∧	∨
	H_3AsO_4	H_2SeO_4	$HBrO_4$	H_3AsO_3	H_2SeO_3	$HBrO_3$	$HBrO$
		≈	≈		∨	∨	∨
		H_6TeO_6	H_5IO_6		H_2TeO_3	HIO_3	HIO
	增强 →						

（4）同一成酸元素不同氧化数的含氧酸，如浓度相同，低氧化数的氧化性比高氧化数的氧化性强（指被还原为同一氧化数而言）。例如，当浓度均为 $1\ mol\cdot L^{-1}$ 时：

$$HClO>HClO_3>HClO_4$$

$$HNO_2>HNO_3$$

$$H_2SO_3>H_2SO_4$$

这是因为含氧酸的氧化性强弱还与含氧酸的结构因素有关，氧化数越高的含氧酸，在被还原过程中，需断裂的R—O键数目越多，因而也越稳定，氧化性越弱。

（5）含氧酸成酸元素的电负性越大，则越易获得电子而被还原，因而氧化性越强。在主族元素中，同一周期元素的电负性随原子序数的增加而增大，这与元素最高氧化数含氧酸还原为单质的 $\varphi^{\ominus}$ 值随原子序数增加的规律是一致的。

（6）一般来说，含氧酸及其盐在浓酸溶液中的氧化性比在稀酸溶液中或碱性溶液中的氧化性强，含氧酸的氧化性比含氧酸盐的氧化性强。这一方面是由于在浓酸溶液中的电极电势大，另一方面是与 H^+ 对含氧酸成酸原子的反极化作用有关。H^+ 的半径小，极化作用强，使 R—O 键容易断裂，表现出强的氧化性。

有关含氧酸及其盐性质的规律比较复杂，除了影响电极电势的诸因素外，反应能否发生还涉及反应机理和动力学的影响。目前仅根据化学事实归纳出一些规律，尽管也有各种假说、学说，但还不能给予圆满的理论解释。

9.8 硫的重要化合物

9.8.1 硫化氢

H_2和S蒸气可直接化合生成硫化氢(H_2S)。也可由金属硫化物与酸作用制取H_2S:

$$FeS + H_2SO_4(稀) = H_2S\uparrow + FeSO_4$$

$$FeS + 2HCl = H_2S\uparrow + FeCl_2$$

产物气体中含有少量HCl气体,可以用水吸收以除去。

硫化氢(H_2S)是无色、有毒、有腐蛋臭味的气体,有麻醉中枢神经的作用,吸入H_2S过量会因中毒造成昏迷而死亡。H_2S在空气中的最大允许含量为0.01 mg·L^{-1}。H_2S中毒是由于其与血红素中的Fe^{2+}作用生成FeS沉淀,因而使Fe^{2+}失去正常的生理作用。

由于H_2S有毒,存放和使用不方便,因此分析化学中常利用硫代乙酰胺水解的方法制取H_2S:

$$CH_3CSNH_2 + 2H_2O = CH_3COONH_4 + H_2S\uparrow$$

产生的H_2S在溶液中可即时反应,减少对空气的污染。

H_2S是极性分子,其极性比H_2O弱,熔点(−86 ℃)、沸点(−60 ℃)比水低得多。H_2S在水中的溶解度较小。通常情况下,20 ℃时1 L水能溶解2.6 L H_2S。H_2S饱和溶液的浓度约为0.01 mol·L^{-1},H_2S的水溶液叫做氢硫酸。

氢硫酸是一种很弱的二元酸,其$K_{a1}^{\ominus}=1.1\times10^{-7}$,$K_{a2}^{\ominus}=1.3\times10^{-13}$。氢硫酸与碱反应可形成酸式盐和正盐。酸式盐皆易溶于水,正盐大多难溶于水,并具有特征的颜色。

H_2S中的S处于最低氧化态(−2),由标准电极电势值可知,无论在酸性介质还是碱性介质中,H_2S均具有还原性,在碱性介质中还原性稍强。

酸性溶液中　　$S + 2H^+ + 2e^- \rightleftharpoons H_2S$　　$\varphi^{\ominus}=0.144$ V

碱性溶液中　　$S + 2e^- \rightleftharpoons S^{2-}$　　$\varphi^{\ominus}=-0.407$ V

H_2S水溶液暴露在空气中,被缓慢氧化析出游离S而使溶液变混浊:

$$2H_2S + O_2 = 2H_2O + 2S\downarrow$$

实验室中使用的H_2S水溶液必须在使用时配制,否则会因被氧化而失效。

在酸性介质中,I_2、Fe^{3+}等可将S^{2-}氧化为S。例如:

$$H_2S + I_2 = S\downarrow + 2HI$$

$$H_2S + 2Fe^{3+} = S\downarrow + 2Fe^{2+} + 2H^+$$

遇到强氧化剂时,H_2S可被氧化成硫酸:

$$H_2S + 4X_2 + 4H_2O = H_2SO_4 + 8HX \quad (X=Cl、Br、I)$$

9.8.2 其他硫化物

硫化物大多数是有颜色的。碱金属硫化物和BaS易溶于水,其他碱土金属硫化物微溶于水(BeS难溶)。除此以外,大多数硫化物难溶于水,有些还难溶于酸。个别硫化物由于完全水解,在水溶液中不能生成,如Al_2S_3和Cr_2S_3必须采用干法制备。可以利用硫化物的上述性质来分离和鉴别各种金属离子。根据金属硫化物在水中和稀酸中的溶解性差别,可以将它分成三类,列于表9-29中。

表 9-29　某些金属硫化物的颜色和溶解性

硫化物	颜色	$K_{sp}^{\ominus}$	溶解性	硫化物	颜色	$K_{sp}^{\ominus}$	溶解性
Na_2S	白色		溶于水或微溶于水	SnS	棕色	1.0×10^{-25}	难溶于水和稀酸
K_2S	黄棕色			PbS	黑色	8.0×10^{-28}	
$(NH_4)_2S$	溶液无色（微黄）			Sb_2S_3	橙色	2.9×10^{-59}	
CaS	无色			Bi_2S_3	黑色	1×10^{-97}	
BaS	无色			Cu_2S	黑色	2.5×10^{-48}	
MnS	肉红色	2.5×10^{-13}	难溶于水而溶于稀酸	CuS	黑色	6.3×10^{-36}	
FeS	黑色	6.3×10^{-18}		$Ag_2S(\alpha)$	黑色	6.3×10^{-50}	
$CoS(\alpha)$	黑色	4.0×10^{-21}		CdS	黄色	8.2×10^{-27}	
$NiS(\alpha)$	黑色	3.2×10^{-19}		Hg_2S	黑色	1.0×10^{-47}	
$ZnS(\alpha)$	白色	1.6×10^{-24}		HgS	黑色	1.6×10^{-52}	

注：本表数据取自 J. A. Dean, Lange's Handbook of Chemistry, 15th ed., McGraw-Hill Inc., 1999。

硫化钠（Na_2S）是白色晶状固体，在空气中易潮解。Na_2S 水溶液由于 S^{2-} 水解而呈碱性，故 Na_2S 俗称硫化碱。常用的 Na_2S 是其水合晶体 $Na_2S\cdot9H_2O$。将天然芒硝（$Na_2SO_4\cdot10H_2O$）在高温下用煤粉还原是工业上大量生产 Na_2S 的方法之一。

$$Na_2SO_4+4C\xlongequal[\text{高温转炉}]{1\,100\ ^\circ\mathrm{C}}Na_2S+4CO$$

Na_2S 广泛用于印染、涂料、制革、食品等工业，还用于制造荧光材料。

硫化铵（$(NH_4)_2S$）是一种常用的可溶性硫化物试剂。在氨水中通入 H_2S 可制得 NH_4HS 和 $(NH_4)_2S$，它们的溶液呈碱性。

Na_2S 和 $(NH_4)_2S$ 都具有还原性，容易被空气中的 O_2 氧化而形成多硫化物。

硫化物无论是易溶的还是微溶的，大多数会发生水解反应，即使是难溶金属硫化物，其溶解的部分也会发生水解反应。

各种难溶金属硫化物在酸中的溶解情况差异很大，这与它们的溶度积有关。$K_{sp}^{\ominus}$ 大于 10^{-24} 的硫化物一般可溶于稀酸。例如，ZnS 可溶于 $0.3\ mol\cdot L^{-1}$ 盐酸，而溶度积更大的 MnS 在乙酸中即可溶解。溶度积在 $10^{-30}\sim10^{-25}$ 的硫化物一般不溶于稀酸而溶于浓盐酸，如 CdS 可溶于 $6.0\ mol\cdot L^{-1}$ 盐酸：

$$CdS+4HCl = H_2[CdCl_4]+H_2S\uparrow$$

溶度积更小的硫化物（如 CuS）在浓盐酸中也不溶解，但可溶于硝酸。对于在 HNO_3 中也不溶解的 HgS 来说，需要用王水才能将其溶解。

下面重点介绍锡、铅、砷、锑、铋的硫化物。

1. 锡、铅的硫化物

锡（Sn）、铅（Pb）的硫化物有 SnS、SnS_2 和 PbS。在含有 Sn^{2+} 和 Pb^{2+} 的溶液中通入 H_2S 时，分别生成棕色的 SnS 和黑色的 PbS 沉淀；在 $SnCl_4$ 的盐酸溶液中通入 H_2S 则生成黄色的 SnS_2 沉淀。

SnS、PbS 和 SnS_2 均不溶于水和稀酸。它们与浓盐酸作用因生成配合物而溶解：

$$MS+4HCl = H_2[MCl_4]+H_2S\uparrow \quad (M=Sn、Pb)$$

$$SnS_2+6HCl(浓) = H_2[SnCl_6]+2H_2S\uparrow$$

SnS_2 能溶于 Na_2S 或 $(NH_4)_2S$ 溶液中生成硫代锡酸盐：

$$SnS_2+S^{2-}=\!=\!=SnS_3^{2-}$$

SnS和PbS不溶于Na_2S或$(NH_4)_2S$溶液,但有时发现SnS沉淀也能溶解,这是由于Na_2S或$(NH_4)_2S$中含有多硫化物,其中多硫离子S_x^{2-}具有氧化性,能把SnS氧化为SnS_2而溶解。其反应式如下:

$$SnS+S_2^{2-}=\!=\!=SnS_3^{2-}$$

硫代锡酸盐不稳定,遇酸分解为SnS_2和H_2S:

$$SnS_3^{2-}+2H^+=\!=\!=SnS_2+H_2S\uparrow$$

SnS_2能和碱作用,生成硫代锡酸盐和锡酸盐:

$$3SnS_2+6OH^-=\!=\!=2SnS_3^{2-}+[Sn(OH)_6]^{2-}$$

而低氧化数的SnS和PbS则不溶于碱。

2. 砷、锑、铋的硫化物

砷(As)、锑(Sb)、铋(Bi)都能形成稳定的硫化物。氧化数为+3的硫化物有黄色的As_2S_3、橙色的Sb_2S_3和黑色的Bi_2S_3;氧化数为+5的硫化物有黄色的As_2S_5和橙色的Sb_2S_5,但不能生成黑色的Bi_2S_5,Bi(Ⅴ)的氧化性很强,与具有还原性的S^{2-}发生反应。

在As、Sb、Bi的盐溶液中通入H_2S或加入可溶性硫化物,可得到相应的As、Sb、Bi的硫化物沉淀。例如:

$$2AsO_3^{3-}+3H_2S+6H^+=\!=\!=As_2S_3\downarrow+6H_2O$$

这些硫化物都不溶于水和稀酸。

As、Sb、Bi的硫化物与酸和碱的反应同它们相应的氧化物相似。As、Sb、Bi的硫化物能溶于碱溶液,也能溶于碱金属硫化物:

$$As_2S_3+6NaOH=\!=\!=Na_3AsS_3+Na_3AsO_3+3H_2O$$

$$Sb_2S_3+6NaOH=\!=\!=Na_3SbS_3+Na_3SbO_3+3H_2O$$

$$As_2S_3+3Na_2S=\!=\!=2Na_3AsS_3$$

$$Sb_2S_3+3Na_2S=\!=\!=2Na_3SbS_3$$

$$As_2S_5+3Na_2S=\!=\!=2Na_3AsS_4$$

$$Sb_2S_5+3Na_2S=\!=\!=2Na_3SbS_4$$

Bi_2S_3不溶于碱或碱金属硫化物溶液中。

As的硫化物不溶于浓盐酸,而Sb_2S_3和Bi_2S_3则溶于浓盐酸:

$$Sb_2S_3+12HCl=\!=\!=2H_3[SbCl_6]+3H_2S\uparrow$$

$$Bi_2S_3+8HCl=\!=\!=2H[BiCl_4]+3H_2S\uparrow$$

As_2S_3和Sb_2S_3都具有还原性,能与多硫化物反应生成硫代酸盐:

$$As_2S_3+3S_2^{2-}=\!=\!=2AsS_4^{3-}+S\downarrow$$

$$Sb_2S_3+3S_2^{2-}=\!=\!=2SbS_4^{3-}+S\downarrow$$

Bi_2S_3的还原性极弱,不发生这类反应。

在As、Sb的硫代酸盐或硫代亚酸盐溶液中加入酸,生成不稳定的硫代酸或硫代亚酸,它们立即分解为相应的硫化物和H_2S:

$$2AsS_3^{3-}+6H^+=\!=\!=As_2S_3(s)+3H_2S\uparrow$$

$$2SbS_3^{3-}+6H^+=\!=\!=Sb_2S_3(s)+3H_2S\uparrow$$

$$2AsS_4^{3-}+6H^+=\!=\!=As_2S_5(s)+3H_2S\uparrow$$

$$2SbS_4^{3-}+6H^+=\!=\!=Sb_2S_5(s)+3H_2S\uparrow$$

根据以上性质，分析化学上用$(NH_4)_2S$或Na_2S溶液将As、Sb的硫化物溶解，使之与某些金属硫化物从沉淀中分离出来。将分离后的溶液酸化，又得到原来的硫化物沉淀。

As、Sb的硫代酸盐和硫代亚酸盐在固态和溶液中都是稳定的，它们的钠、钾、铵盐易溶，而其他金属的盐则大多难溶。硫代砷酸盐和硫代亚砷酸盐用作杀虫剂。砷的化合物都是有毒的。

9.8.3 硫酸及其盐

硫酸是重要的基本化工原料，常用硫酸的年产量来衡量一个国家的化工生产能力。SO_3强烈吸水，在空气中冒烟，生成硫酸并放出大量的热，此热量能使水蒸发，所产生的水蒸气与SO_3化合为硫酸酸雾，酸雾难以再被水吸收，它会随尾气排放，不仅使产率降低，还会造成环境污染。故实际工业上不是用水吸收SO_3，而是采用98.3%（质量分数）的浓硫酸吸收SO_3，生成含20% SO_3的发烟硫酸，再用92.5%的硫酸将其稀释成98.3%的浓硫酸。

1. H_2SO_4的分子结构及性质

H_2SO_4分子为四面体构型。分子中S原子在成键时采用sp^3不等性杂化，2个有单电子的杂化轨道与2个OH分别形成σ键，2个有孤对电子的杂化轨道与端基O原子形成σ配键，2个端基O原子有孤对电子的p轨道向S原子的d轨道配位形成d-p π配键，故S原子与端基O原子构成S═O双键。

纯硫酸是无色油状液体，凝固点为10.31 ℃，沸点为337.0 ℃。H_2SO_4质量分数为98.3%时，密度为1.854 $g \cdot mL^{-1}$，浓度约为18 $mol \cdot L^{-1}$。因为H_2SO_4分子间形成氢键，所以硫酸的沸点很高。利用此性质，将其与某些挥发性酸的固体盐作用，可以将挥发性酸置换出来。例如：

$$NaNO_3(s)+H_2SO_4 \xlongequal{\triangle} NaHSO_4+HNO_3\uparrow$$

$$NaCl(s)+H_2SO_4 \xlongequal{\triangle} NaHSO_4+HCl\uparrow$$

H_2SO_4是二元强酸，在稀溶液中，它的第一步离解是完全的，第二步离解并不完全，HSO_4^-相当于中强电解质。

$$H_2SO_4 \xlongequal{} H^+ + HSO_4^-$$

$$HSO_4^- \xlongequal{} H^+ + SO_4^{2-}, \quad K_{a2}^{\ominus}=1.0\times10^{-2}$$

浓硫酸有很强的吸水性，而且吸水时释放出大量的热。若不小心将水倾入浓硫酸中，产生的巨大热量将导致因密度较小而浮在上层的水瞬间沸腾，酸液向四周飞溅。因此，在稀释浓硫酸时，只能在搅拌过程中将浓硫酸沿容器壁缓慢地倾入水中，绝不能将水倾入浓硫酸中。

浓硫酸是最常用的干燥剂，用来干燥不与浓硫酸发生反应的各类物质，如Cl_2、H_2和CO_2等。

浓硫酸不但能吸收游离的水，而且还能使含氧有机化合物脱水，使这些有机化合物炭化。例如，蔗糖可被浓硫酸脱水：

$$C_{12}H_{22}O_{11} \xlongequal{\text{浓硫酸}} 12C+11H_2O$$

因此，浓硫酸能严重地破坏动、植物的组织，如烧伤皮肤等，使用时必须注意安全。

浓硫酸具有很强的氧化性，在浓硫酸中，H_2SO_4大都以分子状态存在。分子中极化能力很强的H^+有很强的反极化作用，从而削弱了S和O之间的作用，大大减弱硫酸的稳定性。反应生成的水与浓硫酸结合放出大量的热，也促进反应的进行。所以浓硫酸有较强的氧化性，硫

易被还原。例如:

$$8NaI+9H_2SO_4(浓)=\!=\!=4I_2+8NaHSO_4+H_2S\uparrow+4H_2O$$

稀硫酸氧化性很弱,甚至不如稀亚硫酸,如稀亚硫酸能氧化 H_2S 而稀硫酸则不能。其原因是稀硫酸以 H^+ 和稳定的 SO_4^{2-} 形式存在于溶液中,H^+ 不能破坏 S 与 O 之间的结合。

2. 硫酸盐

H_2SO_4 是二元酸,能生成正盐和酸式盐。在酸式盐中,只有碱金属元素 Na 和 K 能形成稳定的固态盐。

酸式盐易溶于水,其水溶液因 HSO_4^- 部分离解而显酸性。多数硫酸盐较易溶于水,而 $SrSO_4$、$BaSO_4$、$PbSO_4$、Hg_2SO_4 难溶,$CaSO_4$、Ag_2SO_4 微溶。例如:

$$BaSO_4=\!=\!=Ba^{2+}+SO_4^{2-},\quad K_{sp}^{\ominus}=1.08\times10^{-10}$$

$$PbSO_4=\!=\!=Pb^{2+}+SO_4^{2-},\quad K_{sp}^{\ominus}=2.53\times10^{-8}$$

大多数硫酸盐结晶时,带有结晶水。例如:

$CuSO_4\cdot5H_2O$(胆矾或蓝矾)　　$FeSO_4\cdot7H_2O$(绿矾)

$ZnSO_4\cdot7H_2O$(皓矾)　　$Na_2SO_4\cdot10H_2O$(芒硝)

$MgSO_4\cdot7H_2O$(泻药)　　$CaSO_4\cdot2H_2O$(石膏)

这些结晶水在结构上并不完全相同,如 $CuSO_4\cdot5H_2O$ 和 $FeSO_4\cdot7H_2O$,它们的组成可以分别写成 $[Cu(H_2O)_4]^{2+}[SO_4(H_2O)]^{2-}$ 和 $[Fe(H_2O)_6]^{2+}[SO_4(H_2O)]^{2-}$。其中水合阴离子的结构一般认为是水分子通过氢键与 SO_4^{2-} 中的 O 原子相连接。含结晶水的硫酸盐一般溶于水,但是 $CuSO_4\cdot2H_2O$ 除外。

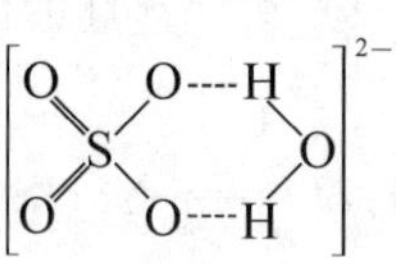

许多硫酸盐有形成复盐的趋势。复盐是由两种或两种以上的简单盐类组成的晶形化合物,常见的组成有两大类:一类的组成符合通式 $M_2^{I}SO_4\cdot M^{II}SO_4\cdot6H_2O$,式中 M^{I} 为 NH_4^+、Na^+、K^+、Rb^+、Cs^+ 等,M^{II} 为 Fe^{2+}、Co^{2+}、Ni^{2+}、Zn^{2+}、Cu^{2+}、Hg^{2+} 等,如著名的莫尔盐(硫酸亚铁铵)$(NH_4)_2SO_4\cdot FeSO_4\cdot6H_2O$、镁钾矾 $K_2SO_4\cdot MgSO_4\cdot6H_2O$;另一类的组成符合通式 $M_2^{I}SO_4\cdot M_2^{III}(SO_4)_3\cdot24H_2O$,式中 M^{III} 为 V^{3+}、Cr^{3+}、Fe^{3+}、Co^{3+}、Al^{3+}、Ga^{3+} 等,如明矾 $K_2SO_4\cdot Al_2(SO_4)_3\cdot24H_2O$、铬矾 $K_2SO_4\cdot Cr_2(SO_4)_3\cdot24H_2O$。

许多硫酸盐有重要的用途,如 $Al_2(SO_4)_3$ 是净水剂、造纸填充剂和媒染剂,$CuSO_4\cdot5H_2O$ 是消毒剂和农药,$FeSO_4\cdot7H_2O$ 是农药、治疗贫血的药剂和制造蓝黑墨水的原料,$Na_2SO_4\cdot10H_2O$ 是重要的化工原料等。

硫酸盐受热分解的基本形式是产生金属氧化物和 SO_3。例如:

$$MgSO_4\xlongequal{\triangle}MgO+SO_3\uparrow$$

若金属离子有强的极化作用,其氧化物不稳定,受热时也可能进一步分解。这是因为在高温下晶格中离子的热振动加强,强化了离子间的相互极化作用。不仅金属氧化物可进一步分解成金属单质,而且在高温下 SO_3 也可能分解。例如:

$$4Ag_2SO_4\xlongequal{\triangle}8Ag+2SO_3\uparrow+2SO_2\uparrow+3O_2\uparrow$$

若阳离子有还原性,则分解过程中可能将 SO_3 部分还原。例如:

$$2FeSO_4 \xlongequal{\triangle} Fe_2O_3 + SO_3\uparrow + SO_2\uparrow$$

各种硫酸盐的热稳定性差别很大，这与阳离子的电荷、半径及电子构型有关，因为这些因素影响阳离子的极化能力。

同族且金属氧化数相同的硫酸盐，热分解温度从上到下升高，因为阳离子的半径增大，极化能力减弱。例如：

	$MgSO_4$	$CaSO_4$	$SrSO_4$
分解温度/℃	895	1149	1374

若同一金属元素能形成几种硫酸盐，则高氧化数的金属硫酸盐的分解温度低，因为金属的电荷高，极化能力强。例如：

	$Mn_2(SO_4)_3$	$MnSO_4$
分解温度/℃	300	755

若金属阳离子的电荷相同、半径相近，则8电子构型比18电子构型的阳离子硫酸盐的分解温度高，因为前者有效电荷低，极化能力弱。例如：

	$CaSO_4$	$CdSO_4$
分解温度/℃	1149	816

硫酸盐分解温度的变化规律基本符合离子极化理论。

9.8.4 焦硫酸及其盐

焦硫酸($H_2S_2O_7$)是无色晶体。它可以看作2分子H_2SO_4之间脱去1分子H_2O所得的产物：

$$\mathrm{H{-}O{-}\overset{\overset{O}{\|}}{\underset{\underset{O}{\|}}{S}}{-}O{-}\boxed{H\quad H{-}O}{-}\overset{\overset{O}{\|}}{\underset{\underset{O}{\|}}{S}}{-}O{-}H \longrightarrow H{-}O{-}\overset{\overset{O}{\|}}{\underset{\underset{O}{\|}}{S}}{-}O{-}\overset{\overset{O}{\|}}{\underset{\underset{O}{\|}}{S}}{-}O{-}H + H_2O}$$

焦硫酸遇水缓慢反应又生成H_2SO_4：

$$H_2S_2O_7 + H_2O = 2H_2SO_4$$

焦硫酸比浓硫酸有更强的氧化性、吸水性和腐蚀性。它还是良好的磺化剂，工业上用于制造某些染料、炸药和其他有机磺酸化合物。

固态硫酸酸式盐受强热脱水生成焦硫酸盐。例如：

$$2KHSO_4 \xlongequal{\triangle} K_2S_2O_7 + H_2O$$

因此，在某些实验中可用$KHSO_4$代替$K_2S_2O_7$。

焦硫酸钾($K_2S_2O_7$)是最有实际意义的焦硫酸盐，它是白色片状固体，熔点约为325 ℃。焦硫酸盐的重要作用是熔矿，某些难溶的碱性或两性氧化物(如Fe_2O_3、Al_2O_3、Cr_2O_3、TiO_2等)与$K_2S_2O_7$或$KHSO_4$共熔时，可转变成可溶性硫酸盐。例如：

$$Fe_2O_3 + 3K_2S_2O_7 \xlongequal{共熔} Fe_2(SO_4)_3 + 3K_2SO_4$$

$$Al_2O_3 + 3K_2S_2O_7 \xlongequal{共熔} Al_2(SO_4)_3 + 3K_2SO_4$$

这是分析化学中处理难溶试样的一种重要方法。

9.8.5　硫代硫酸钠

将S粉溶于沸腾的亚硫酸钠溶液中,或将Na_2S和Na_2CO_3以2∶1的物质的量之比配成溶液再通入SO_2等制备方法都能得到硫代硫酸钠。$Na_2S_2O_3 \cdot 5H_2O$又称海波或大苏打。

$$Na_2SO_3 + S = Na_2S_2O_3$$

$$2Na_2S + Na_2CO_3 + 4SO_2 = 3Na_2S_2O_3 + CO_2\uparrow$$

$$2NaHS + 4NaHSO_3 = 3Na_2S_2O_3 + 3H_2O$$

$$2Na_2S + 3SO_2 = 2Na_2S_2O_3 + S\downarrow$$

硫代硫酸钠是无色透明的结晶,易溶于水,其水溶液显弱碱性。硫代硫酸钠在中性、碱性溶液中很稳定,在酸性溶液中迅速分解。

$$Na_2S_2O_3 + 2HCl = 2NaCl + S\downarrow + SO_2\uparrow + H_2O$$

硫代硫酸钠是一种中等强度的还原剂。当与碘反应时,它被氧化为连四硫酸钠;与氯气、溴等反应时,被氧化为硫酸盐。因此,硫代硫酸钠可作为脱氯剂。

$$2Na_2S_2O_3 + I_2 = Na_2S_4O_6 + 2NaI$$

$$Na_2S_2O_3 + 4Cl_2 + 5H_2O = 2H_2SO_4 + 2NaCl + 6HCl$$

$S_2O_3^{2-}$可看成SO_4^{2-}中的一个O原子被S原子取代的产物,但$S_2O_3^{2-}$中的两个S原子在结构上所处的位置是不同的。它与SO_4^{2-}具有相似的四面体构型。$S_2O_3^{2-}$中S的平均氧化数为+2。

$S_2O_3^{2-}$有强的配位能力,与一些金属离子(如Ag^+、Cd^{2+}等)形成稳定的配合物。它可以利用S端(单齿)或O端(双齿)与金属离子配位,生成配合物。

$$2S_2O_3^{2-} + Ag^+ = [Ag(S_2O_3)_2]^{3-}$$

黑白照相底片上未曝光的溴化银在定影液中由于形成上述配离子而溶解。

硫代硫酸钠的主要用途是在化工生产中用作还原剂、棉织物漂白后的脱氯剂、照相行业的定影剂,另外还用于电镀、鞣革等。

[化学博览]

石　墨　烯

石墨烯(graphene)是2004年由英国曼彻斯特大学物理学家安德烈·海姆(Andre Geimand)和康斯坦丁·诺沃肖洛夫(Konstantin Novoselov)制备出来的。两位科学家利用一种特殊的透明胶带对普通石墨片层进行微机械剥离时,第一次获得独立存在的单层或多层石墨烯。两人因"研究二维石墨烯材料的开创性实验"而共同获得2010年的诺贝尔物理学奖。石墨烯是一种二维晶体材料,实为石墨单层,其厚度只有一个原子直径。石墨烯是世界上目前已知最薄、最坚硬、导电导热性能最强的一种新型纳米材料,故被称为"黑金"。又因其非常适合作为透明电子产品的原料,被冠以"新材料之王"的美称。

石墨烯由单层C原子构成,每个C原子以sp^2杂化轨道(s、p_x、p_y)和相邻的3个C原子连接形成三个等距离的σ键,由此C原子以六元环形式连接成片。C—C键长为0.142 nm,键角为120°。层内每个C原子未参加杂化的p轨道(各有1个电子)彼此平行重叠形成离域大π键,离域大π键与石墨烯层平面垂直。离域π电子可以在整个石墨烯晶体平面内自由移动,因而石墨烯具有良好的导电性。石墨烯中既有σ键又有π键，C—C键的强度很大，因此石墨烯有很强的力学性能。

石墨烯的结构特征使其具有奇特的物理性质和化学性质。对石墨烯的改性一直是科技界研究的热点。2017年，21岁的中国学生曹原在美国麻省理工学院攻读博士学位期间，推测当叠在一起的两层石墨烯彼此发生轻微偏移时，材料会发生剧变。当时国际上诸多有名望的物理学家对此都心存怀疑。面对物理前辈们的质疑，曹原唯一能做的就是用实验事实来证明自己的设想。不知经历了多少不眠之夜，在一次实验中曹原将两层石墨烯以1.1°的角度旋转，在温度降低至1.7 K(−271.45 ℃)时奇迹终于出现，双层石墨烯材料表现出超导现象：零电阻、完全抗磁性。石墨烯发生了从绝缘体向超导体的转变！从此，敲开了石墨烯非常规超导的大门。2018年3月，曹原以第一作者身份在《Nature》期刊上连续发表了两篇相关的论文，他的发现让学界认识到简单的旋转就能让C原子薄膜进入复杂的电子态。如今许多物理学家在其他扭转的二维材料上探索，希望通过曹原的"魔角"石墨烯现象来揭开复杂材料高温超导的奥秘。曹原的导师Jarillo-Hereero说，曹原动手能力超强，他的实验技巧至关重要，"他是个修补匠"。

曹原因在石墨烯超导领域的重大发现，引来世界各国科学界抛出的橄榄枝，美国也向曹原发出邀请，希望他加入美国国籍。对此诱惑，24岁的曹原坚持保留中国籍。他说："美国绿卡算什么？我是中国人，我要留在中国！"可谓当今留学生中的一股清流，堪称当代的"钱学森"。

习　题

1. 试写出$BeCl_2 \cdot 4H_2O$、$MgCl_2 \cdot 6H_2O$、$CaCl_2 \cdot 6H_2O$、$FeCl_3 \cdot 6H_2O$受热脱水的反应方程式。

2. 用离子极化的观点说明碳酸盐的热稳定性变化规律。

3. 什么是氢键？什么是氢桥键？它们有什么不同？

4. 试解释下列现象。

(1) I_2溶解在CCl_4中得到紫色溶液，而溶解在乙醚中得到红棕色溶液；

(2) I_2难溶于水，却易溶于KI溶液中；

(3) 纯H_2SO_4是共价型化合物，可是有较高的沸点(384 ℃)；

(4) 不存在BH_3而只存在其二聚体B_2H_6，BCl_3却不能形成二聚体；

(5) $Mg(OH)_2$和$MgCO_3$均可溶于NH_4Cl饱和溶液；

(6) CCl_4遇水不发生水解，$SiCl_4$却容易水解；

(7) NF_3和NCl_3空间构型相同，但NF_3比NCl_3稳定；

(8) AlF_3的沸点高达1 290℃，而$AlCl_3$的沸点只有160℃。

5. 在实验室中，应如何配制$SbCl_3$和$Bi(NO_3)_2$溶液？

6. 为何在配制$SnCl_2$溶液时须加入盐酸及锡粒？否则会发生哪些反应？试写出反应方程式。

7. 马氏试砷法在法医、防疫检验中有重要应用。简述其基本原理及注意事项。

8. 油画放置久后，为什么会发暗、发黑？如何使油画复新？

9. 何谓缺电子化合物？举例说明缺电子化合物的特性及用途。

10. 硼烷(B_2H_6)和乙烷(C_2H_6)在结构上有哪些差异？

11. 硼酸与石墨均为层状晶体，试比较它们结构的异同。

12. $BaCl_2$是毒性很大的化合物，其毒性来自Ba^{2+}。为什么$BaSO_4$还可用于检查人体肠胃的X射线透视造影的钡餐？

13. H_3PO_2、H_3PO_3、H_3PO_4和$H_4P_2O_7$各为几元酸？试画出它们的分子结构示意图。

14. 利用 Pauling 规则或 R—O—H 规律,判断下列各组含氧酸的酸性相对强弱。

(1) $HClO$、$HClO_2$、$HClO_3$、$HClO_4$;

(2) H_4SiO_4、H_3PO_4、H_2SO_4、$HClO_4$;

(3) $HClO$、$HBrO$、HIO。

15. 画出 HNO_3的分子结构示意图,指出分子内化学键类型,说明 HNO_3为什么不稳定。

16. SO_2和 Cl_2的漂白机理有什么不同?

17. 举例说明什么是惰性电子对效应,并分析产生惰性电子对效应的原因。

18. 什么叫硼砂珠实验?在焊接金属时,使用硼砂的作用是什么?

19. 试述磷中毒及磷火烧伤的救治方法。

20. 选用 $NaBiO_3$和$(NH_4)_2S_2O_8$为氧化剂,在酸性条件下将 Mn^{2+} 氧化为 MnO_4^-,应当如何选择反应条件?

21. 举例说明硝酸盐热分解的规律。

22. 完成并配平下列反应方程式。

(1) $CaH_2+H_2O \longrightarrow$

(2) $Na_2O_2+CO_2 \longrightarrow$

(3) $H_3BO_3+HOCH_2CH_2OH \longrightarrow$

(4) $BBr_3+H_2O \longrightarrow$

(5) $SiO_2+HF \longrightarrow$

(6) $SnCl_2+HgCl_2 \longrightarrow$

(7) $SnCl_2+FeCl_3 \longrightarrow$

(8) $PbS+HNO_3 \longrightarrow$

(9) $PbO_2+HCl \longrightarrow$

(10) $Na_2[Sn(OH)_4]+Bi(NO_3)_2 \longrightarrow$

23. 解释下列事实,写出必要的反应方程式。

(1) 用 HNO_3和 Pb_3O_4作用证明铅的不同氧化数;

(2) Na_2S溶液和空气接触时间长了会出现混浊而且溶液呈黄色;

(3) $SnCl_4$在潮湿的空气中放置后溶液变混浊;

(4) Sn 分别与 Cl_2和 HCl 作用,产物不同;

(5) 由硼砂制备硼酸;

(6) 加热条件下,用 MnO_2与浓盐酸作用制取 Cl_2;

(7) 在消防队员的空气背包中,超氧化钾既是空气净化剂又是供氧剂;

(8) 硫代硫酸钠可作为 Cl_2的解毒剂;

(9) 不能用浓硫酸和 KI 制备 HI 气体;

(10) 用 NH_3可以检测 Cl_2管道的泄漏。

24. 在 Fe^{3+} 溶液中加入 I^- 溶液时,有何现象出现?在 Fe^{3+} 溶液中,加入 F^- 溶液后再加入 I^- 溶液,又有何现象出现?解释所发生的现象,并写出有关的反应方程式。

25. 用浓硝酸处理青铜(铜锡合金)试样 0.548 2 g,Cu 溶于 HNO_3中,而 Sn 以锡酸形式沉淀出来,反应式如下:

$$3Sn+4HNO_3+H_2O = 3H_2SnO_3+4NO\uparrow$$

将沉淀滤出、灼烧,称量得到 0.147 8 g 的 SnO_2。

$$H_2SnO_3 = SnO_2+H_2O$$

计算青铜中 Cu 和 Sn 的质量分数。

26. 有一种钠盐 A,可溶于水,加入稀盐酸后有刺激性气体 B 和黄色沉淀 C 同时产生,气体 B 能使 $KMnO_4$溶液退色,通 Cl_2于 A 中有 D 生成,D 遇 $BaCl_2$溶液即产生白色沉淀 E。A、B、C、D、E 各为何物?写出各步反应式。

第 10 章　过渡元素(1)

10.1　过渡元素概述

过渡元素(transition element)包括周期表ⅠB～ⅦB、Ⅷ族元素(不包括镧系元素和锕系元素)。过渡元素因位于长式元素周期表中 s 区元素和 p 区元素之间，即典型金属元素和典型非金属元素之间而得名。

关于过渡元素的范围，也有其他不同的划分方法。有人认为，过渡元素只包括原子次外层 d 轨道未填满电子的ⅢB～ⅦB、Ⅷ族元素，而ⅠB、ⅡB 族元素的原子次外层 d 轨道有 10 个电子，处于全充满状态，因此，过渡元素不应该包括ⅠB、ⅡB 族元素。

过渡元素都是金属，通常称为过渡金属。按不同周期将过渡元素划分为下列四个过渡系：

第一过渡系——第四周期过渡元素从 Sc 到 Zn；

第二过渡系——第五周期过渡元素从 Y 到 Cd；

第三过渡系——第六周期过渡元素(不包括镧系元素)；

第四过渡系——第七周期过渡元素(不包括锕系元素)。

本章将重点介绍第一过渡系 Ti、V、Cr 和 Mn 这 4 种元素，并适当介绍我国的丰产元素 Mo 和 W 等。钪族元素与镧系元素性质相近，在自然界中共生，通常将钪族元素与镧系元素放在一起讨论。

10.1.1　过渡元素原子的特征

过渡元素的原子结构特点是原子最外层一般只有 1～2 个 s 电子(Pd 例外)，次外层分别有 1 ～ 10 个 d 电子。过渡元素价电子组态为$(n-1)d^{1\sim10}ns^{1\sim2}$(Pd 为 $5s^0$)。

与同周期ⅠA、ⅡA 族元素相比，过渡元素的原子半径一般比较小。过渡元素的原子半径随原子序数呈周期性变化的情况如图 10-1 所示。

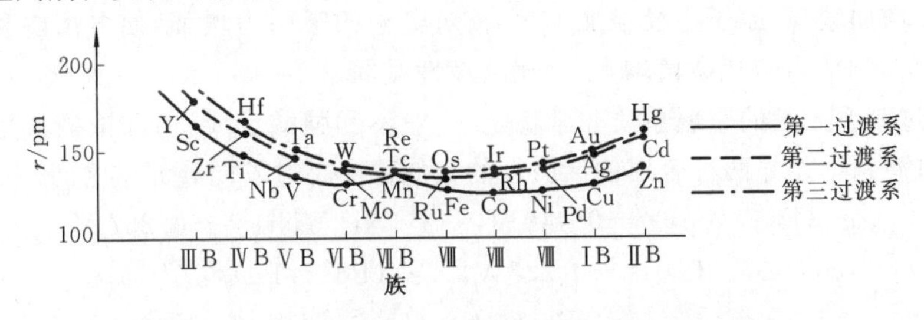

图 10-1　过渡元素的原子半径随原子序数呈周期性变化

由图 10-1 可见，同周期过渡元素的原子半径随着原子序数的增加而缓慢地依次减小，到铜族前后原子半径又稍有增大。这是由于电子逐一填充到次外层的 d 轨道中，这些增加的电子处于次外层，有着较强的屏蔽作用，使有效核电荷增加不明显，从而使原子半径变化不大；ⅠB和ⅡB族次外层为 d^{10} 电子组态，屏蔽作用更强，因此，原子半径略有增大。

同族过渡元素的原子半径除部分元素外，自上而下随着原子序数的增加而增大。但是，第二过渡系元素与第三过渡系元素原子半径比较接近，甚至有的相等，这主要是镧系收缩导致的结果。

10.1.2 单质的物理性质

过渡金属外观多呈银白色或灰白色，有光泽。除 Sc 和 Ti 属轻金属外，其余均属重金属。其中Ⅷ族元素 Os、Ir、Pt 是典型的重金属。

过渡元素的单质(除ⅡB 族外)大多为熔点高、沸点高、密度大、硬度大、导电性和导热性良好的金属。其中熔点最高的单质是 W，密度最大的单质是 Os，硬度最大的金属是 Cr，导电性最好的单质是 Ag。造成这种特性的原因，一般认为是过渡金属的原子半径较小，采取紧密堆积方式，金属原子间除了有 s 电子外，还有部分 d 电子参与成键，故过渡金属原子除有金属键外，还有部分共价键，从而导致原子间结合牢固。

10.1.3 金属活泼性

过渡金属在水溶液中的活泼性，可根据标准电极电势$\varphi^{\ominus}$来判断。第一过渡系金属元素的标准电极电势见表 10-1。

表 10-1 第一过渡系金属元素的标准电极电势

元素	$\varphi^{\ominus}(M^{2+}/M)/V$	可溶该金属的酸	元素	$\varphi^{\ominus}(M^{2+}/M)/V$	可溶该金属的酸
Sc		各种酸	Fe	−0.44	稀 HCl、H_2SO_4等
Ti	−1.63	热 HCl、HF	Co	−0.277	缓慢溶解在稀 HCl 中
V	−1.13	HNO_3、HF、浓 H_2SO_4	Ni	−0.257	稀 HCl、H_2SO_4等
Cr	−0.74	稀 HCl、H_2SO_4	Cu	+0.340	HNO_3、热浓 H_2SO_4
Mn	−1.18	稀 HCl、H_2SO_4等	Zn	−0.762 6	稀 HCl、H_2SO_4等

由表 10-1 可看出，第一过渡系金属元素除 Cu 外，$\varphi^{\ominus}(M^{2+}/M)$均为负值，其金属单质可从非氧化性酸中置换出 H_2。另外，同一周期元素从左到右，$\varphi^{\ominus}(M^{2+}/M)$值总的变化趋势是逐渐增大，其活泼性逐渐减弱。$\varphi^{\ominus}(Cu^{2+}/Cu)$代数值在同周期元素中是最大的。

除ⅢB 族外，同族过渡金属的活泼性都是从上到下逐渐减弱。这是由于同族元素从上到下有效核电荷增加较多，原子半径增加不大，核对电子的吸引力增强，使电离能和升华焓增加显著，相应的$\varphi^{\ominus}(M^{2+}/M)$代数值增大，金属活泼性减弱。

第二、三过渡系元素的金属单质非常稳定，一般不和强酸反应，但和浓碱或熔融碱可发生反应。第一过渡系中相邻两种金属的活泼性的相似程度超过了同族元素之间。例如：

$$\varphi^{\ominus}(Fe^{2+}/Fe)=-0.440\ V,\quad \varphi^{\ominus}(Ni^{2+}/Ni)=-0.257\ V$$

$$\varphi^{\ominus}(Co^{2+}/Co)=-0.227\ V,\quad \varphi^{\ominus}(Pd^{2+}/Pd)=0.915\ V$$

$$\varphi^{\ominus}(Pt^{2+}/Pt)=1.188\ V$$

10.1.4 氧化数

过渡元素的显著特征之一是具有多种氧化数。过渡元素除最外层 s 电子可以参与成键外，次外层 d 电子也可以部分或全部参与成键，形成多种氧化数。过渡元素相邻两个氧化数间的差值大多为 1，因此可以说过渡元素的氧化数变化是连续的。例如，Mn 的常见氧化数有

+2、+3、+4、+5、+6、+7 等。第一过渡系元素的主要氧化数列于表 10-2 中。

表 10-2　第一过渡系元素的主要氧化数

族	ⅢB	ⅣB	ⅤB	ⅥB	ⅦB	Ⅷ			ⅠB	ⅡB
元素	Sc	Ti	V	Cr	Mn	Fe	Co	Ni	Cu	Zn
主要氧化数	(+2)			+2	$\underline{+2}$	$\underline{+2}$	$\underline{+2}$	$\underline{+2}$	$\underline{+1}$	$\underline{+2}$
	$\underline{+3}$	$\underline{+3}$	$\underline{+3}$	$\underline{+3}$	+3	$\underline{+3}$	+3	(+3)	$\underline{+2}$	
		$\underline{+4}$	+4		$\underline{+4}$					
			$\underline{+5}$							
				$\underline{+6}$	$\underline{+6}$					
					$\underline{+7}$					

注：表中有下画线的数字是稳定的氧化数，有括号的表示不稳定的氧化数。

由表 10-2 可知，第一过渡系元素随着原子序数的增加，最高氧化数是逐渐升高的，当 3d 轨道中电子数超过 5 时，最高氧化数又逐渐降低。

第二、三过渡系元素从左向右，其最高氧化数变化规律与第一过渡系元素是一致的。但这些元素的最高氧化数化合物是稳定的，低氧化数化合物不常见。

一般认为，过渡元素的高氧化数化合物的氧化性比其低氧化数化合物的氧化性强。过渡元素与非金属元素形成二元化合物时，往往只有电负性较大、阴离子难被氧化的非金属元素(O 或 F)才能与它们形成高氧化数的二元化合物，如 Mn_2O_7、CrF_6等。而电负性较小、阴离子易被氧化的非金属(如 I、Br、S 等)，则难与它们形成高氧化数的二元化合物。在它们的高氧化数化合物中，以其含氧酸盐较稳定。这些元素在含氧酸盐中，以含氧酸根离子形式存在，如 MnO_4^-、CrO_4^{2-}、VO_4^{3-} 等。

过渡元素大都有简单的 M^{2+} 和 M^{3+}，这些离子的氧化性一般不强(Co^{3+}、Ni^{3+} 和 Mn^{3+} 除外)，因此都能与多种酸根离子形成盐类。

过渡元素还能形成氧化数为+1、0、-1 和 -2 的化合物。例如，在$[Mn(CO)_5]Cl$中 Mn 的氧化数为+1，在$[Mn(CO)_5]$中 Mn 的氧化数为 0，在$Na[Mn(CO)_5]$中 Mn 的氧化数为-1。这类化合物都是羰基配合物或羰基配合物的衍生物。

10.1.5　化合物的颜色

过渡元素的另一特征是它们所形成的配离子大都具有颜色，这主要与过渡元素离子的 d 轨道未填满电子，易发生 d-d 跃迁有关。同一中心原子与不同配体形成配合物时，由于配体对形成体的晶体场的强度不同，则 d-d 跃迁时所需的能量也不同，配合物吸收和透过的光也不同，因此配合物具有不同的颜色。第一过渡系元素低氧化数水合离子的颜色如表 10-3 所示。

表 10-3　第一过渡系金属低氧化数水合离子的颜色

d 电子	水合离子	水合离子的颜色	d 电子	水合离子	水合离子的颜色
d^0	$[Sc(H_2O)_6]^{3+}$	无色(溶液)	d^5	$[Fe(H_2O)_6]^{3+}$	淡紫色
d^1	$[Ti(H_2O)_6]^{3+}$	紫色	d^6	$[Fe(H_2O)_6]^{2+}$	淡绿色
d^2	$[V(H_2O)_6]^{3+}$	绿色	d^6	$[Co(H_2O)_6]^{3+}$	蓝色
d^3	$[Cr(H_2O)_6]^{3+}$	紫色	d^7	$[Co(H_2O)_6]^{2+}$	粉红色
d^3	$[V(H_2O)_6]^{2+}$	紫色	d^8	$[Ni(H_2O)_6]^{2+}$	绿色
d^4	$[Cr(H_2O)_6]^{2+}$	蓝色	d^9	$[Cu(H_2O)_6]^{2+}$	蓝色

续表

d电子	水合离子	水合离子的颜色	d电子	水合离子	水合离子的颜色
d^4	$[Mn(H_2O)_6]^{3+}$	红色	d^{10}	$[Zn(H_2O)_6]^{2+}$	无色
d^5	$[Mn(H_2O)_6]^{2+}$	淡红色			

由表10-3可以看出，d^0和d^{10}电子组态的中心离子形成的配合物，在可见光照射下不发生d-d跃迁，如$[Sc(H_2O)_6]^{3+}(d^0)$、$[Zn(H_2O)_6]^{2+}(d^{10})$均为无色。

对于某些含氧酸根离子如MnO_4^-(紫色)、CrO_4^{2-}(黄色)、VO_4^{3-}(淡黄色)，它们中的金属元素均处于最高氧化数，Mn、Cr和V的形式电荷分别为+7、+6和+5，即表示为Mn^{7+}、Cr^{6+}和V^{5+}，它们均为d^0电子组态，其对应的含氧酸根离子应该为无色，其呈现颜色是由电荷迁移引起的。例如，MnO_4^-的紫色是由于$O^{2-} \rightarrow Mn^{7+}$电子跃迁(p-d跃迁)的吸收峰在可见光区18 500 cm^{-1}处。

10.1.6 金属配合物

过渡金属的明显特征是能形成多种多样的配合物。这是由于过渡金属的原子或离子具有接受孤对电子的空轨道，它们的$(n-1)$d与ns、np轨道能量接近，ns、np、nd轨道能量也接近，均容易形成各种杂化轨道，而且过渡金属的离子一般具有较高的电荷和较小的半径，极化力强，对配体有较强的吸引力。因此，过渡金属具有很强的形成配合物的倾向。

10.1.7 配合物的磁性

物质的磁性主要由成单电子的自旋运动和电子绕核的轨道运动产生。在过渡金属的配合物中，轨道运动对磁矩的贡献被周围配位原子的电场抑制，发生冻结，几乎完全消失，而自旋运动不受电场影响(受磁场影响)，可以认为，磁矩主要由电子的自旋运动贡献。配合物的磁性主要取决于其形成体(中心离子或原子)的未成对电子数，大多数过渡金属元素的原子或离子可作为配合物的形成体。形成体的未成对电子越多，则磁矩μ值也越大(见表10-4)。

表10-4 未成对d电子数与物质磁性的关系

离子	d电子数	未成对d电子数	磁矩μ/B. M.(估算值)
Ti^{3+}	1	1	1.73
V^{3+}	2	2	2.83
Cr^{3+}	3	3	3.87
Mn^{2+}	5	5	5.92
Fe^{2+}	6	4	4.90
Co^{2+}	7	3	3.87
Ni^{2+}	8	2	2.83
Cu^{2+}	9	1	1.73

10.1.8 非整比化合物

过渡元素的另一个特点是易形成非整比(或称为非化学计量)化合物(nonstoichiometric compounds)。非整比化合物的化学组成不定，可在一个较小的范围内变动，而又保持基本结构不变。例如，1 000 ℃下FeO的组成实际在$Fe_{0.89}O$到$Fe_{0.96}O$之间变动。在FeO晶体中，

O^{2-}按立方密堆积排列，而Fe^{2+}在八面体空穴内，当Fe^{2+}未占满所有空穴时，为了保持电中性，附近的空穴被 2 个Fe^{3+}所占据(见图 10-2)。

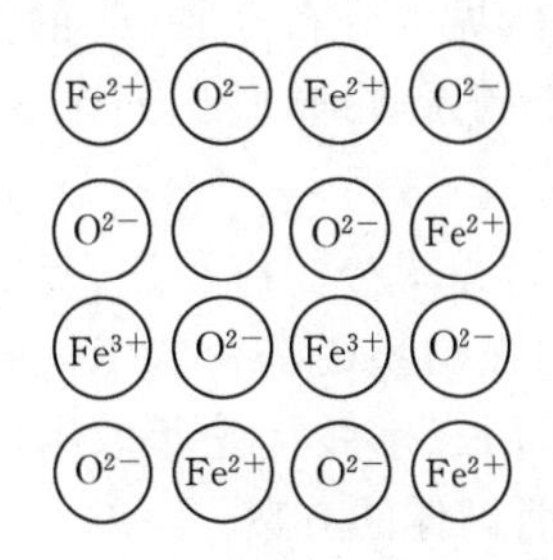

图 10-2　由于缺少阳离子而引起的非化学计量缺陷

非整比化合物属于缺陷化合物，是固体化学的核心。近年来发现非整比化合物在许多方面都有应用，如作为固体电解质(ZrO_2、HfO_2)用于各类化学电源和电化学器件中，用作半导体(ZnO、Cu_2O)以及超导体($YBaCu_3O_{7-x}$，$x \leqslant 0.1$)材料等。

10.2　钛族、钒族元素

10.2.1　钛族、钒族元素概述

钛族位于周期表ⅣB 族，包括 Ti、Zr、Hf、Rf 4 种元素；钒族(ⅤB 族)包括 V、Nb、Ta、Db 4 种元素。其中 Rf、Db 为人工合成的放射性元素。

1. Ti、Zr、Hf

1) Ti

由于在自然界中分布较分散且提取困难，Ti 一直被认为是一种稀有金属，实际上 Ti 在地壳中含量是比较丰富的。Ti 在地壳中的丰度在所有元素中居第 9 位。

码 10.1　知识拓展

Ti 的主要矿物有金红石(TiO_2)、钛铁矿($FeTiO_3$)以及钒钛铁矿等。我国 Ti 资源丰富，四川攀枝花地区有大量的钒钛铁矿，该地区TiO_2储量占全国储量的 92%以上。世界上已探明的 Ti 储量中，我国约占一半。

Ti 是银白色金属，其熔点较高，密度($4.506\ g \cdot cm^{-3}$)比钢小，约为 Fe 的一半，但其具有类似于钢的很高的机械强度。Ti 的表面易形成一层致密的氧化物保护膜，使其具有优良的抗腐蚀性，尤其是对海水的抗腐蚀性很强。

在室温下，Ti 对空气和水十分稳定。Ti 能缓慢地溶于浓盐酸或热的稀盐酸中生成Ti^{3+}。热的浓硝酸也能与 Ti 缓慢地反应生成二氧化钛的水合物$TiO_2 \cdot nH_2O$。

在高温下，Ti 能与许多非金属反应，如与氧、氯作用分别生成TiO_2和$TiCl_4$。

由于 Ti 具有质轻、隔热、坚固等优良特性，因此，Ti 具有广泛的重要用途。例如，利用钛合金制造超音速飞机、潜艇以及海洋化工设备等。此外，Ti 与生物体组织有很好的相容性，可代替损坏的骨头用于接骨和制造人工关节。由纯 Ti 制造的义齿是其他金属材料无法比拟的，所以 Ti 又被称为“生物金属”。Ti 将成为继 Fe、Al 之后应用广泛的第三金属。

总之，钛密度小，强度高，抗酸碱腐蚀，有记忆性和生物相容性，在地壳中储量高，是很有发展前景的结构材料。因此,钛也被誉为“21世纪金属”。

2) Zr 和 Hf

码 10.2 知识拓展

Zr 和 Hf 是稀有金属。Zr 在自然界中分布分散,Zr 的主要矿物有锆英石($ZrSiO_4$)。Hf 常与 Zr 共生,由于镧系收缩,它们的化学性质极为相似,因此分离十分困难。

Zr 与 Hf 的分离早期采用分步结晶或分步沉淀法,目前主要应用离子交换和溶剂萃取等方法。例如,利用强碱型酚醛树脂 $R—N(CH_3)_3^+Cl^-$ 阴离子交换剂,可达到满意的分离效果。在溶剂萃取中,用三辛胺优先萃取锆的硫酸盐配合物,最后获得的ZrO_2含 Hf 低于 0.006%,这被认为是目前最佳的方案。

Zr 是反应堆核燃料元件的外壳材料,也是耐腐蚀材料。Zr 在反应堆中用作控制棒。

2. V、Nb、Ta

1) V

V 的重要矿石除钒钛铁矿外,还有钒钾铀矿、钒酸铅矿等。我国钒矿储量虽居世界首位,但其中 91%是伴生的,回收率低。

V 是银白色金属,其硬度比钢大,主要用于制造钒钢。钒钢具有强度大、弹性好、抗磨损、抗冲击等优点,广泛用于汽车和飞机制造业等。近年来的研究发现,V 的某些化合物具有重要的生理功能,如葡萄糖的代谢、牙齿和骨骼的矿化、胆固醇的生物合成等都与 V 有相当密切的关系,这充分显示出钒化学的重要性。

V 在空气中是稳定的,常温下不与碱及非氧化性的酸作用,但能溶解于浓硝酸和王水中。加热时 V 能与浓硫酸和氢氟酸发生作用,也能与大部分非金属反应。V 与氧、氟可直接反应生成 V_2O_5、VF_5,与氯反应仅生成 VCl_4,与溴、碘反应则生成 VBr_3、VI_3。

2) Nb 和 Ta

Nb 和 Ta 是我国重要的丰产元素。Nb 和 Ta 在自然界中总是共生的。共生矿物若以 Nb 为主,称为铌铁矿;若以 Ta 为主,称为钽铁矿。和 Zr 与 Hf 类似,Nb、Ta 由于半径相近,性质非常相似,因此,分离比较困难。

Nb 是某些硬质钢的组分元素,特别适宜制造耐高温钢。由于 Ta 的低生理反应性和不被人体排斥,它常用于制作修复严重骨折所需的金属板材以及缝合神经的丝和箔等。

10.2.2 钛的重要化合物

钛(Ti)原子的价电子组态为 $3d^24s^2$,Ti 可以形成最高氧化数为+4 的化合物,此外还可以形成氧化数为+3、+2、0、−1 的化合物。其中 Ti 的氧化数为+4 的化合物最重要。

1. Ti(Ⅳ)的化合物

在 Ti(Ⅳ)的化合物中,比较重要的是 TiO_2、$TiOSO_4$和 $TiCl_4$。通常先从钛矿石制取 Ti 的这些化合物,再以它们为原料来制取 Ti 的其他化合物。

1) TiO_2

TiO_2在自然界中有三种晶型:金红石、锐钛矿和板钛矿。其中最重要的为金红石,由于其含有少量的 Fe、Nb、Ta、V 等而呈红色或黄色。金红石的硬度高,化学性质稳定。

纯 TiO_2为难熔的白色固体,受热后变成黄色,再冷却又变成白色。

TiO_2难溶于水,是两性(以碱性为主)氧化物,由 Ti(Ⅳ)溶液与碱反应所制得的 TiO_2(实际为水合物)可溶于浓硫酸和浓 NaOH 溶液,分别生成 $TiOSO_4$和Na_2TiO_3:

$$TiO_2 + H_2SO_4(浓) = TiOSO_4 + H_2O$$
$$TiO_2 + 2NaOH(浓) = Na_2TiO_3 + H_2O$$

由于 Ti^{4+} 电荷多、半径小，极易水解，因此 Ti(Ⅳ)溶液中不存在 Ti^{4+}。TiO_2 可看作由 Ti^{4+} 二级水解产物脱水而形成的。TiO_2 也可与碱共熔，生成偏钛酸盐。此外，TiO_2 还可溶于氢氟酸中：

$$TiO_2 + 6HF \xlongequal{\triangle} [TiF_6]^{2-} + 2H^+ + 2H_2O$$

TiO_2 的化学性质不活泼，且覆盖能力强、折射率高，在工业上可用作白色涂料，俗称“钛白”。

码 10.3　知识拓展

TiO_2 兼有锌白(ZnO)的持久性和铅白[$Pb_2(OH)_2CO_3$]的遮盖性，是高档白色颜料，其突出的优点是无毒，在高级化妆品中用作增白剂。TiO_2 也用作高级铜版纸的表面覆盖剂，还用于生产增白尼龙。

在陶瓷中加入 TiO_2 可提高陶瓷的耐酸性。TiO_2 粒子具有半导体性能，且以其无毒、廉价、催化活性高、稳定性好等特点，成为目前多相光催化反应最常用的半导体材料。

此外，TiO_2 也用作乙醇脱水、脱氢的催化剂。世界上钛矿开采量的 90% 以上是用于生产钛白的。钛白的制备方法随其用途而异。

工业上生产 TiO_2 的方法主要有硫酸法和氯化法。目前我国生产 TiO_2 主要用硫酸法，即用钛铁矿($FeTiO_3$)与浓 H_2SO_4 作用制得 $TiOSO_4$，然后用热水水解 $TiOSO_4$ 可得到 $TiO_2 \cdot nH_2O$，加热 $TiO_2 \cdot nH_2O$ 可得到 TiO_2。

2) 钛酸盐和钛氧盐

TiO_2 是两性氧化物，可形成两个系列的盐——钛酸盐和钛氧盐。

钛酸盐大都难溶于水。$BaTiO_3$、$PbTiO_3$ 分别为白色、淡黄色固体，介电常数高，具有压电效应，是最重要的压电陶瓷材料(一种可以使电能和机械能相互转换的功能材料)，广泛用于光电技术和电子信息技术领域。

$BaTiO_3$ 主要通过“混合—预烧—球磨”流程大规模生产。

$$BaCO_3 + TiO_2 = BaTiO_3 + CO_2\uparrow$$

若要制备高纯度粉体或薄膜材料，一般采用溶胶-凝胶法。如制备 $BaTiO_3$，选用 $Ba(Ac)_2$ 和 $Ti(OC_4H_9)_4$，以乙醇为溶剂，先制成溶胶，在空气中储存，经加入(或吸收)适量水，发生水解-聚合反应变成凝胶，再经热处理可制得所需样品。

$TiOSO_4$ 为白色粉末，可溶于冷水。在溶液或晶体内实际上不存在简单的钛氧离子(TiO^{2+})，而是以 TiO^{2+} 聚合形成的链状形式存在。在晶体中这些长链彼此之间由 SO_4^{2-} 连接起来。

TiO_2 为两性氧化物，酸、碱性都很弱，对应的钛酸盐和钛氧盐都易水解，形成白色 H_2TiO_3 沉淀：

$$Na_2TiO_3 + 2H_2O = H_2TiO_3\downarrow + 2NaOH$$
$$TiOSO_4 + 2H_2O = H_2TiO_3\downarrow + H_2SO_4$$

3) $TiCl_4$

$TiCl_4$ 是钛最重要的卤化物。$TiCl_4$ 为共价型化合物(正四面体构型)，其熔点和沸点分别为 −23.2 ℃和 136.4 ℃，常温下为无色液体，易挥发，具有刺激气味，易溶于有机溶剂。

$TiCl_4$ 通常由 TiO_2、C 和 Cl_2 在高温下反应制得：

$$TiO_2+2C+2Cl_2 = TiCl_4+2CO$$

$TiCl_4$在潮湿空气中极易水解,将它暴露在空气中会冒烟:

$$TiCl_4+3H_2O = H_2TiO_3\downarrow+4HCl\uparrow$$

利用 $TiCl_4$的水解性,可以制作烟幕弹。

$TiCl_4$是制备钛的其他化合物的原料。利用氮等离子体,由 $TiCl_4$可制得仿金镀层 TiN:

$$2TiCl_4+N_2 = 2TiN+4Cl_2$$

$TiCl_4$也是有机聚合反应的催化剂。

2. Ti(Ⅲ)的化合物

Ti 的氧化数为+3 的化合物中,较重要的是三氯化钛($TiCl_3$)。在 500~800 ℃用 H_2还原干燥的气态 $TiCl_4$,可得 $TiCl_3$紫色粉末:

$$2TiCl_4+H_2 = 2TiCl_3+2HCl$$

在酸性溶液中,Ti 的标准电极电势图为

$$\varphi_A^\ominus/V \quad \underset{(无色)}{TiO^{2+}} \xrightarrow{0.1} \underset{(紫色)}{Ti^{3+}} \xrightarrow{-0.37} \underset{(深褐色)}{Ti^{2+}} \xrightarrow{-1.63} Ti$$

可见 Ti^{3+}有较强的还原性,它容易被空气中的 O_2氧化:

$$4Ti^{3+}+2H_2O+O_2 = 4TiO^{2+}+4H^+$$

在 Ti(Ⅳ)盐的酸性溶液中加入 H_2O_2,则生成较稳定的橙色配合物$[TiO(H_2O_2)]^{2+}$:

$$TiO^{2+}+H_2O_2 = [TiO(H_2O_2)]^{2+}$$

这一特征反应常用于比色法测定 Ti。

$TiCl_3$与 $TiCl_4$一样,均可作为某些有机合成反应的催化剂。

10.2.3 钒的重要化合物

钒(V)原子的价电子组态为 $3d^34s^2$。在 V 的化合物中,V 的最高氧化数为+5,V 还能形成氧化数为+4、+3、+2 的化合物,其中以氧化数为+5 的化合物较重要。V 的化合物都有毒。V 的某些化合物具有催化作用和生理功能。

1. V_2O_5

V_2O_5为橙黄色至砖红色固体,无味、有毒,微溶于水,其水溶液呈淡黄色并显酸性。

灼烧偏钒酸铵(NH_4VO_3)可生成 V_2O_5:

$$2NH_4VO_3 = V_2O_5+2NH_3+H_2O$$

工业上是以含钒铁矿熔炼钢时所获得的富钒炉渣(含 $FeO\cdot V_2O_3$)为原料制取 V_2O_5。

首先 $FeO\cdot V_2O_3$与纯碱反应:

$$4FeO\cdot V_2O_3+4Na_2CO_3+5O_2 = 8NaVO_3+2Fe_2O_3+4CO_2\uparrow$$

然后用水从烧结块中浸出 $NaVO_3$,再用酸中和至 pH=5~6 时加入硫酸铵,调节 pH=2~3,可析出六聚钒酸铵,最后设法将之转化为 V_2O_5。

V_2O_5为两性偏酸的氧化物,易溶于强碱(如 NaOH)溶液中,在冷的溶液中生成正钒酸盐,在热的溶液中生成偏钒酸盐:

$$V_2O_5+6OH^- = 2VO_4^{3-}+3H_2O$$

(正钒酸根,无色)

$$V_2O_5 + 2OH^- = 2VO_3^- + H_2O$$

（偏钒酸根，黄色）

在加热的情况下，V_2O_5 也能与 Na_2CO_3 作用生成偏钒酸盐。

V_2O_5 可溶于强酸（如 H_2SO_4），但得不到 V^{5+}，而是形成淡黄色的 VO_2^+：

$$V_2O_5 + 2H^+ = 2VO_2^+ + H_2O$$

V_2O_5 是较强的氧化剂，它能与盐酸反应产生氯气，V(Ⅴ)可被还原为 VO^{2+}：

$$V_2O_5 + 6H^+ + 2Cl^- = 2VO^{2+} + Cl_2\uparrow + 3H_2O$$

（蓝色）

V_2O_5 是接触法制取硫酸的催化剂，在它的催化作用下，SO_2 被氧化为 SO_3。它也是许多有机反应的催化剂。在石油化工中，V_2O_5 用作设备的缓蚀剂。

2. 钒酸盐

钒酸盐是从钒矿提取钒时的重要产物，也是制取钒的其他化合物的原料。钒酸盐的形式多种多样。钒酸盐有偏钒酸盐（M^IVO_3）、正钒酸盐（$M_3^IVO_4$）和多钒酸盐（$M_4^IV_2O_7$、$M_3^IV_3O_9$）等。

在一定条件下，向钒酸盐溶液中加酸，随着溶液 pH 值的逐渐减小，钒酸根离子会逐渐脱水，缩合为多钒酸根离子。pH 值越小，缩合程度越大。

$$VO_4^{3-} \longrightarrow \underbrace{V_2O_7^{4-} \longrightarrow V_3O_9^{3-} \longrightarrow H_2V_{10}O_{28}^{4-}} \longrightarrow VO_2^+$$

（正钒酸根离子）　　（多钒酸根离子）

钒酸盐在强酸性溶液中（以 VO_2^+ 形式存在）有氧化性。

在酸性溶液中 V 的标准电极电势图如下：

$$\varphi_A^\ominus/V \quad VO_2^+ \xrightarrow{1.000} VO^{2+} \xrightarrow{0.337} V^{3+} \xrightarrow{-0.255} V^{2+} \xrightarrow{-1.13} V$$

离子颜色　（黄色）　（蓝色）　（绿色）　（紫色）

VO_2^+ 具有较强的氧化性。用 SO_2（或亚硫酸盐）、草酸等很容易将 VO_2^+ 还原为 VO^{2+}：

$$2VO_2^+ + SO_3^{2-} + 2H^+ = 2VO^{2+} + SO_4^{2-} + H_2O$$

（钒酰离子）　　（亚钒酰离子）

$$2VO_2^+ + H_2C_2O_4 + 2H^+ = 2VO^{2+} + 2CO_2\uparrow + 2H_2O$$

VO^{2+} 的还原性较弱，只有用强氧化剂（如 $KMnO_4$）才能把 VO^{2+} 氧化为 VO_2^+：

$$5VO^{2+} + MnO_4^- + H_2O = 5VO_2^+ + Mn^{2+} + 2H^+$$

上述反应由于颜色变化明显，在分析化学中常用来测定溶液中的 V。

10.2.4　铌和钽的化合物

码 10.4　知识拓展

铌(Nb)和钽(Ta)最常见的氧化数是 +5，氧化数为 +4 的卤化物也较重要。Nb 和 Ta 没有 +3、+2 氧化数的阳离子含氧酸盐存在。

最常见的 Nb 和 Ta 的化合物主要是它们的氧化物、含氧酸盐、卤化物和配合物。

大多数铌酸盐和钽酸盐是不溶的，被认为是复合氧化物（实际上钛酸盐也是复合氧化物）。例如，高温高压水热法合成的激光材料 $LiNbO_3$ 和 $LiTaO_3$；在铌酸盐、钽酸盐中掺杂某些元素制得的超导氧化物复合物，如 $(NbCe)_2Sr_2CuMO_{10}$（M=Nb、Ta）。

Nb 和 Ta 元素能形成一系列的簇状化合物。例如，在高温时用金属 Nb 或 Ta 还原 NbX_5 或 TaX_5 时生成一系列 $[M_6X_{12}]^{n+}$，它们是由金属原子的八面体簇与位于八面体各边上方的卤素原子组成的(见图 10-3)。

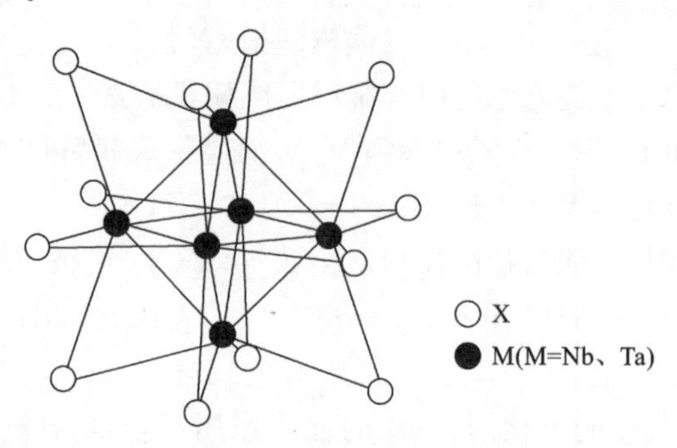

图 10-3 $[M_6X_{12}]^{n+}$ 簇结构

这类化合物很多是新型功能材料。我国丰产元素 Nb 和 Ta 化合物的合成、结构、性能的研究,对于开发新型功能材料、发展我国高科技产业及开展基础理论研究均有重要意义。

10.3 铬族元素

10.3.1 铬族元素概述

铬族为周期表ⅥB 族,包括 Cr、Mo、W、Sg 4 种元素,其中 Sg 为放射性元素。

Cr 在自然界中的主要矿物是铬铁矿,其组成为 $Fe(CrO_2)_2$。铬铁矿在我国主要分布在青海的柴达木和宁夏的贺兰山。Mo、W 虽为稀有元素,但在我国的蕴藏量极为丰富。我国的钼矿主要有辉钼矿(MoS_2),钨矿主要有黑钨矿($MnFeWO_4$)和白钨矿($CaWO_4$)。江西大庾岭的黑钨矿、辽宁杨家杖子的辉钼矿堪称大矿。

1. Cr、Mo、W 的性质和用途

Cr、Mo、W 都是银白色金属,它们的原子价层有 6 个电子可以参与形成金属键,另外原子半径也较小,因而它们的熔点和沸点都很高,硬度也大。

常温下,Cr、Mo、W 在空气中或水中都相当稳定。它们的表面容易形成致密的氧化膜,从而降低它们的反应活泼性。

常温下,无保护膜的纯 Cr 能缓慢溶于稀盐酸或稀硫酸中,形成蓝色 Cr^{2+}。Cr^{2+} 与空气接触,很快被氧化而变为绿色的 Cr^{3+}:

$$Cr + 2H^+ \xlongequal{} Cr^{2+} + H_2\uparrow$$

$$4Cr^{2+} + 4H^+ + O_2 \xlongequal{} 4Cr^{3+} + 2H_2O$$

Cr 还可与热浓硫酸作用:

$$2Cr + 6H_2SO_4(热,浓) \xlongequal{} Cr_2(SO_4)_3 + 3SO_2\uparrow + 6H_2O$$

Cr 不溶于硝酸、磷酸。

Mo 和 W 彼此非常相似,其化学性质较稳定,与 Cr 有显著区别。Mo 与稀盐酸、浓盐酸都不反应,能溶于浓硝酸和王水,而 W 与盐酸、硫酸、硝酸都不反应,氢氟酸和硝酸的混合物或王水能使 W 溶解。

在高温下,Cr、Mo、W 都能与活泼的非金属反应,与 N、C、B 也能形成化合物。Cr、Mo、W 都是重要的合金元素。

Cr 由于具有良好光泽、高硬度、耐腐蚀等优良性能，在机械工业上，常在金属的表面镀一层 Cr，这一镀层能长期保持光亮。Cr 还被大量用于制造合金，如铬钢、不锈钢。不锈钢是随着化学工业和动力工业的发展而产生的。1920 年德国人毛雷尔(E. Maurer)发明了著名的 18-8 型不锈钢，它含 Cr 18%、Ni 8%。中华人民共和国成立之前，不锈钢在中国还属于空白。在中国共产党的正确领导下，一代代科技工作者顽强拼搏，形成和丰富了我国的不锈钢基础理论和知识体系，突破了一个个工艺技术难关，取得了成千上万的科技成果，形成了一大批具有国际领先水平、拥有自主知识产权的不锈钢专有关键核心技术，中国不锈钢产业实现从无到有、从“跟随”到“跟跑、并跑、领跑”的转变。

Mo 和 W 也大量用于制造耐腐蚀、耐高温和耐磨的合金钢，以满足刀具、钻头、常规武器以及导弹、火箭等生产的需要。此外，钨丝还用于制作灯丝、高温电炉的发热元件等。

2. Cr 的标准电极电势图

在酸性溶液中，Cr 的标准电极电势图为

$$\varphi_A^\ominus/V \quad Cr_2O_7^{2-} \xrightarrow{1.36} [Cr(H_2O)_6]^{3+} \xrightarrow{-0.424} [Cr(H_2O)_6]^{2+} \xrightarrow{-0.90} Cr$$

$$[Cr(H_2O)_6]^{3+} \xrightarrow{-0.74} Cr$$

在碱性溶液中，Cr 的标准电极电势图为

$$\varphi_B^\ominus/V \quad CrO_4^{2-} \xrightarrow{-0.13} Cr(OH)_3 \xrightarrow{-1.1} Cr(OH)_2 \xrightarrow{-1.4} Cr$$

$$Cr(OH)_3 \xrightarrow{-1.3} Cr$$

由 Cr 的标准电极电势图可知：在酸性溶液中，氧化数为+6 的 Cr($Cr_2O_7^{2-}$)有较强的氧化性，可被还原为 Cr^{3+}；Cr^{2+} 有较强的还原性，可被氧化为 Cr^{3+}。因此，在酸性溶液中 Cr^{3+} 最稳定，不易被氧化，也不易被还原。在碱性溶液中，氧化数为+6 的 CrO_4^{2-} 氧化性很弱。

另外，Mo、W 在氧化数的稳定性上彼此非常相似，与 Cr 的差别较大。在酸性或碱性溶液中，氧化数为+6 的化合物的稳定性按 Cr、Mo、W 的顺序增强(氧化性减弱)。Mo(Ⅱ)、W(Ⅱ)只有在保持着明显的 M—M 金属键的簇状化合物中才稳定存在。

10.3.2　铬的重要化合物

铬(Cr)原子的价电子组态为 $3d^54s^1$。Cr 有多种氧化数，能形成氧化数为+6、+5、+4、+3、+2、+1、0、−1、−2 的化合物。其中氧化数为+3 和+6 的化合物比较常见，也比较重要。

1. Cr(Ⅲ)化合物

1) 氧化物和氢氧化物

将$(NH_4)_2Cr_2O_7$或 CrO_3 加热分解，或使金属 Cr 在氧气中燃烧，都可以制备绿色 Cr_2O_3 固体。

$$(NH_4)_2Cr_2O_7 = Cr_2O_3 + N_2\uparrow + 4H_2O$$

$$4CrO_3 = 2Cr_2O_3 + 3O_2\uparrow$$

$$4Cr + 3O_2 = 2Cr_2O_3$$

Cr_2O_3 是微溶于水、难熔融的两性氧化物，Cr_2O_3 对光、大气、高温及腐蚀性气体(SO_2、H_2S等)极稳定。高温灼烧过的 Cr_2O_3 既不溶于酸溶液，也不溶于碱溶液，但它能与焦硫酸钾($K_2S_2O_7$)共熔，形成可溶性的 Cr(Ⅲ)盐。

$$Cr_2O_3+3K_2S_2O_7 = Cr_2(SO_4)_3+3K_2SO_4$$

Cr_2O_3是一种绿色颜料(俗称铬绿),也是制取其他铬化合物的原料之一。近年来,Cr_2O_3被广泛应用于印刷、陶瓷、玻璃、涂料等工业中。

向Cr(Ⅲ)盐溶液中加入碱,可得灰绿色胶状水合氧化铬($Cr_2O_3 \cdot xH_2O$)沉淀。水合氧化铬含水量是可变的,通常称之为氢氧化铬,习惯上以$Cr(OH)_3$表示。$Cr(OH)_3$难溶于水,是两性氢氧化物。氢氧化铬易溶于酸形成蓝紫色的Cr^{3+},也易溶于碱形成亮绿色的$[Cr(OH)_4]^-$。

$$Cr(OH)_3+3H^+ = Cr^{3+}+3H_2O$$

$$Cr(OH)_3+OH^- = [Cr(OH)_4]^-$$

2) Cr(Ⅲ)盐

常见的Cr(Ⅲ)盐有三氯化铬$CrCl_3 \cdot 6H_2O$(紫色或绿色)、硫酸铬$Cr_2(SO_4)_3 \cdot 18H_2O$(紫色)和铬钾矾$KCr(SO_4)_2 \cdot 12H_2O$(蓝紫色),它们都易溶于水。

$CrCl_3 \cdot 6H_2O$溶液随温度、离子浓度的变化,有三种不同颜色的异构体。在冷的稀溶液中,由于$[Cr(H_2O)_6]Cl_3$的存在而显紫色,但随着温度的升高和Cl^-浓度的增大,由于生成$[CrCl(H_2O)_5]Cl_2 \cdot H_2O$(浅绿色)或$[CrCl_2(H_2O)_4]Cl \cdot 2H_2O$(暗绿色)而使溶液变为绿色。

用SO_2还原$K_2Cr_2O_7$的酸性溶液,可以制得铬钾矾。

$$K_2Cr_2O_7+H_2SO_4+3SO_2 = 2KCr(SO_4)_2+H_2O$$

铬钾矾广泛地应用于纺织工业和鞣革(铬化合物使兽皮中胶原羧酸基发生交联的过程)工业。

由于水合氧化铬为难溶的两性化合物,其酸性、碱性都很弱,因而对应的Cr^{3+}和$[Cr(OH)_4]^-$盐易水解。

在碱性溶液中,$[Cr(OH)_4]^-$有较强的还原性。例如,可用H_2O_2将其氧化为CrO_4^{2-}。

$$\underset{(绿色)}{2[Cr(OH)_4]^-}+3H_2O_2+2OH^- = \underset{(黄色)}{2CrO_4^{2-}}+8H_2O$$

在酸性溶液中,Cr^{3+}的还原性较弱,须用很强的氧化剂如$(NH_4)_2S_2O_8$,才能将Cr^{3+}氧化为$Cr_2O_7^{2-}$。

$$2Cr^{3+}+3S_2O_8^{2-}+7H_2O = Cr_2O_7^{2-}+6SO_4^{2-}+14H^+$$

3) Cr(Ⅲ)配合物

在Cr的配合物中,Cr(Ⅲ)配合物最多。Cr(Ⅲ)配合物的配位数大多为6。在这些配合物中,e_g轨道全空,在可见光照射下极易发生d-d跃迁,所以Cr(Ⅲ)配合物大多带有颜色。

最常见的Cr(Ⅲ)配合物是$[Cr(H_2O)_6]^{3+}$,它存在于水溶液中,也存在于许多盐的水合晶体中。Cr(Ⅲ)配合物的稳定性较高,在水溶液中离解程度很小。

Cr^{3+}除了可与H_2O、Cl^-等配体形成配合物外,还可与NH_3(l)、CrO_4^{2-}、OH^-、CN^-、SCN^-等形成单一配体配合物,如$[Cr(CN)_6]^{3-}$、$[Cr(SCN)_6]^{3-}$等;此外,还能形成含有两种或两种以上配体的配合物,如$[CrCl(H_2O)_5]^{2+}$、$[CrBrCl(NH_3)_4]^+$等。

2. Cr(Ⅵ)化合物

Cr(Ⅵ)化合物主要有CrO_3、K_2CrO_4和$K_2Cr_2O_7$。Cr(Ⅵ)化合物有较大的毒性。

1) CrO_3

向$K_2Cr_2O_7$的饱和溶液中加入过量浓硫酸,即可析出CrO_3晶体。

$$K_2Cr_2O_7+H_2SO_4(浓) = 2CrO_3\downarrow+K_2SO_4+H_2O$$

CrO_3是暗红色针状晶体，有毒，其热稳定性较差，加热到 197 ℃时即分解释放出 O_2。

$$4CrO_3 = 2Cr_2O_3 + 3O_2\uparrow$$

在分解过程中，可形成黑色 CrO_2 中间产物。CrO_2有磁性，可用于制造高级录音带。

CrO_3是铬酸的酐，俗名“铬酐”。CrO_3是一种强氧化剂，遇到有机物(如乙醇)时猛烈反应，甚至着火、爆炸，本身被还原为 Cr_2O_3。

CrO_3易潮解，且易溶于水而生成铬酸(H_2CrO_4)，溶于碱则生成铬酸盐。

$$CrO_3 + H_2O = H_2CrO_4\text{(黄色)}$$

$$CrO_3 + 2NaOH = Na_2CrO_4\text{(黄色)} + H_2O$$

CrO_3广泛用作有机反应的氧化剂和电镀的镀铬液成分，也用于制取高纯度的 Cr。

2) 铬酸盐与重铬酸盐

由于 Cr(Ⅵ)的含氧酸无游离状态，因而常用其盐。在铬酸盐、重铬酸盐中最重要的是钠盐、钾盐。K_2CrO_4为黄色晶体，$K_2Cr_2O_7$为橙红色晶体(俗称红矾钾)。$K_2Cr_2O_7$在高温下溶解度大(100 ℃ 时为 102 g)，在低温下溶解度小(0℃ 时为 5 g)，$K_2Cr_2O_7$易通过重结晶法提纯。而且 $K_2Cr_2O_7$不易潮解，又不含结晶水，故常用作化学分析中的基准物。

在铬酸盐溶液中加入足够的酸时，溶液由黄色变为橙红色，而在重铬酸盐溶液中加入足够的碱时，溶液由橙红色变为黄色。这是因为在铬酸盐或重铬酸盐溶液中存在如下平衡：

$$\underset{\text{(黄色)}}{2CrO_4^{2-}} + 2H^+ \underset{OH^-}{\overset{H^+}{\rightleftharpoons}} \underset{\text{(橙红色)}}{Cr_2O_7^{2-}} + H_2O$$

由此可见，CrO_4^{2-} 和 $Cr_2O_7^{2-}$ 的相互转化，取决于溶液的 pH 值。实验证明，当 pH=11 时，Cr(Ⅵ)几乎全部以 CrO_4^{2-} 形式存在；当 pH=1.2 时，几乎全部以$Cr_2O_7^{2-}$ 形式存在。

重铬酸盐大都易溶于水，而铬酸盐(除钾盐、钠盐、铵盐外)一般难溶于水。向重铬酸盐溶液中加入 Ba^{2+}、Pb^{2+}或 Ag^+时，可使上述平衡向生成 CrO_4^{2-} 的方向移动，生成相应的铬酸盐沉淀。

$$Cr_2O_7^{2-} + 2Ba^{2+} + H_2O = \underset{\text{(柠檬黄)}}{2BaCrO_4\downarrow} + 2H^+$$

$$Cr_2O_7^{2-} + 2Pb^{2+} + H_2O = \underset{\text{(铬黄)}}{2PbCrO_4\downarrow} + 2H^+$$

$$Cr_2O_7^{2-} + 4Ag^+ + H_2O = \underset{\text{(砖红色)}}{2Ag_2CrO_4\downarrow} + 2H^+$$

上列第二个反应可用于鉴定 CrO_4^{2-}。柠檬黄、铬黄可作为颜料。

由 Cr 的标准电极电势图可知，重铬酸盐在酸性溶液中是强氧化剂，可以氧化 H_2S、H_2SO_3、HCl、HI 和 $FeSO_4$等，本身被还原为 Cr^{3+}。

$$Cr_2O_7^{2-} + 3H_2S + 8H^+ = 2Cr^{3+} + 3S\downarrow + 7H_2O$$

$$Cr_2O_7^{2-} + 3SO_3^{2-} + 8H^+ = 2Cr^{3+} + 3SO_4^{2-} + 4H_2O$$

$$Cr_2O_7^{2-} + 6I^- + 14H^+ = 2Cr^{3+} + 3I_2 + 7H_2O$$

$$Cr_2O_7^{2-} + 6Fe^{2+} + 14H^+ = 2Cr^{3+} + 6Fe^{3+} + 7H_2O$$

最后一个反应在分析化学中常用于 Fe^{2+} 含量的测定。

码 10.5　知识拓展

$K_2Cr_2O_7$的饱和溶液与浓硫酸混合后，即得实验室里常用的铬酸洗液。铬酸洗液的氧化性很强，在实验室中用于洗涤玻璃器皿上附着的油污。

在 $Cr_2O_7^{2-}$ 的溶液中,加入 H_2O_2,再加一些乙醚,轻轻摇荡,乙醚层中出现蓝色的过氧化铬 $CrO(O_2)_2$(或写成 CrO_5)。

$$Cr_2O_7^{2-}+4H_2O_2+2H^+ = 2CrO(O_2)_2+5H_2O$$

这一反应常用来鉴定Cr(Ⅵ)的存在。

$CrO(O_2)_2$不稳定,放置或微热时会分解为 Cr^{3+} 并放出 O_2。$CrO(O_2)_2$在乙醚或戊醇中比较稳定。

10.3.3 钼和钨的重要化合物

钼(Mo)和钨(W)原子的价电子组态分别为 $4d^55s^1$ 和 $5d^46s^2$,Mo 和 W 可形成氧化数为 $-2\sim+6$ 的化合物,其中氧化数为+6 的化合物最稳定。

1. MoO_3和 WO_3

由 MoS_2、$CaWO_4$分别制取 MoO_3、WO_3的方法可以简要表示如下(略去除杂质过程):

$$MoS_2 \longrightarrow MoO_3(粗) \longrightarrow (NH_4)_2MoO_4(aq) \longrightarrow H_2MoO_4\downarrow \longrightarrow MoO_3$$

$$CaWO_4 \longrightarrow Na_2WO_4 \longrightarrow H_2WO_4\downarrow \longrightarrow (NH_4)_2WO_4(aq) \longrightarrow WO_3$$

MoO_3和 WO_3也可用相应金属在空气或氧气中灼烧,或由相应的含氧酸受热脱水而制得。

$$2Mo+3O_2 = 2MoO_3$$

$$2W+3O_2 = 2WO_3$$

$$H_2MoO_4 = MoO_3+H_2O$$

$$H_2WO_4 = WO_3+H_2O$$

MoO_3是白色固体,加热转变为黄色;WO_3是柠檬黄色固体,加热时变为橙黄色,冷却后又都恢复原来的颜色。它们均比 CrO_3稳定,加热到熔化也不分解。MoO_3和 WO_3的熔点分别为 795 ℃和1 473 ℃,它们都难溶于水,不与酸(氢氟酸除外)反应,但可溶于氨水和强碱溶液,生成相应的含氧酸盐。

$$MoO_3+2NH_3\cdot H_2O = (NH_4)_2MoO_4+H_2O$$

$$WO_3+2NaOH = Na_2WO_4+H_2O$$

与 CrO_3不同,MoO_3和 WO_3的氧化性极弱,仅在高温下才被 H_2还原为金属。

$$MoO_3+3H_2 = Mo+3H_2O$$

$$WO_3+3H_2 = W+3H_2O$$

MoO_3、WO_3在工业上作为负载型催化剂而被广泛应用,但对于其表面结构、配位状态的研究尚处于初始阶段。MoO_3、WO_3能直接与大环配体形成配合物,这是值得注意的一个研究方向。

2. 钼酸、钨酸及其盐

与铬酸不同,钼酸、钨酸的重要特点之一是它们在水中的溶解度较小。当可溶性钼酸盐用强酸酸化时,可析出黄色水合钼酸($H_2MoO_4\cdot H_2O$),它受热后可转变为白色 H_2MoO_4。例如:

$$MoO_4^{2-}+2H^++H_2O = H_2MoO_4\cdot H_2O\downarrow(黄色)$$

$$H_2MoO_4\cdot H_2O(黄色) \xlongequal{\triangle} H_2MoO_4\downarrow(白色)+H_2O$$

在钨酸盐的热溶液中加入盐酸,则析出黄色钨酸(H_2WO_4)。如在冷的溶液中加入过量的酸,则析出白色胶体钨酸($H_2WO_4\cdot xH_2O$),它受热后就转变为黄色 H_2WO_4。

$$WO_4^{2-}+2H^++xH_2O = H_2WO_4 \cdot xH_2O(白色)$$

$$H_2WO_4 \cdot xH_2O(白色) \overset{\triangle}{=} H_2WO_4(黄色)+xH_2O$$

H_2MoO_4和 H_2WO_4的酸性比 H_2CrO_4的弱，而且按 H_2CrO_4、H_2MoO_4、H_2WO_4的顺序酸性迅速减弱。

钼酸盐和钨酸盐，除碱金属盐和铵盐外，均难溶于水。钼酸盐可用作颜料、催化剂和防腐剂，钨酸盐用于使织物耐火及制造荧光屏。

钼酸盐和钨酸盐在酸性溶液中有很强的缩合倾向。MoO_4^{2-} 和 WO_4^{2-} 中的M—O键(M=Mo、W)均比 CrO_4^{2-} 中的Cr—O键弱，因而 MoO_4^{2-} 和 WO_4^{2-} 在酸性溶液中易脱水缩合，形成复杂的多钼酸根或多钨酸根离子。溶液的酸性越强，缩合程度越大。最后从强酸溶液中析出水合 MoO_3或水合 WO_3沉淀。例如：

$$[MoO_4]^{2-} \longrightarrow [Mo_7O_{24}]^{6-} \longrightarrow [Mo_8O_{26}]^{4-} \longrightarrow MoO_3 \cdot 2H_2O$$

（钼酸根）　　（七钼酸根）　（八钼酸根）　　（水合三氧化钼）

在含有 WO_4^{2-} 的溶液中加入酸，随着溶液 pH 值的减小，可形成$[HW_6O_{21}]^{5-}$、$[W_{12}O_{39}]^{6-}$等，最后析出水合三氧化钨。

最常见的多钼酸盐是七钼酸铵$(NH_4)_6[Mo_7O_{24}] \cdot 4H_2O$，它是无色晶体，是实验室中常用的鉴定 PO_4^{3-} 的试剂。

与铬酸盐不同，钼酸盐和钨酸盐在酸性溶液中的氧化性很弱，只有用强还原剂才能将 Mo(Ⅵ)和 W(Ⅵ)分别还原为 Mo(Ⅲ)和 W(Ⅲ)。例如，在钼酸铵溶液中加入盐酸酸化，再用金属 Zn 还原，最后生成 Mo^{3+}，溶液变为棕色。

$$2MoO_4^{2-}+3Zn+16H^+ = 2Mo^{3+}+3Zn^{2+}+8H_2O$$

WO_4^{2-}与 MoO_4^{2-}有类似的反应。

3. 多酸和多酸盐

在一定条件下，某些简单的含氧酸能彼此缩合成为比较复杂的酸，称为多酸(或聚多酸)。多酸可以看作由两个或两个以上的酸酐分子和若干个水分子组成的酸。含有相同酸酐的多酸称为同多酸，它们是由两个或两个以上相同的简单含氧酸分子脱水缩合而成的。例如：

焦硫酸　$H_2S_2O_7(2SO_3 \cdot H_2O)$　　$2H_2SO_4 = H_2S_2O_7+H_2O$

重铬酸　$H_2Cr_2O_7(2CrO_3 \cdot H_2O)$　　$2H_2CrO_4 = H_2Cr_2O_7+H_2O$

七钼酸　$H_6Mo_7O_{24}(7MoO_3 \cdot 3H_2O)$　$7H_2MoO_4 = H_6Mo_7O_{24}+4H_2O$

在周期表中，最易形成多酸的元素是 V、Nb、Ta、Mo、W、Cr。

同多酸的形成与溶液的 pH 值有密切关系，随着 pH 值的减小，缩合程度增大。由同多酸形成的盐称为同多酸盐。例如：

焦硫酸钾　$K_2S_2O_7(K_2O \cdot 2SO_3)$

重铬酸钠　$Na_2Cr_2O_7(Na_2O \cdot 2CrO_3)$

七钼酸钠　$Na_6Mo_7O_{24}(3Na_2O \cdot 7MoO_3)$

杂多酸是含有不同酸酐的多酸，对应的盐称为杂多酸盐。例如，用钼酸铵试剂鉴定 PO_4^{3-} 所形成的黄色磷钼酸铵就是杂多酸盐，其对应的磷钼酸(又称十二钼磷酸)$H_3[P(Mo_{12}O_{40})]$即为杂多酸。

已发现的杂多酸盐中以 Mo 和 W 的为最多，V 的次之。近三十年来，W、Mo 的杂多酸在能源催化、生物医药等方面有着许多应用。

10.4 锰族元素

10.4.1 锰族元素概述

锰族位于周期表ⅦB族,包括锰(Mn)、锝(Tc)、铼(Re)、𬭛(Bh)四种元素。它们的价电子组态为$(n-1)d^5ns^2$,最高氧化数为+7,Mn还能形成氧化数为+6、+5、+4、+3、+2等的化合物,其中以氧化数为+7、+6、+4和+2的化合物最常见。

Mn在地壳中的丰度在过渡元素中处于第三位,仅次于Fe和Ti。Mn在自然界中主要以软锰矿($MnO_2 \cdot xH_2O$)的形式存在。我国有一定的锰矿储量,但质量较差。1973年美国发现在深海中有大量的锰矿——“锰结核”(含Mn25%)。

Mn的外形与Fe的相似,致密的块状Mn是白色金属,质硬而脆。粉末状的Mn能着火。Mn主要用于制造各种合金钢。在常温下,Mn能缓慢地溶于水,Mn也能与稀酸作用放出H_2。

在氧化剂的存在下,Mn能同熔融碱作用生成锰酸盐。

$$2Mn+4KOH+3O_2 \xlongequal{} 2K_2MnO_4+2H_2O$$

在加热的情况下,Mn还能与许多非金属(O_2、F_2等)反应。

在钢铁生产中,Mn用作脱氧剂和脱硫剂。锰钢具有良好的抗冲击、耐磨损及耐腐蚀性能,可用作耐磨材料,如制造粉碎机、钢轨和装甲板等。Mn也是人体必需的微量元素之一。

10.4.2 锰的重要化合物

锰(Mn)的标准电极电势图如下:

酸性溶液中

$$\varphi_A^{\ominus}/V \quad MnO_4^- \xrightarrow{0.56} MnO_4^{2-} \xrightarrow{2.240} MnO_2 \xrightarrow{0.95} Mn^{3+} \xrightarrow{1.5} Mn^{2+} \xrightarrow{-1.18} Mn$$

MnO_4^- — MnO_2:1.70;MnO_2 — Mn^{2+}:1.23;MnO_4^- — Mn^{2+}:1.51

碱性溶液中

$$\varphi_B^{\ominus}/V \quad MnO_4^- \xrightarrow{0.56} MnO_4^{2-} \xrightarrow{0.62} MnO_2 \xrightarrow{-0.25} Mn(OH)_3 \xrightarrow{0.15} Mn(OH)_2 \xrightarrow{-1.56} Mn$$

MnO_4^- — MnO_2:0.60;MnO_2 — $Mn(OH)_2$:−0.05

由Mn的标准电极电势图可知,在酸性溶液中,Mn^{3+}和MnO_4^{2-}均容易发生歧化反应。

$$2Mn^{3+}+2H_2O \xlongequal{} Mn^{2+}+MnO_2\downarrow+4H^+$$

$$3MnO_4^{2-}+4H^+ \xlongequal{} 2MnO_4^-+MnO_2\downarrow+2H_2O$$

Mn^{2+}较稳定,不易被氧化,也不易被还原。MnO_4^-和MnO_2有强氧化性。

在碱性溶液中,$Mn(OH)_2$不稳定,易被空气中的O_2氧化为MnO_2;MnO_4^{2-}也能发生歧化反应,但反应不如在酸性溶液中进行得完全。

在过渡元素中,Mn的氧化物及其水合物酸碱性的递变规律是最典型的。随着Mn的氧化数的升高,其碱性逐渐减弱,酸性逐渐增强。

碱性增强

←

MnO	Mn_2O_3	MnO_2	Mn_2O_7	
(绿色)	(棕色)	(黑色)	(绿色)	
$Mn(OH)_2$	$Mn(OH)_3$	$Mn(OH)_4$	H_2MnO_4	$HMnO_4$
(白色)	(棕色)	(棕黑色)	(绿色)	(紫红色)
碱性	弱碱性	两性	酸性	强酸性

→

酸性增强

1. Mn(Ⅱ)盐

Mn(Ⅱ)的强酸盐都易溶于水,只有少数弱酸盐难溶于水,如$MnCO_3$和MnS等。从水溶液中结晶出来的Mn(Ⅱ)盐为带有结晶水的粉红色晶体,如$MnSO_4 \cdot 7H_2O$、$MnCl_2 \cdot 4H_2O$和$Mn(NO_3)_2 \cdot 6H_2O$等。这些水合Mn(Ⅱ)盐中都含有粉红色的$[Mn(H_2O)_6]^{2+}$,这些盐的水溶液中也含有$[Mn(H_2O)_6]^{2+}$,因此溶液呈现粉红色。

Mn(Ⅱ)盐与碱液反应时,产生的白色胶状沉淀$Mn(OH)_2$在空气中不稳定,迅速被氧化为棕色的$MnO(OH)_2$(水合二氧化锰)。

$$Mn^{2+}+2OH^- = Mn(OH)_2\downarrow$$

$$2Mn(OH)_2+O_2 = 2MnO(OH)_2$$

在酸性溶液中,$Mn^{2+}(3d^5)$比同周期的$Cr^{2+}(d^4)$、$Fe^{2+}(d^6)$等稳定,只有用强氧化剂如$NaBiO_3$、PbO_2、$(NH_4)_2S_2O_8$,才能将Mn^{2+}氧化为紫红色的MnO_4^-。

$$2Mn^{2+}+14H^++5NaBiO_3 = 2MnO_4^-+5Bi^{3+}+5Na^++7H_2O$$

这一反应是Mn^{2+}的特征反应,由于生成MnO_4^-而使溶液呈紫红色,因此常利用这一反应来检验溶液中的微量Mn^{2+}。但当Mn^{2+}过量时,紫红色出现后会立即消失,这主要是因为生成物MnO_4^-又与过量的Mn^{2+}反应生成MnO_2。

$$3Mn^{2+}+2MnO_4^-+2H_2O = 5MnO_2\downarrow+4H^+$$

2. MnO_2

MnO_2是一种重要的氧化物,显弱碱性,呈棕黑色粉末状,以软锰矿形式存在于自然界中。

MnO_2是Mn最稳定的氧化物。在酸性溶液中,MnO_2有强氧化性。例如,浓盐酸或浓硫酸与MnO_2在加热时反应式为

$$MnO_2+4HCl(浓) = MnCl_2+Cl_2\uparrow+2H_2O$$

$$2MnO_2+2H_2SO_4(浓) = 2MnSO_4+O_2\uparrow+2H_2O$$

在实验室中常利用上述第一个反应制取少量Cl_2。

MnO_2与碱共熔,可被空气中的O_2所氧化,生成绿色的锰酸盐。

$$2MnO_2+4KOH+O_2 = 2K_2MnO_4+2H_2O$$

MnO_2在工业上有许多用途。MnO_2是一种被广泛采用的氧化剂,将它加入熔融态的玻璃中可以除去带色杂质。制造干电池时,将MnO_2加入干电池中可以消除极化作用,氧化在电极上产生的H_2。MnO_2还是一种催化剂,如可以加快$KClO_3$或H_2O_2的分解速度及油漆在空气中的氧化速度。

3. 锰酸盐、高锰酸盐

1）锰酸盐

氧化数为+6的Mn的化合物，比较稳定的是锰酸盐，如K_2MnO_4。K_2MnO_4仅以深绿色的MnO_4^{2-}形式存在于强碱溶液中。K_2MnO_4是在空气或其他氧化剂(如$KClO_3$、KNO_3等)存在下，由MnO_2同碱金属氢氧化物共熔而制得。

$$3MnO_2+6KOH+KClO_3 \xlongequal{} 3K_2MnO_4+KCl+3H_2O$$

在酸性溶液中，锰酸盐容易发生歧化反应；在中性或弱碱性溶液中，锰酸盐也能发生歧化反应，但反应速率比较小。

$$3MnO_4^{2-}+2H_2O \xlongequal{} 2MnO_4^-+MnO_2\downarrow+4OH^-$$

锰酸盐在酸性溶液中有强氧化性，但由于它的不稳定性，所以不用作氧化剂。

2）高锰酸盐

应用最广的高锰酸盐是$KMnO_4$，俗称灰锰氧。$KMnO_4$是深紫色晶体，能溶于水，是一种重要和常用的强氧化剂。

工业上用Cl_2氧化K_2MnO_4或电解K_2MnO_4的碱性溶液来制备$KMnO_4$。

$$2MnO_4^{2-}+Cl_2 \xlongequal{} 2MnO_4^-+2Cl^-$$

$$2MnO_4^{2-}+2H_2O \xlongequal{电解} \underset{(阳极)}{2MnO_4^-}+\underset{(阴极)}{H_2\uparrow}+2OH^-$$

制备$KMnO_4$的最好方法是电解K_2MnO_4的碱性溶液，此法不但产率高，而且无副产品。KOH可用于锰矿的氧化焙烧，比较经济。

$KMnO_4$是一种较稳定的化合物，但加热到200 ℃以上时会分解并放出氧气。

$$2KMnO_4 \xlongequal{} K_2MnO_4+MnO_2+O_2\uparrow$$

$KMnO_4$的溶液并不十分稳定，在酸性溶液中，它缓慢地分解而析出MnO_2。

$$4MnO_4^-+4H^+ \xlongequal{} 4MnO_2\downarrow+2H_2O+3O_2\uparrow$$

在中性或碱性溶液中，特别是在黑暗处，$KMnO_4$分解很慢。光对$KMnO_4$的分解有催化作用，因此配好的$KMnO_4$溶液必须保存在棕色瓶中。

$KMnO_4$的氧化能力随介质的酸性减弱而减弱，其还原产物也因介质的酸碱性不同而变化。MnO_4^-在酸性、中性(或微碱性)、强碱介质中的还原产物分别为Mn^{2+}、MnO_2及MnO_4^{2-}。例如：

$$2MnO_4^-(紫色)+5SO_3^{2-}+6H^+ \xlongequal{} 2Mn^{2+}(粉红色或无色)+5SO_4^{2-}+3H_2O$$

$$2MnO_4^-+3SO_3^{2-}+H_2O \xlongequal{} 2MnO_2\downarrow(棕色)+3SO_4^{2-}+2OH^-$$

$$2MnO_4^-+SO_3^{2-}+2OH^- \xlongequal{} 2MnO_4^{2-}(绿色)+SO_4^{2-}+H_2O$$

$KMnO_4$是良好的氧化剂，是一种大规模生产的无机盐。$KMnO_4$在轻化工中用于纤维、油脂的漂白和脱色；在化学工业中用于生产维生素C、糖精等；在日常生活中，$KMnO_4$的稀溶液可用于饮食用具、器皿、蔬菜、水果等的消毒；在医疗上用作杀菌消毒剂。

码10.6　知识拓展

[化学博览]

多酸化学的发展

多酸化学研究已经有一百多年的历史，是无机化学中的一个重要研究领域。多酸是多金属氧酸盐(polyoxometalates)的简称，是由前过渡金属离子和O连接而成的一类多核金属氧簇类化合物。由同种含氧酸盐缩合形成的多酸称为同多酸，由不同种类的含氧酸盐缩合形成的多酸称为杂多酸。

1826年，J. Berzerius成功合成了第一个杂多金属氧酸盐——磷钼酸铵$(NH_4)_3PMo_{12}O_{40}\cdot nH_2O$，但并未确定其组成和结构。1933年，英国的J. F. Keggin通过X射线粉末衍射实验提出著名的Keggin结构模型，这在多酸历史上具有划时代的意义。Keggin结构的通式为$[XM_{12}O_{40}]^{n-}$，其中X=P、Si、Ge、As等，M=W、Mo、V等；杂原子X呈四面体配位，配原子M呈八面体配位；12个MO_6八面体围绕着中心XO_4四面体，整个结构具有T_d对称性。三个共边的八面体为一组，即三金属簇M_3O_{13}，四组三金属簇之间以及与中心四面体之间共角相连。Keggin结构的直径约为1 nm。经过近一百年的发展，Anderson、Dawson、Waugh、Silverton、Lindqvist结构陆续被发现。以这六种基本结构为基础，成百上千种多酸被合成出来。

20世纪末，多酸化学得到迅猛的发展，形成美国、中国、法国、俄罗斯和日本五大多酸研究中心。多酸合成化学已进入分子剪裁和组装阶段：从对稳定氧化态化合物的合成、研究，进入亚稳态和变价化合物及超分子化合物的研究；从对孤立结构的研究，进入以其为基本单元的修饰和拓展结构研究。这些种类多样、结构新颖的多酸化合物，由于其组成及几何空间结构的特异性而具有许多特殊的性质，如强酸性、高质子传导率、强氧化还原活性、磁性等。近年来，多酸化学的创新性成果不断在国际著名杂志上报道，且随着研究的更加深入，其应用除在工业催化和抗艾滋病、抗肿瘤等药物化学领域外，现已跻身材料科学界，特别是在强质子导体、非线性光学材料以及磁功能材料领域备受瞩目。

由于具有强酸性、高质子传导率、丰富的质子载体及优秀的保水能力，多酸为固态质子导体的发展开辟了新的道路。例如，Nb和B元素取代的Dawson型多酸结构在90 ℃下展现出优良的质子传导性能，且表现出超强的稳定性；含Bi元素的多酸能对商业Nafion膜进行复合改性，所得到的杂化膜的质子传导性能和阻醇性能得以显著提高；通过将Keggin型多酸引入聚合物进行自组装，得到具有高质子导电性和高结构稳定性的液晶电解质。无论是自身作为强质子导体构成稳定的固态电解质，还是作为客体对主体高分子材料进行修饰改性，多酸都展现出优异的性能和迷人的魅力。

习　题

1. 解释下列词语：

(1)稀有元素；(2)锰结核；(3)金属表面的钝化；(4)记忆性合金。

2. 简述过渡元素的通性。

3. 为何大多数过渡元素水合离子有颜色，而Ag^+和Zn^{2+}的水合离子却为无色？

4. 为什么钛被誉为“第三金属”“21世纪金属”？试阐述钛的物理性质和化学性质。

5. 如何利用Ti^{3+}的还原性来测定溶液中Ti的含量？

6. 什么是同多酸及杂多酸？举例说明两者的不同之处。哪些过渡元素容易形成同多酸？

7. 试比较Cr^{3+}与Al^{3+}化学性质的相同点与不同点。

8. 为什么常用$KMnO_4$和$K_2Cr_2O_7$做试剂，而很少用$NaMnO_4$和$Na_2Cr_2O_7$做试剂？

9. 在微酸性的$K_2Cr_2O_7$溶液中，加入Pb^{2+}会生成黄色$PbCrO_4$沉淀，为什么？

10. 在强酸性和强碱性介质中，Cr(Ⅲ)和Cr(Ⅵ)各以何种离子存在？呈何颜色？

11. 写出以软锰矿为原料制备下列物质的反应方程式。

(1) 锰酸钾；　(2) 高锰酸钾；　(3) 硫酸锰。

12. 完成并配平下列反应方程式。

(1) $TiO_2 + H_2SO_4$(浓)$\longrightarrow$

(2) $TiCl_4 + H_2O \longrightarrow$

(3) $Ti^{3+} + H_2O + O_2 \longrightarrow$

(4) $NH_4VO_3 \longrightarrow$

(5) $V_2O_5 + H^+ + Cl^- \longrightarrow$

(6) $VO_2^+ + SO_3^{2-} + H^+ \longrightarrow$

(7) $VO^{2+} + MnO_4^- + H_2O \longrightarrow$

(8) $Cr^{3+} + S_2O_8^{2-} + H_2O \longrightarrow$

(9) $K_2Cr_2O_7 + HCl$(浓)$\longrightarrow$

(10) $Cr_2O_7^{2-} + Pb^{2+} + H_2O \longrightarrow$

(11) $Cr_2O_7^{2-} + Fe^{2+} + H^+ \longrightarrow$

(12) $Cr_2O_3 + K_2S_2O_7 \longrightarrow$

(13) $K_2Cr_2O_7 + H_2O_2 + H_2SO_4 \longrightarrow$

(14) $MoO_3 + NH_3 \cdot H_2O \longrightarrow$

(15) $WO_3 + H_2 \longrightarrow$

(16) $WO_3 + NaOH \longrightarrow$

(17) $MoO_4^{2-} + Zn + H^+ \longrightarrow$

(18) $MnO_2 + KOH + O_2 \longrightarrow$

(19) $MnO_4^- + SO_3^{2-} + H_2O \longrightarrow$

(20) $Mn^{2+} + H^+ + NaBiO_3 \longrightarrow$

(21) $KMnO_4 \longrightarrow$

(22) $MnO_4^{2-} + Cl_2 \longrightarrow$

(23) $MnO_4^- + HCl$(浓)$\longrightarrow$

13. 解释下列实验现象，并写出相应的反应方程式。

(1) $TiCl_4$试剂瓶打开后会冒白烟；

(2) 向 H_2SO_4与 $K_2Cr_2O_7$的溶液中加入 H_2O_2后，加入乙醚并摇动，乙醚层为蓝色，水层慢慢变绿；

(3) 向 $K_2Cr_2O_7$溶液中滴加 $AgNO_3$溶液，有砖红色沉淀析出，再加入 NaCl 溶液并煮沸，沉淀变为白色；

(4) 向 $BaCrO_4$固体中加浓盐酸时无明显变化，经加热后溶液变绿；

(5) 利用酸性条件下 $K_2Cr_2O_7$的强氧化性，使乙醇氧化，溶液由橙红色变为绿色，据此来监测司机是否酒后驾车；

(6) 向酸性 $KMnO_4$溶液中通入 H_2S，溶液由紫色变成近无色，并有乳白色沉淀析出。

14. 溶液中含有 Al^{3+}、Cr^{3+}和 Mn^{2+}，如何将其分离并鉴定?

15. 写出下列矿物质的主要成分。

(1) 金红石；　(2) 钛铁矿；　(3) 辉钼矿；

(4) 白钨矿；　(5) 铬铁矿；　(6) 软锰矿。

16. 写出下列离子或物质的颜色。

(1) Ti^{3+}；　(2) $TiOSO_4$；　(3) $BaTiO_3$；　(4) VO_2^+；　(5) VO^{2+}；

(6) Cr_2O_3；　(7) CrO_4^{2-}；　(8) CrO_2；　(9) MnO_2；　(10) $KMnO_4$。

17. 化合物 A 为无色液体，A 在潮湿的空气中冒白烟。取 A 的水溶液加入$AgNO_3$溶液，则有不溶于硝酸的白色沉淀 B 生成，B 易溶于氨水。取 Zn 粒投入 A 的盐酸溶液中，最后得到紫色溶液 C。向 C 中加入 NaOH 溶液至碱性，则有紫色沉淀 D 生成。将 D 洗净后置于稀硝酸中，得到无色溶液 E。将溶液 E 加热，得到白色沉淀 F。试确定各字母所代表的物质，写出有关的反应式。

18. 一紫色晶体溶于水，得到绿色溶液 A，A 与过量氨水反应生成灰绿色沉淀 B。B 可溶于 NaOH 溶液，得到亮绿色溶液 C。在 C 中加入 H_2O_2 并微热，得到黄色溶液 D。在 D 中加入 $BaCl_2$ 溶液，生成黄色沉淀 E，E 可溶于盐酸而得到橙红色溶液 F。试确定各字母所代表的物质，写出有关的反应式。

19. 棕黑色固体 A 不溶于水，但可溶于浓盐酸，生成近乎无色的 B 和黄绿色气体 C。在少量 B 中加入硝酸和少量 $NaBiO_3(s)$，生成紫红色溶液 D。在 D 中加入淡绿色溶液 E，紫红色退去，在得到的溶液 F 中加入 KSCN 溶液又生成血红色溶液 G。再加入足量的 NaF，则溶液的颜色又退去。在 E 中加入 $BaCl_2$ 溶液，则生成不溶于硝酸的白色沉淀 H。试确定各字母所代表的物质，写出有关反应的离子方程式。

20. 已知反应 $Cr(OH)_3+OH^- \rightleftharpoons [Cr(OH)_4]^-$ 的标准平衡常数 $K^\ominus=10^{-0.40}$。在 1.0 L 0.10 $mol \cdot L^{-1}$ Cr^{3+} 溶液中，当 $Cr(OH)_3$ 沉淀完全时，溶液的 pH 值是多少？要使沉淀出的 $Cr(OH)_3$ 刚好在 1.0 L NaOH 溶液中完全溶解并生成 $[Cr(OH)_4]^-$，则溶液中的 $c(OH^-)$ 是多少？并求 $[Cr(OH)_4]^-$ 的标准稳定常数。

21. 根据 Mn 的有关电对的 $\varphi^\ominus$，判断在 $c(H^+)=1.0\ mol \cdot L^{-1}$ 时，Mn^{3+} 能否歧化为 MnO_2 和 Mn^{2+}。若 Mn^{3+} 能歧化，计算此歧化反应的标准平衡常数。

22. 已知 $\varphi^\ominus(Mn^{3+}/Mn^{2+})=1.5\ V$，$\varphi^\ominus([Mn(CN)_6]^{3-}/[Mn(CN)_6]^{4-})=-0.24\ V$，试通过计算说明 $[Mn(CN)_6]^{3-}$ 与 $[Mn(CN)_6]^{4-}$ 哪个更稳定。

第 11 章　过渡元素(2)

11.1　铁系和铂系元素

11.1.1　铁系和铂系元素概述

Ⅷ族元素在周期表中是特殊的一族，它包括第四、五、六周期的 Fe、Co、Ni、Ru、Rh、Pd、Os、Ir、Pt 9 种元素，还有尚缺乏了解的 Hs、Mt 和 Ds。第四周期的 Fe、Co、Ni 3 种元素性质很相似，称为铁系元素。第五、六周期的 6 种元素中，由于镧系收缩，Ru、Rh、Pd 与 Os、Ir、Pt 较相似，这 6 种元素称为铂系元素。铂系元素被列为稀有元素，与金、银元素一起称为贵金属元素。

1. 铁系元素

铁系元素中，Fe 的分布最广，在地壳中丰度居第四位，仅次于 O、Si、Al。Fe、Co、Ni 在自然界主要以化合物形式存在，铁的主要矿石有赤铁矿（Fe_2O_3）、磁铁矿（Fe_3O_4）、褐铁矿（$2Fe_2O_3 \cdot 3H_2O$）、菱铁矿（$FeCO_3$）和黄铁矿（FeS_2）。我国铁矿储量居世界第五位。钴矿主要为砷化物、氧化物和硫化物。重要的钴矿有辉钴矿（CoAsS）、方钴矿（$CoAs_3$）、钴土矿（$CoO \cdot 2MnO_2 \cdot 4H_2O$）等。重要的镍矿有镍黄铁矿（$(Ni、Fe)_xS_y$）、硅镁镍矿（$(Ni、Mg)SiO_3 \cdot nH_2O$）、针镍矿或黄镍矿（NiS）、红镍矿（NiAs）、镍褐铁矿（$(Ni、Fe)O(OH) \cdot nH_2O$）等。我国镍的硫化物矿储量居世界第二位。

Fe、Co、Ni 三种元素的价电子组态分别是 $3d^64s^2$、$3d^74s^2$ 和 $3d^84s^2$，最外层都有 2 个 4s 电子，只是次外层的 3d 电子数不同，所以它们的性质很相似。

由于铁系元素的 3d 电子数大于 5，它们的价电子不可能全部参与成键，因而，铁系元素的最高氧化数不等于族数。一般条件下，铁的主要氧化数为＋2、＋3 和＋6，钴和镍的主要氧化数为＋2、＋3 和＋4。

铁系元素的原子半径、离子半径、电离能等性质基本上随原子序数的增加而有规律地变化。铁系元素单质都是具有金属光泽的白色金属，Co 略带灰色。它们的密度都比较大，熔点也比较高，且随原子序数的增加而降低。Co 比较硬而脆，Fe 和 Ni 有很好的延展性。由于铁系元素原子中含有较多的未成对电子，铁系元素单质都表现出明显的磁性，能被磁体吸引，它们的合金磁化后可以成为永久磁体。

铁系元素的标准电极电势图如下：

$\varphi_A^\ominus/V$　　$FeO_4^{2-} \xrightarrow{2.20} Fe^{3+} \xrightarrow{0.771} Fe^{2+} \xrightarrow{-0.44} Fe$

$$Co^{3+} \xrightarrow{1.808} Co^{2+} \xrightarrow{-0.277} Co$$

$$NiO_2 \xrightarrow{0.48} Ni^{2+} \xrightarrow{-0.72} Ni$$

$\varphi_B^\ominus/V$　　$FeO_4^{2-} \xrightarrow{0.72} Fe(OH)_3 \xrightarrow{-0.56} Fe(OH)_2 \xrightarrow{-0.877} Fe$

$$Co(OH)_3 \xrightarrow{0.17} Co(OH)_2 \xrightarrow{-0.73} Co$$

$$Ni(OH)_3 \xrightarrow{0.48} Ni(OH)_2 \xrightarrow{-0.72} Ni$$

从铁系元素的标准电极电势来看，它们都是中等活泼的金属。在酸性溶液中，Co^{2+}和Ni^{2+}分别是Co、Ni离子的最稳定状态。空气中的O_2能把酸性溶液中的Fe^{2+}氧化成Fe^{3+}，但是不能将Co^{2+}和Ni^{2+}分别氧化成为Co^{3+}和Ni^{3+}。

铁系元素具有如下性质。

(1) 高氧化数的Fe(Ⅵ)、Co(Ⅲ)、Ni(Ⅳ)在酸性溶液中都是很强的氧化剂；在碱性介质中，Fe的最稳定氧化数是+3，而Co和Ni的最稳定氧化数仍是+2。

(2) 在碱性介质中把低氧化数的Fe、Co、Ni氧化为高氧化数比在酸性介质中容易。低氧化数氢氧化物的还原性按$Fe(OH)_2$、$Co(OH)_2$、$Ni(OH)_2$的顺序依次降低。

(3) 铁系元素易溶于稀酸中，只有Co在稀酸中溶解得很慢。它们遇到浓硝酸都呈"钝态"。Fe能被热的浓碱液侵蚀，而Co和Ni在碱溶液中的稳定性比Fe的高。

(4) 在没有水蒸气存在、常温下，铁系元素与O、S、Cl、P等非金属几乎不反应，但在高温下发生猛烈反应。

Fe、Co、Ni主要用于制造合金。

2. 铂系元素

铂系元素单质除Os呈蓝灰色外，其余的都是银白色的。铂系元素都是稀有金属，它们在地壳中的含量很少。铂系元素几乎完全以单质状态存在，高度分散在各种矿石中，并共生在一起。从铂系元素原子的价电子组态来看，除Os和Ir有2个s电子外，其余的都只有1个s电子或没有s电子。同一周期铂系元素形成高氧化数的倾向从左向右逐渐降低。和其他各副族的情况一样，铂系元素的第六周期各元素形成高氧化数的倾向比第五周期相应各元素大。其中只有Ru和Os表现出与族数相一致的+8氧化数。

根据金属单质的密度，铂系元素可分为两组：第五周期的Ru、Rh、Pd的密度较小，称为轻铂金属；第六周期的Os、Ir、Pt的密度略大，称为重铂金属。铂系元素都是难熔金属，轻铂金属和重铂金属的熔点、沸点都是从左到右逐渐降低。这6种元素中，最难熔的是Os，最易熔的是Pd。熔点、沸点的这种变化趋势与铁系金属相似。

铂系金属的化学性质表现在以下几个方面。

(1) 铂系金属对酸的化学稳定性比所有其他各族金属都高，尤其是Ru、Os、Rh和Ir，不仅不溶于普通强酸，也不溶于王水。Pd和Pt都能溶于王水，Pd还能溶于HNO_3(稀HNO_3中溶解慢，浓HNO_3中溶解快)和热H_2SO_4。

(2) 当存在氧化剂时，铂系金属与碱一起熔融，都可以转变成可溶性的化合物。

(3) 铂系金属不和N_2反应，室温下对O_2、S、P、F_2、Cl_2等非金属都是稳定的，高温下才能与它们反应，生成相应的化合物。

(4) 铂系金属都有一个特性，即很高的催化活性，金属细粉的催化活性尤其高。

(5) 由于铂系金属离子d电子数比较多，因此铂系金属的重要特性是可以与许多配体形成配合物。

(6) 铂系元素和Fe、Co、Ni相似，同一周期中形成高氧化数的倾向从左到右逐渐降低。

11.1.2 铁、钴、镍的重要化合物

1. 氧化物

码 11.1 知识拓展

氧化数为+2与+3的铁(Fe)、钴(Co)、镍(Ni)的氧化物具有一定的颜色(见表11-1),均属于碱性氧化物,易溶于酸,一般不溶于水或碱性溶液。低氧化数氧化物的碱性比高氧化数氧化物的碱性强。氧化数为+3的Fe、Co、Ni的氧化物都具有较强的氧化性,且按Fe、Co、Ni的顺序,氧化能力增强。

表 11-1 Fe、Co、Ni 的氧化物的颜色

氧化数	氧化物	颜色	氧化数	氧化物	颜色
+2	FeO	黑色	+3	Fe_2O_3	砖红色
	CoO	灰绿色		Co_2O_3	黑色
	NiO	暗绿色		Ni_2O_3	黑色

在隔绝空气的条件下,将 FeC_2O_4 加热可以制得 FeO。

$$FeC_2O_4 \xlongequal{\triangle} FeO + CO\uparrow + CO_2\uparrow$$

同样可在隔绝空气的条件下,加热Co(Ⅱ)、Ni(Ⅱ)的碳酸盐、草酸盐或硝酸盐,使其分解而制得CoO和NiO。

$$CoC_2O_4 \xlongequal{\triangle} CoO + CO\uparrow + CO_2\uparrow$$

$$CoCO_3 \xlongequal{\triangle} CoO + CO_2\uparrow$$

$$NiC_2O_4 \xlongequal{\triangle} NiO + CO\uparrow + CO_2\uparrow$$

Fe_2O_3 是砖红色固体,可以用作红色颜料、涂料、媒染剂、磨光粉以及某些反应的催化剂。

在空气中加热分解Ni(Ⅱ)的碳酸盐、草酸盐或硝酸盐,或于400 ℃时加热NiO,均可以生成黑色的 Ni_2O_3。

$$4NiCO_3 + O_2 \xlongequal{\triangle} 2Ni_2O_3 + 4CO_2\uparrow$$

$$4NiO + O_2 \xlongequal{400\ ℃} 2Ni_2O_3$$

在空气中加热Co(Ⅱ)的碳酸盐、草酸盐或硝酸盐,空气中的 O_2 能把Co(Ⅱ)氧化成Co(Ⅲ)。尚未得到纯的无水 Co_2O_3,但其水合物 $Co_2O_3 \cdot H_2O$ 存在,它在300 ℃时分解为 Co_3O_4,同时失去水并放出 O_2。Co_3O_4 是CoO和 Co_2O_3 的混合物。

Fe除了生成FeO和 Fe_2O_3 之外,还生成FeO和 Fe_2O_3 的混合物——Fe_3O_4。Fe_3O_4 具有磁性,也称为磁性氧化铁,是电的良导体,是磁铁矿的主要成分。

将Fe或FeO在空气中加热,或将水蒸气通过烧热的Fe,都可以得到 Fe_3O_4。

$$3Fe + 2O_2 \xlongequal{\triangle} Fe_3O_4$$

$$6FeO + O_2 \xlongequal{\triangle} 2Fe_3O_4$$

2. 氢氧化物

Fe、Co、Ni的氢氧化物有颜色(见表11-2),均难溶于水,它们的氧化还原性及变化规律与其氧化物相似:低氧化数的氢氧化物具有还原性,按Fe、Co、Ni的顺序还原能力依次降低;高氧化数的氢氧化物具有氧化性,按Fe、Co、Ni的顺序,氧化能力依次增强。

表11-2　Fe、Co、Ni的氢氧化物的颜色

氧化数	氢氧化物	颜色	氧化数	氢氧化物	颜色
	$Fe(OH)_2$	白色		$Fe(OH)_3$	棕红色
+2	$Co(OH)_2$	粉红色	+3	$Co(OH)_3$	棕褐色
	$Ni(OH)_2$	绿色		$Ni(OH)_3$	黑色

1) $M(OH)_2$

在+2价盐溶液中加入碱，得到$M(OH)_2$。

$$Fe^{2+}+2OH^- = Fe(OH)_2\downarrow$$

$$Co^{2+}+2OH^- = Co(OH)_2\downarrow$$

$$Ni^{2+}+2OH^- = Ni(OH)_2\downarrow$$

$Fe(OH)_2$不稳定，很容易被空气中的O_2氧化，变成棕红色的$Fe(OH)_3$沉淀。

$$4Fe(OH)_2+O_2+2H_2O = 4Fe(OH)_3$$

$Co(OH)_2$虽比$Fe(OH)_2$稳定，但也能被空气中的O_2缓慢地氧化成棕褐色的$Co(OH)_3$沉淀。

$$4Co(OH)_2+O_2+2H_2O = 4Co(OH)_3\downarrow$$

$Ni(OH)_2$很稳定，不会被空气中的O_2氧化。根据Fe、Co、Ni的$M(OH)_2$被空气中的O_2氧化由易到难的程度，可说明Fe、Co、Ni的$M(OH)_2$还原能力由强到弱的变化规律。

$Fe(OH)_2$呈碱性，但对碱显示出弱的反应能力，溶于过量的浓碱形成$[Fe(OH)_6]^{4-}$。

$$Fe(OH)_2+4OH^- = [Fe(OH)_6]^{4-}$$

$Co(OH)_2$的两性较为显著，既可以溶于酸形成Co(Ⅱ)盐，又可以溶于过量的浓碱形成$[Co(OH)_4]^{2-}$，而$Ni(OH)_2$是碱性的。

2) $M(OH)_3$

$Fe(OH)_3$与盐酸反应，仅发生中和反应，而$Co(OH)_3$和$Ni(OH)_3$都是强氧化剂，它们与盐酸反应时，能把Cl^-氧化成Cl_2。

$$Fe(OH)_3+3HCl = FeCl_3+3H_2O$$

$$2Co(OH)_3+6HCl = 2CoCl_2+Cl_2\uparrow+6H_2O$$

$$2Ni(OH)_3+6HCl = 2NiCl_2+Cl_2\uparrow+6H_2O$$

向Fe(Ⅲ)盐溶液中加碱，可以沉淀出棕红色的$Fe(OH)_3$。新沉淀出来的$Fe(OH)_3$略有两性，主要显碱性，易溶于酸中，能溶于浓的强碱溶液形成$[Fe(OH)_6]^{3-}$。

如果在$Co(OH)_2$、$Ni(OH)_2$中加入强氧化剂，如Cl_2、Br_2、NaClO等，则可得到$M(OH)_3$沉淀。

$$2Co(OH)_2+NaClO+H_2O = 2Co(OH)_3\downarrow+NaCl$$

$$2Co(OH)_2+2NaOH+Br_2 = 2Co(OH)_3\downarrow+2NaBr$$

$$2Ni(OH)_2+2NaOH+Br_2 = 2Ni(OH)_3\downarrow+2NaBr$$

$$2Ni(OH)_2+NaClO+H_2O = 2Ni(OH)_3\downarrow+NaCl$$

根据Fe、Co、Ni的$M(OH)_2$被氧化剂氧化的难易程度，可说明Fe、Co、Ni的$M(OH)_3$氧化能力的变化规律。

3. Fe、Co、Ni的盐

1) 氧化数为+2的盐

Fe、Co、Ni的氧化数为+2的盐，在性质上有许多相似之处。

(1) 它们的+2价水合离子和无水盐都具有一定的颜色(见表11-3)，这与它们的M^{2+}具有未成对的 d 电子有关。

表 11-3　Fe、Co、Ni 的+2 价水合离子和无水盐的颜色

水合离子	颜色	无水盐	颜色
$[Fe(H_2O)_6]^{2+}$	浅绿色	Fe^{2+}	白色
$[Co(H_2O)_6]^{2+}$	粉红色	Co^{2+}	蓝色
$[Ni(H_2O)_6]^{2+}$	亮绿色	Ni^{2+}	黄色

(2) 它们的硝酸盐、硫酸盐、氯化物和高氯酸盐等易溶于水，在水中有微弱的水解使溶液略显酸性。

$$M^{2+} + H_2O \xlongequal{} M(OH)^{+} + H^{+}$$

而它们的碳酸盐、磷酸盐、硫化物等弱酸盐都难溶于水。

(3) 可溶性盐从溶液中析出时，常常带有相同数目的结晶水。例如：

$$M(\text{II})SO_4 \cdot 7H_2O \quad (M=Fe、Co、Ni)$$

$$M(\text{II})(NO_3)_2 \cdot 6H_2O \quad (M=Fe、Co、Ni)$$

(4) 硫酸盐都能与碱金属或铵的硫酸盐形成复盐。例如：

$$(NH_4)_2M(SO_4)_2 \cdot 6H_2O \quad (M=Fe、Co、Ni)$$

2) 氧化数为+3 的盐

Fe、Co、Ni 中只有 Fe 和 Co 才有氧化数为+3 的盐，由于 Ni(Ⅲ)的氧化性更强，故类似的 Ni(Ⅲ)盐尚未找到。Co(Ⅲ)的盐只能以固态存在，溶于水则迅速分解成 Co(Ⅱ)盐。例如，$Fe_2(SO_4)_3 \cdot 9H_2O$ 是稳定的，而 $Co_2(SO_4)_3 \cdot 18H_2O$ 不仅在溶液中不稳定，在固态时也不稳定，分解成 $CoSO_4$ 和 O_2。

FeF_3、$FeCl_3$、$FeBr_3$ 都是稳定化合物，而 CoF_3 受热即分解，$CoCl_3$ 在室温和有水时也即分解。

$$2CoF_3 \xlongequal{\triangle} 2CoF_2 + F_2\uparrow$$

$$2CoCl_3 \xlongequal{} 2CoCl_2 + Cl_2\uparrow$$

Ni(Ⅲ)的氟化物、氯化物尚未制得。高氧化数的钴盐和镍盐都是强氧化剂，它们的氧化能力按 Fe、Co、Ni 的顺序增强，而其稳定性按此顺序降低。

3) Fe、Co、Ni 的重要盐类

(1) $FeSO_4$。

将铁屑和稀 H_2SO_4 反应可制备 $FeSO_4$。从溶液中结晶出来的 $FeSO_4$ 含有 7 个结晶水，即 $FeSO_4 \cdot 7H_2O$，它是一种浅绿色的晶体，俗称绿矾。绿矾在农业上用作农药，防治虫害，主治小麦黑穗病，还可做除草剂和饲料添加剂等；在工业上用于染色，制造蓝黑墨水和木材防腐剂；在医学上用于治疗缺铁性贫血。

$FeSO_4 \cdot 7H_2O$ 经加热失水，可得白色的无水 $FeSO_4$，若强热则分解。

$$2FeSO_4 \xlongequal{\triangle} Fe_2O_3 + SO_2\uparrow + SO_3\uparrow$$

工业上利用此反应生产红色颜料 Fe_2O_3。

$FeSO_4 \cdot 7H_2O$ 在空气中可逐渐风化而失去一部分水，并且表面容易被氧化，生成黄褐色碱式硫酸铁 $Fe(OH)SO_4$。

$$4FeSO_4 + 2H_2O + O_2 \xlongequal{} 4Fe(OH)(SO_4)$$

Fe^{2+} 有还原性，强氧化剂能将它氧化为 Fe^{3+}。

$$MnO_4^- + 5Fe^{2+} + 8H^+ = Mn^{2+} + 5Fe^{3+} + 4H_2O$$

$$H_2O_2 + 2Fe^{2+} + 2H^+ = 2Fe^{3+} + 2H_2O$$

在酸性溶液中，空气中的 O_2 也可将 Fe^{2+} 氧化。

$$4Fe^{2+} + O_2 + 4H^+ = 4Fe^{3+} + 2H_2O$$

因此，在保存 Fe(Ⅱ)盐溶液时，最好加几颗铁钉，以阻止 Fe^{2+} 被氧化。

$$2Fe^{3+} + Fe = 3Fe^{2+}$$

(2) 硫酸亚铁铵 $FeSO_4 \cdot (NH_4)_2SO_4$。

铁系元素的硫酸盐都能与碱金属或铵的硫酸盐形成复盐。如 $FeSO_4 \cdot (NH_4)_2SO_4$ 是 $FeSO_4$ 与铵的硫酸盐形成的复盐。$FeSO_4 \cdot (NH_4)_2SO_4$ 在空气中比硫酸亚铁盐 $FeSO_4 \cdot 7H_2O$ 稳定得多，不易被氧化，是分析化学中常用的还原剂，用于标定 $KMnO_4$ 标准溶液。

(3) 三氯化铁 $FeCl_3$。

$FeCl_3$ 是比较重要的 Fe(Ⅲ)盐，主要用作有机染料生产和某些反应中的催化剂。因为它能引起蛋白质的迅速凝聚，在医疗上用作外伤止血剂。另外，它还用作照相、印染、印刷电路的腐蚀剂和氧化剂。

三氯化铁有无水三氯化铁($FeCl_3$)和六水合三氯化铁 ($FeCl_3 \cdot 6H_2O$)。将铁屑与氯气在高温下直接合成就可以得到棕黑色的无水 $FeCl_3$：

$$2Fe + 3Cl_2 = 2FeCl_3$$

无水 $FeCl_3$ 的熔点(282 ℃)、沸点 (315 ℃)都比较低，具有明显的共价性，能借升华法提纯，并易溶于有机溶剂(如丙酮)中。在 400 ℃时，气态的 $FeCl_3$ 以双聚分子 (Fe_2Cl_6)形式存在(见图 11-1)，其结构和 Al_2Cl_6 相似，1 023 K 以上时，双聚分子分解为单分子($FeCl_3$)。

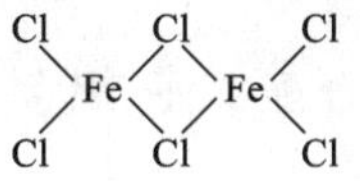

图 11-1　双聚分子 Fe_2Cl_6 的结构

$FeCl_3$ 及其他铁(Ⅲ)盐溶于水后都容易水解(分步水解)，使溶液显酸性。

$$Fe^{3+} + 3H_2O = Fe(OH)_3 \downarrow + 3H^+$$

使 Fe^{3+} 水解析出 $Fe(OH)_3$ 沉淀，是一种典型的除铁方法，在冶金和化工生产中得到广泛应用。例如，试剂生产中常用 H_2O_2 氧化 Fe^{2+} 成 Fe^{3+}。

$$2Fe^{2+} + H_2O_2 + 2H^+ = 2Fe^{3+} + 2H_2O$$

然后加碱，提高溶液的 pH 值，使 Fe^{3+} 成为 $Fe(OH)_3$ 析出，以达到除铁的目的。

在现代工业生产中使用 $NaClO_3$ 做氧化剂，将 Fe^{2+} 氧化为 Fe^{3+}。

$$6Fe^{2+} + ClO_3^- + 6H^+ = 6Fe^{3+} + Cl^- + 3H_2O$$

Fe^{3+} 在较小的 pH 值(1.6～1.8)条件下水解，温度保持在 85～95 ℃，这时在溶液中只存在一些聚合离子 $[Fe_2(OH)_2]^{4+}$、$[Fe_2(OH)_4]^{2+}$，这些聚合离子能与 SO_4^{2-} 结合，生成一种浅黄色的复盐晶体，其化学式为

$$M_2Fe_6(SO_4)_4(OH)_{12} \quad (M = K^+、Na^+、NH_4^+)$$

俗称黄铁矾，如黄铁矾钠 $Na_2Fe_6(SO_4)_4(OH)_{12}$。黄铁矾在水中的溶解度小，而且颗粒大，沉淀速度快，很容易过滤，因此在水法冶金中广泛采用生成黄铁矾的办法除去杂质 Fe。

$FeCl_3$ 及其他 Fe(Ⅲ)盐在酸性溶液中是较强的氧化剂，可以将 I^- 氧化成 I_2，将 H_2S 氧化

成单质S,还可以被$SnCl_2$还原。

$$2Fe^{3+}+2I^- = 2Fe^{2+}+I_2$$

$$2Fe^{3+}+H_2S = 2Fe^{2+}+S\downarrow+2H^+$$

$$2Fe^{3+}+SnCl_2+2Cl^- = 2Fe^{2+}+SnCl_4$$

另外,$FeCl_3$的溶液还可以溶解Cu,使Cu变成$CuCl_2$。

$$2FeCl_3+Cu = CuCl_2+2FeCl_2$$

利用这一性质,在印刷制版中用$FeCl_3$做铜版的腐蚀剂,把铜版上需要去掉的部分溶解变成$CuCl_2$。

(4) 氯化钴($CoCl_2$)。

$CoCl_2$分子中因所含结晶水数目的不同而显示出不同的颜色。

$$CoCl_2\cdot 6H_2O \xrightarrow{52.3\ ℃} CoCl_2\cdot 2H_2O \xrightarrow{90\ ℃} CoCl_2\cdot H_2O \xrightarrow{120\ ℃} CoCl_2$$

因此$CoCl_2$在变色硅胶干燥剂中用作指示剂来表示硅胶的吸湿情况。干燥硅胶吸水后,逐渐由蓝色变为粉红色。硅胶再生时,可在烘箱中加热,失水后由粉红色变为蓝色,可重复使用。

从$CoCl_2\cdot 6H_2O$受热失水的反应可以看出,Co^{2+}的水解性较弱,和$AlCl_3\cdot 6H_2O$不同,在加热的过程中,它只是逐渐脱水,而不发生水解现象。

$CoCl_2$主要用于电解金属钴,制备钴的化合物,此外还用于氨的吸收剂、防毒面具、肥料添加剂和制显隐墨水等。

4.配合物

Fe、Co、Ni能形成多种配合物,大多数铁的配合物呈八面体结构,配位数为6。这里主要介绍配体为NH_3、CN^-、SCN^-、X^-、CO的简单配合物和几种重要的螯合物。

1) 氨合物

Fe^{2+}、Co^{2+}、Ni^{2+}均能和氨形成氨合配离子,其氨合配离子的稳定性按Fe^{2+}、Co^{2+}、Ni^{2+}的顺序依次增强。

(1) 铁的氨配合物。

Fe^{2+}与氨水作用不能生成氨的配合物,生成的是$Fe(OH)_2$沉淀。只有在无水状态下,$FeCl_2$与液氨作用,可以生成$[Fe(NH_3)_6]Cl_2$配合物,但遇水即分解。

$$[Fe(NH_3)_6]Cl_2+6H_2O = Fe(OH)_2+4NH_3\cdot H_2O+2NH_4Cl$$

Fe^{3+}与氨水作用也不能生成氨的配合物,Fe^{3+}强烈水解生成$Fe(OH)_3$沉淀。

$$[Fe(H_2O)_6]^{3+}+3NH_3 = Fe(OH)_3\downarrow+3NH_4^++3H_2O$$

(2) 钴的氨配合物。

Co^{2+}与过量氨水反应,可形成土黄色的$[Co(NH_3)_6]^{2+}$,此配离子在空气中可慢慢被氧化变成更稳定的红褐色$[Co(NH_3)_6]^{3+}$。

$$4[Co(NH_3)_6]^{2+}+O_2+2H_2O = 4[Co(NH_3)_6]^{3+}+4OH^-$$

Co^{3+}氧化性很强,不稳定,在酸性溶液中容易还原成Co^{2+},所以钴盐在溶液中都是以Co^{2+}形式存在。但当与氨水生成可溶性的氨合配离子后,它们的稳定性发生变化,$[Co(NH_3)_6]^{2+}$很容易被氧化成稳定的$[Co(NH_3)_6]^{3+}$。这种变化可从两个方面说明。一方面是从标准电极电势的变化。

$$[Co(H_2O)_6]^{3+}+e^- \rightleftharpoons [Co(H_2O)_6]^{2+},\quad \varphi^\ominus = 1.808\ V$$

$$[Co(NH_3)_6]^{3+}+e^- \rightleftharpoons [Co(NH_3)_6]^{2+},\quad \varphi^\ominus = 0.1\ V$$

可以看出，当 Co^{2+} 的配体由水分子变为氨分子时，Co^{3+}/Co^{2+} 配合物电对的标准电极电势发生了很大的变化，说明 $[Co(NH_3)_6]^{2+}$ 的还原性比 $[Co(H_2O)_6]^{2+}$ 的强，易被氧化，以至于空气中的 O_2 就能把 $[Co(NH_3)_6]^{2+}$ 氧化成 $[Co(NH_3)_6]^{3+}$。

$$O_2+2H_2O+4e^- \rightleftharpoons 4OH^-,\quad \varphi^{\ominus}=0.401\ V$$

$$4[Co(NH_3)_6]^{2+}+O_2+2H_2O = 4[Co(NH_3)_6]^{3+}+4OH^-$$

Co^{3+} 由于形成 $[Co(NH_3)_6]^{3+}$ 而变得相当稳定，不易被还原。

Co^{2+} 的所有配合物均是不稳定的，还原性较强，易被氧化成 Co^{3+} 的配合物。

在 $CoCl_2$、氨水和 NH_4Cl 的溶液中通入空气或加入 H_2O_2，用活性炭做催化剂，从溶液中就可以分离出三氯化六氨合钴(Ⅲ)($[Co(NH_3)_6]Cl_3$)的橙黄色晶体。

$$2[Co(H_2O)_6]^{2+}+10NH_3+2NH_4^++H_2O_2 = 2[Co(NH_3)_6]^{3+}+14H_2O$$

$$4[Co(H_2O)_6]^{2+}+20NH_3+4NH_4^++O_2 = 4[Co(NH_3)_6]^{3+}+26H_2O$$

(3) 镍的氨配合物。

Ni^{2+} 在过量的氨水中可生成蓝色 $[Ni(NH_3)_4(H_2O)_2]^{2+}$ 以及紫色 $[Ni(NH_3)_6]^{2+}$。Ni^{2+} 的配合物都比较稳定。

2) 氰合物

Fe^{2+}、Co^{2+}、Ni^{2+}、Fe^{3+} 等离子均能与 CN^- 形成配合物。

(1) 铁的氰合物。

Fe^{2+} 和 Fe^{3+} 均能与 KCN 生成配合物。亚铁盐与适量 KCN 溶液反应，得到 $Fe(CN)_2$ 沉淀，加入过量的 KCN 溶液则该沉淀溶解。

$$FeSO_4+2KCN = Fe(CN)_2\downarrow+K_2SO_4$$

$$Fe(CN)_2+4KCN = K_4[Fe(CN)_6]$$

从溶液中析出的黄色晶体 $K_4[Fe(CN)_6]\cdot 3H_2O$ 称为六氰合铁(Ⅱ)酸钾，或称为亚铁氰化钾，俗称黄血盐。黄血盐在 100 ℃时失去所有的结晶水，形成白色的粉末 $K_4[Fe(CN)_6]$，进一步加热即分解。

$$K_4[Fe(CN)_6] = 4KCN+FeC_2+N_2\uparrow$$

黄血盐在水溶液中很稳定，只含有 K^+ 和 $[Fe(CN)_6]^{4-}$，几乎检验不出 Fe^{2+} 的存在。

黄血盐溶液遇到 Fe^{3+}，立即生成深蓝色普鲁士蓝(Prussian blue)沉淀，它的化学式为 $KFe[Fe(CN)_6]$，俗称铁蓝，在工业上用作燃料和颜料。

$$K^++Fe^{3+}+[Fe(CN)_6]^{4-} = KFe[Fe(CN)_6]\downarrow$$

利用这一反应，可用黄血盐来检验 Fe^{3+} 的存在。

用 Cl_2 氧化黄血盐溶液，就可以得到深红色的六氰合铁(Ⅲ)酸钾($K_3[Fe(CN)_6]$)的晶体，或称为铁氰化钾，俗称赤血盐。

$$2K_4[Fe(CN)_6]+Cl_2 = 2KCl+2K_3[Fe(CN)_6]$$

赤血盐在碱性溶液中有氧化作用。

$$4K_3[Fe(CN)_6]+4KOH = 4K_4[Fe(CN)_6]+O_2\uparrow+2H_2O$$

在中性溶液中赤血盐有微弱的水解作用。因此，使用赤血盐溶液时，最好现用现配。赤血盐溶液遇到 Fe^{2+}，立即生成腾氏蓝沉淀，其化学式为 $KFe[Fe(CN)_6]$：

$$K^++Fe^{2+}+[Fe(CN)_6]^{3-} = KFe[Fe(CN)_6]\downarrow$$

利用这一反应，可用赤血盐溶液来检验 Fe^{2+} 的存在。结构研究证明，腾氏蓝和普鲁士蓝有相同的组成与结构：

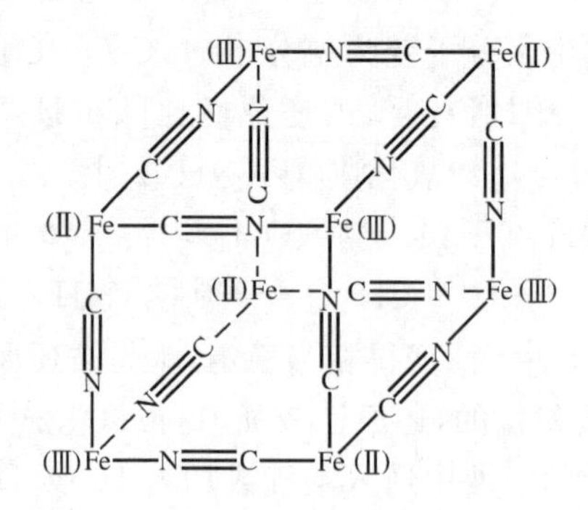

(2) 钴的氰合物。

Co^{2+}与CN^-反应,先形成水合氰化物沉淀,沉淀溶于过量CN^-溶液中形成茶绿色的$[Co(CN)_5(H_2O)]^{3-}$配离子,该配离子易被空气中的O_2氧化为黄色$[Co(CN)_6]^{3-}$,由于CN^-是强场配体,分裂能较高,$Co^{2+}(3d^7)$中只有一个电子处于能级高的e_g轨道,因而易失去。

例如,在Co(Ⅱ)盐溶液中加入KCN,就会出现红色的$Co(CN)_2$沉淀。把$Co(CN)_2$溶于过量的KCN溶液中,就会析出紫红色的$K_4[Co(CN)_6]$晶体。

$$Co^{2+}+2CN^- = Co(CN)_2\downarrow$$

$$4K^++Co^{2+}+6CN^- = K_4[Co(CN)_6]\downarrow$$

$[Co(CN)_6]^{4-}$配离子比$[Co(NH_3)_6]^{2+}$更不稳定,是相当强的还原剂。

$$[Co(CN)_6]^{3-}+e^- \rightleftharpoons [Co(CN)_6]^{4-}, \quad \varphi^\ominus=-0.83\ V$$

把$[Co(CN)_6]^{4-}$的溶液稍稍加热,它就会使H^+还原成H_2。

$$2K_4[Co(CN)_6]+2H_2O = 2K_3[Co(CN)_6]+2KOH+H_2\uparrow$$

(3) 镍的氰合物。

Ni^{2+}与CN^-反应先形成灰蓝色水合氰化物沉淀,在过量的CN^-溶液中沉淀溶解,形成橙黄色的$[Ni(CN)_4]^{2-}$,此配离子是Ni^{2+}最稳定的配合物之一,具有平面正方形结构;在较浓的CN^-溶液中,可形成深红色的$[Ni(CN)_5]^{3-}$。

3) 硫氰合物

(1) 铁的硫氰合物。

向Fe^{3+}溶液中加入KSCN或NH_4SCN,溶液立即呈现出血红色。

$$Fe^{3+}+nSCN^- = [Fe(SCN)_n]^{3-n}$$

$n=1\sim6$,n的数值随SCN^-的浓度而异。这是鉴定Fe^{3+}的灵敏反应之一,常用于Fe^{3+}的比色分析。该反应必须在酸性环境下进行,因为溶液的pH值大时,Fe^{3+}会发生水解生成$Fe(OH)_3$。

(2) 钴的硫氰合物。

向Co(Ⅱ)盐溶液中加入KSCN或NH_4SCN,可以生成蓝色的$[Co(SCN)_4]^{2-}$配离子,它在水溶液中不稳定,易离解成简单离子。

$$[Co(SCN)_4]^{2-} = Co^{2+}+4SCN^-$$

$[Co(SCN)_4]^{2-}$可溶于丙酮或戊醇,在有机溶剂中比较稳定,可用于比色分析。$[Co(SCN)_4]^{2-}$与Hg^{2+}作用,可生成$Hg[Co(SCN)_4]$沉淀:

$$[Co(SCN)_4]^{2-}+Hg^{2+} = Hg[Co(SCN)_4]\downarrow$$

(3) 镍的硫氰合物。

Ni^{2+}可与SCN^-反应,形成$[Ni(SCN)]^+$、$[Ni(SCN)_3]^-$等配离子,这些配离子均不太稳定。

4) 卤合物

Fe^{3+}能与卤离子形成配合物,它和F^-有较强的亲和力,当向血红色的$[Fe(SCN)_n]^{3-n}$配合物溶液中加入 NaF 时,血红色的$[Fe(SCN)_n]^{3-n}$配离子被破坏,生成无色的$[FeF_6]^{3-}$配离子。

$$[Fe(SCN)_6]^{3-} + 6F^- \longrightarrow [FeF_6]^{3-} + 6SCN^-$$

这是由于Fe^{3+}与F^-有较强的亲和力,而且加入 NaF 后降低了溶液的酸度,因此配合物$[Fe(SCN)_n]^{3-n}$分解了。

在很浓的盐酸中,Fe^{3+}能形成四面体构型的$[FeCl_4]^-$配离子。

$$Fe^{3+} + 4Cl^- \longrightarrow [FeCl_4]^-$$

5) 羰基配合物

铁系元素与 CO 易形成羰基配合物,如 Fe、Co、Ni 的羰基配合物(见表 11-4)。

表 11-4　铁系元素与 CO 形成的羰基配合物

项　目	$[Fe(CO)_5]$	$[Co_2(CO)_8]$	$[Ni(CO)_4]$
颜色	浅黄色(液)	深橙色(固)	无色(液)
熔点/℃	−20	51～52(分解)	−25
沸点/℃	103	—	43

Fe 在 100～200 ℃和 2.03×10^7 Pa 下与 CO 作用,生成淡黄色的液体五羰基配合物。

$$Fe + 5CO \longrightarrow Fe(CO)_5$$

在四羰基合钴酸根$[Co(CO)_4]^-$配离子中,Co 的氧化数为−1,呈四面体构型。

在 CO 气流中轻微地加热 Ni 粉,很容易生成无色的液体四羰基合镍。

$$Ni + 4CO \longrightarrow Ni(CO)_4$$

$Ni(CO)_4$在 150 ℃分解为 Ni 和 CO,利用这一反应,可以制备高纯度的 Ni 粉。

羰基配合物有毒,如$Ni(CO)_4$被不慎吸入,它能使红细胞与 CO 相结合,使血液把胶态的 Ni 带到全身器官,这种中毒很难治疗。所以制备羰基配合物必须在与外界隔绝的容器中进行。

6) 螯合物

Ni^{2+}及Fe^{3+}、Co^{3+}与多齿配体能形成螯合物。例如,Fe^{2+}与邻菲啰啉可形成红色螯合物,常用于定量分析中。Ni^{2+}与丁二酮肟在稀氨水中能生成螯合物丁二酮肟合镍(Ⅱ),这是一种鲜红色的沉淀,这个反应是检验Ni^{2+}的特征反应。

在丁二酮肟合镍(Ⅱ)中,Ni^{2+}与配位的 4 个 N 原子形成平面正方形的结构。

铁系元素的阳离子均能与 EDTA 形成螯合物。

11.1.3　铂和钯的重要化合物

1. 卤化物

铂系的卤化物主要是用单质与卤素直接反应而制得的。温度不同则可生成组成不同的物

$$2\begin{array}{l}CH_3-C{=}N-OH\\ \qquad\ \ |\\ CH_3-C{=}N-OH\end{array}+Ni^{2+}{=\!=\!=}\begin{array}{c}O\cdots H\cdots O\\ CH_3-C{=}N\quad N{=}C-CH_3\\ \qquad Ni\\ CH_3-C{=}N\quad N{=}C-CH_3\\ O\cdots H\cdots O\end{array}+2H^+$$

质。所有铂系金属都能生成四卤化物。卤化物大多是带有鲜艳颜色的固体。溴化物和碘化物的溶解度较小,它们常可从氯化物溶液中沉淀出来。例如:

$$PdCl_2+2KBr{=\!=\!=}PdBr_2\downarrow+2KCl$$

$PdCl_2$水溶液遇 CO 即被还原成金属 Pd,$PdCl_2$ 溶液可用于鉴定 CO 气体。

$$PdCl_2+CO+H_2O{=\!=\!=}Pd(\text{黑色})+CO_2\uparrow+2HCl$$

Pt 溶解于王水得到 H_2PtCl_6,此化合物加热至 297 ℃可制得红棕色 $PtCl_4$。

$$3Pt+4HNO_3+18HCl{=\!=\!=}3H_2PtCl_6+4NO\uparrow+8H_2O$$

$$H_2PtCl_6\overset{\triangle}{=\!=\!=}PtCl_4+2HCl\uparrow$$

除 Pd 外,所有的铂系金属的六氟化物都是已知的。它们是挥发性的化学性质活泼的物质。它们中的某些物质甚至在室温下能侵蚀玻璃,因而通常保存在镍装置中。这些化合物通常可由元素直接化合而得,有实际应用的是 PtF_6。

PtF_6的沸点为 69 ℃,气态和液态呈暗红色,固态呈黑色,具有挥发性,是最强的氧化剂之一。PtF_6不稳定,能迅速被水分解。第一种稀有气体化合物就是用 PtF_6 做氧化剂制备的。

$$Xe+PtF_6{=\!=\!=}XePtF_6(\text{橙色})$$

2.铂的配合物

铂系元素与铁系元素一样可形成很多种配合物,大多数情况下是配位数为 6 的八面体结构。氧化数为+2 的钯和铂离子都是 d^8结构,可形成平面正方形构型的配合物。

用王水溶解 Pt 或将 $PtCl_4$ 溶于盐酸可得氯铂酸——H_2PtCl_6,它是铂系最重要的配合酸。

$$PtCl_4+2HCl{=\!=\!=}H_2PtCl_6$$

用类似的方法可得其盐。

$$PtCl_4+2NH_4Cl{=\!=\!=}(NH_4)_2PtCl_6$$

在含有铂系氯配离子的酸溶液中加入 NH_4Cl 或 KCl,就可得到难溶的铵盐或钾盐。

$$H_2PtCl_6+2KCl{=\!=\!=}K_2PtCl_6+2HCl$$

$$H_2PtCl_6+2NH_4Cl{=\!=\!=}(NH_4)_2PtCl_6+2HCl$$

将铵盐加热,结果只有 Pt 金属残留下来,这种方法可用于金属 Pt 的精制。

Pt(Ⅳ)有一定的氧化性。

$$K_2PtCl_6+K_2C_2O_4{=\!=\!=}K_2PtCl_4+2KCl+2CO_2\uparrow$$

将 K_2PtCl_4与乙酸铵作用或用氨处理$[PtCl_4]^{2-}$,可制得顺式二氯·二氨合铂,即顺铂,它是一种抗肿瘤药物。

$$K_2PtCl_4+2NH_4Ac{=\!=\!=}[PtCl_2(NH_3)_2]+2KAc+2HCl$$

11.2　铜族元素

11.2.1　铜族元素概述

铜族元素位于周期表 ds 区 ⅠB 族，包含 Cu、Ag、Au 及 Rg(111 号，放射性元素)，目前对 Rg 了解甚少。

Cu、Ag 主要以硫化物矿和氧化物矿的形式存在。例如辉铜矿(Cu_2S)、黄铜矿($CuFeS_2$)、赤铜矿(Cu_2O)、孔雀石($Cu_2(OH)_2CO_3$)和蓝铜矿($Cu_3(OH)_2(CO_3)_2$)，闪银矿(Ag_2S)以及角银矿(AgCl)等。除此之外，Cu、Ag、Au 均有以单质状态存在的矿物。Au 以单质形式分散于岩石(岩脉金)或沙砾(冲积金)中。

铜族元素价电子组态为$(n-1)d^{10}ns^1$，氧化数有 +1、+2、+3，Cu、Ag、Au 最常见的氧化数分别为 +2、+1、+3。铜族金属离子具有较强的极化力，本身变形性又大，所以它们的二元化合物一般有相当程度的共价性，与其他过渡元素类似，易形成配合物。

铜族元素的原子半径、离子半径、电负性随原子序数增加而增大。Ag 的第一电离能最小，第二电离能最大，这说明 Ag^+ 比较稳定。

Cu 和 Au 是所有金属中呈现特殊颜色的两种金属，纯 Cu 为红色，Au 为黄色，Ag 为银白色。它们的密度都大于 $5\ g\cdot cm^{-3}$，都是重金属。与其他过渡元素相比，其熔点、沸点相对较低，硬度小，有极好的延展性和可塑性。铜族元素的导热性和导电性是所有金属中最好的，Ag 居首位，Cu 次之，Cu 是最通用的导体。

Cu、Ag、Au 能与许多金属形成合金，其中 Cu 的合金品种最多，如黄铜(Cu 60%，Zn 40%)、青铜(Cu 80%，Sn 15%，Zn 5%)、白铜(Cu 50%～70%，Ni 13%～15%，Zn 13%～25%)等。铜及其合金由于耐腐蚀，便于机械加工，在工业上用途很广。

在酸性溶液中，Cu、Ag、Au 的标准电极电势图如下：

$\varphi_A^\ominus/V$

$$Cu^{3+}\xrightarrow{2.4}Cu^{2+}\xrightarrow{0.159}Cu^{+}\xrightarrow{0.520}Cu \qquad (Cu^{2+}\xrightarrow{0.340}Cu)$$

码 11.2　知识拓展

$$Ag^{3+}\xrightarrow{1.8}Ag^{2+}\xrightarrow{1.980}Ag^{+}\xrightarrow{0.799}Ag$$

$$Au^{3+}\xrightarrow{1.36}Au^{+}\xrightarrow{1.83}Au \qquad (Au^{3+}\xrightarrow{1.52}Au)$$

从标准电极电势图可以看出，铜族元素的标准电极电势为正值，因此铜族元素的化学活泼性远弱于碱金属的，其单质形成 +1 价离子的活泼性按 Cu、Ag、Au 的顺序依次降低。

Cu、Ag、Au 的化学活泼性较弱。在干燥空气中 Cu 很稳定，Au 是在高温下唯一不与 O_2 起反应的金属，在自然界中仅与 Te 形成天然化合物(碲化金)，而 Ag 的活泼性介于 Cu 和 Au 之间。Ag 在室温下不与 O_2、水作用，即使在高温下也不与 H_2、N_2或 C 作用，与卤素反应较慢。Cu、Ag 不溶于非氧化性稀酸，能与 HNO_3、热的浓 H_2SO_4作用，Au 不溶于单一的无机酸中，但能溶于王水(V(浓 HCl) : V(浓 HNO_3) = 3 : 1)中，而 Ag 遇王水因表面生成 AgCl 薄膜而阻止反应继续进行。

Cu、Ag 的用途很广,除了做钱币、饰物外,Cu 大量用来制造电线电缆,广泛用于电子工业、航天工业及各种化工设备。Cu 是生命必需的微量元素,故有“生命元素”之称。Ag 主要用于电镀、制镜、感光材料、化学试剂、电池、催化剂、药物等方面及补牙齿用的银汞齐等。Au 主要作为黄金储备,可用于铸币、电子工业及制造首饰。

11.2.2 铜的重要化合物

铜(Cu)的特征氧化数为+2,Cu(Ⅱ)为 $3d^9$ 组态,它的化合物或配合物常因 Cu^{2+} 可发生 d-d 跃迁而呈现颜色,Cu(Ⅱ)的化合物种类较多,较稳定。Cu(Ⅰ)为 $3d^{10}$ 组态,不发生 d-d 跃迁,所以 Cu(Ⅰ)化合物一般是白色或无色的。Cu^+ 在水溶液中不稳定。

1. 氧化物和氢氧化物

Cu(Ⅰ)和 Cu(Ⅱ)都能生成氧化物及氢氧化物(见表 11-5),有一定的颜色,在水中难溶。Cu(Ⅰ)的氧化物和氢氧化物显碱性,Cu(Ⅱ)的氧化物和氢氧化物都有两性。

表 11-5 Cu 的氧化物和氢氧化物的性质

项 目	Cu_2O	CuO	$CuOH$	$Cu(OH)_2$
颜色	红色	黑色	白色	蓝色
溶解性	难溶	难溶	难溶	难溶
酸碱性	碱性	两性偏碱	碱性	两性偏碱
热稳定性	稳定	不稳定	易分解	不稳定

1) Cu_2O

Cu_2O 可以由 Cu 和 O_2 在高温加热情况下直接反应得到。

$$4Cu+O_2 = 2Cu_2O$$

也可以用葡萄糖将 $[Cu(OH)_4]^{2-}$ 配离子还原为暗红色的 Cu_2O。

$$\underset{}{2[Cu(OH)_4]^{2-}}+\underset{\text{(葡萄糖)}}{C_6H_{12}O_6} = Cu_2O\downarrow+\underset{\text{(葡萄糖酸)}}{C_6H_{12}O_7}+4OH^-+2H_2O$$

医学上用此反应来检查糖尿病。

Cu_2O 对热很稳定,在 1 235 ℃熔化也不分解,难溶于水,但易溶于稀酸,并立即歧化为 Cu 和 Cu^{2+}。

$$Cu_2O+2H^+ = Cu^{2+}+Cu\downarrow+H_2O$$

Cu_2O 与盐酸反应形成难溶于水的 CuCl。

$$Cu_2O+2HCl = 2CuCl\downarrow(\text{白色})+H_2O$$

此外,它还能溶于氨水形成无色配离子 $[Cu(NH_3)_2]^+$。

$$Cu_2O+4NH_3+H_2O = 2[Cu(NH_3)_2]^++2OH^-$$

但无色的 $[Cu(NH_3)_2]^+$ 在空气中不稳定,立即被氧化为深蓝色的 $[Cu(NH_3)_4]^{2+}$。

$$4[Cu(NH_3)_2]^++O_2+8NH_3+2H_2O = 4[Cu(NH_3)_4]^{2+}+4OH^-$$

Cu_2O 是一种共价型化合物,弱碱性,有毒,主要用作玻璃、搪瓷工业的红色颜料。此外,由于 Cu_2O 具有半导体性质,它可用于制造整流器。

2) CuO

将 Cu 在 O_2 和空气中长时间加热可以得到黑色的 CuO。

$$2Cu + O_2 \xlongequal{} 2CuO$$

或将 $Cu(OH)_2$ 加热分解变成 CuO。

$$Cu(OH)_2 \xlongequal{80\sim90\ ℃} CuO + H_2O$$

也可加热分解硝酸铜或碳酸铜得黑色的 CuO，它不溶于水，但可溶于酸。CuO 的热稳定性很好，加热到 1 000 ℃才开始分解为暗红色的 Cu_2O。

$$4CuO \xlongequal{1\ 000\ ℃} 2Cu_2O + O_2\uparrow$$

CuO 可用于高温超导材料的制备。CuO 可溶于 H_2SO_4、HCl、HNO_3，得到相应的铜盐。

3) $Cu(OH)_2$

加强碱于铜盐溶液中，可析出浅蓝色的 $Cu(OH)_2$ 沉淀。

$$Cu^{2+} + 2OH^- \xlongequal{} Cu(OH)_2\downarrow$$

$Cu(OH)_2$ 显两性(以弱碱性为主)，易溶于酸；也能溶于浓的强碱溶液中，生成亮蓝色的四羟基合铜(Ⅱ)配离子。

$$Cu(OH)_2 + 2H^+ \xlongequal{} Cu^{2+} + 2H_2O$$

$$Cu(OH)_2 + 2OH^- \xlongequal{} [Cu(OH)_4]^{2-}$$

$Cu(OH)_2$ 也易溶于氨水，生成深蓝色的 $[Cu(NH_3)_4]^{2+}$。

2. 盐类化合物

溶液中 Cu(Ⅰ)易歧化，因而其化合物种类较少，Cu(Ⅱ)可形成许多盐类化合物。

1) $CuSO_4$

无水 $CuSO_4$ 为白色粉末，但从水溶液中结晶时，得到的是蓝色五水合硫酸铜($CuSO_4\cdot5H_2O$)晶体，俗称胆矾或者蓝矾，其结构式为 $[Cu(H_2O)_4]SO_4\cdot H_2O$。

$CuSO_4$ 可用热 H_2SO_4 溶解 Cu，或在 O_2 存在时用稀 H_2SO_4 和铜屑反应得到。

$$Cu + 2H_2SO_4(浓) \xlongequal{} CuSO_4 + SO_2\uparrow + 2H_2O$$

$$2Cu + 2H_2SO_4(稀) + O_2 \xlongequal{} 2CuSO_4 + 2H_2O$$

无水 $CuSO_4$ 易溶于水，吸水性强，吸水后即显出特征的蓝色，可利用这一性质检验有机液体中的微量水分，也可用作干燥剂，从有机液体中除去水分。$CuSO_4\cdot5H_2O$ 在不同温度下逐步失水。

$$CuSO_4\cdot5H_2O(蓝色) \xrightarrow{102\ ℃} CuSO_4\cdot3H_2O \xrightarrow{113\ ℃} CuSO_4\cdot H_2O \xrightarrow{258\ ℃}$$

$$CuSO_4(白色) \xrightarrow{750\ ℃} CuO(黑色) + SO_3\uparrow$$

$CuSO_4$ 为制取其他铜盐的重要原料，具有杀菌能力，用于蓄水池、游泳池中可防止藻类生长。$CuSO_4$ 和石灰乳混合而成的“波尔多液”可用于消灭植物病虫害。

2) CuCl

选择适当的还原剂如 SO_2、$SnCl_2$、Cu 等，在 Cl^- 存在下还原 Cu^{2+} 得到 CuCl。

$$2Cu^{2+} + 2Cl^- + SO_2 + 2H_2O \xlongequal{} 2CuCl\downarrow + 4H^+ + SO_4^{2-}$$

$$2CuCl_2 + SnCl_2 \xlongequal{} 2CuCl\downarrow + SnCl_4$$

用 Cu 粉还原 $CuCl_2$ 时，在热的浓盐酸中生成 $[CuCl_2]^-$，用水稀释即可得到难溶于水的白色 CuCl 沉淀。

$$Cu^{2+}+Cu+4Cl^{-}\longrightarrow 2[CuCl_2]^{-}(\text{无色})$$

$$2[CuCl_2]^{-}\xlongequal{H_2O}2CuCl\downarrow+2Cl^{-}$$

总反应为 $$Cu^{2+}+Cu+2Cl^{-}\longrightarrow 2CuCl\downarrow$$

在有机合成中,CuCl 用作催化剂和还原剂。

3) $CuCl_2$

无水 $CuCl_2$为棕黄色固体,可由单质直接化合而成,它是共价型化合物,其结构为由 $CuCl_4$平面四边形组成的无限长链状(见图 11-2)。

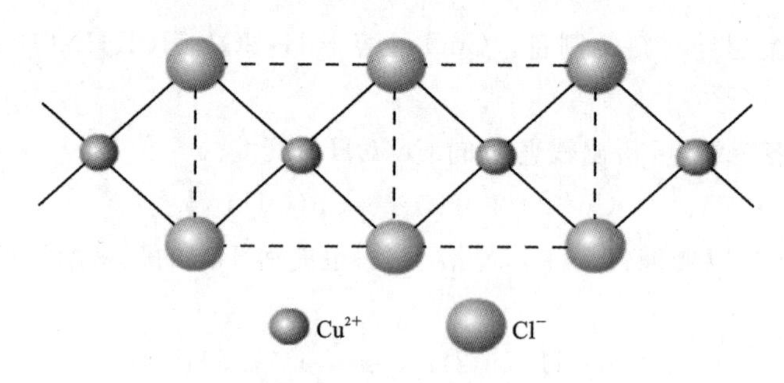

图 11-2 无水 $CuCl_2$的结构

$CuCl_2$在空气中易潮解,它不仅易溶于水,而且易溶于一些有机溶剂(如乙醇、丙酮)中。在很浓的 $CuCl_2$水溶液中,可形成黄色的$[CuCl_4]^{2-}$。

$$Cu^{2+}+4Cl^{-}\longrightarrow[CuCl_4]^{2-}$$

$CuCl_2$与碱金属氯化物作用可形成 $M^{I}[CuCl_3]$或 $M_2^{I}[CuCl_4]$型配盐,$CuCl_2$与盐酸反应生成 $H_2[CuCl_4]$。

$CuCl_2$的稀溶液为浅蓝色,其原因是水分子取代了$[CuCl_4]^{2-}$中的 Cl^-,形成$[Cu(H_2O)_4]^{2+}$。

$$[CuCl_4]^{2-}+4H_2O\longrightarrow[Cu(H_2O)_4]^{2+}(\text{浅蓝色})+4Cl^{-}$$

$CuCl_2$的浓溶液通常为黄绿色或绿色,这是由于溶液中同时含有$[CuCl_4]^{2-}$和$[Cu(H_2O)_4]^{2+}$。

无水 $CuCl_2$加热至 500 ℃时分解。

$$2CuCl_2\longrightarrow 2CuCl+Cl_2\uparrow$$

$CuCl_2$用于制造玻璃、陶瓷用颜料、消毒剂、媒染剂和催化剂。

4) $Cu(NO_3)_2$

将铜溶解在乙酸乙酯的 N_2O_4溶液中,先生成 $Cu(NO_3)_2\cdot N_2O_4$,将其加热到 90 ℃,得到蓝色的 $Cu(NO_3)_2$。在真空中加热至 200 ℃,$Cu(NO_3)_2$升华。

硝酸铜的水合物有 $Cu(NO_3)_2\cdot 3H_2O$、$Cu(NO_3)_2\cdot 6H_2O$ 和$Cu(NO_3)_2\cdot 9H_2O$。将 $Cu(NO_3)_2\cdot 3H_2O$ 加热到 170 ℃得到碱式盐,进一步加热到 200 ℃,则分解成黑色的 CuO。

$$2Cu(NO_3)_2\longrightarrow 2CuO+4NO_2\uparrow+O_2\uparrow$$

3. Cu 的配合物

1) Cu(Ⅰ)配合物

Cu(Ⅰ)为 $3d^{10}$组态,Cu(Ⅰ)配合物大多为无色。常见的 Cu(Ⅰ)配离子如表 11-6 所示。

表 11-6　Cu(Ⅰ)的配离子

配离子	$[CuCl_2]^-$	$[Cu(SCN)_2]^-$	$[Cu(NH_3)_2]^+$	$[Cu(S_2O_3)_2]^{3-}$	$[Cu(CN)_2]^-$
$K_f^\ominus$	3.16×10^5	1.51×10^5	7.24×10^{10}	1.66×10^{12}	1.0×10^{24}

大多数 Cu(Ⅰ)配合物的溶液具有吸收烯烃、炔烃和 CO 的能力。

2) Cu(Ⅱ)配合物

Cu(Ⅱ)为 $3d^9$ 组态，容易发生 d-d 跃迁，因而，形成的配合物都有颜色(见表 11-7)。Cu(Ⅱ)一般形成配位数为 4 的正方形配合物。深蓝色的 $[Cu(NH_3)_4]^{2+}$ 是由过量氨水与 Cu(Ⅱ)盐溶液反应而形成的。

$$[Cu(H_2O)_4]^{2+}+4NH_3 = [Cu(NH_3)_4]^{2+}+4H_2O$$

此反应可用于比色分析法测定铜的含量。此外，$[Cu(NH_3)_4]^{2+}$ 溶液有溶解纤维的能力，在所得的纤维素溶液中加酸或水时，纤维又可析出，工业上利用这种性质制造人造丝。

表 11-7　Cu(Ⅱ)的配离子

配离子	$[CuCl_4]^{2-}$	$[Cu(H_2O)_4]^{2+}$	$[Cu(NH_3)_4]^{2+}$	$[Cu(en)_2]^{2+}$	$[Cu(EDTA)]^{2-}$
颜色	淡黄色	蓝色	深蓝色	深蓝紫色	蓝色

Cu(Ⅱ)还可和一些有机配位剂(如 en 等)形成稳定的螯合物。

4. Cu(Ⅰ)和 Cu(Ⅱ)的相互转化

从离子的电子组态来看，Cu(Ⅰ)($3d^{10}$)应该比 Cu(Ⅱ)($3d^9$)更稳定，而实际上由元素标准电极电势图可知，在水溶液中，Cu^+ 易发生歧化反应，生成 Cu^{2+} 和 Cu。

$$2Cu^+ \rightleftharpoons Cu^{2+}+Cu$$

$$K^\ominus=\frac{c(Cu^{2+})/c^\ominus}{[c(Cu^+)/c^\ominus]^2}=1.2\times10^6$$

可见，歧化反应进行得相当完全。这是因为 Cu^{2+} 与 Cu^+ 相比，电荷高，半径小，水合热的代数值小得多(分别为 $-2\ 100\ kJ\cdot mol^{-1}$ 和 $-593\ kJ\cdot mol^{-1}$)。所以在水溶液中 Cu^{2+} 比 Cu^+ 稳定。要使 Cu^{2+} 转化为 Cu^+，一方面应有还原剂存在，另一方面可生成难溶化合物或配合物。如在热的 Cu(Ⅱ)盐溶液中加入 KCN，可得到白色 CuCN 沉淀。

$$2Cu^{2+}+4CN^- = 2CuCN\downarrow+(CN)_2\uparrow$$

若继续加入过量的 KCN，则 CuCN 因形成 Cu(Ⅰ)的最稳定配离子 $[Cu(CN)_x]^{1-x}$ 而溶解。

$$CuCN+(x-1)CN^- = [Cu(CN)_x]^{1-x}\quad(x=2\sim4)$$

因此，在水溶液中当能使 Cu^+ 生成难溶盐或稳定 Cu(Ⅰ)配离子时，可使 Cu(Ⅱ)转化为 Cu(Ⅰ)化合物。

11.2.3　银的重要化合物

银(Ag)的 +1 价化合物最稳定，种类也最多。Ag 的 +2 和 +3 价化合物分别有 AgO、AgF_2 和 Ag_2O_3 等，它们都是极强的氧化剂。例如，在酸性介质中，AgO 能把 Co^{2+} 氧化成 Co^{3+}，其氧化性仅次于 O_3 和 F_2。

Ag(Ⅰ)的化合物热稳定性较差，见光易分解。易溶于水的 Ag(Ⅰ)化合物有 $AgClO_4$、AgF、$AgNO_3$ 等，其他常见化合物几乎都难溶于水。

1. 卤化银

$AgNO_3$与可溶性卤化物反应，生成不同颜色的卤化银沉淀。卤化银的颜色依 AgCl、AgBr、AgI 的顺序加深。卤化银中只有 AgF 易溶于水，其余的卤化银均难溶于水，其溶解度依 AgCl、AgBr、AgI 的顺序降低。

在光照下，卤化银分解为单质，先变为紫色，最后变为黑色。

$$2AgX \xlongequal{光照} 2Ag + X_2$$

基于卤化银的感光性，可用它做照相底片上的感光物质。AgI 在人工降雨中用作冰核形成剂。

2. $AgNO_3$

$AgNO_3$是最重要的可溶性银盐。将 Ag 溶于热的 65%HNO_3，蒸发、结晶，制得无色菱片状 $AgNO_3$晶体。

$$Ag + 2HNO_3 \xlongequal{} AgNO_3 + NO_2\uparrow + H_2O$$

$AgNO_3$受热时不稳定，加热到 440 ℃时，按下式分解：

$$2AgNO_3 \xlongequal{\triangle} 2Ag + 2NO_2\uparrow + O_2\uparrow$$

在光照下，$AgNO_3$也会按上式缓慢地分解，因此必须保存在棕色瓶中。

$AgNO_3$具有氧化性，遇微量的有机物即被还原为黑色的单质 Ag。一旦皮肤沾上 $AgNO_3$溶液，就会出现黑色斑点。

$AgNO_3$主要用于制造照相底片所需的 AgBr 乳剂，医药上常用它做消毒剂和腐蚀剂。

3. 配合物

常见的 Ag(Ⅰ)配离子有$[Ag(NH_3)_2]^+$、$[Ag(SCN)_2]^-$、$[Ag(S_2O_3)_2]^{3-}$、$[Ag(CN)_2]^-$，它们的稳定性依次增强。

$[Ag(NH_3)_2]^+$具有弱氧化性，加热时，能被甲醛或葡萄糖还原为金属银，在试管或器壁上形成一层光亮的银镜，故称为银镜反应。工业上利用此反应在玻璃或暖水瓶胆上进行化学镀银。

$$2[Ag(NH_3)_2]^+ + RCHO + 3OH^- \xlongequal{} 2Ag\downarrow + RCOO^- + 4NH_3\uparrow + 2H_2O$$

含有$[Ag(NH_3)_2]^+$的溶液不能久置，放置过程中会逐渐变成具有爆炸性的Ag_2NH和AgN_3，因此用完后必须及时处理。

$[Ag(CN)_2]^-$作为镀银电解液的主要成分，电镀效果极好，但因氰化物有剧毒，近年来逐渐被无毒镀银液(如$[Ag(SCN)_2]^-$等)代替。

11.3 锌族元素

11.3.1 锌族元素概述

锌族元素位于周期表 ds 区ⅡB 族，包括 Zn、Cd、Hg 及 Cn(112 号，放射性元素)。

Zn、Cd、Hg 主要以硫化物的形式存在于自然界中，在地壳中含量不高。Zn 的重要矿石有闪锌矿(ZnS)、红锌矿(ZnO)、菱锌矿($ZnCO_3$)等。Hg 唯一重要的矿源是朱砂矿(HgS)。Cd 有 CdS 矿，常共生于锌矿中。

Zn、Cd、Hg 均为银白色金属，其中 Zn 略带蓝白色。锌族元素的单质熔点、沸点较低，按

Zn、Cd、Hg 的顺序降低，这与 p 区金属类似，而比 d 区和铜族金属低得多。常温下，Hg 是唯一的液态金属，有“水银”之称。Hg 蒸气有毒。Hg 受热均匀膨胀且不润湿玻璃，故用于制造温度计。Zn、Cd、Hg 之间或和其他金属可形成合金。大量金属 Zn 用于制作锌铁板(白铁皮)和干电池，Zn 与 Cu 形成的合金(黄铜)应用也很广泛。在冶金工业上，锌粉作为还原剂应用于金属 Cd、Au、Ag 的冶炼。

锌族元素的价电子组态为$(n-1)d^{10}ns^2$，由于$(n-1)$d 电子未参与成键，故锌族元素的性质与典型过渡元素有较大区别，而与 p 区(第四、五、六周期)元素接近，如氧化数主要为+2(Hg 有+1)，离子无色，金属键较弱而硬度较小、熔点较低等。

Zn、Cd、Hg 的元素标准电极电势图如下：

$E^\ominus_A/V$

$$Zn^{2+} \xrightarrow{-0.762\,6} Zn$$

$$\underbrace{Cd^{2+} \xrightarrow{\geq -0.6} Cd_2^{2+} \xrightarrow{\leq -0.2} Cd}_{-0.403}$$

$$\underbrace{Hg^{2+} \xrightarrow{0.92} Hg_2^{2+} \xrightarrow{0.793} Hg}_{0.851}$$

$$HgCl_2 \xrightarrow{0.63} Hg_2Cl_2 \xrightarrow{0.267\,6} Hg$$

$E^\ominus_B/V$

$$Zn(OH)_2 \xrightarrow{-1.249} Zn$$

$$[Zn(OH)_4]^{2-} \xrightarrow{-1.285} Zn$$

$$Cd(OH)_2 \xrightarrow{-0.809} Cd$$

由元素标准电极电势图可看出，锌族元素的金属活泼性比铜族强，除 Hg 外，Zn、Cd 是较活泼金属，活泼性依 Zn、Cd、Hg 的顺序减弱。Zn 和 Cd 化学性质较接近，Hg 的化学性质和它们相差较大，类似于铜族元素。锌族元素具有以下性质。

(1) 锌族元素的特征氧化数为+2，Hg 还有+1 价化合物，锌族元素的 d 轨道没有参与成键。

(2) 锌族元素的原子半径以及离子半径比同族的碱土金属的小，电负性比同族的碱土金属的大，因而不如碱土金属活泼。

(3) 同族元素的活泼性，从 Zn 到 Hg 逐渐减弱，这与碱土金属相反。

(4) 锌族元素的 M^{2+} 均无色，所以它们的许多化合物也无色。但是，由于M^{2+}具有 18 电子构型外壳，其极化能力和变形性依 Zn^{2+}、Cd^{2+}、Hg^{2+} 的顺序而增强，以致 Cd^{2+}、Hg^{2+} 与易变形的阴离子形成的化合物往往有颜色并具有较低的溶解度。

(5) 锌族元素在加热情况下可以和许多非金属发生化学反应，但不与 H_2、N_2和 C 反应。

(6) 锌族元素一般能形成较稳定的配合物。

(7) Zn 和 Cd 可以与非氧化性酸反应放出 H_2，与氧化性酸反应较复杂。Hg 只能和氧化性酸反应。

(8) Hg 能溶解许多金属而形成汞齐，汞齐是汞的合金。

码 11.3　知识拓展

11.3.2　锌、镉的重要化合物

锌(Zn)和镉(Cd)的卤化物中，除氟化物微溶于水外，其余的均易溶于

水。Zn 和 Cd 的硝酸盐和硫酸盐也都易溶于水。Zn、Cd 的化合物通常可用它们的单质或氧化物为原料来制备。

1. 氧化物和氢氧化物

1) 氧化物

Zn、Cd 的氧化物可以通过 Zn、Cd 与 O_2 直接化合制得;Zn、Cd 的碳酸盐加热分解,也可制得 ZnO 和 CdO。ZnO 和 CdO 对热稳定,加热升华而不分解。

$$ZnCO_3 \xlongequal{\triangle} ZnO + CO_2\uparrow$$

$$CdCO_3 \xlongequal{\triangle} CdO + CO_2\uparrow$$

ZnO 微溶于水,显两性,溶于酸、碱分别形成锌盐和四羟基合锌(Ⅱ)配离子$[Zn(OH)_4]^{2-}$。CdO 难溶于水,主要显碱性,易溶于酸而难溶于碱,与酸反应生成相应的盐。

ZnO 常温下为白色固体,俗称锌白,常用作白色颜料。由于 ZnO 对气体吸附力强,在石油化工上用作脱氢、苯酚和甲醛缩合等反应的催化剂,医药上用它制作软膏、锌糊、橡皮膏等。CdO 常温下为棕黄色固体,可用作催化剂、陶瓷釉彩等。

2) 氢氧化物

在 Zn^{2+} 和 Cd^{2+} 溶液中加入适量的碱,可析出 $Zn(OH)_2$ 和 $Cd(OH)_2$ 沉淀。当碱过量时,$Zn(OH)_2$ 溶解生成$[Zn(OH)_4]^{2-}$,而 $Cd(OH)_2$ 则难溶解。$Zn(OH)_2$ 显两性,溶于酸形成锌盐,溶于碱形成$[Zn(OH)_4]^{2-}$。$Cd(OH)_2$ 虽然也具有两性,但酸性非常弱,难溶于强碱中,只能缓慢地溶解于热的浓碱溶液中;可溶于稀酸中。

$$Zn^{2+} + 2OH^- = Zn(OH)_2\downarrow$$

$$Zn(OH)_2 + 2OH^- = [Zn(OH)_4]^{2-}$$

$$Cd^{2+} + 2OH^- = Cd(OH)_2\downarrow$$

$Zn(OH)_2$ 和 $Cd(OH)_2$ 还能溶于氨水,形成配合物。

$$Zn(OH)_2 + 4NH_3 = [Zn(NH_3)_4]^{2+} + 2OH^-$$

$$Cd(OH)_2 + 4NH_3 = [Cd(NH_3)_4]^{2+} + 2OH^-$$

Zn、Cd 的氧化物和氢氧化物都是以共价性为主的化合物,其共价性依 Zn、Cd 的顺序增强。

2. $ZnCl_2$

无水 $ZnCl_2$ 为白色固体,可通过水合氯化锌在干燥的 HCl 气氛中加热脱水或热处理金属锌制备。$ZnCl_2$ 吸水性很强,极易溶于水,其水溶液由于 Zn^{2+} 的水解而显酸性。

$$Zn^{2+} + H_2O = [Zn(OH)]^+ + H^+$$

$ZnCl_2$ 的浓溶液中,由于形成配合物 $H[ZnCl_2(OH)]$ 而使溶液具有显著的酸性(如 6 $mol \cdot L^{-1}$ $ZnCl_2$ 溶液的 pH=1),能溶解金属氧化物。

$$ZnCl_2 + H_2O = H[ZnCl_2(OH)]$$

$$Fe_2O_3 + 6H[ZnCl_2(OH)] = 2Fe[ZnCl_2(OH)]_3 + 3H_2O$$

因此在焊接金属之前,常用 $ZnCl_2$ 浓溶液清除金属表面的氧化物。浓的 $ZnCl_2$ 溶液还能溶解淀粉、纤维素和丝绸,可用于纺织工业。

无水 $ZnCl_2$ 不能用湿法制得,因为反应物在水溶液中反应后,经过浓缩、结晶得到的是一些水合物,如 $ZnCl_2 \cdot H_2O$。即使将 $ZnCl_2$ 溶液蒸干,得到的是碱式氯化锌,因为氯化锌发生水解反应。

$$ZnCl_2 + H_2O \xlongequal{} Zn(OH)Cl + HCl\uparrow$$

如将含水 $ZnCl_2$ 和 $SOCl_2$(氯化亚砜)一起加热,可得到无水氯化锌。

$$ZnCl_2 \cdot xH_2O + xSOCl_2 \xlongequal{\triangle} ZnCl_2 + 2xHCl + xSO_2\uparrow$$

3. 硫化物

1) ZnS

向锌盐溶液中通入 H_2S 时,会生成 ZnS。但向中性锌盐溶液中通入 H_2S 气体,ZnS 沉淀不完全,因为在沉淀过程中,生成 H^+,其浓度增大,导致 S^{2-} 浓度降低,阻碍了 ZnS 的进一步沉淀。

$$Zn^{2+} + H_2S \xlongequal{} ZnS\downarrow(\text{白色}) + 2H^+$$

ZnS 能溶于 0.1 $mol \cdot L^{-1}$ 盐酸,不溶于乙酸。

ZnS 可做白色颜料,它同 $BaSO_4$ 共沉淀所形成的混合物晶体 $ZnS \cdot BaSO_4$ 称为锌钡白(俗称立德粉),是一种优良的白色颜料。

$$BaS + ZnSO_4 \xlongequal{} ZnS \cdot BaSO_4$$

无定形 ZnS 在 H_2S 气氛中灼烧,可以转变为晶体 ZnS。若在 ZnS 晶体中加入微量 Cu、Mn、Ag 做活化剂,经光照射后可发出不同颜色的荧光,这种材料可做荧光粉,制作荧光屏。

2) CdS

向镉盐溶液中通入 H_2S 时,也会生成 CdS。

$$Cd^{2+} + H_2S \xlongequal{} CdS\downarrow(\text{黄色}) + 2H^+$$

CdS($K_{sp}^{\ominus} = 8.2 \times 10^{-27}$)的溶度积比 α-ZnS($K_{sp}^{\ominus} = 1.6 \times 10^{-24}$)小,CdS 不溶于稀酸,可溶于较浓的盐酸或硫酸中,所以控制溶液的酸度,可以使锌、镉分离。CdS 可与硝酸发生氧化还原反应而溶于稀硝酸。

$$3CdS + 8HNO_3(\text{稀}) \xlongequal{} 3Cd(NO_3)_2 + 3S\downarrow + 2NO\uparrow + 4H_2O$$

$$CdS + 4HNO_3(\text{浓}) \xlongequal{} Cd(NO_3)_2 + S\downarrow + 2NO_2\uparrow + 2H_2O$$

CdS 可做黄色颜料,称为镉黄。纯的镉黄可以是 CdS,也可以是 $CdS \cdot ZnS$ 共熔体。CdS 主要用作半导体材料,用于搪瓷、陶瓷、玻璃及油画着色,也可用于涂料、塑料行业和发光材料等领域。

4. 配合物

Zn^{2+}、Cd^{2+} 与氨水、KCN 等能形成无色的配位数为 4 的配离子。

$$Zn^{2+} + 4NH_3 \rightleftharpoons [Zn(NH_3)_4]^{2+}, \quad K_f^{\ominus} = 2.88 \times 10^9$$

$$Cd^{2+} + 4NH_3 \rightleftharpoons [Cd(NH_3)_4]^{2+}, \quad K_f^{\ominus} = 2.78 \times 10^7$$

$$Zn^{2+} + 4CN^- \rightleftharpoons [Zn(CN)_4]^{2-}, \quad K_f^{\ominus} = 5.01 \times 10^{16}$$

$$Cd^{2+} + 4CN^- \rightleftharpoons [Cd(CN)_4]^{2-}, \quad K_f^{\ominus} = 1.95 \times 10^{18}$$

$[Zn(CN)_4]^{2-}$ 用于电镀工艺,它和 $[Cu(CN)_4]^{3-}$ 的混合液用于镀黄铜。由于 Cu、Zn 配合物有关电对的标准电极电势接近,它们的混合液在电解时,Zn、Cu 在阴极可同时析出。

$$[Cu(CN)_4]^{3-} + e^- \rightleftharpoons Cu + 4CN^-, \quad \varphi^{\ominus} = -1.27\ V$$

$$[Zn(CN)_4]^{2-} + 2e^- \rightleftharpoons Zn + 4CN^-, \quad \varphi^{\ominus} = -1.34\ V$$

11.3.3 汞的重要化合物

汞(Hg)能形成氧化数为 +1、+2 的化合物。在氧化数为 +1 的化合物中,Hg 以

Hg_2^{2+}(—Hg—Hg—)的形式存在,Hg(Ⅰ)的化合物称为亚汞化合物。亚汞化合物大多数难溶于水,Hg(Ⅱ)化合物难溶于水的也较多。易溶于水的汞盐都是有毒的。Hg 化合物大多以共价键结合。

1. HgO

在汞盐溶液中加入碱,可得到黄色 HgO;红色的 HgO 一般由 $Hg(NO_3)_2$受热分解而制得。

$$Hg^{2+}+2OH^- = HgO\downarrow(黄)+H_2O$$

$$2Hg(NO_3)_2 \xlongequal{\triangle} 2HgO\downarrow(红)+4NO_2\uparrow+O_2\uparrow$$

HgO 是制备许多汞盐的原料,还用作医药制剂、分析试剂、陶瓷颜料等。

2. $HgCl_2$和 Hg_2Cl_2

1) $HgCl_2$

在过量的 Cl_2中加热金属 Hg 可制得 $HgCl_2$,也可用 $HgSO_4$与 NaCl 混合加热(300 ℃)制得。

$$HgSO_4+2NaCl = Na_2SO_4+HgCl_2$$

$HgCl_2$为共价型化合物,Cl 原子以共价键与 Hg 原子结合成直线型分子 Cl—Hg—Cl。$HgCl_2$熔点较低(280 ℃),加热易升华,俗称升汞。$HgCl_2$略溶于水,在水中的离解度很小,主要以 $HgCl_2$分子形式存在,$HgCl_2$在水中稍有水解。

$$HgCl_2+H_2O \rightleftharpoons Hg(OH)Cl+HCl$$

$HgCl_2$遇氨水发生氨解,析出白色 $Hg(NH_2)Cl$ 沉淀。

$$HgCl_2+2NH_3 = Hg(NH_2)Cl\downarrow(白色)+NH_4Cl$$

$HgCl_2$还可与碱金属氯化物反应形成$[HgCl_4]^{2-}$,使 $HgCl_2$的溶解度增大。

$$HgCl_2+2Cl^- = [HgCl_4]^{2-}$$

$HgCl_2$在酸性溶液中有氧化性,可被适量的 $SnCl_2$还原为白色 Hg_2Cl_2沉淀。

$$2HgCl_2+SnCl_2 = Hg_2Cl_2\downarrow+SnCl_4$$

如 $SnCl_2$过量,生成的 Hg_2Cl_2可进一步被还原为金属 Hg,使沉淀变黑。

$$Hg_2Cl_2+SnCl_2 = 2Hg\downarrow+SnCl_4$$

在分析化学中利用此反应鉴定 Hg(Ⅱ)或 Sn(Ⅱ)。

2) Hg_2Cl_2

亚汞化合物中,Hg 总是以双聚体的形式出现。Hg_2Cl_2为白色固体,分子结构为直线型(Cl—Hg—Hg—Cl)。少量的 Hg_2Cl_2无毒,略有甜味,俗称甘汞。

金属 Hg 与 $HgCl_2$固体一起研磨,可制得 Hg_2Cl_2。

$$HgCl_2+Hg = Hg_2Cl_2$$

Hg_2Cl_2见光易分解。

$$Hg_2Cl_2 \xlongequal{光} HgCl_2+Hg$$

因此应把它保存在棕色瓶中。

Hg_2Cl_2与氨水作用,发生歧化反应,可生成 $Hg(NH_2)Cl$ 和 Hg,前者为白色沉淀,后者为黑色分散的细珠,使沉淀显灰色。

$$Hg_2Cl_2+2NH_3 = Hg(NH_2)Cl\downarrow(白色)+Hg\downarrow(黑色)+NH_4Cl$$

此反应可用于鉴定 Hg(Ⅰ)。在化学上,Hg_2Cl_2用于制作甘汞电极;在医药上,Hg_2Cl_2用作泻剂和利尿剂。

Hg还能形成许多稳定的有机化合物,如甲基汞$Hg(CH_3)_2$、乙基汞$Hg(C_2H_5)_2$等。这些化合物中都含有C—Hg—C共价键直线型结构,较易挥发,且毒性很大,在空气和水中相当稳定。

3.配合物

Hg(Ⅰ)形成配合物的倾向较小,Hg(Ⅱ)易和Cl^-、Br^-、I^-、CN^-、SCN^-等形成较稳定的配离子(见表11-8),它们的配位数为4。

表11-8 Hg的常见配离子

配离子	$[HgCl_4]^{2-}$	$[HgI_4]^{2-}$	$[Hg(SCN)_4]^{2-}$	$[Hg(CN)_4]^{2-}$
$K_f^\ominus$	1.17×10^{15}	6.76×10^{29}	1.698×10^{21}	2.51×10^{41}

例如,在Hg^{2+}溶液中加入KI可产生橘红色HgI_2沉淀,后者溶于过量KI中,形成无色$[HgI_4]^{2-}$。

$$Hg^{2+}+2I^- = HgI_2\downarrow$$
$$HgI_2+2I^- = [HgI_4]^{2-}$$

碱性溶液中的$K_2[HgI_4]$(奈斯勒试剂)是鉴定NH_4^+的特效试剂。这个反应因试剂和OH^-相对量不同,可生成几种颜色不同的沉淀。

$$NH_4Cl+2K_2[HgI_4]+4KOH = \left[\begin{array}{ccc} & Hg & \\ O & & NH_2 \\ & Hg & \end{array}\right]I\downarrow(\text{红棕色})+KCl+7KI+3H_2O$$

4. Hg(Ⅰ)和Hg(Ⅱ)的相互转化

由Hg的标准电极电势图可知,在溶液中Hg^{2+}可氧化Hg而生成Hg_2^{2+}。

$$Hg^{2+}+Hg \rightleftharpoons Hg_2^{2+}$$
$$K^\ominus=\frac{c(Hg_2^{2+})}{c(Hg^{2+})}\approx120$$

由于$K^\ominus$值不是很大,在溶液中Hg^{2+}与Hg_2^{2+}之间存在平衡,反应条件改变时易于互相发生转变,当在溶液中加入Hg^{2+}的沉淀剂(如OH^-、NH_3、S^{2-})或配位剂(如I^-、CN^-)时,Hg_2^{2+}也可发生歧化反应。例如:

$$Hg_2^{2+}+2OH^- = HgO\downarrow+Hg\downarrow+H_2O$$
$$Hg_2^{2+}+H_2S = HgS\downarrow+Hg\downarrow+2H^+$$
$$Hg_2Cl_2+2NH_3 = Hg(NH_2)Cl\downarrow(\text{白色})+Hg\downarrow(\text{黑色})+NH_4Cl$$

除Hg_2F_2外,Hg_2X_2都是难溶的。如果用适量X^-(包括拟卤素)和Hg_2^{2+}作用,生成物是相应的难溶Hg_2X_2,只有当X^-过量时,才能歧化成$[HgX_4]^{2-}$和Hg。如在Hg_2^{2+}溶液中加入KI,先生成浅绿色Hg_2I_2沉淀,继续加入KI溶液则形成$[HgI_4]^{2-}$,同时有Hg析出。

$$Hg_2^{2+}+2I^- = Hg_2I_2\downarrow$$
$$Hg_2I_2+2I^- = [HgI_4]^{2-}+Hg\downarrow$$

另外,由于$\varphi^\ominus(Hg^{2+}/Hg_2^{2+})=0.911\ V$,而$O_2+4H^++4e^- \rightleftharpoons 2H_2O$,$\varphi^\ominus(O_2/H_2O)=1.229\ V$,所以$Hg_2^{2+}$溶液与空气接触时也易被氧化为$Hg^{2+}$。例如:

$$2Hg_2(NO_3)_2+O_2+4HNO_3 \xlongequal{} 4Hg(NO_3)_2+2H_2O$$

[化学博览]

抗肿瘤药物——金属铂配合物

增进身体健康,延长人类寿命,是化学界、医学界乃至整个科学界的重要任务。当今世界,癌症仍是人类生存的大敌,防治癌症任重道远。因此,许多科学家在孜孜不倦地为攻克癌症而奋斗,有效抗癌药物的研究一直是人们不懈努力追求的目标。

顺铂(Cisplatin)是化学治疗肿瘤领域名副其实的"老"药,作为一种广谱抗癌药,被誉为"抗癌药里的青霉素"。早在1844年,意大利化学家 M. Peyrong 在进行氯盐实验时制备出"Peyrone 盐",即顺铂。20世纪60年代,美国物理学家 Rosenberg 等在研究直流电场对大肠杆菌生长的影响时,发现铂电极的电解产物可以抑制大肠杆菌的细胞分裂,起作用的就是顺铂,通过活体实验进一步证实顺铂有抗肿瘤活性,至此开辟了铂配合物以及其他金属配合物抗肿瘤研究的新领域。从顺铂成功合成到成为一种有效抗肿瘤药,对我们学习和科学研究的启示是:细节决定成败。正是由于 Rosenberg 等人非常细心、敏锐地发现实验现象,并继续进行深入研究,才最终获得重要成果。

目前,铂类抗肿瘤药物是化学治疗肿瘤领域的首选,为了降低临床使用过程中肿瘤细胞的耐药性和毒副作用等,已经批准进入临床使用的铂类抗癌药物大致经历了三代,如表11-9所示。

表 11-9　已经批准进入临床使用的几种铂类药物

药物名称	上市时间	英文名称	化学结构式	适应证	备　注
顺铂	1978 年	Cisplatin	Cl, NH_3, Pt, Cl, NH_3	肺癌、卵巢癌、睾丸癌、前列腺癌等	第一代铂药
卡铂	1986 年	Carboplatin	NH_3, NH_3, Pt, O, O, O, O	肺癌、卵巢癌、睾丸癌、恶性淋巴癌等	第二代铂药
奈达铂	1995 年	Nedaplatin	NH_3, NH_3, Pt, O, O, O	头颈部癌、食管癌等	第二代铂药
依铂	1999 年	Eptaplatin	O, O, NH_2, NH_2, Pt, O, O, O, O	肺癌、胃癌、宫颈癌等	第二代铂药
奥沙利铂	1996 年	Oxaliplatin	H_2N, NH_2, Pt, O, O, O, O	直肠癌、结肠癌等	第三代铂药

续表

药物名称	上市时间	英文名称	化学结构式	适应证	备　注
洛铂	2005 年	Lobaplatin		转移性乳腺癌、慢性粒细胞白血病等	第三代铂药
米铂	2009 年	Miboplatin	O—C(=O)—$C_{13}H_{27}$ / O—C(=O)—$C_{13}H_{27}$	肝癌等	第三代铂药

习　题

1. 写出反应式并配平。

(1) 将 SO_2 通入 $FeCl_3$ 溶液中；

(2) 向 $FeSO_4$ 溶液加入 Na_2CO_3 后滴加碘水；

(3) $FeSO_4$ 溶液与赤血盐混合；

(4) 过量氯水滴入 FeI_2 溶液中；

(5) 用浓盐酸处理 Co_2O_3；

(6) 向 $CoCl_2$ 和溴水的混合溶液中滴加 NaOH 溶液；

(7) 弱酸性条件下向 $CoSO_4$ 溶液中滴加 KNO_2 饱和溶液；

(8) 碱性条件下向 $NiSO_4$ 溶液中加入 NaClO 溶液；

(9) $Ni(OH)_3$ 在煤气灯上灼烧；

(10) Pt 溶于王水；

(11) 向 $CuSO_4$ 溶液中滴加 NaCN 溶液；

(12) Cu 在潮湿的空气中缓慢氧化；

(13) CuCl 暴露于空气中；

(14) Au 溶于王水；

(15) Zn 溶于 NaOH 溶液；

(16) 向升汞溶液中滴加少量 $SnCl_2$ 溶液；

(17) 用奈斯勒试剂检验 NH_4^+；

(18) $Hg(NO_3)_2$ 溶液与单质 Hg 作用后，再加入盐酸；

(19) 向 $Hg_2(NO_3)_2$ 溶液中加入过量 KI 溶液；

(20) 用氨水处理甘汞。

2. 分别向 $AgNO_3$、$Cu(NO_3)_2$ 和 $Hg(NO_3)_2$ 溶液中，加入过量的 KI 溶液，各得到什么产物？写出化学反应式。

3. 为什么当 HNO_3 作用于 $[Ag(NH_3)_2]Cl$ 时，会析出沉淀？请说明所发生反应的本质。

4. $K_4[Fe(CN)_6]$ 可由 $FeSO_4$ 与 KCN 直接在溶液中制备，但 $K_3[Fe(CN)_6]$ 不能由 $Fe_2(SO_4)_3$ 与 KCN 直接在水溶液中制备，为什么？应如何制备 $K_3[Fe(CN)_6]$？

5. 化合物 A 是一种黑色固体，它不溶于水、稀 HAc 与 NaOH 溶液，而易溶于热盐酸中，生成一种绿色的溶液 B。如溶液 B 与铜丝一起煮沸，即逐渐变成土黄色溶液 C。溶液 C 用大量水稀释时会生成白色沉淀 D，D 可溶于氨溶液中生成无色溶液 E。E 暴露于空气中则迅速变成蓝色溶液 F。往 F 中加入 KCN 时,蓝色消失,生成溶液 G。往 G 中加入锌粉,则生成红色沉淀 H,H 不溶于稀酸和稀碱中,但可溶于热 HNO_3中生成蓝色的溶液 I。往 I 中慢慢加入 NaOH 溶液则生成蓝色沉淀 J。如将 J 过滤,取出后强热,又生成原来的化合物 A。写出 A、B、C、D、E、F、G、H、I、J 所代表的物质,并写出有关反应式。

6. 现有一种含结晶水的淡绿色晶体,将其配成溶液,若加入 $BaCl_2$溶液,则产生不溶于酸的白色沉淀;若加入 NaOH 溶液,则生成白色胶状沉淀并很快变成红棕色。再加入盐酸,此红棕色沉淀又溶解,滴入 KSCN 溶液显深红色。该晶体是什么物质? 写出有关反应式。

7. 金属 M 溶于稀盐酸时生成 MCl_2,其磁矩为 5.0 B. M. 。在无氧操作条件下,MCl_2溶液遇 NaOH 溶液生成白色沉淀 A。A 接触空气,就逐渐变绿,最后变成棕色沉淀 B。灼烧时 B 生成红棕色粉末 C,C 经不彻底还原而生成铁磁性的黑色物质 D。B 溶于稀盐酸生成溶液 E,它使 KI 溶液氧化成 I_2,但在加入 KI 前先加入 NaF,则 KI 将不被 E 氧化。向 B 的浓 NaOH 悬浮液中通入 Cl_2时可得到红色溶液 F,加入 $BaCl_2$时就会沉淀出红棕色固体 G,G 是一种强氧化剂。试确认 A、B、C、D、E、F、G 所代表的物质,写出有关反应式。

8. 说出下列实验的现象,并写出反应方程式。

(1) 向黄血盐溶液中滴加碘水;

(2) 将 3 $mol \cdot L^{-1}$ $CoCl_2$溶液加热,再滴加 $AgNO_3$溶液;

(3) 将$[Ni(NH_3)_6]SO_4$溶液水浴加热一段时间后再加氨水。

9. 现有三个标签脱落的试剂瓶,分别盛有 MnO_2、PbO_2、Fe_3O_4棕黑色粉末。请加以鉴别并写出反应式。

10. 解释现象或写反应式。

(1) 向少量 $FeCl_3$溶液中加入过量$(NH_4)_2C_2O_4$饱和溶液后,滴加少量 KSCN 溶液并不出现红色,但再滴加盐酸则溶液立即变红。请说明原因。

(2) Co(Ⅲ)盐一般不如 Co(Ⅱ)盐稳定,但生成某些配合物时,Co(Ⅲ)比 Co(Ⅱ)稳定。请说明原因。

(3) 由 $CoSO_4 \cdot 7H_2O$ 制无水 $CoCl_2$。写出其反应式。

(4) 由粗镍制高纯镍。写出其反应式。

11. 不用 H_2S 和硫化物,设计方案将 Ba^{2+}、Al^{3+}、Cr^{3+}、Fe^{3+}、Co^{2+}、Ni^{2+} 从其混合溶液中分离出来。

12. 将浅蓝绿色晶体 A 溶于水后加入 NaOH 溶液和 H_2O_2并微热,得到棕色沉淀 B 和溶液 C。B 和 C 分离后将溶液 C 加热有碱性气体 D 放出。B 溶于盐酸得黄色溶液 E。向 E 中加 KSCN 溶液有红色的 F 生成。向 F 中滴加 $SnCl_2$溶液则红色退去,F 转化为 G。向 G 中滴加赤血盐溶液有蓝色沉淀 H 生成。向 A 的水溶液中滴加 $BaCl_2$溶液有不溶于硝酸的白色沉淀生成。给出 A、B、C、D、E、F、G、H 所代表的主要化合物或离子。

13. 混合溶液 A 为紫红色。向 A 中加入浓盐酸并微热得蓝色溶液 B 和气体 C。A 中加入 NaOH 溶液则得棕黑色沉淀 D 和绿色溶液 E。向 A 中通入过量 SO_2则溶液最后变为粉红色溶液 F。向 F 中加入过量氨水得白色沉淀 G 和棕黄色溶液 H。G 在空气中缓慢转变为棕黑色沉淀。将 D 与 G 混合后加入 H_2SO_4又得溶液 A。请给出 A、B、C、D、E、F、G、H 所代表的主要化合物或离子,并给出相关的反应式。

14. 某固体混合物中可能含有 KI、$SnCl_2$、$CuSO_4$、$ZnSO_4$、$FeCl_3$、$CoCl_2$和 $NiSO_4$,通过下列实验判断哪些物质肯定存在,哪些物质肯定不存在,并分析原因。

(1) 取少许固体溶入稀 H_2SO_4中,没有沉淀生成。

(2) 将盐的水溶液与过量氨水作用,有灰绿色沉淀生成,溶液为蓝色。

(3) 将盐的水溶液与 KSCN 作用,无明显变化。再加入戊醇,也无明显变化。

(4) 向盐的水溶液中加入过量 NaOH 溶液,有沉淀生成,溶液无明显颜色。过滤后,向溶液缓慢滴加盐酸时,有白色沉淀生成。

(5) 向盐的溶液中滴加 $AgNO_3$溶液时,得到不溶于 HNO_3的白色沉淀,沉淀溶于氨水。

15. 为什么氯化亚铜的组成用 CuCl 表示,而氯化亚汞的组成却用 Hg_2Cl_2表示?

16. 混合溶液中含有 Cu^{2+}、Ag^+、Zn^{2+}、Hg_2^{2+}、Hg^{2+},试设计方案将各离子分离。

17. 黑色化合物 A 不溶于水,溶于浓盐酸后得黄色溶液 B。用水稀释 B 则转化为蓝色溶液 C。向 C 中加入 KI

溶液则有黄色沉淀 D 生成，再加入适量$Na_2S_2O_3$溶液后沉淀转为白色，说明有 E 存在。E 溶于过量$Na_2S_2O_3$溶液得无色溶液 F。若向 B 中通入 SO_2后加水稀释，则有白色沉淀 G 生成。G 溶于氨水后很快转为蓝色溶液，说明有 H 生成。请给出 A、B、C、D、E、F、G、H 所代表的化合物或离子。

18. 无色晶体 A 溶于水后加入盐酸得白色沉淀 B。分离后将 B 溶于 $Na_2S_2O_3$溶液得无色溶液 C。向 C 中加入盐酸得白色沉淀混合物 D 和无色气体 E。E 与碘水作用后转化为无色溶液 F。向 A 的水溶液中滴加少量 $Na_2S_2O_3$溶液立即生成白色沉淀 G，该沉淀由白色变黄色、变橙色、变棕色最后转化为黑色，说明有 H 生成。请给出 A、B、C、D、E、F、G、H 所代表的化合物或离子，并给出相关的反应式。

19. 白色化合物 A 不溶于水和 NaOH 溶液。A 溶于盐酸得无色溶液 B 和无色气体 C。向 B 中加入适量 NaOH 溶液得白色沉淀 D，D 溶于过量的 NaOH 溶液得无色溶液 E。将气体 C 通入 $CuSO_4$溶液有黑色沉淀 F 生成，F 不溶于浓盐酸。白色沉淀 D 溶于氨水得无色溶液 G。将气体 C 通入 G 中又有 A 析出。请给出 A、B、C、D、E、F、G 所代表的化合物或离子，并给出相关的反应式。

20. 固体混合物中可能含有 $CuSO_4$、$ZnSO_4$、$AgNO_3$、$HgCl_2$、$SnCl_2$、NaCl。通过下列实验，判断哪些物质肯定存在，哪些物质肯定不存在，并分析原因。

(1) 取少量混合物投入水中并微热，有白色沉淀生成，溶液最后为无色。

(2) 将沉淀分离后与氨水作用，沉淀全部消失，溶液变为蓝色。向蓝色溶液中加过量盐酸，无沉淀生成。

(3) 取(1)的溶液加适量 NaOH 溶液，有白色沉淀生成。该白色沉淀溶于过量的 NaOH 溶液，但在氨水中只有部分溶解。

21. 白色固体 A 为三种硝酸盐的混合物，进行如下实验。

(1) 取少量固体 A 溶于水后，加 NaCl 溶液，有白色沉淀生成。

(2) 将(1)的沉淀离心分离，离心液分成三份：第一份加入少量 Na_2SO_4溶液，有白色沉淀生成；第二份加入 K_2CrO_4溶液，有黄色沉淀生成；第三份加入NaClO溶液，有棕黑色沉淀生成。

(3) 在(1)所得沉淀中加入过量氨水，白色沉淀部分溶解，部分转化为灰白色沉淀。

(4) 在(3)所得离心液中加入过量 HNO_3，又有白色沉淀产生。

试确定 A 中含哪三种硝酸盐，并写出实验(2)、(3)的有关反应式。

22. 比较锌族元素和碱土金属的化学性质。

第12章　镧系与锕系元素

从57号元素镧(La)到71号元素镥(Lu)共15种元素，称为镧系元素(以Ln表示)；从89号元素锕(Ac)到103号元素铹(Lr)共15种元素，称为锕系元素(以An表示)。由于这两个系的元素最后新增加的电子都依次填入倒数第三电子层的f轨道，因此将它们与d区过渡元素区别而称为内过渡元素。内过渡元素在周期表中单独列在下面两排，而主表中，一个内过渡系只占一格，属于ⅢB族元素。由于该族中的钇(Y)和钪(Sc)的性质与镧系元素很相似，因此把钇、钪和镧系元素统称为稀土元素。

从1794年芬兰化学家Gadolin J.发现第一种稀土元素Y到1947年美国核物理学家Marinsky J. A.等从核裂变的产物中用离子交换法发现Pm，历经150多年，至此17种稀土元素全部被发现。1789年德国的Klaproth M. H.从沥青铀矿中发现了U，它是人们第一种认识的锕系元素，其后陆续发现了Ac、Th和Pa。U以后的元素都是1940年以后通过人工核反应合成的。

12.1　镧系与锕系元素概述

码12.1　知识拓展

12.1.1　价电子组态与氧化数

1. 镧系元素价电子组态与氧化数

1）镧系元素价电子组态

镧系元素原子的基态电子层结构见表12-1。其基态价电子组态通式为$4f^{0\sim14}5d^{0\sim1}6s^2$。

由表12-1可见，镧系元素的外层和次外层的电子组态基本相同，从Ce开始，电子逐一填充在4f轨道上。La原子的基态不存在4f电子，但是它的性质与后面14种元素很相似，所以把元素La也作为镧系元素共同讨论。

表12-1　镧系元素原子的基态电子层结构

原子序数	元　素	元素符号	电子层结构
57	镧	La	[Xe]$4f^0$ $5d^1$ $6s^2$
58	铈	Ce	[Xe]$4f^1$ $5d^1$ $6s^2$
59	镨	Pr	[Xe]$4f^3$ $6s^2$
60	钕	Nd	[Xe]$4f^4$ $6s^2$
61	钷	Pm	[Xe]$4f^5$ $6s^2$
62	钐	Sm	[Xe]$4f^6$ $6s^2$
63	铕	Eu	[Xe]$4f^7$ $6s^2$
64	钆	Gd	[Xe]$4f^7$ $5d^1$ $6s^2$
65	铽	Tb	[Xe]$4f^9$ $6s^2$

续表

原子序数	元　素	元素符号	电子层结构
66	镝	Dy	$[Xe]4f^{10}$ $6s^2$
67	钬	Ho	$[Xe]4f^{11}$ $6s^2$
68	铒	Er	$[Xe]4f^{12}$ $6s^2$
69	铥	Tm	$[Xe]4f^{13}$ $6s^2$
70	镱	Yb	$[Xe]4f^{14}$ $6s^2$
71	镥	Lu	$[Xe]4f^{14}$ $5d^1$ $6s^2$

作为 Hund 规则的特例，57 号元素 La 的价电子组态不是 $4f^1 6s^2$ 而是 $4f^0 5d^1 6s^2$；58 号元素 Ce 的价电子组态不是 $4f^2 6s^2$ 而是 $4f^1 5d^1 6s^2$；64 号元素 Gd 的价电子组态不是 $4f^8 6s^2$ 而是 $4f^7 5d^1 6s^2$。

2）镧系元素的氧化数

镧系元素的特征氧化数是+3。镧系元素前三级电离能之和是较低的，比有些 d 区过渡元素还低，因此主要形成氧化数为+3 的化合物。除了+3 稳定氧化数外，镧系中的 Ce、Pr、Nd、Tb、Dy 常显示+4 价，Sm、Eu、Tm 和 Yb 则显示+2 价，这是因为 4f 电子层保持或接近半充满或全充满状态比较稳定，同时还与离子的水合热等热力学因素有关。从 La 到 Gd，从 Gd 到 Lu，氧化数先升到+4，然后降到+2，再回到+3。表 12-2 列出了镧系元素氧化数与电子组态的关系。

表 12-2　镧系元素氧化数与电子组态的关系

元　素	+2	+3	+4
La		$[Xe]4f^0(La^{3+})$	
Ce	$[Xe]4f^2(CeCl_2)$	$[Xe]4f^1(Ce^{3+})$	$[Xe]4f^0(CeO_2、CeF_4、Ce^{4+})$
Pr		$[Xe]4f^2(Pr^{3+})$	$[Xe]4f^1(PrO_2、PrF_4、K_2PrF_6)$
Nd	$[Xe]4f^4(NdI_2)$	$[Xe]4f^3(Nd^{3+})$	$[Xe]4f^2(Cs_3NdF_7)$
Pm		$[Xe]4f^4(Pm^{3+})$	
Sm	$[Xe]4f^6(SmX_2、SmO)$	$[Xe]4f^5(Sm^{3+})$	
Eu	$[Xe]4f^7(Eu^{2+})$	$[Xe]4f^6(Eu^{3+})$	
Gd		$[Xe]4f^7(Gd^{3+})$	
Tb		$[Xe]4f^8(Tb^{3+})$	$[Xe]4f^7(TbO_2、TbF_4、Cs_3TbF_7)$
Dy		$[Xe]4f^9(Dy^{3+})$	$[Xe]4f^8(Cs_3DyF_7)$
Ho		$[Xe]4f^{10}(Ho^{3+})$	
Er		$[Xe]4f^{11}(Er^{3+})$	
Tm	$[Xe]4f^{13}(TmI_2)$	$[Xe]4f^{12}(Tm^{3+})$	
Yb	$[Xe]4f^{14}(YbX_2、Yb^{2+})$	$[Xe]4f^{13}(Yb^{3+})$	
Lu		$[Xe]4f^{14}(Lu^{3+})$	

2. 锕系元素价电子组态与氧化数

1）锕系元素价电子组态

锕系元素又称为 5f 过渡系，由于放射性和原子核的不稳定性，其原子的基态电子层结构经历了很长时间才被确定。表 12-3 是目前公认的锕系元素最可能的基态原子的电子层结构。从该表可以看出，锕系元素具有与镧系元素相似的价电子组态。它们的价电子组态通式为 $5f^{0\sim14}6d^{0\sim2}7s^2$。由于 5f 轨道具有比 4f 轨道更大的伸展空间，5f 电子易向 6d 轨道跃迁，有利于 5f 电子参与成键，在配合物中表现出较大的共价性。这种现象在 Np 及其之前的锕系元素中较为突出，而 Np 以后的元素的价电子组态与镧系元素的相比，大同小异。因此，锕系元素前半部分的高氧化数化合物较稳定，后半部分则是低氧化数化合物较稳定。

表 12-3　锕系元素最可能的基态原子的电子层结构

原子序数	元素	元素符号	电子层结构
89	锕	Ac	$[Rn]5f^0\ 6d^1\ 7s^2$
90	钍	Th	$[Rn]5f^0\ 6d^2\ 7s^2$
91	镤	Pa	$[Rn]5f^2\ 6d^1\ 7s^2$
92	铀	U	$[Rn]5f^3\ 6d^1\ 7s^2$
93	镎	Np	$[Rn]5f^4\ 6d^1\ 7s^2$
94	钚	Pu	$[Rn]5f^6\ 7s^2$
95	镅	Am	$[Rn]5f^7\ 7s^2$
96	锔	Cm	$[Rn]5f^7\ 6d^1\ 7s^2$
97	锫	Bk	$[Rn]5f^9\ 7s^2$
98	锎	Cf	$[Rn]5f^{10}\ 7s^2$
99	锿	Es	$[Rn]5f^{11}\ 7s^2$
100	镄	Fm	$[Rn]5f^{12}\ 7s^2$
101	钔	Md	$[Rn]5f^{13}\ 7s^2$
102	锘	No	$[Rn]5f^{14}\ 7s^2$
103	铹	Lr	$[Rn]5f^{14}\ 6d^1\ 7s^2$

2）锕系元素的氧化数

在 Bk 之后的元素，由于核电荷数增加，5f 电子与核的作用增强，很难参与成键而使元素显示稳定的低氧化数。与镧系元素相似，锕系元素中 Bk 之后的元素的特征氧化数也是＋3。但是，从 Th 到 Bk，由于 5f 电子更易于向 6d 轨道跃迁，有利于 5f 电子参与成键，故它们存在多种氧化数。如 Pu 有＋3～＋7 的氧化数，其中＋4 是最稳定的氧化数。而 U 的最稳定氧化数是＋6 。表 12-4 列出了锕系元素的各种常见氧化数。

表 12-4　锕系元素的各种常见氧化数

元素	Ac	Th	Pa	U	Np	Pu	Am	Cm	Bk	Cf	Es	Fm	Md	No	Lr
氧化数							(+2)			+2	+2	+2	+2	+2	
	$\underline{+3}$	(+3)	+3	+3	+3	+3	$\underline{+3}$	$\underline{+3}$	$\underline{+3}$	$\underline{+3}$	$\underline{+3}$	$\underline{+3}$	$\underline{+3}$	$\underline{+3}$	$\underline{+3}$
		$\underline{+4}$	+4	+4	+4	$\underline{+4}$	+4	+4	+4	+4					
			$\underline{+5}$	+5	$\underline{+5}$	+5	+5								
				$\underline{+6}$	+6	+6	+6								
					(+7)	(+7)									

注：有下划线标注的为最稳定的价态，加括号表示该价态只存在于固体中。

12.1.2　原子半径、离子半径和镧系收缩

表 12-5 列出了镧系元素的原子半径和离子半径。随着原子序数的增加，镧系元素的原子半径和离子半径逐渐地减小，这种现象称为“镧系收缩”。

表 12-5　镧系元素的原子半径和离子半径

原子序数	元素符号	共价半径/pm	金属半径/pm	离子半径/pm		
				+2 价	+3 价	+4 价
57	La	169	187.9		106.1	
58	Ce	165	182.4		103.4	92.0
59	Pr	164	182.8		101.3	90.0
60	Nd	164	182.1		99.5	
61	Pm	163	181.1		97.9	
62	Sm	162	180.4	111.0	96.4	
63	Eu	185	204.2	109.0	95.0	
64	Gd	162	180.1		93.8	84.0
65	Tb	161	178.3		92.3	84.0
66	Dy	160	177.4		90.8	
67	Ho	158	176.6		89.4	
68	Er	158	175.7		88.1	
69	Tm	158	174.6	94.0	86.9	
70	Yb	170	193.9	93.0	85.8	
71	Lu	158	173.5		84.8	

在镧系元素中，随着原子序数的增加，4f 电子逐渐增加。但是，4f 电子的钻穿能力较弱，对原子核的屏蔽作用较差，因而随着原子序数的增加，核对最外层电子的吸引力增强，使得原子半径和离子半径逐渐减小。

镧系元素离子半径和原子半径与原子序数关系如图 12-1 和图 12-2 所示。

由图 12-1 可以看出，随着原子序数的增加，离子半径逐渐减小。同种离子的氧化数越高，

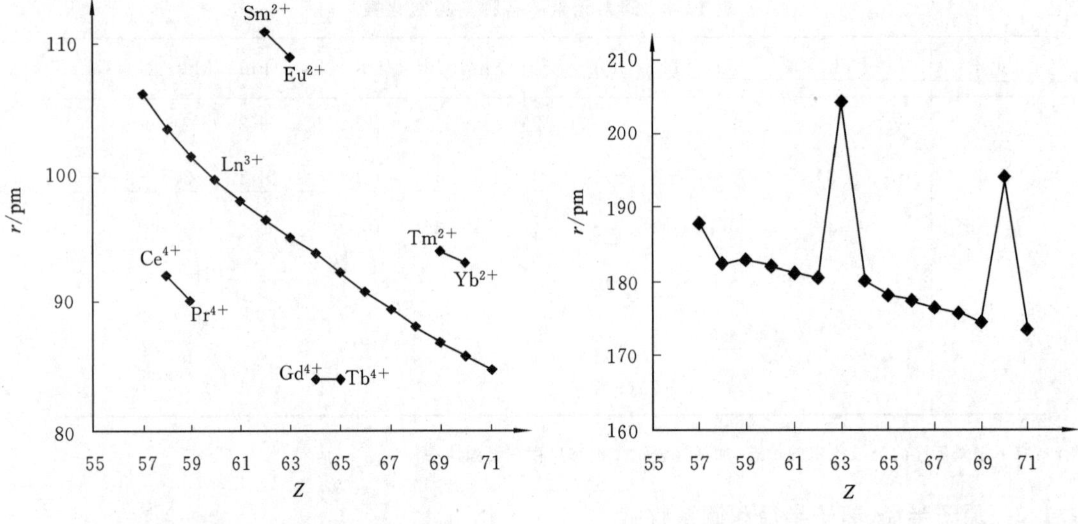

图 12-1　镧系元素离子半径与原子序数的关系　　图 12-2　镧系元素原子半径与原子序数的关系

离子半径越小。

由图 12-2 可以看出，随着原子序数的增加，镧系元素原子半径总的趋势是减小，减小的幅度小于离子半径的。但是，Eu 和 Yb 出现了反常。反常的原因是这两种元素的轨道处于半充满($4f^7$)或全充满($4f^{14}$)状态，这样的状态相当稳定，在形成金属键时，只有最外层的 2 个 6s 电子参与成键，金属键弱，键长大大增加，导致金属半径很大，所以 Eu 和 Yb 这两种金属的其他物理性质也与其他镧系金属的不同。

由于镧系收缩，电子结构类似的同族第二过渡系和第三过渡系金属的原子半径、离子半径很接近，从而导致两过渡系同族原子的性质非常相似。如Y^{3+}半径(88 pm)和 Er^{3+}半径(88.1 pm)相近。矿物中大量存在着的伴生现象也是镧系收缩的结果。如 Zr^{4+}(80 pm)和 Hf^{4+}(79 pm)，Nb^{5+}(70 pm)和 Ta^{5+}(69 pm)，Mo^{6+}(62 pm)和 W^{6+}(62 pm)的化学性质极为相似，分离相当困难。

12.1.3　金属活泼性

1. 镧系金属的活泼性

镧系金属为银白色，较软，有延展性。表 12-6 列出了镧系元素的电离能和标准电极电势。

表 12-6　镧系元素的电离能和标准电极电势

元素符号	电离能/($kJ \cdot mol^{-1}$) $Ln(g) \longrightarrow Ln^{3+}(g) + 3e^-$	标准电极电势 $\varphi^{\ominus}$/V		
		$Ln^{3+} + 3e^- \rightleftharpoons Ln(s)$	$Ln(OH)_3 + 3e^- \rightleftharpoons Ln(s) + 3OH^-$	$Ln^{3+} + e^- \rightleftharpoons Ln^{2+}$
La	3.455	−2.52	−2.90	
Ce	3.524	−2.48	−2.87	
Pr	3.627	−2.46	−2.85	
Nd	3.694	−2.43	−2.84	
Pm	3.738	−2.42	−2.84	

续表

元素符号	电离能/(kJ·mol⁻¹) $Ln(g) \longrightarrow Ln^{3+}(g) + 3e^-$	标准电极电势 $\varphi^\ominus$/V		
		$Ln^{3+} + 3e^- \rightleftharpoons Ln(s)$	$Ln(OH)_3 + 3e^- \rightleftharpoons Ln(s) + 3OH^-$	$Ln^{3+} + e^- \rightleftharpoons Ln^{2+}$
Sm	3.871	−2.41	−2.83	−1.55
Eu	4.032	−2.41	−2.82	−0.43
Gd	3.752	−2.40	−2.79	
Tb	3.786	−2.39	−2.78	
Dy	3.898	−2.35	−2.78	
Ho	3.920	−2.32	−2.77	
Er	3.930	−2.30	−2.75	
Tm	4.044	−2.28	−2.74	
Yb	4.193	−2.27	−2.73	−1.21
Lu	3.886	−2.26	−2.72	

从表 12-6 中镧系元素的标准电极电势可以看出，随着原子序数的增加，其金属活泼性减弱。在酸性或碱性介质中，镧系元素标准电极电势 $\varphi^\ominus(Ln^{3+}/Ln)$的值都比较小，镧系金属在水溶液中是较强的还原剂，易生成+3 价离子。

镧系元素中有些元素还能以+2 或+4 等氧化数形式存在，除了结构因素外，还与离子的水合能等热力学因素有关。表 12-7 列出了镧系元素的水合能与部分电离能。

表 12-7　镧系元素的水合能与部分电离能

元素符号	$\Delta H^\ominus_水(Ln^{2+})$/(kJ·mol⁻¹)	$\Delta H^\ominus_水(Ln^{3+})$/(kJ·mol⁻¹)	$\Delta H^\ominus_水(Ln^{4+})$/(kJ·mol⁻¹)	I_3/(kJ·mol⁻¹)	I_4/(kJ·mol⁻¹)
La	1 460	3 293		1 851	4 819
Ce	1 410	3 302	6 309	1 949	3 547
Pr	1 390	3 336	6 360	2 087	3 761
Nd	1 416	3 371	6 430	2 132	3 898
Pm	1 430	3 407	6 490	2 152	3 966
Sm	1 444	3 441	6 550	2 258	3 995
Eu	1 450	3 479	6 620	2 405	4 110
Gd	1 560	3 520	6 660	1 991	4 245
Tb	1 505	3 548	6 704	2 114	3 839
Dy	1 528	3 584	6 740	2 200	4 001
Ho	1 535	3 623	6 770	2 204	4 101
Er	1 550	3 655	6 800	2 194	4 115
Tm	1 555	3 693	6 840	2 285	4 119
Yb	1 594	3 724	6 870	2 415	4 320

镧系金属都是活泼金属，其活泼性仅次于碱金属而与 Mg 接近，并按 Sc、Y、La 的顺序递增；由 La 到 Lu 递减，La 最活泼。它们能与大部分非金属作用，燃点低，燃烧时放出大量的

热。在空气中因与潮湿的空气接触而发生氧化,故镧系金属应隔绝空气保存,如保存在煤油中。

1) 镧系金属与卤素的反应

室温下,镧系金属与卤素缓慢反应,在264 ℃以上能发生燃烧。

$$2Ln+3X_2 = 2LnX_3 \quad (X_2=F_2、Cl_2、Br_2、I_2)$$

2) 镧系金属与O_2的反应

室温下,镧系金属与O_2缓慢反应,在150~180 ℃发生燃烧。

$$4Ln+3O_2 = 2Ln_2O_3$$

对于Ce、Pr和Tb,它们与O_2反应则生成非定比氧化物。

$$2Ln+xO_2 = 2LnO_x$$

3) 镧系金属与潮湿的空气反应

室温下,轻稀土金属与潮湿空气较快地发生反应。

$$4Ln+3O_2+xH_2O = 2Ln_2O_3 \cdot xH_2O$$

重稀土金属与潮湿空气反应生成Ln_2O_3。Eu与潮湿空气反应则生成$Eu(OH)_2 \cdot H_2O$。

4) 镧系金属与S的反应

温度达S的沸点时,镧系金属可与S反应。

$$2Ln+3S = Ln_2S_3$$

某些镧系金属在反应过程中还生成LnS、LnS_2和Ln_3S_4。

5) 镧系金属与N_2、C及H_2的反应

在高温下,镧系金属可以与N_2、C及H_2分别发生反应。

$$2Ln+N_2 = 2LnN$$

$$Ln+2C = LnC_2$$

$$2Ln+3C = Ln_2C_3$$

$$Ln+H_2 = LnH_2$$

$$2Ln+3H_2 = 2LnH_3$$

6) 镧系金属与稀酸的反应

镧系金属在室温下可以与稀的盐酸、硫酸、高氯酸及乙酸等发生反应,但不溶于碱。

$$2Ln+6H^+ = 2Ln^{3+}+3H_2\uparrow$$

7) 镧系金属与水的反应

在室温下,镧系金属能与水缓慢反应,温度升高,其反应速率加快。反应产物为Ln_2O_3或$Ln_2O_3 \cdot xH_2O$,并有H_2放出。

2. 锕系金属的活泼性

锕系金属具有银白色光泽,都是放射性元素,在暗处遇到荧光物质能发光。锕系金属的熔点比镧系金属的高,密度也比镧系金属的大。锕系金属都是活泼金属和强还原剂,在空气中迅速被氧化,其中Th被氧化生成一层保护性氧化膜。锕系金属可与大多数非金属反应,加热促使反应更易进行。常温下锕系金属可与酸反应,也可与沸水和水蒸气反应,不与碱反应。

12.1.4 离子的颜色

1. 镧系元素离子的颜色

离子的颜色通常和未成对电子数有关。4f亚层未充满的镧系元素离子的颜色主要由4f

亚层中的电子跃迁(f-f 跃迁)引起。对于＋3 价金属离子，除了La^{3+}和Lu^{3+}的 4f 轨道为全空和全满外，其他离子的 4f 电子可以在 7 个 4f 轨道间任意排布，产生多个电子能级。因此，＋3 价镧系金属离子能够吸收紫外、可见和红外等区的光，产生 f-f 跃迁。如果吸收的是紫外和红外光，则离子显示无色；如果在可见光区域有明显的吸收，则离子显示颜色。表 12-8 列出了＋3价镧系元素离子在晶体和水溶液中的颜色。

表 12-8　＋3 价镧系元素离子在晶体和水溶液中的颜色

离子	未成对电子数	颜　色	未成对电子数	离子
La^{3+}	$0(4f^0)$	无色	$0(4f^{14})$	Lu^{3+}
Ce^{3+}	$1(4f^1)$	无色	$1(4f^{13})$	Yb^{3+}
Pr^{3+}	$2(4f^2)$	绿色	$2(4f^{12})$	Tm^{3+}
Nd^{3+}	$3(4f^3)$	淡紫色	$3(4f^{11})$	Er^{3+}
Pm^{3+}	$4(4f^4)$	粉红色，黄色	$4(4f^{10})$	Ho^{3+}
Sm^{3+}	$5(4f^5)$	黄色	$5(4f^9)$	Dy^{3+}
Eu^{3+}	$6(4f^6)$	无色	$6(4f^8)$	Tb^{3+}
Gd^{3+}	$7(4f^7)$	无色	$7(4f^7)$	Gd^{3+}

注：Tb^{3+}略带粉红色。

从表中可以看出，对于Ln^{3+}中具有f^0和f^{14}结构的离子在可见光区域没有吸收，故离子无色；具有f^1、f^7、f^6、f^8结构的离子主要吸收紫外光，这些离子是无色或淡粉红色；具有f^{13}结构的离子主要吸收红外光，故无色。具有f^x和f^{14-x}结构的离子具有相同或相近的颜色，这可能是f^x和f^{14-x}结构的离子具有相等的单电子数，它们的基态能级相近所造成的。以Gd^{3+}为中心，Ln^{3+}离子颜色由浅到深，再由深到浅，呈周期性变化。

价电子组态与Ln^{3+}相同的Ln^{2+}或Ln^{4+}，其颜色和Ln^{3+}颜色不同。如$Ce^{4+}(4f^0)$为橙红色，$Sm^{2+}(4f^6)$为浅红色，$Eu^{2+}(4f^7)$为草黄色，$Yb^{2+}(4f^{14})$则为绿色。高价镧系元素化合物中，如果配体具有还原性，则易发生从配体到金属的电荷跃迁。这类化合物所显示的颜色不是由 f-f 跃迁引起的，而是由电荷跃迁引起的，化合物颜色不像 f-f 跃迁那样淡。如$Ce^{4+}(4f^0)$为橙红色就是由电荷跃迁引起的。

2. 锕系元素离子的颜色

表 12-9 列出了锕系元素离子在水溶液中的颜色。除Ac^{3+}、Cm^{3+}、Th^{4+}、Pa^{4+}和PaO_2^+为无色外，其余离子都是显色的。锕系元素 5f 电子对光的吸收和镧系元素十分相似。

表 12-9　锕系离子在水溶液中的颜色

元素	An^{3+}	An^{4+}	AnO_2^+	AnO_2^{2+}
Ac	无色	—	—	—
Th	—	无色	—	—
Pa	—	无色	无色	—
U	浅红色	绿色	—	黄色
Np	紫色	黄绿色	绿色	粉红色
Pu	蓝色	黄褐色	红紫色	黄橙色
Am	粉红色	粉红色	黄色	浅棕色
Cm	无色	—	—	—

12.2　镧系元素

12.2.1　镧系元素的分布

码 12.2　知识拓展

除 Pm 以外,所有镧系元素都存在于自然界中。Pm 是人工合成元素。^{147}Pm 最初是由重核裂变产生的 β 放射体,1972 年在地壳中也发现了 ^{145}Pm。

根据稀土元素的相对原子质量、电子层结构以及物理、化学性质等因素将其分为轻稀土元素和重稀土元素。

轻稀土元素:La、Ce、Pr、Nd、Pm、Sm 和 Eu。

重稀土元素:Gd、Tb、Dy、Ho、Er、Tm、Yb、Lu 和 Y。

稀土元素的矿床主要有独居石、氟碳铈镧矿、硅铍钇矿、磷钇矿和黑稀金矿等。由于镧系收缩造成稀土元素性质很相似,因此镧系元素常共生于同种矿物中。按照它们在自然界中存在的形态,主要有下列三种类型的矿源。

(1) 稀土共生构成独立的稀土元素矿物。如独居石是 Th、La 和其他镧系元素的混合磷酸盐,氟碳铈镧矿是镧系元素的氟碳酸盐。

(2) 以类质同晶的形式分散在方解石、磷灰石等矿物中。

(3) 呈吸附状态存在于黏土矿、云母矿等矿物中。如铈硅石、褐帘石等。

我国是富含稀土的国家,矿藏遍布十多个省(自治区),具有储量大、分布广、类型多、矿种全、品位高的特点。我国稀土的估计储量达 1 亿吨,占全球稀土矿总储量的 3/4,现已探明的我国工业储量超过世界其他各国工业储量的总和。内蒙古自治区的白云鄂博稀土矿为全国储量之首,其次是四川冕宁稀土矿、山东微山稀土矿、江西等省的离子型稀土矿。其他国家著名的稀土矿有美国加利福尼亚州芒廷帕斯碳酸岩型稀土矿、巴西阿拉沙(Araxa)碳酸岩型铌稀土矿、俄罗斯科拉半岛含稀土的磷灰石矿等。

12.2.2　镧系元素的提取

早期为了获得能够应用的稀土产品,需要对稀土矿进行分解,使矿物中的主要成分转变成易溶于水的化合物,然后经过溶解、分离、提纯、浓缩、沉淀、灼烧,制成混合稀土氧化物。如果采用高温氯化法分解稀土精矿,则可直接得到混合稀土氯化物。当然,也可以改变分离工艺,制取单一或几种稀土的富集物,进而制备出单一的高纯稀土化合物。由于稀土元素及其+3 价的化合物性质很相似,它们在自然界中共生,而且在它们的矿物中又掺杂了其他杂质元素,这给镧系元素的分离和提纯带来了很大的麻烦。在经历了早期化学分离法(包括分离结晶法、分步沉淀法和选择性氧化法)后,现在一般采用溶剂萃取法和离子交换法。

大多数镧系元素的主要资源是独居石和氟碳铈镧矿。独居石中除含 Th、La 外,以 Ce 元素为主。我国用独居石提取稀土元素时,过去常用 H_2SO_4 分解法处理稀土矿,现在则用 NaOH 法分解处理。矿物中的杂质 U_3O_8、$ZrSiO_4$、SiO_2、Al_2O_3、TiO_2、Fe_2O_3 等都能与 NaOH 作用生成可溶性盐,Th、U 等与 NaOH 作用生成沉淀而与杂质分离。

$$LnPO_4 + 3NaOH \longrightarrow Ln(OH)_3 \downarrow + Na_3PO_4$$

$$Th_3(PO_4)_4 + 12NaOH \longrightarrow 3Th(OH)_4 \downarrow + 4Na_3PO_4$$

$$2U_3O_8+O_2+6H_2O═══6UO_2(OH)_2\downarrow$$
$$6UO_2(OH)_2+6NaOH═══3Na_2U_2O_7+9H_2O$$
$$ZrSiO_4+4NaOH═══Na_2ZrO_3+Na_2SiO_3+2H_2O$$
$$TiO_2+2NaOH═══Na_2TiO_3+H_2O$$

经过上述富集后，镧系元素再进一步用溶剂萃取法和离子交换法进行提纯。

1. 溶剂萃取法

从1794年发现Y到1905年发现Lu为止，所有稀土元素(除Pm外)中单一元素的分离，还有居里夫妇发现Ra，都是采用分级结晶的方法。有时为了分离出一种纯的单一稀土元素，需要分级结晶几千次，这对化学工作者而言是极其艰辛的。20世纪50年代，开始用离子交换法分离出以克计量的各单一稀土元素。但这种分离方法操作周期长，且不能连续进行。到了60年代后期，有机溶剂萃取法开始应用于稀土元素的分离。

在有机溶剂的作用下，将溶解在水相中的溶质，部分或几乎全部地转移到有机溶剂中的过程称为溶剂萃取，所用的有机溶剂称为萃取剂。溶剂萃取法是利用被分离的元素在两个互不相溶的液相中分配系数不同而进行分离的。理想的萃取剂应该具备选择性好、萃取容量高、易反萃取、易与水相分离、操作安全、毒性小、稳定、价廉等优点。常用萃取剂一般有氧型萃取剂、磷型萃取剂、胺型萃取剂和螯合型萃取剂等。萃取机理可分为中性配位萃取、酸性配位萃取、离子缔合萃取与协同萃取。

1) 溶剂萃取用于稀土元素分组

1957年Peppard D. F.首次报道用二(2-乙基己基)磷酸(HDEHP，P-204)(见图12-3)萃取稀土元素，在60年代后期实现了工业化萃取分离稀土元素。P-204等含磷、氧萃取剂可与Ln^{3+}形成螯合物(见图12-4)，其萃取稀土的能力随稀土元素原子序数的增大和离子半径的减小而递增。在$RECl_3$(1～1.2 mol·L^{-1})/HCl/P-204(1.0 mol·L^{-1})-磺化煤油($RE(HA_2)_3$)体系中，可以控制体系的不同酸度，把稀土分为三组：

体系酸度/(mol·L^{-1})	约0.32	0.83
分组之处	Nd～Sm	Gd～Tb

在Nd～Sm处分组时，Nd以前的轻稀土离子留在水相中，Sm以后的轻、重稀土离子被萃取入有机相；在Gd～Tb处分组时，Gd以前的轻稀土离子留在水相中，Tb以后的重稀土离子被萃取入有机相。生产中通过控制萃取和反萃取过程中体系的酸度，达到将混合稀土分组的目的。

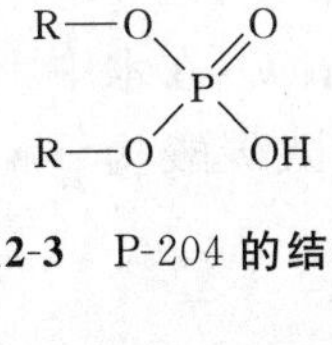

图12-3　P-204的结构式

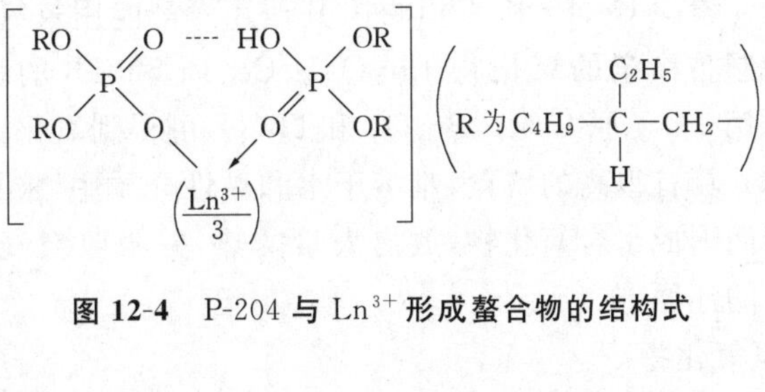

(R为$C_4H_9—CH(C_2H_5)—CH_2—$)

图12-4　P-204与Ln^{3+}形成螯合物的结构式

2) 溶剂萃取用于单一稀土元素分离

根据在不同萃取剂中稀土离子的分配比不同可进行单一稀土元素的分离。例如，在$RECl_3$(0.84 mol·L^{-1})/HCl(pH = 4.6)-环烷酸/混合醇/煤油萃取体系中，Y^{3+}的分配比在全部稀土元素中是最小的，当调整适当的萃取条件时，可以直接用一步萃取实现Y和其他稀土元素的分离而获得高纯的 Y。

有时个别稀土元素的变价离子(非+3 价离子)和其他稀土的+3 价离子的性质有很大不同,在萃取反应中也是如此,因此可利用萃取进行分离,如+4 价的铈和+2 价的铕。在 TBP、P-204、P-602(三烷基磷酸酯)、P-507 等萃取体系中,Ce^{4+}可优先被萃取进入有机相。萃取分离 Eu 时,可以采用还原萃取法。先用还原剂 Zn 粉把混合稀土中的 Eu^{3+} 还原为 Eu^{2+},然后进行萃取,其他稀土离子进入有机相,Eu^{2+} 留在水相中,从而达到和其他稀土元素分离的目的。由于溶剂萃取法具有处理量大、反应速率快、分离效果好的优点,它已经成为国内外稀土工业生产中分离和提纯稀土元素的主要方法,也是分离制备单一高纯稀土元素化合物的主要方法之一。

2. 离子交换法

离子交换法(离子交换色层分离法)也是快速和有效分离提纯稀土元素的常用方法之一,它属于色层技术。此方法的原理是利用各种稀土元素配合物稳定性的差别达到分离的目的。在离子交换树脂上,稀土离子先与树脂活性基团的阳离子选择性地进行交换,随后用一种配位剂淋洗,把吸附在树脂上的稀土离子分步淋洗下来,经过在离子交换柱上进行的多次“吸附”和“脱附”(淋洗)过程,性质十分相似的元素得以分开。该法虽然不能应用于大量稀土元素的分离,但是可以用于高效地制备少量单一高纯稀土元素。

分离镧系元素一般采用带有磺酸基($-SO_3H$)的聚苯乙烯树脂。在离子交换柱上磺酸基中的 H^+ 可与溶液中的 Ln^{3+} 进行交换。

$$3R-SO_3H+Ln^{3+}=\!=\!=(RSO_3)_3Ln+3H^+$$

阳离子交换中,可使欲分离的离子在分离柱上形成一层吸附层,然后用EDTA等阴离子螯合剂冲洗。根据 Ln^{3+} 与冲洗螯合剂所形成的螯合物稳定性的不同,把离子从交换柱上依次冲洗下来,使离子彼此分离。

例如,用粒度为 100 ～ 200 目的 HEH(P-507)树脂,可以从含 Gd_2O_3、Tb_4O_7、Dy_2O_3、Ho_2O_3、Y_2O_3的混合重稀土氧化物中分离出 Tb、Gd、Dy 的氧化物,纯度分别为 Tb_4O_7大于 99.95%,Gd_2O_3和 Dy_2O_3均大于 99%。

12.2.3　镧系元素的重要化合物

1. 氧化数为+3 的化合物

1) 氧化物

镧系元素除 Ce、Pr 和 Tb 以外,其他元素都能用氢氧化物、草酸盐、碳酸盐、硝酸盐加热分解的方法制备稳定的氧化物 Ln_2O_3。Ce、Pr 和 Tb 的稳定氧化物分别为 CeO_2、Pr_6O_{11}和 Tb_4O_7。用 H_2还原 CeO_2、Pr_6O_{11}和Tb_4O_7可得到氧化数为+3的氧化物。

Ln_2O_3具有很高的熔点,难溶于水和碱性介质中,极易溶于强酸中。Ln_2O_3在水中因发生水合作用而形成水合氧化物,放出大量的热,并吸收空气中的 CO_2生成碱式碳酸盐。镧系金属是很好的还原剂。

2) 氢氧化物

镧系元素氢氧化物与碱土金属氢氧化物相比,碱性近似,但溶解度小得多。即使在 NH_4Cl存在下,向 Ln^{3+} 溶液中加入氨水也能得到 $Ln(OH)_3$沉淀,但在相同条件下,不能产生 $Mg(OH)_2$沉淀。从 La^{3+} 到 Lu^{3+},随着离子半径的减小,中心离子对 OH^- 的吸引力逐渐增强,氢氧化物的离解度逐渐减小,导致$Ln(OH)_3$的碱性随着离子半径的减小而减小。实验表明，$Ln(OH)_3$可能不是以单一形式存在，因此，其溶度积和碱度只有相对的比较意义。

3）卤化物

镧系元素的氟化物LnF_3不溶于水，这与其他LnX_3在溶解度上有明显区别。即使在含 3 $mol \cdot L^{-1}$ HNO_3的Ln^{3+}溶液中加 HF 或F^-，仍然得到LnF_3沉淀。可以利用这一特性进行分离，也可以用来鉴定Ln^{3+}。

Ln_2O_3和NH_4Cl在 300 ℃时发生如下反应：

$$Ln_2O_3 + 6NH_4Cl = 2LnCl_3 + 3H_2O + 6NH_3\uparrow$$

无水$LnCl_3$熔点高，在熔融状态下易导电，这是离子型化合物的特征。无水和水合氯化物都易吸水而潮解，易溶于水，它们的溶解度随温度的升高而迅速增加。La、Ce、Pr、Nd、Sm、Gd 的水合氯化物在 55～90 ℃时开始脱水。

$$LnCl_3 \cdot nH_2O = LnCl_3 + nH_2O$$

脱水的同时发生如下水解反应(除 Ce 外)：

$$LnCl_3 + H_2O = LnOCl + 2HCl\uparrow$$

$CeCl_3$水解的最后产物是CeO_2。

溴化物和碘化物与氯化物类似。

4）草酸盐

镧系元素草酸盐$Ln_2(C_2O_4)_3 \cdot H_2O$是最重要的盐类之一，它是由氯化物和草酸反应制得。

$$2LnCl_3 + 3H_2C_2O_4 + H_2O = Ln_2(C_2O_4)_3 \cdot H_2O + 6HCl$$

镧系元素草酸盐在酸性溶液中难溶，利用这一特性可以将镧系元素和其他金属离子分离开来，所以在质量法测定镧系元素和分离镧系元素时，总是使之转化为草酸盐，经过灼烧而得到氧化物。

草酸盐沉淀的性质取决于生成的条件。水合草酸盐在 40～60 ℃时开始脱水，经过脱水和无机物分解的中间过程，除 Ce、Pr 和 Th 以外，最后都得到Ln_2O_3，而 Ce、Pr 和 Th 相应得到CeO_2、$PrO_x(1.5<x<2)$和Th_4O_7。

5）配合物

Ln^{3+}具有稀有气体原子的外层电子结构($5s^25p^6$)，4f 轨道处于 5s、5p 的内层，由于 5s、5p 的屏蔽作用，4f 轨道受外部的影响很小，生成配合物后晶体场稳定化能比 d 区过渡元素小，所以Ln^{3+}的配合物无论从数量上还是类型上都比 d 区过渡元素的配合物少。

Ln^{3+}是典型的硬酸，能与含氧配位原子的配体形成配合物，且配位数较高。由于Ln^{3+}同水的配合物很稳定，在水溶液中其他配体很难将配位的水取代出来。制备含有机配体的镧系元素配合物需要在有机溶剂中进行。

Ln^{3+}同 EDTA 形成螯合物的反应广泛用于镧系元素的分离和分析中，生成的螯合物易溶于水，螯合物的稳定性随溶液酸度的增大而降低，随Ln^{3+}离子半径的减小而增大。Ln^{3+}还能与适当空穴孔径的冠醚等形成相当稳定的配合物。

2. 氧化数为 +2 和 +4 的化合物

在氧化数为+4 的镧系元素中，只有 Ce 的化合物既能存在于水溶液中，又能存在于固体中。纯CeO_2为白色，由 Ce 的盐类或氢氧化物在空气或氧气中灼烧所得。CeO_2很稳定，不溶于酸或碱，只有在还原剂的存在下才溶于酸生成Ce^{3+}的溶液。最稳定的+4 价铈盐是硫酸盐，它在酸性溶液中是强氧化剂，这个性质可用于氧化还原滴定分析，通常称为铈量法。在

1 mol · L^{-1} $HClO_4$中标准电极电势为

$$Ce^{4+} + e^- \rightleftharpoons Ce^{3+}, \quad \varphi^\ominus(Ce^{4+}/Ce^{3+}) = 1.70\ V$$

只有用强氧化剂如过二硫酸盐才能将 Ce^{3+} 氧化成 Ce^{4+}。Ce^{4+} 能氧化水,但在常温下进行得很缓慢。

氧化数为+4 的 Ce 的二元化合物有 CeF_4,可通过在 F_2中加热 CeF_3得到。灼烧 Ce^{3+} 的草酸盐、碳酸盐、硝酸盐和氢氧化物或在水溶液中用次氯酸盐氧化都可得到 CeO_2。

Sm、Eu、Yb 可形成+2 价离子,其中以 Eu^{2+} 较为稳定。它们的标准电极电势如下:

$$Sm^{3+} + e^- \rightleftharpoons Sm^{2+}, \quad \varphi^\ominus(Sm^{3+}/Sm^{2+}) = -1.55\ V$$

$$Eu^{3+} + e^- \rightleftharpoons Eu^{2+}, \quad \varphi^\ominus(Eu^{3+}/Eu^{2+}) = -0.429\ V$$

$$Yb^{3+} + e^- \rightleftharpoons Yb^{2+}, \quad \varphi^\ominus(Yb^{3+}/Yb^{2+}) = -1.21\ V$$

Eu 和 Yb 与碱土金属十分相似,它们溶于液氨生成蓝色溶液,该溶液中含有溶剂化的电子及$[Ln(NH_3)_x]^{2+}$。这种溶液是强还原剂,放置后会分解为$Eu(NH_2)_2$橙色沉淀和 $Yb(NH_2)_2$棕色沉淀。

12.2.4 镧系元素的应用

人们对稀土元素独特的化学、物理性质的认识是随着稀土元素的发现、分离和提纯而深入的,因而,稀土元素在工业、农业等产业领域和科学技术方面的应用,也是由少到多、由局部到广泛、由粗放到精细逐步发展起来的,由早期使用混合稀土发展到目前利用单一稀土,并已渗透到现代科学技术的各个领域,稀土成为高新技术发展的必需物质。

据统计,目前世界上 70%的稀土用于材料方面。稀土材料的应用遍及国民经济各行业,包括石油化工、冶金、医药、轻工、光学、磁学、电子、原子能等工业。在钢铁工业中,如在不锈钢中加入稀土,可提高其在热加工时的可煅性,特别是用于高强度低合金钢的数量增加更快。目前世界上每年需要混合稀土约 7 000 t 用于高强度低合金钢的生产。稀土催化剂广泛应用于石油化工,在重油催化裂化反应中加少量混合稀土可增加分子筛催化剂的效率和使用寿命,大大提高汽油产率。稀土金属及其合金对 H_2的吸收能力特别大,如 1 kg 镧镍合金($LaNi_5$)在室温和 2.5×10^2 kPa 压力下,可吸收 $H_2$15 g,相当于标准状态下的 180 L H_2。它吸收H_2和释放 H_2是可逆反应,活化能低,反应速率很快,因此可用作 H_2储存器。稀土金属及其合金对其他气体也有相当大的吸收能力,因此,在电子工业中可用作产生高真空的吸气材料。所有镧系金属都有较强的顺磁性,稀土钴永磁体是迄今已发现的最好的永磁材料。氧化铈或混合稀土氧化物可做精密光学玻璃的抛光剂,用于平板玻璃、电视机显像管、照相机透镜等的研磨材料。利用含氧化镧的光学玻璃的低散射、高折射率的特点,可将其用作直接探视人体肠胃和腹腔的内窥镜。稀土在农业上也有广泛应用,将稀土微肥施于西瓜田中,可使西瓜个大、皮薄、味甜,并提高近两成产量。

分子在 X 射线、电子射线和紫外线的照射下,从基态跃迁到激发态,然后由激发态返回较低能级的同时发射出不同波长的可见光,这种发射光现象称为荧光。稀土的氧化物和硫氧化物是能发出不同色彩的荧光材料,如以 Y_2O_3和 Y_2O_2S 为基质的掺 Eu 的荧光粉,均可作为红色发光粉,其亮度比非稀土红粉高 35%~40%,而且耐压好,寿命长,是理想的彩色电视发光材料。其他稀土荧光材料如 LaOBr:Tb:Yb 为蓝色,Y_2O_2S:Tb:Dy 为黄色,$SrHgP_2O_4$:Eu 为紫色。近年来随着彩色电视,特别是计算机彩色显示屏和大屏幕彩电需求量的增加,对荧光粉的需求量大大增加。在陶瓷中添加稀土氧化物可使陶瓷的釉彩鲜艳柔和、光彩夺目。

此外,稀土元素在原子能材料、药物合成以及超导技术等高新技术领域的应用也日益广泛。

12.3　锕系元素

锕系元素中只有Th和U存在于自然界的矿物中。在地壳中，Th的丰度为0.0013%，与B的丰度相当；U的丰度为0.00025%。Th的分布广泛，但蕴藏量非常少，唯一有商业用途的是独居石。自然界中存在的最重要的铀矿是沥青铀矿。

锕系元素都是放射性元素，92号U以后的元素称为"超铀元素"或"铀后元素"。1789年德国的Klaproth M. H.从沥青铀矿中发现U，它是人类认识的第一种锕系元素。超铀元素都是在1940年后通过人工核反应合成的。放射性元素与原子能工业紧密相关，可以用作核反应堆的燃料，在空间技术、气象学、生物学、医学等方面也都有重要的作用。

12.3.1　锕系元素的一般性质

锕系金属具有银白色光泽，在暗处遇到荧光物质能发光。和镧系金属相比，锕系金属具有稍高的熔点和较大的密度，金属结构变体多，这可能是由锕系金属导带中的电子数目可以变动造成的。锕系金属单质的金属性较强，可用碱金属或碱土金属还原相应的氟化物或熔盐电解法来制备。锕系金属单质易与O_2作用，在空气中迅速变暗，生成一种氧化膜，故锕系金属保存时应避免与O_2接触。锕系金属可与大多数非金属反应，特别是在加热时更易进行。锕系金属能与酸作用，但不与碱反应，与沸水或水蒸气反应时，在金属表面生成氧化物，并放出H_2。

12.3.2　铀的重要化合物

铀(U)是一种活泼金属，与很多单质可以直接化合。在空气中U的表面很快变黄，接着变成黑色氧化膜，但此膜不能保护金属。粉末状U在空气中可以自燃。U易溶于盐酸和硝酸，但在硫酸、磷酸和氢氟酸中溶解较慢，它不与碱作用。U的主要化合物有氧化物、卤化物、氢化物等。

1. 氧化物

U的主要氧化物有UO_2(暗棕色)、U_3O_8(暗绿色)和UO_3(橙黄色)。

$$2UO_2(NO_3)_2 \xlongequal{327\ ℃} 2UO_3 + 4NO_2\uparrow + O_2\uparrow$$

$$3UO_3 \xlongequal{727\ ℃} U_3O_8 + \frac{1}{2}O_2\uparrow$$

$$UO_3 + CO \xlongequal{350\ ℃} UO_2 + CO_2\uparrow$$

UO_3具有两性，溶在多种酸中生成UO_2^{2+}，UO_2^{2+}是黄色直线型离子；溶于碱生成重铀酸根$U_2O_7^{2-}$。U_3O_8不溶于水，溶于酸生成相应的UO_2^{2+}的盐；可缓慢溶于盐酸和硫酸中，生成U(Ⅳ)盐，但硝酸容易把它氧化成硝酸铀酰$UO_2(NO_3)_2$。

从水中析出的硝酸铀酰晶体$UO_2(NO_3)_2 \cdot 6H_2O$带有黄绿色荧光，易溶于水、醇和醚，UO_2^{2+}在溶液中水解，水解产物很复杂。在硝酸铀酰溶液中加NaOH，可析出黄色的重铀酸钠$Na_2U_2O_7 \cdot 6H_2O$。将此盐加热脱水，得无水盐(称为"铀黄")，在玻璃及陶瓷釉中作为黄色颜料。

2. 卤化物

U最重要的卤化物是UF_6，它按下式转化所得：

$$UO_2 \xrightarrow[550\ ℃]{HF} UF_4 \xrightarrow[300\ ℃]{F_2} UF_6$$

UF_6是无色挥发性固体,熔点为 64 ℃,56 ℃时蒸气压为 101.325 kPa。利用$^{238}UF_6$和$^{235}UF_6$蒸气扩散速度的差别而使其分离,从而得到纯^{235}U核燃料。UF_6是很强的氟化剂和还原剂,遇水立即水解,同碱金属氟化物化合得到一系列复杂的配合物。

$$UF_6 + 2H_2O \longrightarrow UO_2F_2 + 4HF\uparrow$$

其他卤化物还有 UF_4、UF_3等。

3. 氢化物

金属 U 可用 Ca 或 Mg 还原四氟化物得到,有较高的活性。U 在 250 ℃与H_2作用得到能自燃的黑色粉末状氢化物 UH_3,用沸水与细粉状的金属作用也可以得到 UH_3。U 的氢化物在制备其他化合物时比 U 更合适。

[化学博览]

稀土催化材料的应用

稀土催化材料具有良好的助催化性能,已成为石油化工、汽车尾气净化、燃料电池以及合成橡胶等领域不可或缺的重要材料。这里主要介绍在石油化工、汽车尾气净化、合成橡胶领域稀土催化的应用。

催化裂化是石油加工的重要过程,在国外 1/3 以上的汽油来自催化裂化,我国成品汽油的 80%和成品柴油的 35%来自催化裂化。目前裂化催化剂市场大部分被国外企业占据,石油裂解催化剂全球主要供应商有美国雅宝、美国格雷斯、德国巴斯夫、中国石化。我国自 20 世纪 70 年代中期开始生产和使用稀土分子筛裂化催化剂。在原油精炼中采用混合氯化稀土产品制成稀土分子筛,可以改进炼油工艺,提高精油产品的性能。稀土含量为 0.5%～5%的 Y 型稀土分子筛可将精炼油中的汽油率提高 13%～15%,将精炼装置的生产能力增加 30%。稀土催化剂不仅可以改善分子筛的活性、选择性、水热稳定性和抗钒中毒能力,明显提高石油裂化过程汽柴油的收率,还可以提高液化气及烯烃的收率,增强重质油的转化能力。

汽车尾气排放现已成为我国大气污染的主要来源之一,尾气的污染防治工作对推动绿色城市发展具有积极的现实意义。汽车尾气排放物主要由 CO、NO_x和 C_xH_y及颗粒物(PM2.5)组成,有些含有铅、磷、硫等有毒物质,种类达 670 多种。三效催化净化技术是目前全世界普遍采用的汽油车排气后处理技术。随着技术的发展,以堇青石蜂窝陶瓷为载体、活性氧化铝为涂层的贵金属三效催化剂已经发展成熟,它能够同时去除 C_xH_y、NO_x和 CO 这 3 种主要的汽车尾气污染物。据统计,我国每年仅用于汽车尾气净化的 CeO_2-ZrO_2复合氧化物年需求量就高达 4 000 t。

稀土催化剂还是一种有独特性质的合成橡胶催化剂,它可以把石油提炼工业中的副产品,如乙烯、丙烯、丁烯和芳香烃等迅速聚合成各种性能的橡胶,并达到天然橡胶同等的性能,也可以应用于丁二烯定向聚合和异戊二烯定向聚合。目前,新疆独山子石化公司完成了钕系稀土顺丁橡胶 BR9120 生产任务 500 t,实现了规模化工业生产。稀土顺丁橡胶黏性和耐磨性强,生产过程中具有节能、环保和低成本等优点。用稀土顺丁橡胶制造的轮胎具有抗湿滑性好、滚动阻力小、生热量低和耐磨性优异等特点,是制造子午线轮胎的理想生胶。

稀土除了在化工催化方面应用广泛,在军事、工业材料、互联网通信、医疗等诸多方面也不可或缺。另一方面，稀土污染也成为一个日益严重的问题。2020 年生态环境部等发布的《第二次全国污染源普查公报》中提到："2017 年末，全国伴生放射性固体废物累积贮存量为 20.30 亿吨，其中放射性活度浓度超过 10 贝可/克(贝可：放射性活度单位)的固体废物主要为稀土、铌/钽、锆石和氧化锆、铅/锌、锗/钛、铁等矿产，总量为 224.95 万吨。"享有"稀土王国"美誉的江西赣州，中重稀土的年产量占比高达全球的 70%，在经济发展的光鲜背后，赣州的环境治理也刻不容缓。非法采矿以及昔日盐浸、池浸等粗放工艺开采稀土矿给环境造成了重大的破坏。因此，在稀土资源合理开发的同时，也要打好蓝天、碧水、净土环境保卫战，严格实施生态保护和治理恢复措施，努力保障区域生态环境安全。

习　题

1. 什么叫内过渡元素？什么叫稀土元素？什么叫镧系收缩？

2. 镧系元素和锕系元素在价电子组态上有什么相似之处？在氧化数上有何差异？

3. 说明 Ln^{3+} 在晶体或溶液中的颜色变化规律。

4. 解释下列问题。

(1) Th、Pa、U 为什么出现多种氧化数？

(2) 为什么 Ln^{3+} 的性质极为相似？试从 Ln^{3+} 的电子层结构、离子电荷和离子半径等方面加以说明。

5. 哪个+3 价离子的 5f 壳层中是半充满的？紧靠在它前后的元素会呈何种氧化数？

6. 说明溶剂萃取法和离子交换法分离镧系元素的方法和原理。

7. 哪些锕系元素是自然界中存在的？哪些是人工合成的？

8. 简述 UF_6 的性质和主要用途。

9. Sc^{3+} 与 Mg^{2+} 的离子半径几乎相等，在自然界中没有天然的 $Sc_2(CO_3)_3$，却有大量的 $MgCO_3$ 存在于矿石中，对此现象如何解释？

10. 你认为镧系的羰基配合物是否稳定？理由是什么？

11. 稀土元素草酸盐有什么特征？在制备和分离稀土金属过程中的重要性怎样？

12. 完成并配平下列反应式。

(1) $UO_2(NO_3)_2 \xrightarrow{\triangle}$

(2) $UO_3 + HNO_3 \longrightarrow$

(3) $UO_3 + NaOH \longrightarrow$

(4) $UO_3 + HF \longrightarrow$

13. 完成下列离子方程式。

(1) $Fe^{3+} + Eu^{2+} \longrightarrow$

(2) $Ce(OH)_3 + O_2 + H_2O \longrightarrow$

(3) $CeO_2 + HCl \longrightarrow$

14. 根据下列镧系元素的标准电极电势，判断它们在通常条件下与水及酸的反应能力。

元素	Ce	Pr	Nd	…	Lu
$\varphi^\ominus(M^{3+}/M)$/ V	−2.48	−2.47	−2.4		−2.25

15. 已知 $\varphi^\ominus(Eu^{3+}/Eu^{2+}) = -0.35$ V，$\varphi^\ominus(Zn^{2+}/Zn) = -0.76$ V。将锌粉加到 1.0 L 0.10 $mol \cdot L^{-1}$ 的 Eu^{3+} 溶液中，当反应达到平衡时，溶液中 Eu^{3+}、Eu^{2+} 和 Zn^{2+} 浓度各为多少？

* 第 13 章　核化学与放射化学简介

1896 年，法国科学家 Becquerel H. 发现了铀矿的不稳定性(放射性)；1898 年，居里夫妇经过艰苦的努力，分离并发现了放射性元素钋和镭，由此开创了一门新的学科——放射化学，同时也揭开了人类使用核资源的序幕。放射化学是研究放射性物质及与原子核转变过程相关化学问题的学科，主要涉及放射性核素的制备、分离、纯化、鉴定，核转变产物的性质和行为以及放射性核素在各学科领域中的应用等内容。核化学是其中的一个分支，主要研究核的性质、结构，核反应和核衰变的规律。核化学与放射化学，在内容上既有区别又紧密联系，内容十分丰富，本章只做简单扼要的介绍。

13.1　原子核衰变的基本规律

13.1.1　核素与同位素

原子核通常由质子和中子组成。具有一定数目质子和一定数目中子的一类原子称为核素，常用 ${}_{Z}^{A}X$(X 为元素的符号，A 为元素的质量数，Z 为元素的质子数)表示，有时也可简写为 ${}^{A}X$。质量数是指中性原子中原子核内质子数和中子数的和。质子数目相同而中子数目不同的核素互相称为同位素。例如，${}^{35}Cl$ 和 ${}^{37}Cl$ 为氯的两种同位素。

原子核自发地发射各种射线的现象称为放射性。由于重原子核的不稳定性，许多存在于自然界的重元素，如铀(U)、钍(Th)、钋(Po)、镭(Ra)等，它们的天然矿物原料或提取出来的化合物、单质等都有放射现象。具有放射性的核素或同位素称为放射性核素或放射性同位素。目前已知的 2 000 多种核素，绝大多数是具有放射性的。

放射性元素产生的放射线主要有三种类型，即 α 射线(带两个正电荷的氦核流)、β 射线(电子流)和 γ 射线(极短波长的光射线)。它们是带一定电荷和一定质量的粒子流。放射性元素在释放出一定的粒子流的同时，原子核自发地分解，其电荷和质量自发地发生改变，转变为另一种核素，这个过程称为原子核的衰变。衰变前的原子核称为母核，衰变后的原子核称为子核。

13.1.2　核衰变的类型

根据放射性元素产生放射线的不同，原子核的放射性衰变主要有以下几种类型。

1. α 衰变

原子核自发地放射出 α 射线而发生的转变称为 α 衰变。原子核在进行 α 衰变时，每放出一个 α 粒子，原子序数减少 2，质量数减少 4，生成原子序数比它小 2 的原子核。可用下式来表

示 α 衰变：

$$ {}_{Z}^{A}X \longrightarrow {}_{Z-2}^{A-4}Y + {}_{2}^{4}He \tag{13-1}$$

2. β 衰变

β 衰变包括 β^- 衰变、β^+ 衰变和轨道电子俘获(EC)三种类型。原子核自发地放射出负电子和中微子(v_e)的过程称为 β^- 衰变。中微子(v_e)是原子核在衰变过程中伴随 β 粒子一同放出来的中性粒子，其质量几乎为零。原子核内不含电子，因此 β^- 衰变实际上是核内的中子转变为质子，同时放出负电子和中微子的过程。β^+ 衰变指从放射性核素的原子核中放射出正电子和中微子的过程。原子核俘获一个轨道电子发生的变化称为轨道电子俘获。三种类型的 β 衰变可以用下列各式表示：

β^- 衰变　　$${}_{Z}^{A}X \longrightarrow {}_{Z+1}^{A}Y + e^- + v_e \tag{13-2}$$

β^+ 衰变　　$${}_{Z}^{A}X \longrightarrow {}_{Z-1}^{A}Y + e^+ + v_e \tag{13-3}$$

EC　　$${}_{Z}^{A}X + e^- \longrightarrow {}_{Z-1}^{A}Y \tag{13-4}$$

由以上三式可知，在 β 衰变中，母核和子核的质量数没有发生改变，只是电荷数增加或减少。

3. γ 衰变

经过 α 衰变和 β 衰变的原子核常处于激发状态，其向基态跃迁放射出波长很短的电磁辐射即 γ 射线的过程，称为 γ 衰变(也称为 γ 跃迁)。γ 衰变常伴随着 α 衰变和 β 衰变而发生，但不会引起原子核质量数和电荷数的变化，只会使原子核内的能量变化，生成与 γ 衰变前原子核具有相同质量数但能量不同的元素，称为同量异能素。通常在核反应式中不表示出 γ 衰变。

13.1.3　核衰变速率与半衰期

随着核衰变的进行，一种放射性原子核不断地转变为另一种原子核，同时放出射线，母核的数量不断减少，射线强度也不断降低。

放射性物质的衰变速率与样品的原子数成正比，即

$$\frac{\Delta N}{\Delta t} = -\lambda N$$

微分可得

$$\frac{dN}{dt} = -\lambda N$$

对上式积分

$$\int \frac{dN}{N} = -\lambda \int dt$$

得

$$\ln N = -\lambda t + C$$

当 $t=0$ 时，$N=N_0$，$C=\ln N_0$，则

$$N = N_0 e^{-\lambda t} \tag{13-5}$$

上列各式中 N 为放射性核的数目；比例系数 λ 为衰变常数，其量纲是时间的倒数，它表示放射性元素在单位时间内的衰变分数。不同放射性核素每个原子核在单位时间内发生衰变的概率不同，即有不同 λ 值。已知原子核的 λ 值越大，则该原子核的衰变速率越快，反之亦然。式中负号表示随着反应时间的增加，母核数量不断减少。式(13-5)表明原子核衰变的速率遵

循一定的指数规律。

核素的物理半衰期($T_{1/2}$)是每一种放射性核素所特有的属性。$T_{1/2}$与衰变常数的关系可按以下方式推得。

当 $t=T_{1/2}$ 时
$$N=\frac{1}{2}N_0=N_0 e^{-\lambda T_{1/2}}$$

所以
$$T_{1/2}=\frac{\ln 2}{\lambda}=\frac{0.693}{\lambda} \tag{13-6}$$

由上式可知,λ 与 $T_{1/2}$ 成反比。元素的衰变常数 λ 越大,表示其衰变速率越大,则衰减到原来核素数的一半所用时间越短。

13.1.4 放射性活度

为了进行放射性的计量,引入放射性活度这一物理量,用以表示放射性的强弱程度。放射性活度是指单位时间内发生衰变的原子核数。按照这个定义,放射性活度 A 可以表示为
$$A=-\frac{dN}{dt}=\lambda N_0 e^{-\lambda t}=\lambda N \tag{13-7}$$

或
$$A=A_0 e^{-\lambda t} \tag{13-8}$$

式中:$A_0=\lambda N_0$,是 $t=0$ 时的放射性活度。上式表明,放射性活度也是随时间按指数规律衰减的。

在国际单位制中,放射性活度的单位是 Bq (贝克),定义为:在 1 s 内有 1 个原子核衰变,则此时该核素的放射性活度就是 1 Bq,即
$$1\ \text{Bq}=1\ \text{s}^{-1}$$

这个单位显然太小了,所以常用 kBq 和 MBq。放射性活度的常用单位是 Ci (居里),它与 Bq 的关系是
$$1\ \text{Ci}=3.7\times10^{10}\ \text{Bq}$$

居里这个单位又太大了,实际应用中常用 mCi 和 μCi。

13.1.5 放射系

当一种放射性核素衰变为另一种核素后,也是不稳定的,还可继续衰变,最后达到一种稳定的核素,这样就形成了一个放射系。如铀矿中 U 是最开始的放射性元素,经过一系列的放射性分裂,Ra、Rn、Po 是许多中间产物的一部分,而 Pb 是这个放射系列的最后产物。这个放射系列称为铀放射系(见图13-1(b))。已知的四个放射系中有三个是由天然放射性核素形成的(见图 13-1(a)、(b)和(c)),另一个则是在人工放射性核素中发现的(见图 13-1(d))。图中的横坐标是质子数 Z,纵坐标是中子数 N。每个放射系都是从一个半衰期最长的核素开始的,经一系列衰变(图中用折线表示,代表 α 或 β 衰变),到达一种稳定核素而结束。如铀系从铀($^{238}_{92}U$)开始,到铅($^{206}_{82}Pb$)结束。

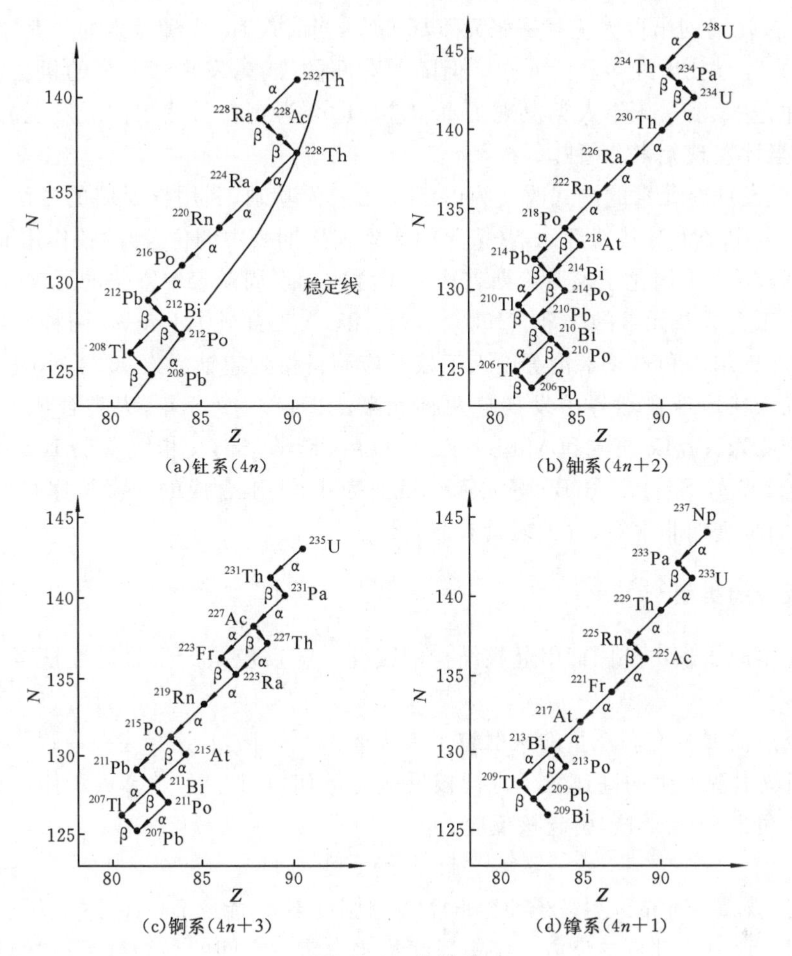

(a)钍系(4*n*)　(b)铀系(4*n*+2)

(c)锕系(4*n*+3)　(d)镎系(4*n*+1)

图 13-1　放射系

13.2　人工核反应与人工放射性

放射性核素主要有两个来源:①从自然界开采的矿石中提取天然放射性核素;②通过人工核反应制备人工放射性核素。自然界中天然放射性核素种类很少,目前已知的 2 000 多种放射性核素,绝大多数是通过人工核反应制备的。

人工核反应是指用高速粒子(如质子、中子、氘核、α 粒子、β 粒子等)轰击靶核,引起核转变生成新的原子核。这种人为的用外因改变核结构的过程称为人工核反应。例如,1934 年,约里奥·居里夫妇用 α 粒子轰击铝,得到第一个人工放射性核素。

$$^{27}_{13}\mathrm{Al}+{}^{4}_{2}\mathrm{He}\longrightarrow{}^{30}_{15}\mathrm{P}+{}^{1}_{0}\mathrm{n}$$

上式中 α 粒子为入射粒子,铝核称为靶核,产生的磷核和中子统称为产物,其中较重的粒子磷核为剩余核,较轻的中子称为出射粒子。

人工核反应同原子核衰变一样遵守电荷守恒、能量守恒和动量守恒等普遍规律。

13.2.1　人工合成元素

通过人工方法改变自然存在的元素原子核中的质子数,使其原子序数发生改变,由此制造出的自然界本来不存在的新元素称为人工合成元素。

1789 年,拉瓦锡列出世界上第一张元素周期表,当时仅有 33 种元素列于其中。接下来的整整 200 年,人类寻找出许多新的元素。但随着时间的推移,发现新元素的机会越来越少,且时间间隔越来越长。1937 年人类发现了 Fr,它是迄今为止在天然条件下发现的最后一种元素,至此人类累计发现元素 89 种。

之后,人类发现新元素的方式改变为以已知元素为基础,利用核反应的方法,即利用 α 粒子、氘核、质子或中子等对其邻近元素(按照门捷列夫周期表中的位置)的核作用而人工制造出新的元素。1937 年,美国化学家劳伦斯首次人工合成元素周期表中空位的元素——43 号 Tc,从此拉开了人工合成新元素的序幕。1938－1940 年,人工合成了 Pm、At 两种元素。1940 年,美国西博格、艾贝尔森和麦克米伦等用人工核反应制备得到超铀元素 93 号 Np 和 94 号 Pu,当时科学家们尚未在地球自然界中发现这两种元素。1944－1955 年,人类合成了 7 种超铀元素,即 Am、Cm、Bk、Cf、Es、Fm 和 Md。1955 年以后,科学家们又相继发现 102 号 No、103 号 Lr、104 号 Rf、106 号 Sg、107 号 Bh 等元素。目前为止,人工合成的元素按序号已经达到 118 号,这些元素的半衰期非常短,且大多具有放射性。

13.2.2 核反应的类型

核反应是指原子核由外因而引起核结构的变化。核反应是产生放射性核素、获得核能的主要途径。

实现核反应需要具有高能量的入射粒子束去轰击原子核,其途径主要有以下三种。

(1) 利用放射源产生的高速粒子进行核反应。例如,1919 年,卢瑟福利用放射源 ^{214}Po 产生的 α 粒子去轰击 N 原子核,引起核反应。

$$^{14}_{7}N + ^{4}_{2}He \longrightarrow ^{17}_{8}O + ^{1}_{1}H$$

由于利用放射源产生的入射粒子种类非常少,且强度不大,能量不高,该种方法已经很少使用。

(2) 利用宇宙射线进行核反应。宇宙射线指来自宇宙空间的高能粒子,它们具有能量高、强度弱的特点,用它们作为入射粒子常会给科学家带来新的发现。

(3) 利用带电粒子加速器或反应堆来进行核反应。这是目前实现人工核反应最主要的手段。带电粒子加速器指利用电磁场加速带电粒子的装置,带电粒子在电场中会受力而得到加速,提高能量,从而成为符合核反应条件的入射粒子。反应堆是指能够在受控下(不会像原子弹那样爆炸)持续进行核裂变链式(连锁)反应的装置,它也可产生符合核反应条件的入射粒子。目前,人们已能将几乎所有的稳定核素加速到单核子能量为 100 MeV 以上。入射粒子种类增多,极大地扩展了核反应的研究领域。

核反应一般表示为 $X + a \longrightarrow Y + b$,或 X(a,b)Y。其中 X 和 a 分别表示靶核和入射粒子(或轰击粒子),Y 和 b 分别表示剩余核与出射粒子。

核反应按照入射粒子不同可以分为中子核反应、带电粒子核反应及光核反应。

(1) 中子核反应是指利用中子(n)作为入射粒子产生的核反应。例如,由能量很低(100 eV 以下)的慢中子引起的核反应:

$$^{23}_{11}Na + ^{1}_{0}n \longrightarrow ^{24}_{11}Na + \gamma \quad (n,\gamma)\text{反应}$$

由快中子(能量在 100 eV 以上)引起的核反应:

$$^{34}_{16}S + ^{1}_{0}n \longrightarrow ^{31}_{14}Si + \alpha \quad (n,\alpha)\text{反应}$$

(2) 带电粒子核反应可分为:质子(p)引起的核反应,如(p, p)(p, n)(p, α)等;氘核(d)引起的核反应,如(d, p)(d, n)(d, α)等;α 粒子引起的核反应,如(α, p)(α, n)等;重离子(指比 α

粒子重的离子)引起的核反应等。1957年,苏联科学家费列罗夫等利用加速^{16}O原子轰击^{241}Pu,得到102号元素No,核反应式可以写为

$$^{241}Pu(^{16}O,3n)^{254}No$$

1957年4月,吉奥索等科学家利用^{12}C轰击^{246}Cm,同样得到102号元素No,核反应可以写为

$$^{246}Cm(^{12}C,4n)^{254}No$$

(3) 光致核反应,即利用γ光子作为入射粒子引起的核反应,最普通的反应是(γ, n)反应,如$^{4}Be(\gamma, n)^{8}Be$。

13.3 核裂变与核聚变

13.3.1 核裂变

核裂变是指原子核分裂成几个原子核的变化过程。核裂变可以分为自发裂变和诱发裂变两种类型。

(1) 自发裂变是指原子核在没有外部粒子影响下自发地裂变为几个原子核的过程。大量的实验表明,自发裂变多发生于重原子核,如铀、钍等原子核的自发裂变。重原子核大都具有α放射性,自发裂变和α衰变是原子核两种不同且互有竞争的衰变方式。例如,^{252}Cf能够同时发生自发裂变和α衰变,自发裂变的比例仅为3%。

(2) 诱发裂变是指原子核受到外来粒子的轰击发生裂变的过程。裂变可以用式A(a, f)表示,其中A为靶核,a为入射粒子,f表示裂变。发生裂变的核素称为裂变核。

由中子诱发的核裂变是目前研究最多、最重要的诱发裂变方式(见图13-2)。原子核在受到一个中子的攻击后,会分裂成两个或多个质量较小的原子核,同时还会放射出2～4个中子和巨大的能量。例如,中子轰击$^{235}_{92}U$引起的核裂变反应常见的有

$$^{235}_{92}U + ^{1}_{0}n \longrightarrow ^{142}_{56}Ba + ^{91}_{36}Kr + 3^{1}_{0}n$$

$$^{235}_{92}U + ^{1}_{0}n \longrightarrow ^{131}_{50}Sn + ^{103}_{42}Mo + 2^{1}_{0}n$$

$$^{235}_{92}U + ^{1}_{0}n \longrightarrow ^{139}_{54}Xe + ^{96}_{38}Sr + ^{1}_{0}n$$

$$^{235}_{92}U + ^{1}_{0}n \longrightarrow ^{135}_{53}I + ^{97}_{39}Y + 4^{1}_{0}n$$

反应中较重的裂变碎片称为重碎片,较轻的裂变碎片称为轻碎片。裂变产物复杂多样,所产生的放射性核素约有200种。伴随裂变反应产生的中子又可继续诱发核裂变,使裂变过程不断进行下去,这个过程称为链式反应。如果每次裂变反应中的中子一分为二,则n次反应后将获得2^n个中子,计算表明,10^{-6} s内就可引发15 kg $^{235}_{92}U$发生裂变,并在瞬间产生约10^8 kJ的能量。这就是原子弹(实际上是核裂变弹)和用于发电的核反应堆的能量释放过程。核裂变弹的链式反应是不受控制的爆炸,每个核的裂变都可引起另外多个核的裂变。核反应堆的裂变反应可利用插入铀堆的控制棒(可吸收部分中子的物质)来控制反应速率,使得平均起来每个核的裂变正好引发另外一个核的裂变,从而稳定地释放核能。

引起核裂变的中子可根据其速度不同,分为高速中子(2×10^7 m/s)和热中子(每秒数千米),也称为快中子和慢中子。由热中子引起裂变的核素称为易裂变核,常被作为制造原子弹和核电厂发电的核燃料,如^{235}U、^{239}Pu和^{233}U等均为核燃料。

除中子可引发核裂变外,p、d、α、γ射线等具有一定能量的带电粒子,同样也可诱发核裂变。

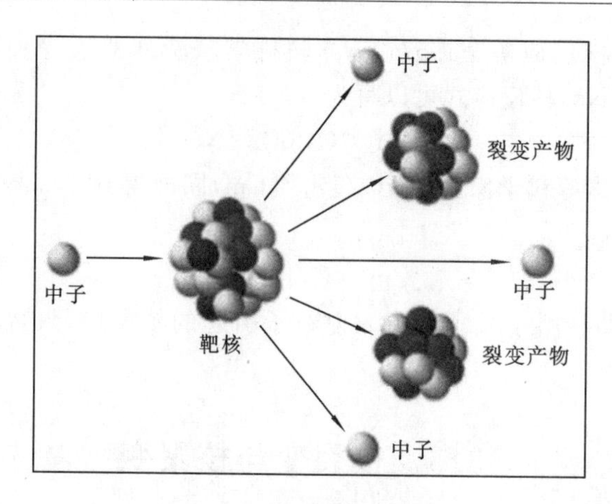

图 13-2　中子诱发核裂变

原子核在发生核裂变时，释放的原子核能俗称为原子能。1 g ^{235}U 经过完全的核裂变可放出相当于 2.5×10^3 kg 煤燃烧所产生的能量。可见核能多么巨大。通过许多科学家的努力，核能被善加利用，目前已经成为提高人们生活质量、缓解资源危机的重要能源。

13.3.2　核聚变

由较轻元素的原子核聚合成较重元素的原子核，并释放出巨大的能量，这种反应过程称为核聚变。最常见的核聚变是由氢的同位素氘(D，又称为重氢)和氚(T，又称为超重氢)聚合成较重的原子核(如氦)并释放出能量。核聚变的反应过程可用图 13-3 表示。

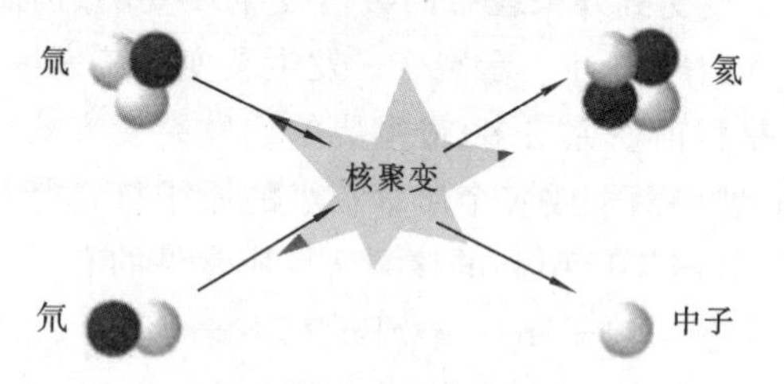

图 13-3　氘和氚的核聚变

一般来说，轻原子核聚变所释放的能量比核裂变更大，1 g 核燃料经核聚变后所产生的能量约为核裂变相应能量的 4 倍。宇宙中主要的能量来源为原子核的聚变，太阳等大量恒星发光发热均是核聚变的结果。人们认为太阳和恒星中的主要元素是 H，其核聚变是 4 个氕(p)通过一定的反应链聚合成一个氦核的过程。

核聚变反应所要求的条件非常苛刻，需要 1.0×10^7 K 以上的温度引发反应。反应一经启动，所释放的能量就能使反应系统继续维持高温，使核聚变反应得以持续进行。因此核聚变反应又称为热核反应。氢弹爆炸就是已经实现的一种不可控人工热核反应。进行可控热核反应是目前科学家们正努力研究的方向，需要解决的难题主要有容器的耐高温问题、如何获得如此高温以启动反应以及如何控制和约束反应使之平稳进行的问题等。用于工业目的的人工热核反应目前还处于研究实验阶段，相信这些问题将来总会被人类解决。

热核燃料有氘、氚和锂(^6Li)三种核素。^6Li 是转换成氚的原料。天然水中含有氘水(重水，D_2O)0.02%，地球上大量海水的存在使氘成为取之不尽、用之不竭的能源。因此，对热核反应的利用将是解决日益紧迫的能源缺乏问题的有效途径。

13.3.3　核能的应用

1. 核能在军事领域的应用

核能最早应用于军事战争。第二次世界大战期间，美国为了赶在德国之前制造出原子弹，动用了 50 万人（其中有 15 万位科学家），花时 5 年，耗资 20 亿美元，用电量达全国总用电量的 1/3，进行原子弹的研究。1945 年 7 月 16 日，美国的第一颗原子弹试验成功，同年 8 月 6 日和 9 日，美国政府先后在日本的广岛和长崎投放了两颗原子弹，迫使日本帝国主义投降，加快了第二次世界大战的结束。这次原子弹的爆炸虽说促进了和平的进程，但它所爆发出来的威力引起了全人类的震惊。“冷战”时期，各国争先研制原子弹来提高本国在世界上的军事地位，苏联（1949 年）、英国（1952 年）、法国（1961 年）、中国（1964 年）、印度（1968 年）相继研制出自己的原子弹或核装置，并试验成功。当时全世界的核弹头约有 10 000 个，如果爆炸，足以毁灭地球，因此有人又称原子弹为“毁灭地球的文明”。

原子弹为第一代核武器，又称为核裂变弹。氢弹为第二代核武器，又称为聚变弹、热核弹。原子弹与氢弹爆炸时所产生的蘑菇云如图 13-4 所示。

(a) 原子弹爆炸时产生的蘑菇云

(b) 氢弹爆炸时产生的蘑菇云

图 13-4　原子弹与氢弹的爆炸

核能在军事上的第二种应用是作为动力源。1954 年 1 月，美国首先制造了第一艘利用核能为动力的核潜艇，取名为“鹦鹉螺”。核潜艇的动力装置是一个反应堆，反应堆的运行不需要携带大量燃料，因此核潜艇在持续航海能力、航行速度及潜水时间等方面均远远超出常规潜艇。

利用核能作为动力源的军事武器还有核动力航空母舰和核动力火箭等。第二次世界大战后，核能的应用逐渐转移到和平利用上来。

2. 核能在人类生活中的应用

1973 年，石油作为燃料进入人们的生活，短短的 40 多年，就被开采了石油总储量的 1/4。根据 2016 年 12 月《世界石油杂志》的数据，当时原油和凝析油的储量为 1.7 万亿桶，如果按 8300 万桶/天的原油与凝析油消耗量，石油还可以开采约 56 年。天然气大约可持续开采 60 年，而煤资源更是短缺。有关专家预计在 200 年之内，石油、天然气和煤等资源都将消耗殆尽，而且它们带来的负面效应如各种污染和“温室效应”将给人类带来巨大的难题。

能源的开发和利用成为各国研究的重要方向。大量的研究表明，核能为目前最有发展前景的能量资源，将是继石油、煤和天然气之后的主要能源。

1954 年 6 月 27 日,苏联建成了世界上第一座原子能发电站,它揭开了人类和平使用核能的篇章,同时标志着人类能源新革命的开始。原子能发电站与传统的发电站相比,具有经济、清洁和安全的优点,因为核能发电成本远低于传统发电站,且不会向大气排放任何污染物。目前世界上已有核电站超过 400 座,我国也于 1991 年建成了国内第一座核电站——秦山核电站,它是我国核技术的一个新的里程碑。1994 年我国建设的大亚湾核电站也已投入使用。

现在的核电站主要是利用核裂变反应发电。除了利用核裂变反应,科学家还在致力于研究利用核聚变反应释放的能量作为能源,因为核聚变反应较之核裂变反应有以下两大优点。

(1) 地球上蕴藏的核聚变能远比核裂变能丰富得多。大海中含有丰富的氘,约有 45 亿吨,地球上蕴藏的核聚变能约为蕴藏的可进行核裂变元素所能释放出的全部核裂变能的 1 000 万倍。核聚变反应所需要的氚在自然界中不存在,但靠中子同锂作用可以产生,而海水中含有大量锂。

(2) 安全。核聚变反应不会产生有害的放射性物质。

核能除了用于发电,还有许多其他用途,如可用于炼钢、海水淡化处理、建筑物供热采暖、空调制冷及热水供应等。核反应产生的辐射作用也不再只能危害人类,也可造福人类。例如,辐射技术可以用于食品消毒、医疗器材灭菌、治理环境污染及癌症的治疗等。据科学家预测,目前核技术应用的开发仅为其最大技术潜力的 30%～40%,核能和核技术的强大优势是其他技术不可替代的,大量新的应用领域正待开发,人类将逐渐步入一个繁荣的“核文明”时期。

总之,核能在人类生活中的应用极其广泛,核能为目前最有发展前景的能量资源,它将是继石油、煤和天然气之后的主要能源。但是,在核能的利用过程中,人类必须正视面临的系列问题。核能的生命周期比较长,确实存在一定的风险。如果铀矿开采活动污染了地面或地表水,人们可能通过摄入暴露于氡或其他放射性核素。此外,低水平核废料必须被长期妥善储存起来,直到它衰变到不会立即对环境、健康或安全造成危害的水平,这也许需要几万乃至几十万年时间,这个长期反复维修和封存的费用也必须考虑进来。安全重于泰山,在使用过程中的泄漏风险也是不能忽视的安全问题。因而,在利用核能时必须牢固树立安全意识,充分考虑广义成本。在核能开发利用过程中,必须加强新工艺和新材料的开发,确保安全;对于乏燃料,开发封闭燃料过程回收废物的全循环工艺技术,以避免核废料长期储存的高额成本。

13.4 放射性核素和核技术的应用

13.4.1 示踪原子

将一种稳定的化学元素与具有放射性的同位素混合在一起,当它们参与各种反应和变化时,可以用仪器检测放射性同位素的特征射线,随时追踪其存在的位置、数量及变化,这种放射性同位素称为示踪原子。常用的示踪原子有 ^{3}H、^{14}C、^{18}O、^{15}N、^{32}P、^{35}S 等,它们与自然界存在的普通元素及其化合物之间的化学性质和生物学性质相同,仅核物理性质不同。利用放射性同位素作为示踪原子对研究对象进行标记的微量分析方法称为同位素示踪法。同位素示踪法已被广泛用来研究化学、生物学、地质学、医学和工农业等领域中的各种问题。

1. 示踪原子在基础化学中的应用

示踪原子在化学领域有广泛应用,许多化学问题可以用示踪原子来解决。例如,利用同位素示踪法来研究化学反应的机理。乙酸与乙醇在催化剂作用下发生酯化反应,有下列两种反应途径：

(1) $$CH_3-\overset{\overset{O}{\|}}{C}-OH \xrightarrow{+H^+} CH_3-\overset{\overset{O}{\|}}{C}-\overset{+}{O}H_2 \xrightarrow{-H_2O} CH_3-\overset{+}{C}=O$$

$$\xrightarrow{+CH_3CH_2OH} CH_3-\overset{\overset{O}{\|}}{C}-\overset{+}{O}HC_2H_5 \xrightarrow{-H^+} CH_3-\overset{\overset{O}{\|}}{C}-OC_2H_5$$

(2) $$CH_3COOH+CH_3CH_2OH \longrightarrow CH_3-\underset{\underset{OH}{|}}{\overset{\overset{OH}{|}}{C}}-OC_2H_5 \xrightarrow{-H_2O} CH_3-\overset{\overset{O}{\|}}{C}-OC_2H_5$$

一般情况下乙酸与乙醇的酯化反应都是按照途径(2)进行的，少数情况下按照途径(1)反应，如何判断反应的过程呢？可以用有示踪原子^{18}O标记的$CH_3CO^{18}OH$与乙醇反应，检验生成的酯，若不含^{18}O，则是按途径(1)进行的；若含有^{18}O，则是按途径(2)进行的。

还有许多化学问题可以用示踪原子来解决，十分方便。示踪原子的应用具有以下十分显著且特殊的优点。①灵敏度极高。同位素示踪法能检测出10^{-14} g甚至更微量的放射性物质，而最灵敏的天平仅仅能称量到10^{-5} g的物质，目前应用较普遍的光谱分析法也只能鉴定10^{-9} g的物质，所以这一优点是任何化学分析方法所不及的。②容易辨别，方法简单。放射性元素的特征射线很容易被检测到，在被测物中直接加入微量的放射元素就可测到整个反应的动态过程和结果，大大地减少复杂的操作。③用途广泛，可以揭示其他方法在目前条件下还不能发现的事实，从而得出正确的结论。

2. 示踪原子在生物学和农业中的应用

示踪原子在生物学的研究中也发挥着巨大的作用，促进了世界农业科技的飞跃发展。将示踪原子添入某种生物所必需的养分中，通过检测示踪原子在新陈代谢过程中的踪迹可以得到该种生物的代谢途径，研究生物体新陈代谢的过程。还可利用示踪原子来研究生物体细胞内的元素或化合物的来源、组成、分布和去向等，进而了解细胞的结构和功能、化学物质的变化、反应机理等。

我国是化肥生产和使用的大国，如何计算化肥的利用率并提高利用率、减少环境污染曾是令科学家困扰的问题。同位素示踪法的应用解决了这个问题。科学家用氮的同位素^{15}N标记化肥分子，再测定施肥后农作物中^{15}N的含量，从而推算出化肥的利用率。结果发现仅有31%的化肥被吸收，而大部分被浪费了，并加重了环境污染。如何提高利用率呢？科学家再次使用同位素示踪法研究不同的施肥方法对化肥利用率的影响，结果得到较佳的施肥方法为“一次全层基施法”，这样可较大提高化肥的利用率。同样，在农药的合理安全使用方面示踪原子也发挥了较大的作用，施放被放射性同位素标记的农药，可以方便地了解农药在农作物中的运动规律，从而掌握施放农药的最佳时间、用量和方法，提高农药的利用率，减少其对环境的污染。

20 世纪 90 年代，科学家还利用示踪原子研究了鱼类和水生生物的生理特征，探讨了鱼类及水生生物的养殖技术。

3. 示踪原子在工业中的应用

示踪原子最早被应用于工业领域。在石油工业中，地质学家常利用带有示踪原子的探测针深入地层或实验油井，检测示踪原子的射线被不同岩石散射的结果，得到地层剖面图，以确定最佳打井地点。这个方法是地质学家勘测地底地形的有利工具。

在现代城市中,输油管、输气管等管道纵横地底,有人称它们为“城市的血管”。但是它们一旦出现泄漏,将造成能源的泄漏和环境的污染。管道深埋在地下,故障的查找是一个难题。利用示踪原子就可以很方便地解决这个问题。例如,将示踪原子混入油中,它在管道中流动,遇到管道破损处时,它会从裂痕处流出。这时利用特制的仪器检测示踪原子的射线,就可快捷地确定故障的位置和大小。

港口码头需清理淤积泥沙,为了查出泥沙来源也可使用示踪原子。科学家将特制的放射性有所不同的玻璃砂放在港口周围的不同沙滩,再通过检查淤积泥沙的放射性强度来确定泥沙的来源。

工业上还常利用示踪原子来检测机械仪器的破损程度,大大降低了维修的难度。此外,在其他许多工业部门,示踪原子也发挥了它的优势,如水利部门利用示踪原子对大坝进行检漏,进行水文地质勘测。

4. 示踪原子在医疗领域的应用

示踪原子被广泛应用于医疗领域。医学界利用示踪原子研究各种微量元素和药物在人体内的变化、分布、转移和代谢规律。通过检测示踪原子在人体内的放射性来研究药理或人体内部的情况,这种技术称为医学示踪技术。例如,为了研究磷在人体内的吸收情况,可以使用磷的同位素 ^{32}P 代替人食入的磷,再检测 ^{32}P 的射线,结果发现吸收的磷主要分布在骨骼中,而骨骼中的磷也会定期更新。

另外,通过同位素示踪法也可对人体的血液循环进行研究。血液循环的速度可以说明人体身体的健康程度。一般是将含有微量放射性 ^{24}Na 原子的食盐水注入人体,再利用特制的计数器测量其循环速度,结果表明不同年龄段的人血液循环速度不同。健康成年人的血液循环一周的平均时间约为 22 s,2～12 岁的小孩为 11 s,而 6 周～2 岁的小孩只有 7 s。

示踪原子在病情诊断方面也屡建奇功。例如,心肌正常情况下对锝-焦磷酸盐是不易吸收的,当发生梗死时就很容易吸收此类化合物,其浓度会比一般情况高出 30 倍,医学家根据这个原理,将 ^{99}Tc 标记的焦磷酸盐注射到病人的体内,它就会聚集到心肌梗死的部位,再利用体外检测器检测 ^{99}Tc 的射线就可以找到患处,以便进行针对性的治疗。

同位素示踪法在其他的领域也有着卓越的贡献,随着科技的不断发展,示踪原子的潜力将不断被发现,发挥的作用将越来越大。

13.4.2　基于核技术的现代分析方法

核分析技术是核科学技术的重要组成部分。各种射线和粒子束与物质相互作用后,入射的射线、粒子的状态和参数等受靶物质本身的组成、结构和特性的影响而发生变化,有时还会产生次级射线和次级粒子。现代核分析技术是一门以粒子与物质相互作用、各种核效应和核谱学为基础,由多种方法组成的高新科学技术。核分析技术以其独具特色的放射性显示和检测手段而拥有独特的优越性。同位素示踪法和核分析技术结合应用于分析化学,表现出很高的灵敏度和准确性,因而广泛应用于许多科技领域,成为工业、农业、生命科学研究、矿产资源开发、考古、环境及医学方面重要的研究手段和工具。

习　题

1. 名词解释。

(1) 同位素;(2) 半衰期;(3) 核裂变;(4) 核聚变。

2. 我们说氢、氘、氚互为同位素，其依据是什么？

3. 原子核衰变是依据哪三种射线分类的？

4. 判断下列说法是否正确，各举一例说明。

(1) α 射线是一束氦的原子核，带正电；

(2) β 射线是一束快速运动的电子，带负电；

(3) γ 射线是一种波长很短的电磁波，不带电。

5. 下列哪些过程可以使原子核变为新的元素的核？

(1) 原子核吸收一个中子；　　(2) 原子核放出一个 α 粒子；

(3) 原子核放出一个 β 粒子；　　(4) 原子核吸收一个光子。

6. 若放射性元素 A、B 的半衰期分别是 4 d 和 5 d，则相同质量的 A、B 两种元素经 20 d 后剩下的质量之比为多少？

7. 完成下列核反应方程式，并注明反应类型。

(1) $^{232}U \longrightarrow {}^{228}Th +$ ________，这是________；

(2) $^{234}Th \longrightarrow {}^{234}Pa +$ ________，这是________；

(3) $^{2}H +$ ________ $\longrightarrow {}^{4}He + {}^{1}_{0}n$，这是________；

(4) $^{235}U + {}^{1}_{0}n \longrightarrow {}^{90}Sr + {}^{136}Xe +$ ________ $^{1}_{0}n$，这是________；

(5) $^{14}N +$ ________ $\longrightarrow {}^{16}O + {}^{1}H$，这是________。

*第14章　无机化学与生态环境

14.1　生命元素及其生物功能

自然界存在的94种元素中人体内就有81种。这些元素在人体内含量差异很大，功能各异。在活的有机体中，生物利用自身的控制系统，有选择地吸收其中部分元素来构成自身机体并维持生命。这些维持生命所必需的元素称为生命元素。

14.1.1　生命元素

1. 人体所含元素的分类

根据人体中元素的含量及作用不同，可将其按以下两种方式进行分类。

(1) 常量元素与微量元素。生命元素按在人体内的含量分为常量元素和微量元素。习惯上将含量高于0.01%的元素称为常量元素(macroelement，也称为宏量元素)，包括C、H、O、N、Ca、K、Na、Mg、P、S、Cl等11种元素，占人体总量的99.95%，其中C、H、O、N 4种元素总计占体重的96%～96.6%。而含量低于0.01%的元素称为微量元素(trace element，也称为痕量元素)，人体中含有的微量元素仅占人体总量的0.05%，但种类众多。

(2) 必需元素与有害元素。元素按其生理效应可分为必需元素、有害元素、尚未确定元素。必需元素有以下几类：一是生命过程中需要该元素参与，即该元素存在于所有健康组织中；二是具有主动摄入并调节其体内分布和水平的元素；三是存在于体内的生物活性化合物中的有关元素，缺乏该元素会引起生理变化。

常量元素都是人体必需元素，其中C、H、O、N、P、S 6种元素是蛋白质、核酸、糖类、脂类的成分，在生物体中起着非常关键的作用。Ca、K、Na、Mg、Cl则是血液和体液以及许多重要生化、代谢过程的必要组分。世界卫生组织确认的人体微量元素有Zn、Cu、Fe、Cr、Co、Mn、Mo、V、Ni、Sr、Sn、Se、I、F等14种。

有害元素指某些存在于生物体内，且会阻碍正常生理代谢和生理功能的微量元素。其中Cd、Hg、Pb为剧毒元素，Be、Ga、In、Ta、Ge、As、Sb、Bi为有害元素。

必需元素和有害元素之间并无明显界限，许多元素在一定浓度内对人体有益，超过一定浓度范围时就对人体有害。元素对人体是否有害还与元素的价态有关。例如，Fe^{2+}是形成具有载氧功能的血红蛋白的必需元素，其制剂可用于治疗缺铁性贫血，但是Fe^{3+}无此作用，Fe^{3+}摄入量过多可使血红蛋白失去载氧功能，使人窒息死亡。还有Ni^{2+}对心血管有益，但$Ni(CO)_4$可致癌；Cr^{3+}对人体有益，但CrO_4^{2-}为致癌物质。

2. 元素在生物体中的存在形态

元素在生物体中的存在形态大致可分为以下四种情况。

(1) 无机结构组织。Ca、F、P、Si和少量的Mg以难溶无机化合物形态存在于硬组织中，如SiO_2、$CaCO_3$、$Ca_{10}(PO_4)_6(OH)_2$等。

(2) 具有电化学功能和信息传递功能的离子。Na^+、Mg^{2+}、K^+、Ca^{2+}、Cl^-等分别以游离水合阳离子和阴离子形式存在于细胞内、外液中，两者之间维持一定的浓度梯度。

(3) 生物大分子。这里是指蛋白质、肽、核酸及类似物质等需要与金属元素(如 Mn、Mo、Fe、Cu、Co、Ni、Zn 等)结合的大分子,包括具有催化性能和储存、转换功能的各种酶。

(4) 小分子。属于这一类的元素一般有:F、Cl、Br、I、Cu 和 Fe 存在于抗生素中;Co、Cu、Fe、Mg、V 和 Ni 等存在于卟啉配合物中;As、Ca、Se、Si 和 V 等存在于其他小分子中。

总之,生命必需元素在生物体内的化学形态十分复杂,还有待进一步研究。

14.1.2　元素在人体中的生物功能

人体内必需元素的生物功能主要有以下几个方面。

(1) 组成人体组织。O、N、H、C、P、S 6 种元素组成蛋白质、脂肪、糖和核酸,Ca、P、Mg、F 是骨骼和牙齿的重要组成部分。

(2) 具有运载作用。金属粒子或它们所形成的一些配合物在物质的吸收、运输以及在体内的传递过程中担负着重要载体的作用。例如,铁与血红蛋白对 O_2 和 CO_2 有运输功能。

(3) 组成金属酶或酶的激活剂。人体内有 1/4 的酶的活性与金属有关,有的金属参与酶的固定组成并成为酶的活性中心,这样的酶称为金属酶,如胰羧肽酶、碳酸酐酶均含有锌;还有一些酶虽然组成上不含有金属,但只有在金属粒子存在时才能被激活,发挥其功能,这些酶称为金属激活酶,如 Mg^{2+} 对参与能量代谢的许多酶有激活作用,Mn 对脱羧酶都有激活作用。

(4) 具有"信使"作用。生物体需要不断地协调机体内各种生化过程,这就需要各种传递信息的系统。通过化学信号传递就是其中一种,人体最常见的化学信使就是 Ca^{2+}。

(5) 影响核酸的理化性质。金属离子可以通过酶的作用而影响核酸的复制、转移和翻录过程,同时金属离子对于维持核酸的双螺旋结构起着重要作用。

(6) 调节体液的理化性质。K^+、Na^+、Cl^- 等离子可以起到保持体液酸碱平衡和维持渗透压的作用。

(7) 参与激素的组成或影响激素功能。I 是甲状腺激素的必要成分,Zn 是构成胰岛素的成分,K、Na、Ca 能促进或刺激胰岛素的分泌,Mg 可阻断 Ca 的作用而减弱胰岛素的分泌,Cr 为胰岛素发挥作用所必需的微量元素。

膳食中长期缺乏某些矿物质会出现营养不良症状,如食物中缺 Fe,血液中的血红蛋白就变得不足,心肺运送到细胞的 O_2 也就减少,造成缺铁性贫血;缺 Ca 会得佝偻病和龋齿;缺 I 会导致地方性甲状腺肿,影响儿童智力等。微量元素对于人体必不可少,但当摄入过量时,会产生有害作用,引起机体发生各种功能障碍,可表现为急性中毒、慢性中毒、致癌和致畸等。表 14-1 列出了一些微量元素对人体的影响。

码 14.1　知识拓展

表 14-1　一些微量元素对人体的影响

微量元素	功　能	主要症状		食物来源
		缺乏时	过多时	
Ca	构成骨骼和牙齿,是血液凝结、心脏和肌肉收缩与弛缓、神经兴奋与传递、多种酶的激活及体内酸碱平衡调节等不可缺少的物质	骨骼、牙齿发育不良,凝血功能不正常,儿童出现佝偻病,中老年人易发骨质疏松、骨质增生等,还可造成神经和肌肉超应激性	造成神经传导和肌肉反应的减弱,使人对刺激无反应	乳及乳制品、豆腐或豆制品、排骨、虾皮、绿色蔬菜、海带等

续表

微量元素	功能	主要症状		食物来源
		缺乏时	过多时	
P	是人体骨骼、牙齿、细胞核蛋白及许多酶的重要成分。参与糖、脂肪的吸收与代谢,体内的能量转化,以高磷酸键储存能量,维持体内酸碱平衡	导致佝偻病和牙龈溢脓等疾患,还会使人虚弱、全身疲劳、肌肉酸痛、食欲缺乏	骨质疏松易碎,牙齿蛀蚀,各种钙缺乏症状日益明显,精神不振甚至崩溃,破坏其他矿物质平衡,高磷血症	瘦肉、蛋、鱼、禽、乳、动物肝脏、海带、花生、芝麻酱、坚果等
Fe	输送 O_2 和 CO_2	缺铁性贫血:乏力、头晕、心悸、指甲脆薄、食欲缺乏,儿童易烦躁、智力发育差	铁中毒:呕吐、腹泻、黑便、腹痛、胃肠炎、消化道出血	猪肝、肉类、蛋、豆类、绿色蔬菜、水果
Zn	是酶的成分或激活剂,与DNA、蛋白质的生物合成有关,影响味觉、食欲等	儿童生长发育停滞,脑垂体调节机能障碍、食欲缺乏、味嗅觉减退、皮肤干燥粗糙、脱发、创伤难愈等	头昏、呕吐、腹泻、发热	动物肝脏、牡蛎、肉、鱼、花生、玉米
I	是甲状腺素和胎儿神经发育的必需成分	甲状腺肿大、呆滞	甲状腺亢进,影响儿童智力	海带、紫菜等海产品,含碘盐
Se	保护细胞膜、抗衰老、提高机体免疫力、抗癌	克山病、大骨节病、易诱发癌症	精神错乱、肌肉萎缩、过量中毒致命	肝、肾、海产品、肉类、大豆
Cu	是许多酶的成分,可促进Fe的吸收	冠心病,影响骨骼生长,Cu代谢紊乱可诱发儿童抽风及智力低下	类风湿关节炎、肝硬化	肝、肾、瘦肉、硬果类、甲壳类等
Cr	Cr(Ⅲ)是胰岛素正常工作不可缺少的元素	动脉硬化、糖尿病、心血管病	肺癌、鼻膜穿孔	啤酒酵母、乳酪和肉制品
Co	维生素 B_{12} 的核心	贫血、心血管病	心脏病、红细胞增多	肝、瘦肉、奶、蛋、鱼
Mg	在蛋白质生物合成中必不可少	惊厥	麻木症	日常饮食
F	是骨骼和牙齿正常生长必需的元素,F^- 能抑制糖类转化成辅酸酶	龋齿	斑釉齿、骨骼生长异常,严重者瘫痪	饮用水、茶叶、鱼等

14.1.3 污染元素对人体健康的危害

在人体存在的众多元素中,除了那些维持生命所必需的元素——生命元素外,其余的元素是随着自然资源的开发利用和工业发展而进入环境的,它们通过大气、水源和食物等途径而侵入人体,成为人体中的污染元素。大部分污染元素为金属离子,它们在人体内的积累往往会干扰人们的正常代谢活动,对健康产生不良的影响,甚至引起病变。主要污染元素对人体的危害见表 14-2。

表 14-2　主要污染元素对人体的危害

元　素	危　害	最小致死量/10^{-6}
Be	致癌	4
Cr	损害肺,可能致癌	400
Ni	肺癌、鼻窦癌	180
Zn	胃癌	57
As	损害肝、肾及神经,致癌	40
Se	慢性关节炎、水肿等	3.5
Y	致癌	
Cd	气肿、肾炎、胃痛病、高血压,致癌	0.3～0.6
Hg	脑炎,损害中枢神经及肾脏	16
Pb	贫血,损害肾脏及神经	50

因此,治理环境污染、保障人类健康是当前世界各国十分重视的课题。

14.2　环境污染及其防治

人类的生产、生活在创造物质文明的同时,也破坏了生态环境,主要表现为排放了大量的废气、废水、废渣污染了环境;另外,超度用水、滥伐森林、破坏植被,使江湖枯竭、土地沙漠化。环境被污染的同时,还衍生出一系列不利于人类的环境效应,如温室效应、酸雨、臭氧层空洞等。这些都使人类的生存和发展面临严重的威胁。

14.2.1　大气污染

大气污染主要是指对流层(紧贴地面的大气层)的大气质量下降,直接威胁到人类的生产和生活。大气是多种气体的混合物,可分为恒定、可变和不定的组分。恒定组分是指大气中体积分数在地球表面任何地方几乎不变的 O_2(20.95%)、N_2(78.09%)、Ar(0.93%)及其他稀有气体组分;可变组分是指大气中的 CO_2 和水蒸气,它们的含量随季节、气象等变化而不同,一般情况下 CO_2 的含量为 0.02%～0.04% ,近年来上升到 0.33%,水蒸气的含量为 0～4%;不定组分包括自然灾害和人为原因造成的大气污染物及有毒气体,包括煤烟、尘埃、硫氧化物(SO_x)、氮氧化物(NO_x)、碳氧化物(CO、CO_2)等。大气中的有害气体和污染物达到一定浓度时,就会对人类和环境带来巨大灾难。

1. 大气污染的产生

据统计,全世界每年排入大气的污染物约有 6 亿吨。产生大气污染的污染源主要有以下三方面:工业污染源(如各类工厂排放的废气和粉尘)、交通污染源(如汽车、火车、飞机、船舶等排放的废气)、生活污染源(如家庭、商业服务部门等燃煤排放的烟尘和废气)。产生大气污染的主要污染物有两大类:一类是气态污染物(如二氧化硫、硫化氢、一氧化碳、二氧化碳、二氧化氮、氨、氯气等),另一类是颗粒态污染物(如烟、雾、粉尘等)。按照进入大气层的方式,直接由排放源进入大气中的(如一氧化碳、二氧化硫、硫化氢、碳氢化合物、氮氧化物和粉尘等)称为一次污染物;由一次污染物与大气中其他气体发生化学反应而产生的新污染物(如硫酸烟雾、光化学烟雾等)称为二次污染物。

2. 大气污染的危害

大气污染会对人类和其他生物造成很大的危害。由大气污染造成的公害,使人们认识到保护大气不受污染的重要性。

(1) 大气污染对人体健康的伤害。一是人体表面接触后受到伤害,二是食用含有大气污染物的食物和水中毒,三是吸入污染的空气后患上种种严重的疾病。各种大气污染物是通过多种途径进入人体的,对人体的影响又是多方面的,其危害也是极为严重的。

(2) 大气污染危害生物的生存和发育。一是使生物中毒或枯竭死亡,二是减缓生物的正常发育,三是降低生物对病虫害的抗御能力。

(3) 大气污染对物体的腐蚀。大气污染物对仪器、设备和建筑物等都有腐蚀作用。如金属建筑物出现的锈斑、古代文物的严重风化等。

(4) 大气污染对全球大气环境的影响。大气污染发展至今已超越国界,其危害遍及全球。一是臭氧层被破坏,二是酸雨腐蚀,三是全球气候变暖。

3. 我国大气污染的防治

目前在地球上已有100多种大气污染物被发现。大气污染物以大气为载体进行扩散,大气污染影响范围有局部污染、区域污染和全球污染。影响大气质量的因素是复杂多样的,而大气污染作为环境污染最严重的一部分,对人类的危害是最大的。

我国大气污染的情况十分严重。我国政府十分重视环境保护工作,制定了若干关于防治大气污染的法规。1982年颁布了《大气环境质量标准》,1988年6月开始实施《中华人民共和国大气污染防治法》,1995年在全国人民代表大会上通过了《关于修改〈中华人民共和国大气污染防治法〉的决定》,其重点是强化燃煤污染防治,规定不仅要防治由燃煤造成的污染,同时要控制二氧化硫及氮氧化物污染,遏止区域性的酸雨污染,加强机动车尾气排放管理,限制生产和使用含铅汽油,所有汽车都必须安装尾气净化装置等。必须大力开发使用洁净新能源,逐步减少石油化工燃料(煤、石油、天然气)的使用量,改变我国的能源结构,大力研究开发无污染生产工艺,禁止使用、排放有损臭氧层的化学品,植树造林,营造草地,防尘治沙,绿化环境。

14.2.2　水体污染

水与生命、人类健康的关系极为密切,是发展社会生产不可缺少的物质基础。

1. 水体污染的污染源

水体一般是指河流、湖泊、沼泽、水库、地下水、海洋。水体污染的原因有两种:一是自然的,二是人为的。由于雨水对各种矿石的溶解作用所产生的天然矿泉水,火山爆发和干旱地区的风蚀作用所产生的大量灰尘落到水体而引起的水体污染,属于自然污染。向水体排放大量未经处理的工业废水、生活污水和各种废弃物,造成水质恶化,这属于人为污染。人们常说的水体污染是指后一种。

水体污染是指排入水体的污染物质超过了水的自然净化能力(水的自然净化能力是指水体受到污染后,由于其本身的物理、化学性质和生物的作用,可使水体在一定时间内及一定的条件下逐渐恢复到原来的状态。水的自然净化能力包括稀释扩散、沉淀、氧化还原以及生物对有机物的分解等),使水的组成及其性质发生变化,从而使生物的生长条件恶化,鱼类的生长受到损害,人类生活和健康受到影响。人类活动造成的水体污染的污染源主要有三大类:工业污染源、农业污染源和城市污染源。

(1) 工业污染源。工业污染源主要有两个方面:一是工业废水,它是工业污染源引起水体污染的最重要又普遍的原因，占工业污染源排出的污染物的大部分；二是废气和固体废弃物引起的水体污染。在人类活动造成的水体污染中，工业引起的水体污染最严重、最复杂，问题也最多。工业废水面广、量大、含污染物多、成分复杂，在水中不易净化，处理也比较困难。

(2) 农业污染源。农业污染源主要有两个方面：一是间接污染源，地表径流会增加水中的悬浮物，同时会造成土壤中的化肥和其他有机物流失，污染水体；二是直接污染源，随着农药、化肥使用量的增加，绝大部分化学品会残留在土壤中，通过降雨，随地表径流进入水体和通过垂直淋溶进入地下水，形成污染。

(3) 城市污染源。随着人口在城市的集中，城市生活污水、垃圾和废气已成为引起水体污染的另一个重要污染源。城市污水一般是指排入城市污水管网的各种污水，有生活污水，也有一定量的各种工业废水，此外还有直接倾倒进入水体的各种生活垃圾。汽车和其他交通工具排放的尾气中的污染物降落在地表随同降雨流入河流也会污染水体。

世界上的水体污染是十分严重的，水体污染对人体健康、渔业、农业以及交通运输都有相当严重的危害，所以必须高度重视。

2. 水体污染的防治措施

水体污染的防治措施大体有以下几个方面。

1) 加强水资源的管理

一般把水资源分成三种类别来管理。第一类是饮用水水源和风景游览区用水，它们对水质的要求较高，严禁有害物质污染；第二类是渔业和农业用水，要不妨碍动植物的生长发育，有害物质在动植物体内的含量不致影响人们的食用标准；第三类是工业用水，要满足生产对水质的要求。根据这些不同用途，许多国家都制定各种不同的水质标准，促使每个排放废水的工厂严格按照规定的标准排放。

2) 减少有毒有害物质的排放量

这是解决水体污染的重要措施。一是改造工艺，少用甚至不用有毒物质，少用水甚至不用水。例如，电镀行业若采用无氰电镀，废水中的有毒物质就大大减少了。据报道，美国正在研究用空气干法造纸代替水法造纸。二是消灭生产设备和管道的“跑冒滴漏”。加强设备管理，健全各种规章制度，提高设备完好率。三是开展综合利用，把废水中有用的成分提取出来，变害为利。另外，工厂和工厂之间相互套用废水，比如印染厂的高浓度含碱废水可以用作造纸厂的碱液，这也是减少污染的一个办法。

3) 水的重复利用

工业用水中相当大的一部分是冷却水，一般占总用水量的 70%以上，炼油厂的冷却水占总用水量的 90%以上。间接冷却水对水质要求较高，但不直接接触物料，所以采取措施降低水温即可重复用到生产中去。要做到重复利用，首先要把废水中的冷却水和有害污水分开，实行“清污分流”，冷却水循环使用。这样有害废水的量可大大减少，也便于净化处理。

4) 废水的净化处理

净化处理的目的是把废水中的有毒、有害物质以某种形式分离出来，或者将其转化为无害和稳定的物质。工业废水种类多，成分复杂，不同的物质混合在一起又会产生新的物质，因此一般采用厂内分别处理，不宜采用集中处理的办法。废水净化处理的技术有物理处理法、化学处理法、生物处理法等。在实际应用中，这几种方法往往被综合利用。

(1) 物理处理法，也称为机械处理法。根据废水和废水中所含污染物（固态或液态）的密度不同，采用沉沙池、沉淀池、隔离池、浮选池和滤池等设施，通过沉淀、过滤、吸附和浮选，将水中悬浮物、胶体物和油类等污染物分离出来,从而使废水得到初步净化。

(2) 化学处理法。利用化学手段,消除废水中有毒、有害物质或将其转化为有用产品。以中和法、混凝法、氧化还原法和离子交换法等较为常用。

(3) 生物处理法。利用微生物的生命活动(生物化学作用),将复杂的有机物分解为简单的物质,将有害物质转化为无毒物质。在此代谢过程中,一部分物质用于合成细胞原生质和储藏物,另一部分变为代谢产物,并释放能量,以供给微生物的原生质合成和生命活动,促进微生物的不断生长繁殖,使废水得到净化。

14.2.3　土壤污染

1. 土壤污染的产生

土壤中存在大量的有机、无机胶体和微生物,土壤具有一定的净化能力,进入土壤的污染物质通过土壤物理、化学和生物等过程,可不断被吸附、分解、转化、迁移。但当进入土壤的污染物质数量和速度超过土壤的自然净化能力时,污染物在土壤中积累,从而改变土壤的组成、性质和功能。施用的大量肥料和农药、人类生产生活产生的废水和废渣是土壤污染的主要污染物。大气、水体中的污染物迁移进入土壤(如空气中的 SO_2 转化为硫酸盐、NO 和 NO_2 转化为硝酸盐),汽车尾气中的铅、冶炼厂污水中的重金属等最终沉积在土壤中,都可造成土壤污染。由于人们耕作不合理或过度采挖造成植被被破坏,以及风的侵蚀,使土壤逐渐沙化,也是目前较为严重的一类土壤污染。另外,由于自然条件某一地区形成某些元素的富集中心,使附近土壤中这些元素含量超出正常范围。

上述各种污染物进入土壤以后,便与土壤中的某些物质发生一系列反应,从而使污染物在土壤中被转化、迁移或固定。土壤的自然净化能力是有限的、相对的、不稳定的,当土壤环境条件如 pH 值等发生改变时,被吸附或沉淀的固体污染物又会重新脱附或溶解进入土壤,造成污染。土壤一经污染,就会危害农作物的正常生长发育,同时会通过食物链影响人类健康。

2. 土壤污染的防治

土壤污染的防治要以"防"为主,首先是控制污染途径和消除污染源,同时对已污染的土壤采取措施促进土壤的自然净化能力,清除污染物;然后采取措施控制污染物的迁移、转化,以免对大气、水体生物造成污染,特别是污染物不能进入食物链而影响人体健康。具体的措施有以下几个方面。

1) 实行污染总量控制

(1) 控制"三废"排放,对要排放的垃圾废物和废水进行回收、净化处理,控制排放量和浓度,使之符合排放标准;

(2) 控制化学农药的使用,大力推广使用高效、低毒的生物农药,科学使用化学农药,控制使用范围、时间、用量和次数,禁止使用国家已明文规定停止使用的农药,尽可能减少有毒农药的使用;

(3) 合理施用化学肥料,针对土壤状况科学施肥,经济用肥,避免施肥过多造成土壤污染,对本身有一定毒性的肥料,要严格控制使用范围和用量;

(4) 防治农田白色污染,加强对废塑料制品的回收和再加工利用,尽量采用生物可降解农膜,减轻农田残留负担。

2) 防治土壤重金属污染

(1) 利用植物吸收去除重金属,对重金属污染比较严重的土壤,不能继续种植农作物,以免进入食物链；

(2) 对于重金属轻度污染的土壤可施加抑制剂，如石灰、碱性磷酸盐等，提高土壤 pH 值，使 Cd、Cu、Zn、Hg 等形成碳酸盐或氢氧化物沉淀，降低其活性；

(3) 重金属离子的转化迁移与土壤的氧化还原作用有关，控制好土壤的氧化还原条件，可有效地减少重金属的危害；

(4) 对于污染严重的土壤，在面积不大时可采用深翻、深埋方法，或者用无污染的土壤盖于污染土壤上，可获得良好的改良效果；

(5) 改变耕作制，种植不同植物，改变土壤环境条件，可减轻某些污染物的毒害。

3) 增加土壤容量，提高土壤自然净化能力

增加有机质和黏土矿物数量，增加土壤对污染物的容量；改善土壤的微生物环境条件，增强土壤的生物降解能力，以提高土壤的自然净化能力。

14.2.4 放射性污染及其防护

在自然资源中存在着一些放射性核素，能自发地放射出某些特殊射线，这些射线具有很强的穿透性，如 U、Th 以及自然界中含量丰富的 ^{40}K 等都是具有放射性的物质。放射性核素进入环境后，会对环境及人体造成危害，成为放射性污染物。放射性污染物的每一种放射性核素具有一定的半衰期，在其放射性自然衰变的时间里，会放射出具有一定能量的射线，持续地产生危害作用。除了进行核反应之外，目前，采用任何化学、物理或生物的方法都无法有效地破坏这些核素，以改变其放射的特性。放射性污染物所造成的危害，在有些情况下并不能立即显示出来，而是经过一段潜伏期后才显现出来。因此，对放射性污染物的治理不同于其他污染物的治理。

放射性污染物主要是通过射线的照射危害生物体的，射线具有的电离能力可以使细胞受到破坏。人体受过量放射性物质辐射后，就会引起辐射病。其中反应敏感的是骨髓的造血组织，最初的症状是白细胞降低，免疫力下降，血液系统的血小板、红细胞减少，病状是容易出血和贫血。照射剂量很大时，可使造血、胃肠、中枢神经迅速衰竭，在几分钟到几周内死亡。照射剂量较小但时间较长的放射性照射，可能经过长时间后才被发觉，最后导致患白血病、癌症，还可能影响生育和致使遗传基因的突变。造成危害的射线主要有 α 射线、β 射线和 γ 射线。α 粒子穿透力较小，在空气中易被吸收，外照射对人的伤害不大，但其电离能力强，进入人体后会因内照射造成较大的伤害。β 射线是带负电的电子流，穿透能力较强。γ 射线是波长很短的电磁波，穿透能力极强，对人的危害最大。

1. 放射性污染的来源

人们所受到的辐射源主要来自两个方面。

1) 天然辐射源

一是地球上的天然辐射源，其中最主要的是铀(^{235}U)、钍(^{232}Th)核素以及钾(^{40}K)、碳(^{14}C)和氚(^{3}H)等；二是宇宙间高能粒子构成的宇宙射线，以及在这些粒子进入大气层后与大气中的 O、N 原子核碰撞产生的次级宇宙射线。天然辐射源是自然界中天然存在的辐射源，人类从诞生起就一直生活在这种天然的辐射之中，并已适应了这种辐射。天然辐射源所产生的总辐射水平称为天然放射性本底，它是判断环境是否受到放射性污染的基本标准。

2) 人工辐射源

人工辐射源主要包括以下几种。

(1) 核爆炸的沉降物。在大气层进行核试验时,爆炸高温体放射性核素变为气态物质,伴随着爆炸时产生的大量赤热气体,蒸气携带着弹壳碎片、地面物升上高空。在上升过程中,随着与空气不断混合,温度逐渐降低,气态物质凝聚成粒或附着在其他尘粒上,并随着蘑菇状烟云扩散,最后这些颗粒都将回落到地面。沉降下来的颗粒物带有放射性,这些颗粒物称为放射性沉降物(或沉降灰)。放射性沉降物除了落到爆区附近外,还可随风扩散到其他地区,造成对地表、海洋、人及动植物的污染。细小的放射性沉降物甚至可到达平流层并随大气环流流动,经很长时间(甚至几年)才能回落到对流层,造成全球性污染。

(2) 核工业过程的排放物。核能应用于动力工业,构成核工业的主体。核工业的废水、废气、废渣的排放是造成环境放射性污染的一个重要原因。核燃料的生产、使用及回收形成核燃料的循环,在这个循环过程中的每一个环节都会排放种类、数量不同的放射性污染物,对环境造成程度不同的污染。

(3) 其他方面的污染源。医疗照射的射线和某些用于控制、分析、测试的设备使用了放射性物质,对职业操作人员会产生辐射危害。

2. 放射性污染的防治

在放射性污染的人工辐射源中,医用射线及放射性同位素产生的射线主要是通过外照射危害人体,对此应加以防护。而在核工业生产过程中排出的放射性废物,也会通过不同途径危害人体,对这些放射性废物必须加以处理与处置。为加强对放射性同位素、射线装置安全和防护的监督管理,促进放射性同位素、射线装置的安全应用,保障人体健康,保护环境,国务院于2005年发布并实行《放射性同位素与射线装置安全和防护条例》。该条例规定,在中华人民共和国境内生产、销售、使用放射性同位素和射线装置,以及转让、进出口放射性同位素的,应当遵守本条例。国务院环境保护主管部门对全国放射性同位素、射线装置的安全和防护工作实施统一监督管理。同时,国家对放射源和射线装置实行分类管理。根据放射源、射线装置对人体健康和环境的潜在危害程度,从高到低将放射源分为Ⅰ类、Ⅱ类、Ⅲ类、Ⅳ类、Ⅴ类,具体分类办法由国务院环境保护主管部门制定。

1) 辐射防护

辐射防护的目的主要是减少射线对人体的照射。人体接受的照射剂量除与源强有关外,还与受照射的时间及与距辐射源的距离有关。源强越强,受照时间越长,距辐射源越近,受照量越大。为了尽量减少射线对人体的照射,应使人体远离辐射源,并缩短受照时间。在采用这些方法受到限制时,常用屏蔽的办法,即在放射源与人之间放置一种合适的屏蔽材料,利用屏蔽材料对射线的吸收降低外照射剂量。

2) 放射性废物的处理与处置

对放射性废物中的放射性物质,现在还没有有效的办法将其破坏,以使其放射性消失。因此,目前只是利用放射性自然衰减的特性,采用在较长的时间内将其封闭,使放射强度逐渐减弱的方法,达到消除放射污染的目的。例如,对于放射性废液的处理与处置通常采用共沉淀法、离子交换法和蒸发法等浓缩处理后,用专门容器储存或经固化处理后埋藏。对中、低放射性废液可用水泥、沥青固化,对高放射性的废液可采用玻璃固化。固化物可深埋于地下,使其自然衰变。

14.3　化学工业"三废"的治理

改革开放以来，我国化学工业发展很快，但环境污染问题也越来越严重。化工厂在生产过程中排放的大量废气、废水、废渣(通常称为"三废")是重要的污染物，若不加以治理，直接向外界排放，则会严重污染环境，有害于人类及其他生物的正常生存和持续发展。

14.3.1　化学工业"三废"的来源

化工生产过程的尾气是空气污染物的主要来源。例如，H_2SO_4生产过程中，SO_2的转化率一般为96%～98%，剩余的SO_2及少量的SO_3酸雾随着吸收塔尾气的排放进入大气，一般在0.3%～0.8%。又如制备、再生催化剂的过程中，往往把含有Hg、Mn、Cd、V等金属化合物的粉尘排入大气。

化工生产用水量较多。冶金、电镀、无机酸等工业废水大多以无机污染物为主，石油化工、皮革、制药、塑料、食品等工业废水大多以有机污染物为主。化工过程如水洗、酸洗、碱洗、溶剂处理排出的废液，甚至冷却水(大多含防腐剂、杀藻剂如铬酸盐、磷酸盐等)，若不经过处理直接排放到水域或地下，危害就更大了。如硫酸厂水洗净化流程每生产1 t硫酸需排放10～15 t污水，污水中除含硫酸外，还含砷($2\sim30\ mg\cdot L^{-1}$)、氟($10\sim100\ mg\cdot L^{-1}$)的化合物。

化工生产使用的矿物原料、燃料，熔烧后的矿渣、炉渣，若乱排放，日久也会污染土壤、水系。例如，硫酸厂每生产1 t硫酸一般要排放出0.7～1 t的炉渣。至于有些化工厂，把尚无法利用的副产品也作为废气物排放，问题就更多了。

14.3.2　化工污染的防治

环境污染对人类及其他生物的健康危害，主要有急性危害、慢性危害、远期危害。为了防止环境污染，我国已经公布了环境保护法，并对各种不同工厂分别制定了污染物排放标准。在新厂建设时，对于防止污染的设施必须与主体工程同时设计、同时施工、同时投产；已经投产的工厂应采取积极的治理措施，使各项有害物质的排放尽快达到国家规定的标准。

化工污染的防治可以从以下几个方面进行。

1. 控制污染源

选择合理的工艺，将"三废"消灭于生产过程中。

(1) 改变工艺路线和生产方法，以减少"三废"的污染。例如，用乙炔为原料生产氯乙烯，需要用氯化汞做催化剂；电解食盐制烧碱时，采用汞阴极电解槽，这些显然都会造成汞的污染。现采用乙烯氧氯化法生产氯乙烯。如烧碱厂废除汞阴极电解槽，则汞污染源将会被消除。

(2) 改进操作条件和设备，使污染源得以控制。例如，在使用冷却水时，用间接冷却法代替直接冷却法，以避免水与污染物的直接接触，这样可减少废水排放量。

(3) 淘汰有毒产品，尽量生产无污染或污染少的产品。例如，开发高效、无毒或低毒的新农药，以代替传统的高毒性、易污染的旧农药。

2. 采用封闭循环工艺和综合利用

封闭循环是将生产系统的排放物质经过一定处理步骤后，重新送回系统，从而形成一个循环系统，使排放物中所带的未反应物或中间产物又回到系统，再次被利用。这种工艺不仅可以避免污染，还能减少或杜绝物料的浪费。我国化工专家侯德榜创立的联合制碱法就是一个封闭循环工艺。

物料的综合利用是减少污染物排放的有效方法,综合利用即在化工生产中某厂的废料是另一个厂的原料。如硫酸厂的废渣可作为高炉炼铁厂的原料,湿法磷酸厂的废磷石膏是生产硫酸或水泥的原料等。

3."三废"的处理

对于实在无法回收的废弃物,按照气、水、渣分别采取不同的处理方法。

1) 废气的处理

废气的处理大致可分为两类:一是废气中悬浮物的除去;二是废气中各种有害气体的除去。对于废气中各种固、液颗粒的除去,处理方法一般根据颗粒的大小及对颗粒作用力的不同分为机械除尘、过滤除尘、静电除尘和洗涤除尘等。对于废气中有害气态物质,必须根据它们的物理或化学性质的不同而采取不同的处理方法。采取有效的治理措施,严格控制化工废气的达标排放;同时合理制定或调整生产布局;开发使用清洁能源;改革生产工艺和设备,调整产业结构;净化与回收废气,开展综合利用,如从焦炉废气中回收利用焦炉煤气,从烟道中回收硫资源,从磷肥厂含氟废气中制取冰晶石、氧化铝等。

2) 废水的处理

化工废水处理的目的是将废水中的有害、有毒物质加以分离,另行处理或回收利用,或者使有毒物质改性变成无毒或低毒的物质。化工废水处理方法很多,根据作用原理可分为四类:物理法、化学法、物理化学法、生物法。

物理法是先决环节,主要是根据污水中所含污染物(固态或液态)的相对密度不同,通过重力分离、过滤、吸附或浮选等方法使污水得到处理。

化学法是利用污水中所含溶解物质或胶体物质能与其他物质发生反应,使它们从污水中分离出去,或将其转化为有用产品以达到净化的目的。化学法一般有中和法(如硫酸用石灰中和、碱用酸中和等)、化学沉淀法(如向含汞废水中加入Na_2S或通入H_2S,都会生成HgS沉淀而除去汞化合物)、氧化还原法(如用液氯或NaClO、$KMnO_4$除去废水中的酚,当pH值为5~6时,脱酚率达99%以上)等。

物理化学法通常有吸附、离子交换、膜分离、萃取、气提法等。例如,处理镀铬废水,先使用阴、阳离子交换树脂处理,再用化学药物洗脱和再生。

生物法是利用微生物的作用来处理污水,使水中有机污染物转化为无害物质。例如,好氧微生物可将污水中有机物氧化分解为CO_2、H_2O、NO_3^-、PO_4^{3-}、SO_4^{2-}等使水净化;厌氧微生物可在水中没有溶解氧的情况下,将有机物分解为CH_4、CO_2、N_2等。

3) 废渣的处理

废渣处理方法要根据其成分、含量而定。例如,用黄铁矿生产硫酸,焙烧黄铁矿所剩的废渣主要为氧化铁和残余的硫化亚铁(含铁45%~47%),还有少量Cu、Pb、Zn、As和微量元素Co、Se、Ga、Ag、Au等化合物,可作为炼铁原料、生产水泥的助熔剂,另外,还可提取其中贵重有色金属,制砖,铺路等。

14.4 绿色化学

14.4.1 绿色化学的产生

绿色化学又称为环境友好化学(environmentally friendly chemistry)、环境无害化学

(environmentally benign chemistry)、清洁化学(clean chemistry)。绿色化学是当今国际化学学科研究的前沿。绿色化学吸收了当代物理、生物、材料、信息等学科的最新理论和技术,是具有明确的科学目标和社会需求的新兴交叉学科。绿色化学的目标是:化学过程不产生污染,将污染消除于其产生之前。绿色化学是一种从源头上治理污染的方法,是治本的方法。因此,绿色化学致力于研究经济技术上可行的、对环境不产生污染的、对人类无害的化学品的设计、制造和使用及化学过程的设计和应用。绿色化学的基本思想可应用于化学化工的所有领域,既可对一个总过程进行全面的绿色化学设计,也可对一系列过程中某些单元操作进行绿色化学设计或对化学品进行绿色化学设计。

绿色化学是利用化学来预防污染,不让污染产生。从科学观点来看,绿色化学是对传统化学思维方式的更新和发展,从环境友好、经济可行的绿色化学产品的设计出发,发展对环境友好、符合原子经济性的原料化学,提高化学反应的产率和选择性,或从新的原料出发,发展原子经济性的、高选择性的新反应来完成绿色目标产物的合成;从经济观点来看,绿色化学是合理利用资源和能源,降低生产成本,符合经济可持续性发展的需求;从环境观点来看,绿色化学提供从源头上消除污染的原理和方法,把现有化学和化工生产的技术路线从"先污染、后治理"改变为"不产生污染,从源头上根除污染"。

14.4.2　绿色化学的 12 条原则

绿色化学作为一门新兴的多学科交叉渗透的学科,已成为目前化学研究的热点和前沿,是 21 世纪化学发展的重要方向。Anastas P. T. 和 Warner J. C. 提出绿色化学研究的 12 项原则,概括了这一领域的研究内容和未来发展的方向:

(1) 从源头防止废物的产生,而不是产生后再来处理;

(2) 合成方法应设计成能将所有的起始物质嵌入最终产物中;

(3) 只要可能,反应中使用和生成的物质应对人类健康和环境无毒或毒性很小;

(4) 设计的化学产品应在保护原有功效的同时尽量使其无毒或毒性很小;

(5) 尽量不使用辅助性物质(如溶剂、分离试剂等),如果一定要用,也应使用无毒物质;

(6) 能量消耗越小越好,从环境和经济方面考虑应能接受;

(7) 只要技术上和经济上可行,使用的原材料应是能再生的;

(8) 应尽量避免不必要的衍生过程(如基团的保护、物理与化学过程的临时性修改等);

(9) 尽量使用选择性高的催化剂,而不是提高反应物的配料比;

(10) 设计化学产品时,应考虑当该物质完成自己的功能后,不再滞留于环境中,而可降解为无毒的产品;

(11) 分析方法也需要进一步研究开发,使之能做到实时、现场监控,以防有害物质的形成;

(12) 对于化学过程中使用的物质或物质的形态,应考虑尽量减少实验事故的潜在危险,如气体释放、爆炸和着火等。

这些原则主要体现了要充分关注环境的友好和安全、能源的节约、生产的安全性等问题,它们对绿色化学而言是十分重要的。在实施化学生产的过程中,应充分考虑以上原则。

14.4.3　绿色化学的中心内容

绿色化学研究的中心内容是化学反应及其产物,它们应具有以下特点:

(1) 原料绿色化,即采用无毒、无害的可再生原料,如淀粉、纤维素等生物质;

(2) 反应介质绿色化,即在无毒无害的反应条件(催化剂、溶剂)下进行,探索新的反应条件,如超临界流体;

(3) 化学反应绿色化,即具有“原子经济性”,反应具有高选择性,极少副产品,甚至实现“零排放”,需要改变原有的合成路线、合成方法;

(4) 产品的绿色化,即产品应是环境友好的,对人体是健康的。

此外,它还应满足物美价廉的传统标准。因此,绿色化学可以看作进入成熟期的更高层次的化学。绿色化学研究的内容蕴藏在化工过程的四个基本要素中,即目标分子或最终产品、原材料或起始物、转换反应试剂及反应条件。评价一个化工过程是否符合绿色化学的要求,需要将它们联系起来整体考虑。

为了研究与开发石油化工、精细化工、生物化工、环境化工的绿色技术,就需要加快绿色化学基础理论的研究,迅速发展可用于各种化工生产和环境治理的绿色技术。

用绿色化学原理重新审视、改造现有的工业化学的同时,为满足人类对新生物物质、新功能物质和新材料的日益增长的需求,还应积极研究新的绿色化学合成途径和合成技术。如电化学是合成新药物和其他有机物的有效手段;无机水热合成法条件温和,污染少,可用于合成新型分子筛和其他环境友好催化剂。充分利用原材料和能源、各生产环节无污染的反应途径和工艺也是绿色化学化工研究的内容。

习　题

1. 简述环境污染的主要来源。
2. 当前人类面临哪些重大环境问题?
3. 如何解决化学对人类社会的贡献与环境和生态破坏的矛盾?
4. 你的家乡或生活环境存在哪些环境污染问题? 你认为应该如何处理?

附　　录

附录 A　本书常用量和单位的符号

符号	量	单位
S	溶解度	
p	压力	Pa
V	体积	m^3、L
A_r	相对原子质量	
M_r	相对分子质量	
M	摩尔质量	$g \cdot mol^{-1}$
V_m	摩尔体积	$L \cdot mol^{-1}$
n	物质的量	mol
R	摩尔气体常数	$Pa \cdot L \cdot mol^{-1} \cdot K^{-1}$
T	热力学温度、绝对温度	K
t	摄氏温度	℃
x_B	物质 B 的摩尔分数	
p_B	气体 B 的分压	Pa
V_B	气体 B 的分体积	m^3、L
c_B	物质 B 的物质的量浓度	$mol \cdot L^{-1}$
ξ	反应进度	mol
k	反应速率常数	
ν_B	物质 B 的化学计量数	
$p^\ominus$	标准压力	100 kPa
U	热力学能	kJ
ΔU	热力学能变	kJ
W	功	kJ
Q	热	kJ
H	焓	kJ
$\Delta_r H_m^\ominus$	标准摩尔反应焓变	$kJ \cdot mol^{-1}$
$\Delta_f H_m^\ominus$	标准生成焓	$kJ \cdot mol^{-1}$
Q_p	恒压反应热	$kJ \cdot mol^{-1}$
$\Delta_r G_m^\ominus$	标准摩尔吉布斯自由能变	$kJ \cdot mol^{-1}$
$\Delta_f G_m^\ominus$	标准摩尔生成自由能	$kJ \cdot mol^{-1}$
$\Delta_r S_m^\ominus$	标准摩尔反应熵变	$J \cdot mol^{-1} \cdot K^{-1}$
E_a	活化能	$kJ \cdot mol^{-1}$
K_p	分压平衡常数	
K_c	浓度平衡常数	

续表

符号	量	单位
$K^{\ominus}$	标准平衡常数	
$K_{i}^{\ominus}$	标准离解常数	
$K_{w}^{\ominus}$	水的离子积常数	
$K_{sp}^{\ominus}$	溶度积常数	
$K_{f}^{\ominus}$	配离子稳定常数	
$K_{d}^{\ominus}$	配离子的不稳定常数	
J	反应商	
α	离解度	
$\varphi^{\ominus}$(电对)	标准电极电势	V

附录B　SI单位和我国法定计量单位

表 B-1　SI 基本单位

量的名称	单位名称	单位符号
长度	米	m
质量	千克或公斤	kg
时间	秒	s
电流	安[培]	A
热力学温度	开[尔文]	K
物质的量	摩[尔]	mol
发光强度	坎[德拉]	cd

表 B-2　SI 导出单位(摘录)

量的名称	单位名称	单位符号
平面角	弧度	rad
立体角	球面度	sr
频率	赫[兹]	Hz
力	牛[顿]	N
压力、压强、应力	帕[斯卡]	Pa
能[量]、功、热量	焦[耳]	J
电荷[量]	库[仑]	C
电位、电压、电动势	伏[特]	V
摄氏温度	摄氏度	℃
电阻	欧[姆]	Ω
电导	西[门子]	S

表 B-3　与国际单位制并用的我国法定计量单位

量的名称	单位名称	单位符号
时间	分、[小]时、日	min、h、d

续表

量的名称	单位名称	单位符号
质量	吨	t
	原子质量单位	u
体积	升	L或l
能	电子伏	eV

表 B-4　SI 词头(摘录)

因数	词头名称	符号
10^{24}	尧[它](yotta)	Y
10^{21}	泽[它](zetta)	Z
10^{18}	艾[可萨](exa)	E
10^{15}	拍[它](peta)	P
10^{12}	太[拉](tera)	T
10^{9}	吉[咖](giga)	G
10^{6}	兆(mega)	M
10^{3}	千(kilo)	k
10^{2}	百(hecto)	h
10^{-1}	分(deci)	d
10^{-2}	厘(centi)	c
10^{-3}	毫(milli)	m
10^{-6}	微(micro)	μ
10^{-9}	纳[诺](nano)	n
10^{-12}	皮[可](pico)	p
10^{-15}	飞[母托](femto)	f
10^{-18}	阿[托](atto)	a
10^{-21}	仄[普托](zepto)	z
10^{-24}	幺[科托](yocto)	y

注:[]内的字,是在不致混淆的情况下,可以省略的字。

附录C　一些基本的物理常量

物理量	符号	国际单位数值
电子电荷	e	$1.602\ 189\ 2\times10^{-19}$ C
阿伏伽德罗(Avogadro)常数	N_A	$6.022\ 045\times10^{23}\ \mathrm{mol^{-1}}$
摩尔气体常数	R	$8.314\ 4\ \mathrm{J\cdot mol^{-1}\cdot K^{-1}}$
标准压力和温度	$p^{\ominus}$和T_0	100 kPa 和 273.15 K
理想气体的标准摩尔体积	$V_m^{\ominus}$	$2.241\ 383\times10^{-2}\ \mathrm{m^3\cdot mol^{-1}}$
普朗克(Planck)常量	h	$6.626\ 176\times10^{-34}\ \mathrm{J\cdot s}$
法拉第(Faraday)常数	F	$9.648\ 456\times10^{4}\ \mathrm{C\cdot mol^{-1}}$

附录D 标准热力学数据(298.15 K,100 kPa)

物质(状态)	$\Delta_f H_m^\ominus$ / kJ·mol^{-1}	$\Delta_f G_m^\ominus$ / kJ·mol^{-1}	$S_m^\ominus$ / J·mol^{-1}·K^{-1}
Ag(s)	0	0	42.55
AgCl(s)	−127.068	−109.789	96.2
AgBr(s)	−100.37	−96.90	107.1
AgI(s)	−61.84	−66.19	115.5
Ag_2O(s)	−31.0	−11.2	121.3
Al(s)	0	0	28.33
Al_2O_3(α,刚玉)	−1 675.7	−1 582.3	50.92
Br_2(l)	0	0	152.231
Br_2(g)	30.907	3.110	245.463
HBr(g)	−36.4	−53.45	198.695
CaF_2(s)	−1 219.6	−1 167.3	68.87
$CaCl_2$(s)	−795.8	−748.1	104.6
CaO(s)	−635.09	−604.03	39.75
$CaCO_3$(方解石)	−1 206.92	−1 128.79	92.9
$Ca(OH)_2$(s)	−986.09	−898.49	83.39
C(石墨)	0	0	5.740
C(金刚石)	1.895	2.900	2.377
CO(g)	−110.525	−137.168	197.674
CO_2(g)	−393.51	−394.359	213.74
Cl_2(g)	0	0	223.066
HCl(g)	−92.307	−95.299	186.908
Cu(s)	0	0	33.150
CuO(s)	−157.3	−129.7	42.63
Cu_2O(s)	−168.6	−146.0	93.14
CuS(s)	−53.1	−53.6	66.5
Cu_2S(s)	−79.5	−86.2	120.9
F_2(g)	0	0	202.78
HF(g)	−271.1	−273.2	173.779
Fe(s)	0	0	27.28
$FeCl_2$(s)	−341.79	−302.30	117.95
$FeCl_3$(s)	−399.49	−334.00	142.3
Fe_2O_3(赤铁矿)	−824.2	−742.2	87.40
Fe_3O_4(磁铁矿)	−1 118.4	−1 015.4	146.4
FeS(s)	−100.0	−100.4	60.29
$FeSO_4$(s)	−928.4	−820.8	107.5
H_2(g)	0	0	130.684
H_2O(l)	−285.830	−237.129	69.91
H_2O(g)	−241.818	−228.572	188.825
H_2O_2(l)	−187.78	−120.35	109.6
HgO(红,斜方晶形)	−90.83	−58.539	70.29
I_2(s)	0	0	116.135
I_2(g)	62.438	19.327	260.69

续表

物质(状态)	$\Delta_f H_m^\ominus$ / $kJ \cdot mol^{-1}$	$\Delta_f G_m^\ominus$ / $kJ \cdot mol^{-1}$	$S_m^\ominus$ / $J \cdot mol^{-1} \cdot K^{-1}$
HI(g)	26.48	1.70	206.594
MnO_2(s)	−520.03	−465.14	53.05
NaOH(s)	−425.609	−379.494	64.455
Na_2SO_4(s)	−1 387.08	−1 270.16	149.58
Na_2CO_3(s)	−1 130.68	−1 044.44	134.98
$NaHCO_3$(s)	−950.81	−851.0	101.7
N_2(g)	0	0	191.61
N_2O(g)	82.05	104.20	219.85
NO(g)	90.25	86.55	210.761
NH_3(g)	−46.11	−16.45	192.45
N_2H_4(l)	50.63	149.34	121.21
NO_2(g)	33.18	51.31	240.06
N_2O_4(g)	9.16	97.89	304.29
HNO_3(l)	−174.10	−80.71	155.60
NH_4NO_3(s)	−365.56	−183.87	151.08
NH_4Cl(s)	−314.43	−202.87	94.6
NH_4HS(s)	−156.9	−50.5	97.5
O_2(g)	0	0	205.138
O_3(g)	142.7	163.2	238.93
P(白磷)	0	0	41.09
P(红磷)	−17.6	−121	22.80
PCl_3(g)	−287.0	−267.8	311.78
PCl_5(g)	−374.9	−305.0	364.58
H_2S(g)	−20.63	−33.56	205.79
SO_2(g)	−296.830	−300.194	248.22
SO_3(g)	−395.72	−371.06	256.76
Si(s)	0	0	18.83
$SiCl_4$(l)	−687.0	−619.84	239.7
$SiCl_4$(g)	−657.01	−616.98	330.73
SiF_4(g)	−1 614.94	−1 572.65	282.49
SiO_2(石英)	−910.94	−856.64	41.84
SiO_2(无定形)	−903.49	−850.70	46.9
Sn(s,白)	0	0	51.55
Sn(s,灰)	−2.09	0.13	44.14
SnO_2(s)	−580.7	−519.6	52.3
Zn(s)	0	0	41.63
$ZnCl_2$(s)	−415.05	−369.398	111.46
ZnO(s)	−348.28	−318.30	43.64
$Zn(OH)_2$(s,β)	−641.91	−553.52	81.2
CH_4(g)	−74.81	−50.72	186.264
C_2H_6(g)	−84.68	−32.82	229.60
C_2H_2(g)	226.73	209.20	200.94
CH_3COOH(l)	−484.5	−389.9	159.8
C_2H_5OH(l)	−277.69	−174.78	160.7

附录E　离解常数(298.15 K)

物质	$pK_i^\ominus$	$K_i^\ominus$
H_3AsO_4	2.223	$K_{a1}^\ominus=6.0\times10^{-3}$
	6.760	$K_{a2}^\ominus=1.7\times10^{-7}$
	11.29	$K_{a3}^\ominus=5.1\times10^{-12}$
$HAsO_2$	9.28	5.2×10^{-10}
H_3BO_3	9.236	$K_{a1}^\ominus=5.8\times10^{-10}$
H_2CO_3	6.352	$K_{a1}^\ominus=4.5\times10^{-7}$
	10.329	$K_{a2}^\ominus=4.7\times10^{-11}$
HCN	9.21	6.2×10^{-10}
HF	3.20	6.3×10^{-4}
$HClO_4$	−1.6	39.8
$HClO_2$	1.94	1.1×10^{-2}
HClO	7.534	2.9×10^{-8}
HBrO	8.55	2.8×10^{-9}
HIO	10.5	3.2×10^{-11}
HIO_3	0.804	1.6×10^{-1}
HIO_4	1.64	2.3×10^{-2}
H_2O_2	11.64	$K_{a1}^\ominus=2.3\times10^{-12}$
H_2SO_4	1.99	$K_{a2}^\ominus=1.0\times10^{-2}$
H_2SO_3	1.89	$K_{a1}^\ominus=1.3\times10^{-2}$
	7.205	$K_{a2}^\ominus=6.2\times10^{-8}$
H_2SeO_4	1.66	$K_{a2}^\ominus=2.2\times10^{-2}$
H_2CrO_4	0.74	$K_{a1}^\ominus=1.8\times10^{-1}$
	6.488	$K_{a2}^\ominus=3.3\times10^{-7}$
HNO_2	3.14	7.2×10^{-4}
H_2S	6.97	$K_{a1}^\ominus=1.1\times10^{-7}$
	12.90	$K_{a2}^\ominus=1.3\times10^{-13}$
H_3PO_4	2.148	$K_{a1}^\ominus=7.1\times10^{-3}$
	7.198	$K_{a2}^\ominus=6.3\times10^{-8}$
	12.32	$K_{a3}^\ominus=4.8\times10^{-13}$
H_3PO_3	1.43	$K_{a1}^\ominus=3.7\times10^{-2}$
	6.68	$K_{a2}^\ominus=2.1\times10^{-7}$
$H_4P_2O_7$	0.91	$K_{a1}^\ominus=1.2\times10^{-1}$
	2.10	$K_{a2}^\ominus=7.9\times10^{-3}$
	6.70	$K_{a3}^\ominus=2.0\times10^{-7}$
	9.35	$K_{a4}^\ominus=4.5\times10^{-10}$
H_4SiO_4	9.60	$K_{a1}^\ominus=2.5\times10^{-10}$
	11.8	$K_{a2}^\ominus=1.6\times10^{-12}$
HAc	4.75	1.8×10^{-5}
HCOOH	3.75	1.8×10^{-4}
HSCN	−1.8	63
$NH_3\cdot H_2O$	($pK_b^\ominus=4.75$)	$K_b^\ominus=1.8\times10^{-5}$

附录 F　溶度积常数(298.15 K)

难溶电解质	$K_{sp}^{\ominus}$	难溶电解质	$K_{sp}^{\ominus}$
AgCl	1.8×10^{-10}	CuS	6.3×10^{-36}
AgBr	5.35×10^{-13}	$CuCO_3$	1.4×10^{-10}
AgI	8.52×10^{-17}	$Fe(OH)_2$	4.87×10^{-17}
AgOH	2.0×10^{-8}	$Fe(OH)_3$	2.8×10^{-39}
Ag_2SO_4	1.20×10^{-5}	$FeCO_3$	3.13×10^{-11}
Ag_2SO_3	1.50×10^{-14}	FeS	6.3×10^{-18}
Ag_2S	6.3×10^{-50}	$Hg(OH)_2$	3.0×10^{-26}
Ag_2CO_3	8.46×10^{-12}	Hg_2Cl_2	1.43×10^{-18}
$Ag_2C_2O_4$	5.40×10^{-12}	Hg_2Br_2	6.4×10^{-23}
Ag_2CrO_4	1.1×10^{-12}	Hg_2I_2	5.2×10^{-29}
$Ag_2Cr_2O_7$	2.0×10^{-7}	Hg_2CO_3	3.6×10^{-17}
Ag_3PO_4	8.89×10^{-17}	$HgBr_2$	6.2×10^{-20}
$Al(OH)_3$	1.3×10^{-33}	HgI_2	2.8×10^{-29}
As_2S_3	2.1×10^{-22}	Hg_2S	1.0×10^{-47}
$Au(OH)_3$	5.5×10^{-46}	HgS(红)	4.0×10^{-53}
BaF_2	1.84×10^{-7}	HgS(黑)	1.6×10^{-52}
$Ba(OH)_2\cdot8H_2O$	2.55×10^{-4}	$K_2[PtCl_6]$	7.4×10^{-6}
$BaSO_4$	1.1×10^{-10}	$La(OH)_3$	2.0×10^{-19}
$BaSO_3$	5.0×10^{-10}	LiF	1.84×10^{-3}
$BaCO_3$	2.6×10^{-9}	$Mg(OH)_2$	5.61×10^{-12}
BaC_2O_4	1.6×10^{-7}	$MgCO_3$	6.82×10^{-6}
$BaCrO_4$	1.17×10^{-10}	MgF_2	6.5×10^{-9}
$Ba_3(PO_4)_2$	3.4×10^{-23}	$Mn(OH)_2$	1.9×10^{-13}
$Be(OH)_2$	6.92×10^{-22}	MnS(无定形)	2.5×10^{-10}
$Bi(OH)_3$	6.0×10^{-31}	MnS(结晶)	2.5×10^{-13}
BiOCl	1.8×10^{-31}	$MnCO_3$	6.82×10^{-6}
$BiO(NO_3)$	2.82×10^{-3}	$Ni(OH)_2$	5.0×10^{-16}
Bi_2S_3	1.0×10^{-97}	$NiCO_3$	1.42×10^{-7}
$CaSO_4$	4.93×10^{-5}	α-NiS	3.2×10^{-19}
$CaSO_3\cdot1/2\ H_2O$	3.1×10^{-7}	$Pb(OH)_2$	1.43×10^{-15}
$CaCO_3$	2.8×10^{-9}	$Pb(OH)_4$	3.2×10^{-66}
$Ca(OH)_2$	5.5×10^{-6}	PbF_2	3.3×10^{-8}
CaF_2	5.2×10^{-9}	$PbCl_2$	1.7×10^{-5}
$CaC_2O_4\cdot H_2O$	2.32×10^{-9}	$PbBr_2$	6.6×10^{-6}
$Ca_3(PO_4)_2$	2.07×10^{-29}	PbI_2	9.8×10^{-9}
$Cd(OH)_2$	7.2×10^{-15}	$PbSO_4$	2.53×10^{-8}
CdS	8.2×10^{-27}	$PbCO_3$	7.4×10^{-14}
$Cr(OH)_3$	6.3×10^{-31}	$PbCrO_4$	2.8×10^{-13}
$Co(OH)_2$	5.92×10^{-15}	PbS	8.0×10^{-28}
$Co(OH)_3$	1.6×10^{-44}	$Sn(OH)_2$	5.45×10^{-28}
$CoCO_3$	1.4×10^{-13}	$Sn(OH)_4$	1.0×10^{-56}
α-CoS	4.0×10^{-21}	SnS	1.0×10^{-25}
β-CoS	2.0×10^{-25}	$SrCO_3$	5.6×10^{-10}
$CsClO_4$	3.95×10^{-3}	$SrCrO_4$	2.2×10^{-5}
CuOH	1.0×10^{-14}	$SrSO_4$	3.4×10^{-7}
$Cu(OH)_2$	2.2×10^{-20}	$Zn(OH)_2$	3.0×10^{-17}
CuCl	1.72×10^{-7}	$ZnCO_3$	1.46×10^{-10}
CuBr	6.27×10^{-9}	α-ZnS	1.6×10^{-24}
CuI	1.27×10^{-12}	β-ZnS	2.5×10^{-22}
Cu_2S	2.5×10^{-48}		

附录G　标准电极电势(298.15 K)

A. 在酸性溶液中

电对	电极反应	$\varphi_A^\ominus$/V
Li^+/Li	$Li^+ + e^- \rightleftharpoons Li$	−3.040
K^+/K	$K^+ + e^- \rightleftharpoons K$	−2.924
Ba^{2+}/Ba	$Ba^{2+} + 2e^- \rightleftharpoons Ba$	−2.92
Ca^{2+}/Ca	$Ca^{2+} + 2e^- \rightleftharpoons Ca$	−2.84
Na^+/Na	$Na^+ + e^- \rightleftharpoons Na$	−2.714
Mg^{2+}/Mg	$Mg^{2+} + 2e^- \rightleftharpoons Mg$	−2.356
Be^{2+}/Be	$Be^{2+} + 2e^- \rightleftharpoons Be$	−1.99
Al^{3+}/Al	$Al^{3+} + 3e^- \rightleftharpoons Al$	−1.676
Mn^{2+}/Mn	$Mn^{2+} + 2e^- \rightleftharpoons Mn$	−1.18
Zn^{2+}/Zn	$Zn^{2+} + 2e^- \rightleftharpoons Zn$	−0.762 6
Cr^{2+}/Cr	$Cr^{2+} + 2e^- \rightleftharpoons Cr$	−0.74
Fe^{2+}/Fe	$Fe^{2+} + 2e^- \rightleftharpoons Fe$	−0.44
Cd^{2+}/Cd	$Cd^{2+} + 2e^- \rightleftharpoons Cd$	−0.403
$PbSO_4/Pb$	$PbSO_4 + 2e^- \rightleftharpoons Pb + SO_4^{2-}$	−0.356
Co^{2+}/Co	$Co^{2+} + 2e^- \rightleftharpoons Co$	−0.277
Ni^{2+}/Ni	$Ni^{2+} + 2e^- \rightleftharpoons Ni$	−0.257
AgI/Ag	$AgI + e^- \rightleftharpoons Ag + I^-$	−0.152 2
Sn^{2+}/Sn	$Sn^{2+} + 2e^- \rightleftharpoons Sn$	−0.136
Pb^{2+}/Pb	$Pb^{2+} + 2e^- \rightleftharpoons Pb$	−0.126
H^+/H_2	$2H^+ + 2e^- \rightleftharpoons H_2$	0
$AgBr/Ag$	$AgBr + e^- \rightleftharpoons Ag + Br^-$	0.071 1
$S_4O_6^{2-}/S_2O_3^{2-}$	$S_4O_6^{2-} + 2e^- \rightleftharpoons 2S_2O_3^{2-}$	0.08
$S/H_2S(aq)$	$S + 2H^+ + 2e^- \rightleftharpoons H_2S(aq)$	0.144
Sn^{4+}/Sn^{2+}	$Sn^{4+} + 2e^- \rightleftharpoons Sn^{2+}$	0.154
SO_4^{2-}/H_2SO_3	$SO_4^{2-} + 4H^+ + 2e^- \rightleftharpoons H_2SO_3 + H_2O$	0.158
Cu^{2+}/Cu^+	$Cu^{2+} + e^- \rightleftharpoons Cu^+$	0.159
$AgCl/Ag$	$AgCl + e^- \rightleftharpoons Ag + Cl^-$	0.222 3
Hg_2Cl_2/Hg	$Hg_2Cl_2 + 2e^- \rightleftharpoons 2Hg + 2Cl^-$	0.268 2
Cu^{2+}/Cu	$Cu^{2+} + 2e^- \rightleftharpoons Cu$	0.340
$[Fe(CN)_6]^{3-}/[Fe(CN)_6]^{4-}$	$[Fe(CN)_6]^{3-} + e^- \rightleftharpoons [Fe(CN)_6]^{4-}$	0.361

续表

电对	电极反应	$\varphi_A^{\ominus}/V$
$H_2SO_3/S_2O_3^{2-}$	$2H_2SO_3+2H^++4e^-\rightleftharpoons S_2O_3^{2-}+3H_2O$	0.400
Cu^+/Cu	$Cu^++e^-\rightleftharpoons Cu$	0.52
I_2/I^-	$I_2+2e^-\rightleftharpoons 2I^-$	0.535 5
$Cu^{2+}/CuCl$	$Cu^{2+}+Cl^-+e^-\rightleftharpoons CuCl$	0.559
$H_3AsO_4/HAsO_2$	$H_3AsO_4+2H^++2e^-\rightleftharpoons HAsO_2+2H_2O$	0.560
$HgCl_2/Hg_2Cl_2$	$2HgCl_2+2e^-\rightleftharpoons Hg_2Cl_2+2Cl^-$	0.63
O_2/H_2O_2	$O_2+2H^++2e^-\rightleftharpoons H_2O_2$	0.695
Fe^{3+}/Fe^{2+}	$Fe^{3+}+e^-\rightleftharpoons Fe^{2+}$	0.771
Hg_2^{2+}/Hg	$Hg_2^{2+}+2e^-\rightleftharpoons 2Hg$	0.796 0
Ag^+/Ag	$Ag^++e^-\rightleftharpoons Ag$	0.799 1
Hg^{2+}/Hg	$Hg^{2+}+2e^-\rightleftharpoons Hg$	0.853 5
Cu^{2+}/CuI	$Cu^{2+}+I^-+e^-\rightleftharpoons CuI$	0.86
Hg^{2+}/Hg_2^{2+}	$2Hg^{2+}+2e^-\rightleftharpoons Hg_2^{2+}$	0.911
NO_3^-/HNO_2	$NO_3^-+3H^++2e^-\rightleftharpoons H_2O+HNO_2$	0.94
NO_3^-/NO	$NO_3^-+4H^++3e^-\rightleftharpoons 2H_2O+NO$	0.957
HIO/I^-	$HIO+H^++2e^-\rightleftharpoons H_2O+I^-$	0.985
HNO_2/NO	$HNO_2+H^++e^-\rightleftharpoons H_2O+NO$	0.996
Br_2/Br^-	$Br_2+2e^-\rightleftharpoons 2Br^-$	1.065
IO_3^-/HIO	$IO_3^-+5H^++4e^-\rightleftharpoons 2H_2O+HIO$	1.14
IO_3^-/I_2	$2IO_3^-+12H^++10e^-\rightleftharpoons 6H_2O+I_2$	1.195
ClO_4^-/ClO_3^-	$ClO_4^-+2H^++2e^-\rightleftharpoons H_2O+ClO_3^-$	1.201
O_2/H_2O	$O_2+4H^++4e^-\rightleftharpoons 2H_2O$	1.229
MnO_2/Mn^{2+}	$MnO_2+4H^++2e^-\rightleftharpoons 2H_2O+Mn^{2+}$	1.23
HNO_2/N_2O	$2HNO_2+4H^++4e^-\rightleftharpoons 3H_2O+N_2O$	1.297
Cl_2/Cl^-	$Cl_2+2e^-\rightleftharpoons 2Cl^-$	1.358 3
$Cr_2O_7^{2-}/Cr^{3+}$	$Cr_2O_7^{2-}+14H^++6e^-\rightleftharpoons 7H_2O+2Cr^{3+}$	1.36
ClO_4^-/Cl^-	$ClO_4^-+8H^++8e^-\rightleftharpoons 4H_2O+Cl^-$	1.389
ClO_4^-/Cl_2	$2ClO_4^-+16H^++14e^-\rightleftharpoons 8H_2O+Cl_2$	1.392
ClO_3^-/Cl^-	$ClO_3^-+6H^++6e^-\rightleftharpoons 3H_2O+Cl^-$	1.45
PbO_2/Pb^{2+}	$PbO_2+4H^++2e^-\rightleftharpoons 2H_2O+Pb^{2+}$	1.46
ClO_3^-/Cl_2	$2ClO_3^-+12H^++10e^-\rightleftharpoons 6H_2O+Cl_2$	1.468
BrO_3^-/Br^-	$BrO_3^-+6H^++6e^-\rightleftharpoons 3H_2O+Br^-$	1.478

续表

电对	电极反应	$\varphi_A^\ominus$/V
$BrO_3^-/Br_2(l)$	$2BrO_3^- + 12H^+ + 10e^- \rightleftharpoons 6H_2O + Br_2(l)$	1.5
MnO_4^-/Mn^{2+}	$MnO_4^- + 8H^+ + 5e^- \rightleftharpoons 4H_2O + Mn^{2+}$	1.51
$HClO/Cl_2$	$2HClO + 2H^+ + 2e^- \rightleftharpoons 2H_2O + Cl_2$	1.630
MnO_4^-/MnO_2	$MnO_4^- + 4H^+ + 3e^- \rightleftharpoons 2H_2O + MnO_2$	1.70
H_2O_2/H_2O	$H_2O_2 + 2H^+ + 2e^- \rightleftharpoons 2H_2O$	1.763
$S_2O_8^{2-}/SO_4^{2-}$	$S_2O_8^{2-} + 2e^- \rightleftharpoons 2SO_4^{2-}$	1.96
FeO_4^{2-}/Fe^{3+}	$FeO_4^{2-} + 8H^+ + 3e^- \rightleftharpoons 4H_2O + Fe^{3+}$	2.20
BaO_2/Ba^{2+}	$BaO_2 + 4H^+ + 2e^- \rightleftharpoons 2H_2O + Ba^{2+}$	2.365
$XeF_2/Xe(g)$	$XeF_2 + 2H^+ + 2e^- \rightleftharpoons 2HF + Xe(g)$	2.64
F_2/F^-	$F_2 + 2e^- \rightleftharpoons 2F^-$	2.87
$F_2/HF(aq)$	$F_2 + 2H^+ + 2e^- \rightleftharpoons 2HF(aq)$	3.053
$XeF/Xe(g)$	$XeF + e^- \rightleftharpoons Xe(g) + F^-$	3.4

B. 在碱性溶液中

电对	电极反应	$\varphi_B^\ominus$/V
$Ca(OH)_2/Ca$	$Ca(OH)_2 + 2e^- \rightleftharpoons Ca + 2OH^-$	−3.02
$Mg(OH)_2/Mg$	$Mg(OH)_2 + 2e^- \rightleftharpoons Mg + 2OH^-$	−2.687
$[Al(OH)_4]^-/Al$	$[Al(OH)_4]^- + 3e^- \rightleftharpoons Al + 4OH^-$	−2.310
SiO_3^{2-}/Si	$SiO_3^{2-} + 3H_2O + 4e^- \rightleftharpoons Si + 6OH^-$	−1.697
$Cr(OH)_3/Cr$	$Cr(OH)_3 + 3e^- \rightleftharpoons Cr + 3OH^-$	−1.48
$[Zn(OH)_4]^{2-}/Zn$	$[Zn(OH)_4]^{2-} + 2e^- \rightleftharpoons Zn + 4OH^-$	−1.285
$HSnO_2^-/Sn$	$HSnO_2^- + H_2O + 2e^- \rightleftharpoons Sn + 3OH^-$	−0.91
H_2O/OH^-	$2H_2O + 2e^- \rightleftharpoons H_2 + 2OH^-$	−0.828
$[Fe(OH)_4]^-/[Fe(OH)_4]^{2-}$	$[Fe(OH)_4]^- + e^- \rightleftharpoons [Fe(OH)_4]^{2-}$	−0.73
$Ni(OH)_2/Ni$	$Ni(OH)_2 + 2e^- \rightleftharpoons Ni + 2OH^-$	−0.72
AsO_2^-/As	$AsO_2^- + 2H_2O + 3e^- \rightleftharpoons As + 4OH^-$	−0.68
AsO_4^{3-}/AsO_2^-	$AsO_4^{3-} + 2H_2O + 2e^- \rightleftharpoons AsO_2^- + 4OH^-$	−0.67
SO_3^{2-}/S	$SO_3^{2-} + 3H_2O + 4e^- \rightleftharpoons S + 6OH^-$	−0.59
$SO_3^{2-}/S_2O_3^{2-}$	$2SO_3^{2-} + 3H_2O + 4e^- \rightleftharpoons S_2O_3^{2-} + 6OH^-$	−0.576
NO_2^-/NO	$NO_2^- + H_2O + e^- \rightleftharpoons NO + 2OH^-$	−0.46
S/S^{2-}	$S + 2e^- \rightleftharpoons S^{2-}$	−0.407
$CrO_4^{2-}/[Cr(OH)_4]^-$	$CrO_4^{2-} + 4H_2O + 3e^- \rightleftharpoons [Cr(OH)_4]^- + 4OH^-$	−0.13
O_2/HO_2^-	$O_2 + H_2O + 2e^- \rightleftharpoons HO_2^- + OH^-$	−0.076

续表

电对	电极反应	$\varphi_B^\ominus$/V
$Co(OH)_3/Co(OH)_2$	$Co(OH)_3+e^- \rightleftharpoons Co(OH)_2+OH^-$	0.17
O_2/OH^-	$O_2+2H_2O+4e^- \rightleftharpoons 4OH^-$	0.401
ClO^-/Cl_2	$2ClO^-+2H_2O+2e^- \rightleftharpoons 4OH^-+Cl_2$	0.421
MnO_4^-/MnO_4^{2-}	$MnO_4^-+e^- \rightleftharpoons MnO_4^{2-}$	0.56
MnO_4^-/MnO_2	$MnO_4^-+2H_2O+3e^- \rightleftharpoons 4OH^-+MnO_2$	0.60
MnO_4^{2-}/MnO_2	$MnO_4^{2-}+2H_2O+2e^- \rightleftharpoons 4OH^-+MnO_2$	0.62
HO_2^-/OH^-	$HO_2^-+H_2O+2e^- \rightleftharpoons 3OH^-$	0.867
ClO^-/Cl^-	$ClO^-+H_2O+2e^- \rightleftharpoons 2OH^-+Cl^-$	0.890
O_3/OH^-	$O_3+H_2O+2e^- \rightleftharpoons O_2+2OH^-$	1.246

说明:附录中数据引自杨宏孝等主编《无机化学》第3版。

参考文献

[1] 杨宏孝,凌芝,颜秀茹.无机化学[M].3版.北京:高等教育出版社,2002.

[2] 四川大学工科基础化学教学中心.近代化学基础[M].2版.北京:高等教育出版社,2006.

[3] 北京师范大学,华中师范大学,南京师范大学.无机化学[M].3版.北京:高等教育出版社,1992.

[4] 大连理工大学无机化学教研室.无机化学[M].5版.北京:高等教育出版社,2006.

[5] 申泮文.无机化学[M].北京:化学工业出版社,2002.

[6] 申泮文.近代化学导论(上、下册)[M].北京:高等教育出版社,2002.

[7] 岳红.高等无机化学[M].北京:机械工业出版社,2002.

[8] 傅献彩.大学化学(上、下册)[M].北京:高等教育出版社,2001.

[9] 史启祯.无机化学与化学分析[M].北京:高等教育出版社,2001.

[10] 宋天佑,程鹏,王杏乔.无机化学(上、下册)[M].北京:高等教育出版社,2004.

[11] 朱裕贞,顾达,黑恩成.现代基础化学[M].北京:化学工业出版社,1998.

[12] 刘新锦,朱亚先,高飞.无机元素化学[M].北京:科学出版社,2005.

[13] 王致勇,董松琦,张庆芳.简明无机化学教程[M].北京:高等教育出版社,1998.

[14] Cox P A. Instant Notes in Inorganic Chemistry[M]. London: BIOS Scientific Publishers Limited,2000.

[15] 铁步荣,杜薇.无机化学[M].北京:中国中医药出版社,2005.

[16] 谢吉民.无机化学[M].北京:人民卫生出版社,2003.

[17] 朱启煌.精细化工绿色生产工艺[M].广州:广东科技出版社,2006.

[18] 张钟宪.环境与绿色化学[M].北京:清华大学出版社,2005.

[19] 谢颖.绿色化工与绿色环保[M].北京:中国石化出版社,2005.

[20] 贡长生,张克立.绿色化学化工实用技术[M].北京:化学工业出版社,2002.

[21] 卢希庭.原子核物理[M].北京:原子能出版社,2000.

[22] 胡济民,杨伯君.原子核理论[M].北京:原子能出版社,1993.

[23] 卢玉楷,马崇智.放射性核素概论[M].北京:科学出版社,1987.

[24] 郭之虞,王宇钢.核技术及其应用的发展[J].北京大学学报(自然科学版),2003,39:82-92.

[25] 田江红.现行化学元素周期表的特点[J].甘肃联合大学学报(自然科学版),2004,18(4):77-79.

[26] 郭德才,伍枫.新元素的路还有多长[J].大科技,2004,(4):36-37.

[27] 田云.人类认识元素的过程[J].科技文萃,2004,(4):67-68.

[28] 李仙洲.神通广大的“迷你间谍”——示踪原子[J].大科技,2005,(5):36-37.

[29] 杨艳华,王宝玲,李艳妮,等.无机化学课程思政探索——以“配位化学基础”中部分内容的教学设计为例[J].大学化学,2021,36(3):2011024.doi:10.3866/PKU.DXHX202011024.

元 素 周 期 表

元素名称，标*为放射性元素 —— 钠 Na；11 —— 原子序数；Na —— 元素符号；22.990 —— 相对原子质量；$3s^1$ —— 价电子组态

金属 | 非金属 | 过渡金属 | 稀有气体

族 周期	I A	II A	III B	IV B	V B	VI B	VII B	VIII	VIII	VIII	I B	II B	III A	IV A	V A	VI A	VII A	0
一	1 氢 H 1.008 $1s^1$																	2 氦 He 4.0026 $1s^2$
二	3 锂 Li 6.94 $2s^1$	4 铍 Be 9.0122 $2s^2$											5 硼 B 10.81 $2s^22p^1$	6 碳 C 12.011 $2s^22p^2$	7 氮 N 14.007 $2s^22p^3$	8 氧 O 15.999 $2s^22p^4$	9 氟 F 18.998 $2s^22p^5$	10 氖 Ne 20.180 $2s^22p^6$
三	11 钠 Na 22.990 $3s^1$	12 镁 Mg 24.305 $3s^2$											13 铝 Al 26.982 $3s^23p^1$	14 硅 Si 28.085 $3s^23p^2$	15 磷 P 30.974 $3s^23p^3$	16 硫 S 32.06 $3s^23p^4$	17 氯 Cl 35.45 $3s^23p^5$	18 氩 Ar 39.95 $3s^23p^6$
四	19 钾 K 39.098 $4s^1$	20 钙 Ca 40.078(4) $4s^2$	21 钪 Sc 44.956 $3d^14s^2$	22 钛 Ti 47.867 $3d^24s^2$	23 钒 V 50.942 $3d^34s^2$	24 铬 Cr 51.996 $3d^54s^1$	25 锰 Mn 54.938 $3d^54s^2$	26 铁 Fe 55.845(2) $3d^64s^2$	27 钴 Co 58.933 $3d^74s^2$	28 镍 Ni 58.693 $3d^84s^2$	29 铜 Cu 63.546(3) $3d^{10}4s^1$	30 锌 Zn 65.38(2) $3d^{10}4s^2$	31 镓 Ga 69.723 $4s^24p^1$	32 锗 Ge 72.630(8) $4s^24p^2$	33 砷 As 74.922 $4s^24p^3$	34 硒 Se 78.971(8) $4s^24p^4$	35 溴 Br 79.904 $4s^24p^5$	36 氪 Kr 83.798(2) $4s^24p^6$
五	37 铷 Rb 85.468 $5s^1$	38 锶 Sr 87.62 $5s^2$	39 钇 Y 88.906 $4d^15s^2$	40 锆 Zr 91.224(2) $4d^25s^2$	41 铌 Nb 92.906 $4d^45s^1$	42 钼 Mo 95.95 $4d^55s^1$	43 *锝 Tc (98) $4d^55s^2$	44 钌 Ru 101.07(2) $4d^75s^1$	45 铑 Rh 102.91 $4d^85s^1$	46 钯 Pd 106.42 $4d^{10}$	47 银 Ag 107.87 $4d^{10}5s^1$	48 镉 Cd 112.41 $4d^{10}5s^2$	49 铟 In 114.82 $5s^25p^1$	50 锡 Sn 118.71 $5s^25p^2$	51 锑 Sb 121.76 $5s^25p^3$	52 碲 Te 127.60(3) $5s^25p^4$	53 碘 I 126.90 $5s^25p^5$	54 氙 Xe 131.29 $5s^25p^6$
六	55 铯 Cs 132.91 $6s^1$	56 钡 Ba 137.33 $6s^2$	57-71 镧系 La-Lu	72 铪 Hf 178.49(2) $5d^26s^2$	73 钽 Ta 180.95 $5d^36s^2$	74 钨 W 183.84 $5d^46s^2$	75 铼 Re 186.21 $5d^56s^2$	76 锇 Os 190.23(3) $5d^66s^2$	77 铱 Ir 192.22 $5d^76s^2$	78 铂 Pt 195.08 $5d^96s^1$	79 金 Au 196.97 $5d^{10}6s^1$	80 汞 Hg 200.59 $5d^{10}6s^2$	81 铊 Tl 204.38 $6s^26p^1$	82 铅 Pb 207.2 $6s^26p^2$	83 铋 Bi 208.98 $6s^26p^3$	84 *钋 Po (209) $6s^26p^4$	85 *砹 At (210) $6s^26p^5$	86 *氡 Rn (222) $6s^26p^6$
七	87 *钫 Fr (223) $7s^1$	88 *镭 Ra (226) $7s^2$	89-103 锕系 Ac-Lr	104 *𬬻 Rf (267) $6d^27s^2$	105 *𬭊 Db (270) $6d^37s^2$	106 *𬭳 Sg (269) $6d^47s^2$	107 *𬭛 Bh (270) $6d^57s^2$	108 *𬭶 Hs (270) $6d^67s^2$	109 *鿏 Mt (278)	110 *𫟼 Ds (281)	111 *𬬭 Rg (281)	112 *鿔 Cn (285)	113 *鿭 Nh (286)	114 *𫓧 Fl (289)	115 *镆 Mc (289)	116 *𫟷 Lv (293)	117 *鿬 Ts (293)	118 *鿫 Og (294)

镧系	57 镧 La 138.91 $5d^16s^2$	58 铈 Ce 140.12 $4f^15d^16s^2$	59 镨 Pr 140.91 $4f^36s^2$	60 钕 Nd 144.24 $4f^46s^2$	61 *钷 Pm (145) $4f^56s^2$	62 钐 Sm 150.36(2) $4f^66s^2$	63 铕 Eu 151.96 $4f^76s^2$	64 钆 Gd 157.25(3) $4f^75d^16s^2$	65 铽 Tb 158.93 $4f^96s^2$	66 镝 Dy 162.50 $4f^{10}6s^2$	67 钬 Ho 164.93 $4f^{11}6s^2$	68 铒 Er 167.26 $4f^{12}6s^2$	69 铥 Tm 168.93 $4f^{13}6s^2$	70 镱 Yb 173.05 $4f^{14}6s^2$	71 镥 Lu 174.97 $5d^16s^2$
锕系	89 *锕 Ac (227) $6d^17s^2$	90 *钍 Th 232.04 $6d^27s^2$	91 *镤 Pa 231.04 $5f^26d^17s^2$	92 *铀 U 238.03 $5f^36d^17s^2$	93 *镎 Np (237) $5f^46d^17s^2$	94 *钚 Pu (244) $5f^67s^2$	95 *镅 Am (243) $5f^77s^2$	96 *锔 Cm (247) $5f^76d^17s^2$	97 *锫 Bk (247) $5f^97s^2$	98 *锎 Cf (251) $5f^{10}7s^2$	99 *锿 Es (252) $5f^{11}7s^2$	100 *镄 Fm (257) $5f^{12}7s^2$	101 *钔 Md (258) $5f^{13}7s^2$	102 *锘 No (259) $5f^{14}7s^2$	103 *铹 Lr (262) $6d^17s^2$

注：相对原子质量引自国际纯粹与应用化学联合会(IUPAC)相对原子质量表(2018)，删节至4~5位有效数字，末尾数的准确度加注在其后括号内。